코드 브레이커

THE CODE BREAKER

THE CODE BREAKER

코드 브레이커

제니퍼 다우드나, 유전자 혁명 그리고 인류의 미래

월터 아이작슨 지음 | **조은영** 옮김

웅진 지식하우스

앨리스 메이휴와 캐럴린 라이디를 기억하며.
두 사람의 미소는 바라보고만 있어도 즐거웠습니다.

들어가며

적진에 뛰어들다

제니퍼 다우드나는 잠이 오지 않았다. 크리스퍼(CRISPR)라는 유전자 편집 기술을 개발하면서 슈퍼스타가 되기까지 든든한 배경이 되어준 버클리 대학 캠퍼스가 코로나바이러스의 빠른 확산으로 막 폐쇄된 참이었다. 오늘 다우드나는 로봇 대회에 참가하기 위해 프레즈노로 떠나는 고등학교 3학년생 아들 앤디를 마지못해 기차역까지 데려다주었다. 새벽 2시, 결국 다우드나는 잠든 남편을 깨워 대회가 시작되기 전에 아들을 데려오자고 했다. 1200명이 넘는 학생들이 그곳 컨벤션 센터의 실내 공간에 모일 예정이었다. 부부는 옷을 갈아입고 차에 올라탄 다음, 문을 연 주유소를 찾아 기름을 넣고 세 시간을 내리 달렸다. 외아들인 앤디는 자기를 데리러 온 엄마와 아빠를 반기지 않았지만 어쩔 수 없이 짐을 싸서 나왔다. 막 주차장을 빠져나오는데, 앤디의 휴대전화로 주최 측의 문자메시지가 도착했다. "로봇 대회가 취소됐습니다! 모든 학생들은 지금 바로 철수하기 바랍니다!"[1]

그 순간 다우드나는 자신이 살던 세상, 그리고 과학의 세상이 변화의 순간을 맞았음을 깨달았다. 코로나19에 대한 정부의 대응은 어설펐고, 그렇다면 이제 교수와 대학원생들이 서둘러 시험관을 붙잡고 피펫을 들어 돌파구를 마련할 때였다. 이튿날인 2020년 3월 13일 금요일, 다우드나는 자신들의 역할을 논의하기 위해 버클리 동료와 베이 에어리어의 과학자들을 소집했다.

버려진 캠퍼스를 가로질러 10여 명의 과학자들이 다우드나의 실험실이 자리한 석조 유리 건물 1층 회의실에 모였다. 먼저 다닥다닥 붙어 있는 의자부터 1.8미터 간격으로 떨어뜨려놓았다. 그런 다음 비디오 시스템을 연결해 인근 대학의 과학자 쉰 명을 줌(Zoom, 화상 회의 서비스―옮긴이)에 초대했다. 사람들 앞에 선 다우드나는 평소 침착한 모습 뒤에 감춰온 강렬한 의지를 내비치며 강단 있게 입을 열었다. "일반적으로 학계에서 하는 일은 아니지만, 이젠 우리가 나서야 합니다."[2]

크리스퍼 개척자가 바이러스 퇴치 팀을 이끄는 건 당연한 일이었다. 2012년에 다우드나를 비롯한 과학자들이 개발한 유전자 편집 도구는 10억 년 이상 바이러스와 싸워온 박테리아(세균)의 바이러스 퇴치 기술에 바탕을 두었다. 박테리아는 제 DNA에 새겨 넣은 크리스퍼라는 반복된 염기 서열을 이용해 과거에 자신을 공격했던 바이러스를 기억했다가 재침입하면 즉시 파괴할 수 있다. 새로운 바이러스와 싸우도록 스스로를 개조하는 이 면역 체계야말로 반복적인 바이러스 대유행으로 여전히 중세 시대에 사는 듯 고통받는 현대 인류에 꼭 필요한 것이었다.

늘 준비되어 있고 매사에 체계적인 다우드나가 코로나바이러스에 맞설 방안이 제시된 슬라이드를 발표했다. 다우드나는 상대의 말을 경청함으로써 일을 이끌어가는 사람이었다. 과학계의 유명 인사가 되었어도 사람들은 여전히 다우드나 앞에서 편안함을 느꼈다. 그녀는 빡빡한 일정을 소화하는 중에도 어떻게든 짬을 내어 사람들과 감정적으로 소통해온 터였다.

다우드나가 불러 모은 첫 번째 팀에는 코로나바이러스 검사실을 꾸리는 임무가 주어졌다. 책임자로는 제니퍼 해밀턴이라는 박사 후 연구원이 선임되었는데, 그녀는 몇 달 앞서 내게 크리스퍼로 인간 유전자를 편집하는 방법을 가르쳐준 사람이었다. 그 방법이 너무 간단해 당시 얼마나 신기하면서도 무서웠는지 모른다. 나 같은 문외한도 할 수 있다니!

다른 팀은 크리스퍼에 기반한 새로운 코로나19 진단법의 개발을 맡았다. 그간 다우드나가 사업 활동에 적극적으로 임했던 것이 도움이 됐다. 마침 3년 전 두 명의 대학원생과 회사를 세우고 크리스퍼를 응용해 바이러스성 질병을 진단하는 도구를 개발하고 있던 차였다.

코로나바이러스의 새로운 검사법을 모색하면서 다우드나는 대륙의 양끝에서 격렬하게 싸워온 한 경쟁자와 다시 한번, 그러나 이번에는 모두를 위한 투쟁의 장을 열었다. 장펑, 중국에서 태어나고 미국 아이오와주에서 자란 매력적인 젊은 과학자. MIT와 하버드가 공동으로 설립한 브로드 연구소 소속으로, 2012년 크리스퍼 기술을 인간의 유전자 편집 도구로 가장 먼저 업그레이드하는 경쟁에서 다우드나의 강력한 적수였고, 이후로도 학문적 발견과 크리스퍼에 기반한 생명공학 회사를 두고 그녀와 치열한 맞대결을 이어온 인물. 코로나바이러스 팬데믹이 도래하면서 이들은 또 다른 경쟁을 시작했지만, 이번에는 특허 때문이 아니라 좋은 일을 하려는 열망에서였다.

다우드나는 고심 끝에 열 개의 프로젝트를 선정했다. 프로젝트별로 리더를 제안하고 사람들을 각자 원하는 팀에 배치했다. 연구자들은 같은 일을 수행하는 사람들끼리 짝을 지어 이 전쟁터에서 업무 인계가 원활하게 이루어지도록 대비했다. 혹여 누군가가 바이러스에 감염되더라도 다른 이가 일을 받아 연구를 이어가야 했기 때문이다. 과학자들이 직접 얼굴을 마주하는 건 이번이 마지막이었다. 이후로 연구 팀은 줌과 슬랙(Slack, 클라우드에 기반한 팀 협업 도구―옮긴이)으로 협업할 터였다.

"다들 바로 시작해주시기 바랍니다." 다우드나가 말했다. "되도록 빨리요."

"걱정하실 것 없습니다." 참가자 중 한 명이 다우드나를 안심시켰다. "어디 놀러 갈 계획이 있는 사람은 없으니까."

이 회의에서 참가자들이 논의하지 않은 것은 보다 장기적인 전망이었다. 우리 아이들과 후손들이 바이러스에 덜 취약하게끔 아예 크리스퍼로 인간의 유전자를 조작해서 물려주면 어떨까? 이런 식의 유전자 개량은 인류를 영원히 바꿔놓을 텐데.

"아직은 과학소설의 영역이에요." 회의가 끝난 뒤 내가 이 주제를 거론하자 다우드나는 곧바로 일축했다. 물론 내 생각도 다르지 않다. 올더스 헉슬리의 『멋진 신세계』 같은 소설이나 〈가타카〉 같은 영화에나 나올 법한 얘기 아닌가. 그러나 여러 훌륭한 과학소설에 등장하는 많은 요소들은 이미 현실이 되었다. 2018년 11월, 다우드나가 주최한 유전자 편집 학회에 여러 차례 참석해온 한 젊은 중국 과학자가 크리스퍼로 인간 배아에서 에이즈를 일으키는 인체면역결핍 바이러스(HIV)의 수용체 단백질 유전자를 제거했고, 이는 세계 최초 '맞춤 아기' 쌍둥이 자매의 탄생으로 이어졌다.

세계는 감탄과 충격에 빠졌다. 비판이 쏟아지고 각종 위원회가 소집되었다. 이 행성에서 생명체가 30억 년 이상 진화한 끝에 나타난 인간이라는 종이 스스로의 유전적 미래를 제어할 재능과 만용을 키워낸 것이다. 아담과 이브가 선악과를 베어 물었을 때처럼, 프로메테우스가 신으로부터 불을 훔쳤을 때처럼, 우리 인류가 완전히 새로운 시대, 아마도 멋진 신세계로의 문턱을 넘은 느낌이었다.

새로 발굴된 유전자 편집 능력은 몇 가지 흥미로운 문제를 제기한다. 인류가 치명적인 바이러스에 덜 취약하게끔 게놈을 편집해야 할까? 그럴 수만 있다면 얼마나 좋겠는가! 유전자를 조작해 헌팅턴병, 겸상적혈구 빈혈증, 낭포성 섬유증을 제거해야 할까? 그것도 괜찮은 생각이다. 그렇다면 청각 장애나 시각 장애는? 단신(短身)은? 우울증은? 이 가능성들을 어디까지 실현해도 되는 걸까? 앞으로 수십 년 후, 기술의 안전성만 보장된다면 부모가 유전자 편집으로 자식의 IQ와 근육을 향상시키는 것도 가능할까? 아이의 눈 색깔을 결정하는 것도? 피부색은? 키는?

잠깐! 이 위험한 비탈길을 따라 끝까지 미끄러져 내려가기 전에 잠시만 멈춰서 생각해보자. 이런 결정이 사회의 다양성에 어떤 영향을 미칠까? 자연이 무작위적으로 발행한 복권에서 벗어나 한 사람의 자질과 재능을 인간의 의지로 얻을 수 있게 된다면, 우리의 공감 능력과 포용성도 사라질까? 이 모든 조건들이 유전자 시장에서 돈을 주고 구매하는 상품이 된다면(아마 결국엔 그렇게 되겠지만), 사회 불평등이 심해지다가 결국엔 인류에 영원히 새겨지게 될까? 이런 문제에도 불구하고 그 결정을 전적으로 개인에게 맡겨야 할까, 아니면 사회가 어느 정도 개입해야 할까? 아무래도 우리는 규칙을 정해야 하지 싶다.

여기서 "우리"란 진짜 **우리**를 말한다. 독자와 나를 포함한 우리 모두. 인류 자신의 유전자를 편집해도 될지, 된다면 언제부터 허용할지 결정하는 일은 21세기의 가장 중요한 과제가 될 것이다. 따라서 우리는 그 과정이 어떻게 이루어지는지 이해해야 한다. 또한 반복적으로 발생하는 바이러스 대유행을 겪으며 생명현상에 대한 이해 또한 절실해지고 있다. 자연의 이치를 밝혀내는 일에는 즐거움이 따른다. 특히 그 대상이 우리 자신이라면 쾌감은 더욱 크리라. 다우드나가 그 기쁨을 누렸고 우리도 그럴 수 있다. 그게 내가 이 책에서 말하고자 하는 바이다.

크리스퍼의 발명과 코로나19는 현대 사회를 세 번째 위대한 혁명으로 서둘러 전환하도록 재촉할 것이다. 이 혁명은 불과 한 세기 전, 인류가 존재의 세 가지 근본 요소를 발견하면서 시작되었다. 원자, 비트, 그리고 유전자.

알베르트 아인슈타인이 1905년에 발표한 상대성이론과 양자론 논문을 필두로, 20세기 전반기를 아우르는 첫 번째 혁명은 물리학이 이끌었다. 그 기적의 해 이후 50년 동안 아인슈타인의 이론은 핵폭탄과 핵발전소, 트랜지스터와 우주선, 레이저와 레이더를 낳았다.

20세기 후반기는 정보 기술의 시대였다. 이 혁명은 모든 기술이 '비트'라고 알려진 이진수로 코드화되며 논리적 과정 일체가 온·오프 스위치가 달린 회로를 거쳐 수행될 수 있다는 발상에 기반했다. 이 발상은 1950년대에 마이크로칩, 컴퓨터, 인터넷 개발로 이어졌고, 세 혁신이 결합하면서 디지털 혁명이 도래했다.

이제 우리는 더 중요한 세 번째 시대, 생명과학 혁명의 시대에 돌입한 참이다. 유전자 코드를 공부한 아이들이 디지털 코딩을 공부한 아이들에 합세할 것이다.

다우드나가 대학원생이던 1990년대, 대부분의 생물학자들은 DNA가 코딩하는 유전자 지도를 앞다투어 그렸다. 그러나 다우드나는 DNA의 덜 유명한 자매인 RNA에 관심이 있었다. RNA는 세포 안에서 DNA에 암호화된 설명서를 복사하고 단백질을 제조하는 과정을 실질적으로 수행하는 분자다. RNA를 연구하면서 다우드나는 '생명은 어떻게 시작했는가?'라는 가장 근본적인 질문을 던지게 되었다. RNA는 스스로 복제가 가능했고, 이러한 특성은 DNA가 존재하기 전에 RNA가 먼저 40억 년 전 지구의 화학물질로 이뤄진 수프 속에서 자기 복제를 시작했을 가능성을 암시했다.

버클리 대학에서 생명의 분자를 연구하는 생화학자로서, 다우드나는 RNA의 구조를 밝히는 일에 전념했다. 다우드나가 탐정이라면 생물학이라는 미스터리의 첫 단서는 한 분자가 접히고 꼬이는 방식을 통해 다른 분자와 어떻게 상호작용하는지 알아내는 데 있었다. 다우드나의 경우는 RNA의 구조가 그 대상이었다. 이 연구는 로절린드 프랭클린이 DNA를 가지고 했던 작업의 연장으로, 제임스 왓슨과 프랜시스 크릭 또한 1953년 DNA의 이중나선 구조를 밝히는 데 프랭클린의 데이터를 사용한 바 있었다. 공교롭게도 왓슨이라는 복잡한 인물은 다우드나의 인생에도 들락날락할 터였다.

박테리아가 바이러스와의 전쟁 무기로 개발한 크리스퍼 시스템을 연구하던 버클리 생물학자가 맨 처음 다우드나에게 손을 내민 계기도 그녀가 그동안 쌓아 올린 RNA에 대한 전문 지식 때문이었다. 많은 기초과학 연구 결과가 그렇듯이, 크리스퍼 시스템도 실질적인 응용 분야에 진출했다. 시작은 요거트 배양액에서 유산균을 보호하는 수준이었다. 그러다가 2012년, 다우드나를 비롯한 과학자들은 전 세계를 흔들어놓을 만한 충격적인 사용법을 밝혀냈다. 크리스퍼 시스템을 인간 유전자의 편집 도구로 탈바꿈시킨 것이다.

이제 크리스퍼는 겸상적혈구 빈혈증, 암, 시각 장애의 치료에 사용된다. 그리고 2020년에 다우드나 연구 팀은 크리스퍼를 이용해 코로나바이러스를 감지하고 파괴하는 방법을 연구하기 시작했다. 다우드나는 이렇게 말한다. "크리스퍼는 박테리아가 바이러스와의 장기전을 겪으며 진화시킨 방어 기술입니다. 그러나 인간은 제 세포가 이 바이러스에 대한 면역을 키워낼 때까지 기다릴 수 없고, 따라서 고유한 독창성을 발휘해 자연면역을 대신할 방법을 찾아야 하죠. 그 도구의 하나가 고대 박테리아의 면역계라는 사실이 더없이 절묘하지 않나요? 이런 게 자연의 아

름다움일 거예요." 그렇다, 이 말을 기억하자. 자연은 아름답다. 이 책의
또 다른 주제다.

유전자 편집 분야에는 다우드나 말고도 여러 스타들이 있다. 하나같
이 위인전은 물론이고 영화로 다루기에도 손색 없는 인물들이다(〈뷰티
풀 마인드〉와 〈쥬라기 공원〉의 만남이랄까). 이들 모두 이 책에서 중요한 역
할을 한다. 나는 과학이 팀 스포츠임을 알리는 한편, 끈질기고 탐구심
넘치고 고집 세고 지독하게 경쟁심 강한 선수 개개인의 영향력 또한 보
여주고 싶었다. 그렇다면 눈빛에 깃든 경계심을 온화한 미소로 감출 줄
아는(늘 성공하는 건 아니지만) 제니퍼 다우드나야말로 이상적인 주인공
이다. 다우드나는 과학자라면 갖춰야 할 협업 정신을 타고났으면서도,
모든 위대한 혁신가가 그렇듯 본성에는 경쟁적 성향을 갖춘 사람이다.
그녀는 자신의 감정을 잘 통제하면서 스타의 지위를 버겁지 않게 받아
들인다.

연구자로, 노벨상 수상자로, 공공 정책 사상가로 살아온 다우드나의
인생은 크리스퍼 이야기를 여성 과학자들이 일구어낸 일들은 물론이요
나아가 더욱 광범위한 역사적 실타래로 엮어낸다. 레오나르도 다빈치가
그랬듯, 다우드나의 연구는 진정한 혁신이란 기초과학에 대한 호기심을
일상에 적용할 수 있는 실용적인 도구로 고안하는 과정에 있음을 보여
준다. 즉 실험대에서의 발견을 병상으로 옮기는 일이다.

다우드나의 이야기를 풀어내며 나는 과학의 방식을 속속들이 파헤칠
생각이다. 실험실에서는 실제로 어떤 일이 일어나는가? 과학의 발견은
어디까지 개인의 천재성에 좌우되는가? 협동은 어느 수준까지 필요한
가? 수상과 특허에 대한 경쟁이 협업을 방해하는가?

무엇보다 나는 **기초과학**의 중요성을 알리고 싶다. 기초과학이란 호기

심이 이끄는 탐구를 말한다. 연구 결과를 응용할 목적으로 시작된 학문이 아니라는 뜻이다. 그러나 자연의 경이로움에 대한 궁금증에서 시작된 연구가 때로는 예측하지 못한 방식으로 미래를 위한 혁신의 씨앗을 뿌리기도 한다.[3] 물리학에서는 표면 상태(surface-state) 연구가 결국엔 트랜지스터와 마이크로칩으로 이어졌다. 마찬가지로, 생물학은 박테리아가 바이러스를 물리치기 위해 사용한 방법을 연구함으로써 유전자 편집 도구와 인간 자신이 바이러스와의 싸움에 쓸 수 있는 기술을 끌어냈다.

이 책에는 생명의 기원에서 인류의 미래로 이어지는 위대한 질문이 가득하다. 이 이야기는 하와이 용암석 사이에서 '잠자는 풀(미모사)'을 찾고 신기한 현상을 관찰하던 6학년생 여자아이가 어느 날 학교에서 돌아와 침대에 놓인 탐정소설을 발견하면서 시작한다. 그 소설의 주인공은 감히 자신들이 '생명의 비밀'을 찾아냈다고 선언한 자들이었다.

CONTENTS

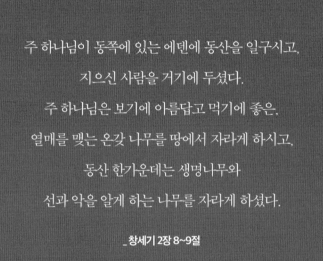

주 하나님이 동쪽에 있는 에덴에 동산을 일구시고,

지으신 사람을 거기에 두셨다.

주 하나님은 보기에 아름답고 먹기에 좋은,

열매를 맺는 온갖 나무를 땅에서 자라게 하시고,

동산 한가운데는 생명나무와

선과 악을 알게 하는 나무를 자라게 하셨다.

_ 창세기 2장 8~9절

1부

생명의 기원

하와이 힐로에서 제니퍼

돈 헴스

다우드나 가족: 엘런, 제니퍼, 세라, 마틴, 도러시 다우드나

1장
하와이 힐로

하울리

미국의 여타 지역에서 자랐다면 제니퍼 다우드나도 자신을 지극히 평범한 사람으로 여기며 성장했을 것이다. 그러나 하와이 빅아일랜드의 화산 지대에 자리 잡은 오래된 소도시 힐로에서는 금발에 푸른 눈을 하고 길고 여윈 팔다리를 흐느적거리는 "흉측한 괴물이 된 것 같았다". 특히 남자애들은 팔에 털이 났다며 놀려대곤 했다. 학교에서 제니퍼는 '하울리(Haole)'라고 불렸다. 욕설까지는 아니지만 토착민이 아닌 이방인을 업신여기는 의미로 종종 쓰이는 말이었다. 이런 경험이 이후 어른이 된 다우드나의 친절하고 매력적인 겉모습 뒤에 경계막을 한 겹 씌워놓았다.[1]

집안에 전해 내려오는 일화 중에 제니퍼의 증조할머니 이야기가 있다. 증조할머니는 3남 3녀 중 한 아이로 태어났는데 부모는 아이들 여섯을 모두 가르칠 여유가 없어서 딸 셋만 학교에 보냈다. 그중 한 딸이 몬태나주에서 교사가 되었고, 그녀의 일기가 세대에서 세대로 전하며 내려왔다. 일기에는 그간의 노력은 물론 뼈가 부러졌던 일부터 부모가 운영하는 가게에서 일했던 경험까지, 변경 지대에서의 삶이 빼곡히 기록되어 있었다. "증조할머니는 통명스럽고, 고집 세고, 개척 정신이 투철한 분이셨어요." 현재 이 일기를 보관하고 있는 제니퍼의 여동생 세라의 말이다.

제니퍼 역시 딸 셋인 집에서 태어났으나 남자 형제는 없었다. 맏딸인 제니퍼는 아버지 마틴 다우드나의 사랑을 듬뿍 받으며 자랐다. 아버지는 딸들을 '제니퍼와 소녀들'이라고 부르곤 했다. 제니퍼는 1964년 2월 19일 워싱턴 D.C.에서 태어났다. 그곳에서 그녀의 아버지는 국방부의 연설문 작성자로 일하고 있었다. 하지만 문학 교수가 되고 싶었던 마틴 다우드나는 당시 커뮤니티 칼리지 교사였던 아내 도러시와 함께 앤아버로 이사해 미시간 대학 대학원 과정에 들어갔다.

박사 학위를 받은 후 50군데에 이력서를 냈지만 단 한 곳, 힐로에 있는 하와이 대학에서만 연락이 왔다. 마틴 다우드나는 아내의 퇴직연금에서 900달러를 대출해 가족들과 함께 하와이로 이사했다. 1971년 8월, 제니퍼가 일곱 살 때의 일이다.

레오나르도 다빈치, 알베르트 아인슈타인, 헨리 키신저, 스티브 잡스 등 내가 일대기를 써온 이들을 포함해 많은 창의적인 사람들이 주변과 이질감을 느끼며 자랐다. 힐로의 폴리네시아인들 속에서 어린 금발 소녀로 성장한 다우드나 역시 마찬가지였다. "학교에서 늘 혼자였고, 정말 외로웠어요." 3학년 때는 따돌림이 심해져 섭식 장애까지 겪었다. "소화 불량을 달고 살았는데 나중에야 그게 스트레스 때문이라는 걸 알았어요. 아이들이 하루가 멀다 하고 저를 놀렸거든요." 소녀는 방어벽을 치고 책 속으로 도피했다. 그리고 "내 안에는 아이들이 절대 함부로 건드릴 수 없는 부분이 있어"라며 스스로를 다독였다.

자신을 아웃사이더로 느끼는 많은 사람들처럼 다우드나도 인간이 창조된 과정에 대한 호기심을 폭넓게 키워갔다. "제 성장기는 이 세상에서 나는 누구인지, 어떻게 하면 세상과 잘 어우러져 살아갈지를 찾아가는 과정이었습니다."[2]

다행히 이런 소외감이 더 깊어지지는 않았다. 학교생활에 적응하면서 다우드나는 상냥한 성품을 키웠고, 어린 시절의 상처도 차츰 아물어갔다. 앞으로 이 흉터는 정말 드물게, 누군가 상처를 아주 세게 건드릴 경우에만—사업 동료가 특허출원과 관련해 은밀하게 술책을 써서 자신을 속였을 때처럼—다시 덧날 것이었다.

자라나는 새싹

상황이 나아진 것은 3학년 중반 힐로의 중심지를 떠나 마우나로아 화산의 숲이 우거진 산비탈을 개발한 주택단지로 이사하면서부터였다. 다우드나는 한 학년당 학생이 예순 명씩 되는 큰 학교에서 스무 명 남짓인 작은 학교로 전학했다. 당시 학교에서는 미국 역사를 가르쳤는데, 다우드나는 이 과목을 배우며 비로소 소속감이라는 걸 느꼈다고 한다. "그때가 전환점이었어요." 다우드나는 학교에 훌륭히 적응했고, 5학년이 될 무렵 수학과 과학을 담당하는 선생님의 추천을 받아 6학년으로 월반했다.

그해에 마침내 다우드나는 평생 우정을 이어갈 친구를 사귀었다. 리사 힝클리(현재는 리사 트위그-스미스)는 스코틀랜드와 덴마크, 중국, 폴리네시아 혈통이 섞인 전형적인 하와이 혼혈 가정에서 태어났다. 힝클리는 나쁜 녀석들을 어떻게 상대해야 하는지 잘 아는 아이였다. "누가 저더러 재수 없는 하울리라고 놀리면 전 주눅부터 들었어요. 하지만 리사는 달랐죠. 돌아서서 똑바로 바라보고는 똑같이 욕을 해주었어요. 저도 그렇게 되고 싶었어요." 하루는 수업 시간에 선생님이 아이들에게 장래 희망을 물었다. 리사는 스카이다이버가 되고 싶다고 했다. "정말 근사했어요. 전 그런 생각은 꿈에도 못 해봤거든요. 리사는 저와 달리 아주 대담했어요. 리사를 보면서 저도 과감해지기로 했죠."

다우드나와 힝클리는 오후가 되면 자전거를 타거나 사탕수수밭을 산책했다. 이끼와 버섯, 복숭아와 아렌가 야자…… 세상엔 살아 있는 것들이 가득했다. 용암 동굴 안에는 눈 없는 거미가 있었다. 다우드나는 어떻게 거미가 눈 없이도 살 수 있는지 궁금했다. '힐라힐라' 또는 '잠자는 풀'이라 불리는 가시 돋친 덩굴에도 흥미를 느꼈다. 손을 대면 고사리 같은 그 잎이 돌돌 말려 올라갔다. "손으로 만졌을 때 이 잎을 오그라들게 만드는 게 뭔지 알고 싶었어요."[3]

우리는 매일 자연의 경이를 마주한다. 그건 움직이는 식물이 될 수도 있고, 짙푸른 하늘에 분홍빛 손가락으로 그림을 그리는 노을이 될 수도 있다. 진정한 호기심을 느끼면, 문득 하던 일을 멈추고 잠시 이유를 생각한다. 무엇이 저 하늘을 파란색으로, 노을을 분홍색으로 만들까? '잠자는 풀'을 오그라들게 하는 것은 무엇일까?

다우드나는 곧 그 답을 함께 찾아줄 사람을 만났다. 마침 다우드나의 부모는 돈 헴스라는 생물학 교수와 친분이 있었고, 이들은 함께 자연 속을 산책하곤 했다. "다우드나를 데리고 빅아일랜드의 와이피오 계곡 등지의 조사지에 가서 제 연구 주제인 버섯을 찾곤 했지요." 헴스의 회상이다. 헴스는 버섯의 사진을 찍고 도감을 꺼내 다우드나에게 버섯 이름 찾는 법을 알려주었다. 해변에서 작은 조개껍데기를 수집해 다우드나와 함께 분류하고 진화 과정을 알아보기도 했다.

다우드나의 아버지는 딸에게 말을 한 필 사주었다. 이 거세한 밤색 말을, 다우드나는 향긋한 열매가 열리는 하와이 나무의 이름을 따서 '모키하나'라고 불렀다. 다우드나는 축구팀에 들어가 하프백 포지션을 맡았다. 하프백은 다리가 길고 힘이 좋은 달리기 선수에 적합한 포지션이라 팀에서도 마땅한 선수를 찾지 못하던 참이었다. "제가 연구 주제를 찾는 방식도 비슷해요." 다우드나가 말했다. "같은 기술을 가진 사람이 많지 않은 틈새를 공략하죠."

수학은 다우드나가 제일 좋아하는 과목이었다. 증거를 바탕으로 문제를 풀다 보면 마치 탐정이라도 된 기분이었다. 한편 유쾌하고 열정적인 과학 선생님 마를린 하파이에게서는 생물을 배웠다. 하파이는 학생들에게 발견의 기쁨을 일깨우는 교사였다. "과학이란 사물과 현상의 원리를 알아내는 과정이라는 걸 가르쳐주신 분이죠."

다우드나는 공부를 잘했지만 이 작은 학교에서는 학생들에 대한 기대치가 그리 높지 않았다. "선생님들이 나한테 바라는 게 별로 없더라고요." 다우드나에게는 재미있는 면역반응이 있었다. 도전 대상이 없을 땐 스스로 그 기회를 찾는 것이다. "무작정 덤벼보기로 했죠. 그런다고 나빠질 건 없으니까. 그때부터 한층 기꺼이 위험을 감수하며 매사를 대하게 됐어요. 나중에 과학을 전공하면서 연구 프로젝트를 선택할 때도 그랬죠."

다우드나를 밀어붙인 사람은 아버지였다. 큰딸이 자기처럼 대학에 진학해 학문의 길을 걷게 될 지적인 존재라 여겼기 때문이다. "아버지가 바라시던 아들 같은 딸이었죠. 여동생들과는 다르게 대하셨어요."

제임스 왓슨의 이중나선

다우드나의 아버지는 책 읽기를 좋아해 매주 토요일이면 동네 도서관에서 책을 한 꾸러미씩 빌려다 일주일이면 다 읽고 반납했다. 제일 좋아하는 작가는 랠프 월도 에머슨과 헨리 데이비드 소로였지만, 딸 제니퍼가 자라면서 자신이 수업에 사용한 책이 모두 남성 작가의 작품이었다는 걸 깨닫고 도리스 레싱, 앤 타일러, 조앤 디디온 등 여성 작가의 작품을 추가했다.

아버지는 종종 도서관에서 빌리거나 동네 헌책방에서 산 책을 집에 가져와 딸에게도 읽혔다. 어느 날 침대맡에 얌전히 놓인 채 6학년생 다우드나가 학교에서 돌아오길 기다리던 제임스 왓슨의 『이중나선』도 그중 하나였다.

다우드나는 처음엔 탐정소설이라 여기고 따로 빼 두었다가, 어느 비 오는 토요일 오후 마침내 이 책을 읽기 시작했다. 그리고 자기의 짐작이 완전히 틀리지는 않았다고 생각했다. 자연의 내밀한 진리를 추구하는 주인공들의 야망과 경쟁이 생생하게 묘사된 페이지들을 질주하며, 이 대단히 사적인 탐정 드라마에 푹 빠진 것이다. "책을 다 읽고 아버지와 함께 이야기했어요. 아버지도 이 책을 좋아하셨죠. 무엇보다 책에 드러난 저자의 개인적인 모습과 과학 연구의 인간적인 측면을 맘에 들어 하셨던 것 같아요."

이 책에서 왓슨은 미국 중서부 출신의 스물네 살짜리 건방진 생물학도가 영국 케임브리지 대학에 들어가고, 생화학자 프랜시스 크릭과 짝을 이루고, 마침내 1953년 DNA 구조를 밝히는 과정을 (과도하게) 드라마틱하게 묘사한다. 자기 비하와 자랑이 묘하게 뒤섞인 영국식 화법에 능숙한 미국인의 자신만만하고 재기 넘치는 서사체가 돋보이며, 난해한 과학의 세계에 연애 사건과 테니스, 실험실에서의 에피소드, 오후의 티타임이 제공하는 즐거움과 더불어 유명 교수들의 기벽에 대한 뒷이야기를 적절히 끌어들인 매력적인 책이다.

왓슨이 자신의 페르소나로 날조한 행운의 '순진남' 말고도 이 책에서 가장 흥미롭게 묘사된 등장인물은 구조생물학자이자 결정학자인 로절린드 프랭클린이다. 왓슨은 DNA 구조를 밝히는 데 결정적인 역할을 한 프랭클린의 데이터를 허락도 받지 않고 가져다 썼다. 1950년대의 전형적인 성차별적 시각을 드러내면서, 프랭클린 자신은 절대 사용하지 않았던 '로지'라는 친근한 이름을 들먹이는가 하면 그녀의 수수한 외모와 차가운 성격을 조롱하기도 했다. 물론 엑스선회절법으로 분자구조를 밝히는 복잡한 작업과 예술에 가까운 기술에 대한 프랭클린의 전문성만큼은 후하게 평가했지만 말이다.

"프랭클린이 무시당하고 있다는 생각이 들면서도, 그보다는 여성도 위대한 과학자가 될 수 있다는 사실이 더 크게 와닿았어요." 다우드나의 말이다. "무슨 소리인가 싶죠? 누구나 한 번쯤 마리 퀴리에 대해서 들은 적이 있을 테니까요. 하지만 나는 이 책을 읽으면서 처음으로 진지하게 생각하게 되었어요. 여자도 과학자가 될 수 있구나."[4]

『이중나선』을 읽으며 다우드나는 논리적이면서도 경이로운 자연의 속성을 깨달았다. 열대우림을 걸을 때 시선을 사로잡는 놀라운 현상을 포함해 자연에는 생물을 지배하는 메커니즘이 존재했다. "하와이에서 자라는 동안 아버지와 함께 자연을 누비며 흥미로운 사실을 캐내는 일이 늘 즐거웠어요. 손을 대면 오그라드는 '잠자는 풀' 같은 것들 말이에요." 다우드나가 회상했다. "그 책을 읽고, 난 과학을 통해 이 모든 현상의 이유를 밝힐 수 있다는 걸 깨달았어요."

과학자로서 다우드나의 길은, 화학 분자의 형태와 구조가 그 분자의 생물학적 기능을 결정한다는 『이중나선』의 핵심적인 통찰을 따라 형성되었다. 이는 생명의 근본적인 비밀을 밝히는 데 전력하는 모든 이들에게 주는 놀라운 계시일 뿐 아니라, 화학—원자가 결합해 분자가 되는 과정을 연구하는 학문—이 생물학으로 변신하는 방법이기도 하다.

어찌 보면 다우드나의 길은 침대에 놓인 『이중나선』을 탐정소설로 생각한 자신의 추측이 옳았다는 깨달음에서 시작했는지도 모른다. "전 언제나 미스터리 이야기를 좋아했어요." 이후에 다우드나는 이런 이야기를 했다. "어쩌면 과학에 사로잡히게 된 이유도 거기에 있는지 모르겠습니다. 과학이란 결국 인류가 가장 오랫동안 품어온 미스터리를 해결하려는 노력이니까요. 자연 세계의 기원과 작용, 그리고 그 안에 있는 우리 자신의 자리까지 말이지요."[5]

학교는 비록 그를 과학자가 되는 길로 이끌어주지 않았지만, 다우드나는 그것이 자기가 원하는 길임을 알았다. 그리고 자연의 작동 원리를 이해하려는 열정과 발견을 발명으로 승화시키려는 경쟁적 욕망에 이끌려, 마침내 왓슨이 겸손의 망토를 뒤집어쓰고 "DNA 이중나선 이후 가장 중요한 생물학적 발견"이라 인정하게 될 업적에 일조할 것이었다.

SIGNET NON-FICTION • Q3770 • **95c**

A NATIONAL BESTSELLER! THE INTENSELY HUMAN STORY
BEHIND THE MOST SIGNIFICANT BIOLOGICAL DISCOVERY
SINCE DARWIN "AN ENORMOUS SUCCESS...A CLASSIC"
—*The New York Review of Books*

The Double Helix

BY NOBEL PRIZE WINNER
JAMES D. WATSON

"A publishing triumph...
Clearly a great book"
—*John Fischer*

다윈   멘델

2장

유전자

다윈

왓슨과 크릭을 DNA 구조의 발견으로 이끈 길은 그보다 한 세기 앞선 1850년대 영국의 박물학자 찰스 다윈이 『종의 기원』을 출간하고, 오늘날 체코에 자리한 브르노라는 작은 마을의 수사 그레고어 멘델이 수도원 텃밭에서 완두콩을 교배하면서 개척되었다. 다윈의 '핀치의 부리'와 멘델의 '완두콩의 형질'이 생물에서 자손에게 대물림되는 코드를 운반하는 실체, 즉 유전자(gene)라는 개념을 낳았기 때문이다.[1]

다윈은 원래 저명한 의사였던 아버지와 할아버지의 직업을 이어받으려 했다. 그러나 피를 싫어한 데다 수술 중에 묶여 있는 아이들의 비명을 유난히도 무서워했다. 그래서 의대를 다니다 포기하고 영국성공회 목사가 되기 위한 공부를 시작했지만, 그 직업도 맞지 않았다. 사실 여덟 살 때 처음 생물 표본을 수집하기 시작한 이후로 다윈의 진정한 열정은 박물학에 있었다. 마침내 스물두 살이 되던 1831년, 그는 세계 일주에 나선 HMS 비글호에 수집가로 동승하면서 인생의 기회를 얻었다.[2]

1835년, 여행 5년 차에 들어서면서 비글호는 남아메리카 태평양 연안 갈라파고스제도에 자리한 10여 곳의 작은 섬을 탐험했다. 거기에서 다윈은 핀치, 블랙버드, 밀화부리, 흉내지빠귀, 굴뚝새 등의 사체를 수집했다. 그러나 2년 뒤 영국으로 돌아온 그는 조류학자 존 굴드로부터 그 새들이 모두 핀치의 일종이라는 이야기를 듣게 되었다. 이를 바탕으로 다윈은 이 새들이 모두 하나의 공통 조상에서 진화했다는 이론을 세우기 시작했다.

영국 시골에서 어린 시절을 보낸 다윈은 말과 소가 변이를 갖고 태어나는 것을 목격한 바 있었고, 바람직한 형질을 지닌 가축을 생산하기 위해 육종가들이 수년에 걸쳐 원하는 형질을 가진 개체를 선별해 교배한다는 사실도 알고 있었다. 그렇다면 자연도 같은 일을 하지 않을까? 그는 이 선별 작업을 '자연선택'이라고 불렀다. 다윈은 갈라파고스제도와 같은 고립된 지역에서 세대마다 소수의 돌연변이가 태어나며, 시간이 지나 환경이 달라졌을 때 특정 돌연변이가 먹이경쟁에 유리하다면 결국 번식 가능성도 커진다는 이론을 제시했다. 예컨대 한 핀치 종이 과육이 많은 열매를 먹기에 적합한 부리를 지녔다고 해보자. 그런데 어느 해에 극심한 가뭄이 들어 부드러운 열매를 맺는 나무들이 모두 죽었다. 마침 무리 중 우연히 부드러운 열매보다 딱딱한 견과를 부수어 먹기에 알맞은 부리를 가진 개체가 있었다면, 그 뒤로는 이 소수의 변종들이 번성할 것이다. "새로운 환경에 바람직한 변이를 가진 개체는 살아남고, 바람직하지 못한 변이를 가진 개체는 도태된다." 다윈은 이렇게 기술했다. "그 결과는 새로운 종의 탄생이다."

당시로서는 지나치게 이단적인 이론이었고, 따라서 다윈 자신도 발표를 주저하고 있었다. 그러나 과학의 역사에서 경쟁은 종종 훌륭한 자극제가 된다. 1858년, 다윈보다 어린 박물학자 앨프리드 러셀 월리스가 비슷한 이론을 논문으로 써서 그 초안을 다윈에게 보냈다. 그제야 다윈은 서둘러 자신의 논문을 마무리 지었고, 두 사람은 어느 유명한 학회에서 동시에 연구 결과를 발표하기로 합의한다.

다윈과 월리스는 창의성의 촉매가 되는 중요한 특성을 공유했다. 두 사람 모두 다방면에 관심을 두었고, 서로 다른 분야를 연결하는 데 탁월했다. 둘 다 이국적인 지역을 여행하며 종의 변이를 관찰했으며, 영국 경제학자인 토머스 맬서스의 『인구론』을 읽었다. 맬서스는 인구가 식량 공급보다 빠르게 증가하며 이는 약하고 가난한 자들을 솎아내는 기근으로 이어진다고 주장했다. 다윈과 월리스는 이 현상이 모든 생물 종에 적용될 수 있음을 깨닫고 적자생존에 의해 진화가 추진된다는 가설에 도달했다. 다윈은 "우연히 재미 삼아 인구에 관한 맬서스의 책을 읽게 되었다. (…) 그러다 이런 환경에 바람직한 변이는 보존되고 그렇지 못한 변이는 도태되리라는 사실을 깨달았다"라고 회상했다. 과학소설가이자 생화학 교수인 아이작 아시모프는 '진화론' 탄생의 필수 조건을 다음과 같이 제시한다. "종을 연구하고, 맬서스의 책을 읽고, 그 둘을 연결할 재주를 가진 사람만 있으면 된다."[3]

종이 돌연변이와 자연선택을 통해 진화한다는 깨달음은 진화의 구체적인 메커니즘에 대한 질문으로 이어졌다. 어떻게 핀치의 부리와 기린의 목에 변이가 일어나며, 그 형질이 다음 세대에 전달되는가? 다윈은 생물체 안에 후대에 물려줄 정보가 담긴 작은 입자가 있고, 암컷과 수컷에서 온 정보가 배아 안에서 섞이리라고 추측했다. 그러나 다른 사람들이 그랬듯, 그 또한 새로운 형질이 온전한 형태로 후대에 전달되는 게 아니라 세대를 거듭하며 희석될 것이라고 여겼다.

다윈은 이 질문의 답이 적힌, 1866년에 출간된 한 무명 저널을 개인 서고에 소장했지만 끝내 그것을 읽지는 못했다. 그건 당시의 다른 과학자들도 마찬가지였다.

멘델

그 논문의 저자는 작고 통통한 수도사인 그레고어 멘델이었다. 그는 1882년, 당시 오스트리아제국에 속했던 모라비아에서 독일어를 쓰는 농부의 아들로 태어났다. 멘델은 교구의 사제가 되기보다 브르노의 수도원에서 느긋하게 텃밭을 가꾸며 지내는 편이 더 적성에 맞는 사람이었다. 체코어에 서툴렀을 뿐 아니라 목사가 되기에는 부끄러움이 많은 성격 탓이었다. 그래서 수학과 과학을 가르치는 교사가 되기로 마음먹었으나, 빈 대학에서 공부를 마치고 난 다음에도 계속해서 자격시험에 떨어졌다. 특히 생물학 시험 결과는 처참했다.[4]

마지막 시험에도 떨어진 멘델은 달리 할 일을 찾지 못해 수도원 텃밭으로 물러나 집착에 가까운 관심으로 완두콩을 교배했다. 과거 몇 년 동안도 완두콩 순종을 만드는 데 열을 올리던 터였다. 그가 키우던 완두콩은 노란색 또는 초록색 종자, 흰색 또는 보라색 꽃, 매끄럽거나 쭈글거리는 종자 등 총 일곱 개 형질에 대해 각각 두 가지 변이를 보였다. 멘델은 이를 신중하게 선별해서 교배한 결과, 이를테면 보라색 꽃만 피거나 쭈글거리는 종자만 열리는 순종 식물을 만들어냈다.

이어 그는 서로 다른 특징을 가진 식물끼리 교배하는 새로운 실험을 시도했다. 예를 들면 흰색 꽃만 피우는 종자와 보라색 꽃만 피우는 종자를 교배하는 식이었다. 집게로 일일이 식물의 꽃을 따고 작은 솔로 꽃가루를 묻히는 일은 고되기가 이루 말할 수 없었다.

멘델의 실험 결과는 당시 다윈이 집필 중인 내용을 생각하면 매우 중요했다. 각 형질이 서로 섞이지 않았던 것이다. 키가 큰 식물을 작은 식물과 교배해도 중간 키의 자손이 나오지 않았고, 보라색 꽃이 피는 식물과 흰색 꽃이 피는 식물을 교배했다고 해서 자손의 꽃이 연보라색으로 바뀌는 건 아니었다. 대신 큰 식물과 작은 식물을 교배한 자손은 모두 키가 컸고, 보라색 꽃과 흰색 꽃을 교배하면 언제나 보라색 꽃이 나왔다. 멘델은 자식 세대에서 발현하는 큰 키와 보라색 꽃을 '우성형질', 경쟁에서 이기지 못한 작은 키와 흰색 꽃을 '열성형질'이라고 불렀다.

이듬해 여름, 멘델은 한층 중대한 발견에 이르렀다. 순종과 순종을 교배해서 나온 잡종 1세대를 자가수분 했더니, 모두 보라색 꽃만 피거나 모두 큰 키로 자라는 등 우성형질만 보였던 1세대와 달리, 잡종 2세대에서는 숨어 있던 열성형질이 다시 나타났다. 게다가 그 결과에는 통계적 패턴이 있었다. 잡종 2세대에서 우성형질은 네 번 중 세 번꼴로 나타났고, 나머지 한 번은 열성형질이 나타났다. 부모 양쪽으로부터 우성유전자 두 개, 또는 우성유전자와 열성유전자를 각각 하나씩 물려받은 자손은 우성형질을 지녔고, 열성유전자 두 개를 물려받은 자손은 열성형질을 보였다.

과학은 홍보에 의해 진보한다. 그러나 조용한 수도사 멘델은 투명 망토를 걸치고 태어난 사람이었다. 그의 연구 결과는 1865년 브르노 자연과학협회 정례회에서 지역의 농부와 식물육종가 마흔 명을 대상으로 두 번에 나누어 발표된 게 고작이었다. 나중에 협회 학술지에 논문으로 출간되긴 했지만, 1900년에 비슷한 실험을 수행한 과학자들에 의해 재발견될 때까지 멘델의 논문은 거의 인용되지 않았다.[5]

멘델, 그리고 후대 과학자들의 발견은 1905년 빌헬름 요한센이라는 덴마크 식물학자가 '유전자'라고 이름 붙인 유전단위의 개념으로 이어졌다. 부모에게서 자손에게로 유전되는 정보를 코딩하는 분자는 분명히 존재했다. 과학자들은 그 분자의 정체를 밝히기 위해 수십 년간 살아 있는 세포를 연구했다.

DNA 모형 앞에 선 왓슨과 크릭(1953년)

3장

DNA

처음에 과학자들은 유전정보를 운반하는 물질이 단백질이라고 생각했다. 어쨌거나 생물체 내에서 가장 중요한 일들은 단백질이 도맡아 하기 때문이다. 그러다가 마침내 세포에 단백질 말고 공통으로 존재하는 핵산이라는 다른 물질이 정보의 대물림에 관여한다는 사실이 밝혀졌다. 핵산 분자는 당, 인산, 그리고 네 종류의 염기 중 하나로 구성된 뉴클레오타이드라는 단위체가 사슬처럼 연결되어 형성된다. 핵산에는 리보핵산(ribonucleic acid, RNA), 그리고 리보핵산과 비슷하지만 산소 원자 하나가 부족한 데옥시리보핵산(deoxyribonucleic acid, DNA)의 두 종류가 있다. 진화의 스펙트럼에서 가장 단순한 코로나바이러스와 가장 복잡한 인간 둘 다, 본질적으로는 핵산이 코딩하는 유전물질을 단백질이 둘러싸고 있는 일종의 포장물에 불과하다.

DNA가 유전정보의 저장소라는 사실이 처음으로 밝혀진 건 1944년, 생화학자 오즈월드 에이버리와 뉴욕 록펠러 대학의 동료들에 의해서였다. 이들은 한 박테리아균주에서 추출한 DNA를 다른 균주에 주입하는 실험으로 DNA가 형질전환을 일으키는 유전물질임을 보여주었다.

생명의 신비를 푸는 다음 단계는 DNA가 어떻게 유전정보를 저장하고 전달하는가를 알아내는 것이었다. 그러려면 가장 근본적인 단서부터 해독해야 했다. 바로 DNA의 구조다. DNA 분자를 이루는 원자들이 서로 맞물리고 존재하는 방식을 정확히 파악하면 그것이 작동하는 방식도 설명할 수 있을 터였다. 그 과제의 해결은 20세기에 등장한 세 학문, 즉 유전학과 생화학과 구조생물학이 융합하면서 가능해졌다.

제임스 왓슨

시카고 중산층 소년으로 공립학교 과정을 수월하게 마친 제임스 왓슨은 몹시 영악하고 건방진 아이였다. 왓슨은 식자 특유의 도발적인 성향이 몸에 배어 있었는데, 이는 과학자로서야 도움이 되었을지 모르지만 공인으로서는 미흡한 부분이었다. 평생 문장의 끝을 제대로 맺지 않고 빠르게 웅얼거리는 습관은 성급한 성격뿐 아니라 충동적인 생각을 제대로 거르지 못하는 단점을 드러냈다. 이후 왓슨이 밝힌바, 그가 부모에게서 배운 가장 큰 가르침은 "사회적 용인을 구하는 위선은 자존감을 갉아먹는다"였다. 그는 부모님의 말씀을 충실히 따랐다. 어린 시절부터 90대가 될 때까지 옳고 그름에 상관없이 자신의 주장을 잔인할 정도로 거침없이 내뱉었으니, 그 정도가 사회가 용인하는 수준을 넘을지언정 결코 자존감이 부족한 적은 없었다.[1]

어린 왓슨은 열정적인 탐조가였다. 라디오 쇼 〈퀴즈 키즈〉에 참가해서 받은 전쟁 채권으로 바슈롬사의 쌍안경을 구입해서는 아침마다 해 뜨기 전에 일어나 아버지와 함께 잭슨 파크에서 두 시간 동안 희귀한 솔새류를 찾아 헤맨 뒤에야 전차를 타고 신동들의 집합소인 랩 스쿨로 향하곤 했다.

열다섯 살에 시카고 대학에 입학한 왓슨은 조류학자가 되어 새를 향한 열정과 화학을 향한 혐오를 마음껏 발산하겠다는 계획을 세웠다. 그러다가 4학년 때 에르빈 슈뢰딩거가 쓴 『생명이란 무엇인가』의 리뷰를 읽게 되었다. 양자물리학자인 슈뢰딩거는 이 책에서 학자적 관심을 생물학으로 전환해, 유전자의 분자구조가 밝혀진다면 유전정보가 세대에서 세대로 전달되는 과정도 명확해질 거라고 주장했다. 왓슨은 다음 날 아침 곧바로 도서관에서 이 책을 대출했고, 그때부터 유전자에 집착하기 시작했다.

학부 성적이 좋지 못했던 왓슨은 칼텍 박사과정 대학원에 지원했지만 불합격했고, 하버드에서도 장학금을 받지 못했다.[2] 그래서 결국 인디애나 대학에서 박사과정을 시작했다. 미국 동부에서 종신 재직권을 받는 데 어려움을 겪는 유대인들을 교수로 채용하고, 미래의 노벨상 수상자인 허먼 멀러와 이탈리아 망명자인 살바도르 루리아를 주축으로 미국 최고의 유전학과를 개설한 학교였다.

왓슨은 루리아 밑에서 박사과정을 밟으며 바이러스를 연구했다. 이 작은 유전물질 꾸러미는 본질적으로 무생물이지만 살아 있는 세포에 침입하면 세포 내 장비를 장악해 자신을 복제하고 수를 불린다. 그중에서도 가장 연구하기 쉬운 종류가 박테리아를 공격하는 바이러스로, '파지(phage)'라고 부른다(이 용어를 잘 기억하길 바란다. 나중에 크리스퍼의 역사를 이야기할 때 다시 언급될 것이다). 파지는 '박테리아 포식자'라는 뜻의 '박테리오파지(bacteriophage)'를 줄인 말이다.

왓슨은 루리아가 이끄는 국제 생물학자 단체인 '파지 그룹'에 가입했다. 왓슨에 따르면 "루리아는 화학자들, 특히 뉴욕시라는 정글에서 온 경쟁심 강한 별종들을 혐오했다". 그러나 루리아도 파지를 알려면 화학이 필요하다는 사실을 깨달았다. 그래서 왓슨이 박사 후 연구원 자격으로 코펜하겐 대학에서 화학을 공부할 수 있도록 도움을 주었다.

하지만 정작 왓슨은 자신의 연구를 지도하는 화학자의 우물거리는 말을 이해할 수 없었고, 연구에도 큰 흥미를 느끼지 못했다. 1951년 봄 그는 코펜하겐 대학에서의 일을 잠시 중단하고 살아 있는 세포에서 발견된 분자들을 주제로 하는 나폴리 학회에 참석했다. 대부분의 발표 내용이 그에겐 너무도 어려웠지만, 킹스 칼리지 런던의 생화학자 모리스 윌킨스의 강의만큼은 대단히 흥미롭게 느껴졌다.

윌킨스는 엑스선결정학의 전문가였다. 그는 특정 분자의 포화용액을 냉각할 때 형성되는 결정을 정제하고 그 구조를 조사했다. 한 물체가 서로 다른 각도에서 빛을 받을 때 생기는 그림자를 분석하면 물체의 구조를 파악할 수 있는데, 엑스선결정법의 원리가 이와 비슷하다. 결정에 여러 각도로 엑스선을 비추고, 그때 생기는 그림자와 회절 패턴을 기록해 구조를 파악하는 식이다. 윌킨스는 나폴리 강연 말미에 이 기술을 DNA에 적용한 결과의 이미지를 보여주었다.

"갑자기 화학에 흥미가 솟구쳤다." 왓슨의 회상이다. "유전자를 결정으로 만들 수 있다니. 이는 곧 유전자가 간단히 풀 수 있는 규칙적인 구조를 가졌다는 뜻이었다." 이후 며칠 동안 왓슨은 윌킨스 밑에 들어갈 심산으로 그의 곁에 붙어 졸라댔으나 아무 소용이 없었다.

프랜시스 크릭

대신 왓슨은 1951년 가을 케임브리지 대학의 캐번디시 연구소에서 박사 후 과정을 시작했다. 이 연구소는 결정학의 개척자이자 30여 년 전부터 과학 분야 최연소 노벨상 수상자라는 기록을 보유해온 로런스 브래그 경이 이끌고 있었다.[3] 당시 공동으로 노벨상을 수상한 브래그 부자는 결정에 의한 엑스선회절 방식의 기초적인 수학 법칙을 찾아낸 바 있었다.

캐번디시 연구소에서 왓슨은 마침내 프랜시스 크릭을 만났다. 그리고 역사상 최강의 두 과학자가 팀을 결성했다. 제2차 세계대전 당시 군에 복무했던 생화학 이론가인 크릭은 서른여섯이 되도록 박사 학위를 받지 못한 채였다. 그럼에도 그는 본능에 충실해 케임브리지 방식은 전혀 개의치 않았으니, 동료들의 엉성한 사고를 바로잡고 이를 과시하는 습성을 자제하지 못했다. 왓슨도 『이중나선』 도입부에 "나는 프랜시스 크릭이 겸손하게 구는 걸 한 번도 본 적이 없다"라고 쓸 정도였다. 그러나 이 점에서는 왓슨도 절대 뒤지지 않는 사람이었으므로, 둘은 서로의 거침없는 성격에 퍽이나 감탄했다. 크릭은 "우리 둘에게는 젊은이의 오만, 무자비함, 어설픈 사고에 대한 성마름이 대단히 자연스러웠다"라고 회상했다.

크릭은 DNA 구조를 밝히는 것이야말로 유전의 미스터리를 푸는 열쇠가 되리라는 왓슨의 믿음을 공유했다. 이내 둘은 점심이면 셰퍼드 파이를 함께 먹고 연구소 근처의 허름한 술집 '이글'에서 열변을 토하는 사이가 되었다. 크릭의 떠들썩한 웃음소리와 우렁찬 목소리가 로런스 경의 집중을 방해해 결국 왓슨과 크릭은 연한 벽돌 방을 따로 배정받게 되었다.

작가이자 의사인 싯다르타 무케르지에 따르면 "두 사람은 무례와 어리석음과 불같은 재기로 맞물린, 서로의 상보적인 가닥이었다. 권위를 경멸하면서도 권위가 주는 확언을 갈망했고, 학계를 우습고 따분하게 여기면서도 거기에서 환심을 사는 법을 알았다. 또 아웃사이더임을 자처했지만 케임브리지 대학 교정에 앉아 있을 때 가장 편안함을 느꼈다. 두 사람은 자칭 바보들의 궁전에 모인 어릿광대였다".[4]

당시 칼텍의 생화학자였던 라이너스 폴링은 엑스선결정법과 화학결합의 양자역학적 이해, 팅커토이 모델 구축을 모두 조합해 단백질 구조를 밝혀냄으로써 과학계를 뒤흔들고 노벨상으로 가는 길을 착실히 다지고 있었다. 이글에서 점심을 먹으며 왓슨과 크릭은 어떻게 하면 같은 기술로 폴링보다 빨리 DNA 구조를 밝힐 수 있을지 모의했다. 심지어 이들은 DNA의 모든 원소와 결합 방식을 정확히 알아낼 때까지 사용할 탁상 모형을 제작하기 위해 캐번디시 연구소에 딸린 공구점에 주석판과 구리 전선을 절단해달라고 주문하기도 했다.

한 가지 걸림돌은 이들이 모리스 윌킨스의 영역을 침범했다는 사실이었다. 킹스 칼리지 런던의 생화학자인 윌킨스는 나폴리 학회에서 DNA 엑스선 사진으로 왓슨에게 자극을 준 사람이기도 했다. 왓슨은 "영국의 페어플레이 정신은 프랜시스가 모리스의 질문에 접근하는 걸 용납하지 않을 것이다"라고 썼다. "페어플레이라는 것이 존재하지 않는 프랑스에서라면 애초에 이런 문제가 발생할 리 없고, 미국에서도 그런 이유로 연구를 못 하는 일은 없을 텐데 말이다."

사실 윌킨스 쪽은 굳이 폴링을 이기려고 서두르는 것 같지 않았다. 당시 윌킨스는 왓슨의 책에서 과장스럽고도 하찮게 묘사된 불편한 내부 분쟁에 휘말려 있었다. 그 상대는 파리에서 엑스선회절법을 공부하고 1951년에 킹스 칼리지 런던으로 온 서른한 살의 뛰어난 영국 생화학자 로절린드 프랭클린이었다.

프랭클린은 자신이 직접 DNA 연구 팀을 이끌 요량으로 킹스 칼리지까지 온 터였다. 그러나 프랭클린보다 네 살 손위에 이미 DNA를 연구 중이던 윌킨스는 프랭클린을 자신의 연구를 도와 엑스선회절 실험을 담당할 후배 정도로밖에 여기지 않았다. 언제 충돌해도 이상하지 않은 상황에서 실제로 불과 몇 개월 만에 두 사람은 서로 말도 섞지 않는 사이가 되었다. 당시 킹스 칼리지의 성차별적 시스템도 둘을 갈라놓는 데 한 몫했다. 예컨대 캠퍼스에는 남성 교수와 여성 교수를 위한 휴게실이 따로 있었는데, 남성 교수 휴게실이 우아한 분위기에서 점심을 먹을 수 있도록 잘 꾸며진 반면 여성 교수 휴게실은 초라하기 짝이 없었다.

프랭클린은 과학에 매진하는 사람으로 실용적인 옷차림을 선호했다. 그의 수수한 외양은 괴짜를 향한 영국 학계의 애정, 그리고 여성을 성적인 시선으로만 바라보는 경향과 충돌했는데, 이는 프랭클린에 대한 왓슨의 묘사에서도 분명하게 드러난다. 왓슨은 프랭클린이 "인상이 강한 편이긴 해도 매력이 없지 않았고, 옷에 조금만 신경을 쓴다면 꽤 미인으로 보일 것"이라고 썼다. "그러나 그녀는 치장에 전혀 관심이 없었다. 검은 생머리를 돋보이게 할 립스틱 한 번 바르는 것을 못 봤다. 서른한 살의 프랭클린이 입는 옷은 영국 블루스타킹(blue-stocking, 문학이나 학문에 관심이 많은 식자층 여성을 경멸하는 말―옮긴이) 여성이 상상력을 최대한 발휘한 수준이었다."

자신의 엑스선회절 사진을 윌킨스를 비롯한 누구와도 공유하지 않던 프랭클린은 1951년 11월 그즈음의 연구에 대해 간략하게 발표하는 강연을 계획했다. 윌킨스는 케임브리지에서 기차를 타고 오라며 왓슨을 초청했다. "로지는 15분에 걸쳐 다소 긴장된 태도로 빠르게 발표했다." 왓슨의 회상이다. "그녀의 말에서 온기나 가벼움이라곤 찾아볼 수 없었다. 하지만 그녀가 전혀 매력 없는 사람이라고는 말할 수 없다. 나는 잠깐 로지가 안경을 벗고 헤어스타일을 달리하면 어떻게 보일지 상상하기도 했다. 물론 주된 관심사는 결정 엑스선회절 패턴에 관한 설명이었지만 말이다."

다음 날 아침 왓슨은 크릭에게 프랭클린의 발표 내용을 요약해 들려줬지만, 정작 받아 적은 것이 없어 핵심적인 부분, 특히 프랭클린이 DNA 샘플에서 발견한 수분함량에 관한 내용이 모호했다. 크릭은 짜증을 내면서도 왓슨이 말한 내용을 바탕으로 그림을 그리기 시작했고, 프랭클린의 데이터는 둘, 셋, 또는 네 가닥이 꼬여서 나선형을 이루는 구조로 해석할 수 있다고 자신 있게 말했다. 여러 모형을 가지고 놀다 보면 곧 답을 찾게 되리라는 게 그의 생각이었다. 그리고 일주일 뒤, 두 사람은 비록 일부 원자가 너무 가까이 붙어 뭉개지긴 했지만 해답에 근접해 보이는 것을 찾았다. 세 개의 가닥이 뼈대를 이루어 나선형으로 돌고 네 개의 염기가 바깥쪽으로 돌출된 구조였다.

왓슨과 크릭은 자신감에 가득 차 윌킨스와 프랭클린을 케임브리지로 초대했다. 다음 날 아침 두 사람이 도착하자 크릭은 불필요한 잡담은 생략한 채 곧바로 삼중 나선 구조를 보여주었다. 그러나 프랭클린은 보자마자 문제점을 지적했다. "당신들은 다음과 같은 이유로 틀렸어요." 마치 화가 난 선생님 같은 목소리였다.

프랭클린은 자신의 DNA 사진으로 미루어보건대 이 분자는 나선형이 아니라고 주장했다. 이 점에 있어서는 프랭클린의 주장이 틀린 것으로 판명 날 터였다. 그러나 다른 두 가지 반대 의견은 옳았다. 꼬인 뼈대는 안쪽이 아닌 바깥쪽에 있어야 했다. 그리고 이들이 제안한 모형에는 물의 양이 충분하지 않았다. "로지의 DNA 시료에 들어 있던 수분함량에 대한 내 기억이 정확하지 않았다는 수치스러운 사실이 드러났다." 왓슨은 건조하게 밝혔다. 이번만큼은 윌킨스도 프랭클린의 편을 들며 당장 역으로 출발해 런던행 3시 40분 기차를 타자고 제안했고, 두 사람은 그렇게 떠나버렸다.

왓슨과 크릭은 망신스러운 상황에 놓였을 뿐 아니라 징계까지 받았다. DNA 연구를 중단하라는 로런스 경의 명령이 떨어진 것이다. 이들이 만든 모형 부품들은 런던의 윌킨스와 프랭클린에게 보내졌다.

왓슨을 더 절망하게 한 것은 라이너스 폴링이 칼텍에서 영국으로 강연을 하러 온다는 소식이었다. 그렇게 되면 아마도 DNA 구조를 밝히려는 폴링의 작업에 한층 가속이 붙을 터였다. 다행히 미국 국무부가 큰일을 해냈다. 빨갱이 사냥과 매카시즘이 낳은 비정상적인 분위기 속에 폴링은 뉴욕 공항에서 출국 금지를 당했고 여권까지 빼앗겼다. FBI가 그의 출국을 국가에 위협이 된다고 판단할 만큼 파시스트적인 견해를 표출했다는 이유였다. 그래서 폴링은 영국에서 결정학 연구의 진척 상황을 살필 기회를 얻지 못했고, 이는 DNA 구조를 밝히는 경쟁에서 미국이 패하는 데 일조하게 된다.

반대로 왓슨과 크릭은 케임브리지 연구소에 있는 폴링의 아들 피터를 통해 폴링 쪽 사정을 꿰고 있었다. 왓슨이 보기에 피터는 쾌활하고 재미있는 사람이었다. "우리는 영국, 유럽 대륙, 캘리포니아에서 온 여학생들의 장단점에 관해 깊은 대화를 나누었다." 왓슨은 이렇게 당시를 회고했다. 그러나 1952년 12월의 어느 날, 젊은 폴링이 실험실에 들어와 책상 위에 발을 올리더니 왓슨이 두려워하던 소식을 전했다. 손에는 아버지로부터 온 편지가 들려 있었다. 폴링이 마침내 DNA 구조를 알아냈고 곧 출판할 예정이라는 내용이었다.

라이너스 폴링의 논문은 2월 초에 케임브리지에 도착했다. 피터가 먼저 사본을 입수해 와서는 아버지가 내린 결론이 과거 왓슨과 크릭이 추론했던 내용과 비슷하다고 말해주었다. 뼈대가 중심에 자리한 삼중 나선 사슬이었다. 왓슨은 피터의 실험복 주머니에서 논문을 꺼내 읽기 시작했다. "이내 뭔가 잘못되었다는 느낌이 들었다." 왓슨의 말이다. "이어 몇 분간 그림을 들여다보고 실수를 잡아냈다."

왓슨은 폴링이 제안한 모형의 일부 원자 연결이 안정적이지 않다는 점을 알아챘다. 그는 크릭을 비롯한 연구소 사람들과 이에 대해 이야기했고, 곧 모두가 폴링이 커다란 '실수'를 저질렀음을 확신했다. 이들은 흥분한 나머지 일찍 퇴근해 곧바로 이글로 달려갔다. "술집이 문을 열자마자 우리는 폴링의 실패를 축하하며 건배했다." 왓슨이 말했다. "나는 프랜시스더러 셰리주 대신 위스키를 사라고 했다."

생명의 비밀

왓슨과 크릭은 더 이상 시간을 낭비할 수도, 윌킨스와 프랭클린에게 모든 것을 맡기라는 명을 따를 수도 없었다. 결국 어느 날 오후 왓슨은 폴링의 논문 초안을 들고 런던행 기차에 올랐다. 도착했을 때 윌킨스는 외출 중이었으므로 왓슨은 무작정 프랭클린의 연구실로 들어갔다. 최신 DNA 엑스선 이미지를 살피느라 조명 박스 위로 몸을 숙이고 있던 프랭클린이 사나운 눈초리로 노려봤지만, 왓슨은 아랑곳없이 폴링의 논문을 요약하기 시작했다.

프랭클린은 DNA가 나선형이라는 가능성에 대해 여전히 의심을 품고 있었기 때문에 둘 사이에 잠시 설전이 오갔다. "나는 그녀의 말을 끊고 일반적으로 고분자가 취할 수 있는 가장 단순한 형태는 나선형이라고 주장했다." 왓슨이 회상했다. "그때 로지는 화를 참을 수 없는 지경에 이르러, 나더러 그만 징징대고 자신이 찍은 엑스선 증거를 보면 내가 얼마나 어리석은지 알게 될 거라고 소리쳤다."

당신은 실험자로서 훌륭하니 이론가들과 협업하는 방법만 터득하면 분명 대성할 거라는 왓슨의 무례한 지적에 대화는 파국으로 치달았다. "로지가 갑자기 우리 사이에 있던 실험대를 돌아 내 쪽으로 다가오기 시작했다. 엄청나게 분노한 모습에 나는 얻어맞을까 겁이 나서 폴링의 논문을 집어 들고 급히 물러섰다."

일촉즉발의 순간 윌킨스가 들어와 왓슨을 데리고 나온 뒤 찻잔을 건네며 그를 진정시켰다. 그러곤 프랭클린이 DNA 구조의 새로운 증거가 될 만한 젖은 형태의 DNA 사진을 찍었다고 털어놓더니, 옆방으로 가서 훗날 '51번 사진'이라고 불리게 될 인쇄물을 들고 왔다. 사실 윌킨스가 그 사진을 입수한 경로에는 아무런 문제가 없었다. 프랭클린과 함께 일하며 사진을 찍은 대학원생의 박사과정 지도교수가 바로 그였기 때문이다. 그러나 그것을 왓슨에게 보여준 것은 현명하지 못한 행동이었다. 왓슨은 중요한 매개변수 일부를 기록해 케임브리지로 돌아가 크릭과 공유했다. 그 사진은 DNA 구조에서 뼈대가 분자의 안쪽이 아니라 마치 나선형 계단의 난간처럼 바깥쪽에 있다는 프랭클린의 주장이 옳다는 사실

로절린드 프랭클린

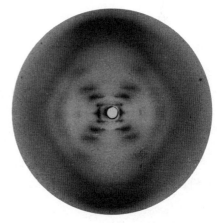

'51번 사진'

을 보여주었다. 그러나 DNA가 나선 구조가 아니라는 프랭클린의 주장은 틀렸다. "사진 속 검은 십자가는 나선형 구조에서만 나올 수 있는 상이었다." 왓슨은 이내 알아보았다. 프랭클린의 연구 노트를 보면, 왓슨이 방문한 후에도 그녀는 여전히 DNA의 진짜 구조에서 몇 걸음 벗어나 있었음을 알 수 있다.[5]

난방이 되지 않는 기차를 타고 케임브리지로 돌아오는 길에 왓슨은 《타임스》 여백에 자신의 아이디어를 스케치했다. 밤이면 문이 잠겼기에 그는 대학 사택 뒷문을 넘어서 들어가야 했다. 다음 날 아침 캐번디시 연구소에 출근했을 때 왓슨은 로런스 브래그 경과 마주쳤다. 왓슨과 크릭에게 DNA에서 손 떼라고 명령한 터였지만, 왓슨이 이번에 알게 된 사실을 흥분해서 요약한 뒤 다시금 모델을 만들어보고 싶다고 하자 브래그 경은 승낙했다. 왓슨은 계단을 뛰어 내려가 공구점으로 가서 새로운 모형 부품을 주문했다.

왓슨과 크릭은 곧 프랭클린의 데이터를 더 입수했다. 프랭클린이 영국 의학연구위원회에 연구 보고서를 제출했는데, 한 위원이 이를 그들과 공유한 것이다. 엄밀히 말해 이들이 프랭클린의 발견을 훔쳤다고 볼 수는 없다 해도, 프랭클린의 허락 없이 그녀의 연구 결과를 무단으로 도용한 것만은 분명하다.

그 무렵 왓슨과 크릭은 DNA 구조에 상당히 근접해 있었다. 나선형으로 꼬여서 이중나선을 형성하는 것은 당과 인산이 연결된 두 개의 가닥이었다. 그리고 이 나선형의 가닥에서 네 개의 염기, 즉 아데닌(adenine), 티민(thymine), 구아닌(guanine), 시토신(cytosine) 중 하나가 돌출되어 있었다(각각은 첫 글자를 따서 A, T, G, C로 표기하는 게 일반적이다). 이제 두 사람은 뼈대가 바깥쪽에 있고 염기가 안쪽을 향한다는 프랭클린의 견해에 동의해, DNA 구조가 꼬인 사다리 또는 나선형의 계단 형태라는 결론을 내렸다. 이후 왓슨이 짐짓 관대한 척 미약하게나마 인정한 말을 빌리자면, "따라서 이 문제에 관한 과거 프랭클린의 비타협적 주장은 페미니스트의 어긋난 감정 분출이 아니라 일류 과학을 반영한 것이었다".

왓슨과 크릭은 원래 같은 염기끼리 서로 짝을 이룬다고 생각했다. 말하자면 사다리의 가로대가 아데닌과 아데닌, 시토신과 시토신 등의 결합으로 이루어졌으리라는 것이었다. 그러나 어느 날 두꺼운 판지를 잘라 만든 염기 모형으로 이리저리 짝짓기를 해보던 왓슨은 "불현듯 이중 수소결합에 의한 아데닌-티민 쌍의 모양이 최소한 두 개의 수소결합으로 연결된 구아닌-시토신 쌍의 모양과 같다는 사실을 알아챘다". 그는 다양한 전문가들이 상주하는 연구소에 소속된 행운을 십분 활용했다. 연구소의 한 양자화학자가 아데닌은 언제나 티민을, 구아닌은 언제나

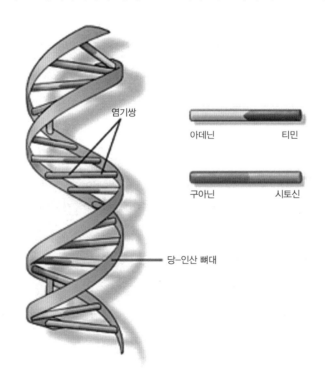

염기쌍

아데닌   티민

구아닌   시토신

당-인산 뼈대

시토신을 끌어당긴다고 확인해주었다.

이 구조는 대단히 흥미로운 결과를 이끌어냈다. 사다리의 어느 쪽 절반도 원래의 짝을 끌어당길 수 있으므로 두 가닥이 쪼개어 갈라진다 해도 남은 한 가닥만으로 완벽하게 복제가 가능하다는 사실이었다. 다시 말해, 분자가 스스로를 복제하고 염기 서열에 코딩된 정보를 전달할 수 있는 구조였다.

왓슨은 다시 공구점으로 가서 모형에 쓸 네 종류의 염기를 서둘러 만들어달라고 보챘다. 이 시점에는 공구점의 기계공들한테도 흥분이 전염된 상태라, 이들은 두세 시간 사이 빛나는 금속판의 납땜을 마쳤다. 모든 부품을 갖춘 왓슨은 불과 한 시간 만에 원자들을 엑스선 데이터와 화학결합의 법칙에 적합하게 배열했다.

『이중나선』에서 왓슨은 이 인상적인 순간을 다소 과장스러운 어조로 묘사한다. "프랜시스는 이글로 날아가 모두가 들을 수 있는 자리에 서서 우리가 생명의 비밀을 발견했다고 외쳤다." 그 해법은 사실일 수밖에 없을 정도로 훌륭했다. 이 구조는 분자의 기능에 실로 완벽했다. 복제가 가능한 코드를 지니고 있었던 것이다.

왓슨과 크릭은 1953년 3월의 마지막 주말에 논문을 완성했다. 고작 975단어짜리 논문이었다. "다윈의 책 이후로 생물학에서 가장 유명해질 사건에 동참하는 일"이라는 왓슨의 설득에 넘어간 여동생이 타자를 쳐주었다. 크릭은 이 구조가 유전 현상에 미치는 영향까지 논문에 싣고 싶었지만, 왓슨은 짧은 결론이 더 큰 호소력을 지닌다며 그를 설득했다. 이렇게 해서 과학계의 가장 중요한 한 문장이 만들어졌다. "위에서 제시한 이 특이적 짝짓기가 유전물질의 복제 기작일 가능성을 우리는 바로 알아보았다."

1962년 노벨상은 왓슨과 크릭, 그리고 윌킨스에게 돌아갔다. 프랭클린은 후보 자격이 없었다. 1958년, 아마도 방사선 노출이 원인이었을 난소암으로 서른일곱의 나이에 세상을 떠났기 때문이다. 만일 프랭클린이 살아 있었다면 노벨상 위원회로서는 꽤나 난처했을 것이다. 각 상은 최대 세 명에게 수여할 수 있으니 말이다.

1950년대에는 두 종류의 혁명이 있었다. 수학자 클로드 섀넌과 앨런 튜링은 세상 모든 정보가 비트라고 알려진 이진수로 코딩될 수 있음을 보였고, 이는 온·오프 스위치가 달린 정보처리 회로로 구동되는 디지털 혁명으로 이어졌다. 한편 왓슨과 크릭은 세상 모든 생명체의 세포를 만드는 설명서가 어떻게 DNA 속 네 개의 문자열로 코딩되는지를 발견했다. 디지털 코딩(0100110111001……)과 유전자 코딩(ACTGGTAGATTACA……)에 기반한 정보 시대가 도래한 것이다. 역사의 흐름은 두 강이 합류할 때 급물살을 탄다.

퍼모나 대학 실험실에서

4장
생화학자가 되다

과학하는 소녀

훗날 제니퍼 다우드나는 제임스 왓슨을 만나고, 때로는 함께 일하면서 그의 온갖 복잡한 성격과 마주할 터였다. 어떤 면에서 왓슨은 다우드나의 지적 대부였다. 적어도 서슴지 않고 '다크사이드 포스'를 풍기는 발언들을 내뱉기 전까지는 말이다. (영화 〈스타워즈〉에서 쉬브 팰퍼틴이 아나킨 스카이워커에게 말했듯이 "다크사이드 포스란 누군가는 부자연스럽다고 생각하는 능력을 갖추는 길이다".)

그러나 처음 왓슨의 책을 읽은 6학년생 다우드나의 반응은 아직 훨씬 단순했다. 『이중나선』은 자연의 아름다움을 한 꺼풀 벗기고 "사물이 가장 근본적이고 내적인 차원에서 작동하는 방식과 이유"를 찾아내는 일이 가능함을 깨닫게 해주었다. 생명은 분자로 이루어져 있으며, 이 분자들이 하는 일을 지배하는 것은 그 화학 성분과 구조였다.

또한 다우드나는 이 책을 읽으며 과학에 흥미를 느꼈다. 그때껏 읽었던 모든 과학책은 "실험복을 입고 안경을 쓴, 감정이라고는 없어 보이는 남성"만을 그렸다. 그러나 『이중나선』이 보여주는 그림은 다채로웠다.

"과학을 공부하면 재미있겠다는 생각이 들었어요. 엄청난 미스터리의 발자취를 따라가며 여기저기서 단서를 찾은 다음, 그 조각들을 하나로 합치는 거죠." 왓슨과 크릭, 프랭클린의 이야기는 경쟁과 협력의 이야기이자, 데이터와 이론이 춤을 추는 이야기이며, 다른 실험실과 벌이는 승부에 관한 이야기였다. 그 모든 것이 어린 다우드나에게 큰 울림을 주었고, 앞으로 과학자의 길을 걷는 내내 그럴 것이었다.[1]

고등학교에서 다우드나는 DNA와 관련한 간단한 생물학 실험을 했다. 연어의 정세포를 해부해 끈적거리는 내용물을 유리 막대로 젓는 일이었다. 활기 넘치는 화학 선생님, 그리고 정상 세포가 암세포로 변하는 생화학적 과정을 강의한 어느 여성의 모습에 다우드나는 감명을 받았다. "여자도 과학자가 될 수 있다는 사실을 다시금 확실히 깨달았어요."

또한 그에겐 용암 동굴 속의 눈 없는 거미와 손을 대면 오그라드는 '잠자는 풀', 암 덩어리로 돌변할 수 있는 사람의 세포에 대한 어린 시절 호기심을 하나로 이어주는 실타래도 있었다. 다름 아닌 『이중나선』이라는 탐정 이야기였다.

다우드나는 대학에서 화학을 전공하고 싶었지만, 그 시대의 많은 여성 과학자들처럼 반대에 부딪혔다. 학교의 진학 상담 교사에게 자신의 목표를 말하자, 나이 많고 보수적인 일본계 미국인 교사는 "노, 노, 노!"를 연발하며 빈정거렸다. 다우드나는 잠시 말을 멈추고 그를 바라보았다. "여자가 무슨 과학을 하겠다고." 그는 확고했다. 심지어 다우드나가 대학 입학 자격시험에서 화학 과목에 응시하려는 것조차 말렸다. "너, 화학이 뭔지, 그게 무슨 시험인지 알기는 하니?"

어린 다우드나는 상처를 받았다. 그러나 이는 오히려 결심을 굳히는 계기가 되었다. "좋아, 해보겠어." 다우드나는 스스로에게 다짐했다. "내

가 보여줄 거야. 내가 하고 싶다는데 못 할 게 뭐람." 화학과 생화학 과정
으로 유명한 캘리포니아의 퍼모나 대학에 지원한 그는 곧 합격 통보를
받았고, 1981년 가을에 입학했다.

학부 시절

썩 즐거운 시작은 아니었다. 어려서 한 학년을 통째로 건너뛴 다우드
나는 이제 겨우 열일곱 살이었다. "아주 큰 연못에 뛰어든 작은 물고기
가 된 기분이었어요. 내게 무슨 재능이 있나 하는 생각도 들었고요." 다
우드나는 향수에 빠졌고, 다시금 위화감을 느꼈다. 부유한 남부 캘리포
니아 출신인 다른 학생들은 다들 자기 차를 몰고 다녔지만, 다우드나는
학교에서 보조금을 받는 데다 생활비를 충당하기 위해 아르바이트까지
해야 했다. 장거리전화 요금도 비싼 시절이었다. "경제적으로 여유로운
형편이 아니었어요. 부모님은 수신자 부담으로 전화하라고 하셨지만,
한 달에 한 번뿐이었죠."

화학을 전공하겠다고 대학까지 왔건만, 과연 자신이 해낼 수 있을지
의구심이 들었다. 고등학교 진학 상담 선생님 말씀이 옳았던 걸까? 일반
화학 강의를 듣는 200여 명의 학생 중 대부분은 AP 화학 시험(고등학교
에서 대학 1학년 과목을 미리 수강하고 학점을 따는 제도—옮긴이)에서 만점을
받은 학생들이었다. "못 오를 나무를 쳐다보고 있는 건 아닌가 싶었죠."
기질적으로 경쟁심이 강한 다우드나에게 평범한 학생으로 머물러야 하
는 분야는 이미 매력이 없었다. "최고의 자리에 오르지 못할 거라면 군
이 화학자가 될 이유가 없었어요."

다우드나는 프랑스어로 전공을 바꾸기로 했다. "프랑스어 교수님을

찾아가 상담했어요. 전공이 뭐냐고 물으시더라고요." 화학이라고 답하
자 교수는 포기하지 말고 끝까지 해보라고 말했다. "정말 단호하셨어요.
네가 화학을 전공한다면 무슨 일이든 할 수 있을 테지만, 프랑스어를 전
공한다면 그저 프랑스어 선생이 되고 그만일 거라며 절 설득하셨죠."[2]

 1학년을 마치고 여름에 집으로 돌아가 돈 헴스(다우드나 가족의 지인이
자 다우드나를 데리고 산책을 다니던 하와이 대학 생물학과 교수)의 실험실에
서 일하기 시작하면서 상황이 나아지기 시작했다. 당시 헴스는 전자현
미경으로 세포 속 화학물질들의 이동을 조사하고 있었는데, 그에 따르
면 "제니퍼는 세포를 들여다보고 세포 속 작은 입자들이 하는 일을 연구
할 수 있다는 사실에 아주 놀라워했다".[3]
 한편 헴스는 조개껍데기의 진화에 대해서도 연구 중이었다. 활동적인
스쿠버다이버였던 헴스가 바닷속에 들어가 아주 작은 샘플들을 퍼 올리
면, 학생들은 그를 도와 샘플을 수지에 박아 넣고 얇게 절단한 다음 전
자현미경으로 분석했다. "헴스가 껍데기의 발달 과정을 볼 수 있도록 다
양한 화학약품을 사용해 샘플을 염색하는 법을 알려줬어요." 다우드나
는 처음으로 실험 노트를 쓰기 시작했다.[4]
 대학의 화학 수업에서는 실험이 정해진 순서에 따라 진행되었고, 고
정된 실험법과 예상되는 답이 있었다. "헴스 실험실에서 하는 일은 그렇
지 않았어요." 다우드나가 말했다. "학교 수업과는 달리 어떤 답이 나올
지 알지 못했죠." 이 과정에서 다우드나는 발견의 스릴을 맛보았다. 또
한 과학자 집단의 일부가 된다는 게 어떤 느낌인지도 깨달았다. 과학이
란 앞으로 나아가면서 조각들을 하나로 맞추어 자연이 작동하는 방식을
알아내는 과정이었다.

가을이 되어 퍼모나로 돌아온 다우드나는 친구를 사귀고 사람들과도 잘 어울리기 시작했다. 화학에 대한 자신감도 되찾았다. 그는 대학의 근로 장학 프로그램을 신청해 다양한 화학 실험실에서 여러 가지 일을 했다. 하지만 이 일들 대부분에서 큰 매력을 느끼지는 못했는데, 그의 관심이 화학과 생물학이 교차하는 지점에 쏠려 있었기 때문이다. 그러다가 3학년을 마치고 여름방학 동안 생화학과 교수인 샤론 파나센코 실험실에 들어간 것이 전환점이 되었다. "당시 여성 생화학자들은 지금보다 더 어려움을 겪었죠. 저는 파나센코 교수를 과학자로서, 또 롤 모델로서 존경했어요."[5]

당시 파나센코는 살아 있는 세포의 메커니즘이라는, 다우드나의 관심에 딱 맞아떨어지는 주제에 대해 연구하고 있었다. 토양에서 발견된 한 점액 세균은 기아 상태일 때 서로 소통해 '자실체(fruit body)'라는 군집을 형성하는데, 이때 수백만 마리가 화학 신호를 주고받으며 어떤 식으로 무리를 이룰지 알아낸다. 다우드나는 이 화학 신호의 작용을 밝히는 일을 맡았다.

파나센코는 말했다. "참고로 실험실 테크니션이 지금 6개월째 이 박테리아를 키우는 중이지만 잘 안 되고 있어. 쉽지 않을 거야." 그래서 다우드나는 일반적인 페트리접시가 아닌 커다란 베이킹 팬에다 박테리아를 배양해보기로 했다. "밤에 배양기에 시료를 넣어두었는데, 다음 날 아침 실험실에 와서 팬 위에 덮어둔 포일을 열어보고 깜짝 놀랐어요! 정말 아름다운 구조물이었어요." 영양이 부족한 박테리아들이 축구공 같은 자실체를 형성하고 있었다. 다른 사람이 실패한 일을 다우드나가 해낸 것이었다. "믿을 수 없는 순간이었어요. 나도 과학을 할 수 있다는 자신감이 생겼죠."

실험들은 좋은 결과를 냈고, 파네센코는 《세균학회지》에 논문을 냈다. 이 논문에서 파네센코는 다우드나를 포함한 실험실 연구 조수 네 명의 "예비 관찰이 이 프로젝트에 의미 있는 기여를 했다"고 썼다. 다우드나의 이름이 처음으로 과학 학술지에 실리는 순간이었다.[6]

하버드

학부 졸업을 앞두고 대학원을 알아보는 동안, 다우드나는 물리화학 수업에서 수석을 차지할 만큼 좋은 성적에도 불구하고 처음에는 하버드를 생각하지 않았다. 그러나 아버지가 적극적으로 지원을 권유했다. 다우드나는 만류하듯 말했다. "에이, 아빠. 전 합격하지 못할 거예요." 그러자 그의 아버지는 이렇게 대답했다. "지원하지 않으면 당연히 못 들어가지." 다우드나는 합격했고, 심지어 생활비까지 넉넉하게 지원받았다.

그해 여름 다우드나는 퍼모나 대학 시절 근로 장학생으로 일하면서 저축한 돈으로 유럽을 여행했다. 이어 1985년 7월, 여행을 마치고 돌아온 그는 개강 전에 연구를 시작하기 위해 곧장 하버드로 갔다. 다른 대학과 마찬가지로 하버드에서도 대학원생들을 학기마다 돌아가며 다른 교수의 실험실에 배치시켰다. 다양한 실험 기법을 익히고 학위 연구를 수행할 실험실을 올바로 선택할 기회를 주기 위해서였다.

다우드나는 당시 대학원 과정을 이끌던 로베르토 콜테르를 찾아가 그의 랩에서 로테이션을 시작하고 싶다고 했다. 콜테르는 박테리아를 전공한 젊은 스페인 사람으로, 환한 미소와 우아하게 빗은 머리에 무테 안경을 낀, 활기찬 말투의 소유자였다. 콜테르 랩에는 스페인이나 라틴 아메리카에서 온 연구원들이 유난히 많아 상당히 국제적인 분위기였다. 다우드나는 젊고 정치적으로도 활발한 과학자들을 보고 놀랐다. "저는 매체에서 백인 할아버지로 그려진 과학자들을 보며 자랐기 때문에 하버드에서 함께 일할 사람들도 그럴 거라고 막연하게 생각했어요. 콜테르랩에서의 경험은 전혀 달랐죠." 이후 크리스퍼에서 코로나바이러스까지, 과학자로서 다우드나가 걷는 길은 현대 과학의 글로벌한 성격을 그대로 반영하게 될 터였다.

콜테르는 다우드나에게 박테리아가 다른 박테리아에 유독한 분자를 생산하는 과정을 연구하게 했다. 다우드나는 박테리아에서 추출한 유전자를 클로닝(해당 유전자의 정확한 DNA 복제본을 만드는 작업)하고 기능을 테스트하는 일을 맡았다. 그는 새로운 방식으로 클로닝을 시도해보고 싶었다. 콜테르는 잘 안 될 거라며 말렸지만 고집 센 다우드나는 뜻대로 밀고 나갔다. "제 방식대로 해서 결국 클론을 얻었습니다." 다우드나의 말에 콜테르는 당혹스러워하면서도 적극적으로 지원해주었고, 이는 다우드나가 자신의 내면에 도사리고 있던 불안감을 극복하는 계기가 되었다.

마침내 다우드나는 효모 DNA를 연구하는 지적이고 다재다능한 생물학자 잭 쇼스택 랩에서 박사 학위 논문을 쓰기로 했다. 폴란드인의 피를 받은 캐나다계 미국인인 쇼스택은 당시 하버드 분자생물학과의 젊은 천재 중 한 명이었다. 랩을 운영하는 위치에 올라서도 여전히 실험대 앞에 앉아 직접 실험하는 사람이기도 했다. 쇼스택 교수가 실험하는 모습을 보고 사고하는 과정을 들으며, 다우드나는 위험을 감수하는 그의 방식에 감탄했다. 쇼스택이 가진 지성의 핵심은 서로 다른 분야를 예상치 못한 연결 고리로 묶는 능력에 있었다.

쇼스택 랩에서의 실험을 통해, 다우드나는 기초과학이 응용과학으로 전환되는 과정을 엿볼 수 있었다. 효모 세포가 DNA 조각을 제 유전물질에 매우 효율적으로 끼워 넣는 것을 확인한 그는 이 사실을 활용할 방법을 연구하기 시작했다. 우선 시험관에서 효모의 특정 DNA 염기 서열과 동일한 서열을 끝에 달고 있는 DNA 가닥을 만든 뒤, 미량의 전기 충격을 주어 효모 세포벽의 작은 통로를 열고 자신이 제작한 DNA를 안에 들여보낸 다음 효모 DNA와 결합시켰다. 이렇게 효모 유전자를 편집하는 도구가 만들어졌다.

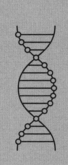

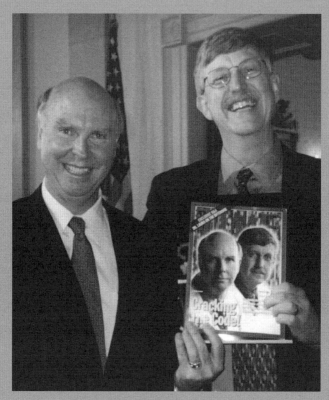

크레이그 벤터와 프랜시스 콜린스

5장
인간 게놈

제임스 왓슨과 루퍼스 왓슨

다우드나가 잭 쇼스택 랩에서 일하고 있던 1986년, 대규모 국제 과학 협력 사업이 기획되었다.[1] 공식 명칭 '인간 게놈 프로젝트'의 목표는 30억 인간 DNA 염기쌍의 서열을 알아내고 이 염기쌍이 코딩하는 2만여 개의 유전자 지도를 그리는 것이었다.

인간 게놈 프로젝트의 시발점에 다우드나의 어린 시절 영웅이었던 제임스 왓슨과 그의 아들 루퍼스가 관여했다. 『이중나선』을 쓴 이 도발적인 과학자는 당시 롱아일랜드 북쪽 해안 45만여 제곱미터짜리 숲속에 자리한, 생물의학 연구와 세미나의 천국과도 같은 콜드 스프링 하버 연구소의 소장이었다. 1890년에 설립된 이 연구소는 과학사에서 중요한 역할을 해왔다. 1940년대에 살바도르 루리아와 막스 델브뤼크가 젊은 왓슨이 소속된 파지 연구 팀을 이끈 것도 이곳에서였다. 그러나 이 연구소는 논란의 유령이 출몰하는 곳이기도 했다. 1904년부터 1939년까지, 당시 연구소장이었던 찰스 대븐포트 휘하에서 우생학 연구가 활발히 진행되며 인종과 민족에 따라 지능과 범죄성 등의 형질에 유전적 차이가 있다는 주장을 낳은 터였다.[2] 그리고 1968년부터 2007년까지 연구소장을 역임한 왓슨이 임기 말에 인종과 유전학에 대한 발언으로 이 유령들을 다시 소환할 것이었다.

연구 중심지로서 콜드 스프링 하버에서는 다양한 주제를 선별해 연간 약 30회의 학회를 개최했다. 1986년에 왓슨은 '게놈 생물학'을 주제로 연례 학회를 조직했는데, 그 첫 번째 해의 의제가 바로 인간 게놈 프로젝트였다.

학회 당일, 왓슨은 자리에 모인 과학자들에게 충격적인 소식을 전하며 양해를 구했다. 앞서 세계무역센터에서 창문을 깨고 투신하려다 붙잡혀 강제 입원되었던 아들 루퍼스가 정신병원에서 탈출했다는 것이었다. 루퍼스는 행방불명되었고, 왓슨은 아들을 찾기 위해 회의장을 떠났다.

1970년에 태어난 루퍼스는 갸름한 얼굴에 헝클어진 머리를 한 소년으로, 아버지를 닮아 삐딱한 미소를 짓곤 했다. 또한 굉장히 명석했다. "한동안 루퍼스와 함께 새를 보러 다닌 적이 있는데, 그때 아들과 유대감을 쌓는 것 같아 굉장히 좋았습니다." 왓슨의 말이다. 탐조 활동은 왓슨이 시카고에 사는 영특하고 마른 아이였을 때 아버지와 함께하던 일이었다. 그러나 루퍼스는 어려서부터 사람들과 잘 소통하지 못했고, 엑서터의 기숙학교에서 생활하던 10학년 때는 정신병이 발병해 집으로 보내졌다. 며칠 뒤, 그는 생을 마감할 계획으로 세계무역센터 꼭대기에 올라갔다. 의사들은 조현병이라고 진단했다. 아버지 왓슨은 눈물을 흘렸다. "그 전까지는 남편이 우는 걸 한 번도 본 적이 없어요. 어쩌면 태어나서 처음 울었는지도 몰라요." 아내 엘리자베스는 말했다.[3]

왓슨은 엘리자베스와 함께 아들을 찾아다니느라 콜드 스프링 하버 게놈 회의에 거의 참석하지 못했다. 다행히 루퍼스는 숲속에서 헤매다가 발견되었다. 이렇듯 왓슨의 과학은 현실의 삶과 교차했다. 인간 게놈 지도를 제작하는 대규모 국제 프로젝트는 왓슨에게 더 이상 추상적인 학문의 추구가 아니었다. 지극히 개인적인 일이었고, 그 바탕에는 인생을 결정짓는 유전자의 힘에 대한 강박에 가까운 믿음이 있었다. 루퍼스를 그리 만든 것은 양육이 아니라 본성이었다. 인류 집단의 구성원을 각기 지금의 모습으로 만든 것도 마찬가지였다.

적어도 자신이 발견한 DNA와 성치 않은 아들이라는 렌즈를 끼고 세상을 보았던 왓슨에게는 그렇게 여겨졌다. "루퍼스는 대단히 영리하고 통찰력이 뛰어나며 배려심이 있는 아이였지만, 동시에 감당하기 힘든 분노를 품고 있었습니다." 왓슨의 말이다. "루퍼스가 어렸을 때, 아내와 나는 그 애가 성공할 수 있는 좋은 환경을 마련해주고 싶었어요. 그러나 곧 문제는 유전자에 있다는 사실을 깨달았습니다. 그래서 인간 게놈 프로젝트를 주도하게 되었죠. 아들을 이해하고, 이 아이가 정상적인 삶을 살게 돕는 유일한 방법이 게놈을 해독하는 것이었으니까요."[4]

시퀀싱 경쟁

1990년 인간 게놈 프로젝트가 공식적으로 출범했을 때, 왓슨은 초대 총감독으로 임명되었다. 주요 참가자는 모두 남성이었다. 1993년에야 프랜시스 콜린스가 왓슨의 뒤를 잇게 되는데, 참고로 그는 2009년에 미국 국립보건원 원장으로 임명된다. 팀의 젊은 수재들 중에는 카리스마와 투지가 넘치는 에릭 랜더가 있었다. 고등학교 수학 팀 주장에, 로즈 장학금을 받고 옥스퍼드에서 코딩 이론으로 박사과정을 마친 뒤 MIT에서 유전학자가 된 브루클린 출신의 특출한 학생이었다. 가장 논란이 된 참가자는 거칠고 사나운 크레이그 벤터로, 베트남 전쟁의 신년 대공세 기간에 징집병으로 미 해군 야전병원에서 근무하다가 바다로 뛰어들어 자살을 시도한 전적이 있고, 그 이후 생화학자이자 생명공학 사업가가 된 사람이었다.

이 프로젝트는 협업으로 시작되었지만, 많은 발견과 혁신의 이야기가 그렇듯 결국 경쟁으로 발전했다. 벤터는 보다 경제적이고 빠르게 시퀀싱(sequencing, DNA 염기 서열을 밝히는 작업—옮긴이)하는 새로운 방법을 찾아내 개인 회사인 셀레라를 설립했다. 정부보다 먼저 인간 게놈 시퀀싱을 끝내 유전자 정보에 특허를 낼 심산이었다. 이에 왓슨은 랜더에게 정부 사업을 재정비하고 작업 속도를 높여달라고 요청했다. 랜더는 자존심에 상처를 입었지만, 벤터의 독자적인 시도를 충분히 따라잡을 수 있으리라 확신했다.[5]

2000년 초, 벤터와 콜린스는 언론을 통해 서로를 저격하기 시작했다. 콜린스는 벤터의 시퀀싱을 '클리프 노트(Cliff's Notes, 요약본—옮긴이)' 또는 풍자 잡지 《매드》에 비유했고, 벤터는 열 배의 돈을 들이고도 지지부진한 정부 프로젝트를 비웃었다. 이 경쟁이 대중의 구경거리가 되자 빌 클린턴 대통령이 두 사람의 휴전을 추진했다. 클린턴은 최고 과학 고문에게 "해결하시오. 이 작자들이 함께 일하게 만드시오"라고 명령했다. 그렇게 콜린스와 벤터는 함께 모여 피자와 맥주를 먹으며, 세계에서 가장 중요한 생물학 데이터가 될 자료를 사적으로 사용하기보다 서로의 공을 인정하고 공공재산으로 만들기 위한 합의점을 찾았다.

몇 번의 비공개 회의를 더 거친 뒤에야, 클린턴은 콜린스와 벤터를 백악관에서 열린 기념식에 초대해 인간 게놈 프로젝트의 첫 성과와 기여도에 대한 합의 내용을 발표할 수 있게 되었다. 제임스 왓슨은 이 결정을 크게 반기며, "지난 몇 주의 사건들은 공익을 위해 일하는 사람들이 사익을 추구하는 사람들에게 결코 뒤처지지 않는다는 사실을 보여주었다"라고 평했다.

당시 내가 편집자로 일하던 《타임》지는 독점권을 가지고 몇 주에 걸쳐 벤터와 함께 작업하면서 그의 이야기를 커버스토리 특집으로 실었다. 벤터는 매력적인 표지 인물이었다. 그는 셀레라에서 얻은 부를 통해 호화 요트의 소유주이자 실력 있는 서퍼요, 파티 주최자가 된 터였다. 벤터의 기사를 마무리하던 주에, 나는 앨 고어 부통령으로부터 뜻밖의 전화를 받았다. 그는 프랜시스 콜린스도 특집으로 다루라고 아주 강력하고 설득력 있게 밀어붙였다. 벤터는 반발했다. 기자회견에서 억지로 콜린스와 게놈 프로젝트의 공을 나눠 가지긴 했지만, 《타임》 표지까지 공유할 생각은 없다는 것이었다. 결국 마지못해 동의하고도 사진 촬영장에서 콜린스를 향한 조롱을 자제하지 못했다. 벤터의 도발에 콜린스는 말없이 미소만 지을 뿐이었다.[6]

"오늘 우리는 신이 생명을 창조한 언어를 배우고 있습니다." 벤터, 콜린스, 왓슨이 참석한 백악관 기념식에서 나온 클린턴 대통령의 선언문은 대중의 상상력을 사로잡았다. 《뉴욕 타임스》 1면 헤드라인에는 「과학자들이 인간 생명의 유전 암호를 풀었다」라는 제목이 박혔다. 저명한 생물학 저널리스트 니컬러스 웨이드가 쓴 이 기사는 다음과 같이 시작한다. "인간의 자기 이해를 정점에 올려놓는 업적을 둘러싸고 서로 경쟁하던 두 과학자 집단이 마침내 오늘 인간이라는 유기체를 정의하는 유전 문자를 해독했다고 선언했다."[7]

다우드나는 쇼스택, 조지 처치를 비롯한 하버드의 동료 과학자들과 함께 과연 인간 게놈 프로젝트에 30억 달러의 가치가 있는지를 두고 토론을 벌였다. 당시 처치는 회의적인 입장이었고, 지금도 마찬가지다. "30억 달러나 쏟아부었는데도 손에 넣은 건 별로 없었죠." 처치의 말이다. "우리는 아무것도 발견하지 못했습니다. 그 기술들 중 살아남은 것은 하나도 없어요." 인간은 제 DNA 지도를 확보했지만, 예상과 달리 이는 대단한 의학 발전으로 이어지지 못했다. 질병을 일으키는 DNA 돌연변이가 4000개 이상 발견되었으나 테이-삭스병, 겸상적혈구 빈혈증, 헌팅턴병 등 단일 유전자가 관여하는 가장 간단한 형태의 유전 질환의 치료법조차 찾아낼 수 없었다. DNA의 염기 서열을 밝힘으로써 우리는 생명의 코드를 읽는 법을 배웠다. 그러나 더 중요한 다음 단계, 바로 코드를 쓰는 법을 배우는 일이 남아 있었다. 그리고 이 일에는 다우드나가 DNA보다 흥미롭게 여긴, 일개미 같은 RNA 분자를 비롯해 전혀 다른 도구가 필요하다.

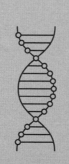

잭 쇼스택

6장

RNA

센트럴 도그마

인간 유전자를 읽을 수 있을 뿐 아니라 쓸 수도 있으려면, DNA에 코딩된 지시 사항을 실행하는 보다 덜 유명한 분자로 초점을 옮겨야 한다. RNA는 DNA와 비슷하지만 당-인산 뼈대에 산소 원자가 하나 더 들러붙어 있으며, 네 종류의 염기 중 하나가 다른 물질로 되어 있다.

DNA는 세상에서 가장 잘 알려진 분자다. 너무 유명해서 잡지 표지에도 실리고, 사회와 조직에 내재된 특징을 비유하는 말로도 쓰인다. 그러나 사실 DNA는 별로 하는 일이 없다. 대체로 세포의 핵 속에 머무를 뿐 섣불리 나서지 않는다. DNA의 주요 활동은 제 안에 코딩된 정보를 보호하거나 스스로를 복제하는 정도다.

오히려 실무를 담당하는 것은 RNA다. RNA는 집에 들어앉아 정보를 돌보는 대신 이리저리 돌아다니며 실제로 물질을 생산하는 일을 담당하는데, 여기에는 단백질도 포함된다. 이 사실에 주목하길 바란다. 앞으로 크리스퍼에서 코로나19에 이르기까지, RNA는 이 책과 다우드나가 나아가는 길에 있어 핵심적인 분자가 될 것이다.

인간 게놈 프로젝트 당시 RNA는 세포핵 안의 DNA에 적힌 지시 사항을 복사해서 전달하는 전령쯤으로만 여겨졌다. 특정 유전자를 코딩하는 DNA의 염기 서열은 한 가닥짜리 RNA로 전사(轉寫)된 다음 세포 내 단백질 제조 공장으로 이동한다. 그러면 공장에서 이 '전령 RNA(messenger RNA, mRNA)'에 적힌 순서대로 아미노산을 조립해 특정한 단백질을 만든다.

단백질은 여러 형태로 존재한다. 예를 들어 섬유질 형태의 단백질은 뼈, 조직, 근육, 머리카락, 손톱, 힘줄, 피부 세포와 같은 구조물을 형성한다. 막(膜) 단백질은 세포 안에서 신호를 전달한다. 하지만 무엇보다 흥미로운 단백질은 효소다. 효소는 촉매제 역할을 한다. 모든 생물에서 화학작용을 촉발하고 가속하고 조정한다. 세포 안에서 일어나는 거의 모든 화학반응이 효소의 촉매작용을 필요로 한다. 효소 또한 잘 기억하자. RNA와 더불어 이 책의 공동 주연이자 댄스 파트너가 될 테니 말이다.

왓슨과 함께 DNA 구조를 발견하고 5년 뒤, 프랜시스 크릭은 DNA에서 RNA로 유전정보가 이동하고 그 정보를 바탕으로 단백질이 생산되는 과정을 생물학의 '센트럴 도그마(central dogma, 중심원리)'로 명명했다. 이후 크릭은 '변하지 않고 의심할 수 없는 믿음'을 암시하는 '도그마'라는 단어가 성급한 선택이었다고 인정했지만,[1] '센트럴'만큼은 적절했다. '도그마'가 수정된 뒤에도 그 과정은 여전히 생물학의 중심을 지켰다.

리보자임

센트럴 도그마에 처음으로 약간의 수정이 더해진 것은 1980년대 초반, 토머스 체크와 시드니 올트먼이 단백질 말고도 세포 내에서 효소로 작용하는 물질이 더 있다는 사실을 발견하면서였다. 이후 노벨상을 받게 되는 이 연구에서, 그들은 특정 형태의 RNA가 효소로 기능한다는 점을 밝혀냈다. 어떤 RNA 분자는 화학반응을 일으켜 스스로 분열하기도 했다. 체크과 올트먼은 촉매의 성격을 띤 이 RNA를, '리보핵산'과 효소를 뜻하는 '엔자임(enzyme)'을 결합해 '리보자임(ribozyme)'이라고 불렀다.[2]

체크와 올트먼은 인트론(intron)을 연구하다가 리보자임을 발견했다. 많은 유전자의 DNA에는 단백질을 코딩하지 않는 구간이 있는데, 그 부분을 인트론이라고 부른다. 그런데 RNA가 DNA를 전사할 때는 인트론까지 함께 베껴 쓰기 때문에 그대로 전달했다가는 단백질 제조 공정에 차질이 생긴다. 따라서 단백질 공장에 가기 전에 그 부분을 잘라내야 한다. 인트론 구간을 잘라내고 남은 부분을 서로 이어붙이는 스플라이싱 (splicing) 과정에는 촉매가 필요하며, 대부분 그 역할을 단백질 효소가 수행한다. 그런데 체크와 올트먼이 스스로 잘라내고 이어붙이는 '자가 스플라이싱' 능력을 갖춘 RNA 인트론을 발견한 것이다.

이 사실은 대단히 중요한 의미를 지닌다. 유전정보를 저장하고 화학 작용을 촉매하는 RNA가 존재한다면, 이 분자들은 촉매제인 단백질 없이 스스로 복제가 불가능한 DNA보다 생명의 기원에 더 가깝다고 볼 수 있기 때문이다.[3]

DNA가 아닌 RNA

1986년 봄, 다우드나는 실험실 로테이션을 마치며 잭 쇼스택에게 그의 밑에서 박사 연구를 계속하고 싶다고 말했다. 쇼스택은 허락했지만 한 가지 조건이 있었다. 그는 더 이상 효모의 DNA에 집중하지 않기로 했다. 다른 생화학자들이 DNA 시퀀싱에 열을 올리는 동안 쇼스택은 랩의 연구 방향을 RNA로 틀었다. RNA가 생물학 미스터리의 가장 큰 비밀, 바로 생명의 기원에 대한 해답을 쥐고 있다고 믿었기 때문이다.

쇼스택은 체크와 올트먼의 논문을 보고 특정 RNA가 효소의 촉매 능력을 발휘하는 메커니즘에 관심이 생겼다고 다우드나에게 말했다. 그의 목표는 리보자임이 촉매 능력을 사용해 스스로를 복제할 수 있는지 알아내는 것이었다. "이 RNA 조각에 자신을 복제하는 화학 기술이 있을까?" 쇼스택은 이 질문을 다우드나의 박사 학위 논문 주제로 제안했다.[4]

다우드나는 쇼스택의 열정에 전염되어 그의 랩에서 RNA를 연구하는 첫 번째 대학원생이 되었다. "생물학 수업을 들을 땐 DNA 구조와 코드에 관해 공부했어요. 그리고 세포 안에서 단백질이 어떻게 이 모든 버거운 일들을 해내는지도 배웠죠. 하지만 RNA는 따분한 역할만 담당하는 일종의 중간 관리자였어요." 다우드나가 회상했다. "그런 RNA를 생명의 기원을 밝힐 열쇠로 보고 RNA 연구에 모든 것을 거는 잭 쇼스택 같은 젊은 천재가 하버드에 있다는 사실에 꽤 놀랐죠."

이미 학계에서 기반을 잡은 쇼스택과 이제 막 첫 발을 뗀 다우드나 모두에게 RNA 연구로의 전환은 위험부담이 컸다. 쇼스택은 "DNA에 매진하는 무리들을 따르는 대신, 사람들에게 천대받지만 흥미롭기 그지없는 변경 지대를 탐험하며 새로운 것을 개척하는 기분이었다"라고 회상했다. 아직 RNA가 유전자 발현에 간섭하고 인간 유전자를 편집하는 기술로 받아들여지기 훨씬 전이었다(유전자가 발현된다는 것은 특정 유전자에 적힌 정보에 따라 실제로 단백질이 만들어진다는 뜻이다—옮긴이). 쇼스택과 다우드나는 자연의 작동 원리에 대한 순수한 호기심에 이 주제를 좇기 시작했다.

쇼스택에게는 한 가지 좌우명이 있었다. **수천 명이 달라붙은 일이라면 절대로 하지 말 것.** 그것이 다우드나의 마음에 와닿았다. "축구팀에서 다른 아이들이 꺼리는 포지션을 맡았을 때와 비슷한 기분이었어요." 다우드나는 말했다. "새로운 영역에 과감하게 뛰어들면 위험도 크지만 보상은 더 크다는 사실을 잭에게서 배웠습니다."

이 무렵 다우드나는 자연현상을 이해하는 데 가장 중요한 단서는 관련된 분자의 구조를 밝히는 것임을 깨달았다. 그러려면 왓슨과 크릭과 프랭클린이 DNA 구조를 풀기 위해 사용한 몇 가지 기술을 배워야 했다. 다우드나와 쇼스택이 성공한다면 생물학의 모든 문제를 아우르는 커다란, 아마도 **가장** 심대한 질문을 향해 한 걸음 나아가게 될 터였다. 생명은 어떻게 시작했을까?

생명의 기원

생명의 시작을 밝히는 일에 대한 쇼스택의 열정은, 위험을 감수하고 새로운 분야로 진출하는 경험에 더하여 다우드나에게 두 번째로 큰 교훈을 주었다. **큰 질문을 던질 것.** 쇼스택은 구체적인 실험에 파고드는 걸 좋아하면서도 동시에 근본적인 질문을 꾸준히 던지는 위대한 사상가였다. "답을 알고 싶은 질문이 없다면 과학을 할 이유가 있을까?" 이 훈령이 곧 다우드나의 좌우명이 되었다.[5]

우리처럼 언젠가 죽어 없어질 존재들은 끝내 답을 찾지 못할, 정말로 큰 질문들이 있다. 우주는 어떻게 시작되었는가? 어떻게 무(無)에서 유(有)가 생겨났는가? 의식이란 무엇일까? 반면 이 세기가 끝날 무렵이면 마침내 결론이 날지 모를 문제들도 있다. 우주의 운명은 이미 결정되었는가? 우리에게는 자유의지가 있는가? 이렇듯 커다란 질문들 가운데 해결이 임박한 문제가 바로 '생명은 어떻게 시작했는가?'이다.

생물학의 센트럴 도그마는 DNA, RNA, 그리고 단백질이 있어야 성립한다. 그러나 태초의 원시 수프에 이 세 가지가 동시에 나타났을 리는 없다. 따라서 1960년대에 (끼지 않은 곳이 없는) 프랜시스 크릭을 비롯한 여러 과학자들은 태초에 보다 단순한 전구물질이 존재했다는 가설을 세웠다. 크릭은 초기 지구에 스스로 복제를 할 수 있는 RNA가 있었다고 가정했다. 그렇다면 이 최초의 RNA는 어디에서 왔느냐는 문제가 남는다. 누군가는 외계에서 왔다고 추측했다. 그러나 그보다는 초기 지구에 RNA를 구성할 만한 재료가 존재했고, 그것들이 어찌어찌 무작위로 섞이다가 자연스럽게 RNA가 만들어졌다는 쪽이 더 간단한 해답일 것이다. 다우드나가 쇼스택 랩에 합류한 해에 생화학자 월터 길버트는 이 가설을 'RNA 세계'라고 불렀다.[6]

생물의 본질적인 자질은 자신과 비슷한 유기체를 더 많이 만드는 능력이다. 생물은 번식할 수 있다. 그러므로 RNA가 생명의 출발점인 전구물질이었다고 주장하고 싶다면, RNA가 스스로를 복제할 수 있음을 증명해야 한다. 그것이 바로 쇼스택과 다우드나가 시작한 프로젝트였다.[7]

다우드나는 작은 RNA 조각들을 이어 붙일 수 있는 RNA 효소, 즉 리보자임을 만들기 위해 다양한 전략을 사용했다. 그리고 마침내 쇼스택과 함께 RNA 조각을 이어 붙여 자기를 복제하는 리보자임을 만드는 데 성공했다. 1989년 쇼스택은 저명한 학술지 《네이처》에 "이 반응은 RNA가 촉매하는 RNA 복제의 가능성을 예시한다"라고 밝혔다. 후에 생화학자 리처드 리프턴이 '기술의 역작(technical tour de force)'이라 부르게 될 논문이었다.[8] 다우드나는 RNA라는 희귀 영역에서 스타로 떠오르기 시작했다. RNA는 여전히 생물학의 후미에 있었지만, 이 작은 RNA 가닥의 행동을 이해하는 일은 향후 20년에 걸쳐 유전자 편집과 코로나바이러스와의 싸움에서 점점 더 중요성을 더해갈 터였다.

어린 박사과정 학생이었던 다우드나는 쇼스택을 비롯한 위대한 과학자들을 남다르게 만든 특별한 재능이 잘 결합된 사람이었다. 실험에 뛰어났고, 동시에 큰 질문을 던질 줄도 알았다. 다우드나는 신은 작고 세세한 것에 존재하지만 동시에 큰 그림에도 존재한다는 사실을 깨우쳤다. "제니퍼는 정말 환상적으로 실험을 잘했어요. 손이 빠르고 예리했죠. 어떤 실험이 주어져도 해낼 것 같은 사람이었습니다." 쇼스택의 말이다. "그러나 우리는 커다란 질문을 던지고 그것이 왜 중요한지에 대해서도 꽤 많은 이야기를 나누었지요."

한편 다우드나는 자신이 훌륭한 팀플레이어라는 점 또한 증명했다. 이는 쇼스택이 매우 중요하게 여겼던 자질로, 그 자신은 물론이고 하버드 의대 캠퍼스에 있는 조지 처치를 비롯해 소수의 과학자들이 공통적으로 보유한 능력이었다. 다우드나가 자신의 논문 대부분에 포함시킨 공저자의 수만 보아도 이를 알 수 있다. 과학 논문에서 처음으로 이름이 나오는 제1저자는 대개 실질적으로 실험을 수행한 젊은 연구자들이며, 마지막에는 랩의 수장인 연구 책임자의 이름이 오르고, 중간에 들어가는 이름들은 보통 기여도에 따라 순서대로 나열된다. 1989년 쇼스택 랩 시절, 다우드나의 주요 논문 가운데 정작 그의 이름이 중간에 적힌 《사이언스》 논문이 있다. 다우드나는 파트타임으로 랩에서 일하면서 자신의 지도를 받아 실험했던 운 좋은 하버드 학부생이 주 저자가 되어야 한다고 생각했던 것이다. 쇼스택 랩에서의 마지막 해에는 저명한 저널에

발표된 네 편의 논문에 이름을 올렸는데, 모두 RNA 분자가 스스로 복제하는 과정에 관한 연구였다.[9]

쇼스택은 자신에게 닥친 어려움을 기꺼이, 그리고 열심히 극복하려는 다우드나를 눈여겨보았다. 이러한 태도는 1989년 쇼스택 랩에서 박사 과정을 마칠 무렵 더욱 부각되었다. 다우드나는 자가 스플라이싱이 가능한 RNA의 작용을 이해하려면 RNA의 구조를 원자 수준까지 속속들이 파악해야 한다는 걸 깨달았다. "당시에는 모두가 RNA 구조를 파악하는 게 불가능하다고 생각했습니다." 쇼스택이 회상했다. "하려는 사람이 아무도 없었어요."[10]

제임스 왓슨과의 첫 만남

제니퍼 다우드나가 콜드 스프링 하버 연구소에서 처음으로 세미나 발표를 했을 때, 제임스 왓슨은 평소처럼 진행자로서 맨 앞줄에 앉아 있었다. 1987년 여름, 왓슨이 '지구에 현존하는 모든 생명체의 시작이 되었을지도 모를 진화적 사건', 즉 생명은 어떻게 시작되었는가를 논의하기 위해 주최한 세미나였다.[11]

세미나의 초점은 RNA 분자에 스스로 복제하는 능력이 있음을 밝혀낸 최근 연구 결과로 집중되었다. 쇼스택이 참가할 수 없었기 때문에, 당시 불과 스물세 살이었던 다우드나가 초청되어 자신과 쇼스택이 스스로 복제하는 RNA 분자를 만들어낸 과정을 발표했다. "친애하는 다우드나 양"(당시엔 아직 다우드나 '박사'가 아니었다)으로 시작하는 왓슨의 편지를 받았을 때, 다우드나는 곧바로 초청에 응했을 뿐 아니라 그 편지를 액자에 끼워놓기까지 했다.

쇼스택과 함께 쓴 논문을 바탕으로 준비한 다우드나의 발표는 기술적인 내용이 중심을 이루었다. 다우드나는 "우리는 자가 스플라이싱 인트론의 촉매 및 기질 도메인(domain, 단백질 내에서 특정한 기능을 수행하는 구조적 단위체—옮긴이)에서 결실 돌연변이와 치환 돌연변이를 설명합니다"라는 말로 발표를 시작했다. 가히 실험생물학자들을 흥분시킬 만한 문장이다. 왓슨은 열심히 받아 적었다. "손바닥이 축축해질 정도로 긴장했어요." 다우드나는 그렇게 회상한다. 발표가 끝나자 왓슨이 다우드나에게 축하 인사를 건넸고, 토머스 체크도 다가와 속삭였다. "잘했어요." 체크는 다우드나와 쇼스택 연구의 밑바탕이 된 인트론을 연구한 사람이었다.[12]

세미나 기간에 잠시 짬을 내어 벙타운 로드를 따라 연구소를 산책하던 다우드나는 어깨가 살짝 구부정한 어느 여성이 자기 쪽으로 걸어오는 것을 보았다. 40년 이상 콜드 스프링 하버에서 연구했고, 게놈상에서 위치를 바꿀 수 있는 '점핑 유전자'로 알려진 트랜스포존(transposon)을 발견해 노벨상을 받은 생물학자 바버라 매클린톡이었다. 다우드나는 걸음을 멈추었지만 수줍음이 많아 그녀에게 자신을 소개하지는 못했다. "신 앞에 서 있는 기분이었어요." 당시를 회고하는 다우드나는 여전히 경외심에 찬 모습이었다. "아주 아주 유명하고 또 과학에 지대한 영향력을 끼친 여성이 그렇게나 겸손한 모습으로 다음 실험을 생각하며 실험실로 걸어가고 있었죠. 그분처럼 되고 싶었어요."

그때부터 다우드나는 왓슨과 연락을 주고받으며 그가 주최한 콜드 스프링 하버 세미나에 수차례 참석했다. 몇 년 뒤 왓슨이 인종 간 유전자 차이에 대한 발언으로 논란의 대상이 되었을 때에도, 다우드나로서는 왓슨의 행동과 발언 때문에 그가 이룬 업적에 대한 존경심을 잃고 싶지 않았다. "스스로도 도발적이라고 생각하는 말을 쉽게 던지곤 하죠."

다우드나는 살짝 방어적으로 웃으며 말했다. "그게 그분 방식이에요. 뭔지 다 아시잖아요." 『이중나선』 속 로절린드 프랭클린를 시작으로 여성의 외모에 대한 공공연한 발언에도 불구하고, 왓슨은 여성에게 좋은 멘토였다. "가까운 지인 중 박사 후 과정을 밟는 여성이 있었는데, 왓슨 박사가 그녀를 아주 많이 도와줬죠. 그 일이 그분에 대한 제 견해에 많은 영향을 주었어요."

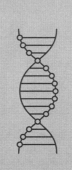

예일 대학의 떠오르는 스타

7장
꼬임과 접힘

구조생물학

어린 시절 하와이에서 산책하던 중 신기하게도 촉각에 반응하는 '잠자는 풀'을 발견한 이후, 다우드나는 자연의 근본적인 메커니즘에 커다란 호기심을 키워왔다. 손이 닿았을 때 '잠자는 풀'의 고사리 같은 잎이 오그라드는 이유는 무엇일까? 화학작용이 어떻게 생물학적 작용을 일으키는 걸까? 우리 모두가 어려서 그랬듯, 다우드나는 사물의 작동 원리가 궁금했고 그에 대해 곰곰이 생각했다.

생화학은 살아 있는 세포 안에서 화학 분자가 어떻게 행동하는지 보여줌으로써 많은 질문에 답해왔다. 그러나 자연을 더 깊숙이 들여다보는 분야가 있다. 구조생물학이다. 구조생물학자들은 로절린드 프랭클린이 DNA 구조의 증거를 찾기 위해 사용한 엑스선결정법 같은 이미지 도구로 분자의 3차원 형태를 밝힌다. 라이너스 폴링이 1950년대 초에 단백질의 나선 구조를 알아냈고, 왓슨과 크릭의 DNA 이중나선 구조 논문이 그 뒤를 이었다.

다우드나는 RNA 분자가 어떻게 스스로를 복제하는지 제대로 알아내기 위해서는 구조생물학을 배워야 한다는 사실을 깨달았다. "이 RNA들의 화학작용을 이해하려면 먼저 이것들이 어떻게 생겼는지 알아야 했어요." 구체적으로 말하면, 자가 스플라이싱 RNA의 3차원 구조가 가지는 접힘과 꼬임을 밝혀야 한다는 뜻이었다. 다우드나가 보기에 이는 프랭클린이 DNA를 대상으로 한 일의 연장이었고, 그래서 기뻤다. "프랭클린도 모든 생명의 핵심에 자리한 분자의 화학구조에 관해 비슷한 질문을 던졌잖아요. 그 분자의 구조가 수많은 통찰을 제공할 거라고 믿었죠."[1]

또한 다우드나는 리보자임의 구조가 밝혀진다면 그것이 곧 획기적인 유전자 기술로 연결될 것임을 알았다. 토머스 체크와 시드니 올트먼이 노벨상 수상자로 선정된 이유가 이를 암시한다. "특정 유전 질환을 치료하는 시대가 올 것이다. 하지만 유전자 가위를 사용할 수 있으려면 분자적 수준에서 그 메커니즘에 관해 더 많이 알아야 한다." **유전자 가위**. 그렇다. 노벨상 위원회는 선견지명이 있었다.

그렇다면 이제는, 자신은 시각적 사고에 능하지 않으며 구조생물학의 전문가도 아니라고 인정한 잭 쇼스택 랩에서 나와야 할 때였다. 그리하여 1991년, 다우드나는 어디에서 박사 후 과정을 할지 생각해보았다. 답은 하나였다. 다우드나와 쇼스택이 연구한 촉매성 RNA를 발견해 노벨상을 공동 수상한 구조생물학자로 콜로라도 대학 볼더에서 엑스선결정법을 사용해 RNA를 구석구석 탐사해온 연구자, 토머스 체크였다.

토머스 체크

다우드나는 이미 체크와 안면이 있는 사이였다. 1987년 여름, 다우드나가 콜드 스프링 하버에서 진땀 나는 첫 강연을 마쳤을 때 다가와 "잘

했어요"라고 속삭인 사람이 바로 그였다. 같은 해 다우드나는 콜로라도로 여행을 갔다가 한 번 더 그를 만났다. "둘 다 자가 스플라이싱 인트론을 연구하는 일종의 우호적 경쟁자였기 때문에 연락해봤죠."

그때만 해도 이메일이 보편적이지 않던 시절이라 다우드나는 우편으로 편지를 보냈다. 볼더를 여행할 예정인데 실험실을 방문해도 좋을지 묻는 내용이었다. 놀랍게도 체크에게서 바로 연락이 왔다. 다우드나가 쇼스택 랩에서 실험을 하고 있는데 동료가 외쳤다. "이봐, 톰 체크한테서 전화 왔어." 동료의 눈이 호기심으로 빛났지만, 다우드나는 그저 어깨만 으쓱여 보였다.

두 사람은 토요일에 볼더에서 만났다. 체크는 실험실에 두 살짜리 딸을 데려와 다우드나와 이야기를 나누는 내내 무릎에 앉히고 얼렀다. 다우드나에게는 체크의 사고방식과 좋은 아버지로서의 모습 모두가 마음에 들었다. 두 사람의 만남은 (다른 분야에서도 마찬가지겠지만) 과학계를 특징짓는 경쟁과 연대가 뒤섞인 자리의 한 예였다. "비록 쇼스택 랩과 체크 랩은 연구에 있어 경쟁적인 관계였지만, 동시에 서로에게서 배울 만한 것들이 있었어요. 아마 그래서 톰이 나를 만나줬을 거예요." 다우드나의 말이다. "물론 우리 랩의 동정을 살피고도 싶었겠죠."

그리하여 1989년에 박사 학위를 받은 뒤, 다우드나는 체크 랩에서 박사 후 과정을 밟기로 마음먹었다. "정말로 RNA 분자의 구조를 밝히고 싶다면 최고의 RNA 생화학 실험실로 가는 게 가장 현명한 결정이라고 생각했어요." 다우드나는 말했다. "토머스 체크보다 잘할 사람이 누가 있겠어요? 최초로 자가 스플라이싱 인트론을 발견한 실험실의 수장인데요."

톰 크리핀

다우드나가 볼더에서 박사 후 과정을 밟기로 마음먹은 데에는 다른 이유도 있었다. 1988년 1월, 다우드나는 하버드 의대생 톰 그리핀과 결혼했다. 그리핀은 옆 실험실에서 일하던 학생이었다. "톰은 과학자로서의 능력을 포함해 당시 나 자신조차 알지 못했던 제 면면을 알아봤어요. 그리고 제가 좀 더 대담해지도록 밀어붙였죠."

군인 가정에서 자란 그리핀은 콜로라도를 사랑했다. "학위를 마친 뒤 어디로 옮겨야 할지 고민할 때, 톰은 정말로 볼더에 가고 싶어 했어요. 마침 전 볼더로 가면 토머스 체크와 일할 수 있다는 걸 알게 됐고요." 그래서 그들은 1991년 여름에 볼더로 옮겼고, 그리핀은 신생 생명공학 회사에 일자리를 얻었다.

처음에는 이들의 결혼 생활에 문제라곤 없었다. 다우드나는 산악자전거를 구입해 그리핀과 함께 자전거로 볼더 크릭을 달렸다. 롤러블레이드와 크로스컨트리 스키도 탔다. 그러나 다우드나의 열정이 과학에 쏠려 있던 반면 그리핀은 다우드나처럼 한 가지 일에만 몰두하는 성격이 아니었다. 그에게 과학은 오전 9시에 시작해 오후 5시에 끝나는 노동이었고, 평생 학문을 추구하는 연구자가 될 생각도 없었다. 그리핀은 음악과 책을 사랑했으며, 일찌감치 개인용컴퓨터를 들인 기계광이기도 했다. 다우드나는 남편의 폭넓은 관심을 존중했지만 공유하지는 않았다. "저는 늘 과학 생각뿐이었어요. 언제나 진행 중인 실험에 집중했고, 다음에는 무슨 실험을 할지, 어떤 큰 질문을 던져야 할지에 골몰했죠."

다우드나는 두 사람의 다른 점이 "자신의 부정적인 측면을 부각시켰다"고 믿는다. 다우드나 자신은 정말 그렇게 믿는지 모르겠지만, 적어도 나는 그렇게 생각하지 않는다. 사람마다 일과 열정에 접근하는 방식은 다른 법이다. 다우드나는 주말에도 밤에도 실험실에 가서 실험을 하고 싶어 했다. 모두가 그런 건 아니지만 분명 그런 사람도 있다.

몇 년 뒤, 두 사람은 서로 다른 길을 가기로 하고 헤어졌다. "저는 항상 다음 실험에 집착했어요." 다우드나의 말이다. "하지만 그 사람은 그 정도로 과학에 열성을 보이지는 않았죠. 그게 돌이킬 수 없는 쐐기를 박은 것 같아요."

리보자임의 구조

박사 후 연구원으로 콜로라도 대학에 도착한 다우드나에게는 체크에 의해 자가 스플라이싱 능력이 확인된 RNA 인트론의 지도를 그리고 그것의 모든 원자와 결합과 형태를 밝히는 임무가 주어졌다. 만약 다우드나가 이 분자의 3차원 구조를 밝혀낸다면, 그 꼬임과 접힘이 어떻게 원자들을 모아 화학반응을 일으키고 나아가 이 RNA가 어떻게 스스로를 복제해내는지 보이는 데 큰 도움이 될 것이었다.

경기장에서 다른 이들이 달리고 싶어 하지 않는 구역으로 향하는 위험한 모험이었다. 아직 RNA 결정학 연구가 활발히 이루어지지 않던 시절이라 대부분의 사람들은 다우드나의 결정을 무모한 것으로 여겼다. 그러나 성공하기만 한다면 엄청난 업적이 될 터였다.

1970년대에 과학자들이 아주 작고 단순한 RNA 분자의 구조를 밝혀낸 바 있긴 하지만 그 이후로 20년간은 별다른 진전이 없었다. 크기가 더 큰 RNA를 분리하고 이미지를 확보하는 작업이 어려웠기 때문이다. 동료들은 다우드나에게 헛고생이 될 거라고 말했다. 체크가 이야기했듯이, "만약 국립보건원에 연구비를 신청했다면 어지간히 비웃음을 샀을

것"이다.[2]

첫 단계는 RNA의 결정을 만드는 일, 즉 액체 상태의 RNA 분자를 잘 조직된 고체 구조로 변환하는 작업이었다. RNA 구조의 구성 요소와 모양을 가려낼 엑스선결정법 및 기타 영상 기법을 사용하려면 반드시 필요한 과정이었다.

조용하지만 쾌활한 대학원생 제이미 케이트가 다우드나를 도왔다. 케이트는 그 전까지 엑스선결정법을 통해 단백질의 구조를 연구했지만, 다우드나를 만나면서 RNA 연구에 합류했다. "연구 중인 프로젝트에 대한 설명을 듣더니 제이미가 큰 관심을 보였어요." 다우드나가 말했다. "거기에 뭔가 있는 게 분명했으니까요. 뭘 찾게 될지는 몰랐지만." 그들은 완전히 새로운 분야를 개척하고 있었다. 심지어 RNA 분자가 단백질처럼 명확한 구조를 갖추었는지조차 확실하지 않았다. 전남편 톰 그리핀과 달리 케이트는 실험에 모든 신경을 쏟았다. 케이트와 다우드나는 어떻게 하면 RNA 결정을 얻을 수 있을지 매일 이야기를 나누었고, 곧 커피를, 때로는 저녁을 함께하며 의논을 이어가게 되었다.

그러다가, 알렉산더 플레밍이 작은 실수 덕분에 우연히 페트리접시에서 발견한 곰팡이가 페니실린이 되었듯, 과학에서 종종 일어나는 예기치 않은 사건의 결과로 돌파구가 마련되었다. 하루는 다우드나와 결정을 만들던 실험실 테크니션이 실수로 망가진 배양기에 시료를 넣었다. 그들은 실험을 망쳤다고 생각했으나 막상 현미경으로 샘플을 보니 결정이 자라고 있었다. "그 결정 안에 RNA가 있었는데 정말 아름다웠어요." 다우드나는 이렇게 회상한다. "결정을 얻으려면 온도를 높여야 한다는 사실을 알게 되면서 큰 진전이 있었죠."

또 다른 진전은 똑똑한 사람들이 한 공간에 모여 있을 때 발휘되곤 하는 힘을 보여준다. 당시 예일 대학에서 RNA를 연구하던 부부 생화학자인 톰 스타이츠와 조앤 스타이츠가 안식년을 보내러 볼더에 와 있었다. 사교성 좋은 톰 스타이츠는 머그잔을 들고 체크 랩의 휴게실에 나타나 사람들과 어울리곤 했는데, 하루는 다우드나가 그에게 RNA의 결정을 얻는 데까지는 성공했지만 엑스선에 노출되면 결정이 너무 금방 부서져버린다는 이야기를 했다.

스타이츠는 마침 예일 대학의 자기 랩에서 극저온 상태로 결정을 냉각하는 새로운 기술을 시험 중이라고 말했다. 결정을 액체 질소에 담가 급속도로 냉각하면 엑스선에 노출되어도 결정의 구조가 보존된다는 것이었다. 그는 다우드나가 예일에 가서 자기 랩에 있는 연구원들의 도움을 받도록 손을 써주었고, 이 실험은 아름답게 성공했다. "마침내 RNA의 구조를 풀 수 있을 만큼 정돈된 결정체를 손에 넣게 되었죠."

예일 대학

극저온 냉각과 같은 혁신적인 기술과 장비가 지원되는 예일 대학의 톰 스타이츠 랩을 방문한 것이 계기가 되어, 다우드나는 1993년 가을 예일에서 제안한 종신 교수직을 수락했다. 당연히 제이미 케이트도 다우드나를 따라가고 싶어 했다. 다우드나는 예일 측과 조율해 케이트가 자신의 랩 대학원생으로 옮겨 올 수 있도록 도왔다. "학교에서 케이트에게 박사 자격시험을 다시 치르게 했어요." 다우드나가 말했다. "물론 케이트는 뛰어난 성적으로 통과했죠."

초냉각 기술을 사용해 다우드나와 케이트는 엑스선에 잘 회절된 결정을 만드는 단계까지 성공했다. 그러나 이번에는 결정학에서 '위상 문제(phase problem)'로 알려진 걸림돌을 만났다. 엑스선 탐지기는 파동의 강도만 측정할 뿐, 파동의 위상까지는 측정하지 못했다. 한 가지 해결책은 결정에 금속이온을 도입하는 것이었다. 엑스선회절 사진은 금속이온의 위치를 보여주는데, 이 정보를 바탕으로 나머지 분자 구조를 계산할 수 있다. 단백질 분자에 대해서는 이 작업이 많이 이루어져왔으나 RNA에 대해서는 방법을 알아낸 사람이 없었다.

케이트가 그 문제를 해결했다. 그는 오스뮴 헥사민이라는 분자를 사용했는데, 이 분자는 RNA 분자의 일부 구석진 부분과 상호작용하는 흥미로운 구조를 가졌다. 오스뮴 헥사민을 도입한 결과, RNA 결정의 엑스선회절 사진은 중요한 접힘 부위의 구조를 밝혀줄 전자밀도 지도가 되었다. 이제 다우드나와 케이트는, 왓슨과 크릭이 DNA를 가지고 했던 것처럼 밀도 지도를 그리고 RNA 구조의 모델을 만드는 작업에 들어갔다.

아버지와의 이별

1995년 가을, 연구가 절정에 이르렀을 때 다우드나의 아버지로부터 전화가 걸려 왔다. 흑색종(피부암) 진단을 받았고, 암세포가 뇌에 전이되어 남은 시간이 3개월밖에 되지 않는다는 얘기였다.

다우드나는 가을 내내 뉴헤이븐과 힐로 사이를 부지런히 오갔다. 이동에만 열두 시간 이상이 걸리는 거리였다. 다우드나는 아버지의 침대 옆을 지키며 중간중간 케이트와 몇 시간씩 통화했다. 케이트가 매일 팩스나 이메일로 그날의 전자밀도 지도를 보내면, 두 사람은 그 내용을 어떻게 해석할지 논의했다. "감정 동요가 정말 심한 시기였어요." 다우드나의 회상이다.

다행히 아버지는 딸의 연구를 진심으로 궁금해했고, 그것이 그의 고통을 덜어주기도 했다. 통증이 잦아들 때면 다우드나에게 최근에 받은 이미지에 대해 설명해달라고 청했다. 다우드나가 방에 들어가보면 그는 침대에 누워 데이터를 보고 있다가 딸이 몸 상태를 묻기도 전에 질문부터 던지곤 했다. "어릴 적 아버지와 과학에 대한 호기심을 나누던 때가 떠올랐죠."

추수감사절까지 이어진 11월의 방문 기간 동안, 마침내 확실한 RNA 분자구조라고 못 박아도 좋을 만큼 훌륭한 전자밀도 지도가 뉴헤이븐으로부터 도착했다. 다우드나는 RNA가 어떻게 훌륭한 3차원 형태로 접히는지 두 눈으로 확인할 수 있었다. 지난 2년 동안 두 사람이 수많은 동료들로부터 불가능한 도전이라는 말을 들으며 매달려온 일이었다. 이제 이 최신 데이터는 그들이 승리했음을 보여주고 있었다.

그 무렵 아버지는 병상에 누워 꼼짝할 수 없었으나 정신은 여전히 맑았다. 다우드나는 침실에 들어가 최신 데이터로 만든 컬러 인쇄물을 들어 보였다. 녹색 리본이 근사한 형태로 꼬여 있는 이미지였다. "꼭 초록색 페투치네처럼 보이는구나." 아버지는 농담을 던지더니, 곧 진지하게 물었다. "이 그림의 의미가 뭐니?"

아버지에게 설명하면서, 다우드나 자신 또한 이 데이터에 대한 생각을 명확히 정리할 수 있었다. 다우드나와 케이트는 지도에서 금속이온들이 만들어낸 구역을 면밀히 조사했고, 그 금속이온들을 중심으로 RNA가 접히는 방식을 추정해냈다. 다우드나는 "어쩌면 금속으로 된 코어 때문에 RNA가 이런 방식으로 접히고 꼬이는지도 몰라요"라고 설명했다.

"그게 왜 중요한 거냐?" 아버지가 다시 물었다. 다우드나는 RNA가 극소수의 화학물질로 이루어졌기 때문에 복잡한 과제를 수행하기 위해서는 접히는 방식이 중요하다고 말했다. 이 연구가 까다로운 이유 중 하나는, 스무 개의 요소를 가진 단백질과 달리 RNA가 고작 네 개의 구성 요소로 만들어진 분자라는 사실에 있다. "RNA는 화학적으로 훨씬 덜 복잡하기 때문에 어떻게 해서 독특한 형태로 접히는지 알아내기가 쉽지 않아요."

함께 시간을 보내면서 다우드나와 아버지의 관계는 더욱 돈독해졌다. 그는 과학도 딸도 진지하게 받아들이는 사람이었다. 구체적인 실험 내용에 관심을 보이면서도, 동시에 큰 그림을 그릴 줄 아는 사람. 제니퍼는 어려서 아버지의 강의실에 찾아갔던 일과, 아버지가 신이 나서 사람들과 소통하던 모습을 떠올렸다. 편견을 가지고 사람들을 성급하게 판단하는 아버지의 태도에 화가 났던 기억도 났다. 결합이란 화학에서, 또 삶에서 각각 다른 형태로 존재한다. 그리고 때로 지적인 결합은 가장 강력한 힘을 발휘한다.

몇 달 뒤 마틴 다우드나가 세상을 떠났을 때, 제니퍼와 엄마와 여동생들은 여러 친구들과 함께 힐로 근처의 와이피오 계곡에 올라가 망자의 재를 뿌렸다. 와이피오는 '구부러진 물'이라는 뜻이다. 무성한 야생의 숲을 감고 도는 강 곳곳에는 아름다운 폭포들이 있었다. 제니퍼의 멘토였던 생물학 교수 돈 헴스와 제니퍼의 소꿉친구 리사 힝클리 트위그-스미스도 그 자리에 함께했다. "바람에 재를 날리는데 매 한 마리가 머리 위로 날아올랐어요. 신과 소통한다고 알려진 '이오'라는 토종 매였죠."[3]

"과학자가 되겠다는 결심에 아버지의 영향이 얼마나 컸는지, 아버지가 돌아가신 다음에야 알게 되었어요." 다우드나가 말했다. 아버지가 딸에게 준 많은 재능 중에는 인문학에 대한 사랑과 그것을 과학과 어우러지게 하는 능력이 포함되어 있었다. 그 능력의 필요성은 앞으로 과학이 전자밀도 지도뿐 아니라 도덕적 이정표가 요구되는 분야로 다우드나를 이끌면서 점점 더 분명해질 터였다. "아버지가 크리스퍼에 대해 알게 되었다면 아주 좋아하셨을 거예요. 아버지는 인본주의자였고, 인문학 교수이면서 과학도 사랑했으니까요. 크리스퍼가 우리 사회에 미치는 영향을 이야기할 때면 머릿속에서 아버지의 목소리가 들리는 것 같아요."

대성공

아버지의 죽음과 연구에서의 첫 번째 커다란 성공이 동시에 찾아왔다. 다우드나와 케이트는 랩 동료들과 함께 자가 스플라이싱 RNA 분자를 구성하는 모든 원자의 위치를 확정했다. 특히 이들은 어떻게 이 분자의 핵심 도메인 구조가 RNA를 나선형으로 포장해 3차원 형태를 만들어 내는지 밝혀냈다. 해당 도메인에 위치한 금속이온들을 중심으로 구조가 접히고 있었다. DNA의 이중나선 구조를 통해 어떻게 DNA가 유전정보를 저장하고 전달하는지 알 수 있었듯이, 다우드나 랩이 발견한 RNA 구조는 어떻게 RNA가 효소로 작용하는지, 또 자신을 자르고 이어 맞추고 복제하는지를 설명했다.[4]

논문이 발표되자 예일 대학은 뉴헤이븐 지역 텔레비전 방송국에 보도자료를 보냈다. 뉴스 앵커는 리보자임에 대해 설명한 다음, 과학자들이 그동안 그 형체를 볼 수 없어 좌절하고 있었지만 "이제 예일 대학의 과학자 제니퍼 다우드나가 이끄는 연구진이 마침내 그 분자의 스냅사진을 찍었다"고 덧붙였다. 짙은 머리칼의 젊은 다우드나가 실험실에서 컴퓨터 화면의 흐릿한 이미지를 보여주는 장면이 이어졌다. "우리는 이것이 향후 리보자임을 개조해 결함 있는 유전자의 치료에 단서를 제공하길 희망합니다." 당시에는 다우드나 자신도 인지하지 못했지만, 실로 중

대한 발언이었다. 이 논문은 RNA 기초과학을 유전자 편집 도구로 탈바꿈시키는 연구의 시발점이 되었다.

전문 과학 뉴스 쇼에서 제작한 보다 수준 높은 텔레비전 보도에서는 흰색 실험복 차림의 다우드나가 피펫으로 시험관에 용액을 넣는 모습이 방송되었다. "RNA 분자가 세포 안에서 단백질처럼 기능한다는 사실은 이미 15년 전에 밝혀졌지만, 어떻게 그렇게 하는지는 지금껏 누구도 알지 못했습니다. RNA 분자가 어떻게 생겼는지 아는 사람이 없었기 때문이죠." 다우드나가 설명했다. "이제 우리는 RNA 분자가 어떻게 해서 복잡한 3차원 구조를 형성하는지 알게 되었습니다." 이 결과의 의의를 묻는 말에, 다우드나는 다시금 미래의 연구 방향을 강조했다. "유전적 결함이 있는 사람들을 고치거나 치료할 가능성이 생겼습니다."[5]

그 후 20년 동안 수많은 사람들이 유전자 편집 기술의 발달에 기여했다. 하지만 다우드나의 이야기가 특별한 것은, 그가 유전자 편집의 영역에 들어섰을 때 이미 RNA 구조를 다루는 가장 기초적인 과학에서 명성을 얻고 두각을 나타냈다는 사실에 있다.

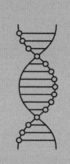

남편 제이미 케이트, 아들 앤디와 함께 하와이에서(2003년)

8장

버클리

서부로 가다

1996년 9월 다우드나 팀이 《사이언스》에 발표한 RNA 구조 논문에서 다우드나의 이름은 맨 끝에 자리하는데, 이는 다우드나가 연구를 이끈 책임자라는 뜻이다. 한편 중요한 실험 대부분을 실질적으로 수행한 제이미 케이트의 이름은 제일 처음에 나온다.[1] 그 무렵 두 사람은 단순한 연구 파트너 관계를 넘어 서로 사랑하는 사이가 되어 있었다. 다우드나의 이혼 절차가 마무리된 후, 두 사람은 2000년 여름 하와이 빅아일랜드를 사이에 두고 힐로의 건너편에 자리한 멜라카 비치 호텔에서 결혼식을 올렸다. 그리고 2년 뒤 아들 앤드루를 낳았다.

그즈음 케이트가 MIT 조교수 자리를 얻어, 두 사람은 뉴헤이븐과 케임브리지 사이를 오갔다. 기차로 세 시간도 안 되는 거리지만, 신혼부부는 그조차 아쉬워 같은 지역에서 일할 수 있는 자리를 알아보기로 했다.[2]

예일대는 다우드나를 놓치지 않으려고 중요한 교수직을 맡기며 그를 승진시켰다. 그리고 학계에서 통상 '이체문제(two-body problem, 원래는 물리학에서 상호작용하는 두 물체의 운동을 다루는 문제를 말하지만, 여기에서는 부부가 직장 때문에 멀리 떨어져 살아야 하는 문제를 뜻한다—옮긴이)'라 부르는 이들의 난제를 해결하기 위해 케이트에게도 교수직을 제안했다. 그러나 예일에는 두 사람에게 극저온 냉각법을 소개한 구조생물학자 톰 스타이츠가 이미 자리를 잡고 있었고, 따라서 같은 분야를 연구하고자 하는 케이트로서는 썩 내키지 않았다. "예일에는 제 직접적인 경쟁자가 있었습니다." 케이트가 말했다. "스타이츠는 아주 좋은 사람이지만, 그렇다고 같은 기관에 있을 수는 없었어요."

하버드 대학 또한 다우드나에게 화학·화학생물학과의 자리를 제안했다. 이 학과는 이제 막 이름을 바꾸고 성장하는 중이었다. 다우드나가 방문 교수로 그곳에 도착한 첫날부터 학장은 종신직을 제안하는 연봉 계약서를 내밀었다. 케이트가 있는 MIT에서도 가까워 아주 이상적인 해결책으로 보였다. "대학원에 다니며 추억을 쌓았던 보스턴에 자리를 잡으면 정말 좋을 것 같더라고요."

다우드나가 그대로 하버드에 자리를 잡았다면 앞날이 어떻게 달라졌을까? 하버드는 MIT와 공동으로 운영하는 브로드 연구소와 더불어 생명공학, 특히 유전공학 분야의 핫 플레이스였다. 그로부터 10년 뒤, 다우드나는 하버드의 조지 처치, 그리고 숙적인 브로드 연구소의 장펑과 에릭 랜더를 포함해 케임브리지(영국의 케임브리지가 아닌 하버드와 MIT가 위치한 도시를 말한다—옮긴이)에 기반을 둔 연구자들과 유전자 편집 도구 개발 분야에서 경쟁하게 될 것이었다.

그러던 차에 UC 버클리에서 연락이 왔다. 다우드나는 제안을 받자마자 거절할 생각이었으나 케이트의 생각은 달랐다. "다시 연락해봐요." 케이트가 말했다. "버클리는 놓치기 아까운 곳이야." 케이트는 UC 산타크루즈에서 박사 후 과정을 밟을 당시 종종 버클리에서 운영하는 로런스 버클리 국립연구소의 사이클로트론(입자가속기)으로 실험을 하곤 했다.

버클리 캠퍼스에 직접 가보고도 여전히 다우드나는 썩 내켜하지 않았지만, 케이트가 적극적으로 나섰다. "저는 서부에 더 맞는 사람 같아요." 케이트의 말이다. "케임브리지는 좀 경직된 느낌이 있죠. 당시 제 상사는 항상 나비넥타이를 매고 출근할 정도였으니까요. 버클리에서 일할 생각을 하니 신이 나더라고요. 활력이 넘치는 곳이잖아요." 다우드나는 버클리가 공립대학이라는 사실이 마음에 들었고, 결국엔 설득되었다. 그렇게 2002년 여름, 두 사람은 버클리로 옮겼다.•

RNA 간섭

RNA 구조 연구로 다우드나는 뜻밖의 분야에 발을 들이게 되었다. 다름 아닌 바이러스다. 구체적으로, 다우드나는 코로나바이러스 같은 일부 바이러스의 RNA가 어떻게 바이러스로 하여금 숙주세포의 단백질 공장을 장악하게 만드는지에 관심을 두게 되었다. 2002년 가을, 버클리

• 이들이 버클리를 선택한 것은 고등 공교육에 대한 미국의 투자를 방증한다. 그 뿌리는 남북전쟁이 한창이던 시절, 에이브러햄 링컨이 공교육의 중요성을 인지하고 1862년 모릴 토지 허여 법안(Morrill Land-Grant Act, 국유지를 무상으로 제공해 주립대학을 설립하게 한 법—옮긴이)을 통해 연방 토지를 판매한 기금으로 농업기술 대학을 설립한 때로 거슬러 올라간다. 이 학교들 가운데 1866년 캘리포니아 오클랜드 근처에 세워진 농업·광업·공학 대학은 2년 뒤 근처의 사립 캘리포니아 대학과 합병하여 UC 버클리가 되었고, 세계에서 가장 큰 연구 및 교육 기관으로 성장했다. 1980년대에는 버클리 연구비의 절반 이상이 캘리포니아 주 정부에서 왔지만, 이후 다른 공립대학과 마찬가지로 예산이 감축되면서 다우드나가 임용될 무렵 주 정부 기금은 버클리 예산의 30퍼센트 수준을 밑돌았고, 2018년에 다시금 예산이 삭감되어 14퍼센트 미만으로 떨어졌다. 그 결과 2020년 버클리 학부생이 내야 하는 등록금은 캘리포니아 주민의 경우 연간 1만 4250달러로, 2000년에 비해 세 배 이상으로 치솟았다. 기숙사와 식사 등 다른 비용까지 포함하면 연간 약 3만 6264달러에 이르며, 다른 주에서 온 학생의 경우는 6만 6000달러까지 든다.

에서 첫 학기를 시작하자마자 중국에서 중증 급성 호흡기 증후군, 줄여서 사스(SARS)를 일으키는 바이러스가 발발했다. DNA로 구성된 다른 많은 바이러스와 달리, 사스는 DNA가 아닌 RNA로 된 코로나바이러스였다. 8개월 후 박멸될 때까지, 사스로 인해 전 세계에서 800여 명이 사망했다. 이 바이러스는 공식적으로 '사스-코로나바이러스(SARS-CoV)'로 알려졌지만, 2020년 코로나19 대유행이 시작되면서 '사스-코로나바이러스-1(SARS-CoV-1)'으로 재명명된다(코로나19를 일으킨 코로나바이러스의 공식 명칭은 '사스-코로나바이러스-2(SARS-CoV-2)'다—옮긴이).

'RNA 간섭(RNA interference, RNAi)' 현상 또한 다우드나의 관심을 사로잡았다. 세포에서 DNA에 코딩된 유전자는 보통 mRNA를 파견해 단백질 제작을 지휘한다. RNA 간섭은 말 그대로 작은 RNA 분자가 mRNA의 일에 간섭해 유전자 발현을 억제하는 현상이다.

RNA 간섭은 1990년대에 처음 발견되었다. 피튜니아 꽃의 색상 유전자를 자극해 보라색을 더 많이 만들려고 시도한 실험이 오히려 일부 유전자를 억제하면서 얼룩무늬가 있는 피튜니아가 탄생하게 되었는데, 이 과정에 RNA가 관여한 것으로 드러났다. 크레이그 멜로와 앤드루 파이어가 1998년 논문에서 'RNA 간섭'이라는 용어를 처음 사용했고, 작은 기생충인 선충류에서 이 현상을 밝혀내 노벨상을 받았다.[3]

RNA 간섭은 긴 RNA 가닥을 짧은 조각으로 잘라내는 '다이서(Dicer)'라는 가수분해효소의 작용으로 일어난다. 이렇게 잘린 RNA 조각은 수색 및 파괴 임무를 시작해 자신과 염기 서열이 일치하는 mRNA를 찾아 들러붙고, 이어 가위 역할을 하는 효소로 해당 mRNA를 조각조각 잘라버린다. 이렇게 되면 이 mRNA가 운반하던 유전정보는 침묵, 즉 억제된다.

다우드나는 다이서의 분자구조를 밝히는 연구를 시작했다. 자가 스플라이싱 RNA 인트론 때처럼 엑스선결정법을 사용해 다이서 분자의 꼬임과 접힘을 파악함으로써 이 효소가 어떻게 작용하는지 알아낼 계획이었다. 그때까지 과학자들은 다이서가 어떻게 RNA를 잘라내 특정 유전자를 침묵시키는지 구체적으로 알지 못했다. 다우드나는 다이서의 구조를 연구해, 한쪽에는 줌쇠가 달리고 다른 한쪽에는 큰 칼이 장착된 막대자처럼 기능한다는 사실을 밝혀냈다. 여기서 줌쇠는 기다란 RNA 가닥을 붙잡고, 큰 칼이 그 RNA를 올바른 길이로 조각내는 역할을 수행한다.

이어 다우드나 연구 팀은 다이서 효소의 특정 도메인을 개조해 여러 다른 유전자를 침묵시키는 도구로 만들었다. 2006년 논문에서 연구 팀은 "아마도 이 연구에서 가장 흥미진진한 발견은 다이서를 조작할 수 있다는 사실일 것이다"라고 썼다.[4] 아닌 게 아니라 이는 아주 유용한 발견이었다. 연구자들은 RNA 간섭을 이용해 다양한 유전자 발현을 억제하면서 특정 유전자가 하는 일을 밝히는 한편, 의료 목적으로 해당 유전자의 활동을 조절할 수 있게 되었다.

코로나바이러스 시대에 RNA 간섭은 또 다른 역할을 하게 될지 모른다. 생명의 역사를 거치며 어떤 생물(인간은 아니지만)들은 RNA 간섭을 통해 바이러스를 퇴치하는 방법을 진화시켜왔다.[5] 2013년 다우드나가 한 논문에서 밝혔듯이, 연구자들은 RNA 간섭을 이용해 사람들을 감염병으로부터 지키는 방법을 찾기를 소망했다.[6] 그리고 같은 해 《사이언스》에 실린 논문 두 편이 그 가능성의 강력한 증거를 제시했다. 이로써 RNA 간섭에 기반한 약물이 언젠가 새로운 코로나바이러스를 포함한 심각한 바이러스성 감염병을 치료하는 훌륭한 선택지가 되리라는 희망이 보이기 시작했다.[7]

RNA 간섭을 다룬 다우드나의 논문은 2006년 1월 《사이언스》에 게재되었다. 그러고서 몇 달 뒤, 그리 유명하지 않은 한 학술지에 자연에 존재하는 또 다른 바이러스 퇴치 기술에 관한 내용이 실렸다. 무명의 스페인 과학자가 미생물에서 발견한 메커니즘이었다. 박테리아에는 인간과는 비교도 할 수 없는 긴 시간 동안 바이러스와 싸워온 잔혹한 역사가 있다. 이 시스템을 연구한 소수의 과학자들은 처음에 이 기술이 RNA 간섭을 통해 이루어진다고 추측했다. 그러나 머잖아 이들은 그것이 훨씬 더 흥미로운 현상임을 깨달았다.

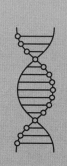

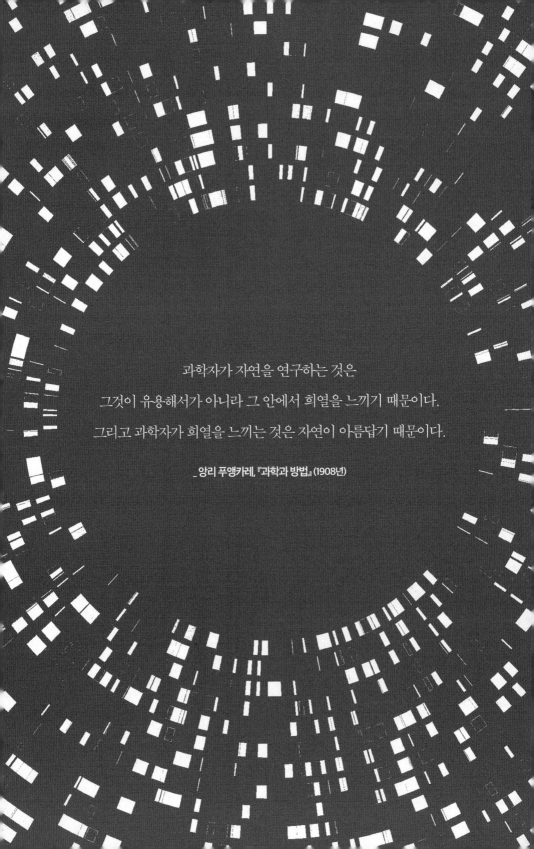

과학자가 자연을 연구하는 것은

그것이 유용해서가 아니라 그 안에서 희열을 느끼기 때문이다.

그리고 과학자가 희열을 느끼는 것은 자연이 아름답기 때문이다.

_ 앙리 푸앵카레, 『과학과 방법』(1908년)

2부

크리스퍼의 발견

프란시스코 모히카

에릭 손테이머와 루시아노 마라피니

9장

반복 서열

프란시스코 모히카

이시노 요시즈미가 일본 오사카 대학의 박사과정 학생이었을 때 대장균(E. coli)의 유전자 하나를 시퀀싱했다. 1986년에 유전자 시퀀싱은 꽤나 힘든 일이었지만, 이시노는 결국 문제의 유전자를 구성하는 1038개 DNA 염기쌍의 염기 서열을 밝혔다. 이듬해 이 유전자에 관해 발표한 긴 논문에서, 이시노는 초록에 실을 만큼 중요해 보이지는 않지만 특기할 만한 사실 하나를 마지막 문단에 언급한다. "평범하지 않은 구조가 발견되었다. 각각 뉴클레오타이드 스물아홉 개로 구성된 대단히 비슷한 염기 서열 다섯 개가 반복적으로 배열되었다." 다시 말해 서로 동일한 DNA 구간 다섯 개를 찾았다는 의미다. 각각 스물아홉 염기쌍으로 이루어진 반복된 염기 서열 사이에는 이시노가 '간격 서열(spacer)'이라 부른 평범한 염기 서열이 끼어 있었다. 논문의 마지막 행은 다음과 같다. "이 염기 서열의 생물학적 중요성에 대해서는 알 수 없다." 이시노는 더 이상 이 주제를 연구하지 않았다.[1]

이 반복된 염기 서열의 기능을 최초로 알아낸 연구자는 프란시스코 모히카였다. 그는 스페인 지중해 연안에 자리한 알리칸테 대학의 대학원생이었다. 1990년 모히카는 박사 논문 주제로 고세균(archaea)을 연구하기 시작했다. 고세균은 박테리아처럼 핵이 없는 단세포생물인데, 모히카가 연구하는 고세균은 바닷물보다 열 배나 더 짠 염습지에서 잘 자랐다. 모히카가 이런 특성의 원인으로 추정되는 DNA 구역을 시퀀싱해보니, 일정한 간격을 두고 반복되는 동일한 DNA 염기 서열 열네 개가 발견되었다. 이 염기 서열은 회문 구조를 갖추고 있었다. 즉 A, C, G, T의 배열이 앞으로 읽어도 뒤로 읽어도 같았다.[2]

처음에 모히카는 자신이 시퀀싱을 망쳤다고 생각했다. "제가 실수한 줄 알았죠. 당시에는 시퀀싱이 워낙 까다로운 기술이었으니까요." 모히카는 큰 소리로 웃으며 회상했다. 그러나 1992년, 실험 결과에서 이 반복된 서열이 계속 나타나자 모히카는 다른 누군가 비슷한 것을 발견한 적이 있는지 궁금해졌다. 아직 구글이 나오기 전이었고 온라인 검색도 불가능했기 때문에, 그는 학술 논문 색인 책자인 『커런트 콘텐츠(current contents)』(최신 발표 논문의 제목만을 모아 제공하는 책자—옮긴이)를 한 장한 장 넘겨가며 '반복(repeat)'이라는 단어를 찾았다. 온라인으로 출판된 논문이 거의 없던 시절이라 목록에서 가능성이 있는 논문을 발견할 때마다 도서관에 가서 직접 학술지를 찾아야 했다. 그러다가 마침내 그는 이시노의 논문을 발견했다.

이시노가 연구했던 대장균은 모히카의 고세균과는 매우 다른 생물이었다. 따라서 두 생물이 모두 반복 서열과 간격 서열을 지니고 있다는 건 아주 놀라운 일이었다. 모히카는 이 현상에 중요한 생물학적 목적이 있으리라는 확신을 갖게 되었다. 1995년에 발표한 논문에서 모히카와 지도교수는 이 반복 서열을 '연쇄 반복(tandem repeat)'이라고 불렀다. 그리고 이것이 아마도 세포 복제와 관련이 있을 거라고 '잘못' 추정했다.[3]

모히카는 미국의 솔트레이크시티와 영국의 옥스퍼드에서 두 번의 짧은 박사 후 과정을 거친 뒤 1997년 알리칸테 대학에 돌아와 자리를 잡았다. 자신이 태어난 곳에서 몇 킬로미터 떨어지지 않은 이 대학에서 그는 의문의 반복 서열을 탐구하기 위해 연구 팀을 꾸렸다. 그러나 연구비를 따내기가 좀처럼 쉽지 않았다. "그놈의 반복 서열에 그만 좀 집착하라는 말을 들었죠. 저런 현상은 흔히 발견되고, 그러니 특별한 건 나오지 않을 거라고들 했어요."

그러나 박테리아나 고세균의 유전물질은 그 양이 극히 적다. 모히카는 생물이 별 기능도 없는 염기 서열에 유전물질을 낭비할 리가 없다는 생각에 이 반복 서열의 용도를 알아내기 위해 계속 애를 썼다. 어쩌면 이것이 DNA 구조 형성을 돕거나 단백질이 부착되는 고리를 만드는 것은 아닐까? 안타깝게도 둘 다 옳은 답은 아니었다.

'크리스퍼'라는 이름의 탄생

그 무렵 과학자들은 스무 종의 박테리아와 고세균에서 반복 서열을 발견했고, 각각 다른 이름을 붙였다. 모히카는 박사과정 지도교수의 뜻으로 사용하게 된 '연쇄 반복'이라는 용어가 마음에 들지 않았다. 이 염기 서열은 연속적으로 반복된 것이라기보다는 간격을 두고 배열된 것이었기 때문이다. 그래서 '규칙적인 간격을 둔 짧은 반복 서열(short regularly spaced repeats, SRSR)'이라고 재명명했다. 설명이 보다 구체적이긴 하나 약어의 발음이 까다로워 기억하기 힘든 이름이었다.

모히카는 그간 네덜란드 위트레흐트 대학의 뤼트 얀센과 서로 교신해오고 있었다. 마찬가지로 결핵균에서 반복 서열을 연구하고 있던 얀센은 이를 '직접 반복 서열(direct repeats)'이라 불렀지만 더 나은 이름이 있어야 한다는 모히카의 의견에 동의하던 터였다. 그러던 어느 날, 차를 몰고 퇴근하던 모히카의 머릿속에서 불현듯 '크리스퍼(CRISPR)'가 떠올랐다. '일정한 간격을 두고 분포하는 짧은 회문 반복 서열(Clustered Regularly Interspaced Short Palindromic Repeats)'의 약어였다. 이 투박한 구문 전체는 외울 엄두조차 나지 않지만, '크리스퍼'라는 약어는 말 그대로 바삭하고 아삭한 느낌이었다(영어로 'crisp'는 바삭하다는 뜻이다—옮긴이). 중간에 'e'가 생략되었다는 점이 어딘가 모르게 미래파의 분위기를 자아내면서도 전체적으로 위협적이기보다는 친근하게 들리는 이름이었다. 모히카는 집에 돌아와 아내의 의견을 물었다. "강아지 이름으로 딱이네." 아내가 말했다. "크리스퍼, 크리스퍼! 이리 와, 우리 강아지!" 모히카는 웃었고, 그것으로 마음을 정했다.

2001년 11월 21일, 모히카의 제안에 대한 얀센의 답신으로 '크리스퍼'라는 이름이 확정되었다. "친애하는 프랜시스, 크리스퍼라니 정말 훌륭한 약어예요. 바삭한 느낌이 덜 한 SRSR이나 SPIDR보다는 CRISPR가 훨씬 산뜻하고 좋습니다."[4]

얀센은 2002년 4월에 출간한 논문에서 이 이름을 공식적으로 발표했다. 크리스퍼와 관련된 듯 보이는 유전자를 처음 보고하는 논문이었다. 게놈에 크리스퍼가 있는 생물 대부분은 반복 서열 옆에 효소를 만들어내는 유전자를 끼고 있었다. 얀센은 이 효소를 '크리스퍼 연관 효소(CRISPR associated enzyme)', 줄여서 '카스(Cas) 효소'라 명했다.[5]

바이러스에 대한 수비

모히카가 염분을 사랑하는 미생물의 DNA를 시퀀싱하던 1989년에는 시퀀싱이 아주 느려터진 기술이었다. 그러나 당시 막 시작된 인간 게놈 프로젝트 덕분에 마침내 새로운 고속 시퀀싱 기법이 탄생했고, 모히카가 크리스퍼의 역할을 집중적으로 연구할 무렵인 2003년에는 200종에 가까운 박테리아 게놈의 염기 서열이 모두 밝혀졌다.

그해 8월, 모히카는 알리칸테에서 남쪽으로 약 20킬로미터 떨어진 해변 도시인 산타폴로에서 아내의 본가에 머물며 휴가를 보내고 있었다. 하지만 그에게 썩 즐거운 시간은 아니었다. "저는 모래도 안 좋아하고, 더운 여름에 사람들이 북적거리는 해변에 있는 것도 싫어하거든요. 그래서 아내가 선탠을 즐기는 사이 차를 몰고 알리칸테의 실험실로 갔죠. 아내가 해변에서 즐거움을 느끼듯이 저는 대장균 염기 서열을 분석하는 게 재밌었으니까요."[6] 일에 제대로 미친 과학자의 말이다.

모히카가 흥미를 느끼는 대상은 반복된 크리스퍼 구간 사이에 박혀 있는 '간격 서열'들이었다. 이 평범해 보이는 대장균의 간격 서열을 게놈 데이터베이스에 검색하면서 그는 매우 흥미로운 사실을 발견했다. 이 간격 서열이 대장균을 공격하는 바이러스의 염기 서열과 일부 일치했던 것이다. 모히카는 크리스퍼가 있는 다른 박테리아의 간격 서열에서도 똑같은 결과를 얻었다. 한 박테리아의 간격 서열은 해당 박테리아를 공격하는 바이러스 게놈의 일부와 정확히 일치했다. "이럴 수가!" 그의 입에서 탄성이 튀어나왔다.

자신의 발견에 확신이 생긴 모히카는 해변으로 돌아가 아내를 찾았다. "내가 방금 정말 놀라운 걸 발견했어." 그가 설명했다. "박테리아한테 면역계가 있었어. 과거에 어떤 바이러스가 자신을 공격했는지 기억할 수 있다고!" 아내는 웃으며, 무슨 소리인지는 모르겠지만 그렇게 흥분한 걸 보니 중요한 게 틀림없는 모양이라고 대답했다. "몇 년 안에 내가 발견한 사실이 신문이나 역사책에 적힌 걸 보게 될 거야." 이 말은 아내도 믿지 않았다.

모히카가 발견한 것은 지구상에서 가장 대규모로, 가장 오랫동안 이어져온 사악한 전쟁터였다. 다름 아닌 박테리아와 박테리아를 공격하는 '박테리오파지', 줄여서 '파지'라 불리는 바이러스 사이의 전쟁이다. 박테리오파지는 자연계에 존재하는 가장 큰 바이러스 분류군이며, 사실상 파지 바이러스는 지구에서 가장 수가 많은 생물학적 실체라 할 수 있다. 그 수는 10의 31제곱으로—지구상의 모든 모래 알갱이 하나마다 1조 개의 파지가 있는 셈이다—이는 박테리아를 포함한 지구의 모든 생물을 합친 수보다 많다. 바닷물 1밀리리터에 이 바이러스가 9억 마리나 들어 있다고 하면 대충 감이 올 것이다.[7]

인간이 새로운 변종 바이러스와 싸우느라 고군분투하듯이, 박테리아는 무려 30억 년 동안 수백만 세기를 바이러스와 싸워왔다. 지구에서 생명이 시작되자마자 바이러스에 대항하는 정교한 수비를 개발해온 박테리아와, 그 방어를 뚫을 방법을 찾아 끊임없이 진화한 바이러스 사이의 치열한 군비경쟁이었다.

모히카는 바이러스와 동일한 염기 서열이 기록된 크리스퍼 간격 서열을 지닌 박테리아는 감염되지 않고, 해당 간격 서열이 없는 박테리아만 감염된다는 사실을 발견했다. 이것만으로도 굉장히 획기적인 방어 시스템이지만 훨씬 더 근사한 것이 있었다. 박테리아가 새로운 위협에 적응하는 것처럼 보였던 것이다. 새로운 바이러스가 등장하더라도, 살아남은 박테리아는 바이러스 DNA의 일부를 통합해 다음 세대에서 해당 바이러스에 대한 후천적 면역을 획득했다. 모히카는 이 사실을 깨달은 순간 울컥하면서 눈물이 나왔다고 회상한다.[8] 자연의 아름다움은 우리 모두에게 그런 감동을 준다.

실로 엄청난 파장을 일으킬 대단히 놀랍고 훌륭한 발견이었으나, 그 결과를 출판하기까지 모히카는 터무니없이 힘든 과정을 겪어야 했다. 그는 2003년 10월 《네이처》에 「원핵생물의 반복 서열이 면역체계에 관여한다」라는 제목의 논문을 투고했다. 즉 크리스퍼 시스템은 박테리아가 바이러스에 대해 면역을 획득하는 방식이었다. 하지만 《네이처》 편집자는 동료 심사 단계에 가기도 전에 게재 불가 판정을 내렸다. 이 논문이 과거 크리스퍼 논문과 다를 것이 없다고 잘못 판단했기 때문이다. 추가로 크리스퍼 시스템이 어떤 식으로 작동하는지 보여주는 실험이 누락되었다는, 보다 타당한 이유도 있었다.

모히카의 논문은 다른 두 저널에서도 거부당한 뒤에야 마침내 《분자진화학 저널》에 게재되었다. 그리 저명한 학술지는 아니지만, 적어도 모히카의 연구 결과가 동료 심사를 거친 출판물로 인정받게 된 것이다. 그러나 그 과정에서도 그는 일 처리가 느린 편집자들을 수시로 조르고 재촉해야 했다. "거의 매주 편집자들에게 연락했습니다. 정말이지 끔찍한 기분이었죠. 그런 악몽이 또 없었습니다. 이건 정말 대단한 발견이고, 조만간 다른 누군가도 발견하리라는 걸 알았으니까요. 다른 사람들이 이 중요한 걸 먼저 발표하도록 앉아서 구경만 할 수는 없었습니다."[9] 2004년 2월에 투고한 논문은 10월이 되어서야 채택되었고 결국 2005년 2월에 게재되었다. 모히카가 이 사실을 발견한 지 2년 만이었다.[10]

모히카는 자신이 자연의 아름다움에 대한 사랑에 이끌렸을 뿐이라고 말한다. 알리칸테에서 그는 자신의 발견이 얼마나 유용한 도구로 거듭

날 것인지에 개의치 않고 순수하게 기초연구에만 전념하는 사치를 부렸다. 심지어 크리스퍼 발견으로 특허를 낼 생각조차 못 했다. "염도가 높은 물처럼 일반적이지 않은 환경에 서식하는 특이한 생물을 연구하는 저 같은 사람들의 유일한 동기는 호기심입니다." 모히카의 말이다. "우리가 발견한 걸 다른 일반 생물에도 적용할 수 있을 것 같지가 않았어요. 하지만 잘못된 생각이었죠."

과학의 역사에서 종종 그렇듯이 발견은 예상치 못한 곳에 응용된다. "호기심으로 시작한 연구가 미래에 어디로 이어질지는 누구도 알 수 없습니다. 지극히 기초적인 것이 나중에 엄청난 결과를 가져올 수도 있죠." 그러나 자신의 이름이 언젠가 역사책에 나올 거라고 했던 그의 예언만큼은 적중했다.

모히카의 논문 이후로, 크리스퍼가 사실은 새로운 바이러스에 대한 박테리아의 후천성 면역 체계였다는 증거가 담긴 논문들이 줄줄이 쏟아졌다. 1년이 채 못 되어 미국 국립생물공학정보센터 소속의 유진 쿠닌은 크리스퍼 연관 효소가 박테리아를 공격한 바이러스의 DNA 일부를 붙잡아 박테리아 자신의 DNA에 삽입한다는 사실을 밝혀내며 모히카의 이론을 확장했다. 말하자면, 나쁜 바이러스의 머그샷(체포한 범인을 찍은 사진—옮긴이)을 오려서 품고 다니는 것에 비유할 수 있으리라.[11] 그러나 쿠닌 연구 팀은 한 가지 실수를 저질렀다. 크리스퍼 방어 시스템이 RNA 간섭을 통해 작동한다고 추정했던 것이다. 이들은 박테리아가 머그샷을 이용해 전령 RNA의 작업을 방해하는 방법을 찾는다고 판단했다.

다른 사람들의 판단도 다르지 않았다. RNA 간섭에 관해서는 손꼽히는 전문가였던 제니퍼 다우드나가 크리스퍼를 연구하는 어느 버클리 교수로부터 뜬금없는 전화를 받게 된 것도 그래서였다.

질리언 밴필드

10장
프리 스피치 무브먼트 카페

질리언 밴필드

2006년 초 다이서에 관한 첫 번째 논문을 낸 직후, 다우드나는 그동안 이름만 들어보았을 뿐 안면은 없던 한 버클리 교수로부터 전화를 받았다. 질리언 밴필드는 모히카처럼 극한 환경에 서식하는 작은 생물에 관심을 둔 오스트레일리아 출신의 미생물학자였다. 사교성 좋고 협조적이며 한쪽 입꼬리가 살짝 올라가는 미소를 지닌 밴필드는 염분이 매우 높은 오스트레일리아의 호수와 유타의 간헐천, 캘리포니아 구리 광산에서 염습지로 흘러드는 극도로 산성이 높은 오수 등에서 발견한 박테리아를 연구하고 있었다.[1]

밴필드가 이 박테리아들의 DNA를 시퀀싱해보니 크리스퍼로 알려진 반복 서열 집단이 발견되었다. 밴필드 역시 크리스퍼 시스템이 RNA 간섭을 통해 작용한다고 생각하여 구글에 "RNA 간섭, UC 버클리"를 검색했다. 그리고 제일 위에 이름이 오른 사람, 바로 다우드나에게 전화를 걸었다. "버클리에서 RNA 간섭을 연구하는 사람을 찾고 있는데, 구글에 검색하니 당신 이름이 나오더군요." 두 사람은 만나서 차를 마시며 얘기하기로 했다.

다우드나는 크리스퍼에 대해 들어본 적이 없었기 때문에 사실 밴필드의 전화를 받았을 땐 '크리스퍼(crisper, '야채 보관실'이라는 뜻이다—옮긴이)' 얘기인가 싶었다고 한다. 전화를 끊고 검색해보니 관련된 논문 몇 개가 나왔다. 그녀는 크리스퍼가 "일정한 간격을 두고 분포하는 짧은 회문 반복 서열"을 뜻한다는 것까지만 확인하고, 그냥 기다렸다가 밴필드에게서 직접 설명을 듣기로 했다.

바람이 제법 부는 봄날, 두 사람은 버클리의 학부생 도서관 입구에 있는 '프리 스피치 무브먼트 카페(Free Speech Movement Café, 1960년대 버클리에서의 자유언론운동을 기념하는 곳으로 캠퍼스 내 만남의 광장으로 통한다—옮긴이)'의 야외 석조 테이블에서 만났다. 밴필드는 모히카와 쿠닌이 쓴 논문을 출력해 왔다. 그리고 곧 크리스퍼 염기 서열의 기능을 알아내려면 다우드나처럼 실험실에서 불가사의한 분자의 구조를 분석하는 생화학자와 협업해야 한다는 걸 깨달았다.

내게 그날의 만남에 대해 들려주던 중 두 사람은 당시의 기분을 설명하며 똑같이 흥분했다. 둘 다—특히 밴필드는 말이 굉장히 빨랐는데—상대의 말이 끝나기 무섭게 웃음으로 맞장구치기도 했다. "그때 우린 저쪽에 앉아서 차를 마셨을 거야. 네가 그동안 찾아낸 염기 서열 데이터를 몽땅 출력해 들고 왔었지." 다우드나가 회상하자 밴필드가 말을 이어받았다(사실 그는 그때껏 출력이라는 걸 할 일이 없었다고 했다). "내가 계속해서 네 눈앞에 염기 서열들을 들이밀었잖아." 이에 다우드나도 맞장구를 쳤다. "맞아, 열정이 넘치고, 말도 어지간히 빨랐지. 게다가 그 엄청난 데이터라니. 그걸 보고 '와, 이 사람 어지간히 흥분했구나' 생각했었어."[2]

밴필드는 카페 테이블에 자신이 박테리아에서 발견한 DNA 조각들을 다이아몬드와 정사각형으로 표시하며 일렬로 그려나갔다. 다이아몬드는 동일한 염기 서열을 가진 구간이었고, 그 사이사이에 각각 고유한 염기 서열을 가진 정사각형들이 끼어 있었다. "이 부분은 마치 **뭔가에** 반응하는 것처럼 엄청나게 빨리 변해요." 밴필드가 다우드나에게 말했다. "도대체 무엇이 이 이상한 DNA 염기 서열들을 만드는 걸까요? 실제로 이 염기 서열들은 어떤 일을 하는 걸까요?"

그때까지 크리스퍼는 대체로 모히카나 밴필드처럼 살아 있는 생물을 다루는 미생물학자들의 영역이었다. 그들은 크리스퍼와 관련해 꽤 훌륭한 가설들을 세웠고, 그중 일부는 옳았다. 그러나 시험관 안에서 통제된 상태로 진행되는 실험을 한 적은 아직 없었다. "당시에는 크리스퍼 시스템의 분자적 구성 요소를 분리해 실험실에서 시험하고 구조를 알아낸 사람이 없었어요." 다우드나가 말했다. "저 같은 생화학자, 구조생물학자들이 뛰어들 때였죠."[3]

러시아 캄차카반도에서 블레이크 비덴헤프트

11장
크리스퍼에 뛰어들다

블레이크 비덴헤프트

밴필드가 크리스퍼를 함께 연구하자고 요청했을 때, 다우드나는 난감했다. 랩에 일을 맡아 할 만한 사람이 마땅치 않았기 때문이다.

그러던 중 한 특별한 지원자가 박사 후 연구원 자리에 면접을 보러 왔다. 블레이크 비덴헤프트는 야외 활동에 열정적인 몬태나 사람으로, 새끼 곰처럼 사랑스러우면서도 카리스마가 넘쳤다. 그의 연구 활동 대부분은 러시아 캄차카반도에서 (그의 뒷마당이나 다름없는) 옐로스톤 국립공원까지 두루 다니며 밴필드와 모히카처럼 극한 환경에 서식하는 미생물을 수집하는 것이었다. 그는 휴가 때도 늘 야생으로 모험을 떠났다. 추천서는 그다지 화려하지 않았지만 비덴헤프트는 진지했으며, 연구 방향을 미생물학에서 분자생물학으로 전환하는 데도 적극적이었다. 무엇보다 다우드나가 어떤 주제로 연구하고 싶은지 물었을 때, 그의 입에서 마법 같은 단어가 흘러나왔다. "혹시 크리스퍼라고 들어보셨습니까?"[1]

비덴헤프트는 미국 몬태나주의 포트펙 출신으로, 캐나다 국경에서

130킬로미터 떨어진 외딴곳이자 주민 수가 223명밖에 안 되고 주변에 아무것도 없는 마을에서 몬태나 야생동물관리부 소속 수산학 생물학자의 아들로 태어났다. 그는 트랙을 달리고 스키를 타고 레슬링을 하고 미식축구를 하며 활동적인 고등학교 시절을 보냈다.

학부는 몬태나 주립대학에서 생물학을 전공했지만 실험실에서 시간을 보내는 일은 없었고, 대신 가까운 옐로스톤에 가서 끓어오르는 산성 온천에서도 죽지 않고 번식하는 미생물을 수집하곤 했다. "산성천에 서식하는 미생물을 보온병에 담아다가 실험실에 설치된 인공 온천에서 키운 다음 현미경에 놓고 살펴봤어요. 렌즈를 통해 들여다보면 맨눈으로는 보이지 않던 것들이 보이는데, 그렇게 신기할 수가 없었습니다. 제가 상상했던 생명의 모습과는 완전히 달랐죠."

몬태나 주립대학은 비덴헤프트에게 완벽한 곳이었다. 사랑하는 모험을 마음껏 즐길 수 있었기 때문이다. "저는 언제나 봉우리 너머에 있는 것을 추구했습니다."[2] 사실 그는 대학을 졸업할 당시만 해도 연구 과학자가 될 생각이 없었다. 그보다는 아버지처럼 어류생물학에 관심을 느껴, 알래스카 베링해에서 게잡이 어선을 타고 정부 기관에 제출할 데이터를 수집했다. 그런 다음엔 아프리카 가나에서 어린 학생들에게 과학을 가르치며 여름을 보냈고, 다시 몬태나로 돌아와 스키 순찰대원으로 잠시 일했다. "그야말로 모험에 중독되어 있었죠."

그러나 여행하는 동안에도 밤이면 생물학 교과서를 다시 펼쳤다. 그의 학부 시절 멘토였던 마크 영은 옐로스톤의 산성 온천에서 박테리아를 공격하는 바이러스를 연구하고 있었다. "이 생물학적 기계가 어떻게 작동하는지 알고 싶어 하는 교수님의 열정은 정말이지 전염성이 강했어요."[3] 3년의 방황을 마치고 비덴헤프트는 야생이 아닌 실험실에서 모험을 해보자고 결심했다. 그렇게 몬태나 주립대학으로 돌아가 마크 영 밑

에서 박사과정을 시작했고, 어떻게 이 바이러스가 박테리아에 침투하는지 파헤쳤다.[4]

비덴헤프트는 바이러스의 DNA를 시퀀싱했지만, 그것으로는 도무지 만족스럽지가 않았다. "막상 DNA 염기 서열을 들여다보니 거기엔 정보가 별로 없더라고요. 그보다는 구조를 알아야 했어요. 접힘과 형태가 보여주는 구조는 핵산의 염기 서열보다 진화적으로 더 오랜 기간 보존되거든요." DNA에 적힌 글자의 순서만 가지고는 그것이 어떻게 작동하는지를 알 수 없다는 말이다. 다른 분자와 어떻게 상호작용하는지를 확인하려면 그 접힘과 꼬임의 방식을 알아야 했다.[5]

비덴헤프트는 구조생물학을 배워야겠다고 결심했다. 그러기 위해서 버클리의 다우드나 실험실보다 나은 곳은 없었다.

진지하고 자신감 넘치는 그의 성격은 다우드나와 면접을 보는 자리에서도 확연히 드러났다. "비록 몬태나의 작은 실험실에서 왔지만 자신감이 있었기 때문에 주눅 들지 않았어요." 비덴헤프트는 몇 가지 주제를 준비해 갔는데, 처음부터 다우드나가 크리스퍼에 관심을 보이자 힘이 났다. 그중에 자신이 가장 관심 있는 분야였기 때문이다. "큰 소리로 설명하면서 최대한 저 자신을 잘 팔아보려고 애썼죠." 그는 화이트보드에 다른 연구자들이 진행 중인 크리스퍼 관련 프로젝트들을 나열했는데, 그 연구자들 중에는 존 판데르오스트와 스탠 브라운스의 이름도 포함되어 있었다. 옐로스톤 온천에 미생물을 수집하러 와서 비덴헤프트와 함께 일했던 네덜란드 연구 팀이었다.

비덴헤프트는 다우드나 랩에서 시도해볼 만한 연구들에 대해서도 브리핑했다. 가장 흥미로운 주제는 크리스퍼 연관 효소인 Cas의 기능을 밝히는 것이었다. 다우드나는 비덴헤프트의 에너지와 전염성 강한 열정에 놀랐고, 비덴헤프트 역시 다우드나가 크리스퍼에 대한 자신의 열정에 귀를 기울이는 모습에 깊은 인상을 받았다. "교수님한테는 주위를 세세하게 살피면서도 앞으로 펼쳐질 큰 그림을 알아보는 귀신같은 능력이 있었어요."[6]

비덴헤프트는 모험가로서 보여주었던 정열을 다우드나 실험실에서 온몸으로 발산하며 연구에 매진했다. 한 번도 해본 적 없는 실험에도 그는 저돌적으로 달려들었다. 점심시간에는 맹렬히 자전거를 탔고, 실험실에 돌아와서도 사이클 복장에 헬멧을 쓴 채 돌아다니며 저녁까지 일했다. 한번은 실험실에서 먹고 자며 48시간을 내리 실험한 적도 있었다.

마르틴 이네크

구조생물학을 배우려는 의지가 충만했던 비덴헤프트는 다우드나 랩의 결정학 전문가인 한 박사 후 연구원과 지적으로나 인간적으로 가깝게 지내게 되었다. 마르틴 이네크는 체코슬로바키아령 트르지네츠의 실레시아라는 마을에서 태어났다. 영국 케임브리지에서 유기화학을 공부한 이후 독일 하이델베르크로 건너가 이탈리아 생화학자 엘레나 콘티 밑에서 박사 학위를 받았는데, 그러다 보니 또박또박한 발음에 이곳저곳의 말투가 뒤섞인 억양으로 말하게 되었다.[7]

콘티 랩에서 이네크는 이 책의 주인공인 RNA 분자에 대한 애정을 키웠다. "정말 재주가 많은 분자입니다. 촉매 역할도 하고, 접혀서 3차원 구조가 되기도 하죠." 이네크가 《크리스퍼 저널》의 케빈 데이비스에게 한 말이다. "동시에 RNA는 정보를 운반하기도 합니다. 생체분자계의 팔방미인이라고나 할까요!"[8] 그의 목표는 RNA와 효소가 결합된 복합체의 구조를 밝힐 수 있는 랩에서 일하는 것이었다.[9]

이네크는 연구의 방향을 스스로 알아서 잘 잡아나갔다. "이네크는 독립적으로 일할 수 있는 연구자였어요. 제 랩에서는 아주 중요한 자질이었죠. 제가 일일이 간섭하며 지도하는 성격은 아니니까요." 다우드나의 말이다. "자기만의 독창적인 아이디어를 가지되 기꺼이 제 지도에 따라 연구할 생각이 있고, 팀의 일원이지만 그렇다고 매번 할 일을 지시하지는 않아도 되는 사람을 고용하고 싶었어요." 학회 참석차 하이델베르크에 갔다가 이네크와 알게 된 다우드나는 그를 잘 꾀어 버클리로 데려온 뒤 랩에 눌러앉혔다. 기존 팀원들이 새로 합류한 이들을 편안히 받아들이는 것이 다우드나에게는 늘 중요했다.

다우드나 랩에서 이네크는 RNA 간섭의 작동 원리에 초점을 맞춘 연구를 시작했다. 그간 다른 연구자들이 살아 있는 세포에서 보여주긴 했지만, 이네크는 이 과정을 시험관 안에서 처음부터 재창조할 수 있어야 완전한 설명이 가능하다고 생각했다. 생체 외 실험(in vitro, 생체 내 실험과 반대로 시험관에서 진행되는 실험을 말한다—옮긴이)을 통해 이네크는 유전자 발현을 방해하는 효소를 분리해냈고, 그 결정구조를 밝혀내 효소가 어떻게 전령 RNA를 조각내는지 보였다.[10]

이네크와 비덴헤프트는 성장 배경과 성격이 모두 극과 극이었는데, 그래서 오히려 서로를 보완하는 관계가 되었다. 이네크는 살아 있는 세포를 가지고 연구 경험을 쌓으려는 결정학자였고, 비덴헤프트는 결정학을 배우고 싶어 하는 미생물학자였다. 둘은 이내 서로를 좋아하게 되었다. 원래 비덴헤프트가 훨씬 장난기 있고 유머 넘치는 성격이었지만, 그에게서 전염이라도 된 양 이네크도 금세 맞춰갔다. 한번은 랩 동료들이 시카고 근처의 아르곤 국립연구소를 방문해 APS 방사광 가속기라는 강력한 엑스선 기계가 설치된 대형 원형 빌딩에서 일한 적이 있었다. 연구자들을 위한 세발자전거가 비치되어 있을 정도로 규모가 어마어마한 건물이었다. 새벽 4시, 일하느라 밤을 꼴딱 새우고도, 장난기 많은 비텐헤프트는 세발자전거로 건물 주위를 도는 경주를 제안했다. 물론 승리는 그의 차지였다.[11]

다우드나 랩의 목표는 크리스퍼 시스템의 화학적 구성 요소를 해부하고 각각의 작동 원리를 규명하는 것이었다. 이에 다우드나와 비텐헤프트는 먼저 크리스퍼 연관 효소인 Cas에 초점을 맞추었다.

Cas1

잠시 기억을 되살려보자.

효소는 단백질의 한 종류다. 효소의 주요 기능은 박테리아에서 인간에 이르기까지 모든 살아 있는 유기체의 세포에서 화학반응을 점화하는 촉매로서의 역할이다. 효소가 촉매하는 생화학 반응은 5000가지가 넘는데, 여기에는 소화계에서 녹말과 단백질의 분해, 근육수축, 세포 간 신호 전달, 신진대사 조절, 그리고 (이 책에서 가장 중요한) DNA와 RNA를 잘라 이어 붙이는 작업이 포함된다.

2008년까지 과학자들은 박테리아 DNA에서 크리스퍼 옆에 붙어 있는 유전자가 코딩한 소수의 효소들을 발견해냈다. 이 크리스퍼 연관 효소인 Cas 덕분에 크리스퍼 시스템은 박테리아를 공격한 바이러스의 기억을 새롭게 잘라 붙일 수 있다. 또한 Cas는 '크리스퍼 RNA(CRISPR RNA, crRNA)'로 알려진 짧은 RNA 조각을 만드는데, 이렇게 만들어진 RNA 파편은 가위 역할을 하는 효소를 바이러스가 있는 곳으로 안내해 바이러스의 유전물질을 잘라내게 한다. 이것이 바로 영리한 박테리아가 적응력 있는 후천성 면역 체계를 만드는 방식이다.

여러 랩에서 독자적으로 발견된 탓에 이 효소들의 명칭은 줄곧 통일되지 않다가 마침내 2009년에 이르러서야 Cas1, Cas9, Cas12, Cas13으로 표준화되었다.

다우드나와 비덴헤프트는 Cas1으로 알려진 효소에 초점을 두었다. 크리스퍼 시스템을 갖춘 모든 박테리아에서 발견된 유일한 효소였기 때문이다. 이는 이 효소가 근간이 되는 기능을 한다는 뜻이었다. 게다가 하나 더, Cas1은 엑스선결정법으로 분자구조를 밝히고 그 구조를 바탕으로 기능을 규명하는 랩에서 다루기에 유리한 특징이 있었다. 바로 결정을 만들기 쉽다는 점이었다.[12]

비덴헤프트는 박테리아에서 Cas1 유전자를 분리해 복제하고, 수증기 확산법을 사용해 결정을 만들었다. 그러나 엑스선결정법에 경험이 많지 않았기 때문에 정확한 결정구조를 알아내는 데 애를 먹었다.

다우드나가 이네크를 투입해 비덴헤프트를 돕게 했다. 그는 RNA 간섭에 관한 논문을 막 끝낸 참이었다.[13] 이들은 근처 로런스 버클리 국립 연구소의 입자가속기를 사용했고, 이네크가 데이터를 분석해 Cas1 단백질의 원자모형을 구축했다. "함께 일하는 동안 블레이크의 열정에 그대로 전염됐어요." 이네크의 회상이다. "그래서 제니퍼 랩에서 크리스퍼 연구를 계속하기로 마음먹었죠."[14]

비덴헤프트와 이네크는 Cas1이 독특한 방식으로 접혀 있음을 발견했다. 이는 박테리아가 제 세포에 침입한 바이러스에서 DNA 조각을 잘라내 자신의 크리스퍼 염기 서열에 추가하는, 박테리아 면역계에 있어 기억 형성 단계의 핵심 메커니즘을 보여주었다. 2009년 6월, 두 사람은 자신들이 발견한 내용을 논문으로 발표했다. 다우드나 랩이 크리스퍼 분야에 기여한 첫 성과이자, 크리스퍼 시스템의 구성 요소를 구조적으로 분석하고 그것을 기초로 크리스퍼 메커니즘을 설명한 최초의 연구였다.[15]

로돌프 바랑구

필리프 오르바트

12장

요거트 메이커

기초연구와 혁신의 선형 모델

나를 비롯한 과학과 기술 분야의 역사가들은 종종 '혁신의 선형 모델'에 관해 쓴다. 이것은 전 MIT 공과대학장이자 미국 군수업체 레이시온의 공동 설립자이며, 제2차 세계대전 당시 미국 과학연구개발국 국장으로 레이더와 핵폭탄 개발을 감독한 버니바 부시가 전파한 개념이다. 그는 1945년 보고서 「과학, 끝없는 프런티어」에서, 호기심이 이끄는 기초과학은 마침내 새로운 기술과 혁신으로 이어질 종자라고 주장했다. "새로운 제품과 과정은 처음부터 완전한 상태로 나타나지 않는다. 그것들은 새로운 원리와 구상에 기반하며, 과학의 가장 순수한 영역에서 이루어지는 후속 연구를 통해 힘들게 개발된다. 기초연구는 기술 발전을 이끄는 페이스메이커다."[1] 이 보고서를 바탕으로 해리 트루먼 대통령은 기초과학, 특히 대학에 연구비를 지원하는 국립과학재단(NSF)을 설립했다.

선형 모델이 아주 틀린 개념이라고는 할 수 없다. 실제로 양자역학과 반도체 물질의 표면 상태에 관한 물리학 기초연구가 트랜지스터의 개발로 이어지기도 했다. 그러나 그 과정은 그렇게 단순하지도, 선형적이지도 않았다. 트랜지스터는 미국전화전신회사(AT&T)의 연구 기관인 벨 연구소에서 개발되었다. 이 기업은 윌리엄 쇼클리나 존 바딘과 같은 많은 기초과학 이론가들을 고용했으며, 심지어 알베르트 아인슈타인도 그곳을 거쳐 갔다. 그러나 트랜지스터는 전화 신호를 증폭시키는 방법에 익숙한 경험 많은 엔지니어와 전신주에 오른 기술자들이 함께 만든 작품이기도 하다. 또 덧붙이자면, 대륙 간 장거리전화를 가능하게 하는 방안을 추진했던 기업의 개발 임원들도 빼놓을 수 없다. 이 모든 선수들이 정보를 나누면서 서로를 끌어주고 밀어주며 이루어낸 것이다.

처음엔 크리스퍼 이야기도 선형 모델과 잘 들어맞는 듯 보였다. 프란시스코 모히카 같은 기초연구자들이 순수한 호기심에서 자연의 이상 현상을 좇았고, 그것이 유전자 편집이나 코로나바이러스와 싸우는 도구 같은 응용 기술의 토대를 마련했으니 말이다. 그러나 이 과정 역시 트랜지스터와 마찬가지로 일방향으로 뻗는 단순한 선형 진행은 아니었다. 기초과학자, 실용 발명가, 기업 리더들 사이에 반복된 춤사위가 있었다.

과학은 발명의 모체가 될 수 있다. 그러나 매트 리들리가 저서 『혁신은 어떻게 일어나는가(How Innovation Works)』에서 지적했듯이, 과학과 발명도 때로는 양방향 도로처럼 움직인다. 리들리는 "발명이 과학의 모체인 경우도 드물지 않다. 기술과 과정이 먼저 개발되고, 그 원리에 대한 이해는 나중에 오기도 한다. (…) 증기 엔진이 열역학을 유도했지 그 반대가 아닌 것처럼 말이다. 또한 동력 비행기는 거의 모든 기체역학을 앞선다."[2]

크리스퍼의 다채로운 역사는 기초과학과 응용과학의 공생이라는 점에서 또 하나의 훌륭한 예를 제시한다. 그리고 여기에는 요거트가 한몫을 한다.

바랑구와 오르바트

다우드나 연구 팀이 크리스퍼에 막 손대기 시작했을 무렵, 서로 다른 대륙에 있던 두 식품과학자는 요거트와 치즈 제조법을 개선하기 위해 크리스퍼를 연구하고 있었다. 노스캐롤라이나의 로돌프 바랑구와 프랑스의 필리프 오르바트. 두 사람은 유제품의 발효를 시작하고 통제하는 종균(starter culture)을 제조하는 덴마크 식품 회사인 다니스코의 직원이었다.

요거트와 치즈의 종균은 박테리아를 배양하여 만든다. 따라서 세계적으로 400억 달러 규모의 시장이 형성되어 있는 이 업계에서 가장 큰 위협이 되는 존재는 다름 아닌 박테리아를 죽이는 바이러스다. 다니스코 사는 박테리아로 하여금 바이러스에 대항하게 하는 방법을 찾고자 기꺼이 많은 돈을 투자했다. 마침 이 회사는 중요한 자산을 보유하고 있었으니, 과거 종균으로 사용되었던 박테리아들의 DNA 염기 서열 데이터였다. 바로 이 자료 덕분에 바랑구와 오르바트는 학회에서 모히카의 크리스퍼 연구를 듣자마자 이내 기초과학과 응용 사업의 연결 고리를 자처하게 된다.

바랑구는 파리에서 태어나 어릴 적부터 음식에 대한 열정을 키웠다. 또한 그는 과학을 사랑했고, 대학에 진학하면서 자신의 두 열정을 융합하기로 했다. 그렇게 그는 내가 아는 이들 중 음식을 배우려고 노스캐롤라이나로 건너간 유일한 프랑스 사람이 되었다. 바랑구는 노스캐롤라이나 주립대학에서 피클과 사우어크라우트(독일식 김치—옮긴이) 발효 과학으로 석사 학위를 받았다. 그리고 이어서 박사과정을 마친 뒤 수업에서 만난 식품과학자와 결혼했고, 육류 회사인 오스카 마이어에서 일하게 된 아내를 따라 위스콘신주의 매디슨으로 갔다. 매디슨에는 요거트를 포함한 발효 유제품에 들어갈 수백 메가톤의 박테리아 배양액을 생산하는 다니스코 본사가 있었다. 2005년, 바랑구는 다니스코에 책임 연구원으로 입사했다.[3]

그에 몇 년 앞서 바랑구는 또 다른 프랑스 식품과학자인 필리프 오르바트와 친분을 맺은 터였다. 오르바트는 프랑스 중부 당제 생로맹에 있는 다니스코 연구소의 연구원으로, 박테리아 균주를 공격하는 바이러스들을 식별하기 위한 도구를 개발 중이었다. 이에 두 사람은 크리스퍼를 대상으로 장거리 공동 연구를 시작했다.

바랑구와 오르바트는 하루에 두세 번씩 프랑스어로 통화하며 계획을 세우고, 계산생물학을 이용해 다니스코의 방대한 데이터베이스에 보관된 박테리아들의 크리스퍼 시퀀스를 분석하기로 했다. 이들은 유제품 산업의 열혈 일꾼인 스트렙토코쿠스 테르모필루스(Streptococcus thermophilus)부터 시작해 박테리아의 크리스퍼 염기 서열과 그들을 공격했던 바이러스의 DNA를 비교했다. 1980년대 초반부터 매년 박테리아 균주에 대한 기록을 쌓아온 다니스코의 역사적 수집품은 그간 DNA에 일어난 연속적인 변화를 관찰할 수 있다는 점에서 더할 나위 없이 훌륭했다.

바랑구와 오르바트는 대규모 바이러스 공격 직후 수집된 박테리아에서 해당 바이러스의 염기 서열을 지닌 새로운 간격 서열을 발견했다. 이는 박테리아들이 미래의 공격을 차단할 요량으로 이 DNA를 획득했다는 뜻이었다. 면역은 박테리아 DNA 일부가 되었고, 해당 박테리아의 모든 이후 세대에 전달되었다. 2005년 5월, 구체적인 비교 작업을 거친 뒤 그들은 확신했다. "박테리아 균주의 크리스퍼와 과거 그 박테리아를 공격한 적이 있는 바이러스의 염기 서열이 100퍼센트 일치했습니다." 바랑구는 "유레카를 외친 순간이었죠"라고 회상한다.[4] 이 결과는 프란시스코 모히카와 유진 쿠닌의 논문에 대한 중요한 검증이기도 했다.

이어서 이들은 아주 유용한 일을 해냈다. 간격 서열을 직접 설계해 박테리아에 삽입하는 방식으로 면역계를 조작할 수 있음을 밝힌 것이다. 프랑스 연구 시설에서는 유전공학 연구가 허락되지 않았기 때문에 이 부분은 바랑구가 위스콘신에서 실험했다. "특정 바이러스의 염기 서열 일부를 박테리아의 크리스퍼 구역에 삽입했더니, 그 박테리아가 해당 바이러스에 대한 면역을 갖게 된 겁니다."[5] 더하여 이들은 박테리아가 새로운 간격 서열을 획득한다는 것, 또 공격을 시도한 바이러스를 퇴치할 땐 크리스퍼 연관 효소인 Cas가 필수적인 요소라는 것을 증명해냈다. "박테리아에서 두 개의 Cas 유전자를 제거해보았습니다." 바랑구가 회상했다. "당시에는 쉽지 않은 일이었죠. 그들 중 하나가 Cas9이었는데, 이 유전자를 제거하니 박테리아가 저항력을 잃었습니다."

2005년 8월, 바랑구와 오르바트는 이 발견으로 크리스퍼-Cas 시스템에 대한 최초의 특허를 신청했고, 같은 해 다니스코사는 크리스퍼를 사용해 박테리아 균주에 예방접종을 시작했다.

바랑구와 오르바트의 논문은 2007년 3월 《사이언스》에 게재되었다. "정말이지 최고의 순간이었습니다." 바랑구의 말이다. "이름 없는 일개 덴마크 회사 직원들이 누구도 신경 쓰지 않는 작은 생물의 잘 알려지지 않은 시스템을 연구한 논문이잖아요. 심사만 받을 수 있어도 좋겠다고 생각했는데, 채택까지 되다니요!"[6]

크리스퍼 회의

바랑구와 오르바트의 논문은 크리스퍼를 향한 관심을 한층 끌어올렸다. 프리 스피치 무브먼트 카페에서 다우드나에게 공동 연구를 요청한 생물학자 질리언 밴필드는 곧바로 바랑구에게 전화를 걸었다. 이들은 신생 분야의 개척자들이 통상 하는 일을 모의했다. 바로 학술 대회를 개최하자는 것이었다. 그렇게 밴필드와 블레이크 비덴헤프트가 조직한 최초의 크리스퍼 학회가 2008년 7월 말, 다우드나의 랩이 있는 버클리 스탠리 홀에서 열렸다. 특별 연사로 초빙되어 스페인에서 날아온 프란시스코 모히카까지 포함해 불과 서른다섯 명이 참석한 자리였다.

과학계에서는 장거리 협력이 흔한 편이다. 특히 바랑구와 오르바트가 보여주었듯이 크리스퍼 분야에서는 더더욱 그렇다. 그러나 물리적 근접성은 보다 강력한 시너지를 촉발한다. 프리 스피치 무브먼트 카페 같은 장소에 모여 차를 마시며 이야기를 나눌 때 아이디어는 더 구체화되는 법이다. "크리스퍼 학회가 없었다면 이 분야는 현재와 같은 속도로 움직이지도, 이렇게 협력적이지도 않았을 겁니다." 바랑구는 이렇게 얘기한다. "동지애 같은 건 없었을 거예요."

학회의 규칙은 그리 까다롭지 않았고 사람들은 서로 신뢰했다. 다들 아직 발표하지 않은 데이터를 비공식적으로 주고받으면서도 다른 회원들이 그걸 이용하지 않으리라 믿었다. "출판되지 않은 데이터와 의견을 공유하고 서로 돕는 작은 모임들, 그런 게 세상을 바꾸죠." 이후 밴필드는 그렇게 말했다. 이 학회의 첫 번째 성과는 크리스퍼 연관 단백질을 포함해 용어와 명칭들을 표준화한 일이다. 초기 참가자 중 하나였던 실뱅 모로는 매년 7월에 열리는 이 학회를 '과학자들의 크리스마스 파티'라 불렀다.[7]

손테이머와 마라피니

학회가 열린 첫해에 중요한 진전이 있었다. 시카고 노스웨스턴 대학의 루시아노 마라피니와 에릭 손테이머가 크리스퍼 시스템의 표적이 DNA임을 밝힌 것이다. 즉 크리스퍼가 RNA 간섭을 통해 작동하는 게 아니라는 뜻이다. 밴필드가 처음 다우드나에게 접촉했을 당시 학계의 일반적인 견해와는 달리, 사실 크리스퍼는 침입한 바이러스의 DNA를 목표로 작용하고 있었다.[8]

실로 엄청난 파급력을 지닌 발견이었다. 마라피니와 손테이머가 밝힌 것처럼 크리스퍼 시스템이 바이러스의 DNA를 목표로 한다면, 이 시스템을 유전자 편집 도구로 개조하는 것도 얼마든지 가능하기 때문이다. 이 중대한 발견은 전 세계적으로 크리스퍼에 대한 새로운 차원의 관심을 불러일으켰다. "크리스퍼가 근본적인 혁신을 일으킬 수 있으리라 생각하게 되었죠." 손테이머가 말했다. "만약 크리스퍼가 표적 DNA를 자를 수 있다면, 그걸 활용해 유전자 이상의 원인을 손볼 수 있을 테니까요."[9]

그러나 그 전에 알아내야 할 것이 많았다. 마라피니와 손테이머는 크리스퍼 연관 효소가 정확히 어떻게 DNA를 자르는지 알지 못했다. 어쩌면 인간의 유전자를 편집하기에는 적합하지 않은 방식으로 작동할 수도 있었다. 그럼에도 불구하고, 두 사람은 2008년 9월 DNA 편집 도구로서 크리스퍼의 사용에 대한 특허를 출원했다. 특허는 거부되었고, 사실 거부되는 게 옳았다. 크리스퍼가 언젠가 유전자 편집 도구가 되리라는 짐작은 틀리지 않았지만, 그 가설이 실험 증거로 뒷받침되지 않았기 때문이다. "아이디어에 특허를 낼 수는 없으니까요." 손테이머도 인정한다. "내 것이라고 주장할 만한 발명품이 있어야 했죠." 마라피니와 손테이머는 국립보건원에 유전자 편집 도구로서의 가능성을 타진하기 위한 연구비를 신청했다. 그 역시 거부되었지만, 적어도 이들은 유전자 편집과 관련한 크리스퍼-Cas 시스템의 가능성을 가장 처음 제안한 사람으로 기록되었다.[10]

손테이머와 마라피니는 박테리아처럼 살아 있는 세포에서 크리스퍼를 연구해왔다. 그건 그해에 크리스퍼 논문을 출판한 다른 분자생물학자들도 마찬가지였다. 그러나 시스템의 필수 구성 요소를 밝히기 위해서는 새로운 접근법이 필요했다. 생체 외부, 다시 말해 해당 분자들을 시험관에 넣고 돌리는 생화학자들의 방식 말이다. 생체 내(in vivo)에서 실험하는 미생물학자들과 가상 환경(in silico)에서 시퀀싱 데이터를 비교하는 전산유전학자들이 발견한 내용을 분자 수준에서 설명하려면, 시험관에서 각각의 요소들을 분리하는 생화학자들의 작업이 수반되어야 했다.

"생체 내 실험만 해서는 현상의 원인을 확신할 수 없습니다." 마라피니도 인정한다. "세포 안을 들여다볼 수도, 그 안에서 무슨 일이 일어나는지 확인할 수도 없으니까요." 각 구성 요소를 제대로 파악하려면 세포 밖으로 끄집어내어 시험관에 넣어야 한다. 적어도 시험관 안에서는 그 내용물을 완벽하게 통제할 수 있기 때문이다. 바로 다우드나의 전문 분야이자, 블레이크 비덴헤프트와 마르틴 이네크가 다우드나 랩에서 하려던 일이었다. "이 질문에 답하려면 유전학 연구에서 벗어나 생화학적으로 접근해야 했다." 다우드나 또한 나중에 이렇게 기록했다. "그래야 구성 분자를 분리하고 각각의 행동을 연구할 수 있기 때문이다."[11]

하지만 그에 앞서, 다우드나는 잠시 잘못된 길에 발을 들이게 된다.

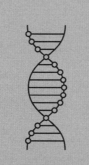

허버트 보이어와 로버트 A. 스완슨

13장
제넨테크

방황

크리스퍼 논문들이 쏟아져 나온 직후인 2008년 가을, 질리언 밴필드
는 다우드나에게 핵심적인 사실들이 밝혀졌으니 이젠 정리하고 "넘어가
야" 할 때가 된 것 같다고 걱정스레 말했다. 하지만 다우드나의 생각은
달랐다. "저는 그때까지 발견된 것들에서 끝이 아닌 시작을 보았어요.
적응성이 있는 면역계가 존재한다는 걸 알았으니, 이젠 그게 어떻게 작
동하는지 알아야 할 차례였죠."[1]

그러나 사실 그 무렵, 다우드나 또한 자신의 인생에서 새로운 단계로
넘어갈 계획을 세우고 있던 참이었다.

마흔네 살의 다우드나는 행복한 결혼 생활을 이어가고 있었고, 영리
하고 착한 일곱 살짜리 아들도 있었다. 그러나 이 모든 성공에도 불구
하고, 아니 어쩌면 바로 그 때문에 가벼운 중년의 위기를 겪게 되었다. "학
교에 들어와 연구실을 꾸린 지 15년쯤 되자 의문이 들기 시작했어요.
'내가 할 수 있는 일이 더 있지 않을까?'" 다우드나가 회상했다. "제가 하
는 연구가 보다 광범위한 방면으로 영향을 미칠 수 있으리라는 생각을

하게 된 거죠."

크리스퍼라는 신생 분야의 선두 주자가 되었다는 흥분과 별개로, 다우드나는 더 이상 기초과학 연구만으로 만족하지 못하게 되었다. 기초과학이 생산한 지식을 인간의 건강을 증진하는 치료법으로 활용하는 응용과학과 중개 연구에 도전하고 싶어진 것이다. 물론 크리스퍼에는 유전자 편집 도구로서의 가능성이 있었고 그 잠재력이 실현된다면 엄청난 실용 가치를 낼 터였지만, 다우드나는 그보다 더 즉각적인 영향력을 확인할 수 있는 프로젝트를 원했다.

처음에는 의과대학을 고려했다. "실제 환자들을 만나면서 임상 시험에 참여하면 좋겠다는 생각이 들었죠." 경영대학원에 진학할 생각도 했다. 컬럼비아 대학에는 한 달에 한 번 주말에만 수업에 참석하고 나머지는 온라인으로 진행하는 경영학 석사 프로그램이 있었다. 버클리를 오가고 또 편찮으신 어머니가 계시는 하와이까지 왔다 갔다 하려면 힘들 터였지만, 다우드나는 진지하게 고민했다.

그러던 중 우연히 한 해 전에 샌프란시스코의 내로라하는 생명공학 기업인 제넨테크에 들어간 예전 학교 동료를 만났다. 제넨테크는 기초과학이 특허 전문 변호사와 벤처 투자가를 만났을 때 어떤 혁신과 얼마만큼의 수익을 창출할 수 있는지를 전형적으로 보여주는 기업이었다.

제넨테크

제넨테크는 1972년 스탠퍼드 의대 교수 스탠리 코언과 UC 샌프란시스코의 생화학자 허버트 보이어가 호놀룰루에서 열린 재조합 DNA 기술 학회에 참석하면서 구상되었다. 재조합 DNA 기술은 스탠퍼드의 또 다른 생화학자 폴 버그가 발견한 것으로, 서로 다른 유기체의 DNA를 하나로 이어 붙이는 방법이다. 호놀룰루 학회에서 보이어는 이 '잡종 DNA'를 효율적으로 제작할 수 있는 효소를 발견했다고 발표했고, 이어서 코언은 DNA 조각을 대장균에 넣어 동일한 DNA를 무수히 복제하는 방법을 설명했다.

학회에서 마련한 만찬이 끝난 뒤, 무료하고 출출했던 두 사람은 와이키키 해변의 번화가에서 '알로하'가 아닌 '샬롬'이라는 네온사인 간판이 달린 뉴욕 스타일 델리에 들어갔다. 둘은 파스트라미 샌드위치를 먹으며 각자의 발견을 결합해 유전자를 조작하고 제조하는 새로운 방법을 논의했다. 코언과 보이어는 함께 일하기로 결의했고, 4개월 만에 서로 다른 생물의 DNA 조각을 이어 붙이고 이를 수백만 개의 클론으로 복제하는 데 성공해 생명공학이라는 분야를 탄생시키며 유전공학 혁명을 일으켰다.[2]

스탠퍼드의 지식재산권 변호사 하나가 발 빠르게 두 사람에게 접근해 특허출원을 돕겠다고 나섰다. 이들은 1974년에 특허를 신청해 마침내 승인을 받았다. 처음에 코언과 보이어는 재조합 DNA 기술로 특허를 낼 수 있다는 생각을 미처 하지 못했다. 이 기술이 기본적으로 자연에서 발견되는 것이었기 때문이다. 다른 과학자들도 비슷하게 생각했으므로 이들의 특허출원 소식에 많은 사람들이 분개했다. 특히 재조합 DNA 기술의 돌파구를 최초로 마련한 폴 버그는 "구리고, 주제넘고, 오만하다"며 비난하기도 했다.[3]

코언과 보이어가 특허출원을 내고 1년이 지난 1975년 말, 로버트 스완슨이라는 혈기 왕성한 젊은 벤처 투자가가 유전공학 회사의 창업에 관심을 보일 만한 과학자들에게 무작정 전화를 걸었다. 그때껏 스완슨은 한 번도 투자에 성공한 적이 없어, 공동주택에 살면서 낡아빠진 닷선을 몰고 차가운 샌드위치로 끼니를 때우는 처지였다. 그러나 재조합 DNA에 관한 자료를 섭렵한 그는 마침내 우승마를 찾았다고 확신했다. 스완슨이 알파벳순으로 정렬된 과학자 명단을 보고 전화를 돌렸을 때, 그를 처음 만나준 사람이 보이어였다(버그는 거절했다). 스완슨은 애초에 10분만 시간을 내달라며 보이어의 연구실을 찾아갔지만, 결국 근처 술집에 앉아 세 시간에 걸쳐 유전자조작으로 의약품을 만드는 새로운 형태의 회사를 계획했다. 두 사람은 초기 법무 관련 수수료를 해결하기 위해 각자 500달러씩 투자하기로 합의했다.[4]

스완슨은 각자의 이름을 따서 '허밥(HerBob)'이라는, 온라인 데이트 사이트 아니면 싸구려 미용실 같은 회사명을 제안했다. 다행히 현명한 보이어가 그 이름을 거부하고 '유전공학 기술(genetic engineering technology)'을 적당히 압축한 '제넨테크(Genentech)'로 정했다. 제넨테크는 유전자조작 의약품을 개발하기 시작했고, 1978년 8월 당뇨병 치료를 위한 합성 인슐린 경쟁에 회사의 사활을 걸고 도전해 성공한 이후 폭발적으로 성장했다.

그때까지는 1파운드(약 450그램)의 인슐린을 만드는 데 돼지나 소 2만 3000마리에서 추출한 췌장 3600킬로그램이 필요했다. 그러나 합성 인슐린 제조가 성공적으로 이루어지면서 당뇨병 환자(그리고 수많은 돼지와 소)의 삶이 달라졌을 뿐 아니라, 생명공학 산업 전체가 궤도 위에 올랐다. 미소 띤 보이어의 초상화는 "유전공학 붐"이라는 제목과 함께《타임》지 표지를 장식했다. 그 호에는 영국 찰스 왕세자가 다이애나를 왕세자비로 선택했다는 뉴스가 함께 실렸는데, 이 드물게 찾아오는 특종거리도 보이어에 밀려 두 번째 기사로 언급될 정도였다.

제넨테크의 성공은 1980년 10월《샌프란시스코 이그재미너》의 기념

비적인 앞표지까지 꿰찼다. 제넨테크가 생명공학 회사 최초로 기업 공개를 하고 상장한 터였다. 'GENE'이라는 종목명으로 주당 35달러에서 시작된 주가는 한 시간 만에 88달러가 되었다. 《샌프란시스코 이그재미너》는 「제넨테크가 월스트리트를 강타하다」라는 헤드라인을 1면에 수록했다. 그리고 바로 밑에는 전혀 별개의 내용과 사진이 실렸는데, 바로 재조합 DNA를 발견한 공로로 노벨상을 수상했다는 소식을 전해 들으며 전화기를 든 채 웃고 있는 폴 버그의 사진이었다.[5]

우회로

제넨테크가 다우드나 영입을 시도하던 2008년, 이 회사의 가치는 1000억 달러에 가까웠다. 다우드나의 옛 동료는 제넨테크에서 유전자 조작 암 치료제를 개발 중이었는데, 이 새로운 일에 큰 만족을 느끼고 있었다. 학교에 있을 때보다 연구의 목표가 훨씬 뚜렷하고, 새로운 치료법으로 이어질 문제를 직접 다룬다는 것이었다. "그 얘기를 듣고 보니, 학교에 머무는 대신 내 지식을 곧바로 적용할 수 있는 곳으로 가는 게 옳다는 생각이 들더라고요."

먼저 다우드나는 제넨테크에서 여러 차례 세미나를 가졌다. 다우드나와 제넨테크 측이 서로를 탐색하는 방식이었다. 다우드나를 불러들이고자 하는 이들 중에는 제품 개발 책임자인 수 데즈먼드-헬만도 포함되어 있었는데, 두 사람은 성격이 매우 비슷했다. 둘 다 민첩한 사고와 준비된 미소를 갖추고 남의 말을 경청하는 사람이었다. "협상 중 데즈먼드-헬만의 사무실에서 이야기를 나눈 적이 있는데, 내가 제넨테크에 온다면 자신이 멘토가 되어주겠다고 하더라고요." 다우드나의 말이다.

제넨테크에서 일하기로 결정했을 때, 다우드나는 버클리에 있는 팀원들도 데려갈 수 있다는 얘기를 들었다. "모두들 옮길 준비를 했죠." 레이철 하우어비츠가 회상했다. 다우드나의 박사과정 학생이었던 하우어비츠 역시 다른 동료들처럼 다우드나를 따라가기로 마음먹었다. "다들 장비를 챙기고 짐을 싸기 시작했어요."[6]

그러나 2009년 1월, 제넨테크에서 일을 시작하고 얼마 지나지 않아 다우드나는 이것이 큰 실수였음을 깨달았다. "어울리지 않는 곳에 왔다는 걸 직감했죠. 본능적인 반응이었어요. 하루 종일 내가 잘못된 결정을 내렸다는 생각뿐이었어요." 다우드나는 제대로 잠을 이룰 수 없었다. 집에서도 신경이 곤두서 있어 기본적인 일조차 제대로 처리하지 못할 지경이었다. 중년에 찾아온 정체성의 위기는 이제 신경쇠약 수준에 이르러 있었다. 다우드나는 원래 대단히 균형 잡힌 사람이었고, 가끔 마음이 불안정하거나 불안해도 잘 포장하고 다스려온 터였다. 그때까지는.[7]

몇 주가 지나자 그의 혼란이 절정에 다다랐다. 1월 말, 어느 비 오는 밤에 침대에 누워 잠을 설치던 다우드나는 잠옷을 입은 채 밖으로 나갔다. "뒷마당에서 비를 맞으며 앉아 생각했어요. '다 끝났어.'" 빗속에서 꼼짝 않고 앉아 있는 아내를 남편인 케이트가 달래서 안으로 데려왔다. 다우드나는 자신이 우울증을 앓는 건지도 모른다고 생각했다. 버클리 연구실로 돌아가고 싶다는 걸 알았지만 너무 늦은 것 같아 두려웠다.

다우드나를 구한 것은 이웃이자 버클리 화학과 학과장인 마이클 마를레타였다. 다우드나는 다음 날 마를레타에게 전화해 집에 와달라고 부탁했다. 그러곤 남편과 아들을 내보낸 뒤 그에게 속내를 털어놓았다. 마를레타는 다우드나의 상태가 생각보다 심각한 것을 알고 무척 놀랐다. 결국 그가 먼저 입을 열었다. "제가 볼 땐, 버클리로 돌아오고 싶어 하는 것 같군요."

"그런데 제가 그 문을 걷어찬 것 같아요." 다우드나는 대답했다.

"아니, 그렇지 않아요. 돌아올 수 있게 내가 도울게요." 마를레타가 다우드나를 안심시켰다.

그러자 금세 기분이 나아졌다. 그날 밤은 오랜만에 제대로 잘 수 있었다. "내가 있어야 할 곳으로 돌아가게 되었으니까요." 3월 초, 두 달의 방황을 마치고 다우드나는 버클리 실험실로 되돌아갔다.

이 헛발질로부터 다우드나는 자신의 열정과 재능, 그리고 약점에 대해서도 더 잘 알게 되었다. 다우드나가 되고 싶은 것은 실험실에서 연구하는 과학자였다. 그녀는 신뢰하는 사람들과 자유롭게 의견을 주고받는 일에 능했다. 반면에 발견보다 권력이나 승진이 우선인 기업의 경쟁적 환경에는 잘 적응하지 못했다. "저는 큰 회사에서 일할 재주도, 열정도 없었어요." 비록 제넨테크에서의 짧은 시간은 잘 풀리지 않았지만, 자신의 연구로 실용적인 도구를 만들고 상용화하려는 열망은 다우드나를 인생의 다음 장으로 이끌었다.

마르틴 이네크, 레이철 하우어비츠, 블레이크 비덴헤프트, 저우카이훙, 제니퍼 다우드나

14장
다우드나 랩

랩 꾸리기

과학적 발견에는 크게 두 가지 요소가 있다. 훌륭한 연구를 하는 것과 훌륭한 연구가 수행되는 랩을 운영하는 것. 언젠가 스티브 잡스에게 자신이 만든 제품 중 최고로 꼽는 게 뭐냐고 물은 적이 있다. 나는 그가 매킨토시나 아이폰이라고 대답할 줄 알았다. 그러나 그는 훌륭한 제품을 만드는 것도 중요하지만, 더 중요한 건 계속해서 그런 제품을 만들어내는 팀을 꾸리는 일이라고 대답했다.

다우드나는 타고난 벤치 과학자(실험과학자를 가리키는 말로, '벤치'는 실험대를 뜻한다—옮긴이)였다. 아침 일찍 실험실에 나와 흰 실험복과 라텍스 장갑을 착용한 뒤 피펫과 페트리접시를 들고 실험에 착수하는 일상을 그는 진심으로 좋아했다. 버클리에서 실험실을 꾸린 뒤에도 처음 몇 년은 직접 실험대에 서서 일할 정도였다. "랩 실험을 포기하고 싶지는 않았어요. 제가 실험을 꽤 잘하는 편이거든요. 머리가 실험에 맞추어 돌아가죠. 머릿속에서 실험이 보여요. 특히 혼자 일할 때는요." 그러나 2009년, 제넨테크에서 돌아온 다우드나는 이제 자신이 키워야 할 것이 박테리아가 아니라 랩이라는 사실을 깨달았다.

선수에서 코치로의 전환은 많은 분야에서 일어난다. 작가가 편집자로, 기술자가 관리자로 변신하는 식이다. 벤치 과학자가 랩의 책임자로 보직을 전환하면, 연구를 수행할 젊은이들을 고용하고, 그들을 지도하고, 그들의 실험 결과를 검토하고, 그들에게 새로운 실험을 제안하며 큰 그림을 보여주는 관리 업무가 새로 추가된다.

다우드나는 이런 일들에 뛰어났다. 랩에 박사과정 학생이나 박사 후 연구원을 새로 들일 때면 다른 팀원의 의견을 존중해 모두와 잘 어울릴 만한 사람을 뽑았다. 자기 주도적이면서도 동료 의식이 있는 사람을 찾는 게 목표였다. 크리스퍼 연구 과제가 늘어나면서 다우드나는 블레이크 비덴헤프트, 마르틴 이네크와 더불어 팀의 핵심 멤버로 열정과 두뇌가 잘 조화된 두 명의 박사과정 학생을 들였다.

레이철 하우어비츠

텍사스 오스틴에서 자란 레이철 하우어비츠는 자칭 '과학광'이었다. 다우드나처럼 하우어비츠도 RNA에 관심이 있었다. 하버드에서의 학부 시절 RNA를 연구한 그는 버클리에서 박사 학위를 따기로 마음먹었다. 다우드나 랩으로 들어가고 싶은 건 당연했다. 그렇게 2008년에 랩에 합류한 하우어비츠는 블레이크 비덴헤프트의 자석 같은 매력과 박테리아를 향한 유쾌한 열정에 끌려 크리스퍼 열차에 올라타게 되었다. "사실 블레이크와 처음 일을 시작했을 땐 크리스퍼가 뭔지도 몰랐어요. 그래서 그 분야에서 나온 논문을 모두 읽었죠." 하우어비츠가 회상했다. "그런데 겨우 두 시간밖에 안 걸리더라고요. 블레이크나 저나, 그땐 우리가 보고 있는 게 빙산의 일각이라는 걸 전혀 몰랐어요."[1]

2009년, 다우드나가 제넨테크에서 나와 버클리로 돌아간다는 소식을 들었을 때 하우어비츠는 박사과정 자격시험을 준비하느라 집에 돌아와 있었다. 이 소식에 그녀는 내심 마음이 놓였다. 지도교수를 따라갈 생각이긴 했으나, 사실 버클리에 남아 비덴헤프트와 함께 크리스퍼로 박사 논문을 쓰고 싶었기 때문이다. 두 사람은 생화학과 야외 활동에 대한 애정을 공유하는 사이였다. 비덴헤프트는 심지어 새로운 훈련과 식이요법을 개발해 하우어비츠가 다시 마라톤을 뛸 수 있도록 돕기도 했다.

다우드나는 하우어비츠에게서 자신을 보았다. 크리스퍼는 새롭고, 따라서 위험성이 큰 분야였지만 하우어비츠는 외려 그 점에 반해 덤벼들었다. "새로운 분야에 도전하는 걸 두려워하는 학생들이 있어요. 하지만 반대로 하우어비츠는 크리스퍼가 신생 분야라 좋다고 하더라고요." 다우드나의 회상이다. "그래서 전 말했죠. '열심히 해봐.'"

Cas1의 구조를 알아낸 비덴헤프트는 자신이 연구하던 박테리아에 들어 있는 다른 크리스퍼 연관 단백질 다섯 종의 구조에도 도전했다. 그중 넷은 쉽게 풀렸지만 Cas6*만큼은 만만치 않았다. 그는 하우어비츠에게 도움을 요청했다. "저한테 골칫덩어리를 안겨준 셈이죠." 하우어비츠의 말이다.

알고 보니 참고 문헌과 데이터베이스에 이 박테리아 게놈의 시퀀싱 결과에 대한 주석이 잘못 달린 게 원인이었다. "그토록 애를 먹은 건 출발점이 잘못되었기 때문이었어요. 블레이크가 알아냈죠." 일단 문제의 원인이 밝혀지자 실험실에서 쉽게 Cas6를 만들어낼 수 있었다.[2]

• 당시에는 Csy4로 알려졌지만, 나중에 Cas6f로 바뀌었다.

이젠 이 단백질이 어떤 일을 어떻게 하는지 밝히는 문제가 남아 있었다. "저는 다우드나 랩이 하는 두 가지 일을 했어요." 하우어비츠의 설명이다. "생화학을 이용해 기능을 찾고, 구조생물학을 이용해 생김새를 밝히는 일이죠." 생화학 실험 결과, Cas6는 크리스퍼 배열(CRISPR array, 반복 서열과 간격 서열이 번갈아가며 나오는 배열을 말한다—옮긴이)이 생성한 긴 RNA에 달라붙어 이를 짧은 crRNA 조각으로 잘라내는 일을 하는데, 이렇게 잘린 짧은 RNA 조각들은 박테리아를 공격한 바이러스의 DNA를 정확하게 타깃으로 삼고 있었다.

다음은 Cas6의 구조를 풀어내는 일이었다. 구조를 알면 이 단백질이 **어떻게** 작동하는지도 알게 될 터였다. "우리끼리 구조생물학 실험을 하기엔 저도 블레이크도 모르는 게 너무 많았어요. 그래서 옆 실험대에 있던 마르틴 이네크한테 프로젝트에 합류해 실험하는 법을 알려달라고 부탁했죠."

그 결과 특이한 현상이 발견되었다. Cas6가 교과서대로라면 작동하지 않을 방식으로 RNA에 결합한 것이다. Cas6는 RNA에서 구조상 결합할 만한 자리가 있는 염기 서열을 정확히 찾아냈다. "우리가 본 다른 Cas 단백질들은 그렇지 않았어요." 이는 Cas6가 다른 엉뚱한 RNA는 건드리지 않고 정확한 자리를 인지해 잘라낸다는 뜻이었다.

논문에서 그들은 이 특징을 "예상치 못했던 인식 메커니즘"이라 기록했다. Cas6에는 정확한 염기 서열하고만 반응하게 하는 'RNA 헤어핀 (RNA hairpin)' 구조가 있었다. 그리고 이번에도 한 분자의 접힘과 꼬임이 그 작용을 밝히는 열쇠가 되었다.[3]

샘 스턴버그

2008년 초, 샘 스턴버그는 하버드와 MIT를 비롯한 여러 명문대 대학원에 합격했다. 그는 다우드나를 만나보고는 함께 RNA 구조에 관해 연구하고 싶어서 버클리로 결정했지만, 컬럼비아 대학에서 진행하던 학부 연구 논문을 마치기 위해 등록을 연기했다.[4]

그런데 그사이 갑자기 다우드나가 제넨테크로 옮겼고, 이어 다시 돌아왔다는 소식이 들려왔다. 자신의 결정에 확신을 잃은 스턴버그는 다우드나에게 이메일을 보내 앞으로 계속 버클리에 있을 생각인지 물었다. "너무 긴장돼서 도저히 직접 여쭤보지는 못하겠더라고요." 다우드나는 답장을 보내, 이제는 버클리가 자신이 있어야 할 곳임을 확신한다며 그를 안심시켰다. "그 답장을 읽고 마음을 굳혔죠. 그래서 버클리에 가기로 한 계획을 그대로 밀어붙였습니다."[5]

하우어비츠는 남자 친구와 함께 사는 아파트에서 유월절 파티를 열고 스턴버그를 초대했다. 일반적인 유월절 파티와 달리, 대화의 주제는 크리스퍼였다. "하우어비츠에게 실험에 대해 더 알려달라고 계속 졸랐어요." 하우어비츠가 Cas 효소에 관해 쓰고 있던 논문을 보여주자 스턴버그는 완전히 빠져들었다. "교수님께 RNA 간섭 연구를 하고 싶지 않다고 확실히 말씀드렸습니다." 스턴버그가 말했다. "대신 크리스퍼라는 이 새로운 놈을 파보고 싶다고 했죠."

한번은 스턴버그가 컬럼비아 대학에서 에릭 그린 교수의 단일 분자 형광현미경(single-molecule fluorescence microscopy) 기술에 관한 강연을 듣고 와, 다우드나에게 그 실험법을 크리스퍼-Cas 단백질에 적용하면 어떨지 조심스럽게 물었다. "세상에, 물론이지. 당연히 되고말고." 다우드나가 아주 좋아하는 모험적 접근 방식이었다. 다우드나의 과학적 성취는 언제나 작은 점들을 연결해 큰 그림을 그리는 데서 비롯했는데, 스턴버그는 줄곧 작은 주제들하고만 씨름하는 것 같아 내심 걱정스럽던 차였다. 다우드나는 우선 똑똑하고 재능 있는 학생이라며 그를 칭찬한 다음, 직설적으로 말했다. "지금 넌 네가 가진 능력 이하의 일을 하고 있어. 너 같은 실력을 갖춘 학생이 할 수 있는 프로젝트에 도전하지 않는다는 얘기지. 우리가 왜 과학을 하고 있지? 큰 질문의 답을 찾기 위해 과학을 하고 모험도 하는 거야. 도전하지 않는다면 절대 크게 발전할 수 없어."[6]

자신감을 얻은 스턴버그는 일주일쯤 컬럼비아 대학에서 그 기술을 배우고 와도 되겠냐고 물었다. "교수님은 일주일이 아니라 6개월 동안 머물며 실험하도록 비용을 대주셨다." 이후 그의 박사 학위 논문 중 감사의 말에 적힌 내용이다. 모교로 돌아가 6개월을 지내며 스턴버그는 단일 분자 형광현미경 기술을 사용해 크리스퍼 연관 효소의 행동을 시험하는 기법을 알아냈고,[7] 이는 크리스퍼 시스템 단백질이 RNA의 안내를 받아 바이러스의 타깃 염기 서열을 정확히 인지하는 메커니즘을 처음으로 규명한 두 편의 논문—스턴버그와 컬럼비아 대학의 에릭 그린, 이네크, 비덴헤프트, 다우드나가 공저한—을 이끌어냈다.[8]

스턴버그는 비덴헤프트와 아주 가깝게 지냈으며, 그를 롤 모델로 삼았다. 비덴헤프트가 《네이처》에 수록할 크리스퍼 리뷰 논문을 쓰던 2011년 말, 두 사람은 일주일 내내 같이 살다시피 하면서[9] 컴퓨터 앞에 나란히 앉아 논문의 문장에 대해 논의하고 삽화를 골랐다. 밴쿠버에서 열린 학회에서 함께 방을 쓰면서 이들의 유대는 더욱 끈끈해졌다. "그때부터 본격적으로 과학자의 길을 걷기 시작했습니다." 스턴버그가 말했다. "어떻게 하면 블레이크와 함께 큰 주제를 연구할 수 있을지 생각하기 시작했죠."[10]

스턴버그와 비덴헤프트와 하우어비츠는 실험실 한 켠에 서로 겨우 몇십 센티미터 간격으로 나란히 앉아 지냈고, 그곳은 어느새 생물 괴짜들의 아지트가 되었다. 큰 실험을 진행할 때는 결과를 두고 내기도 했다. "뭘 걸까?" 비덴헤프트는 자기가 묻고 자기가 답하곤 했다. "밀크셰이크가 좋겠네." 버클리 근처에는 밀크셰이크를 파는 가게가 없었지만, 그래도 이 친구들은 밀크셰이크로 점수를 기록했다.

다우드나 랩의 동지애는 저절로 생겨난 것이 아니다. 랩에 새로운 사람을 들일 때마다 다우드나는 연구 업적이나 능력 못지않게 다른 이들과 잘 어우러질지를 중요하게 살폈다. 언젠가 내가 다우드나 랩에 방문했다가 이 방침에 어깃장을 놓은 적이 있다. "그러다가 능력 있는 부적응자들을 놓치게 되진 않을까요? 주위 사람들을 힘들게 하고 집단 사고에 해를 끼친다 해도 학문적으로 뛰어난 인물들이 있잖아요." "저도 그 점에 대해 생각해봤어요." 다우드나는 이렇게 대답했다. "창조적인 충돌을 즐기는 사람이 있다는 것도 알고요. 하지만 전 두루 잘 어울릴 수 있는 사람들과 일하는 게 좋더라고요."

리더십

오하이오주에서 갓 박사 학위를 받은 로스 윌슨이 다우드나 랩에 박사 후 연구원으로 지원했을 때, 이네크는 그를 옆에 앉혀놓고 이렇게 경고했다. "여기선 모든 일을 각자 알아서 해야 합니다. 스스로 동기를 부여하지 않으면 교수님이 도와주지도, 나서서 지원해주지도 않을 거예요. 아예 무관심해 보일 때도 있을 거고요. 하지만 적극적으로 나서는 사람한테는 과감하게 도전할 기회를 주고, 정말 훌륭하게 지도해주시죠. 필요할 때마다 옆에 계실 겁니다."[11]

다우드나 랩은 2010년에 윌슨이 면접을 본 유일한 실험실이었다. 그는 RNA가 효소와 상호작용하는 과정에 관심이 있었고, 다우드나를 세계 최고의 전문가라고 생각했다. 그래서 다우드나의 랩에 들어가게 되었을 땐 울음을 터뜨릴 정도로 기뻤다. "진짜 눈물이 나오더라고요. 살면서 그때 딱 한 번 울었던 것 같습니다."

이네크의 경고는 "100퍼센트 정확히" 들어맞았다. 그러나 자기 주도적인 사람한테는 다우드나 랩만큼 신나는 일터가 없다는 말도 사실이었다. "다우드나 교수님은 랩 사람들을 감시하고 다니지 않습니다." 이제는 버클리에서 다우드나와 나란히 랩을 운영하고 있는 윌슨의 말이다. "하지만 실험 결과를 보여드리면 가끔 몸을 기울이고 제 눈을 보면서 나직이 '이걸 시도해보면 어떨까?'라고 운을 뗄 때가 있어요. 그러면서 새로운 접근법, 새로운 실험, 심지어 더 큰 아이디어를 제시하는데, 대체로 RNA를 효율적으로 사용하는 방법에 관한 것들이었습니다."

가령, 한번은 윌슨이 다우드나한테 가서 자신이 결정으로 만든 두 분자의 상호작용에 관한 실험 결과를 보여준 일이 있다. 다우드나는 "우리가 알고 있는 작동 원리에 기반해 이 작용을 방해한다면, 아마 세포 안에서도 같은 식으로 혼란을 주게 될 테니 그때 세포의 행동이 어떻게 변하는지 볼 수 있을 거야"라고 말했다. 이 조언은 윌슨을 시험관 밖으로 나와 살아 있는 세포 안에서 일어나는 과정까지 파고들도록 압박했다. "저라면 그런 생각은 못 했을 겁니다. 하지만 교수님 덕분에 실험을 성공시킬 수 있었죠."

랩에 출근하는 날이면 다우드나는 보통 아침 시간에 랩 사람들의 실험 결과를 보고받았다. 다우드나가 질문을 던지는 방식은 소크라테스와 유사했다. RNA를 추가하는 방법은 생각해봤어? 그걸 살아 있는 세포에도 적용할 수 있을까? "교수님은 랩 사람들 각각이 진행하는 프로젝트에 대해 아주 적절하고도 결정적인 질문을 던지는 능력이 있었어요." 이네크의 말이다. 그의 질문은 연구자들로 하여금 실험에서 한발 뒤로 물러나 큰 그림을 보게 했다. 이 실험을 하는 이유가 뭐지? 이걸 해서 진짜 알고 싶은 게 뭐야?

프로젝트 초기 단계에서는 일단 연구자들이 알아서 실험하게 두다가 의미 있는 결과가 나오기 시작하면 그때부터 적극적으로 관여하는 것. 그것이 다우드나의 방식이었다. "흥미로운 결과가 나오거나 진짜 뭔가를 발견했다 싶으면, 즉시 그 중요성을 포착하고 달려드는 거예요." 다우드나의 학생이었던 루커스 해링턴이 말했다. "그럴 때면 아주 활기가 넘치시죠." 바로 그때가 다우드나의 경쟁심이 발동하는 시점이다. 다른 랩이 먼저 발견하게 두지 않는 것이다. "랩에 갑작스럽게 폭풍을 몰고 오세요. 하지만 목소리를 높이지 않고도 무슨 일을 얼마나 빨리 마쳐야 하는지 명확하게 지시를 내리십니다."

다우드나는 랩에서 발견한 결과를 논문으로 완성하는 일에 누구보다 집요하고 결연한 자세로 임했다. "경험상 학술지 편집자들은 적극적으로 밀어붙이는 사람한테 더 신경을 쓰거든요." 다우드나의 말이다. "제 성격이 원래 그렇진 않은데, 편집자들이 우리 연구의 중요성을 제대로 인식하지 못할 때는 저도 모르게 공격적이 되더라고요."

과학계에 있는 여성들은 자신을 홍보하는 일에 소극적인 편이다. 그리고 그 대가는 크다. 여성이 주 저자인 논문 600만 편을 조사한 2019년 연구에 따르면, 여성 과학자는 자신의 연구 결과에 대해 "새롭다", "고유하다", "전례가 없다" 등 자기 홍보와 관련된 표현을 덜 사용하는 경향이 있다. 이는 가장 권위 있는 학술지에 실린 논문의 경우 특히 두드러진다. 누구나 알다시피 그러한 학술지에는 획기적이고 신기원을 이룬 연구들이 실린다. 최첨단 연구를 출판하는 가장 영향력 있는 학술지에 논문을 내면서도 여성은 자신의 연구에 대해 긍정적이거나 홍보의 의미가 담긴 단어를 남성에 비해 21퍼센트 적게 쓴다. 그리고 어느 정도는 이러한 경향의 결과로, 이들의 논문이 인용될 확률이 10퍼센트 낮아진다.[12]

다우드나는 그런 함정에 빠지지 않았다. 일례로 2011년 다우드나와 비덴헤프트는 버클리 동료인 에바 노갈레스와 함께 캐스케이드(CAS-CADE)라는 이름의 Cas 효소 배열에 관한 논문을 썼다. 이는 침입한 바이러스의 특정 DNA를 정확하게 찾아가 수백 개로 조각내는 효소다. 두 사람은 실험 결과를 가장 권위 있는 학술지인 《네이처》에 보내 게재 허가를 받았다. 다만 편집자가 보기에 그 내용은 완전한 '논문(article)'으로 실을 만큼 새로운 것이 아니었고, 따라서 그보다 중요도가 한 단계 낮은 '보고서(report)'로 출판될 예정이었다. 사실 팀원 대부분에게는 논문이 이 대단한 학술지에 그렇게 빨리 채택된 것만으로도 몹시 신나는 일이었다. 그러나 다우드나는 화를 냈다. 자신들이 이끌어낸 결과는 엄청난 발전이며 그에 합당한 대우를 받아야 한다고 강력히 주장하며 탄원서까지 받아서 보냈지만 편집자들은 단호했다. "대부분의 사람들은 《네이처》에 논문이 채택되면 기뻐서 펄쩍 뜁니다." 비덴헤프트의 말이다. "교수님도 펄쩍 뛰긴 했어요. 논문이 아니라 보고서로 실린다는 말에 열 받아서 뛴 거긴 하지만요."[13]

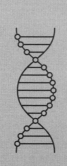

레이철 하우어비츠

❖

15장

카리부

실험대에서 병상으로

제넨테크에 들어가 기업의 일원이 되는 건 포기했지만, 크리스퍼를 의학에 유용한 도구로 탈바꿈시키고자 하는 다우드나의 열망은 그대로 였다. 비덴헤프트와 하우어비츠가 Cas6의 구조를 밝히면서 그 기회가 찾아왔다.

다우드나에게는 새로운 커리어의 시작이었다. 그리고 하우어비츠가 이 아이디어를 한 단계 끌어올렸다. Cas6를 의학 도구로 만들 수 있다 면, 그걸로 회사를 차릴 수도 있지 않을까? "Cas6의 기능과 작용을 알게 된 뒤로, 어떻게 하면 박테리아로부터 이걸 훔쳐 와 용도를 변경할 수 있을지 생각하기 시작했죠."[1]

20세기에 개발된 신약은 대부분 화학의 발전에 기반한다. 그러나 1976년 제넨테크를 시작으로 상업화의 초점이 차츰 화학에서 벗어나 살아 있는 세포의 유전자조작을 통해 새로운 치료법을 개발하는 생명공 학으로 옮겨갔다. 제넨테크는 생명공학의 발견을 상업화한 대표적인 모 델이었다. 과학자와 벤처 투자가들은 지분을 나누어 자본을 마련한 다음, 대형 제약 회사와 계약을 맺어 의약품 허가 및 제조, 그리고 마케팅을 진행했다.

생명공학에서 학문적 연구와 사업 간 경계가 모호해지는 이러한 과정은 디지털 기술의 역사를 그대로 따른다. 디지털 영역에서는 제2차 세계대전 무렵 스탠퍼드 대학을 중심으로 융합이 시작되었다. 교무처장인 프레더릭 터먼의 독려하에 스탠퍼드 교수들은 자신들의 연구 업적으로 '스타트업'을 시작했다. 그렇게 리턴 인더스트리스, 베리언 어소시에이츠, 휴렛 팩커드 등이 탄생했고, 선 마이크로시스템스와 구글이 뒤를 이었다. 이 과정이 살구 과수원을 실리콘밸리로 바꾸는 데 일조한 셈이다.

같은 시기 하버드와 버클리를 포함한 다른 대학들은 기초과학 연구에 매진하는 방향으로 가닥을 잡았다. 전통을 중시하는 교수진과 학교 측에서 대학이 돈 버는 일에 얽히는 것을 수치스럽게 여겨 거부한 것이다. 그러나 정보 기술에 이어 생명공학 분야에서도 스탠퍼드가 성공 가도를 달리는 모습을 보며 이들도 결국 기업 활동을 허용하기 시작했고, 연구자들이 자신의 발견으로 특허를 내고 벤처 투자가와 제휴하여 창업하는 활동이 장려되었다. "기업은 대학과 연계해 교수진이나 박사 후 연구원들과 긴밀한 협력하에 프로젝트를 진행하며, 대학 연구실을 사용하기도 한다." 하버드 경영대학 교수 개리 피사노는 이렇게 썼다. "많은 경우, 창업한 과학자들은 교수직을 유지한다."[2] 다우드나 또한 이런 방식으로 접근할 것이었다.

스타트업

그때까지 다우드나는 상업화에 대해 진지하게 생각해본 적이 없었다. 당시에도 그 이후에도, 돈은 그에게 삶의 큰 동기가 아니었다. 다우드나는 남편 제이미, 아들 앤디와 함께 호화롭지는 않지만 널찍한 집에서 살았고, 더 좋은 집을 원한 적도 없었다. 그러나 사업에 참여한다는 생각만큼은 정말 마음에 들었고, 특히 사람들의 건강에 영향을 줄 수 있는 일이라면 더더욱 설레었다. 게다가 제넨테크 때와 달리, 스타트업에 참여하면 사내 정치에 신경 쓰거나 학교를 떠나지 않아도 되니 여러모로 바람직했다.

하우어비츠 역시 사업에 매력을 느꼈다. 실험실 업무에 능한 그였지만, 하우어비츠는 자신이 학문을 추구하는 연구원에 만족할 수 없음을 깨달았다. 그래서 버클리의 하스 경영대학원에서 강의를 듣기 시작했는데, 그중에서도 벤처 투자가인 래리 라스키의 수업이 가장 즐거웠다. 라스키는 학생들을 여섯 명씩 묶어 팀을 나누었다. 절반은 경영학과 학생, 절반은 과학 연구자로 구성된 각 팀은 가상의 생명공학 스타트업을 창업하기 위한 일련의 계획을 세우고 한 학기 동안 투자자들을 설득하는 과정을 실행해나갔다. 하우어비츠는 또한 생명공학 회사의 사업 개발 책임자로 특허를 따는 방법을 포함해 의료 상품의 상용화 방안을 연구하는 제시카 후버의 수업도 들었다.

졸업을 앞둔 하우어비츠는 앞으로의 계획을 묻는 다우드나의 질문에 이렇게 대답했다. "생명공학 회사를 차려보려고요." 연구자가 회사를 차리는 경우가 흔한 스탠퍼드에서라면 그리 놀라운 일이 아니겠지만, 대부분의 박사과정 학생들이 졸업 후 학자의 길을 걷는 버클리에서 다우드나가 이런 대답을 들은 건 처음이었다.

며칠 뒤, 다우드나는 실험실로 가서 하우어비츠를 불러냈다. "생각해봤는데, Cas6와 다른 크리스퍼 연관 효소를 도구로 사용하는 회사를 세우면 어떨까?" 하우어비츠는 한순간의 망설임도 없이 대답했다. "당연히 좋죠."[3]

그래서 그들은 스타트업을 세웠다. 회사는 2011년 10월에 설립했지만, 하우어비츠가 박사 연구를 끝낼 때까지 1년 동안은 다우드나의 랩에 기반을 두었다. 2012년 봄, 하우어비츠는 학위를 받은 후 대표가 되었고, 다우드나는 신생 회사의 수석 과학 고문이 되었다.

이들의 회사는 근처 번화한 상점가에 위치한 낮은 건물에 자리를 잡았다. Cas6 구조로 특허를 내고, 나중에는 다우드나 랩에서 발견한 다른 결과물도 상업화할 계획이었다. 일단 이들은 Cas6를 이용해 인체에서 바이러스를 탐지하는 임상 진단 도구를 개발하는 일을 첫 목표로 잡았다.

회사

다우드나와 하우어비츠가 회사를 설립한 2011년 무렵에는 버클리도 연구자들의 기업가 정신을 장려하는 일에 꽤 능숙해진 참이었다. 대학 측에서는 학생과 교수들의 스타트업을 육성하기 위한 다양한 프로그램을 마련했는데, 그중 하나가 2000년 샌프란시스코 베이의 다른 대학들과 공동으로 설립한 캘리포니아 정량생명과학 연구소(California Institute for Quantitative Bioscience, QB3)였다. QB3는 '대학 연구와 민간 산업 사이의 촉매적 동반 관계'를 목표로 삼았다. 다우드나와 하우어비츠는 QB3의 스타트업 박스 프로그램에 선정되어, 기초과학의 발견을 토대로 영리 벤처를 세우고 싶어 하는 과학자 및 기업가들에게 제공되는 교육, 법률 자문, 금융 서비스 등을 받을 수 있게 되었다.

어느 날 다우드나와 하우어비츠는 지하철을 타고 샌프란시스코로 나가 스타트업 박스에서 지정한 변호사를 만나 창업에 관한 조언을 구했다. 그가 회사 이름을 묻자 하우어비츠가 대답했다. "남자 친구랑 얘기해봤는데, 카리부(Caribou)가 어떨까 해요." '카리부'라는 이름은 'Cas'와 RNA, DNA의 구성 요소인 '리보뉴클레오타이드(ribonucleotide)'를 잘라 이어 붙인 말이다(또한 사전적으로는 '북아메리카 순록'을 의미하는데, 이는 회사 로고에 반영되었다─옮긴이).

하우어비츠에겐 일반적인 실리콘밸리 기업가들에게서 찾아보기 어려운 재능이 있었다. 그녀는 흔들리지 않는 성격을 가진 타고난 관리자였다. 세상 물정에 밝고, 쉽게 동요하지 않고, 현실적이며, 솔직담백했다. 많은 스타트업 경영자들이 풍기는 강한 에고와 불안의 조합은 전혀 느껴지지 않았다. 또한 하우어비츠는 과장하지도, 지키지 못할 약속을 하지도 않았다. 이런 성격은 많은 이점을 제공했는데, 사람들이 그런 하우어비츠를 다소 얕보는 통에 경쟁자들의 지나친 경계에서 다소 자유로울 수 있었다는 점도 그중 하나였다.

한편 하우어비츠는 회사를 경영해본 경험이 없었기에 배워야 할 것이 많았다. 그는 젊은 CEO들을 위한 지역의 전문 개발 단체인 '최고 경영자 연합(Alliance of Chief Executives)'에 가입해 매달 반나절 정도 사람들을 만나 문제와 해결책을 공유했다. 스티브 잡스나 마크 저커버그가 이런 지원 단체에 합류한 모습은 상상하기 어렵지만, 스승인 다우드나가 그렇듯 하우어비츠도 '알파 수컷'들에게서는 찾아볼 수 없는 자기 인식과 겸손을 갖춘 터였다. 무엇보다 이 단체를 통해 그녀는 다양한 전문 지식을 가진 팀을 꾸리는 방법을 익힐 수 있었다.

현재는 투자 설명서에 '크리스퍼'라는 용어만 들어가도 벤처 투자가들이 떼를 지어 달려든다. 그러나 처음 다우드나와 하우어비츠가 투자금을 모으던 시기에는 상황이 그리 좋지 않았다. "당시에는 분자 진단이라는 주제가 벤처 투자가들의 관심 밖에 있었거든요." 다우드나의 말이다. "게다가 반여성적 분위기가 만연해 있었어요. 벤처 투자를 받았다가는 하우어비츠가 대표 자리에서 물러나야 할 가능성도 있어서 걱정이 컸죠." 때는 이미 2012년이었건만 그동안 만난 벤처 투자가 중에 여성은 하나도 없었다. 결국 이들은 애써 벤처 자금을 찾아다니는 대신 친구와 가족들로부터 투자금을 모았다. 다우드나와 하우어비츠 자신도 투자자가 되었다.

트라이앵글

카리부 바이오사이언스의 독자적인 성공은 이 회사를 순수한 자유시장 자본주의의 전형으로 보이게 만들지도 모른다. 그리고 분명 그런 요소가 없지 않았던 것도 사실이다. 하지만 그에 앞서, 인텔에서 구글까지 다른 많은 회사들에서 그랬듯 여러 기폭제들이 미국 특유의 방식으로 혼합되어 혁신을 탄생시킨 과정을 더 깊이 들여다볼 필요가 있다.

제2차 세계대전이 끝날 무렵, 위대한 공학자이자 공무원이었던 버니바 부시는 미국 혁신의 엔진에는 정부, 기업, 학계의 3자 간 파트너십이 필요하다고 주장했다. 그는 이 3요소를 논할 자격이 충분한 사람이었는데, 이들 분야에 모두 몸담은 적이 있었기 때문이다. 부시는 MIT 공과대학의 학장이자, 방위산업체 레이시온의 창립자, 그리고 핵폭탄 제작을 감독하는 정부 소속 책임자였다.[4]

부시는 정부가 핵폭탄 프로젝트 때처럼 직접 나서서 대형 연구소를 지을 게 아니라 대학과 기업 연구소에 연구비를 지원해야 한다고 주장했다. 그리고 그가 제안한 정부-기업-대학의 파트너십은 트랜지스터,

마이크로칩, 컴퓨터, 그래픽 사용자 인터페이스, GPS, 레이저, 인터넷, 검색엔진을 포함해 전후 미국 경제를 추진한 위대한 혁신을 이끌었다.

카리부도 이러한 접근법의 한 예였다. 너그러운 개인 후원자들이 연구비를 지원하는 공립대학 버클리는 다우드나 랩에 거처를 내어주고 연방 정부의 보조를 받는 로런스 버클리 국립연구소와 제휴를 맺었다. 다우드나의 크리스퍼-Cas 시스템 연구 지원을 위해 국립보건원에서 버클리로 들어간 연방 기금은 130만 달러였다.[5] 추가로 카리부 자체도 국립보건원의 중소기업 혁신 프로그램을 통해 연방 보조금을 받았다. 이 회사가 RNA-단백질 복합체 분석 도구 키트를 제작하는 데 총 15만 9000달러가 제공되었다. 혁신가들이 기초과학을 상용 제품으로 바꾸는 과정을 돕기 위해 만들어진 이러한 프로그램 덕분에 카리부는 벤처 투자를 받지 못한 초기 몇 년을 버틸 수 있었다.[6]

오늘날에는 정부-기업-대학이라는 3자 관계에 다른 요소가 추가되었으니, 바로 자선 재단이다. 카리부의 경우, '빌 앤드 멀린다 게이츠 재단'이 Cas6를 기반으로 바이러스 감염을 진단하는 도구 개발에 10만 달러를 지원했다. 다우드나가 재단에 제출한 제안서에는 이러한 내용이 포함되어 있었다. "우리는 HIV, C형 간염, 인플루엔자를 포함해 바이러스의 특이적 염기 서열을 인지하는 효소 제품군을 제작할 계획이다." 하지만 당시의 지원은 2020년 다우드나가 크리스퍼 시스템으로 코로나바이러스를 검출하는 연구를 위해 게이츠 재단으로부터 받게 될 기금의 맛보기에 불과했다.[7]

에마뉘엘 샤르팡티에

16장
에마뉘엘 샤르팡티에

떠돌이 방랑자

학회에서 출발한 큰 결과물들이 있다. 2011년 봄, 푸에리토리코에서 열린 미국 미생물학회 국제 학술 대회 기간에 다우드나는 에마뉘엘 샤르팡티에를 만나게 되었다. 그녀는 신비함과 파리 사람 특유의 느긋함이 매력적으로 섞인 떠돌이 프랑스 생물학자였다. 샤르팡티에 역시 크리스퍼를 연구하고 있었는데, 특히 Cas9으로 알려진 크리스퍼 연관 효소가 그의 주된 관심사였다.

신중하고도 상냥한 샤르팡티에는 많은 도시, 많은 랩, 많은 학위 과정과 박사 후 과정을 거쳐왔지만 어느 한곳에 뿌리를 내리거나 얽매이는 일 없이 언제든 피펫을 싸 들고 떠날 준비가 되어 있는 사람이었고, 어지간해서는 걱정이나 경쟁심을 밖으로 드러내는 법이 없었다. 이런 점에서 다우드나와 매우 다른 성격이라 할 수 있는데, 아마도 그래서 두 사람은 보자마자 의기투합했을 것이다. 물론 감정적인 면이 아니라 과학적인 면에서 말이다. 어쨌든, 둘 다 자신의 보호막을 '거의' 보이지 않게 만드는 따뜻한 미소의 소유자들이기도 했다.

샤르팡티에는 파리 남쪽, 센강 기슭의 숲이 우거진 교외에서 자랐다. 아버지는 근린공원 시스템 담당자였고, 어머니는 정신병원의 행정 간호사였다. 샤르팡티에가 열두 살이었을 때, 하루는 어머니와 함께 길을 가다 파스퇴르 연구소 옆을 지나게 되었다. 그곳은 감염병을 전문으로 연구하는 파리의 연구소였다. "크면 저기에서 일할 거예요." 샤르팡티에가 어머니에게 말했다. 그리고 몇 년 후, 대학 자격시험을 치르며 전공을 정하게 되었을 때 샤르팡티에는 생명과학을 선택했다.[1]

샤르팡티에는 예술에도 관심이 있었다. 콘서트 연주자인 이웃에게 피아노를 배웠고, 전문 무용수가 될 생각으로 20대까지 발레를 했다. "발레리나가 되고 싶었어요. 하지만 결국 직업으로 삼기엔 힘들겠다는 걸 깨달았죠." 샤르팡티에의 말이다. "발레리나치고는 키가 좀 작았고, 인대에 문제가 있어서 오른쪽 다리를 뻗기가 어려웠거든요."[2]

샤르팡티에는 예술로부터 과학에도 적용되는 중요한 교훈을 배웠다. "방법론은 양쪽 분야에서 모두 중요해요. 기초를 튼튼히 다지고 방법을 숙지해야 하는데, 그러려면 끈기가 필요하죠. 반복하고 또 반복하는 거예요. 유전자를 복제할 때 DNA를 준비하는 방법을 완벽하게 익힌 다음 실험에 실험을 거듭하는 것도 발레 무용수들의 고된 훈련과 다를 게 없어요. 하루 종일 같은 동작과 방식을 끊임없이 반복하잖아요." 또한 예술에서 그렇듯, 과학자 역시 기본적인 루틴에 숙달된 뒤에는 자신의 창의성을 결합해야 한다. "과학자는 엄격한 잣대로 자신을 잘 단련해야 해요. 하지만 동시에 긴장을 풀고 창조적인 접근법과도 어우러질 줄 알아야 합니다. 저는 생물학을 연구하면서 끈기와 창조성의 적절한 조합을 추구했어요."

샤르팡티에는 어머니에게 예언했던 대로 파스퇴르 연구소에서 대학원 과정을 밟으며 박테리아가 어떻게 항생제에 내성을 갖게 되는지 배웠다. 샤르팡티에는 실험실에서 편안함을 느꼈다. 실험실은 끈기와 사색을 즐길 수 있는 조용한 사원이었다. 그 안에서 그녀는 자신만의 발견을 향한 길을 창조적이고 독립적으로 추구할 수 있었다. "나 자신을 일개 학생이 아닌 과학자로 보기 시작했어요. 단순히 기존 지식을 습득하는 게 아니라, 새로운 지식을 창조하고 싶었습니다."

박사 학위를 받은 후 샤르팡티에는 순례자가 되어 맨해튼에 있는 록펠러 대학 미생물학자인 일레인 투오마넨 랩에 들어갔다. 투오마넨은 폐렴을 일으키는 박테리아가 어떻게 DNA 서열을 바꾸어 항생제에 내성을 갖는지에 대해 연구하고 있었다. 맨해튼에 도착한 날, 샤르팡티에는 투오마넨 랩이 통째로 멤피스의 세인트주드 소아 병원으로 옮긴다는 소식을 들었다. 그곳에서 샤르팡티에는 투오마넨 랩의 다른 박사 후 연구원인 로저 노백과 함께 일하기 시작했는데, 노백은 샤르팡티에의 연인이 되었다가 이후에는 친구이자 사업 파트너로 남게 된다. 멤피스에 있는 동안 샤르팡티에와 투오마넨은 페니실린 같은 항생제가 박테리아 안에서 세포벽을 녹이는 자살 효소를 유도하는 과정을 주제로 중요한 논문을 썼다.[3]

유목민의 정신과 영혼을 지닌 샤르팡티에는 언제든 새로운 도시와 연구 주제로 떠날 준비가 되어 있었다. 특히 멤피스에서의 불쾌한 생물학적 경험이 그 시기를 앞당겼다. 미시시피강의 모기는 유난히 프랑스인의 피를 좋아했다. 게다가 샤르팡티에는 박테리아 같은 단세포 미생물에서 관심을 돌려 포유류, 특히 쥐의 유전자를 공부하고 싶던 차였다. 그래서 이번에는 뉴욕 대학으로 옮겨 쥐에서 털의 생장을 조절하는 유전자를 조작해 논문을 썼다. 또한 세 번째 박사 후 과정 때는 노백과 함께 피부감염과 패혈성 인두염을 일으키는 화농성 연쇄상구균(Streptococcus pyogenes) 내에서 유전자 발현을 조절하는 작은 RNA 분자의 역할에 초점을 맞췄다.[4]

2002년, 미국에서 6년을 보낸 뒤 샤르팡티에는 다시 유럽으로 돌아가 빈 대학의 미생물학과 유전학 랩을 이끌기 시작했지만, 이번에도 금세 엉덩이가 들썩거리기 시작했다. "빈 사람들은 서로를 너무 잘 알아요." 샤르팡티에의 말이다. 그런 인간관계가 그녀의 연구에는 걸림돌로 작용했다. "고착된 관계와 조직이 방해가 되더라고요." 그래서 다우드나를 처음 만난 2011년 무렵에는 랩의 연구원들을 남겨두고 혼자서 스웨덴 북부에 자리한 우메오 대학으로 옮겨 간 상태였다. 빈과는 그야말로 완전히 다른 곳이었다. 1960년에 설립된 우메오 대학은 스톡홀름에서 북쪽으로 640킬로미터 떨어진 지역의 순록 방목장에 세워진 모더니즘 건물들로 이루어져 있었고, 가장 유명한 분과는 나무 연구였다. "맞아요, 꽤나 모험적인 이직이었어요." 샤르팡티에도 그렇게 인정한다. "하지만 제게는 생각할 시간을 주었죠."

1992년에 파스퇴르 연구소에 첫발을 들인 이후, 샤르팡티에는 수년에 걸쳐 5개국 7개 도시의 10개 기관에서 일했다. 정처 없는 방랑 생활은 샤르팡티에가 다른 사람들과의 깊은 유대관계를 원치 않는다는 사실을 반영했고, 결과적으로 그러한 성향을 더욱 강화시켰다. 샤르팡티에는 배우자나 가족 없이 끝없는 변화를 찾아다니며 인간관계에 구속되지 않은 채 새로운 환경에 적응했다. "타인과의 관계에 얽매이지 않고 그저 나 자신으로 사는 것이 좋습니다." 샤르팡티에의 말이다. 그녀는 '일과 삶의 균형'이라는 말이 싫다고 했다. 일이 삶과 경쟁한다는 느낌을 주기 때문이었다. 실험실에서 하는 일과 "과학에 대한 열정"은 "다른 어떤 열정 못지않게 만족스러운 행복"을 가져다주었다.

그 자신이 연구한 생물들처럼, 새로운 환경에 적응할 필요가 샤르팡티에의 창의성을 풍부하게 유지시켰다. "불안정한 면도 있지만 역마살이 꼭 나쁘기만 한 건 아니에요. 정체되지 않으니까요." 이곳저곳으로 옮겨 다니는 삶은 연구에 대한 생각을 멈추지 않고 억지로라도 새롭게 시작하도록 만들었다. "이동할 때마다 새로운 상황을 분석하다 보면 한 체제에 오래 머물렀던 사람들이 찾아내지 못한 것을 볼 수 있죠."

소속이 계속 바뀌면서 샤르팡티에는 언제나 이방인이 된 듯한 기분을 느꼈는데, 이는 어린 제니퍼 다우드나가 하와이에서 느꼈던 감정이기도 했다. "아웃사이더가 될 줄 아는 것도 중요합니다." 샤르팡티에는 말한다. "완벽한 소속감을 느끼지 못하는 상태가 추진력을 주거든요. 안락을 추구하지 않는 것이 일종의 도전인 셈이죠." 예민한 관찰력과 창의성을 지닌 다른 많은 사람들이 그렇듯 샤르팡티에는 소외감 혹은 약간의 이질감이 자신의 전투력을 더욱 잘 끌어낸다는 사실을 깨달았고, 그로써 자신이 존경하는 루이 파스퇴르의 격언을 따를 수 있었다. **예상치 못한 것에 대비하라.**

어느 정도는 그 결과로, 샤르팡티에는 집중력이 뛰어나면서도 산만한 구석을 지닌 과학자가 되었다. 완벽한 패션 감각을 자랑하는, 심지어 자전거를 탈 때조차 우아한 여성인 동시에 얼빠진 과학자 교수의 전형적인 모습에도 들어맞았다. 한번은 샤르팡티에를 만나러 베를린—우메오 다음으로 옮긴 곳—에 간 적이 있는데, 그녀가 약속 시각에 조금 늦게 자전거를 타고 호텔에 나타났다. 사정을 들어보니 전날 뮌헨에 갔다가 아침에 돌아오면서 기차에 짐을 두고 내렸는데 역에서 나온 다음에야 그 사실을 알게 되었고, 그래서 우여곡절 끝에 종점까지 가서 짐을 찾아온 다음 자전거를 타고 호텔까지 왔다는 것이었다. 베를린 중심지, 샤리테 의과대학 부속병원 부지에 자리한 막스 플랑크 감염병 연구소의 랩까지 함께 걸어가는 중에는 큰 도로를 따라 자전거를 끌고 몇 블록이나 가서야 우리가 반대 방향으로 가고 있었다는 걸 깨달았다. 다음 날 다른 친구와 함께 셋이서 미술관 행사에 갔을 땐 매표소에서 표를 사고 정문으로 들어가는 사이에 입장권을 잃어버렸고, 조용한 일식집에서 함께 저녁을 먹은 뒤에는 휴대전화를 두고 나왔다. 하지만 연구실에서, 또는 초밥 코스 요리를 먹는 동안 그녀는 완전히 집중한 상태로 몇 시간을 이야기할 수 있는 사람이었다.

tracrRNA

샤르팡티에가 빈을 떠나 우메오로 옮긴 2009년, 크리스퍼 전문가들은 크리스퍼 연관 효소들 중 가장 흥미로운 Cas9을 중심으로 뭉쳤다. 박테리아에서 Cas9을 비활성화하면 바이러스가 침입해도 크리스퍼 시스템이 힘을 쓰지 못한다는 사실을 밝혀낸 참이었다. 또한 연구자들이 밝힌 이 복합체의 또 다른 필수 요소가 있었으니, 다름 아닌 crRNA였다. crRNA는 과거에 박테리아를 공격했던 바이러스의 유전자가 포함된 작은 RNA 조각인데, 박테리아 안에서 체내에 재침입한 바이러스가 있는 곳으로 Cas 효소를 안내해 공격을 유도한다. 바로 이 두 가지가 크리스퍼 시스템의 핵심 요소다. 안내자 역할을 하는 작은 RNA 조각과 가위 역할을 하는 효소.

더하여 크리스퍼-Cas9 시스템에는 한 가지, 아니 두 가지 필수적인 역할이 밝혀진 또 다른 추가 구성 요소가 있었다. '트랜스 활성화 크리스퍼 RNA(trans-activating CRISPR RNA)', 줄여서 '트레이서 RNA(tracrRNA)'라는 요소다. 이 작은 분자를 꼭 기억하길 바란다. 앞으로 우리 이야기에서 굉장히 큰 역할을 담당할 테니까. 과학의 발전이란 일반적으로 비약적인 단일 발견이 아닌 작은 단계들이 모여서 차근차근 이루어진다. 그리고 각각의 단계에 누가 기여했으며 그 의의가 어느 정도인지를 두고 종종 다툼이 일어나기 마련이다. tracrRNA도 곧 이러한 다툼의 도마 위에 오르게 된다.

tracrRNA는 두 가지 중요한 과제를 수행하는 것으로 밝혀졌다. 첫째, 과거에 박테리아를 공격했던 바이러스에 대한 기억을 운반하는 crRNA를 생성하는 일. 둘째, 침입한 바이러스에 손잡이처럼 들러붙어 crRNA가 정확한 타깃 지점으로 Cas9을 잘 안내하게 돕는 일.

tracrRNA의 역할이 밝혀지기 시작한 건 2010년, 샤르팡티에가 박테리아 실험에 이 분자가 자꾸 등장하는 현상을 의아해하면서였다. 정확한 기능은 알 수 없지만, 최소한 크리스퍼의 간격 서열 주변에서 발견되는 걸 보면 뭔가 관련이 있는 요소임이 틀림없었다. 샤르팡티에는 박테리아에서 tracrRNA를 제거하는 실험으로 자신의 추측을 확인했다. tracrRNA를 없앴더니 crRNA가 만들어지지 않았다. 그때까지 박테리아 세포 안에서 crRNA가 어떻게 생성되는지 밝힌 사람은 없었다. 이제 샤르팡티에는 가설을 세웠다. crRNA의 생성을 감독하는 분자가 바로 이 tracrRNA일 것이라고.

당시 샤르팡티에는 스웨덴으로의 이직을 앞두고 있었다. 자신이 남겨두고 떠날 빈 대학 학생들로부터 tracrRNA가 없으면 crRNA가 만들어지지 않는 걸 확인했다는 이메일을 받았을 때, 그는 밤을 꼴딱 새우며 다음 실험을 계획하기 시작했다. "tracrRNA에 완전히 집착하게 됐어요." 샤르팡티에의 말이다. "제가 좀 집요한 편이에요. tracrRNA에 대해 더 알아봐야 했죠. 그래서 후속 실험을 해줄 사람을 찾았어요."[5]

하지만 빈 대학 연구 팀 중에 tracrRNA 연구를 이어갈 시간과 뜻이 있는 사람은 없었다. 떠돌이 교수가 되는 것의 단점이 여기에 있다. 남겨진 학생들은 다른 일로 옮겨 갈 수밖에 없다.

이사로 한창 바쁜 와중에 직접 실험할 생각까지 하던 중, 마침내 샤르팡티에는 빈 대학 실험실에서 지원자를 찾았다. 엘리차 델체바, 불가리아에서 온 어린 석사과정 학생이었다. "엘리차는 정말 활기가 넘쳤어요. 그리고 저를 믿었죠." 샤르팡티에가 말했다. "석사과정 학생이었지만, 상황을 잘 파악했어요." 델체바는 심지어 크시슈토프 힐린스키라는 다른 대학원생까지 설득해 데려왔다.

이렇게 꾸려진 샤르팡티에의 작은 연구 팀은 크리스퍼-Cas9 시스템이 tracrRNA, crRNA, Cas9 효소, 이렇게 세 가지 구성 요소만을 가지고 바이러스를 막아낸다는 사실을 밝혀냈다. 바이러스 정보가 담긴 긴 RNA 가닥을 tracrRNA가 잘게 잘라 crRNA로 만들면, crRNA는 이 바이러스의 특정 염기 서열을 표적으로 삼아 그곳까지 Cas9을 안내한다. 이들은 《네이처》에 투고했고, 2011년 3월 논문이 게재되었다. 논문의 주저자는 델체바였다. 도움을 거절했던 대학원생들은 역사 속으로 사라졌다.[6]

남아 있는 미스터리

샤르팡티에는 2010년 네덜란드에서 열린 크리스퍼 학회에서 이 결과를 발표했다. 당시 논문은 《네이처》의 편집 과정을 통과하는 데 어려움을 겪는 중이었다. 출간되기 전에 연구 결과를 공개하는 건 위험한 일이었지만, 샤르팡티에는 혹시라도 논문의 검토자가 학회에 와서 듣고 있다면 출판을 앞당기는 데 유리하게 작용할지도 모른다고 판단했다.

발표를 이어가며 샤르팡티에는 상당한 압박을 받았다. tracrRNA 가 crRNA를 만들어낸 다음 어떻게 되는지를 알지 못했기 때문이다. tracrRNA의 임무는 거기에서 끝인가? Cas 효소가 침입한 바이러스를 조각내는 시점에 crRNA와 tracrRNA가 서로 융합하는가? 청중 중 한 사람이 직접적으로 질문을 던지기도 했다. "이 세 구성 요소가 하나의 복합체로 결합하는 겁니까?" 샤르팡티에는 답을 회피했다. "명확한 대답 없이 웃으면서 넘겼죠."

tracrRNA의 숨겨진 기능에 관한 이 문제는 당시 샤르팡티에가 그것에 대해 무엇을 얼마나 알고 있었는지까지 포함해 일종의 미스터리처럼 보일 수도 있다. 어쨌든 이는 나중에 크리스퍼 연구자들이—특히 다우드나가—각각의 작은 진전에 대한 기여도를 놓고 벌일 치열한 분쟁의 계기가 되었다. 실제로 tracrRNA가 crRNA를 만들어낸 다음에도 계속 남아 있다가 Cas9이 바이러스 DNA를 조각낼 때 중요한 역할을 한다는 사실은 샤르팡티에와 다우드나가 함께 역사적인 2012년 논문에서 발표한 주요 결과 중 하나가 되지만, 몇 년 뒤 샤르팡티에는 가끔 자신이 그 사실을 그 전에도 이미 알고 있었다는 듯이 돌려 말하곤 해서 다우드나의 심기를 불편하게 했다.

나의 반복된 질문에 샤르팡티에는 결국 자신이 쓴 2011년 《네이처》 논문에 tracrRNA의 역할이 완벽하게 설명되지 않았음을 인정했다. "tracrRNA가 이후에도 crRNA와 연관되어 작동한다는 건 분명했지만, 완벽하게 이해하지 못한 세부 사항들이 있었기 때문에 논문에 싣지 않았어요." 대신 실험적으로 증명할 방법을 찾을 때까지 tracrRNA의 완전한 기능에 대해 언급을 보류하기로 했다는 대답이다.

샤르팡티에는 살아 있는 세포에서 크리스퍼 시스템을 연구했다. 따라서 다음 단계로 가려면 시험관에서 각 요소를 분리해 작동 원리를 알아낼 생화학자가 필요했다. 이것이 샤르팡티에가 2011년 3월 푸에르토리코에서 열릴 미국 미생물학회에 강연자로 참석할 다우드나를 만나려고한 이유였다. "다우드나가 학회에 온다는 걸 알게 됐어요. 그래서 만나서 얘기해봐야겠다 싶었죠."

2011년 3월, 푸에르토리코

학회 둘째 날 오후 다우드나가 푸에르토리코에 있는 호텔 카페에 들어섰을 때, 에마뉘엘 샤르팡티에는 언제나처럼 다른 손님들보다 우아한 모습으로 혼자서 구석진 테이블에 앉아 있었다. 다우드나는 네덜란드의 크리스퍼 연구자이자 친구인 존 판데르오스트와 함께였다. 판데르오스트가 먼저 샤르팡티에를 보고는 소개해도 되겠냐고 물었다. "그거 좋죠." 다우드나는 대답했다. "저분 논문을 읽은 적이 있어요."[7]

다우드나는 샤르팡티에에게서 매력을 느꼈다. 조금은 가장된 수줍음과 호감을 주는 유머 감각, 스타일리시한 분위기까지 마음에 들었다. "샤르팡티에의 강한 인상과 익살맞은 유머가 대번에 마음에 들더라고요. 금세 그녀가 좋아졌죠." 짧은 대화가 오간 뒤, 샤르팡티에가 진지하게 논의할 일이 있으니 따로 한번 만나자고 제안했다. "마침 공동 연구 문제로 연락하려던 참이었어요."

다음 날 두 사람은 함께 점심을 먹고 고풍스러운 산후안의 자갈길을 산책했다. 대화의 주제가 Cas9으로 들어서자 샤르팡티에는 흥분하기 시작했다. "정확한 작동 원리를 알아내야 해요. Cas9이 정확히 어떤 메커니즘으로 DNA를 잘라내는 걸까요?"

샤르팡티에 역시 다우드나의 진지함과 디테일에 대한 관심을 좋게

본 터였다. "당신과 함께 일하면 재밌을 것 같아요." 그가 다우드나에게 말했다. 다우드나는 샤르팡티에의 열정에 깊은 인상을 받았다. "나랑 일하면 재밌을 것 같다는 말에 저도 모르게 소름이 돋았죠." 다우드나가 샤르팡티에의 제안에 솔깃했던 또 다른 이유는, 그것이 어린 다우드나에게 목적의식을 주었던 탐정 이야기의 연장이라는 점이었다. 생명의 미스터리를 풀 열쇠를 찾는 사냥 말이다.

한편 푸에르토리코로 떠나기 직전, 마침 다우드나는 랩에서 Cas1과 Cas6의 분자구조를 연구해온 박사 후 연구원 마르틴 이네크의 진로를 상담한 참이었다. 이네크는 자신이 학자로서 성공할 수 있을지 의심한 나머지—물론 쓸데없는 걱정이었지만—의학 저널의 편집자로 진로를 돌릴 생각도 하다가, 결국은 마음을 바꿨다. "교수님 랩에서 1년만 더 일하고 싶습니다. 제가 뭘 하면 될까요?" 이네크는 특히 독자적인 크리스퍼 프로젝트를 찾고 싶다고 말했다.

그래서 샤르팡티에의 얘기를 들었을 때 다우드나는 이네크에게 완벽한 프로젝트를 찾았다고 생각했다. "우리 랩에 훌륭한 생화학자이자 구조생물학자인 연구자가 있어요."[8] 두 사람은 이네크와 크시슈토프 힐린스키를 팀으로 묶어주었다. 폴란드 출신의 분자생물학자인 힐린스키는 샤르팡티에 랩에서 박사 후 과정을 밟는 연구원으로, 샤르팡티에가 우메오 대학으로 옮길 땐 빈 대학에 남아 Cas9 논문을 함께 썼던 팀원이기도 했다. 이 사총사가 근대 과학에 가장 중요한 발전의 하나를 성취하게 될 것이다.

2012년 버클리에서 에마뉘엘 샤르팡티에, 제니퍼 다우드나, 마르틴 이네크, 크시슈토프 힐린스키

17장
크리스퍼-Cas9

성공

버클리로 돌아간 다우드나는 이네크와 함께 우메오의 샤르팡티에, 빈의 힐린스키와 여러 차례 스카이프로 통화하며 크리스퍼-Cas9 메커니즘을 밝히는 전략을 짜기 시작했다. 국제적 연합의 모범 사례와도 같은 과정이었다. 하와이에서 온 버클리 교수와 그의 체코 출신 연구원, 스웨덴에서 일하는 파리 태생 교수와 빈에서 일하는 그의 폴란드인 연구원.

"24시간 운영 시스템이었죠." 이네크의 회상이다. "실험을 하고 하루가 끝날 무렵 결과를 빈에 보내면, 힐린스키가 아침에 일어나자마자 읽는 겁니다." 그런 다음 스카이프로 통화하면서 다음 실험을 결정했다. "이어 힐린스키가 낮 동안에 실험을 하고 제가 자는 사이에 결과를 보냈어요. 아침에 일어나 이메일을 열면 업데이트가 되어 있었죠."[1]

처음에 샤르팡티에와 다우드나는 한 달에 한두 번씩만 스카이프 통화에 참여했다. 그러다가 2011년 7월, 샤르팡티에와 힐린스키가 연례 크리스퍼 학회에 참석하기 위해 버클리로 오면서 연구 속도에 불이 붙었다. 그간 스카이프로 소통해오긴 했지만, 이네크가 기초연구를 유용

한 도구로 바꾸는 일에 열의를 쏟는 상냥하고 멀쑥한 연구원 힐린스키를 직접 만나는 것은 처음이었다.[2]

대면 회의는 전화 회의나 줌 회의에서는 불가능한 방식으로 아이디어를 생산한다. 푸에르토리코에서도 그랬고, 네 연구자가 처음으로 다 같이 버클리에 모였을 때도 마찬가지였다. 네 사람은 머리를 맞대고 크리스퍼 시스템이 DNA를 잘라내는 과정에 정확히 어떤 분자가 필요한지 알아내기 위한 전략을 고심했다. 직접 만나 협의하는 과정은 프로젝트 초기 단계에 특히 유용하다. "사람들과 한곳에 앉아 얼굴을 마주 보고 서로의 반응을 살피며 아이디어를 논의하는 것만큼 좋은 게 없죠." 다우드나의 말이다. "이런 회의가 지금껏 우리 랩이 참여했던 모든 공동 연구의 토대가 되었습니다. 실제 일할 때는 대부분 온라인으로 소통이 이루어지더라도요."

처음에는 크리스퍼-Cas9이 바이러스 DNA를 잘라내지 못했다. 당시 이네크와 힐린스키는 crRNA와 Cas9 효소, 이렇게 두 가지 요소만 가지고 실험했다. 기본 원리는 간단했다. crRNA가 Cas9을 바이러스로 데려가면, Cas9이 바이러스 DNA를 절단한다. 그러나 실제로는 그러한 결과가 나타나지 않았다. 뭔가 빠진 게 틀림없었다. "도저히 모르겠더라고요." 이네크가 당시를 회상하며 말했다.

이 시점에 tracrRNA가 재등장한다. 2011년 논문에서 샤르팡티에가 crRNA 생산에 꼭 필요하다고 밝힌, 그리고 나중에 말하길, 비록 초기 실험에서 그 가능성을 시험하지는 못했지만 crRNA 생산 이후에도 훨씬 의미 있고 지속적인 역할이 있음을 예상했다는 그 요소 말이다. 실험이 계속해서 실패로 돌아가자 힐린스키는 시험관에 tracrRNA를 투척해보기로 했다.

결과는 성공이었다. 세 가지 요소로 구성된 복합체는 표적 DNA를 확실하게 산산조각 냈다. 이네크는 곧장 다우드나에게 소식을 전했다. "tracrRNA가 없으면 crRNA는 Cas9 효소에 결합하지 않습니다." 돌파구를 찾고부터 다우드나와 샤르팡티에도 실험에 본격적으로 관여하기 시작했다. 이들은 중요한 발견을 앞두고 있었다. 곧 크리스퍼 유전자 절단 시스템의 핵심 구성 요소가 확정될 터였다.

힐리스키와 이네크는 밤마다 실험 결과를 주고받으며 퍼즐의 조각을 조금씩 맞춰갔고, 샤르팡티에와 다우드나도 전략 회의에 더 자주 참석했다. 이들은 크리스퍼-Cas9 복합체를 이루는 세 필수 요소 각각의 정확한 메커니즘을 알아냈다. crRNA는 스무 개의 염기로 이루어졌으며, 비슷한 염기 서열을 가진 바이러스 DNA를 찾아 복합체를 안내하는 좌표 역할을 한다. 이 crRNA를 생성하는 것으로 알려진 tracrRNA가, 추가로 밝혀진바 이후 다른 요소들이 표적 DNA에 결합할 때 올바른 위치에 붙들어주는 비계 역할을 하고, 그러면 Cas9은 절단 작업을 시작한다.

결정적인 실험이 막 긍정적인 결과를 보인 뒤 어느 날 저녁, 다우드나는 집에서 스파게티를 만들고 있었다. 펄펄 끓는 물을 보고 있자니 고등학교 때 DNA에 대해 배우며 현미경으로 확인했던 연어의 정자가 떠올라 자기도 모르게 웃음을 지었다. 아홉 살짜리 아들 앤디가 왜 웃냐고 묻자 다우드나는 대답했다. "우리가 Cas9이라는 단백질 효소를 발견했거든. 바이러스를 찾아 잘라내도록 프로그래밍할 수 있는 효소란다. 정말 대단하지." 앤디는 그 효소에 대해 더 물었고, 다우드나는 설명을 이어갔다. 박테리아가 수십억 년에 걸쳐 바이러스에 대항해 자신을 지키는 희한하고 놀라운 방식을 진화시켰는데, 적응력이 어찌나 뛰어난지 새로운 바이러스가 나타날 때마다 알아보고 물리칠 수 있다고. 앤디는 이 이야기에 푹 빠졌다. "두 배로 즐거웠죠. 기막히게 멋있고 중요한 발견을 했는데, 그걸 아들과 공유하고, 아이가 이해할 수 있도록 설명까지 할 수 있었으니 말이에요." 호기심이란 이처럼 아름답다. [3]

유전자 편집 도구

이 작지만 놀라운 시스템에 엄청난 응용의 가능성이 있다는 사실은 금세 분명해졌다. crRNA를 조작해 원하는 타깃의 정보를 삽입하면 어떤 DNA도 표적으로 삼아 잘라낼 수 있었으니, 다시 말해 이는 유전자 편집 도구가 된다는 뜻이었다.

크리스퍼 연구는 기초과학과 중개 의학이 주고받는 이중주의 생생한 예가 될 터였다. 애초에는 특이한 박테리아의 DNA를 시퀀싱하던 중 우연히 발견한 의문의 현상을 설명하고자 했던 미생물 사냥꾼들의 순수한 호기심에서 시작된 크리스퍼가, 요거트 박테리아를 바이러스로부터 보호하기 위한 연구를 거쳐 근본적인 생명 작용에 대한 기초적인 발견으로 이어졌고, 이제는 생화학 분석을 통해 실질적인 활용 도구로서의 가능성이 제시된 것이다. "막상 크리스퍼-Cas9 복합체의 구성 요소를 모두 찾고 보니 마음대로 조작하는 것도 가능하겠더라고요." 다우드나의 말이다. "즉 어떤 crRNA를 넣느냐에 따라 우리가 원하는 DNA를 얼마든지 조각낼 수 있다는 뜻입니다."

과학의 역사에 진정한 유레카의 순간은 흔치 않다. 그러나 이들에게 바로 그 순간이 다가오고 있었다. "천천히 점진적으로 가까워지는 게 아니더라고요." 다우드나는 말했다. "그저 갑자기 '오 마이 갓!'을 외치게 되는 거죠." 이네크가 Cas9에 임의로 만든 여러 가이드 RNA를 장착해 원하는 DNA 부위를 잘라낼 수 있다고 증명하는 데이터를 내밀었을 때, 두 사람은 그대로 멈춰 선 채 멍하니 상대의 얼굴만 쳐다보았다. "이럴 수가, 정말 엄청난 유전자 편집 도구가 되겠어!" 마침내 다우드나가 선언했다. 자신들이 생명의 코드를 다시 쓰는 도구를 개발했다는 사실을 깨달은 순간이었다.[4]

크리스퍼를 이용한 유전자 편집의 기본 원리

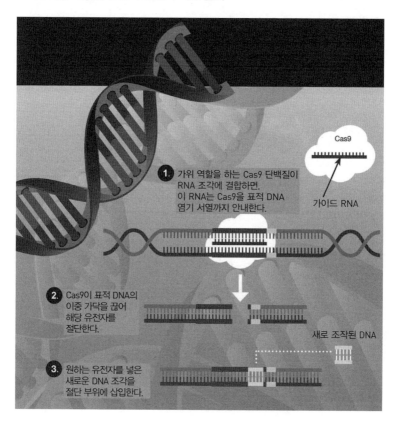

1. 가위 역할을 하는 Cas9 단백질이 RNA 조각에 결합하면, 이 RNA는 Cas9을 표적 DNA 염기 서열까지 안내한다.

Cas9

가이드 RNA

2. Cas9이 표적 DNA의 이중 가닥을 끊어 해당 유전자를 절단한다.

새로 조작된 DNA

3. 원하는 유전자를 넣은 새로운 DNA 조각을 절단 부위에 삽입한다.

단일 가이드 RNA

이제 크리스퍼 시스템을 간단하게 만드는 작업이 남아 있었다. 이것이 가능하다면, 크리스퍼 시스템은 단순한 유전자 편집 도구가 아니라 기존 방식보다 훨씬 쉽고 저렴하게 DNA를 프로그래밍하는 엄청난 기술이 될 것이었다.

어느 날 이네크는 실험실에서 나와 복도를 따라 다우드나의 연구실로 향했다. 그는 가이드 역할을 하는 crRNA와 그것을 표적 DNA에 고정시키는 tracrRNA가 기능하는 최소한의 조건을 찾는 중이었다. 두 사람은 책상에 고정된 화이트보드 앞에 서서 crRNA와 tracrRNA의 구조를 그렸다. 이네크가 질문을 던졌다. crRNA와 tracrRNA 중 시험관 안에서 DNA를 절단하는 데 필수적인 역할을 하는 것은 어느 쪽일까? "적어도 두 RNA의 길이에 대해서는 시스템이 약간의 융통성을 보였죠." 이네크의 말이다. 각 RNA의 끝을 조금씩 잘라내도 기능에는 여전히 문제가 없었다. 다우드나는 RNA 구조를 아주 잘 알았고, 작동 원리를 알아낼 때면 어린아이처럼 순수한 기쁨을 느끼는 사람이었다. 그런 그녀가 이네크와 머리를 맞댄 채 수많은 가설들을 쏟아냈고, 그 결과 한 RNA의 머리 부분을 다른 RNA의 꼬리와 접합해 하나로 만들어도 각 분자는 제 기능을 유지한다는 사실이 분명해졌다.

그들의 목표는 한쪽에는 가이드 정보가, 다른 쪽에는 DNA에 결합할 손잡이가 달린 단일 RNA 분자를 설계하는 것이었다. 그 결과물이 바로 '단일 가이드 RNA(single-guide RNA, sgRNA)'였다. 두 사람은 서로 마주 보았다. "과학을 연구하는 사람들에게 드물게 찾아오는 순간이었죠. 소름이 돋으면서 온몸에 털이 다 곤두서는 것 같았어요. 그때 우리 둘 다 깨달았어요. 호기심에서 시작한 재밌는 프로젝트가 알고 보니 엄청난 영향력을 품고 있었고, 결국 그것이 프로젝트의 방향 자체를 완전히 바꾸어놓았다는 사실을요." 이 작은 분자가 다우드나의 목 언저리에 있는 솜털들을 곤두세우는 장면이 그려지지 않는가?

다우드나는 당장 두 RNA 분자를 접합해 단일 가이드를 만들어보라고 재촉했다. 이네크는 서둘러 복도를 내려가 필요한 재료를 주문하고, 이 아이디어를 힐린스키와도 공유해 재빨리 실험을 계획했다. 각 RNA의 어느 부분을 제거하고 어떻게 연결할지 알아낸 다음 문제없이 작동하는 단일 가이드 RNA를 제작하기까지 걸린 시간은 고작 3주에 불과했다.

단일 가이드가 크리스퍼-Cas9을 훨씬 사용하기 쉽고 재프로그래밍이 가능한 다용도 편집 도구로 변모시킬 것은 이내 분명해졌다. 과학적 측면에서, 그리고 지식재산권 측면에서도, 단일 가이드 시스템이 가지는 가장 중요한 의의는 이것이 단순히 자연현상의 발견이 아니라 인간이 만든 발명품이라는 데 있다.

오늘날 다우드나와 샤르팡티에의 공동 연구가 이뤄낸 가장 중요한 진보는 다음 두 가지라 할 수 있다. 첫째, tracrRNA가 crRNA를 생성할 뿐 아니라, 더 중요하게는 Cas9 효소와 함께 표적 DNA에 결합해 절단 과정에 결정적인 역할을 한다는 사실을 발견했다는 점. 둘째로는 이들이 그 두 RNA를 하나의 단일 가이드 RNA로 융합하는 방법을 발명했다는 점이다. 진화가 박테리아 안에서 10억 년 이상 걸려 다듬어놓은 현상을 연구함으로써, 이들은 자연의 기적을 인간의 도구로 바꾸어냈다.

어떻게 단일 가이드 RNA를 설계할지 이네크와 논의하던 그날, 다우드나는 저녁을 먹으며 남편 케이트에게 이 아이디어에 대해 이야기했다. 케이트는 유전자 편집 기술로 특허를 낼 수 있겠다는 생각에 다우드나에게 그 내용을 실험 노트에 확실하게 적어두고 증인을 확보하라고 조언했다. 이에 이네크가 그날 밤 당장 실험실로 돌아가 아이디어를 상세히 기록했다. 밤 9시가 가까운 시간이었지만 마침 샘 스턴버그와 레이철 하우어비츠가 실험실에 남아 있었다. 이네크는 페이지 맨 아래, 중요한 결과를 기록하는 증인의 서명란에 두 사람의 서명을 부탁했다. 그동안은 이런 일이 한 번도 없던지라, 스턴버그 또한 이날이 역사적인 저녁이 되리라 예감했다.[5]

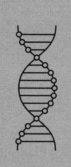

샤르팡티에와 다우드나

18장

2012년 《사이언스》 논문

크리스퍼-Cas9 논문을 쓰면서 다우드나와 팀원들은 실험 때와 동일하게 24시간 협업 체제로 일했다. 원고는 수정 사항을 실시간으로 추적할 수 있도록 드롭박스에 공유했다. 이네크와 다우드나는 캘리포니아에서 일하다가 늦은 밤, 유럽에 동이 틀 무렵이 되면 스카이프 통화로 마무리하며 과제를 넘겼다. 그러면 샤르팡티에와 힐린스키가 다음 열두 시간을 주도했다. 우메오의 봄에는 해가 지지 않기 때문에 샤르팡티에는 하루 중 어느 시간에든 일할 수 있었다. "밖이 하루종일 밝으면 어차피 잠을 많이 잘 수 없어요." 샤르팡티에의 말이다. "그 몇 달은 별로 피곤하지도 않아서 줄곧 일을 했죠."[1]

2012년 6월 8일, 마침내 다우드나가 모니터의 '전송' 버튼을 눌러《사이언스》편집자에게 원고를 보냈다. 논문의 저자는 총 여섯 명이었다. 마르틴 이네크, 크시슈토프 힐린스키, 이네스 폰파라, 마이클 하우어, 제니퍼 다우드나, 에마뉘엘 샤르팡티에. 이네크와 힐린스키의 이름 옆에는 두 사람이 동등하게 기여한 공동 저자라는 주석이 달렸고, 다우드나와 샤르팡티에의 이름은 이들이 랩을 이끈 책임 연구자라는 의미로 맨 마지막에 기록되었다.[2]

3500단어로 된 이 논문은 crRNA와 tracrRNA가 어떤 방식으로 Cas9 단백질을 유도해 표적 DNA에 들러붙게 하는지를 상세하게 설명했고, Cas9 단백질의 두 도메인이 어떻게 각각 DNA 가닥을 하나씩 특정 장소에서 잘라내는지도 밝혀냈다. 마지막으로 이들은 crRNA와 tracrRNA를 융합해 단일 가이드 RNA를 만드는 과정을 설명한 뒤, 이 시스템이 유전자 편집에 사용될 가능성을 언급하며 결론을 맺었다.

논문을 읽은 《사이언스》 편집자들은 흥분에 휩싸였다. 살아 있는 세포에서 보여주는 크리스퍼-Cas9의 활동은 전에도 많이 확인된 바 있었지만, 누군가 이 시스템의 필수 요소를 분리해 생화학적 메커니즘을 밝혀낸 것은 처음이었다. 게다가 이 논문은 '단일 가이드 RNA'라는 유망한 발명품까지 포함하고 있었다.

다우드나의 재촉을 받아 편집 위원들은 검증 과정을 신속하게 밟았다. 다우드나는 어느 리투아니아 과학자(뒤에서 자세히 언급될 것이다)의 연구 결과를 포함해 다른 크리스퍼-Cas9 논문들이 돌고 있다는 사실을 아는 터였고, 상황이 그러하니 자기 팀의 논문이 하루라도 먼저 정식으로 발표되었으면 했다. 《사이언스》 편집자들 또한 라이벌 저널에 뒤처지고 싶지 않았으니 그들 나름의 경쟁적인 동기가 있었다. 그리하여 《사이언스》 측에서는 이틀이라는 촉박한 시간을 주며 크리스퍼 연구의 선구자인 에릭 손테이머에게 심사를 요청했지만 마침 손테이머 자신도 이 주제로 연구 중이었기에 검토를 거절했고, 편집자들은 빠르게 검토해줄 다른 사람을 찾아야 했다.

심사 위원들의 검토서에는 몇 가지 사항에 대해 명확히 설명해달라는 요구 정도만 포함되어 있었다. 하지만 그들이 제기하지 않은 한 가지 중요한 문제가 있었다. 논문은 패혈성 인두염을 일으키는 흔한 박테리아인 화농성 연쇄상구균에서 크리스퍼-Cas9 시스템이 작동하는 실험을 기반으로 작성된 터였다. 다른 박테리아와 마찬가지로 화농성 연쇄상구균 역시 핵이 없는 단세포생물이다. 그러나 이들은 크리스퍼-Cas9 시스템이 인체를 대상으로 한 유전자 편집에 유용하리라는 제안을 언급했고, 따라서 샤르팡티에는 이 부분을 염려했다. "이 시스템이 사람의 세포에서 작동한다는 증거가 있냐고 물을지도 모른다고 생각했어요." 샤르팡티에의 회상이다. "하지만 기존 유전자 편집 방식의 대안이 되리라는 결론에 문제를 제기하는 사람은 없었죠."[3]

2012년 6월 20일, 《사이언스》 편집자들은 수정본을 승인하고 공식적으로 논문을 채택했다. 마침 크리스퍼 학회 참가자들이 버클리에 모이는 날이었다. 샤르팡티에는 우메오에서, 힐린스키는 빈에서 며칠 일찍 도착해 다 같이 최종 교정과 편집을 마무리했다. "크시슈토프는 시차 적응에 애를 먹었지만 저는 별문제 없었어요. 밤이 늘상 밝은 우메오에서는 어차피 수면 리듬이라는 게 없으니까요."[4]

그들은 7층에 있는 다우드나의 연구실에 모여 최종 PDF 파일과 이미지를 저널의 온라인 투고 시스템에 올렸다. "넷이서 연구실에 앉아 업로드 상황을 함께 지켜봤죠." 이네크의 회상이다. "업로드가 100퍼센트 완료되었을 땐 정말 짜릿하더라고요."

최종본을 투고한 다음, 다우드나와 샤르팡티에는 연구실에 둘이 남아 이야기를 나눴다. 푸에르토리코에서 처음 만난 지 고작 14개월 만이었다. 샤르팡티에는 샌프란시스코 베이 너머로 저물어가는 늦은 오후의 태양을 보며 감탄했고, 다우드나는 샤르팡티에와 함께 일하는 것이 얼마나 즐거웠는지 이야기했다. "마침내 발견의 기쁨과 개인적인 자신감을 나누게 된 영광스러운 순간이었어요. 서로 수천 킬로미터나 떨어진 채 얼마나 열심히 함께했는지에 대해 이야기를 나눴죠."

대화의 주제가 미래로 넘어갔을 때, 샤르팡티에는 앞으로 유전자 편집 도구를 개발하는 일보다 미생물 기초과학에 집중하고 싶다면서 다시 한번 랩을 옮겨 베를린의 막스 플랑크 연구소로 가게 되었다고 털어놓았다. 다우드나는 이제 한곳에 정착해 결혼도 하고 아기도 갖고 싶지 않냐며 장난스럽게 그녀를 떠보았다. "샤르팡티에는 별로 그러고 싶지 않다고 대답하더라고요. 혼자인 게 좋고, 자기만의 시간이 소중하다고 했어요. 삶을 함께 나누는 동반 관계 같은 건 굳이 찾지 않는다고요."

그날 저녁 다우드나는 셰프 앨리스 워터스의 자연주의 식당인 '셰 파니스'에 축하 자리를 마련했다. 과학계의 희귀 분야 밖에서는 아직 무명이나 마찬가지였던 그로서는 더 멋진 아래층을 예약하지 못해, 다들 캐주얼한 위층 카페의 긴 테이블에서 식사를 했다. 이들은 샴페인을 주문하고 앞으로 다가올 생물학의 새로운 시대를 위해 건배했다. "우리는 과학이 결실을 맞이하는 격동의 시대의 시작점에 서 있음을 느꼈고, 그 영향력을 가늠했어요." 다우드나의 회상이다. 이네크와 힐린스키는 디저트를 먹기 전에 먼저 자리를 떠났다. 다음 날 학회에서 발표할 슬라이드 준비를 마무리해야 했기 때문이다. 실험실로 걸어서 돌아가면서, 힐린스키는 저무는 해의 마지막 빛줄기를 등진 채 담배 한 대를 깊이 음미했다.

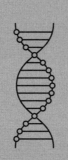

비르기니유스 식슈니스

크시슈토프 힐린스키

마르틴 이네크

19장
발표장에서의 결투

비르기니유스 식슈니스

　리투아니아 빌뉴스 대학의 비르기니유스 식슈니스는 금테 안경에 수줍은 미소를 머금은 온화한 생화학자다. 빌뉴스 대학에서 유기화학을 전공하고, 모스크바 국립대학으로 건너가 박사 학위를 받은 다음 다시 고향인 리투아니아로 돌아왔다. 2007년, 식슈니스는 다니스코 요거트 과학자 로돌프 바랑구와 필리프 오르바트가 쓴 논문을 읽었다. 박테리아가 바이러스와의 투쟁에서 획득한 무기라는 이 크리스퍼에 그는 큰 흥미를 느끼게 되었다.

　2012년 2월에 식슈니스는 바랑구와 오르바트를 제2저자로 삼아, 크리스퍼 시스템에서 Cas9 효소가 어떻게 crRNA의 안내를 통해 박테리아에 침입한 바이러스를 절단하는지에 관한 논문을 썼다. 그는 논문을 《셀》지에 투고했지만 게재가 거부되었다. 사실 《셀》 측에서는 이를 동료 심사에도 보내지 않았다. "심지어 《셀》의 자매 학술지인 《셀 리포트》에서조차 거부당했죠."[1]

　그는 차선책으로 미국 국립과학아카데미의 공식 학술지인 《PNAS》

에 투고하기로 했다. 《PNAS》의 논문 채택에 있어 지름길 중 하나는 학회 회원에게 승인을 받는 것이었고, 그리하여 2012년 5월 21일 바랑구는 논문의 초록을 이 분야에 가장 정통한 회원에게 보내기로 마음먹었다. 바로 제니퍼 다우드나였다.

다우드나는 샤르팡티에와 막 논문을 마무리하던 참이었기에 이 의뢰를 거절했다. 그러나 초록만 읽어도 식슈니스가 "Cas9이 DNA를 절단하는" 메커니즘에 대해 많은 것을 발견했음을 짐작할 수 있었다. 게다가 "이 발견은 프로그래밍이 가능한 범용 DNA 핵산 중간 분해효소(endo-nuclease) 기술의 길을 닦았다"는 내용과 함께, 이것이 DNA 편집 방법으로 이어질 가능성까지 초록에 제시되어 있었다.[2]

이후 다우드나가 자기 팀의 논문 출판을 서둘렀다는 사실은 크리스퍼 과학자들 사이에서 작은 논란, 또는 적어도 몇몇의 의심을 일으키게 된다. "제니퍼가 특허를 신청하고 《사이언스》에 투고한 시기를 잘 보십시오." 바랑구의 말이다. 그럴 만도 한 것이, 다우드나가 식슈니스의 초록을 받은 날짜는 5월 21일, 동료들과 함께 특허출원을 신청한 날은 5월 25일, 그리고 논문을 《사이언스》에 투고한 것은 6월 8일이었기 때문이다.

하지만 사실 다우드나 팀의 특허 신청과 논문 준비는 식슈니스의 초록을 받기 한참 전부터 진행된 일이었다. 바랑구는 다우드나가 비윤리적인 행동을 했다고 비난하는 게 아님을 강조한다. "부적절한 일이 아니고, 심지어 이례적인 일도 아닙니다. 뭘 도용하거나 한 것도 아니죠. 초록을 보낸 건 우리니까요. 그걸로 다우드나를 탓할 수는 없습니다. 과학계에서는 경쟁 상황을 인지하는 순간 속도가 빨라지기 마련이에요. 과정을 좀 더 밀어붙이는 자극 요소인 셈이죠."[3] 결과적으로 다우드나는 여전히 바랑구나 식슈니스와 친분을 유지하고 있다. 경쟁과 협력의 조합은 그들 모두가 익히 아는 과정의 일부였다.

그러나 의문을 제기하는 경쟁자가 더 있었다. 브로드 연구소의 소장 에릭 랜더였다. "다우드나는《사이언스》편집진에 경쟁자가 있다고 밝혔고, 그래서《사이언스》측에서도 심사 위원들을 재촉하며 압박했어요." 랜더의 말이다. "그 모든 과정이 불과 3주 만에 끝났죠. 덕분에 리투아니아인들을 앞지를 수 있었고요."[4]

나로서는 랜더의 이 은근한 비난이 흥미로울 뿐 아니라 재미있기까지 했다. 왜냐하면 랜더 자신도 내가 아는 사람 가운데 가장 승부욕이 강한 부류에 속하기 때문이다. 랜더와 다우드나 모두 경쟁적인 상황을 편안하게 받아들이는 사람이었기에 이들의 경쟁이 더욱 치열해진 것이리라. 한편으로 이는 두 사람이 서로를 이해한다는 뜻이기도 하다. C. P. 스노의 소설『더 마스터스(The Masters)』에 등장하는 두 라이벌이 다른 누구보다 서로를 더 잘 알았듯 말이다. 하루는 랜더가 나와 저녁을 먹으며, 다우드나가 식슈니스의 논문 초록을 본 뒤《사이언스》편집자들에게 2012년 논문을 서둘러 출간해달라고 다그친 사실을 증명하는 이메일을 확보했다고 말했다. 이후 다우드나에게 물으니, 그는《사이언스》편집자들에게 다른 논문이 경쟁 저널에 투고될지 모르니 심사를 서둘러달라고 재촉했다는 사실을 순순히 인정했다. "그래서요?" 다우드나는 말했다. "에릭한테 물어보세요. 본인은 그런 적이 없었는지." 나중에 다시 랜더와 저녁을 먹으며 다우드나의 말을 전하자 그 역시 잠시 말을 멈추고 웃더니 흔쾌히 인정했다. "물론 있죠. 그게 과학자들이 일하는 방식이니까요. 지극히 정상적인 행동이죠."[5]

식슈니스가 발표하다

바랑구는 2012년 6월 버클리에서 열린 크리스퍼 학회의 조직 위원 중 한 명이었다. 이 학회에 참석하기 위해 샤르팡티에와 힐린스키가 버클리로 날아왔고, 바랑구는 연구 결과 발표를 위해 식슈니스를 초청했다. 크리스퍼-Cas9 메커니즘을 두고 경합을 벌인 두 팀의 맞대결이 펼쳐질 무대가 마련된 셈이었다.

식슈니스와 다우드나-샤르팡티에 팀 모두 6월 21일 목요일 오후에 발표가 예정되었다. 다우드나가 《사이언스》에 논문의 최종본을 업로드하고 동료들과 셰 파니스에서 함께 축하한 다음 날이었다. 식슈니스의 연구는 아직 출간이 결정되지 않았지만, 바랑구는 식슈니스가 먼저 발표하고 이어서 다우드나-샤르팡티에 팀이 발표하게끔 순서를 짰다.

어차피 과학사에서의 우선권은 정해진 상황이었다. 다우드나-샤르팡티에의 논문은 이미 《사이언스》 게재가 결정되어 6월 28일에 온라인으로 출간될 예정이었던 반면, 식슈니스의 논문은 9월 4일에야 실릴 터였다. 그럼에도 바랑구가 버클리 학회에서 식슈니스의 발표 순서를 앞쪽으로 배치한 것은, 혹시라도 그의 연구 결과가 다우드나-샤르팡티에 팀과 비등하거나 더 나을 경우 영광의 일부라도 차지하게 하려는 배려였다. "제가 강연 순서를 조율했습니다. 제니퍼 랩에서 식슈니스보다 먼저 발표하게 해달라고 요청했지만 거절했죠. 식슈니스가 그해 2월 《셀》에 투고하면서 저에게도 먼저 논문을 보냈어요. 그래서 식슈니스가 먼저 발표하는 게 공정하다고 판단했습니다."[6]

6월 21일 목요일 점심 직후, 학회 장소인 리카싱 센터 1층의 78석짜리 강당에서 비르기니유스 식슈니스는 아직 출판되지 않은 논문에 기반해 슬라이드 발표를 시작했다. "우리는 Cas9-crRNA 복합체를 분리했고, 이 복합체가 표적 DNA 분자의 특정 부위에서 이중 가닥을 끊어내는 것을 생체 외 실험으로 입증했습니다." 이어서 그는 이 시스템이 언젠가 유전자 편집 도구가 될 수 있으리라고 밝혔다.

그러나 식슈니스의 논문과 발표에는 빈틈이 있었다. 가장 주목할 것은 "Cas9-crRNA 복합체"라고 언급하면서도 정작 DNA 절단 과정에서 tracrRNA의 역할을 명시하지 않은 점이다. 비록 crRNA 생성 과정에서 tracrRNA가 하는 일을 설명하긴 했지만, crRNA와 Cas9이 표적 DNA에 결합하려면 tracrRNA가 계속 남아 있어야 한다는 사실을 깨닫지 못한 것이다.[7]

다우드나는 그가 tracrRNA가 수행하는 필수적인 역할을 찾아내지 못한 거라고 확신했다. "만약 tracrRNA가 DNA 절단에 필요하다는 사실을 모른다면, 그것을 하나의 기술로 구현할 방법은 없습니다. 그는 크리스퍼-Cas9이 제대로 작동하는 데 필요한 구성 요소를 찾아내지 못했던 셈이에요."

경쟁의 긴장감이 감도는 가운데, 다우드나는 tracrRNA의 역할과 관련한 식슈니스의 오류를 부각시켜야겠다고 마음먹었다. 그녀는 강당의 세 번째 줄에 앉아 있다가 식슈니스가 발표를 마치자마자 손을 들고 질문했다. "당신의 데이터는 절단 과정에서 tracrRNA의 역할을 보여줍니까?"

처음에 식슈니스는 이 질문의 핵심을 피하려 했지만 다우드나가 명확히 해달라며 그를 압박했다. 그는 반박하지 않았다. "제가 기억하기에, 교수님의 질문 이후 약간의 논쟁이 있었어요." 샘 스턴버그의 말이다. "교수님은 tracrRNA에 식슈니스의 결과에서 간과된 중요한 역할이 있다고 굉장히 강조해서 말씀하셨죠. 식슈니스는 이를 반박하지 않았어요. 그렇다고 자신이 놓친 부분이 있다고 완전히 인정하지도 않았고요."

샤르팡티에도 놀랐다. 자신이 이미 2011년 논문에서 tracrRNA의 역할을 밝혀낸 뒤였기 때문이다. "제가 쓴 2011년 논문을 읽고도 식슈니스가 왜 tracrRNA의 기능을 더 파보지 않았는지 이해할 수 없었어요."[8]

공정하게 말하자면, 식슈니스 또한 다우드나 샤르팡티에와 거의 동시에 중대한 생화학적 발견을 해낸 공로를 인정받아야 할 것이다. 어쩌면 내가 tracrRNA라는 작은 분자에 지나치게 초점을 맞추고 있는지도 모르겠다. 어쨌거나 나는 다우드나의 관점에서 이 책을 쓰고 있기도 하고, 다우드나가 나와의 인터뷰에서 그것을 강조하기도 했으니 말이다. 그럼에도 실제로 tracrRNA가 아주 중요한 역할을 한다는 것이 내 생각이다. 생명의 메커니즘을 설명할 때에는 작은 것들이 중요하다. 그리고 가장 작은 것들이 가장 큰 중요성을 가질 때가 있다. tracrRNA와 crRNA라는 두 RNA 분자의 역할을 정확히 규명하는 것은 크리스퍼-Cas9이 어떻게 하여 유전자 편집 도구로 쓰이는지, 어떻게 두 RNA를 조합해 정확한 타깃 유전자로 가는 단일 가이드를 만드는지 이해하는 데 있어 핵심적인 부분이었다.

대성공

식슈니스의 뒤를 이어 다우드나와 샤르팡티에가 모두를 놀라게 할 결과를 발표할 차례였다. 두 사람은 대부분의 실험을 수행한 두 박사 후 연구원, 이네크와 힐린스키에게 발표를 맡기기로 하고 청중들 틈에 나란히 앉아 있었다.[9]

발표 직전, 버클리 생물학과 교수 두 명이 박사 후 연구원과 학생들을 데리고 학회장으로 들어왔다. 다우드나가 크리스퍼-Cas9을 인간에서 구현하는 연구와 관련해 협력을 타진해온 이들이었다. 하지만 다른 참석자들은 그들이 누구인지 알지 못했고, 스턴버그는 아마도 변호사이리라 추측했다. 이들이 등장하면서 분위기는 한층 고조되었다. "10여 명의 낯선 사람들이 들어오는 걸 보고 다들 놀라던 게 기억나요." 다우드나의 말이다. "뭔가 특별한 일을 암시하는 일종의 전조 같았죠."

이네크와 힐린스키는 발표를 재미있게 진행하려고 애썼다. 자신들이 수행한 실험을 번갈아가면서 설명할 수 있게끔 슬라이드를 준비한 뒤 발표 전에 두 차례나 연습했다. 청중은 많지 않았고, 비공식적이면서도 우호적인 분위기였다. 그럼에도 특히 이네크는 긴장한 기색이 역력했다. "마르틴이 스트레스를 많이 받았어요. 덩달아 저도 긴장 좀 했죠." 다우드나가 말했다.

사실 긴장할 필요는 전혀 없었다. 발표는 대성공이었다. 크리스퍼 선구자인 퀘벡 라발 대학의 실뱅 무아노가 일어나 "와우!" 하고 탄성을 내질렀고, 다른 사람들은 서둘러 랩 동료들에게 이메일과 문자를 보내기 시작했다.

식슈니스 논문의 공동 연구자였던 다니스코 연구자 바랑구는 발표를 듣자마자 다우드나와 샤르팡티에가 이 분야를 새로운 차원으로 승격시켰음을 깨달았다. "제니퍼의 논문은 분명 우리 논문보다 월등했습니다. 독특한 소수 미생물의 세계에서 발견된 흥미로운 특징에 불과했던 크리스퍼를 하나의 기술로 전환시켰죠. 그래서 비르기니유스와 저는 전혀 나쁜 감정을 가지지 않았어요."

흥분과 부러움이 뒤섞인, 그러면서도 더없이 전문가다운 반응이 에릭 손테이머로부터 나왔다. 그는 크리스퍼가 유전자 편집 도구가 되리라고 일찌감치 예측한 사람 중 하나였다. 이네크와 힐린스키가 발표를 마치자 그는 손을 들고 질문했다. "단일 가이드 기술이 진핵생물, 즉 핵이 있는 생물체에서도 유전자 편집에 사용될 수 있겠습니까? 보다 구체적으로 묻자면, 인간의 세포에서도 작용할까요?" 다우드나 측은 다른 이전의 많은 분자 기술이 그랬듯 얼마든지 개량될 수 있을 거라고 답했다. 질문을 마친 뒤, 상냥한 구식 과학자 손테이머는 두 줄 뒤에 앉아 있던 다우드나를 향해 몸을 돌려 입 모양을 만들어 보였다. "얘기 좀 합시다." 두 사람은 다음 쉬는 시간에 급히 나와 복도에서 만났다.

"제니퍼가 믿을 만한 사람이라는 걸 알고 있었죠. 그 덕에 서로 비슷한 분야에서 일하면서도 우리는 편하게 얘기를 나눌 수 있었습니다." 손테이머가 말했다. "저는 제니퍼에게 진핵세포인 효모를 대상으로 크리스퍼를 실험하고 있다고 말했어요. 제니퍼는 좀 더 이야기를 이어가자고 하더군요. 크리스퍼를 진핵생물에 적용시키는 과제는 빠른 시간 안에 실현될 테니까요."

그날 저녁, 다우드나는 버클리 시내의 일식집까지 걸어가 동료이자 경쟁자가 될 세 명의 연구자와 저녁을 먹었다. 에릭 손테이머, 그리고 이날 다우드나 팀이 내놓은 결과로 존재가 가려진 두 남자인 로돌프 바랑구와 비르기니우스 식슈니스였다. 하지만 바랑구는 불쾌해하기는커녕 다우드나가 자신들을 정정당당하게 추월했음을 깨달았다고 말했다. 식당까지 가는 길에, 그는 다우드나에게 아직 보류 상태인 자신들의 논문을 철회해야 할지 물었다. "아니요, 로돌프. 논문은 문제없을 거예요." 다우드나는 미소 지으며 대답했다. "철회하지 말아요. 그 논문이 이바지한 바도 커요. 우리 모두가 각자 나름대로 기여하려고 노력하고 있잖아요."

저녁을 먹으며 네 사람은 앞으로 각자의 랩이 나아갈 방향을 공유했다. "어색할 수도 있는 모임이었는데, 분위기가 굉장히 훈훈했어요." 손테이머의 말이다. "우리 모두 이제 크리스퍼가 얼마나 중요한 역할을 하게 될지 인식하고 있었죠. 아주 신나는 저녁 자리였습니다."

다우드나-샤르팡티에의 논문은 2012년 6월 28일 온라인에 게재되며 생명공학의 신생 분야에 활기를 불어넣었다. "크리스퍼를 인간 유전자 편집 도구로 만들기 위해 모두가 엄청난 경쟁에 뛰어들 참이었어요." 손 테이머가 말했다. "드디어 올 것이 온 거죠. 목표에 가장 먼저 도달하기 위한 단거리 경주가 시작된 셈이었습니다."

인간이 이토록 아름답다니!

아아, 멋진 신세계예요,

이런 사람들이 있을 줄이야!

- 윌리엄 셰익스피어, 「템페스트」

3부

유전자 편집

20장
인간 유전자 편집 도구

유전자치료

인간 유전자조작의 역사는 1972년 스탠퍼드 대학 폴 버그 교수가 원숭이에서 발견한 바이러스 DNA의 일부를 전혀 다른 바이러스의 DNA에 접목하는 방법을 밝혀내면서 시작되었다. 그는 자신이 만든 이 DNA를 '재조합 DNA'라고 불렀다. 허버트 보이어와 스탠리 코언은 이 인공 유전자를 더 효율적으로 제작하여 수백만 개 클론으로 복제하는 방법을 찾아냈고, 이렇게 유전자조작과 생명공학 사업이 시작되었다.

조작된 DNA를 인간 세포에 주입하기까지는 15년이 더 걸렸다. 당시 유전자치료의 목표는 일반적인 약물과 마찬가지로 환자의 DNA에 직접 손을 대지 않는다는 것이었다. 그래서 결함 있는 유전자를 직접 수정하는 대신, 병을 일으키는 유전자의 영향을 상쇄하도록 설계된 DNA를 환자의 세포에 전달하고자 했다.

1990년 네 살짜리 여자아이를 대상으로 최초의 유전자치료가 시도되었다. 면역계를 무력하게 만들어 감염의 위험에 노출시키는 돌연변이 유전자를 지닌 환자였다. 의사들은 사라진 유전자의 기능을 대신할 조작된 유전자를 아이의 혈액 T세포에 넣는 방법을 찾아냈다. 아이의 몸에서 기존 T세포를 빼내 잃어버린 유전자를 삽입한 다음 다시 몸에 주입하자 면역계가 극적으로 개선되었고, 아이는 건강한 삶을 되찾았다.

이렇듯 초창기에는 유전자치료 분야가 미미하나게마 성공하는 듯 보였으나 이내 난항을 겪었다. 1999년 필라델피아에서 치료 유전자를 운반하던 바이러스가 일으킨 심각한 면역반응으로 환자가 사망하면서 임상 시험이 중단됐다. 그리고 2000년대 초반에는 면역결핍성 질환의 유전자치료 과정에 공교롭게 발암 유전자가 자극되어 다섯 명의 환자가 백혈병에 걸렸다. 이런 비극적인 사건들로 인해 적어도 10년 동안은 임상 시험 대부분이 중지되었지만, 이후 유전자치료 기술의 점진적인 개선은 유전자 편집이라는, 보다 야심 찬 분야의 토대가 되었다.

유전자 편집

유전자의 효과를 상쇄하는 방식으로 접근하는 유전자치료 대신, 문제를 보다 근본적으로 해결할 방법을 모색하는 의학계 연구원들이 나타났다. 이들의 목표는 세포 내에서 결함이 있는 DNA 자체를 **편집하는** 것이었다. 이렇게 유전자 편집 기술이 시작되었다.

1980년대에 다우드나의 박사과정 지도교수였던 하버드 대학의 잭 쇼스택이 유전자 편집의 핵심 기술을 발견했다. '양 가닥 절단(double-strand break)'이라 알려진 방법으로 DNA 이중나선의 양쪽 가닥을 모두 끊는 기술이다. 이렇게 되면 양쪽 가닥 모두 상대를 수리하는 주형으로서의 기능을 잃게 되는데, 이때 게놈은 다음 중 한 가지 방식으로 수리를 시도한다. 첫 번째는 '비상동 말단 연결(nonhomologous end-joining)'—여기에서 '상동(homologous)'은 그리스어로 '일치하다'를 뜻한다—이라는 방식이다. 이 경우 DNA는 굳이 일치하는 서열을 찾을 것 없이 끊어진 부분의 양끝을 가져다 봉합하므로, 그 과정에서 유전 물질에 바람직하지 않은 삽입이나 소실이 일어날 가능성이 높은 어설 픈 과정이다. 보다 정밀한 방식인 '상동 재조합 수리(homology-directed repair)'는 절단된 DNA가 주변에서 올바른 주형을 찾아 봉합을 처리하는 과정이다. 이때 세포는 대개 상동 염기 서열을 복제한 다음 양 가닥 절단이 일어난 곳에 집어넣는다.

유전자 편집 기술을 발명하기 위해서는 두 단계를 거쳐야 한다. 먼저 DNA의 양 가닥을 절단할 수 있는 효소를 찾을 것. 다음은 잘라내고자 하는 정확한 지점으로 이 효소를 안내하는 수단을 개발할 것.

DNA나 RNA를 자르는 효소를 '핵산 분해효소(nuclease)'라고 부른다. 유전자 편집 시스템을 구축하려면 연구자들이 표적으로 지정한 어떤 DNA 염기 서열이든 잘라낼 수 있는 핵산 분해효소가 필요하다. 2000년에 그 적당한 도구가 발견되었다. 일부 토양 및 연못 박테리아에서 발견되는 FokI 효소였다. FokI 효소에는 두 개의 도메인이 있는데, 하나는 DNA를 자르는 절단 도메인이고 다른 하나는 효소에게 목표 지점을 알려주는 가이드로 기능한다. 이 도메인들을 분리한 다음 재프로그래밍하면 가위 역할을 하는 절단 도메인을 원하는 곳으로 유도할 수 있다.[1]

연구자들은 절단 도메인을 특정 DNA 염기 서열로 안내하는 가이드 단백질을 개발해냈다. 이렇게 탄생한 유전자 가위가 '아연 손가락 핵산 분해효소(zinc-finger nuclease, ZFN)'로, 아연 이온이 작은 손가락 모양을 한 단백질에 절단 도메인을 융합해 특정 DNA 염기 서열에 들러붙는 방식이다. 이어 ZFN과 비슷하지만 훨씬 믿음직한 방법이 나왔다. '전사 활성자 유사 효과기 핵산 분해효소(transcription activator-like effector nuclease)', 줄여서 '탈렌(TALEN)'이라 부르는 것인데, 이는 절단 효소를 더 긴 DNA 염기 서열로 안내하는 단백질과 융합되어 만들어진다.

탈렌 기술이 완벽해질 무렵, 크리스퍼가 나타났다. 크리스퍼도 어느 면에서는 비슷한 원리로 작동한다. 절단 효소인 Cas9과 이 효소가 DNA의 특정 지점을 자르도록 위치를 안내하는 가이드가 있다. 그러나 크리스퍼 시스템에서는 가이드 역할을 하는 분자가 단백질이 아닌 crRNA이고, 이러한 차이에는 매우 큰 이점이 있다. ZFN과 탈렌에서는 표적 염기 서열이 바뀔 때마다 단백질 가이드를 새로 만들어야 하는데, 그 과정이 어렵기도 하거니와 시간도 오래 걸린다. 그러나 크리스퍼의 경우엔 그저 RNA 가이드의 유전자 염기 서열만 살짝 손보면 된다. 솜씨 좋은 학생이라면 실험실에서 금세 해낼 수 있는 수준이다(보통 ZFN을 1세대, 탈렌을 2세대, 크리스퍼를 3세대 유전자 가위라고 부른다—옮긴이).

그러나 크리스퍼와 관련해 해결해야 할 한 가지 문제가 있었다. 나중에 발생할 특허 전쟁에 대한 견해와 입장에 따라 엄청난 것일 수도, 별 것 아닌 것일 수도 있는 문제였다. 크리스퍼는 원래 박테리아와 고세균에서 기원했다. 즉 핵이 없는 단세포생물의 시스템이라는 뜻이다. 이 지점에서 의문이 제기된다. 과연 이 시스템이 핵이 **있는** 생물, 구체적으로 말해 식물, 동물, 그리고 우리 인간과 같은 다세포생물에서도 작동할 것인가?

2012년 6월에 출판된 다우드나-샤르팡티에의 논문을 시발점으로, 다우드나 자신을 포함해 크리스퍼-Cas9이 인간 세포에서 작동한다는 것을 입증하려는 전 세계의 많은 연구 팀들이 맹렬한 질주를 시작했다. 그리고 여섯 달 만에 다섯 곳에서 성공을 거두었다. 이후 다우드나 측이 주장하듯이, 이처럼 빠른 성공은 크리스퍼-Cas9을 인간 세포에서 기능하도록 개량하는 과정이 아주 쉽고 뻔하다는, 따라서 독립적인 발명이라 볼 수 없다는 주장의 증거로 받아들여질 수 있다. 동시에 다우드나의 경쟁자들이 주장하듯이, 치열한 경쟁 끝에 탄생한 중요한 발명이었음을 증명하는 사실로도 사용될 수 있다.

어쨌든 이 문제에 특허와 상이 걸려 있었다.

장평

조지 처치

제니퍼 다우드나

21장

경주

경쟁은 발견의 원동력이다. 다우드나는 경쟁을 가리켜 "엔진을 점화시키는 불꽃"이라 불렀고, 아닌 게 아니라 그 자신에게는 분명 그렇게 작용했다. 어려서부터 다우드나는 욕심 내는 것을 부끄러워한 일이 없었다. 그러나 동시에 그녀는 동료들 사이에서 공평함과 솔직 담백함으로 균형을 잡을 줄도 알았다. 다우드나는 『이중나선』을 읽으며 경쟁의 중요성을 배웠다. 이 책을 통해 그녀는 라이너스 폴링의 진척 상황에 대해 알게 된 것이 제임스 왓슨과 프랜시스에게 얼마나 강력한 촉매로 작용했는지를 보았고, 이후 이렇게 쓰기도 했다. "건강한 경쟁이 인류의 가장 위대한 발견을 부추겼다."[1]

과학자들은 대개 자연을 이해한다는 즐거움에서 가장 큰 동기를 얻는다. 그러나 논문 출판, 특허출원, 수상, 동료들의 감탄 어린 시선까지, 최초의 발견자라는 타이틀에 따라붙는 정신적·물질적 보상에 의해 움직이기도 한다는 사실 또한 대다수가 인정할 것이다. 인간은 모두 자신이 성취한 것에 대한 인정, 노동에 대한 보상, 대중의 갈채, 목에 걸린 메달을 기대하기 마련이다(그렇다면 진화된 형질일지도 모를 일이다). 그래서 밤늦게까지 일하고, 홍보 담당자와 특허 변호사를 고용하고, 심지어 (나

같은) 작가를 랩으로 초대하는 것이다.

경쟁은 때로 불명예스러운 것으로 비난받기도 한다.[2] 공동 연구를 주저하게 하고, 데이터 공유를 제한하고, 연구 결과를 무료로 개방해 공공의 이익을 도모하는 대신 지식재산권을 움켜쥐고 사리를 챙기도록 부추긴다는 이유에서다. 그러나 이는 경쟁의 순기능을 모르고 하는 소리다. 만일 경쟁을 통해 근육 영양장애 치료법이나 에이즈 예방법, 암 진단법의 개발을 앞당길 수 있다면 조기 사망자는 크게 줄어들지 않겠는가. 예컨대, 1894년 홍콩에서 페스트가 유행하자 일본 세균학자 기타자토 시바사부로와 그의 경쟁자였던 스위스인 알렉상드르 예르생은 전염병의 원인을 조사하기 위해 서둘러 홍콩에 갔고, 각자 다른 방식으로 치열하게 경쟁한 끝에 며칠 차이로 문제의 박테리아를 발견했다.

다우드나의 인생에는 지나치게 달아오른 나머지 결국 쓰디쓴 고통을 안겨준 경쟁이 한 차례 있다. 2012년, 크리스퍼로 인간 유전자를 편집할 수 있음을 제일 먼저 보여주기 위한 경쟁이었다. 이것이 진화의 개념을 동시에 발표한 찰스 다윈과 앨프리드 러셀 월리스의 경쟁, 혹은 누가 미적분을 먼저 발명했느냐를 두고 공방전을 벌인 뉴턴과 라이프니츠의 경쟁에 비할 바는 못 될지도 모른다. 그러나 아마 DNA 구조의 발견을 두고 폴링과 왓슨-크릭 팀 사이에서 일어난 경쟁의 현대판쯤으로 볼 수는 있지 않을까 싶다.

다우드나는 인간 세포를 전문적으로 다루는 공동 연구 팀이 없는 불리한 여건에서 이 경쟁에 뛰어들었다. 세포 실험은 다우드나 랩의 전문 분야가 아니었다. 그의 랩에는 온통 시험관에 분자를 집어넣고 일하는 데 익숙한 생화학자들만 득시글거렸고, 다우드나는 반년간 이어진 이 광적인 경쟁에서 보조를 맞추느라 꽤나 고생해야 했다.

전 세계의 수많은 연구 팀들이 이 경쟁에 참여했다. 그러나 과학적인 면에서는 물론이고 감정적으로나 개인적으로도 가장 주목할 만한 드라마가 있었으니, 여기 등장한 선수는 셋이다. 모두 독자적인 경쟁력을 갖췄지만, 경쟁 상황을 받아들이는 태도는 매우 달랐다.

• MIT와 하버드가 공동으로 설립한 브로드 연구소의 장펑. 여느 스타 연구자 못지않게 경쟁심이 강하지만, 워낙 다정한 천성 탓에 경쟁적 감정을 섣불리 드러내지 못하는 사람. 어머니에게서 가르침 받은 덕목들을 바탕으로 자신의 타고난 야심을 감추는 겸손함까지 갖추었다. 경쟁심과 행복이 아주 편안하게 공존하는 듀얼 코어 컴퓨터 같다고나 할까? 장펑의 얼굴에서는 대체로 온화한 미소가 떠나지 않지만, 대화가 경쟁, 특히 다우드나의 업적에 관한 주제로 이어질 때면 여전히 입술은 웃고 있을지언정 눈은 그렇지 못하다. 장펑은 사람들의 이목이 집중되는 상황에 부끄러움을 많이 타는 편인데, 그럼에도 멘토인 에릭 랜더—브로드 연구소를 이끄는 명석하고 재기 넘치는 수학자 출신의 과학자—에게 떠밀려 유전자 가위 발명의 우선권과 그 공로를 둘러싼 경쟁에 적극적으로 나섰다.

• 하버드의 조지 처치. 다우드나의 오랜 벗으로, 적어도 한때는 장펑의 멘토이자 학문적 조언자임을 자부했다. 겉보기에도 그렇고, 내가 아는 한 그는 세 인물 가운데 경쟁심이 가장 없는 사람이다. 산타 수염을 기른 채식주의자. 유전공학으로 매머드를 부활시키는 것이 평생의 과제다. 장난기가 있으면서도 진지한 호기심으로 연구에 전념한다.

• 마지막으로 다우드나. 경쟁심이 충만할 뿐 아니라 자신의 욕심을 자연스럽게 받아들인다. 다우드나의 인정 욕구를 재밌어하며 은근히 깎

아내리던 샤르팡티에와의 관계가 소원해진 이유도 여기에 있을지 모른다. "다우드나는 공을 가리는 문제로 스트레스를 받곤 했는데, 그래서인지 성공에 대해서도 감사함보다는 불안감을 느끼는 것 같았어요." 샤르팡티에의 말이다. "저는 프랑스인이고 그렇게 속을 태우는 편이 아니라, 언제나 다우드나에게 '좋은 파도를 타라'고 말했죠." 그러나 내가 계속해서 묻자 샤르팡티에도 결국은 다우드나가 보여주는 경쟁심이야말로 과학계의 선구자들을 움직이는 힘이자, 과학을 움직이는 힘이라고 인정했다. "제니퍼처럼 경쟁심 강한 사람들이 없다면 이 세상은 나아지지 않을 거예요. 사람들로 하여금 좋은 일을 하게 만드는 힘은 바로 타인의 인정이니까요." [3]

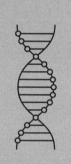

장펑

22장

장평

디모인

맨 처음 장평에게 시간을 내달라고 부탁하면서 나는 꽤나 긴장을 느꼈다. 라이벌인 제니퍼 다우드나에 관한 책을 쓰고 있다고 밝힌 터라, 날 싫어하거나 심지어 밀어낼지도 모르겠다는 생각이었다.

그러나 높다란 창문 밖으로 찰스강과 하버드의 첨탑이 내다보이는 브로드 연구소 실험실에 방문했을 때, 장의 태도는 극도로 정중하고 친절했다. 우리는 점심과 저녁을 함께 먹으며 대화를 이어나갔다. 처음에는 그의 상냥한 태도가 순수함에서 나온 것인지, 아니면 내가 자기에 관해 좋게 써주길 바라는 마음에서 나온 것인지 알 수 없었다. 그러나 만나볼수록 전자라는 확신을 갖게 되었다.

장의 인생 여정도 책 한 권 분량은 될 법하다. 말하자면, 미국을 위대하게 만든 전형적인 이민 가정의 이야기이다. 장은 1981년 베이징 남서부에 자리한 인구 430만의 공업 도시 스자좡에서 태어났다. 어머니는 컴퓨터과학을 가르쳤고, 아버지는 대학 행정실에서 일했다. 도시에는 거리마다 중국 정부의 홍보성 현수막들이 잔뜩 걸려 있었는데, 그중 가장 눈에 띄는 것이 "과학에 정진해 애국하자"는 선전이었다. 장은 그 문구에 혹했다. "저는 로봇 키트를 가지고 놀면서 자랐고, 과학과 관련된 모든 것에 정신을 빼앗겼습니다."[1]

장이 열 살이었던 1991년, 그의 어머니는 방문 교수로 미국에 가게 되었다. 미시시피강을 따라 훌륭한 건축물들이 늘어선 아이오와시티에 보석처럼 자리 잡은 더뷰크 대학이었다. 그 기간 중 어느 날 공립학교를 방문한 어머니는 거기 마련된 컴퓨터실과 기계적인 암기를 강조하지 않는 교육에 깊은 인상을 받았다. 자식을 사랑하는 여느 부모처럼, 장의 어머니는 아들을 가장 먼저 떠올렸다. "제가 그곳의 학교와 컴퓨터실을 좋아할 거라고 생각하셨어요. 그래서 미국에 남아 저를 데려오기로 결심하셨죠." 장의 어머니는 디모인의 한 제지 회사에 일자리를 구했고, 이듬해에 H1B 비자로 아들을 미국에 데려왔다.

아버지도 곧 뒤따라왔지만, 그는 영어에 서툴렀으므로 사실상 장의 어머니가 가정을 이끌게 되었다. 미국으로 오는 길을 개척하고 타향에서 직장을 잡은 어머니는 이제 친구를 만들고 자선단체에서 컴퓨터 설치 자원봉사를 시작했다. 그런 어머니 덕에, 또한 지역의 중심 도시에 단단히 뿌리 내린 포용의 유전자 덕에, 장펑 가족은 추수감사절이나 명절 때면 언제나 이웃의 초대를 받았다.

"어머니는 항상 자만하지 말고 고개를 숙이라고 말씀하셨어요." 그는 어머니로부터 느긋함과 겸손을 배웠고, 이를 자연스럽게 받아들였다. 동시에 그의 어머니는 아들에게 포부를 심어주며 항상 창조적인 태도를 지닐 것과 수동적으로 움직이지 말 것을 당부했다. "다른 사람들이 만들어놓은 것을 가지고 노는 대신 직접 뭔가를 만들도록—심지어 컴퓨터로도—하셨죠." 몇 년 뒤, 내가 이 책을 쓰는 동안 장의 어머니가 두 손주를 돌보기 위해 아들 가족이 있는 보스턴으로 이사해 왔다. 케임브리지의 한 해산물 식당에서 햄버거를 고르며 어머니 얘기를 하다가 장은 고개를 숙인 채 잠시 말을 멈췄다. "엄마가 돌아가시면 정말 그리울 것 같아요." 너무도 부드러운 목소리였다.

1990년대의 수많은 영재들이 그랬듯 처음에는 그도 컴퓨터 괴짜의 길에 들어설 것 같았다. 열두 살, 처음 컴퓨터(맥이 아닌 PC)를 손에 넣었을 때는 모조리 분해해 그 부품으로 다른 컴퓨터를 조립했다. 게다가 장은 오픈소스 리눅스 운영체제 소프트웨어의 신동이었다. 장의 어머니는 성공의 기반을 닦아주기 위해 아들을 컴퓨터 캠프와 토론 캠프에 보냈다. 이는 특권층 부모가 유전자 편집을 하지 않고도 자녀의 능력을 개선하는 방식이었다.

그러나 컴퓨터과학을 전공하는 대신, 장은 곧 미래의 괴짜들 사이에서 보다 보편화될 길을 한발 먼저 걷기 시작했다. 디지털 기술에서 생명공학으로 관심을 옮긴 것이다. 그에게 컴퓨터 코딩은 부모 세대의 관심사였다. 장은 유전자의 코드에 더 끌렸다.

생물학으로의 진로는 디모인 중학교의 영재 프로그램에서 시작되었다. 이 프로그램에는 토요일마다 분자생물학 심화 수업이 포함되어 있었다.[2] "그때까지 전 생물학이 뭔지 잘 몰랐고, 별로 흥미를 느끼지도 않았어요. 7학년 때까지 생물학 수업에서 한 일이라고는 개구리가 담긴 쟁반을 받아 해부해서 심장을 찾는 게 전부였거든요. 그저 외우기만 하면 되는, 재미없는 과목이었죠." 하지만 토요 심화 수업의 주제는 DNA였다. 그는 RNA가 어떻게 DNA의 지시를 수행하는지, 그때 세포에서 반응을 촉매하는 단백질 분자는 어떤 역할을 하는지 배우기 시작했다. "우리 선생님은 효소를 정말 좋아하셨어요. 생물학 시험을 볼 때 어려운 문제를 만나면 무조건 '효소'라고 답하라고 했죠. 그게 생물학에서 대부분의 문제에 대한 정답이자 해결책이라고요."

학생들은 박테리아가 항생제에 저항성을 갖도록 형질을 전환하는 실험을 포함해 많은 생물 실험을 직접 수행했다. 또 1993년에는 다 함께 영화 〈쥬라기 공원〉을 감상하기도 했다. 과학자들이 공룡 DNA를 개구리 DNA와 결합해 멸종된 공룡들을 되살린다는 내용이었다. "동물을 프로그래밍할 수 있다는 사실에 굉장히 흥분했어요." 장의 말이다. "그렇다면 인간의 유전 코드도 프로그래밍할 수 있다는 뜻이잖아요." 그건 리눅스보다 훨씬 흥미진진했다.

옥수수가 키워낸 배움과 발견에의 열정을 통해(디모인이 있는 아이오와주는 옥수수 재배량이 풍부하다—옮긴이), 장은 영재 프로그램이 아이들을 세계적인 과학자로 성장시키는 데 어떤 식으로 영향을 미치는지 보여주는 좋은 사례가 되었다. 1993년 미국 교육부는 「미국 영재 개발 사례」라는 제목의 연구 결과를 발표하며, "우수한 학생들에게 한발 더 나아갈 수 있는 도전의 기회를 주기 위해" 지역 학군에 예산을 지원했다. 세금을 대규모로 투입해서라도 최고 수준의 교육 시스템을 구축하고 세계 혁신을 주도하는 국가로 자리매김하겠다는 목표를 매우 진지하게 받아들이던 시기였다. 이런 취지에서 디모인 교육청은 '차세대 과학기술 연구(Science/Technology Investigations: The Next Generation, STING)'라는 프로그램을 신설하고 재능과 의욕을 갖춘 소수의 학생들을 모아 지역 병원과 연구소에서 독창적인 프로젝트를 수행할 기회를 주었다.

토요 심화 프로그램 담당 교사의 배려로, 장은 방과 후나 여가 시간이면 디모인 감리교 병원의 유전자치료 연구실에서 지낼 수 있었다. 그리고 고등학생이 되면서부터 감정적이지만 아주 매력적인 분자생물학자 존 레비 밑에서 실험을 배우기 시작했다. 레비는 매일 차를 마시며 자신이 진행 중인 연구에 대해 설명해주었고, 장에게 점점 더 수준 높은 실험을 시켰다. 어떤 날은 학교 수업을 마치자마자 도착해서 밤 8시까지 실험하기도 했다. "감사하게도 어머니가 매번 데려다주시고 끝날 때까지 주차장에서 기다리셨어요."

본격적인 첫 실험으로 장은 분자생물학의 가장 기초적인 도구를 사용했다. 녹색 형광 단백질을 생산하는 해파리 유전자였다. 이 단백질은 자외선을 쬐면 빛을 내기 때문에 세포 실험에서 표지물로 흔히 쓰인다. 레비는 먼저 이 유전자의 진화적인 의미를 가르쳤다. 차를 마시는 동안 종이에 그림을 그려가며, 해파리의 생애 주기에 형광 단백질이 필요한 이유를 설명했다. "설명을 듣고 있자니 해파리와 바다, 자연의 경이로움이 바로 떠오르더라고요." 장의 말이다.

"처음으로 실험을 마친 순간, 레비가 제 손을 꼭 잡아줬어요." 해파리의 녹색 형광 단백질 유전자를 인간의 흑색종 세포에 삽입하는, 단순하지만 흥미로운 유전자조작 실험이었다. 장이 한 생물(해파리)의 유전자를 다른 생물(인간)의 세포 안에 넣자, 조작된 세포에서 푸르스름한 녹색 빛이 방출되었다. 실험은 성공이었다. "너무 흥분해서 저도 모르게 소리쳤어요. '빛이 나요!'" 장이 인간 유전자를 재조작한 것이다.

이어지는 몇 달 동안, 장은 녹색 형광 단백질이 빛을 내며 자외선을 흡수하는 성질을 이용해 자외선 노출로 인한 손상으로부터 인간 세포의 DNA를 보호할 가능성을 연구했다. 결과는 긍정적이었다. "인간 DNA를 자외선 손상으로부터 보호하기 위해 해파리의 녹색 형광 단백질을 자외선 차단제로 사용했습니다."

이어 그는 레비와 함께 두 번째 프로젝트를 진행해, 에이즈를 일으키는 HIV 바이러스를 분석해 각 구성 요소의 작동 원리를 조사하기 시작했다. 디모인 심화 프로그램의 목적 중 하나는 인텔 과학기술 경진 대회에 참가하는 학생들의 프로젝트를 지원하는 것이었다. 장은 바이러스 실험으로 3등을 차지해 5만 달러의 상금을 받았고, 이 상금은 2000년 그의 하버드 입학 등록금이 되었다.

하버드와 스탠퍼드

장은 마크 저커버그와 같은 시기에 하버드를 다녔다. 두 사람 중 결국 누가 인류에 더 큰 영향을 미칠지 가늠해보는 것도 흥미로운 일이리라. 미래 역사학자들에게 던질 질문, '디지털 혁명과 생명과학 혁명 중 어떤 것이 결과적으로 더 중요했는가'를 대체할 만한 의문이기도 하다.

화학과 물리학을 전공으로 선택한 장은 복잡한 분자의 구조를 밝히는 데 일가견이 있는 결정학자 돈 와일리와 함께 연구를 시작했다. 와일리가 즐겨 하는 얘기가 있었다. "생물학에서는 생김새를 알지 못하면 아무것도 이해할 수 없다." 왓슨과 크릭에서 다우드나에 이르기까지, 모든 구조생물학자들의 신조라 할 만한 말이다. 그러나 장이 학부 2학년생이던 해 11월, 멤피스의 세인트주드 소아 병원에서 열린 학회에 간 와일리가 다리 위에 렌터카만 남겨둔 채 실종되었다. 그의 시신은 나중에 강에서 발견되었다.

게다가 그해에 장은 심각한 우울 장애를 앓던 친구를 도와야 했다. 친구는 방에 앉아 공부를 하다가도 갑자기 불안과 우울이 몰아닥치면 일어나지도 움직이지도 못했다. "우울증에 대해 들어서 알고는 있었지만, 그저 운 나쁜 날을 보내듯 얼른 이겨내야 한다는 정도로만 생각했어요." 장의 말이다. "정신 질환은 마음이 약해서 걸리는 병이라고 잘못 알고 자랐죠. 집안 분위기가 그랬어요." 장은 친구가 나쁜 마음을 먹지 않도록 그의 곁을 지키며 도왔고(결국 친구는 휴학했고, 다행히 회복되었다), 이 시기에 벌어진 일들로 인해 정신 질환 치료에 관심을 두게 되었다.

장은 스탠퍼드 대학원에 진학해 정신과 의사이자 신경과학자로 뇌와 신경세포의 작용을 더 잘 보이게끔 만드는 방법을 개발 중이던 칼 다이서로스 랩에 들어갔다. 이들은 빛을 이용해 뇌의 신경세포를 자극하는 광유전학 분야를 개척했으니, 이를 통해 랩은 뇌의 다양한 회로를 그려내고 각각의 기능 및 이상 기능을 파악할 수 있게 되었다.

장은 빛에 민감한 단백질을 신경세포에 삽입하는 일에 집중했다. 녹색 형광 단백질을 피부세포에 삽입한 고등학생 시절 연구의 연장인 셈이었다. 단백질 운반체로는 바이러스를 사용했다. 빛을 받으면 활성화하는 단백질을 뇌에서 생쥐의 움직임을 조절하는 구역에 삽입한 뒤 광펄스를 주어 신경세포를 자극하면 생쥐가 원을 그리며 걷게 만들 수 있을 거라고 예상했다.[3]

여기서 장은 장애물에 부딪쳤다. 빛에 민감한 단백질을 뇌세포 DNA의 정확한 위치에 집어넣기가 쉽지 않았다. 실제로 유전공학 최대의 난제는 원하는 유전자를 잘라 세포 속 DNA에 삽입하는 간단한 분자 도구가 없다는 데 있다. 그래서 그는 2009년 박사 학위를 받은 뒤 하버드에서 박사 후 연구원으로 일하며 당시 사용되던 탈렌 같은 유전자 편집 도구를 연구하기 시작했다.

하버드에서 장은 탈렌을 업그레이드해 여러 개의 유전자 염기 서열을 표적으로 삼도록 프로그래밍하는 방법에 초점을 맞췄다.[4] 어려운 과제였다. 탈렌을 조작하거나 재조작하는 일이 만만치 않았기 때문이다. 그러나 운 좋게도, 그는 하버드 의대에서도 가장 흥미로운 실험실에서 일하고 있었다. 언제나 새로운 아이디어를 환영하고 탐색을 장려하는 지도교수 덕분에 실험실의 분위기는 늘 유쾌했다. 그 교수가 바로 다우드나의 오랜 친구이자 삼촌과도 같은 조지 처치였다. 전설의 생물학자요 과학계의 유명 인사이기도 한 이 털보 과학자는, 다른 모든 학생들에게 그랬듯이 장에게도 사랑하고 사랑받는 멘토가 되어주었다. 장이 자신을 배신했다고 믿기 전까지는.

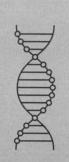

조지 처치

23장
조지 처치

 장신에 호리호리한 체격의 조지 처치는 언뜻 선량한 거인 같기도, 약간 정신 나간 과학자 같기도 한 모습인데, 사실 실제로도 크게 다르지 않다. 스티븐 콜베어의 TV 쇼에서든, 혹은 보스턴의 복작이는 실험실, 자신을 흠모하는 연구자 무리 속에서든 그는 한결같이 카리스마가 넘치는 상징적인 인물이다. 침착하고, 상냥하며, 미래로 되돌아가길 염원하는 시간 여행자와도 같은 유쾌한 태도. 남성성을 드러내는 그 수염과 머리카락의 후광을 보면 찰스 다윈, 그리고 그가 크리스퍼를 사용해 그토록 부활시키고 싶어 하는 매머드가 어렴풋이 떠오른다.[1]

 잘생긴 외모에 성격도 좋은 매력적인 사람이긴 하지만, 성공적인 과학자나 괴짜들이 종종 그렇듯 처치 또한 상대의 말에 담긴 속뜻을 헤아리지 못하고 곧이곧대로 받아들이는 경우가 잦다. 한번은 처치와 대화를 나누던 중 다우드나가 내린 결정에 관해 얘기하며, 그가 꼭 그래야 했다고 생각하는지 물었다. 그는 대번에 "꼭 그래야 했냐고요?"라고 되묻더니 대답했다. "세상에 꼭 그래야 하는 건 없습니다. 사람도 꼭 숨을 쉬어야 하는 건 아니에요. 원한다면 언제든 숨을 멈출 수 있죠." 내 말을 너무 문자 그대로 받아들이는 게 아니냐며 농담조로 대꾸하자, 그는 자신이 훌륭한 과학자인 동시에 정신 나간 사람 취급을 받는 이유 중 하나가 전제의 필요성에 의문을 제기하기 때문이라고 말했다. 그러곤 대화의 주제를 그가 살아온 길로 다시 돌려놓을 때까지 자유의지에 관해(그는 인간에게 자유의지가 없다고 믿었다) 장광설을 늘어놓았다.

처치는 1954년에 태어나 플로리다 탬파 근처 멕시코만에 자리한 클리어워터 교외의 습지 지역에서 자랐다. 그곳에서 그의 어머니는 세 명의 남편을 거쳤고 그에 따라 조지도 여러 성으로 불리며 여기저기 전학을 다녔는데, 그러다 보니 자신을 "진정한 아웃사이더"로 느끼게 되었다. 친부는 한때 근처 맥딜 공군 기지에서 일했던 비행사이자 수상스키 명예의 전당에 이름을 올린 맨발의 챔피언이었다. "그러나 당시 아버지에겐 마땅한 직업이 없었고, 그래서 어머니는 떠났습니다."

어린 처치는 과학에 푹 빠졌다. 오늘날처럼 부모의 과잉보호가 심하지 않았던 시절이라, 어머니는 아들이 혼자서 탬파 베이 근처의 습지나 개펄에서 뱀과 곤충을 잡으며 놀게 내버려두었다. 처치는 늪지에 높이 솟은 풀 사이를 기어다니며 표본을 수집하곤 했다. 하루는 "다리 달린 잠수함"처럼 생긴 이상한 애벌레를 발견하고 병에 넣어 가져왔는데, 며칠 뒤 살펴보니 놀랍게도 잠자리로 변해 있었다. 자연이 보여주는 짜릿한 일상의 기적, 변태의 과정을 목격한 셈이었다. "그 일을 계기로 생물학에 발을 들였죠."

저녁이 되면 신발에 진흙을 잔뜩 묻힌 채 집에 돌아와 이내 엄마가 사준 책에 빠져들곤 했다. 그중에는 콜리어스 출판사에서 나온 백과사전 전집과 타임-라이프에서 출간한 스물다섯 권짜리 자연 서적도 포함되어 있었다. 경미한 난독증이 있어 글을 전부 읽기는 어려웠지만, 자연 서적의 생생한 삽화를 통해 그는 충분한 정보를 흡수할 수 있었다. "덕분에 시각화 능력이 강해졌어요. 3차원 물체를 상상하고 구조를 시각화하면 사물의 작동 원리를 쉽게 파악할 수 있었죠."

조지가 아홉 살이 되던 해, 어머니는 게일로드 처치라는 의사와 결혼했다. 그 의사에게 입양되면서 그는 마침내 처치라는 성을 갖게 되었다. 처치는 새아버지의 불룩한 왕진 가방을 뒤지며 놀았다. 특히 주사기를 좋아했는데, 아버지는 그 주사기로 환자나 자기 자신에게 진통제 혹은 기분이 좋아지는 호르몬을 거리낌 없이 투약하곤 했다. 그는 어린 조지에게도 기구 사용법을 가르쳐주었고, 가끔 왕진에 데려가기도 했다. 하버드 스퀘어 맥줏집에서 고기 패티 대신 콩 패티를 끼운 버거를 앞에 둔 채, 처치는 이 별난 어린 시절을 회상하며 껄껄 웃었다. "아버지가 나더러 여성 환자들에게 호르몬 주사를 놔주라고 했어요. 그게 환자들이 아버지를 아주 좋아한 이유였죠." 처치의 말이다. "그리고 당신한테는 데메롤(마약성 진통제의 상품명―옮긴이)을 놓아달라고 했고요. 나중에야 아버지가 진통제에 중독되었다는 걸 알았어요."

처치는 아버지의 왕진 가방에 있는 약물들로 실험을 하기 시작했다. 아버지가 피로나 우울감을 호소하는 환자들에게 처방하던 갑상선호르몬을 가지고 한 실험도 그중 하나였다. 열세 살 난 처치는 올챙이들을 잡아다가 두 무리로 나눈 뒤, 한쪽에는 갑상선호르몬을 넣고 다른 쪽에는 아무것도 넣지 않았다. 호르몬을 넣은 물속의 무리가 더 빨리 자랐다. "제 첫 생물학 실험이었어요. 대조군까지 제대로 갖추었죠."

1964년, 어머니가 처치를 뷰익에 태우고 뉴욕 세계 박람회장에 데려갔다. 그는 그곳에서 미래를 보았고, 그러자 현재에 발이 묶인 듯한 조바심이 밀려왔다. "저는 미래에 가고 싶었습니다. 내가 속한 곳은 미래이고, 그래서 미래를 창조해야 한다는 걸 깨달았죠." 과학소설가 벤 메즈리치의 말을 빌리자면, 그는 "성장한 후에도 자신을 시간 여행자로 처음 받아들인 이때로 돌아오곤 했다. 마음속 깊이 그는 자신이 미래에서 왔고 어떤 이유로 과거에 남겨졌다고 믿기 시작했다. 원래 있던 곳으로 돌아가기 위해 현재를 미래로 옮기는 것이 그에게 맡겨진 평생의 과제였다".[2]

고등학교 과정에 지루함을 느낀 처치는 곧 새아버지가 다루기 힘든 아들이 되었다. "저를 멀리 보내고 싶어 하셨죠. 하지만 엄마는 오히려 그걸 좋은 기회로 받아들였어요. 기숙학교에 보낼 돈은 아버지가 지불할 테니까요." 그렇게 그는 미국에서 가장 오래된 사립 고등학교인 매사추세츠 앤도버의 필립스 아카데미에 입학했다. 조지 왕조 시대의 건물이 늘어선 이 목가적인 곳은 그가 어린 시절을 보낸 습지만큼이나 경이로웠다. 처치는 독학으로 컴퓨터 코딩을 공부했고, 개설된 모든 화학 수업을 들었다. 그것으로도 부족해 화학 실험실 열쇠를 받아 스스로 탐구에 나선 그는 파리지옥에 호르몬을 탄 물을 주어 크게 키우는 데 성공하기도 했다.

처치는 듀크 대학에 진학해 2년 동안 학사 학위 두 개를 받고 바로 박사과정으로 넘어갔다. 그러나 이 지점에서 문제가 생겼다. 당시 지도교수는 결정학을 사용해 각종 RNA 분자의 3차원 구조를 밝히는 연구를 하고 있었는데, 처치가 실험에 너무 몰두한 나머지 수업에 들어가지 않은 것이다. 두 과목에서 낙제를 한 그는 학장의 싸늘한 편지를 받았다. "귀하는 더 이상 듀크 대학 생화학과의 박사 학위 후보가 아닙니다." 하지만 처치는 오히려 자부심을 느끼며 그 편지를 마치 남들이 졸업장 걸어두듯 간직했다.

당시 이미 다섯 개 주요 논문의 공저자였던 처치는 하버드 의대에 진학했다. "듀크에서 쫓아낸 나를 하버드가 왜 받아주었는지 모르겠어요. 보통은 그 반대인데 말이죠."[3] 그곳에서 처치는 노벨상 수상자인 월터 길버트와 함께 DNA 시퀀싱 기술을 개발하고, 미국 에너지부의 후원을 받아 인간 게놈 프로젝트의 출범으로 이어진 1984년 첫 워크숍에 참가했다. 그러나 미래의 분쟁을 예고하기라도 하듯, 처치는 DNA를 클론으로 증폭시켜 시퀀싱의 능률을 높이려는 자신의 발상을 받아들이지 않은 에릭 랜더와 충돌했다.

2008년《뉴욕 타임스》의 과학 작가 니컬러스 웨이드와 진행한 인터뷰에서 그는 유전공학 기술을 이용해 북극에서 발견된 냉동 털로 멸종한 매머드를 되살릴 가능성을 언급했고, 그로써 괴짜 유명인의 반열에 오르게 되었다. 이는 호르몬을 이용해 올챙이를 키우던 어린 시절부터 품어온 발상으로, 처치에게는 장난기 어린 진심이 담겨 있는 꿈이었다. 그는 현생 코끼리의 피부 세포를 배아 상태로 되돌린 다음 매머드의 염기 서열과 일치할 때까지 유전자를 변형시키는 작업을 대표하는 인물이 되었으며, 이러한 노력은 여전히 진행 중이다.[4]

1980년대 후반 하버드의 박사과정 학생이었던 제니퍼 다우드나는 관습에 얽매이지 않는 처치의 스타일과 사고방식을 존경했다. "처치는 새로 부임한 교수님이었어요. 키가 크고 호리호리한 체격에, 이미 그때부터 수염을 길렀고, 굉장히 개성이 강했죠. 남과 다른 것을 두려워하지 않았는데, 저는 그 점이 참 좋았어요." 처치 역시 다우드나의 태도에 깊은 인상을 받았다. "제니퍼는 특히 RNA의 구조에 대해 대단히 뛰어난 연구를 했습니다. 우리는 아는 사람만 아는 관심을 공유했죠."

1980년대는 처치가 새로운 유전자 시퀀싱 방법을 개발하던 시기였다. 그는 연구자로서 많은 결과물을 냈을 뿐 아니라 그 결과물을 상업화하는 회사도 여럿 설립했다. 그래서 2012년 6월 다우드나와 샤르팡티에의 크리스퍼-Cas9 논문을 읽었을 때, 이 시스템을 인간에 적용해보기로 마음먹었다.

처치는 정중한 태도로 두 사람에게 이메일을 썼다. "저는 동료애를 중시했습니다. 누가 이 분야에서 연구 중인지 알아보고 내가 이 일을 해도 괜찮을지 허락을 구하고 싶었죠." 아침형 인간인 그는 새벽 4시에 이메일을 발송했다.

제니퍼와 에마뉘엘,

《사이언스》에 게재된 두 분의 크리스퍼 논문이 제게 얼마나 큰 영감과 도움을 주었는지 짧게나마 밝힙니다.

우리 연구 팀은 두 분의 연구에서 배운 지식을 인간 줄기세포 게놈 조작에 활용하고자 노력하고 있습니다. 아마 다른 랩으로부터도 비슷한 인사를 받았으리라 생각합니다.

일이 진행되는 동안 계속 소통하길 기대하겠습니다.

행운을 빌며, 조지

같은 날 다우드나가 답장을 보냈다.

조지,

메시지 감사해요. 실험 진척 상황을 기대하겠습니다. 말씀하신 대로 현재 Cas9에 지대한 관심이 쏠리고 있어요. 우리는 Cas9이 게놈 편집이나 다양한 세포의 유전자 조절에 유용하게 쓰이길 바랍니다.

행운을 빌며, 제니퍼

이후 이어진 몇 차례의 통화에서, 다우드나는 자신 역시 크리스퍼가 인간 세포에서 작동하게끔 노력을 기울이고 있다고 털어놓았다. 이것이 처치가 과학에 임하는 방식의 특징이었다. 그는 경쟁이나 비밀을 중시하기보다는 우호적이고 협력적인 태도로 모든 것을 솔직하게 공개하는 사람이었다. "정말 조지답죠." 다우드나의 말이다. "남을 속일 줄 모르는 사람이에요." 상대로 하여금 자신을 신뢰하게 만드는 가장 좋은 방법은 자신이 먼저 상대를 믿는 것이다. 다우드나는 경계심이 많은 사람이었지만, 적어도 처치에게는 언제나 솔직했다.

크리스퍼-Cas9 연구에 관해 그가 미처 연락할 생각을 하지 못한 사람이 한 명 있었는데, 바로 장평이었다. 과거 자신의 실험실에서 박사과정을 밟던 학생이 크리스퍼를 연구한다는 사실을 꿈에도 몰랐던 것이다. "만약 평이 크리스퍼를 연구하는 줄 알았다면, 분명히 그에게도 물었을 겁니다. 그러나 그는 갑자기 크리스퍼에 올라타고서도 그 사실을 꽁꽁 숨겼어요."[5]

루시아노 마라피니

24장
장이 크리스퍼와 씨름하다

기밀 메모

보스턴에 자리한 하버드 의대의 처치 랩에서 박사 후 과정을 마친 뒤, 장은 찰스강을 건너 케임브리지에 있는 브로드 연구소에 새 둥지를 틀었다. 원기 왕성한 에릭 랜더가 2004년 엘리 브로드와 에다이스 브로드로부터 약 8억 달러의 기금을 지원받아 MIT 캠퍼스 가장자리의 최첨단 건물에 설립한 이 연구소의 설립 취지는, 랜더 자신이 크게 기여한 인간 게놈 프로젝트에서 생산된 지식을 이용해 질병 치료 분야를 발전시키는 것이었다.

수학자에서 생물학자로 변신한 랜더는 브로드 연구소를 다양한 분야가 함께 일하는 곳으로 구상했다. 생물학, 화학, 수학, 컴퓨터과학, 공학, 의학을 총망라하는 새로운 형태의 기관이었다. 이에 더하여 그는 MIT와 하버드의 공동 운영이라는 훨씬 어려운 업적까지 이루어냈다. 2020년을 기준으로 브로드 연구소에 소속된 과학자와 기술자의 수는 3000명을 웃돈다. 이곳에 꾸준히 유입되는 수많은 젊은 과학자들 뒤에서 활기차고 열정 넘치고 헌신적인 멘토이자 치어리더, 그리고 연구비 조달자로 활약하는 랜더가 있기에 가능했던 성장이다. 또한 랜더는 과학과 공공 정책 및 사회 이익 사이의 연결 고리를 자처해왔다. 일례로 그가 이끄는 '나도 끼워줘(Count Me In)' 운동은 암 환자들을 설득해 익명으로 개인 의료 정보와 DNA 염기 서열을 공공 데이터베이스에 공유하게 함으로써 과학자들이 사용할 수 있는 연구 자료를 제공한다.

2011년 1월 브로드 연구소로 터전을 옮긴 장펑은 처치 랩에서 탈렌을 이용해 진행하던 유전자 편집 연구를 이어나갔다. 그러나 이 작업에는 프로젝트를 진행할 때마다 적합한 탈렌을 새로 만들어야 한다는 어려움이 있었다. "길게는 석 달이나 걸리는 작업이었죠. 그래서 더 나은 방법을 찾기 시작했습니다."

그 더 나은 방법이 바로 크리스퍼였다. 브로드 연구소에서 일을 시작하고 몇 주가 지난 어느 날, 장은 박테리아를 연구하는 한 하버드 미생물학자의 세미나에 참석했다. 강연 중 그는 자신이 연구하는 박테리아에 바이러스의 DNA를 자르는 효소가 포함된 크리스퍼 서열이 있다고 지나가듯 언급했다. 장은 크리스퍼에 대해 들어본 적이 없었지만 심화 프로그램에서 공부한 7학년 이후로 '효소'라는 말이 나올 때마다 귀를 기울이는 습관이 있었다. 특히 DNA를 자르는 핵산 분해효소에 관심이 있던 참이라, 그는 강연 후 누구라도 했을 일을 했다. 구글에서 크리스퍼를 검색한 것이다.

다음 날 장은 유전자 발현 관련 학회에 참석하기 위해 마이애미로 날아갔지만, 학회장에 앉아 발표를 듣는 대신 호텔 방에 틀어박혀 온라인에서 찾은 10여 편의 주요 크리스퍼 논문들을 읽어 내려갔다. 그중 앞선 11월에 발표된 다니스코의 두 요거트 연구자 로돌프 바랑구와 필리프 오르바트의 논문이 그에게 일종의 충격을 주었다. 크리스퍼-Cas 시스템이 지정된 DNA의 이중 가닥을 절단한다는 사실을 알게 됐기 때문이다.[1] "그 논문을 읽은 순간 얼마나 놀랐는지 모릅니다."

장에게는 처치 랩에서 아직 대학원 과정을 밟고 있는 후배이자 친구인 콩러가 있었다. 커다란 안경을 쓴 이 괴짜 역시 베이징에서 태어나 전자 기기를 사랑한 어린 시절을 거쳐 생물학에 열정을 바치고 있었다. 장처럼 콩 역시 유전공학에 관심이 있었고, 특히 조현병이나 양극성기분장애(조울증) 같은 정신 질환 환자들의 고통을 덜고 싶어 했다.

마이애미 호텔 방에서 크리스퍼 논문들을 섭렵한 직후 장은 콩에게 이메일을 보내 크리스퍼를 이용해 탈렌보다 나은 인간 유전자 편집 도구를 만들어보자고 제안했다. "이것 좀 읽어봐." 장은 바랑구-오르바트의 논문 링크를 보내며 이렇게 덧붙였다. "어쩌면 포유류 세포에서 테스트할 수 있을지도 몰라." 콩도 동의했다. "정말 재밌겠는데요?" 며칠 뒤, 장은 콩에게 다시 이메일을 보냈다. 콩은 아직 처치 랩의 학생이었지만, 장은 이 계획을 지도교수를 포함해 누구에게도 알리지 않기를 원했다. "이봐, 일단 우리끼리만 알고 있자고."[2] 하버드의 처치 밑에서 일하는 대학원생이었음에도 콩은 그 제안에 따랐고, 이후 장이 있는 브로드 연구소로 옮기면서도 처치에게 크리스퍼 연구 계획을 밝히지 않았다.

장의 연구실, 복도, 회의실과 실험실에는 곳곳에 화이트보드가 있어서 갑자기 떠오른 발상들을 언제든 적어둘 수 있다. 이것이 브로드 연구소의 분위기를 단적으로 드러낸다. 이곳 사람들에게 화이트보드에 글을 쓰는 건 일반적인 사무실에서 사람들이 테이블 축구 게임을 하는 것과 비슷한 종류의 유희다. 장은 콩과 함께 자신이 애용하는 화이트보드에 크리스퍼-Cas 시스템을 인간의 세포핵에 침투시키기 위해 해야 할 일들을 적기 시작했다. 그런 다음, 라면으로 끼니를 때우면서 올빼미처럼 밤늦게까지 일했다.[3]

실험을 시작하기도 전에 장은 2011년 2월 13일 자로 '발명에 관한 기밀 메모'를 작성해 브로드 연구소에 보관했다. 메모에는 "이 발명의 핵심 개념은 다양한 미생물에서 발견된 크리스퍼에 기반한다"라고 쓰여 있었다. 장의 설명에 의하면, 이는 짧은 RNA 조각을 사용해 효소가 지정된 지점에서 DNA를 절단하게끔 유도하는 시스템으로, ZFN이나 탈렌보다 훨씬 다목적으로 쓰이는 유전자 편집 도구가 될 것이었다. 대중에 공개된 바 없는 그의 기밀 메모는 다음과 같은 문장으로 마무리되었다. "이 발명은 미생물, 세포, 동물과 식물의 게놈 수정에 유용할 것이다."[4]

하지만 제목과 달리 그 메모에는 실질적인 발명품이 명시되어 있지 않았다. 이제 막 연구 계획을 구상하기 시작했을 뿐, 실험에 착수하거나 계획을 실행할 기술도 정해지지 않은 터였다. 말하자면 땅에 박아놓은 말뚝 같은 것으로, 연구자들이 발명에 성공하거나 자신이 오랫동안 해당 아이디어를 연구해왔다는 증거가 필요한 상황(곧 그렇게 되겠지만)에 대비해 보관하는 기록이었다.

처음부터 장은 크리스퍼를 인간 유전자 편집 도구로 개발하는 경쟁이 치열하리라 예측했던 듯하다. 그는 이 계획을 비밀리에 진행했다. 발명 제안서를 공유하지 않았고, 2011년 말 자신이 맡은 연구 프로젝트를 소개하는 동영상에서도 크리스퍼를 언급하지 않았다. 그러나 동시에 모든 실험과 결과를 날짜와 함께 실험 노트에 기록했고, 증인을 남겼다.

크리스퍼 개조 경쟁에서 장과 다우드나는 서로 다른 경로로 경기장에 들어왔다. 장은 크리스퍼를 다뤄본 적이 없었다. 이후 이 분야 사람들은 장을 두고 다른 이들이 크리스퍼를 개척한 다음에야 뛰어든 후발주자, 또는 침입자라고 부르곤 했다. 그러나 장은 애초에 유전자 편집을 전공으로 삼았으며, 그에게 크리스퍼는 ZFN과 탈렌에 이어 목표를 달성하기 위한 또 하나의 방법에 불과했다. 반면 다우드나는 살아 있는 세포에서 유전자를 편집해본 경험이 없었다. 5년간 다우드나 팀은 주로 크리스퍼의 구성 요소를 알아내는 일에 집중했다. 결과적으로 장은 크리스퍼-Cas9 시스템의 필수 분자를 알아내는 데 난항을 겪게 되며, 다우드나는 이 시스템을 인간의 세포핵으로 들여보내느라 애를 먹는다.

다우드나와 샤르팡티에가 크리스퍼-Cas9 시스템의 세 가지 필수 요소를 밝힌 《사이언스》 논문이 발표되기 전인 2012년 초반까지 장의 실험에 진전이 있었다는 기록은 찾아볼 수 없다. 장과 브로드 연구소 동료들은 유전자 편집 실험에 필요한 연구비를 신청하면서 "우리는 크리스퍼 시스템을 변형해 Cas 효소가 포유류 게놈에서 다수의 특정 표적을 겨냥하도록 유도할 것이다"라고 썼으나, 이 목적을 성취하기 위한 중요한 고비를 넘겼다는 말은 어디에도 남아 있지 않다. 실제로 연구비 신청서에는 포유류에 관한 연구가 몇 개월 후에나 시작될 예정이라고 기록되어 있다.[5]

또한 장은 이 성가신 tracrRNA의 역할을 아직 완전히 파악하지 못한 터였다. 샤르팡티에의 2011년 논문과 2012년 식슈니스의 연구는 tracrRNA가 crRNA라는 가이드 RNA를 생성하는 역할을 하며, 그러면 이 crRNA가 잘라낼 DNA의 정확한 위치까지 효소를 안내한다는 사실을 밝힌다. 그러나 2012년 다우드나와 샤르팡티에가 보고한 가장 큰 발견에는 tracrRNA의 또 다른 중요한 역할이 추가된다. 크리스퍼 시스템이 실제로 표적 DNA를 절단하기 위해서는 tracrRNA가 주위에 머물러 있어야 했다. 장의 연구비 신청서를 보면 그가 아직 이 사실을 알아내지 못했음을 확인할 수 있다. 단지 "가이드 RNA를 생성하는 tracrRNA"에 대해서만 말하고 있기 때문이다. 장이 그린 그림에는 절단에 필요한

Cas9 복합체의 일부로서 crRNA만 보여줄 뿐 tracrRNA는 없었다. 이것이 별것 아닌 사소한 세부 사항으로만 보일지도 모른다. 그러나 역사적으로 기여도를 둘러싸고 벌어진 격렬한 전투는 그런 사소한 발견들로 인해 일어났다.[6]

마라피니가 돕다

만약 일이 다르게 흘러갔다면, 다우드나와 샤르팡티에의 팀워크 못지않게 장펑과 루시아노 마라피니 역시 인상적인 공동 연구의 사례를 보여주었을지도 모르겠다. 사실, 장의 스토리는 그 자체로도 꽤나 훌륭하다. 아이오와가 길러낸 열정적이고 경쟁심 강한 신동. 그 끝없는 호기심으로 스탠퍼드, 하버드, MIT의 스타가 된 중국 이민자 가정의 천재. 그러나 만일 여기에 아르헨티나 출신 이민자이자 2012년 초 장과 함께 공동 연구를 진행했던 마라피니의 스토리가 추가되었다면 아마 두 배는 더 멋진 그림이 그려졌으리라.

박테리아 연구에 깊은 애정을 지닌 마라피니는 시카고 대학에서 박사과정을 밟을 당시 새롭게 발견된 크리스퍼 현상에 관심을 두게 되었다. 아내가 시카고 법정에서 통역가로 일했기 때문에 그 역시 시카고에 머무르고 싶었고, 그래서 노스웨스턴 대학의 에릭 손테이머 랩에서 박사 후 연구원 생활을 이어갔다. 당시 손테이머는 다우드나처럼 RNA 간섭을 연구하고 있었으나 곧 그와 마라피니는 크리스퍼 시스템이 보다 강력한 도구가 될 것임을 깨달았고, 그렇게 해서 2008년 두 사람은 크리스퍼가 박테리아에 침입한 바이러스의 DNA를 조각낸다는 중요한 사실을 밝혀내게 되었다.[7]

그 이듬해, 마라피니는 학회차 시카고에 온 다우드나를 처음 만났다. 그는 일부러 다우드나 옆에 앉아 말을 걸었다. "다우드나가 했던 RNA 구조 연구 때문에 꼭 한번 만나보고 싶었습니다. 정말 어려운 일을 해낸 사람이니까요." 마라피니의 말이다. "단백질의 결정을 만드는 것도 쉬운 작업은 아니지만, RNA의 결정을 만든다는 건 훨씬 까다로운 일입니다. 그래서 깊은 인상을 받았죠." 당시 막 크리스퍼를 연구하기 시작한 다우드나는 마라피니를 자신의 랩으로 불러들이면 어떨지 고려해보았으나 마땅한 자리가 없었다. 결국 마라피니는 2010년 맨해튼의 록펠러 대학으로 옮겼고, 그곳에서 랩을 꾸려 크리스퍼 연구를 이어갔다.

2012년 초, 마라피니는 장펑이라는 낯선 인물로부터 이메일을 받았다. "즐거운 새해가 되기를 바랍니다. 저는 MIT 연구원 장펑이라고 합니다. 크리스퍼 시스템에 관한 교수님의 논문들을 흥미롭게 읽었습니다. 혹시 크리스퍼 시스템을 포유류 세포에 적용하는 방법을 함께 개발할 의향이 있으신지 알고 싶습니다."[8]

크리스퍼 분야에 아직 장의 이름이 알려지지 않았던 시기라, 마라피니는 구글 검색으로 그에 대해 알아보았다. 장의 이메일이 도착한 것은 밤 10시 무렵이었는데, 마라피니는 한 시간 만에 답장을 보냈다. "네, 저도 공동 연구에 관심이 있습니다." 그는 자신이 '미니멀' 시스템, 즉 불필요한 것은 모두 제거하고 필수적인 분자만 남긴 시스템을 연구하고 있다는 말도 덧붙였다. 두 사람은 다음 날 전화로 구체적인 논의를 하기로 했다. 아름다운 우정이 시작될 것만 같았다.

마라피니는 현재 장이 난항을 겪으며 다양한 Cas 단백질을 건드리고 있다는 인상을 받았다. "장은 Cas9뿐 아니라 Cas1, Cas2, Cas3, Cas10까지 죄다 시험해보고 있었어요." 마라피니의 말이다. "하지만 하나도 성공하지 못했죠. 머리 없는 닭처럼 무작정 덤비고 있더라고요." 그래서 마라피니는, 적어도 그 자신이 기억하건대, 오직 Cas9에만 집중하게끔 장을 이끌어준 인물이 되었다. "전 Cas9에 대한 확신이 있었습니다. 그 분야의 전문가로서 다른 효소들로는 가능성이 없다는 걸 알았죠."

전화를 끊은 뒤 마라피니는 장에게 해야 할 일들의 목록을 보냈다. 무엇보다 중요한 것은 Cas9 이외의 다른 효소들을 과감하게 포기하는 것이었다.[9] 또한 그는 박테리아의 크리스퍼 염기 서열 전체(ATGGTAGAAAACACTAAATTA……)를 몇 장에 걸쳐 인쇄해 그에게 우편으로 발송했다. 그 이야기를 들려주며 마라피니는 직접 이 염기 서열을 출력해 내게도 보여주었다. "이 데이터들을 보여주면서 펑에게 Cas9을 사용해야 한다는 점을 확실히 주지시켰어요. 그는 그 지침을 따랐고요."

한동안 그들은 과제를 분담하고 함께 연구해나갔다. 장이 인간에게 크리스퍼 시스템을 적용할 가능성 있는 방법을 생각해내면, 미생물 전문가인 마라피니가 (인간보다는) 실험이 용이한 박테리아에서 테스트를 하는 식이었다. 크리스퍼가 인간의 세포핵 안에 잘 들어가게 하는 주요 방법에는 단백질에 '핵 위치 신호(nuclear localization signal, NLS)'를 추가하는 기술이 있다. 장은 Cas9에 다양한 핵 위치 신호를 추가하는 방법들을 고안했고, 그러면 마라피니가 그대로 박테리아에서 시험했다. "새로 추가한 핵 위치 신호가 박테리아에서 작동하지 않는다면 굳이 인간 세포에 시도할 이유가 없는 거죠." 마라피니의 설명이다.

마라피니는 자신과 장이 상호 존중에 기반한 생산적인 공동 연구를 하고 있다고 믿었다. 즉 연구가 성공한다면 두 사람은 그 결과인 논문의 공동 저자가 되고, 특허의 공동 발명가가 될 거라고 말이다. 어쨌든 한동안은 그랬다.

그는 언제 알았는가?

장이 2012년 초에 마라피니와 함께 시작한 연구는 2013년 초까지도 논문으로 이어지지 못했다. 이 사실은 이후 여러 과학상의 심사 위원과 특히 심사관, 더하여 위대한 크리스퍼 경합을 회고하는 역사 기록자들에게 수백만 달러짜리 문제를 제기한다. 2012년 6월 다우드나와 샤르팡티에가 《사이언스》에 크리스퍼-Cas9 논문을 출간하기 전까지, 장은 무엇을 얼마나 알았고, 어떤 일을 했는가?

그 역사를 재구성한 사람이 바로 브로드 연구소에서 장의 멘토였던 에릭 랜더다. 뒤에 언급되겠지만 「크리스퍼의 영웅들」이라는 논란 많은 글에서 랜더는 장의 기여도를 부각시켰다. "2012년 중반 장은 화농성 연쇄상구균과 스트렙토코쿠스 테르모필루스에서 추출한 Cas9, 그리고 tracrRNA와 크리스퍼 염기 서열의 세 요소로 구성된 강력한 시스템을 갖추었다. 이는 인간과 쥐의 게놈 열여섯 개 지점에서 높은 효율성과 정확도로 유전자 돌연변이를 일으켰다."[10]

그러나 랜더는 이러한 주장의 근거를 제시하지 않았고, 장 역시 크리스퍼-Cas9을 구성하는 모든 요소의 정확한 역할을 실험적으로 확인했다는 증거를 출판하지 못한 상태였다. "그저 보류하고 있었을 뿐입니다." 장이 말했다. "경쟁이 있는 줄은 몰랐거든요."

그러다가 그해 6월, 다우드나-샤르팡티에의 논문이 온라인으로 출판되었다. 장은 《사이언스》의 이메일 뉴스레터를 통해 이 논문을 읽게 되었고, 그때부터 본격적으로 움직이기 시작했다. "데이터를 정리해 논문으로 출판할 때가 되었다는 걸 깨달았죠. 유전자 편집 분야에서 선수를 놓치고 싶지 않았습니다. 크리스퍼를 인간 유전자 편집에 사용할 수 있음을 보여주는 것이 저에게는 하나의 큰 관문이었어요."

다우드나-샤르팡티에의 연구를 토대로 성공한 것은 아니냐는 질문에 장은 살짝 발끈했다. 자신이 이미 1년 이상 크리스퍼로 씨름하고 있었다는 얘기였다. "제가 그들에게서 횃불을 빼앗으려 한다고 보시면 안 됩니다." 장의 말이다. "저는 시험관에서뿐 아니라 생쥐와 인간의 세포를 가지고도 작업했어요. 반면 그들의 연구는 엄밀히 말해 유전자 편집이 아니라 시험관에서의 생화학 실험이었죠."[11]

"시험관에서의 생화학 실험"이라는 말에는 일종의 경멸이 담겨 있다. "크리스퍼-Cas9이 시험관에서 DNA를 잘라낸 것을 보여주는 정도로는 유전자 편집 측면에서 발전이라 할 수 없어요. 진정한 유전자 편집 도구가 되려면 세포 안에서 DNA를 자르는지 확인해야 합니다. 저는 언제나 세포로 직접 작업했어요. 시험관에서가 아니라요. 세포 내 환경은 생화학적 실험 환경과는 판이하기 때문이죠."

반대로 다우드나는 생물학의 가장 중요한 발견들은 해당 분자의 구성 요소가 시험관에서 분리되었을 때 이루어졌다고 주장한다. "펑은 모든 유전자와 크리스퍼 염기 배열을 포괄한 Cas9 시스템 전체를 사용해 세포 안에서 발현시켰습니다. 그들은 생화학 실험을 하지 않았어요. 그래서 실제 구성 요소에 대해 아는 바가 없었던 거죠. 우리의 논문이 나올 때까지 그들은 뭐가 필요한지 알지 못했습니다."

두 사람의 말이 다 맞는다. 세포생물학과 생화학은 서로를 보완한다. 그리고 유전학, 특히 크리스퍼 같은 중요한 발견과 관련해서는 더욱 그렇다. 애초에 샤르팡티에와 다우드나의 공동 연구도 결국 두 방식을 조합할 필요성 때문에 시작되지 않았는가.

장은 다우드나-샤르팡티에 논문을 읽기 전부터 이미 유전자 편집에 대한 구상을 갖고 있었다고 주장한다. 인간 세포에서 크리스퍼-Cas9의 세 요소—crRNA, tracrRNA, Cas9 효소—를 사용해 실험했음을 증명하는 실험 노트를 제시하기도 했다.[12]

그러나 2012년 6월까지 장이 아직 결론에 도달하지 못했다는 증거가 있다. 아홉 달 동안 장의 실험실에서 크리스퍼 프로젝트를 담당했던, 중국에서 온 대학원생 린쏴이량의 기록이다(그는 나중에 장이 발표한 논문에 공동 저자로 이름을 올린다). 2012년 6월 그가 중국으로 돌아가기 직전에 준비한 '2011년 10월~2012년 6월, 크리스퍼 실험 요약'이라는 제목의 슬라이드에 따르면, 그때까지 장의 연구는 올바른 결론에 이르지 못했거나 실패를 거듭했다. 한 슬라이드에는 "유전자가 변형되지 않았음"이라고 쓰여 있었고, 어떤 슬라이드에는 다른 방식으로 실험을 시도한 결과 "크리스퍼 2.0으로 게놈 수정을 유도하는 데 실패함"이라고 쓰여 있었다. 그리고 마지막 요약 슬라이드의 내용은 다음과 같았다. "어쩌면 Csn1[당시 Cas9을 부르던 용어] 단백질의 크기가 너무 큰지도 모르겠다. 핵에 집어넣기 위해 수많은 방식을 시도했지만 모두 실패했다. (…) 아마도 다른 요인을 찾아야 할 것 같다." 한마디로, 장의 연구 팀은 2012년 6월까지 크리스퍼 시스템을 인간 세포에 집어넣지 못했다는 얘기다.[13]

3년 후 장이 다우드나와 특허 분쟁을 벌일 때, 린쏴이량은 다우드나에게 보낸 이메일에서 슬라이드 정보 외에 다른 이야기까지 언급했다. "펑은 저에게만이 아니라 과학의 역사에도 부당한 짓을 했습니다. 루시페라아제 데이터에 관해 장펑과 콩러가 기술한 열다섯 페이지짜리 보고서는 잘못되고 과장된 것입니다. (…) 다우드나 교수님의 논문을 보기 전까지 우리는 문제를 해결하지 못했습니다. 정말 유감입니다."[14]

브로드 연구소는 린의 이메일 내용이 사실과 다르며, 그가 다우드나 랩에 일자리를 얻어보려는 속셈에서 그런 이메일을 보냈다고 주장했다.

브로드 연구소 측은 성명에서 "장과 그의 연구 팀원들이 [샤르팡티에와 다우드나의] 논문이 출판되기 이전부터, 그리고 그 논문과는 별개로 크리스퍼-Cas9 진핵세포 게놈 편집 시스템을 독립적이며 적극적이고 성공적으로 설계했음을 명확하게 보여주는 예가 많다"라고 밝혔다.[15]

장의 실험 노트에는 2012년 봄에 했던 실험이 기록되어 있다. 장은 이 기록을 근거로 자신이 이미 당시에 크리스퍼-Cas9 시스템이 인간 세포를 편집했음을 보여주는 결과를 얻었다고 주장한다. 그러나 실험이라는 것이 종종 그렇듯이 그 데이터에는 다양한 해석의 여지가 있다. 그것으로는 장이 세포를 편집하는 데 성공했음을 확실히 증명할 수 없는데, 실험 결과의 일부가 실제와 다르게 기록되었기 때문이다. 유타 대학의 생화학자 데이나 캐럴이 다우드나 측을 대신해 증인으로서 장의 실험 노트를 조사했고, 그에 따르면 장은 실험 노트에 기록된 데이터 중 상충하거나 결론에 이르지 못한 자료를 일부 누락한 것으로 드러났다. "펑은 데이터를 선별해서 기록했습니다. 심지어 Cas9이 들어 있지 않은 상태에서 편집 효과가 나타난 데이터까지 있었죠."[16]

2012년 초 장의 연구는 또 다른 점에서도 부족한 측면이 있다. 그걸 설명하려면 tracrRNA의 역할에 대한 이야기로 돌아가야 한다. 2011년 샤르팡티에는 논문을 통해 Cas9의 가이드로 기능하는 crRNA 생성에 tracrRNA가 필요하다는 사실을 발표했다. 그러나 2012년 6월 다우드나-샤르팡티에 논문이 나오기 이전까지는 tracrRNA가 Cas9의 표적 DNA 절단 과정에서 결합 기작의 필수 요소가 된다는 보다 중요한 역할이 명확히 증명되지 않은 터였다.

2012년 1월 연구비 신청서에 장은 tracrRNA의 완전한 역할을 기술하지 않았다. 또한 실험 노트나 2012년 6월 이전에 연구한 내용을 기술한 진술서에도 표적 DNA를 자르는 데 있어 tracrRNA의 결정적인 역할을 인지했다는 증거가 없다. 캐럴은 "장이 크리스퍼-Cas9의 구성 요소에 대해 다소 상세한 내용을 적어둔 페이지가 있었는데, 거기에 tracrRNA를 암시하는 내용은 하나도 없었다"라고 밝힌다. 이후 다우드나와 다우드나의 지지자들은 tracrRNA의 역할을 제대로 파악하지 못한 것이 2012년 6월 이전에 장의 실험이 성공하지 못했던 가장 큰 이유라고 말했다.[17]

2013년 1월에 출판한 논문을 보면 장 자신도 다우드나와 샤르팡티에의 논문 이전에는 tracrRNA의 기능을 완전히 이해하지 못했다고 인정하는 듯하다. 그는 DNA 절단에 tracrRNA가 필요하다는 사실이 "과거에 증명된 바 있다"고 언급하면서 각주에 다우드나-샤르팡티에 논문을 인용했다. "펑은 우리의 논문을 읽고서야 crRNA와 tracrRNA 모두 필요하다는 사실을 알게 됐어요." 다우드나의 말이다. "2013년 펑의 논문을 보면 바로 그 문제와 관련해 우리가 인용되었음을 확인할 수 있죠."

그에 대해 묻자 장은 각주로 인용한 것은 일반적인 관례 때문이었다고 대답했다. tracrRNA의 완전한 역할이 공식적으로 처음 규명된 것이 다우드나-샤르팡티에 논문이었기 때문이고, 그와 상관없이 장과 브로드 연구소에서는 이미 tracrRNA와 crRNA를 조합한 시스템으로 실험하고 있었다는 것이 그의 주장이다.[18]

모두 다소 미흡한 주장들이다. 개인적인 생각이지만, 나는 장이 2011년 초반에 크리스퍼를 사용해 인간 세포의 유전자 편집을 개발 중이었으며, 2012년 중반에는 Cas9에 집중하면서 약간의 진전을 보이지 않았나 싶다. 그러나 2012년 6월, 다우드나-샤르팡티에의 논문을 읽기 전에 장이 크리스퍼-Cas9 시스템의 필수 요소를 정확히 파악했다거나 tracrRNA의 추가 역할을 인지했다는 명확한 증거는 없으며, 출판된 증거야 말할 필요도 없다.

장도 다우드나와 샤르팡티에의 논문을 통해 한 가지 새롭게 알게 된 사실이 있음은 인정한다. crRNA와 tracrRNA를 접합해 단일 가이드 RNA를 만든 부분이다. 그는 논문에 다우드나-샤르팡티에 논문을 인용하면서 "우리는 crRNA-tracrRNA를 융합한 하이브리드를 설계했고, 최근에 생체 외에서 검증했다"라고 적었다. 2012년 6월까지 장과 함께 일했던 마라피니도 그러한 사실을 인정한다. "펭과 저는 제니퍼의 논문을 보고 나서야 단일 가이드 RNA를 시도하기 시작했습니다."

장이 지적했듯이, 단일 가이드는 유용하지만 필수적인 발명은 아니었다. 다우드나와 샤르팡티에 팀이 보였듯이 크리스퍼-Cas9 시스템은 애초에 tracrRNA와 crRNA가 하나의 분자로 융합되지 않고 따로 분리된 상태에서도 잘 작동했으니 말이다. 단일 가이드는 시스템을 단순하게 만들고 인간 세포로 보다 쉽게 전달되게 하는 역할을 할 뿐, 시스템 자체를 작동하게 하는 결정적인 요인은 아니었다.[19]

실험 중인 다우드나

25장
다우드나, 등판하다

"우리는 게놈 편집자가 아닙니다"

사실 '누가 제일 먼저 인간 세포에서 크리스퍼-Cas9을 작동시키는가'의 시합에 제니퍼 다우드나가 도전자로 등판했다는 사실 자체가 놀라운 일이 아닐 수 없다. 그때껏 다우드나는 인간 세포로 실험해본 적도, 탈렌과 같은 유전자 편집 도구를 설계해본 적도 없었기 때문이다. 그건 다우드나 랩의 핵심 연구원인 마르틴 이네크도 마찬가지였다. "우리 랩은 생화학자나 결정학을 하는 사람들 위주로 구성되어 있었어요." 다우드나의 말이다. "배양된 인간의 세포는 물론이고 선충조차 제대로 다뤄본 적이 없었죠." 이처럼 치열한 각축전이 될 줄 알면서도 크리스퍼-Cas9을 인간 세포에서 기능하게끔 개조하는 경주에 뛰어들었다는 사실은 매사에 기꺼이 위험을 감수하는 다우드나의 기질을 그대로 증명한다.

다우드나는 제대로 파악하고 있었다. 크리스퍼로 인간 유전자를 편집하는 연구는 조만간 비약적으로 발전할 터였다. 다우드나는 에릭 손테이머와 브로드 연구소 사람들을 비롯한 많은 연구자들이 같은 목표를 향해 달리고 있다고 생각했고, 그래서 마음이 조급해졌다. "6월 《사이언스》 논문 이후 한시바삐 움직여야 한다고 생각했지만, 공동 연구자들 모두 이러한 뜻을 공유하는지 확신할 수가 없었어요." 다우드나가 회상했다. "그래서 답답했습니다. 저는 경쟁심이 강하거든요." 그래서 그는 이네크를 다그쳐 더 적극적으로 일하게 했다. "무엇보다 이 일을 최우선으로 생각해야 해. Cas9이 인간 게놈 편집의 강력한 기술이 된다면 세상이 달라질 거니까." 이네크는 어려운 일이라며 염려했다. "우리는 게놈 편집자가 아니지 않습니까. 처음부터 유전자 편집을 하던 랩과는 다르다고요. 남들이 이미 해놓은 일들을 처음부터 시작해야 하잖아요."[1]

알렉산드라 이스트

이후 다우드나도 인정했지만, 이들은 간 세포에서 크리스퍼-Cas9을 작동하게 만드는 과제의 초반에 "숱한 좌절"을 겪었다.[2] 그러나 2012년 가을 학기가 시작될 즈음—그리고 장이 실험을 마무리하던 무렵—행운이 찾아왔다. 인간 세포로 일한 경험이 있는 알렉산드라 이스트라는 새 대학원생이 랩에 들어온 것이다. 이스트의 합류가 특별히 흥미로웠던 것은, 그가 브로드 연구원 출신이었기 때문이다. 이스트는 그곳에서 테크니션으로 장평 등과 일하며 유전자 편집 기술을 배우고 익혔다.

이스트는 다우드나에게 필요한 일을 했다. 인간 세포를 배양하고 그 핵 안에 Cas9을 들여보내는 실험을 시작한 것이다. 이윽고 결과물을 손에 쥐었지만, 정작 이스트 자신은 이 데이터가 유전자 편집의 증거인지 확신하지 못했다. 생물학 실험의 결과라는 게 때로는 명확하게 떨어지지 않는 까닭이다. 그러나 데이터를 보는 안목이 뛰어난 다우드나는 실험이 성공했음을 알 수 있었다. "알렉산드라가 가져온 데이터를 보는 순간, Cas9이 인간 게놈을 편집한 아름다운 증거라는 걸 알았어요." 다우드나의 말이다. "아직 배움의 과정에 있는 학생과 오랫동안 그 분야에 몸담아온 사람의 전형적인 차이라고 할 수 있죠. 저는 제가 뭘 찾고 있는지 알았고, 그래서 데이터를 가져왔을 때 '해냈구나' 하고 확신했어요. 반면에 알렉산드라는 결과에 자신이 없었고, 어쩌면 다시 실험해야 할지도 모른다고 생각했죠. 그래서 제가 말했어요. '세상에, 정말 엄청난 결과야. 진짜 흥분된다!'"[3]

이스트의 성공은 다우드나에게 크리스퍼를 통해 인간 세포 안에서 유전자를 편집하는 일이 어려운 도약이라거나 대단한 발명이 아님을 보여주는 증거이기도 했다. "단백질에 위치 신호를 달아서 핵 안으로 들여보내는 건 잘 알려진 기술이에요. 우리도 Cas9에 대해 같은 기술을 썼죠. 박테리아 세포에서 작동하는 유전자를 포유류 세포에서 잘 발현되게 하려면 코돈(codon, 단백질의 구성 요소인 아미노산을 지정하는 암호—옮긴이)을 수정해야 한다는 것 역시 흔한 기술이고, 우리도 그대로 따랐습니다." 시합에서 이기기 위해 달리고 있는 와중에도 다우드나가 이를 대단한 발명이라 생각하지 않은 까닭이 여기에 있다. 탈렌에서 그랬듯 효소를 세포핵으로 들여보내는 과거의 방법을 조금만 손보면 될 일이었다. 이스트는 그 일을 몇 달 만에 해냈다. "일단 구성 요소를 알고 나면 쉬운 일이에요. 1년 차 대학원생도 해냈잖아요."

다우드나는 최대한 빨리 논문을 내는 게 관건이라고 판단했다. 만약 다른 실험실이 크리스퍼-Cas9의 인간 세포 이식에 먼저 성공한다면, 그쪽에서는 이것이 아주 대단한 발견인 양 주장할 터였다. 그래서 다우드나는 실험을 반복해 데이터를 확실히 검증하라고 이스트를 재촉했다. 한편 이네크는 Cas9을 인간 세포에서 올바른 표적으로 안내할 단일 가이드 RNA의 수정 작업을 맡았다. 쉽지 않은 일이었다. 애초한 설계한 단일 가이드의 길이가 인간 DNA에서 효과적으로 작동하기에는 너무 짧았기 때문이다.

26장
대접전

장의 마지막 한 바퀴

크리스퍼-Cas9 시스템에 단일 가이드 RNA를 도입하려는 단계에서 장펑은 2012년 6월 다우드나-샤르팡티에 논문에 실린 버전이 인간 세포에서 제대로 작동하지 않음을 알게 되었고, 이에 헤어핀 턴(hairpin turn)을 추가해 만든 단일 가이드 RNA로 효율성을 개선했다.[1]

이런 수정 작업은 다우드나 랩에서 주로 하는 시험관에서의 실험과 인간 세포를 대상으로 하는 실험의 큰 차이를 보여준다. "아마 제니퍼는 RNA를 잘라내도 괜찮다는 생화학적 결과에 확신을 가졌을 겁니다." 장의 말이다. "이네크가 설계한 짧은 단일 가이드로도 충분하다고 생각했을 거예요. 시험관에서는 작동했으니까요. 하지만 전 생화학만으로는 세포 안에서 실제로 어떤 일이 일어나는지 예측할 수 없다는 점을 알고 있었죠."

또한 장은 다른 기법을 통해 크리스퍼-Cas9 시스템을 개선하고 인간 세포에서 원활히 작동하도록 최적화했다. 커다란 분자가 세포핵을 둘러싼 막을 통과해 핵 안으로 들어가는 것은 쉽지 않다. 그래서 장은

Cas9 효소에 핵 위치 신호를 붙였는데, 이는 일반적으로 단백질이 통과하기 힘든 세포핵에 접근하는 것을 가능하게 하는 기술이다.

추가로 장은 '코돈 최적화(codon optimization)'라는 잘 알려진 기술을 적용했다. 코돈은 핵산의 염기 셋이 하나의 아미노산(단백질을 구성하는 기본 단위 요소)을 형성할 때 이들의 서열을 코딩하는 암호를 말한다. 다수의 코돈이 동일한 아미노산을 코딩하기도 하는데, 이 경우엔 생물에 따라 코돈의 효율이 다르다. 따라서 대상 생물을 바꾸어 실험할 땐, 예컨대 이처럼 박테리아에서 인간으로 유전자 발현 시스템을 옮기는 경우에는 코돈 최적화를 통해 가장 효율이 높은 코돈으로 수정해야 한다.

2012년 10월 5일 장은 《사이언스》 편집자에게 논문을 보냈고, 12월 12일에 게재가 확정되었다. 공저자로는 이후 다우드나-샤르팡티에 논문이 출판되기 전까지 장이 진전을 보이지 못했다고 진술한 대학원생 린쇄이량, 그리고 장이 Cas9에 집중할 수 있도록 도왔으나 나중에 주요 특허출원에서는 배제된 루시아노 마라피니가 있었다. 이 논문은 실험 방법과 결과를 설명한 다음, 아래와 같은 의미 있는 문장으로 끝을 맺는다. "포유류 세포에서 다중 게놈 편집을 수행하는 능력은 기초과학, 생명공학, 의학 전반에 걸쳐 강력한 응용력을 발휘할 것이다."[2]

장 대 처치

조지 처치는 25년 동안 다양한 유전자조작법을 연구해왔다. 그는 장평을 가르쳤고, 장의 주요 공저자인 콩의 명목상 지도교수이기도 했다. 그러나 2012년 늦가을까지도, 두 사람이 지난 1년 동안 크리스퍼로 인간 유전자 편집 도구를 개발하고 있었다는 사실을 처치는 듣지 못했다.

적어도 그의 주장에 따르면 그랬다.

그해 11월 강연을 위해 브로드 연구소에 방문했을 때에야 그는 장이 《사이언스》에 논문을 투고했다는 사실을 알았다. 처치는 굉장히 놀랐다. 본인도 동일한 주제로 동일한 저널에 논문을 투고했기 때문이었다. 그는 굉장한 분노와 배신감을 느꼈다. 과거 함께 유전자 편집에 관한 논문을 출판하기도 했던 제자가 어느새 자신을 공동 연구자가 아닌 라이벌로 생각하고 있었다니, 그로서는 전혀 짐작도 못 한 일이었다. "펑이 내 랩의 문화를 제대로 이해하지 못했던 것 같습니다. 어쩌면 위험성이 너무 커서 나한테 말하지 않았는지도 모르고요." 게다가 콩은 브로드 연구소에서 장과 함께 실험했지만 여전히 하버드에 소속된 대학원생이었고, 처치는 공식적인 그의 지도교수였다. "내 학생이 분명 내가 관심을 보일 줄 알면서도 비밀리에 연구를 진행하다니, 정말 실망스러운 일이었죠. 규약을 위반한 행위이기도 했고요."

처치는 하버드 의과대학 대학원장에게 문제를 제기했고, 대학원장 또한 그 행동이 부적절하다는 데 동의했다. 하지만 에릭 랜더는 처치가 콩을 괴롭히고 있다며 비난했다. "일을 키우고 싶지 않았습니다." 처치의 말이다. "나는 콩을 괴롭힌 적이 없었지만, 에릭의 생각은 달랐죠. 그래서 제가 물러났습니다."[3]

상황을 파악하기 위해 당사자들의 입장을 모두 확인하는 과정에서, 나는 역사를 재구성할 때 기억이란 참으로 믿지 못할 증거라는 생각을 계속해서 하게 되었다. 장은 2012년 8월 자신이 크리스퍼에 손대고 있다는 사실을 처치에게 알렸다고 주장한다. 최첨단 학회 '사이언스 푸 캠프(Science Foo Camp)'에 참석하느라 샌프란시스코 공항에서 구글 캠퍼스까지 가는 사이 밝혔다는 것이다. 기면증이 있었던 처치는 어쩌면 장이 그 얘기를 하는 동안 자신이 졸았을 가능성이 있다고 인정한다. 그러나 설사 그가 잠드는 바람에 못 들었다 하더라도, 적어도 처치의 입장에서는 그게 핑계가 될 수는 없다. 왜냐하면 장은 분명 처치가 그 사실에 대해 아무 반응도 보이지 않은 것을 알았을 테니까 말이다.

하루는 에릭 랜더와 저녁을 먹으며 이 상황에 대한 그의 생각을 물었다. 랜더는 처치가 기면증 운운한 것은 "헛소리"라면서, 틀림없이 장에게서 크리스퍼 얘기를 들은 뒤 자신도 연구에 착수한 것이라고 비난했다. 처치에게 그 이야기를 전했을 때, 나는 수염 너머 늘 평온한 그의 얼굴이 굳어지는 걸 느꼈다. "무슨 말 같지도 않은 소리." 처치는 말했다. "내 제자가 특정 주제를 독자적으로 연구해보고 싶다고 얘기했다면, 나는 틀림없이 그 일에서 손을 뗐을 겁니다. 그게 아니더라도 내겐 할 수 있는 다른 일이 많아요."

한편 부끄러움 많고 예의 바른 콩은 이 분쟁 때문에 스트레스를 받은 나머지 아예 크리스퍼 연구에서 발을 뺐다. 스탠퍼드 의대를 찾았을 때 그는 면역학과 신경과학 연구로 전공을 바꾼 상태였고, 마침 신혼여행에서 돌아온 참이었다. 콩은 여전히 장의 실험실에서 하던 일을 처치에게 상세히 말하지 않은 것이 올바른 행동이었다고 믿는다. "두 실험실은 각각 독립적인 연구 기관입니다." 콩러의 말이다. "연구에 관한 정보와 재료를 공유하는 일은 연구 책임자, 즉 장과 처치에게 있죠. 이건 박사 과정에 들어가면서 연구 윤리 수업 시간에 배운 내용입니다."[4]

처치에게 콩의 이야기를 전하자 그는 껄껄 웃었다. 하버드 대학에서 윤리를 가르치고 있는 처치는, 엄밀히 말해 장과 콩의 행동이 비윤리적인 것은 아니라고 인정한다. "과학의 규범 안에서 허용되는 행동인 건 맞습니다." 그러나 그들은 처치가 자신의 랩에 정착시키고자 했던 규범을 위반했다. 장과 콩이 브로드 연구소로 가는 대신 자신과 계속 일했다면 역사는 조금 달라졌을 거라고 처치는 말했다. "펑이 내 랩의 개방적인 문화 속에 머물렀다면 나는 그가 제니퍼와 훨씬 협력적인 관계를 맺도록 애썼을 테고, 그러면 이 모든 특허 전쟁도 일어나지 않았을 겁니다."

처치는 평화의 본능을 지닌 사람이다. 장 역시 충돌을 피하는 성격으로, 이를 위한 방어막으로 상대의 마음을 누그러뜨리는 미소를 사용하곤 한다. "손주가 태어났을 때 평이 알파벳이 새겨진 화려한 놀이 매트를 선물로 보냈어요." 처치의 말이다. "그리고 매년 자신이 주최하는 워크숍에 나를 초청합니다. 우리는 다 잊고 넘어갔어요." 장 역시 비슷하게 느끼고 있다. "우리는 만날 때마다 서로 꼭 안아줍니다."[5]

처치가 성공하다

사실상 처치와 장은 크리스퍼-Cas9을 변형해 인간 세포에서 기능하게 만드는 경합에서 무승부를 기록한 셈이다. 처치는 장이 투고한 지 3주 만인 10월 26일에 《사이언스》에 논문을 보냈다. 두 논문은 동료들의 심사를 거쳐 같은 날 채택되었고, 2013년 1월 3일 동시에 온라인에 게재되었다.

장과 마찬가지로 처치 역시 코돈 최적화를 적용하고 핵 위치 신호가 추가된 Cas9을 만들었다. 2012년 다우드나-샤르팡티에 논문을 참고해 (장과 달리 처치는 그 사실을 기꺼이 인정한다) 단일 가이드 RNA를 합성했는데, 처치가 만든 것은 장의 것보다 더 길었고 훨씬 잘 작동했다. 이에 더해, 처치는 크리스퍼-Cas9이 DNA의 이중 가닥을 잘라낸 후 정확도가 높은 상동 재조합 수리 방식으로 DNA가 수리되게끔 주형을 제공했다.

두 사람의 논문은 서로 다른 측면도 있지만 결국은 동일한 역사적 결론에 도달한다. 처치는 논문에서 다음과 같이 선언했다. "우리는 결과적으로 [단백질이 아닌] RNA가 효소를 안내하는 편집 도구를 만들었다."[6]

《사이언스》 편집자들은 깜짝 놀랐다. 동료이자 공동 연구자여야 할 두 사람으로부터 같은 주제로 별개의 논문을 받았으니 의구심이 들 만도 했다. "편집자는 펑과 내가 원래는 한 편으로 투고해야 할 논문을 따로 투고한 것에 뭔가 꿍꿍이가 있을 거라고 의심했어요. 마치 이중 연금을 수령하려는 시도처럼요." 처치의 회상이다. "《사이언스》 측에서는 내가 펑의 연구에 대해 전혀 아는 바가 없는 상태에서 이 논문을 썼다는 확인 문서까지 요청했습니다."

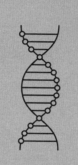

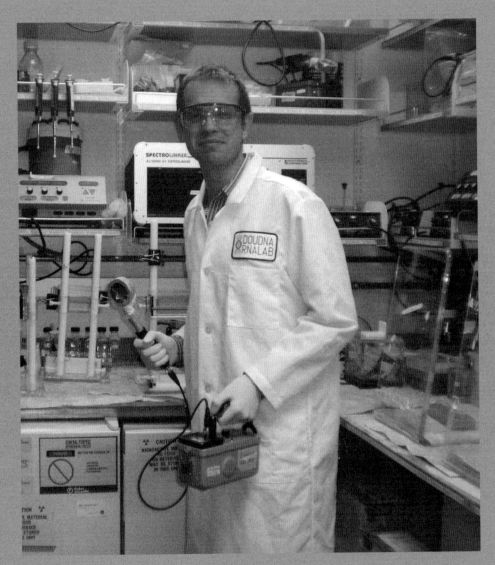

마르틴 이네크

27장
다우드나의 막판 질주

2012년 11월, 다우드나 연구 팀은 실험 결과를 철저히 검증하는 한편 인간 세포에서 크리스퍼-Cas9을 사용할 수 있다는 사실을 가장 먼저 논문으로 발표하기 위해 열심히 달리고 있었다. 당시 다우드나는 처치가 《사이언스》에 막 투고했다는 사실을 몰랐고, 장평에 대해서는 아예 들어본 적도 없었다. 그때 한 동료로부터 전화가 왔다. "마음의 준비를 하고 들어요." 상대가 말했다. "크리스퍼가 처치의 손에서 아주 아름답게 피어나고 있어요."[1]

처치가 크리스퍼를 연구하고 있다는 사실은 그의 이메일을 통해 이미 알고 있던 터였다. 이제 인간 세포에서 크리스퍼-Cas9을 성공적으로 작동시켰다는 소식을 듣자, 다우드나는 처치에게 전화를 걸었다. 처치는 자신의 실험과 논문에 관해 친절하게 설명했고, 또한 그 무렵에는 장 역시 크리스퍼를 연구한다는 사실을 알았으므로 장의 논문도 출판될 예정이라고 귀띔해주었다.

처치는 《사이언스》에 논문이 채택되자마자 다우드나에게 원고를 보내주겠다고 약속했다. 그리고 12월 초, 처치의 논문을 확인한 다우드나는 완전히 풀이 죽었다. 이네크의 실험은 여전히 진행 중이었고, 그들이 가진 데이터는 처치의 것만큼 포괄적이지 않았다.

"우리가 투고하는 게 의미가 있을까요?" 다우드나의 물음에 처치는 당연히 그렇다고 답했다. "처치는 제 연구와 우리의 논문 작업을 응원했어요." 다우드나의 말이다. "훌륭한 동료다운 행동이었죠." 어떤 실험 데이터가 나오든, RNA 가이드를 맞춤화하는 최선의 방법에 대한 증거를 축적하는 셈이라며 처치는 다우드나를 고무했다.

"비록 다른 사람들이 같은 일을 하고 있더라도 일단 실험을 계속 밀고 나가는 게 중요하다는 생각이 들더라고요." 이후 다우드나는 이렇게 말했다. "그래야 적어도 Cas9을 사용해 인간 게놈을 편집하는 일이 얼마나 쉬운지 보여줄 수 있으니까요. 특별한 전문성이 없어도 얼마든지 이 기술을 사용할 수 있다는 증거가 되잖아요. 저는 사람들이 그걸 아는 게 중요하다고 생각했어요." 한편 논문 발표는 자신이 경쟁 랩들과 비슷한 시기에 이 실험에 성공했다는 주장을 입증하는 데에도 도움이 될 터였다.

그러니 한시라도 빨리 논문이 나와야 했다. 다우드나는 그즈음 《e라이프》라는 오픈 엑세스 전자 저널을 만든 버클리의 한 동료에게 전화를 걸었다. 《사이언스》나 《네이처》 같은 전통적인 학술지보다 짧은 심사 과정을 거쳐 빨리 논문을 발표할 수 있는 저널이었다. "우리가 가진 결과를 설명하고 논문 제목을 보냈죠. 친구는 흥미를 보이며 심사 과정을 최대한 서둘러보겠다고 했어요."

그러나 이네크는 서두를 생각이 없었다. "이네크는 진정한 완벽주의자예요. 데이터를 더 취합해 큰 그림을 그리고 싶어 했죠." 다우드나가 당시를 회상하며 한 말이다. "우리가 가진 데이터로는 출판하는 게 큰 의미가 없다는 생각이었어요." 두 사람은 격한 논쟁을 벌였다. 다우드나 랩이 자리한 스탠리 홀 앞 버클리 쿼드에서의 논쟁도 그 하나였다.

"마르틴, 우리가 원했던 수준에 미치지 못하더라도 지금 출판해야 해." 다우드나는 말했다. "지금 손에 쥔 데이터를 가지고 우리가 할 수 있는 최선의 이야기를 써서 내야 한다고. 시간이 얼마 없단 말이야. 다른 논문들이 줄줄이 나올 거야. 그러니까 우리도 빨리 발표를 해야 해."

"이런 데이터로 논문을 내면 게놈 편집 분야에서는 아마추어처럼 보일 거예요."

"마르틴, 우리가 아마추어인 건 사실이잖아. 하지만 괜찮아. 사람들 눈에 형편없게 보일 정도는 아니야. 6개월을 늦추면 그만큼 더 많은 일을 할 수 있겠지. 하지만 나중에 돌아보면 당장 출판하길 정말 잘했다는 생각이 들 거야."[2]

다우드나는 당시 자신이 "굉장히 단호했다"고 회상한다. 결국 몇 번의 논의를 더 거쳐 그들은 논문을 출판하기로 합의하고, 이네크가 데이터를 준비하면 다우드나가 논문을 쓰기로 했다.

당시 다우드나는 과거 두 동료와 함께 출간했던 분자생물학 교재의 개정판을 작업하고 있었다.[3] "초판이 마음에 들지 않았거든요. 다 같이 카멀에 집을 하나 빌려 이틀 동안 개정 방향에 대해 논의했어요." 그렇게 다우드나는 12월 중순, 끔찍하게 추운 카멀의 난방도 되지 않는 집에 머물게 되었다. 집주인이 수리공을 불렀지만 당장 올 수 있는 사람이 없어서 다우드나와 공저자들은 벽난로 앞에 모여 교재를 수정하며 늦은 밤까지 일해야 했다.

밤 11시, 모두가 잠자리에 든 뒤에도 다우드나는 자리에 남아 《e라이프》에 투고할 크리스퍼 논문을 썼다. "너무 춥고 힘들었어요. 하지만 당장 일하지 않으면 이 논문은 영영 쓰지 못할 것 같더라고요." 다우드나의 말이다. "그래서 침대에 앉아 잠을 깨려고 몸을 꼬집어가며 세 시간 동안 초안을 타이핑했어요." 다우드나가 원고를 이네크에게 보내면,

그는 계속해서 수정 사항을 보내왔다. "공저자들이나 출판사 편집자들에게는 굳이 사정을 이야기하지 않았어요. 얼음장 같은 집에서 사람들과 교재에 대해 얘기하는 중에도 논문을 써야 한다는 압박감에 시달렸고, 거기다 마르틴이 계속해서 수정 사항을 보내왔기 때문에 완전히 정신이 나갔었죠." 마침내 다우드나는 더 수정하려는 이네크를 말리고 논문 완성을 선언했다. 그리고 2012년 12월 15일, 《e라이프》에 이메일로 논문을 투고했다.

며칠 뒤 다우드나는 남편 제이미, 아들 앤디와 함께 유타로 스키 휴가를 떠났다. 하지만 이네크와 소소한 수정 사항들에 대해 추가로 논의하고 《e라이프》 편집자에게 심사를 독촉하느라 대부분의 시간을 숙소에서 보냈고, 아침마다 《사이언스》 웹사이트에 들어가 처치나 장의 논문이 출판되었는지 확인했다. 다우드나의 논문을 검토한 심사 위원은 독일에 있었는데,[4] 다우드나는 거의 매일같이 그에게 이메일을 보내 심사를 재촉했다.

다우드나는 옛 공동 연구자인 에마뉘엘 샤르팡티에와도 통화했다. 샤르팡티에가 있는 우메오는 당시 온종일 캄캄한 계절이었다. "저는 샤르팡티에와 좋은 관계를 유지하려고 애썼어요. 우리가 이 일에서 자신을 빼놓았다고 느끼지 않길 바랐죠. 하지만 샤르팡티에가 《e라이프》 논문에 실질적으로 참여한 부분은 없었고, 그래서 결국 논문에 공동 저자로 이름을 올리지는 않았어요." 다우드나는 샤르팡티에가 불쾌해하지 않기를 바라며 그에게 논문 초안을 보냈다. 샤르팡티에는 괜찮다고 했지만 진심이 아닌 듯 싸늘함이 느껴졌다. 다우드나로서 이해하기 힘들었던 부분은, 샤르팡티에 자신이 크리스퍼-Cas9 유전자 편집 연구에 동참하기를 거절했으면서도 그가 이 시스템에 대해 일종의 소유 의식을 가지고 있었다는 사실이다. 하기야, 어쨌든 푸에르토리코에서 다우드나를

만나 이 연구에 끌어들인 건 샤르팡티에였으니 그럴 만도 했다.[5]

마침내 독일에서 심사 결과가 도착했다. 심사 위원은 몇 가지 추가 실험을 요청했다. "예상되는 유형의 돌연변이가 존재한다는 사실을 입증하려면 돌연변이가 일어난 표적 몇 개를 시퀀싱해야 합니다." 다우드나는 이 요구를 철회시켰다. 그러한 실험을 수행하려면 "100개에 가까운 클론을 분석해야 하며, 그 일은 향후 더 확장된 연구에서 수행될 것"이라며 설득해낸 것이다.[6]

결국 2013년 1월 3일, 《e라이프》가 다우드나의 논문을 채택했다. 그러나 다우드나는 마음껏 자축할 수 없었다. 전날 저녁 뜬금없고도 불길한 새해 인사를 받았기 때문이었다.

보내는 이: 장펑

날짜: 2013년 1월 2일 수요일 7:36 PM

받는 이: 제니퍼 다우드나

제목: 크리스퍼

첨부파일: CRISPR manuscript.pdf

친애하는 다우드나 박사님,

보스턴에서 인사드립니다. 새해 복 많이 받으세요!

저는 MIT의 조교수로, 크리스퍼 시스템에 기반한 응용 기술을 개발하고 있습니다. 2004년 버클리에서 대학원 면접 때 교수님을 잠깐 뵌 적이 있고, 그 이후로 교수님의 연구에 상당한 영감을 받아왔습니다. 우리 연구팀은 최근 록펠러 대학의 루시아노 마라피니와 공동으로 제2형 크리스퍼 시스템을 움직여 포유류 세포에서 게놈 편집에 성공했습니다. 그 연구 결과가 《사이언스》에 채택되어 내일 온라인에 공개될 예정입니다. 교수님께서 한번 봐주십사 논문을 첨부합니다. Cas9 시스템은 실로 강력한 도구입니다. 언젠가 이 주제로 교수님과 이야기를 나눌 기회가 오길 바랍니다. 우리에게는 굉장한 시너지를 일으킬 가능성이 있습니다. 언젠가 함께 협력할 일들이 있으리라 확신합니다.

건투를 빌며, 펑

장펑, Ph. D.

브로드 연구소 핵심 멤버

만약 이네크가 순순히 따랐다면 논문이 더 빨리 나왔을지 다우드나에게 물은 적이 있다. 실험은 늦게 끝냈더라도 출간 시점은 장이나 처치와 비기거나 심지어 앞설 수도 있지 않았을까? "그렇게 되긴 힘들었을 거예요." 다우드나는 대답했다. "제 생각엔 그래요. 우리는 마지막 순간까지 실험을 하고 있었거든요. 마르틴은 논문에 실은 데이터를 세 번씩 반복해서 검증하고 싶어 했어요. 물론 더 빨리 투고했다면 좋았겠지만, 아마 그러지 못했을 겁니다."

다우드나 팀은 장과 처치가 인간 세포에서 더 잘 작동한다고 밝혀낸 연장된 가이드 RNA를 사용하지 않았다. 또한 처치의 논문과 달리 편집의 정확성을 높이는 상동 재조합 수리에 필요한 주형도 포함시키지 않았다. 그럼에도 이들은 세포를 다뤄본 적 없는 생화학 랩에서조차 크리스퍼-Cas9 시스템을 시험관으로부터 인간 세포로 빠르게 옮길 수 있다는 사실을 증명해냈다. "이 논문에서 우리는 Cas9을 발현시켜 인간의 세포핵 안에서 기능하게 할 수 있음을 보인다." 다우드나는 논문에 이렇게 밝혔다. "이러한 결과는 인간 세포에서 RNA 프로그래밍을 통한 게놈 편집의 가능성을 증명한다."[7]

아인슈타인의 상대성이론, 벨 연구소의 트랜지스터 같은 몇몇 위대한 발견과 발명은 개인의 독자적인 성과로 꼽힌다. 그러나 마이크로칩이나 크리스퍼를 이용한 인간 세포 편집 기술을 비롯한 다른 많은 발명은 많은 집단에 의해 동시에 이루어졌다.

다우드나의 논문이 《e라이프》에 게재된 2013년 1월 29일, 크리스퍼-Cas9이 인간 세포에서 작동함을 밝혀낸 네 번째 논문이 출간되었다. 한국 기초과학연구원의 김진수 연구 팀이 쓴 논문이었다. 김진수 박사는 다우드나와 꾸준히 연락을 주고받았으며 그의 2012년 6월 논문이 연구의 근간이 되었다고 인정한다. "교수님의 《사이언스》 논문 덕분에 이 프로젝트를 시작하게 되었습니다." 그가 그해 7월 다우드나에게 보낸 이메일의 내용이다.[8] 한편 같은 날 출간된 다섯 번째 논문에서, 한인 2세인 하버드의 케이스 정은 크리스퍼-Cas9을 사용해 제브라피시 (zebrafish)의 배아를 유전적으로 조작한 사례를 보였다.[9]

다우드나가 장과 처치에 몇 주 뒤처지긴 했지만, 크리스퍼-Cas9으로 동물세포의 게놈을 편집한 다섯 편의 논문이 모두 2013년 1월에 나왔다는 사실은 일단 시험관에서 이 시스템의 작동이 확인된 이상 동물세포에 적용하는 것은 시간문제였다는 주장에 힘을 실어준다. 장의 주장처럼 그것이 어려운 과정이었든, 아니면 다우드나의 주장처럼 당연한 수순이었든, 쉽게 프로그래밍할 수 있는 RNA 분자를 사용해 특정 유전자를 수정할 수 있게 된 것은 인류에게 새로운 시대를 향한 진일보였다.

로저 노백, 제니퍼 다우드나, 에마뉘엘 샤르팡티에

28장

회사를 세우다

스퀘어댄스

크리스퍼 유전자 편집 논문이 쏟아지기 몇 주 전인 2012년 12월, 다우드나는 하버드 연구실에서 자신의 동업자인 앤디 메이와 조지 처치의 만남을 주선했다. 메이는 옥스퍼드에서 공부한 분자생물학자이자 2011년 다우드나가 레이철 하우어비츠와 설립한 생명공학 회사인 카리부 바이오사이언스의 과학 자문으로, 크리스퍼 기반 유전자 편집 기술을 의학에 접목하는 사업의 가능성을 모색하던 참이었다.

다우드나가 샌프란시스코의 세미나에 참석하고 있는데, 메이가 처치와의 회의 결과를 보고하기 위해 연락해 왔다. "이따 밤에 통화해도 될까요?" 다우드나는 메시지를 보냈다.

"좋아요, 하지만 꼭 오늘 얘기해야 합니다." 메이의 대답이었다.

버클리로 돌아가는 자동차 안에서 메이에게 연락하자 그가 말했다. "바쁜 거 아니죠? 일단 어디 앉아서 내 말 들어요"

"앉아 있어요. 지금 운전해서 집으로 가는 중이에요." 다우드나가 대답했다.

"음, 흥분해서 차선을 벗어나면 안 돼요." 메이가 말했다. "정말 믿기지 않는 회의였어요. 조지가 그러는데, 굉장히 놀라운 발견이 될 거라더군요. 자기 유전자 편집의 연구 방향을 완전히 크리스퍼로 돌리고 있대요!"[1]

크리스퍼의 잠재력에 대한 흥분 속에 주전 선수들 모두가 크리스퍼를 상업화하여 의료용으로 개발하고자 하는 목적으로 이합집산을 시작했다. 다우드나와 메이는 처치와 함께 회사를 세우기로 마음먹고 가능하다면 몇몇 다른 크리스퍼 개척자들을 영입하기로 했다. 그리하여 2013년 1월, 하우어비츠가 처치와의 두 번째 회의를 위해 메이와 함께 보스턴으로 향했다.

덥수룩한 수염과 세련된 기벽 덕에 여전히 과학계의 유명 인사로 자리매김하고 있던 처치는 회의 날에도 정신이 온통 다른 곳에 가 있었다. 독일 주간지 《슈피겔》과의 인터뷰 중 네안데르탈인의 DNA를 대리모의 난자에 이식해 네안데르탈인을 부활시킬 가능성에 대해 언급한 직후라 타블로이드지 기자들에게서 걸려 오는 전화가 끊이질 않았다.[2] 그러나 마침내 그가 집중해서 회의에 임하자, 한 시간 만에 계획이 잡혔다. 그들은 에마뉘엘 샤르팡티에와 장펑, 그리고 몇몇 최고 벤처 투자가와 함께 대규모 컨소시엄을 구성하기로 결정했다.

한편 샤르팡티에 역시 자기 나름대로 창업의 계획을 세우고 있었다. 2012년 초, 샤르팡티에는 로저 노백에게 연락했다. 록펠러 대학과 멤피스 대학에서 연구원으로 있을 당시 샤르팡티에의 연인이었으나 결국 오랜 연구 파트너이자 가까운 친구로 남은 인물이다. 당시 그는 파리의 사노피라는 제약 회사에서 근무하고 있었다.

"크리스퍼에 대해서 어떻게 생각해?" 샤르팡티에가 물었다.

"갑자기 무슨 말인데?" 노백이 되물었다.

샤르팡티에의 연구 결과를 검토하고 사노피에 있는 몇몇 동료들에게 자문을 구한 끝에, 노백은 창업과 관련해 긍정적인 결론을 내렸다. 그는 친한 친구이자 벤처 투자가인 숀 포이와 함께 밴쿠버섬 북부로 서핑 여행을 떠나 사업 전망을 논의했다(그들 중 서핑을 할 줄 아는 사람은 없었다). 한 달 뒤, 조사를 마친 포이는 되도록 빨리 일을 진행시키자며 노백을 독촉했다. "회사부터 그만둬." 노백은 결국 사노피에 사표를 냈다.[3]

2013년 2월, 모든 주전 선수들을 한자리에 결집시키는 브런치 회의가 잡혔다. 장소는 MIT 근처 벽돌 공장을 개조한 '블루 룸'이라는 식당. 노바티스, 바이오젠, 마이크로소프트의 기업 연구 센터, 브로드 연구소 및 화이트헤드 연구소 같은 비영리 기관, 국립교통시스템센터 같은 연방 기금 지원 기관 등 기초과학을 수익성 있는 응용 분야로 확장한 대표적인 기관들이 들어선 케임브리지의 켄들 스퀘어에 자리 잡은 곳이었다.

브런치에는 다우드나와 샤르팡티에, 처치, 그리고 장이 초대되었다. 마지막 순간 장이 참석을 취소했지만 처치는 회의를 강행했다. "서둘러 회사를 세워야 합니다. 할 수 있는 일이 정말 많아요." 그가 말했다. "정말 믿을 수 없이 강력한 도구입니다."

"얼마나 커질 것 같아요?" 다우드나가 물었다.

"제니퍼, 지금 내가 말할 수 있는 건, 해일이 몰려오고 있다는 것뿐이에요." 처치의 대답이었다.[4]

비록 과학적인 면에서 서로 멀어지고 있었지만, 다우드나는 샤르팡티에와 함께 일하고 싶었다. "몇 시간씩 통화하면서 조지와 함께 공동 창업자가 되자고 설득했어요." 다우드나의 말이다. "하지만 샤르팡티에는 보스턴 사람들과 일하고 싶어 하지 않았어요. 신뢰하지 않는 것 같더라고요. 결국엔 그녀가 옳았죠. 그때 나는 몰랐거든요. 그저 그 사람들이 하는 말을 다 믿고 싶었어요."

처치 역시 샤르팡티에와의 동업에 썩 적극적인 태도를 보이지 않았다. "샤르팡티에 쪽과 힘을 합치는 게 조심스러웠습니다. 결국 우리가 샤르팡티에와 함께하지 않은 건 그의 애인이 회사 CEO가 되길 원했기 때문이었어요. 그대로 그를 대표 자리에 앉혀버리는 건 말도 안 되는 얘기였죠. CEO는 절차에 따라 선출되어야 했고, 그렇게만 한다면 기꺼이 그와 함께할 생각이었습니다. 전 협조적인 성격이거든요. 하지만 제니퍼가 반대 이유를 댔고, 나도 거기에 동의했죠." (사실 당시 노백과 샤르팡티에는 더 이상 연인 사이가 아니었다.)[5]

앤디 메이 역시 다우드나가 마련한 자리에서 노백과 포이를 만난 뒤 부정적인 반응을 보였다. "꽤나 강경하게 나오더라고요." 메이가 샤르팡티에의 두 사업 파트너에 대해 말했다. "자기들이 알아서 처리할 테니 우리는 물러나 있으라는 식이었죠."[6]

공정하게 말하면, 노백과 포이는 둘 다 기업에 몸담은 경험이 있으며 자신들이 하는 일에 대해 잘 아는 사람들이었다. 결국 이들은 다우드나-처치 그룹과의 협상을 중단하고, 대신 샤르팡티에와 함께 독자적으로 '크리스퍼 테라퓨틱스(CRISPR Therapeutics)'라는 회사를 설립했다. 설립 당시 크리스퍼 테라퓨틱스는 스위스에 기반을 두었으나 이후 미국 매사추세츠 케임브리지로 본사를 옮겼다. "당시에는 투자금을 모으기가 쉬웠어요. 특히 크리스퍼 관련 사업이라고 하면 말이죠." 노백의 말이다.[7]

2013년, 경쟁 관계임에도 다우드나와 장이 한동안 사업상의 협력자나 동업자가 되려는 듯 여겨지던 시기가 있었다. 2013년 2월 블루 룸에서의 브런치 모임에 참석하지 못한 장은 다우드나에게 이메일을 보내 뇌와 관련된 주제로 공동 연구를 제안했다. 뇌는 장의 오랜 관심사였다. "부엌에 있는 책상에 앉아 스카이프로 장을 만났던 기억이 나요." 다우드나의 말이다.

그해 봄 학회 참석차 샌프란시스코에 온 장은 버클리의 클레어몬트 호텔에서 마침내 다우드나를 만났다. "지식재산권과 관련하여 모두가 이용할 수 있는 일종의 청정 분야를 만들자는 합의가 중요하다고 보았기 때문에 제니퍼를 만나 얘기하고 싶었습니다." 장이 말했다. 그는 버클리의 지식재산권과 잠재적 특허를 브로드 연구소와 하나로 묶고 싶었다. 그러면 사용자들이 크리스퍼-Cas9 시스템의 라이선스를 쉽게 받을 수 있을 터였다. 장은 다우드나가 그 제안을 호의적으로 받아들였다고 생각했고, 그래서 랜더가 다우드나에게 전화해 특허 풀(특허에 대한 공동의 이익을 목적으로 결성한 단체—옮긴이) 결성에 대해 떠보았다. "이튿날 에릭이 저에게 샌프란시스코까지 다녀온 보람이 있다고, 우리의 동맹이 굳건해진 것 같다고 하더군요."

하지만 정작 다우드나는 뭔가 꺼림직했다. "펭에게서 좋은 느낌을 못 받았어요. 펭은 솔직하지 않았어요. 실제로 특허를 출원할 때도 의뭉스럽게 행동했죠. 그런 게 저와는 잘 맞지 않았어요."

그래서 다우드나는 버클리가 샤르팡티에와 공동으로 관리하던 자신의 지식재산권에 대한 독점 사용권을 카리부 바이오사이언스에 몰아주고 브로드 연구소와는 협력하지 않기로 결정했다. 장은 다우드나가 "사람을 신뢰하는 데 어려움을 느낀 나머지" 제자이자 카리부의 공동 창업자인 하우어비츠에게 지나치게 의존했다고 말한다. "레이철은 좋은 사람이고 똑똑하지만 회사의 대표감은 아니었어요. 기술을 개발하는 일은 훨씬 노련한 사람이 맡아야 합니다."

크리스퍼-Cas9에 대한 지식재산권을 두고 특허 풀을 만들지 않기로 한 결정은 역사적인 특허 전쟁의 포문을 열고, 더하여 이 기술의 쉽고 광범위한 사용 허가를 방해하게 되었다. "이제 와서 말이지만 과거로 돌아간다면 다른 식으로 특허를 냈지 싶어요." 다우드나의 말이다. "크리스퍼 같은 플랫폼 기술을 가진 경우, 가능하면 이를 광범위하게 제공하는 방식으로 특허를 내는 편이 좋으니까요." 다우드나는 지식재산권에 대한 전문 지식이 없었고, 그녀가 소속된 대학 역시 미숙하긴 매한가지였다. "속담에서 말하듯 '장님이 장님을 이끄는' 꼴이었죠."

에디타스 메디신

지식재산권을 두고 브로드 연구소와 협력하여 특허 풀을 형성하고 싶지는 않았어도, 자신과 브로드 연구소의 잠재적 특허에 대한 라이선스를 모두 허가하는 크리스퍼 기반 회사를 공동으로 설립할 의향은 아직 남아 있었다. 그래서 2013년 봄과 여름 내내 다우드나는 여러 차례 보스턴을 오가며 처치와 장을 포함한 투자자 및 과학자들과 함께 회사 설립 과정을 조율했다.

6월 초 어느 날 저녁, 하버드 찰스강을 따라 조깅을 하던 다우드나는 잭 쇼스택 밑에서 RNA를 연구하던 시절을 떠올렸다. 자신의 연구가 영리 벤처로 이어지리라곤 꿈에도 생각지 못하던 시절이었다. 그때만 해도 이는 하버드 정신이 용납하는 일이 아니었기 때문이다. 이제 하버드는 변했고, 그 자신도 변했다. 사람들에게 직접적인 영향을 주고 싶다면,

회사를 세우는 것이 크리스퍼라는 기초과학을 임상적 응용 기술로 전환하는 가장 좋은 방법이었다.

여름 내내 협상이 지연되면서 회사 설립 문제로 스트레스를 받은 다우드나는 점점 지쳐갔다. 몇 주에 한 번씩 샌프란시스코와 보스턴을 오가는 것도 보통 일이 아니었다. 그러나 무엇보다 힘든 점은 샤르팡티에냐, 아니면 처치와 장이냐를 결정해야 하는 상황이었다. "어떤 게 옳은 결정인지 모르겠더라고요. 내가 신뢰하는 사람들이자 회사 경영 경험이 있는 버클리의 지인들은 당연히 보스턴 사람들과 일하라고 했어요. 사업 수완이 더 뛰어나다고요."

그 전까지 다우드나는 생전 아파본 적이 없는 사람이었다. 그러나 2013년 여름에는 극심한 통증과 고열에 시달렸다. 아침이면 관절이 말을 듣지 않고, 움직이는 것조차 힘들 때도 있었다. 의사 몇 명을 찾은 그는 희귀 바이러스에 감염되었거나 자가면역질환에 걸린 것 같다는 진단을 받았다.

통증은 한 달 뒤에 사라졌다가 그해 늦여름 아들과 디즈니랜드에 갔을 때 재발했다. "앤디와 둘이 갔는데, 매일 아침 호텔에서 일어날 때마다 온몸이 다 아팠어요. 앤디를 깨우고 싶지 않아서 욕실로 들어가 문을 닫고 보스턴 사람들과 통화했죠." 그는 스트레스가 신체에 얼마나 큰 영향을 주는지 새삼 깨달았다.[8]

그러나 결국 다우드나는 여름이 끝나 무렵 보스턴의 남자들과 합의에 도달할 수 있었다. 다우드나, 장, 처치를 주축으로 하는 연합 그룹이었다. 서드 록 벤처스, 폴라리스 파트너스, 플래그십 벤처스 등 보스턴에 기반을 둔 투자 회사들에서 초기 투자금으로 4000만 달러 이상을 제공했다. 회사는 총 다섯 명의 과학자를 공동 설립자로 구성하기로 하고 크리스퍼를 연구해온 다른 두 명의 실력 있는 생물학자인 케이스 정과 데이비드 류를 합류시켰다. "우리 다섯이 모이니 드림 팀이 따로 없었죠." 처치의 말이다. 이사회에는 일부 유명 과학자들과 메이저 투자 회사 세 곳에서 온 대표들이 포함되었다. 이사회 구성원 대부분에 대해서는 합의가 이루어졌지만, 처치는 끝내 에릭 랜더의 선출을 거부했다.

이렇게 2013년 9월 '젠진(Gengine)'이 설립되었다. 그리고 두 달 뒤 그들은 회사명을 '에디타스 메디신(Editas Medicine)'으로 바꾸었다. "우리는 근본적으로 어떤 유전자도 겨냥할 수 있는 능력을 보유했습니다." 첫 몇 달간 회장 대행을 맡은 폴라리스 파트너스 회장 케빈 비터먼은 이렇게 천명했다. "유전적 원인을 가진 어떤 질환도 우리의 사정권 안에 있습니다. 우리는 오류를 해결할 수 있습니다."[9]

다우드나, 그만두다

그러나 불과 몇 개월 뒤, 심리적 불편함과 스트레스가 다시 시작되었다. 다우드나는 동업자들, 특히 장이 뒤에서 일을 꾸미고 있다는 느낌을 받았고, 이 불길한 예감은 2014년 1월 J. P. 모건이 개최한 샌프란시스코 의학 학술 대회에서 실체가 드러나기 시작했다. 에디타스의 몇몇 경영진과 함께 보스턴에서 날아온 장은 잠재적 투자자들과 몇 차례 회의를 가지며 다우드나를 초청했다. 다우드나는 회의실에 들어서는 순간 뭔가 불편한 기미를 느꼈다. "펑의 행동과 몸짓이 어딘가 달라졌다는 걸 바로 눈치챘죠. 그는 더 이상 나의 동료가 아니었어요."

다우드나가 한쪽에 서서 지켜보는 동안, 회의실의 남성들은 장 주위에 몰려들어 마치 회장님 대하듯 그를 받들었다. 장은 크리스퍼 유전자 편집의 '발명가'로 소개된 반면 다우드나는 일개 과학 자문인 조연으로 취급되었다. "전 차단되고 있었어요." 다우드나의 말이다. "지식재산권과 관련된 일이 분명한데 나에게는 말해주지 않더라고요. 뭔가 진행 중이었던 거죠."

이윽고 다우드나는 놀라운 소식을 들었고, 그제서야 왜 여태껏 장이 자신을 어둠 속에 가두고 있다는 불안감이 들었는지 이해할 수 있었다. 2014년 4월 15일, 다우드나는 한 기자의 이메일을 받았다. 장과 브로드 연구소가 크리스퍼-Cas9으로 특허를 따낸 사실에 대해 어떻게 생각하느냐는 내용이었다. 다우드나와 샤르팡티에의 특허출원은 여전히 미결 상태였는데, 그보다 나중에 신청한 장과 브로드 연구소 측에서 따로 비용을 지불하고 신속 심판을 진행했던 것이다. 적어도 다우드나에게는 장과 에릭 랜더가 역사에서, 그리고 크리스퍼-Cas9의 상업적 사용에서도 자신과 샤르팡티에를 마이너로 강등시키려 했다는 사실이 분명해진 셈이었다.

바로 이것이 장과 에디타스의 많은 동료들이 비밀스러워 보였던 이유임을 그녀는 알게 되었다. 보스턴 금융가 사람들이 장을 '발명가'라고 부르지 않았던가. "몇 달 전부터 다들 알고 있었어." 다우드나는 혼잣말을 했다. "그리고 결국 특허가 등록되었지. 그 사람들은 나를 완벽하게 배제했고, 내 등에 칼을 꽂았어."

다우드나가 보기에 그러한 사람은 장뿐만이 아니었다. 보스턴의 생명공학 기업들과 금융계를 지배하는 패거리들도 똑같은 이들이었다. "보스턴 사람들은 모두 이렇게 저렇게 서로 연결되어 있었어요. 에릭 랜더는 서드 록 벤처스의 자문 위원이었고, 브로드 연구소도 에디타스로부터 지분을 받았죠. 그리고 펑이 발명가의 자리를 지키는 한 엄청난 돈을 벌 수 있는 라이선스 협약이 있었고요." 이 일로 다우드나는 병을 얻었다.

그렇지 않아도 그는 몹시 지쳐 있었다. 에디타스 회의에 참석하기 위해 한 달에 한 번씩 보스턴을 오가야 했던 탓이다. "정말 고된 일정이었어요. 이코노미 클래스 좌석에 앉아 다섯 시간을 꼼짝 않고 있다가 아침 7시에 공항에 도착하면 유나이티드 클럽에서 샤워하고 옷을 갈아입은 다음 에디타스로 가서 회의에 참석하고, 종종 처치한테도 들러서 연구에 대한 이야기를 나눈 뒤 오후 6시 비행기를 타고 캘리포니아로 돌아왔으니까요."

결국 다우드나는 손을 떼기로 했다.

다우드나는 자신이 서명한 계약에서 빠져나올 방법에 대해 변호사와 논의했다. 그러느라 시간이 좀 걸렸지만, 마침내 그해 6월에는 에디타스 대표에게 사임 의사를 밝히는 이메일 초안을 작성할 수 있었다. 다우드나가 회의 참석차 독일에 머물던 시기라, 문서 작업은 변호사와의 통화로 마무리되었다. "좋아요, 이제 보내도 좋습니다." 변호사가 마지막으로 몇 가지 사항을 수정한 뒤 다우드나에게 말했다. 다우드나가 '전송' 버튼을 눌렀을 때 독일은 저녁이었고 보스턴은 오후 시간이었다. "몇 분 만에 전화벨이 울릴지 궁금했는데, 5분도 채 되지 않아 에디타스 대표가 전화를 걸어 오더라고요."

"무슨 말씀입니까? 사임하신다니, 말도 안 됩니다." 그가 말했다. "무슨 문제라도 있는 겁니까? 왜 이러시는 거예요?"

"나한테 무슨 짓을 했는지는 당신이 더 잘 알잖아요." 다우드나가 대답했다. "그만두겠어요. 뒤에서 뒤통수나 치는 믿지 못할 사람들과 함께 일할 수 없습니다. 당신도 마찬가지예요."

에디타스 대표는 장의 특허출원에 관여한 사실을 부인했다. "잘 들어요." 다우드나는 그에게 말했다. "당신 말이 사실일 수도, 아닐 수도 있지만 다 상관없어요. 난 더 이상 이 회사 사람이 아니니까. 끝냅시다."

"주식은 어쩌고요?"

"상관없어요." 다우드나가 쏘아붙였다. "당신은 이해 못 하겠지만, 나는 돈 때문에 이 일을 한 게 아니에요. 그렇게 알았다면 나를 완전히 잘못 본 겁니다."

이 일을 회고할 때, 그처럼 화가 난 다우드나의 모습을 나는 처음 보았다. 평소의 침착한 말투는 온데간데없었다. "그는 모르쇠로 일관했지만, 말도 안 돼요. 다 헛소리죠. 하나같이 거짓말쟁이들이었어요. 물론 오해였을 수도 있지만, 어쨌든 난 그렇게 느꼈어요."

장을 포함해 회사의 모든 공동 창립자들이 재고를 요청하는 이메일을 보내왔다. 그들은 보상을 제안했고, 잘못된 것을 바로잡기 위해서라면 무엇이든 하겠다고 말했다. 다우드나는 거절했다.

"그만두겠습니다."

그러자 이내 기분이 나아졌다. "큰 짐을 어깨에서 내려놓은 느낌이었어요."

이 상황을 처치에게 알리자, 처치는 다우드나가 원하면 자신도 함께 그만두는 방법을 고민해보겠다고 했다. "일요일에 집에서 조지와 통화했어요." 다우드나의 말이다. "그가 자신의 사임에 대해 모호하게 언급한 건 사실이지만, 어쨌든 결국에는 그만두지 않았죠."

나는 처치에게 다른 설립자들에 대한 다우드나의 불신이 합리적인 태도였는지 물었다. "그들은 뒤에서 모의했고, 다우드나에게 아무 얘기 없이 특허를 출원했어요." 처치 또한 인정했지만, 그러면서도 다우드나가 그 정도로 놀랄 일은 아니었다고 덧붙였다. 장은 그저 자기 이익을 도모했을 뿐이라는 얘기였다. "아마 장은 변호사들에게 자신이 무엇을 하고 어떻게 말해야 할지 알려달라고 했을 겁니다. 나는 그 사람들이 왜 그랬는지 이해해보려고 노력했어요." 장과 랜더를 포함한 모든 이들의 행동은 예측 가능한 것이었을지도 모른다. "생각해보면, 모두가 예상대로 행동했죠."

그렇다면 왜 처치는 그만두지 않았을까? 이 질문에 처치는 논리적인 관점에서 그들의 처신은 놀랄 일이 아니며, 따라서 그 이유로 그만둔다는 것 역시 논리에 맞지 않는다고 설명했다. "다우드나와 함께 사임할까도 싶었지만, 다시 생각해봤어요. 그렇다고 뭐가 달라질까? 오히려 그들에게 수익의 나머지를 전부 몰아주는 꼴이 되겠죠. 나는 언제나 사람들에게 침착하라고 충고합니다. 오래 숙고한 끝에, 조금 차분해지자는 결론을 냈어요. 이 회사가 성공하는 걸 보고 싶기도 했고요."

에디타스를 떠난 직후, 다우드나는 학회에서 샤르팡티에를 만나 그간의 사정을 설명했다. "그것참 흥미롭군요." 그러고서 샤르팡티에는 이런 제안을 내놓았다. "그럼 크리스퍼 테라퓨틱스와 함께하지 않을래요?" 크리스퍼 테라퓨틱스는 샤르팡티에가 노백과 함께 설립한 회사였다.

"이해할지 모르겠지만, 꼭 이혼하는 기분이에요." 다우드나는 대답했다. "기다렸다는 듯이 바로 다른 곳과 얽혀도 될지 잘 모르겠네요. 아무래도 난 회사하고는 연이 없는 것 같아요."

몇 개월이 지나 다우드나는 믿을 수 있는 파트너이자 자신의 제자, 2011년 함께 카리부 바이오사이언스를 설립했던 레이철 하우어비츠와 함께 일하는 게 가장 마음 편하리라는 결론을 내렸다. 마침 카리부에서는 크리스퍼-Cas9의 상용화를 전담할 '인텔리아 테라퓨틱스(Intellia Therapeutics)'라는 자회사를 등록한 터였다. "저는 인텔리아에 아주 관심이 많았어요. 카리부 팀이 내가 가장 좋아하고 믿고 존경하는 과학자들로 구성한 회사였거든요." 다우드나의 말이다. 여기에는 세 명의 위대한 크리스퍼 선구자인 로돌프 바랑구와 에릭 손테이머, 그리고 과거 장의 공동 연구자였던 루시아노 마라피니가 포함되어 있었다. 모두 뛰어난 과학자들이기도 했지만, 이들에겐 그보다 더 중요한 특징이 있었다. "다들 훌륭한 연구를 하는 사람들이었고, 더 중요하게는 신실하고 정직한 사람들이었어요."[10]

이렇게 크리스퍼-Cas9 선구자들은 세 개의 경쟁사로 나누어졌다. 샤르팡티에와 노백이 만든 크리스퍼 테라퓨틱스가 그 하나요, 장과 처치가 이끄는, 그리고 다우드나가 잠시 몸담았던 에디타스 메디신이 두 번째였고, 마지막으로 다우드나와 바랑구, 손테이머, 마라피니, 하우어비츠가 세운 인텔리아 테라퓨틱스였다.

샤르팡티에와 다우드나

29장
친애하는 친구

소원해진 관계

크리스퍼 테라퓨틱스의 경쟁사와 함께하기로 한 결정은 다우드나와 샤르팡티에의 관계에 드리워 있던 차가운 기류의 결과이자, 또한 이를 더욱 냉각시키는 원인으로 작용했을 것이다. 사실 다우드나로서는 샤르팡티에와의 관계를 유지하기 위해 여러모로 애를 써온 터였다. 그들이 처음 함께 일하기 시작했을 때의 목표 중 하나는 Cas9의 결정을 만들어 구조를 파악하는 것이었다. 2013년 말 자신의 연구 팀이 이 과제에 성공했을 때, 다우드나는 샤르팡티에에게 논문의 공동 저자로 이름을 올리겠는지 물었다. 자신이 다우드나에게 그 프로젝트를 주었다고 생각하던 샤르팡티에는 좋다고 했다. 이네크는 심히 못마땅해했지만 다우드나는 그렇게 하기로 했다. "저는 샤르팡티에에게 호의를 보여주려고 정말 노력했어요. 솔직히 말하면 과학적으로나 개인적으로나 계속 관계를 유지하고 싶었거든요."[1]

과학자로서 동반 관계를 유지하기 위한 한 가지 방법으로, 2014년 다우드나는 샤르팡티에에게 《사이언스》에 보낼 리뷰 논문을 함께 쓰자고 제안했다. 새로운 발견을 보고하는 '연구 논문'과 달리 '리뷰 논문'은 특정 주제에 관한 근래의 발전 과정을 총망라하여 요약하는 논문이다. 다우드나가 제안한 논문의 제목은 「크리스퍼-Cas9과 함께하는 게놈 공학의 새 지평」이었다.[2] 다우드나가 초안을 썼고, 샤르팡티에가 다듬고 편집했다. 이 협업이 둘 사이에 생길지 모를 균열을 땜질하는 데 도움을 주었다.

그럼에도 두 사람은 소원해지기 시작했다. 샤르팡티에는 다우드나와 함께 크리스퍼 시스템을 인간에 적용하는 방식을 탐색하기보다 초파리와 박테리아 연구에 매진하고 싶다고 말했다. "전 도구를 찾는 것보다는 기초적인 연구를 더 좋아하거든요." 샤르팡티에의 말이다.[3] 하지만 둘 사이에 형성된 긴장에는 보다 근본적인 이유가 있었다. 다우드나는 자신이 크리스퍼-Cas9의 동등한 공동 발견자라 여긴 반면, 샤르팡티에는 프로젝트 막바지에 자기가 다우드나를 끌여들였다고 생각했기 때문이다. 그래서 샤르팡티에는 종종 "내 연구"라는 표현을 써가며 다우드나를 부차적인 협력자로 지칭하곤 했는데, 언젠가부터 다우드나가 언론과 독자적으로 인터뷰를 하고 크리스퍼-Cas9의 새로운 연구를 추진하며 세상의 주목을 받게 된 것이다.

샤르팡티에의 소유 의식을 전혀 이해할 수 없는 다우드나로서는 따뜻하고 느긋해 보이는 그녀의 태도 뒤에 서린 냉랭한 기운에 당혹스러울 뿐이었다. 계속해서 두 사람이 함께 일할 방법을 제시했지만, 그때마다 샤르팡티에는 "정말 좋은 생각이네요"라고 대답하면서도 적극적으로 나서지 않았다. "전 공동 연구를 이어나가고 싶었지만, 에마뉘엘의 생각은 다른 것 같았어요." 다우드나는 아쉬운 목소리로 회고했다. "절대로 먼저 제안하지는 않더라고요. 결국 그냥 자연스럽게 멀어졌죠." 마침내 다우드나도 한계를 느꼈다. "수동적 공격을 당하는 느낌이 들었어요. 답답하기도 하고, 마음도 아팠죠."

두 사람 사이에는 매스컴의 관심을 받아들이는 태도에 관한 문제도 있었다. 시상식이나 학회에서 만날 때, 특히 사진 촬영을 하거나 언론이 다우드나를 주목할 때면 샤르팡티에는 은근히 다우드나를 업신여기거나 놀리는 듯한 태도로 상황을 어색하게 만들곤 했다. 다우드나의 숙적인 브로드 연구소의 에릭 랜더에 따르면, 샤르팡티에는 다우드나가 받는 언론의 관심에 분노했다고 한다.

로저 노백은 다우드나를 갈채에 익숙한 미국인으로 보았고, 친구인 샤르팡티에는 보다 적절하게 말을 아끼는 파리인이라며 옹호했다. 인터뷰를 많이 하라고, 심지어 언론을 다루는 방법을 연습해야 한다고 샤르팡티에를 다그치기도 했지만, 이후 노백은 이렇게 말했다. "개인의 성향 차이죠. 한 사람은 미 대륙의 웨스트코스트 사람이고, 다른 한 사람은 유럽 대륙의 프랑스인이자, 매체에 이름을 알리는 것보다 과학에 집중하는 연구자라는 얘깁니다."[4]

하지만 그의 말이 전적으로 옳은 것은 아니다. 비록 공인의 자리를 어색해하지 않고 인정을 받으면 우쭐해지기도 했으나, 다우드나는 적극적으로 유명세를 좇는 사람이 아니었다. 게다가 세간의 관심과 수상을 반드시 샤르팡티에와 공유하려고 애썼다. 로돌프 바랑구는 샤르팡티에 쪽에 책임을 돌린다. "에마뉘엘은 사람들을 불편하게 만들어요. 사진을 찍을 때도 그렇고, 공개 석상에 나가기 전 대기실에서도 마찬가지죠. 자신의 공을 남과 나눌 생각이 별로 없는 듯 보여 당황스러울 때도 있습니다. 제니퍼는 에마뉘엘과 영광을 함께 나누고 심지어 지나치게 보상하려 했지만, 정작 에마뉘엘이 이를 거부하거나 저항하는 것 같았어요."[5]

두 사람의 스타일은 음악 취향을 포함해 많은 방식에서 차이가 났다. 한번은 이들이 함께 수상하는 시상식을 앞두고 무대에 오를 때 연주될

곡을 고르게 되었는데, 다우드나는 빌리 홀리데이의 재즈 스타일 곡인 〈온 더 서니 사이드 오브 더 스트리트(On the Sunny Side of the Street)〉를 선택한 반면 샤르팡티에는 프랑스 일렉트로니카 듀오인 대프트 펑크의 테크노펑크 음악을 선택했다.[6]

무엇보다 두 사람 사이에서 불거진 실질적인 문제는 따로 있었으니, 역사가라면 익히 알 만한 이야기다. 어느 역사적인 사건에서든, 등장인물들은 스스로의 역할을 다른 이들이 생각하는 것보다 다소 높이 평가하는 경향이 있다. 이는 일상에서도 다르지 않다. 예컨대 우리는 토론에서 자신이 얼마나 크게 기여했는지 생생하게 기억하지만, 다른 사람의 기여도에 대해서는 모호하게 떠올리거나 기여도를 최소화하는 경향이 있다. 샤르팡티에의 입장에서 보자면, 이 크리스퍼 스토리에서 그녀는 Cas9으로 일한 최초의 연구자이자, 그 구성 요소를 찾아낸 다음 다우드나를 프로젝트에 끌어들인 사람이었다.

가령 이 이야기에 꾸준히 등장하는 tracrRNA의 경우도 그랬다. tracrRNA는 Cas9을 타깃으로 안내하는 crRNA를 생성할 뿐 아니라, 다우드나와 샤르팡티에가 2012년 논문에서 보였듯이 그 이후에도 남아서 크리스퍼-Cas9 복합체가 DNA를 절단하는 데 있어 필수적인 역할을 수행한다. 논문이 발표된 이후 샤르팡티에는 이따금씩 자신이 다우드나와 공동 연구를 시작하기 전인 2011년에 이미 tracrRNA의 기능을 알고 있었다는 식으로 말하곤 했다.

다우드나는 그러한 태도에 불편함을 느끼기 시작했다. "샤르팡티에의 최근 강연이나 슬라이드를 보면, 마치 우리가 공동 연구를 시작하기 전부터 이미 tracrRNA의 중요성을 알았다는 듯 얘기하라는 변호사의 지시를 받은 것 같아요. 하지만 그건 솔직하지 못한 얘기고, 사실도 아니죠." 다우드나의 말이다. "샤르팡티에 자신의 선택인지, 아니면 변호사가 시키는 대로 움직이는 것인지 저로서는 알 수 없어요. 어쨌든 그녀는 자신의 2011년 논문과 그 훨씬 후에 밝혀진 사실의 경계를 모호하게 만들고 있어요."[7]

함께 저녁을 먹으며 두 사람 사이가 냉랭해진 이유를 물었을 때 샤르팡티에는 무척 신중한 태도를 보였다. 그는 내가 다우드나를 중심 인물로 책을 쓰고 있다는 걸 알았고, 나를 설득해 초점을 바꾸려고 한 적은 한 번도 없었다. 샤르팡티에는 2011년 3월 자신의《네이처》논문에 tracrRNA의 역할이 완전히 기술되지 않았음을 다소 무심한 태도로 인정하면서도, 다우드나에 대해서는 긴장을 좀 풀고 경쟁심을 좀 거두어야 한다고 웃으며 말했다. "tracrRNA도 그렇고, 누구에게 공이 돌아가야 하느냐는 문제로 그렇게 스트레스를 받을 필요가 없다고 봐요. 다 쓸데없는 일들이죠." 그는 다우드나의 경쟁적인 성격에 대해 이야기하는 내내 미소를 머금었는데, 마치 그러한 성품이 감탄스럽고 흥미롭긴 하지만 한편으로는 격을 떨어뜨린다고 생각하는 듯했다.

2017년 다우드나가 샘 스턴버그와 함께 크리스퍼에 관한 책을 출판하면서 둘 사이의 틈은 더욱 벌어졌다. 다우드나가 이 책에서 1인칭을 사용한 것이 샤르팡티에의 심기를 거스른 것이다. "정작 책은 자기 학생이 거의 다 썼는데도 1인칭으로 기술되었죠." 샤르팡티에의 말이다. "3인칭 시점으로 써야 했어요. 난 수상을 결정하는 사람들과 스웨덴식 사고 방식에 대해 잘 압니다. 그 사람들은 너무 일찍부터 책을 쓰는 걸 좋아하지 않아요." 이렇게 샤르팡티에는 '수상'과 '스웨덴'이라는 단어를 나란히 언급해 세상에서 가장 유명한 그 상을 암시했다.

수상

그럼에도 다우드나와 샤르팡티에를 지속적으로 연결해준 것은 다름 아닌 수상이었다. 두 사람은 한 팀으로써 수상할 가능성이 상당히 높았다. 분야에 따라 100만 달러를 상회하는 상금도 상금이었지만, 수상에는 돈보다도 훨씬 중요한 가치가 있다. 대중과 언론 역사가들은 어떤 중요한 발전에 대한 공로가 누구에게 돌아가야 하느냐를 판단할 때 수상기록을 득점표로 사용하며, 변호사들도 특허 논쟁에 수상을 인용한다.

과학 분야의 주요 상들은 수상자의 수가 정해져 있다. 예를 들어 노벨상은 각 분야에서 최대 세 사람에게 수여한다. 발견에 공헌한 선수들이 모두 반영되지 못하므로 결과적으로 과학의 역사를 왜곡하거나, 특허가 그러듯 과학자들 간 협력 의지를 꺾을 수도 있다.

한편 혁신상(Breakthrough Prize)은 과학 분야에서 가장 큰 상금과 화려한 시상식으로 유명한데, 장이 첫 특허출원으로 한 방을 먼저 날리고 몇 달 뒤인 2014년 11월 다우드나와 샤르팡티에가 생명과학 분야에서 수상하게 되었다. 주최 측은 "고대로부터 진화한 박테리아 면역 메커니즘을 게놈 편집이라는 강력하고 일반적인 기술로 바꾸어놓은 공로"를 수상 이유로 밝혔다.

각 수상자에게 300만 달러가 돌아가는 혁신상은 2013년 러시아의 억만장자이자 페이스북 초기 투자인 유리 밀너와 구글의 세르게이 브린, 23앤드미의 앤 워치츠키, 페이스북의 마크 저커버그에 의해 제정되었다. 과학자들의 열렬한 팬이기도 한 밀너는 과학의 영광을 할리우드의 화려함과 접목한 TV 시상식을 계획했고, 이에 2014년 잡지《배니티 페어》와의 공동 주최로 캘리포니아 마운틴뷰에 위치한 미 항공우주국(NASA)의 에임스 연구센터 우주선 격납고에서 시상식이 개최되었다.

사회자로 배우 세스 맥팔레인과 케이트 베킨세일, 캐머런 디아즈, 베네딕트 컴버배치 등이 참석했고, 크리스티나 아길레라가 히트곡 〈뷰티풀(Beautiful)〉을 불렀다.

바닥까지 끌리는 우아한 드레스 차림으로 무대에 오른 다우드나와 샤르팡티에에게, 캐머런 디아즈와 당시 트위터 CEO였던 딕 코스톨로가 상을 수여했다. 다우드나가 먼저 마이크를 잡아 "과학은 퍼즐을 푸는 과정"이라며 소감을 밝혔고, 이어 샤르팡티에가 몸을 돌려 장난기 있게 디아즈와 다우드나를 가리키며 "영향력 있는 세 여성이 만났다"라고 말을 건넨 뒤 안경을 쓰고 머리가 벗어진 코스톨로를 향해 "찰리가 온 줄 알았다"고 덧붙였다(캐머런 디아즈는 영화 〈미녀 삼총사〉에 출연한 바 있으며, 찰리는 그 영화 속 등장인물이다).

관중석에는 에릭 랜더도 있었다. 그는 전년도 수상자 자격으로 다우드나와 샤르팡티에에게 전화로 수상 소식을 알리는 임무를 담당했다. 브로드 연구소 소장이자 장펑의 멘토인 그는 크리스퍼의 영광을 두고 두 사람과 열과 성을 다해 싸워온 한편, 샤르팡티에와는 약간의 유대감을 형성한 터였다. 다우드나에게 쏟아지는 환호에 대한 분개심을 그와 공유한다고 믿었기 때문이다. 랜더의 말에 따르면, 처음에는 다우드나가 단독으로 혁신상 후보에 올랐다고 한다. 그러나 그가 나서서 다우드나의 기여도는 샤르팡티에와 장, 그리고 맨 처음 박테리아에서 크리스퍼를 발견한 미생물학자들보다 결코 크지 않다고 심사 위원단을 설득했다는 것이다. "제니퍼가 상을 받을 자격이 있다면 그건 크리스퍼가 아니라 RNA 구조 연구에 대한 것이라는 점을 주지시켰죠. 크리스퍼는 많은 이들의 노력이 어우러진 작품이지, 제니퍼 혼자서 만든 게 아니니까요."

끝내 장을 시상대에 세우지는 못했지만, 랜더는 최소한 샤르팡티에가 다우드나와 함께 선정되는 데 크게 한몫했다. 또한 이듬해에는 반드시

장이 수상하리라 믿었다. 그리고 이 예상이 빗나갔을 때, 그는 다우드나가 뒤에서 힘을 썼다며 비난하게 된다.[8]

혁신상 수상자는 각 분야당 두 명으로 제한되지만, 캐나다의 한 재단에서 생물의학 분야에 수여하는 게어드너상(Gairdner Award)의 경우 다섯 명으로 늘어난다. 즉 재단이 크리스퍼를 개발한 이들에게 그 영광을 돌리기로 한 2016년에는 보다 많은 과학자들이 호명되었다는 뜻이다. 다우드나, 샤르팡티에와 더불어 장펑, 그리고 두 명의 다니스코 요거트 연구자인 오르바트와 바랑구가 수상했다. 그러나 여전히 일부 중요한 선수들이 배제되어 있었다. 프란시스코 모히카, 에릭 손테이머, 루시아노 마라피니, 실뱅 무아노, 비르기니유스 식슈니스 그리고 조지 처치가 그들이다.

친구인 처치가 제외되어 속상했던 다우드나는 두 가지 일에 나섰다. 먼저 처치와 처치의 아내이자 하버드 분자생물학 교수인 팅우가 어린 학생들을 대상으로 각자의 유전자에 대해 이해하도록 장려하는 '개인 유전학 교육 프로젝트'에 약 10만 달러의 상금을 기부했다. 또한 다우드나는 두 사람을 시상식에 초대했다. 사실 처치가 초청을 받아들일지는 알 수 없었다. 자신이 수상하지 못한 데다, 무엇보다 턱시도를 입으려 하지 않으려 할 수도 있기 때문이었다. 그러나 그는 흠잡을 데 없이 차려입고 아내와 함께 우아하게 나타났다. "저는 이 기회를 빌려 아주 오랫동안 저에게 영감을 주었던 조지 처치와 팅우의 연구를 기리고 싶습니다." 시상대에서 다우드나는 이렇게 말한 뒤 날카롭게 지적했다. "처치는 크리스퍼 Cas 시스템을 포유류 세포의 유전자 편집에 적용한 공로를 세웠을 뿐 아니라, 유전자 편집 분야에 지대한 영향력을 끼쳐왔습니다."[9]

2018년, 다우드나와 샤르팡티에는 세 번째로 큰 상인 카블리상(Kavli Prize)을 수상함으로써 해트트릭을 완성했다. 노르웨이에서 태어난 미국인 기업가 프레드 카블리의 이름을 딴 이 상은 화려한 시상식과 100만 달러의 상금, 그리고 설립자의 흉상이 찍힌 금메달까지, 노벨상에 필적하는 과시적인 요소들을 자랑한다. 수상자는 총 세 명으로, 심사 위원단은 세 번째 과학자로 비르기니유스 식슈니스를 선정해 그때껏 이 부끄러움 많은 리투아니아인이 누리지 못했던 마땅한 인정을 부여했다. 미국 배우이자 괴짜 과학자인 앨런 알다와 함께 공동으로 시상식을 진행한 노르웨이 배우 하이디 루드 엘링센은 "우리는 생명의 언어를 다시 쓰는 꿈을 꾸었고, 크리스퍼라는 새롭고 강력한 필기도구를 발견했습니다"라며 이들의 성과를 축하했다. 다우드나는 검은색 짧은 드레스를, 샤르팡티에는 긴 드레스를 입었고, 식슈니스는 그날을 위해 맞춘 것으로 보이는 회색 정장 차림이었다. 노르웨이 국왕 하랄 5세로부터 메달을 받은 이들은 팡파르가 울리는 가운데 가볍게 고개를 숙였다.

에릭 랜더

30장
크리스퍼의 영웅들

랜더의 이야기

2015년 봄, 미국을 방문한 에마뉘엘 샤르팡티에는 브로드 연구소의 에릭 랜더 사무실에 들러 그와 함께 점심을 먹었다. 랜더는 샤르팡티에가 낙담해 있었으며, 다우드나가 받고 있는 환호에 분노를 드러냈다고 기억한다. "제가 보기에 샤르팡티에는 다우드나에게 화가 난 것 같았어요." 애초에 박테리아에서 크리스퍼를 찾아내고 기능을 밝혀낸 프란시스코 모히카, 로돌프 바랑구, 필리프 오르바트와 샤르팡티에 자신을 포함한 "미생물학자들보다 다우드나가 더 많이 인정받고 있다고 생각했다"는 것이다.

어쩌면 랜더가 옳았을지도 모르고, 아니면 자신의 적개심을 투영해 샤르팡티에가 막연하게만 느끼고 있던 감정을 부추겼던 건지도 모른다. 랜더는 자신의 뜻에 동의하도록 다른 사람들을 설득하는 데 재주가 있었다. 내가 랜더의 이야기를 전했을 때 샤르팡티에는 쓴웃음과 함께 어깨를 으쓱이더니, 그건 랜더 자신의 기분에 더 가까운 것 같다고 말했다. 하지만 랜더의 말에도 일말의 진실이 있을 것이다. "샤르팡티에는 프랑스인답게 애매한 태도를 취했죠." 랜더의 기억이다.

랜더와 샤르팡티에의 점심 식사는 크리스퍼의 역사에 관해 자세하고 생생하며 잘 정리된, 그리고 논란의 여지가 있는 글의 계기가 되었다. "에마뉘엘과 얘기하면서 이번 기회에 크리스퍼의 기원을 제대로 파헤쳐야겠다고 마음먹었습니다. 원조 선구자임에도 환호받지 못한 이들에게 갈채가 돌아갈 수 있도록 말이죠." 랜더의 말이다. "전 늘 약자의 편에 서는 경향이 있어요. 브루클린에서 자랐거든요."

나는 그에게 다른 동기는 없었는지 물었다. 특허나 수상과 관련해 그의 후배이자 동료인 장펑과 맞붙었던 다우드나와 샤르팡티에의 위상을 깎아내리고 싶은 욕망을 포함해서 말이다. 매사에 거침없는 사람으로서 랜더의 자기 인식은 칭찬할 만하다. 그는 마이클 프레인의 「코펜하겐」을 언급했다. 「코펜하겐」은 제2차 세계대전 당시 닐스 보어를 찾아가 핵폭탄 제조 가능성을 의논한 베르너 하이젠베르크의 저의에 불확정성의 원리를 적용한 희곡이다. "「코펜하겐」에서 그렇듯, 사실 저도 제 동기를 잘 모르겠습니다. 사람이 늘 자기 행동의 이유를 아는 건 아니잖아요." 인물은 인물이다.[1]

랜더의 매력 중 하나는 쾌활하고 의기양양하게 경쟁심을 발휘한다는 점이다. 그런 식으로 그는 장에게 공적을 챙기라고 다그치고, 장의 특허권을 보호하기 위해 소송을 진행했다. 거친 콧수염과 열정이 담긴 눈이 늘 풍부한 표현력을 발휘하며 감정의 변화를 그대로 드러내는 걸 보면, 아마 포커판에서는 가장 만만한 상대일 것이다. 다른 사람들을 설득하려는 그 끈질긴 욕망과 열정이—그를 보면 외교관이자 작가였던 리처드 홀브룩이 떠오른다—그의 경쟁자에게는 몹시 짜증 나겠지만, 덕분에 랜더는 에너지가 넘치는 유능한 리더이자 한 기관의 설립자가 될 수 있었다. 크리스퍼 역사에 관한 랜더의 글은 이 모든 본능의 집합체였다.

2016년 1월, 수 개월에 걸쳐 모든 논문을 읽고 많은 관련 인물들과 전화로 인터뷰한 끝에 랜더는 과학 저널 《셀》에 「크리스퍼의 영웅들」이라는 에세이를 게재했다.[2] 총 8000자에 이르는, 생생하면서도 세부적인 사항에 이르기까지 사실적이고 정확한 글이었다. 그러나 은근히, 가끔은 노골적으로 장을 홍보하고 다우드나의 공을 최소화했기 때문에 격분한 비평가들로부터 왜곡되고 편향되었다는 거센 비난을 받기도 했다. 랜더가 역사를 무기로 만들어버린 셈이었다.

랜더는 프란시스코 모히카로 시작해 지금껏 언급된 여러 선수들이 거쳐온 크리스퍼 연구의 단계별 역사를 개성과 과학이 잘 어우러진 문장력으로 표현했다. 그 과정에서 tracrRNA를 발견한 샤르팡티에의 업적을 설명하고 칭찬한 반면, 2012년 샤르팡티에와 다우드나가 크리스퍼 시스템의 구성 요소를 찾고 역할을 규명한 부분은 빼버린 채 리투아니아인인 식슈니스의 연구와 그가 크리스퍼 논문을 출판하기까지 겪은 어려움에 대해서만 길게 늘어놓았다.

다우드나 차례가 되었을 때 그는 충분한 예의를 갖추어 "세계적으로 유명한 구조생물학자이자 RNA 전문가"라고 언급했지만, 총 67개 문단으로 이루어진 글에서 단 한 문단만을 할애해 다우드나가 샤르팡티에와 연구한 내용을 슬쩍 끼워 넣는 수준에 그쳤다. 이어 장평의 분량이 화려한 문장으로 길게 이어졌음은 말할 것도 없다. 박테리아의 시스템인 크리스퍼-Cas9을 인간 세포에서 구현하는 것이 얼마나 어려운 일인지 강조하면서, 장의 2012년 초 연구에 대해 별다른 인용도 없이 상세히 설명한 것이다. 물론 다우드나가 인간 세포에서 크리스퍼-Cas9을 작동시킨 2013년 1월 논문에 대해서는 "처치의 도움을 받아"라는 비수 같은 문장으로 간단히 처리했다.

어쨌거나 랜더가 쓴 글의 주제는 중요하고 정확했다. "과학에서의 큰 도약은 대부분 유레카의 순간이 아니다." 그는 이렇게 결론을 내렸다. "과학자들은 10년 이상 함께 공연한 앙상블 극단과 같으며, 그 등장인물 각각은 혼자서 이루어낼 수 없는 더 위대한 과업의 일부가 된다." 그러나 이러한 부드러움 속에는 다우드나의 역할을 보잘것없게 만들고자 하는 숨은 목적이 있었다. 이 글을 게재한 《셀》은, 학술지로는 이례적으로 랜더의 브로드 연구소가 다우드나 팀과 특허를 두고 경쟁 중이라는 사실을 밝히지 않았다.

다우드나는 온라인에 간단한 논평만 남겼을 뿐, 공개적인 반응을 아꼈다. "우리 랩의 연구, 그리고 우리와 다른 연구자들 간의 관계에 대한 설명은 부정확하다. 저자는 출간 전 이에 대해 확인 절차를 거치지 않았으며 나에게도 동의를 구한 바가 없다." 샤르팡티에 역시 비슷한 방식으로 불편한 심기를 드러냈다. "나와 내 공동 연구자들이 이바지한 사실을 불완전하고 부정확하게 설명한 점이 유감스럽다."

처치의 비판은 보다 구체적이다. 그는 결과적으로 인간 세포에서 가장 잘 작동한 확장 RNA 가이드를 증명한 사람은 장이 아닌 자신이라고 지적했다. 또한 다우드나가 자신이 보내준 논문에서 정보를 취했다는 주장을 일축했다.

반발

다우드나 지인들의 분노에 찬 결집은 트위터 폭도들(Twitter Mobs)에게 깊은 인상을 주었다. 사실을 말하자면, 그들 자신이 폭도가 되었다고 해도 과언이 아닐 것이다.

가장 강렬하고 전파력이 큰 반응은 혈기 넘치는 버클리 동료인 유전학과 교수 마이클 아이젠으로부터 나왔다. "기교가 절정에 달한 사악한 천재에게는 사람의 넋을 빼놓는 능력이 있다. 에릭 랜더는 기교가 절정에 달한 사악한 천재다." 랜더의 글이 발표되고 며칠 뒤에 공개적으로 보인 반응이다. 그는 랜더의 글을 이런 말로 표현했다. "어쩌나 악랄하면서도 기가 막히게 써 놨는지, 특허를 넘겨주지 않으면 언제든 버클리를 박살 낼 수 있는 거대한 레이저를 뒤에 두고 켄들 스퀘어의 은신처에서 키득거리는 모습을 상상하면서도 그를 경외하지 않을 수 없다."

다우드나의 지지자임을 숨기지 않은 아이젠은 「크리스퍼의 영웅들」이 역사적 관점이라는 허울 아래 브로드 연구소를 홍보하고 다우드나를 폄하하기 위한 "기발한 전략"이라고 비난했다. "랜더의 글은 오로지 장의 노벨상, 그리고 브로드 연구소에 노다지가 될 특허라는 목표를 쟁취하기 위해 역사를 조작하고 비틀어버린 정교한 거짓말이다. 결정적인 지점에서 현실과의 괴리가 너무 커, 그렇게 뛰어난 사람이 이런 글을 썼다는 사실이 믿기 힘들 정도다."[3] 나는 아이젠의 말이 공정하지 않으며, 또 진실도 아니라고 생각한다. 내가 본 랜더는 멘토로서의 열정과 다른 이를 설득하고자 하는 열망이 다소 지나칠지언정, 부정직한 사람은 아니었다.

과학 토론 게시판인 펍피어(PubPeer)에서 트위터에 이르기까지 사방에서 불길이 치솟으며 비교적 냉정한 과학자들까지 랜더를 비판하고 나섰다.[4] 존스홉킨스 대학 의학사 교수인 너새니얼 컴퍼트는 "에릭 랜더가 《셀》에 게재한 논평에 대한 게놈 커뮤니티의 반응은 '똥 폭풍(Shit-storm)'이라는 전문용어로 나타낼 수 있다"라고 썼다. 또한 랜더의 글을 "휘그사관(과거의 사건들을 필연적으로 도달할 수밖에 없는 목표로 향하는 진보의 과정이라 해석하는 역사관. 자기만족적인 역사 서술을 비난하는 표현이다—옮긴이)"이라고 칭하며 그가 "정치적 도구로 사용하기" 위해 역사를 조작했다고 암시했다. 컴퍼트가 시작한 #Landergate(랜더게이트)라는 트위터 해시태그는 랜더가 브로드 연구소의 경쟁자들을 교활하게 헐뜯었다고 믿는 사람들을 결집시켰다.[5]

한편 안토니오 리갈라도는 영향력 있는 저널 《MIT 테크놀로지 리뷰》에서 다우드나-샤르팡티에의 2012년 논문이 출간되기 1년 전부터 이미 장의 크리스퍼-Cas9 개발에 큰 진전이 있었다는 랜더의 근거 없는 주장에 초점을 맞췄다. "장이 알아냈다는 사실은 당시 출판되지 않았으므로 공식적인 과학 기록으로 볼 수 없다. 그러나 특허를 보유하고자 하는 브로드 연구소에는 이러한 사실이 굉장히 중요했을 것이며 (…) 그렇다면 랜더가 《셀》과 같은 주요 저널에 제일 먼저 그 사실을 남기려 한 것도 당연하다. 랜더 측에 권모술수에 능한 모사가 있는 듯하다."[6]

특히 DNA의 역사에서 로절린드 프랭클린이 겪었던 부당함을 인식하고 있던 여성 과학자들과 작가들은 랜더에게 격분했다. 비록 그가 여성 과학자들을 옹호한 전력이 있긴 해도, 페미니스트들은 이른바 알파 수컷 행세를 하는 랜더의 태도를 결코 곱게 볼 수 없었다. 과학 저널리스트 루스 리더는 《Mic》에 다음과 같이 썼다. "랜더의 논평은 여성을 과학의 역사 밖으로 내모는 또 하나의 예다. 랜더의 글을 긴급히 반박해야 할 이유가 여기에 있다. 이번에도 한 남성 리더가 다수의 작품인 발견에 대한 공로(와 금전적 이득)를 강탈하려 하고 있다." '페미니스트 웹사이트'를 표방하는 온라인 잡지 《제저벨》에서는 「한 남성이 글을 통해 수십 년 생명공학 역사상 가장 큰 혁신인 크리스퍼에서 여성을 몰아내는 방법」이라는 머리기사를 내걸었다. 이 기사에서 조애나 로스코프는 "공로를 따지는 이 논란을 보고 있자니 로절린드 프랭클린이 다시금 떠오른다"라고 썼다.[7]

정작 랜더 본인은 남극으로 여행을 떠나 쉽게 대응할 수 없던 기간에 논란은 크게 확대되어 주류 출판물에서 다룰 정도의 뉴스거리가 되었다. 과학 잡지《사이언티픽 아메리칸》의 스티븐 홀은 이 논쟁을 가리켜 "최근 과학계에서 벌어진 가장 재미있는 난장 싸움"이라 평하며 이렇게 썼다. "랜더처럼 상황 판단이 빠르고 전략적인 사상가가 뭣 하러 누가 봐도 왜곡된 역사를 써서 공공의 반발을 사겠는가?" 또한 그는 랜더에 대해 "그를 해칠 수 있는 사람은 그 자신밖에 없다"고 말했던 처치의 평가를 인용하며, "아마 독자들은 과학자들이 험담에는 재주가 없으리라 생각했을 것이다"라고 즐거운 듯 덧붙였다.[8]

랜더는 출판 직전 원고 일부를 보냈지만 자신에게 아무 의견도 내놓지 않았다며 다우드나를 비난했다. 그가 과학 잡지《사이언티스트》의 트레이시 벤스에게 보낸 이메일에는 다음과 같은 내용이 있다. "나는 전 세계 십수 명의 과학자들로부터 크리스퍼 연구의 발달 과정에 관한 의견을 받았습니다. 다우드나 박사만 유일하게 의견 제시를 거부했죠. 안타까운 일이지만, 자신의 관점을 공유하지 않겠다는 다우드나 박사의 결정은 전적으로 존중합니다."[9] 이 재치 있는 마지막 문장이야말로 랜더 그 자체다.

랜더의 글은 크리스퍼 전장에 전선(戰線)을 그리는 데 일조했다. 처치, 그리고 다우드나의 박사과정 지도교수인 쇼스택이 이끄는 하버드의 다우드나 추종자들은 극도로 분노했다. "정말 끔찍하고 끔찍한 글입니다." 쇼스택의 말이다. "에릭은 유전자 편집 혁명의 공로가 장펑과 자신에게 돌아가길 원하는 거예요. 제니퍼가 아니라요. 그래서 순수한 적대감을 드러내며 다우드나의 공헌을 깡그리 무시하는 겁니다."[10]

랜더가 소속된 기관에서조차 그의 글은 화를 불러일으켰다. 여러 직원이 랜더에게 의문을 제기한 후에야 그는 '친애하는 브로드 동료들에게'라는 제목으로 이메일을 보냈다. 그러나 사과의 내용은 아니었다. "제 에세이의 목표는, 위험을 감수하고 중요한 발견을 한 뛰어난 과학자(많은 경우 학계에 막 입문한) 집단을 하나의 전체로서 올바르게 묘사하는 것이었습니다. 나는 이 글과 글이 과학에 던지는 메시지에 큰 자부심을 느낍니다."[11]

랜더의 글이 출판되고 두어 달이 지난 뒤, 여전히 논란이 잠재워지지 않은 상황에서 내가 객원 선수로 차출됐다. 당시 하버드 대학의 대외 협력 및 커뮤니케이션 부서장이었던 크리스틴 히넌이 사태를 수습해달라는 랜더의 부탁을 받고 연락해 온 것이다. 나는 에릭과 오랫동안 알고 지낸 사이다. 비록 순도는 낮을지언정 그의 숭배자였고, 지금도 마찬가지다. 히넌은 내가 일했던 아스펜 연구소의 워싱턴 본부에서 언론과 과학 커뮤니티를 대상으로 랜더와 함께 토론을 진행해달라고 부탁했다. 그 자리에서 랜더로 하여금 다우드나가 크리스퍼 분야에 이바지한 바를 축소하려는 의도는 없었다고 밝히게 함으로써 논란을 잠재울 계획이었다. 랜더 또한 그 나름대로 히넌이 시키는 대로 하려 애썼지만, 그렇게 단호하지는 못했다. 다우드나를 가리켜 "굉장한 과학자"라고 칭하며 "제가 그 글을 쓴 것은 누구를 깎아내리기 위해서가 아닙니다"라고 말한 것이 전부였다. 《워싱턴 포스트》의 조엘 아헨바흐가 다그치자 랜더는 끝끝내 자신의 글은 사실이며 자신은 다우드나의 업적을 과소평가하지 않았다고 고집했다. 히넌과 나의 시선이 마주쳤을 때, 그녀는 나를 보며 어깨를 으쓱일 뿐이었다.[12]

엘도라 엘리슨

유용한 기술

1474년 베네치아공화국이 '새롭고 기발한 장치'를 개발한 발명가들에게 해당 발명품으로 창출된 수익에 대한 10년간의 독점권을 보장한 이후로 사람들은 특허를 얻기 위해 애써왔다. 미국 헌법 제1조 제8절 제8항에는 다음과 같은 내용이 명시되었다. "의회는 작가나 발명가들에게 그들의 작품 혹은 발명품에 대한 독점권을 일정 기간 동안 보장함으로써 과학과 유용한 기술의 발전을 독려할 권한을 가진다." 그리고 비준 1년 뒤, 의회는 "과거에 알려지지 않은 유용한 기술, 제작품, 엔진, 기계, 장치, 혹은 이에 대한 개량"에 특허를 허락하는 법안을 통과시켰다.

하지만 이후 법원도 깨달은바, 이 개념은 문손잡이처럼 단순한 제품에 적용할 때조차 복잡하기가 이루 말할 수 없었다. 호치키스 대 그린우드 사건, 즉 나무가 아닌 자기로 만든 문고리의 특허와 관련한 법적 분쟁이 일었던 1850년대부터 미국 대법원은 특정 발명이 '기존에 알려지지 않았다'는 사실을 평가하기 위해 '자명한(obvious)' 것과 '자명하지 않은(non-obvious)' 것을 정의하기 시작했다. 특히 생명현상에 관한 특허 결정은 유난히 어려웠는데, 그럼에도 생물학 관련 특허의 역사는 상당히 길다. 예를 들어 1873년 프랑스 생물학자 루이 파스퇴르는 맨 처음 미생물로 특허를 따냈으며, '질병을 일으키는 병원체가 없는 효모'를 만드는 이 방법 덕분에 오늘날 우리는 저온살균 우유와 주스, 와인을 마신다.

현대의 생명공학 산업은 그로부터 100년 뒤, 한 스탠퍼드 출신 변호사가 스탠리 코언과 허버트 보이어에게 재조합 DNA 기술을 이용한 새로운 유전자 제작법에 특허를 신청하도록 설득하면서 탄생했다. 재조합 DNA를 최초로 발견한 폴 버그 같은 과학자들은 생명현상에 특허를 낸다는 발상에 경악했지만, 발명가와 대학이 로열티를 벌어들이자 곧 너도나도 생명공학 특허를 출원하기 시작했다. 예를 들어 스탠퍼드 대학은 생명공학 회사 수백 곳에 코언-보이어 특허의 비독점적 사용권을 허가해 25년간 2억 2500만 달러의 수익을 올렸다.

1980년에는 특허와 관련해 두 번의 큰 사건이 있었다. 먼저, 미국 대법원이 기름을 먹는 박테리아 균주를 찾아낸 한 유전공학자의 손을 들어준 일이다. 그는 석유가 누출된 지역을 정화하는 데 유용하게 쓰일 이 박테리아에 특허를 출원했으나 특허청으로부터 살아 있는 생물에 특허를 낼 수 없다는 이유로 거부된 터였다. 그러나 이후 대법원은 수석 재판관 워런 버거가 작성한 5-4 결정문에 의거, "살아 있는 미생물이라도 그것이 독창성의 산물이라면 특허를 받을 수 있다"고 판결했다.[1]

또한 같은 해에 의회가 '바이-돌(Bayh-Dole)' 법안을 통과시키면서 대학이 (심지어 정부로부터 연구비를 지원받은 경우에도) 특허 수익을 나눠 갖기가 쉬워졌다. 그 전까지는 보통 자금을 댄 연방 정부 기관에 발명에 대한 권리를 양도해야 했다. 학자 중에는 바이-돌 법안이 납세자들의 돈으로 탄생한 발명품의 수익을 가로챔으로써 대중을 기만하고 대학의 연구 방식을 왜곡시킨다고 느끼는 이들도 있다. 다우드나의 동료인 마이클 아이젠은 "대학들이 엄청난 수익을 창출한 몇몇 특허에 자극을 받아 소속 연구자로부터 수익을 올리기 위해 대규모 인프라 구조를 개발했다"고 주장한다. 아이젠은 연방 정부의 지원하에 진행된 모든 연구 결과물은 공공 영역에 투입되어야 한다고 믿는다. "대학 연구가 그 뿌리에 자리한 기초과학 중심으로 돌아간다면 모두에게 이익이 될 것이다. 우리는 크리스퍼를 통해 학술 기관이 돈에 굶주린 지식재산권 사냥꾼으로 탈바꿈한 나쁜 결과를 보고 있다."[2]

이 또한 그럴듯한 주장이긴 하지만, 나는 지금껏 미국 과학이 연방 정부의 재정 지원과 상업적 인센티브가 적절히 혼합된 상태에서 균형을 이루며 그 혜택을 입어왔다고 생각한다. 기초과학이 발견한 결과를 유용한 도구나 약물로 바꾸려면 수십억 달러의 비용이 든다. 이 비용을 회수할 방법이 보장되지 않는 한 기초과학 연구에 대한 투자는 원활히 이루어지지 않을 것이다.[3] 크리스퍼와 크리스퍼에 기반한 치료법 개발이 그 좋은 예다.

크리스퍼 특허

다우드나는 특허에 대해 잘 알지 못했다. 과거의 연구들 중 응용 가능성을 지닌 것이 거의 없었기 때문이다. 그래서 샤르팡티에와 함께 논문을 마무리하던 2012년 6월, 그는 버클리의 지식재산권 담당자를 통해 변호사를 선임했다.

미국 연구 교수들의 경우, 발명품에 대한 특허 업무는 대개 발명가가 소속된 학술 기관—다우드나의 경우는 버클리 대학—에 맡겨지므로

라이선스 방식 및 저작권 사용료 분배(보통 대학이 3분의 1을 가져간다) 등에 대한 발언권이 크지 않다. 그러나 당시 샤르팡티에가 일하던 스웨덴에서 특허는 발명가에게 직접 귀속되었고, 그리하여 다우드나의 특허는 버클리와 샤르팡티에 개인, 그리고 힐린스키가 있던 빈 대학이 공동으로 출원하게 되었다. 2012년 3월 25일 오후 7시, 《사이언스》 논문을 투고한 직후 이들은 임시 출원을 신청하고 신용카드로 수수료 155달러를 지불했다. 그러나 추가 비용을 지불하고 신속 심사를 신청할 생각은 미처 하지 못했다.[4]

도표와 실험 데이터까지 총 168페이지에 이르는 신청서에는 크리스퍼-Cas9에 대한 설명과 이 시스템을 적용할 수 있는 124개 이상의 청구항이 포함되어 있었다. 신청서에 기록된 모든 데이터는 박테리아를 대상으로 한 실험 결과였지만, 이들은 크리스퍼-Cas9 시스템을 인간 세포에 전달할 수 있는 방식을 언급하며 크리스퍼를 모든 형태의 생물을 대상으로 한 편집 도구로 포괄해야 한다고 주장했다.

앞서 보았듯, 장과 브로드 연구소는 인간 세포에서 크리스퍼-Cas9을 성공적으로 작동시킨 장의 논문이 《사이언스》에 채택되었던 2012년 12월에 따로 특허를 신청한 바 있었다.[5] 당시 이들은 구체적으로 **인간** 세포에서 크리스퍼를 사용하는 과정에 대해 설명했다. 버클리와 달리 브로드 연구소는 특허출원 과정에서 작은 조항 하나를 활용했으니, 소액의 수수료를 추가로 지불하고 몇 가지 조건에 동의한 다음 신속 심사 요청을 넣어 속성으로 진행시킨 것이다.[6]

처음에 특허청은 더 많은 정보를 요구하며 장의 출원을 보류했다. 이에 장은 서면 신고서를 제출했는데, 거기에 다우드나를 격분케 한 주장이 언급된다. 논문 출간 전에 처치가 사전 인쇄본을 다우드나에게 보냈다고 지적함으로써 다우드나가 처치의 데이터를 이용해 특허출원에 나선 것처럼 암시했기 때문이다. "본인은 그 사례의 출처에 대해 정중히 의문을 제기합니다." 그뿐 아니라 장과 브로드 연구소가 제출한 정식 신고서에도 다음과 같은 주장이 기록되었다. "다우드나 박사의 연구실에서 크리스퍼-Cas9 시스템을 개량해 인간 세포에서 사용했다고 보고한 것은 조지 처치 연구실 측의 미공개 데이터를 공유한 후였다."

장의 신고서를 보고 다우드나는 분노를 참을 수 없었다. 이는 곧 다우드나가 처치의 데이터를 표절했음을 에둘러 표현한 것이었기 때문이다. 일요일 오후에 다우드나는 처치의 집으로 전화를 걸었고, 그는 자신의 옛 제자가 주장하는 내용을 들으며 함께 분노했다. "당신이 내 데이터를 부적절하게 사용한 적이 없다고 기꺼이 나서서 말하죠." 다우드나는 예의상 논문에 감사의 말을 넣었을 뿐이었다. 이러한 동료 간의 작은 협력을 악용한 것에 대해, 처치는 이후 "괘씸한 일"이라고 말했다.[7]

마라피니가 배제되다

특허출원 판결을 기다리는 과정에 장과 브로드 연구소는 이상한 일을 벌였다. 주요 출원에서 공동 연구자인 루시아노 마라피니의 이름을 제외시킨 것이다. 영문을 알 수 없는 이 일은 특허법이 과학자들의 공동 연구에 미치는 왜곡된 영향을 보여주는 슬픈 사례다. 또한 탐욕에 가까운 경쟁심, 부담스러운 친절, 동료 간 협력에 관한 이야기이기도 하다.

아르헨티나 출신으로 부드러운 말씨를 가진 마라피니는 록펠러 대학 세균학자로 2012년 초 장과 함께 공동 연구를 시작했고, 장의 《사이언스》 논문에 공저자로 이름을 올렸다. 장이 처음 특허를 신청했을 때도

그의 이름은 공동 발명자 중 하나로 기록되어 있었다.[8]

그로부터 1년 뒤, 록펠러 대학 총장 사무실에 불려 올라간 마라피니는 황당한 소식을 들었다. 장과 브로드 연구소가 특허출원의 범위를 인간 세포에 크리스퍼-Cas9을 적용한 부분으로 한정했으며, 이에 크게 기여한 바가 없는 마라피니 자신은 배제되었다는 얘기였다.

"장펑은 내게 직접 소식을 전하는 최소한의 예의조차 지키지 않았어요." 6년이 지난 지금까지도 여전히 충격적이고 안타깝다는 듯 마라피니가 고개를 가로저으며 말했다. "저는 합리적인 사람입니다. 제 기여도가 충분하지 않다고 얘기했다면 작은 지분에 만족했을 거예요. 그러나 그는 내게 일언반구도 없었죠." 마라피니가 특히 애석함을 느낀 것은, 그동안 자신과 장의 협업이 일종의 아메리칸드림으로서 다른 사람들에게 영감을 불어넣어주리라 생각했기 때문이었다. 아닌 게 아니라, 중국과 아르헨티나에서 온 이민자 출신의 두 떠오르는 젊은 스타가 힘을 합쳐 크리스퍼를 인체에서 작동시킨 감동적인 이야기가 될 수도 있을 터였다.[9]

이 화제가 나오자 장 역시 나직이, 그리고 마치 상처 입은 쪽은 자신인 양 슬픈 목소리로 말을 이었다. "저는 원래 처음부터 Cas9에 초점을 맞추었습니다." 마라피니 덕분에 Cas9 효소를 집중적으로 파고들게 됐으니 그도 작게나마 기여한 바가 있는 것 아니냐는 질문에 장이 대답한 말이다. 그는 마라피니를 특허에서 제외한 것이 인색했을지언정 부당한 행동은 아니라고 생각하고 있었다. 특허가 일으키는 문제의 또 다른 사례다. 특허는 사람들을 인색하게 만든다.[10]

충돌

2014년 4월 15일, 다우드나의 출원°이 여전히 검토 중인 상태에서 특허청은 장의 특허출원을 허가하기로 결정했다.[11] 소식을 들은 다우드나는 사업 동료인 앤디 메이에게 전화를 걸었다. "운전 중이라 차를 세우고 통화했는데, 정말이지 이만저만 충격이 아니었어요." 메이의 말이다. "다우드나는 '어떻게 이럴 수가 있지? 어떻게 우리가 진 거지?'라며 길길이 뛰었죠. 정말로 화가 많이 나 있었어요."[12]

다우드나의 특허 신청은 아직 특허청에서 표류하고 있었다. 그렇다면 이것이 궁금해진다. 누군가 특허를 신청하고 승인되기 전에 다른 사람이 유사한 특허를 등록하면 어떻게 될까? 미국 법에 따르면 1년 안에 '저촉 심사'를 요청할 수 있다. 그리하여 2015년 4월, 다우드나는 장의 특허가 자신이 먼저 제출한 특허출원에 저촉되므로 불허해야 한다고 항의했다.[13]

다우드나는 장의 청구항 일부가 대기 중인 자신의 청구항과 "특허 대상이라는 측면에서 구별되지 않는" 이유를 상세히 기술하여 총 114페이지에 이르는 '저촉 사유'를 제출했다. 다우드나 연구 팀은 비록 박테리아를 대상으로 실험했지만 특허출원 당시 신청서에 이 시스템이 "모든 생물"에 적용될 수 있다고 "구체적으로 기술했"으며, 인체에 "해당 시스템을 적용할 수 있는 여러 단계를 상세히 설명했다"는 것이 다우드나의 주장이었다.[14] 이에 대응해 장은 다우드나의 특허출원이 "인간 세포에서 Cas9이 표적 DNA를 인지해 결합하는 데 필요한 특징을 기술하지 '않았다'"고 힘주어 반박했다.[15]

● 이 책에서 '다우드나의 특허출원'은 사실상 샤르팡티에, 버클리 대학, 빈 대학의 공동 특허를 의미한다. 마찬가지로 '장의 출원'은 브로드 연구소, MIT, 하버드와의 공동 특허다.

이렇게 진영이 형성되었다. 다우드나와 동료들은 크리스퍼-Cas9의 필수적인 구성 요소를 식별해내고, 박테리아의 구성 요소를 사용해 실제로 기능하는 기술을 고안해낸 터였다. 이들은 당시에도 이미 이 시스템이 인간 세포에서 작동할 것이 "자명했다"고 주장했다. 반면 장과 브로드 연구소는 인체에서의 작동 여부가 확실하지 **않았다**고 반박했다. 그렇게 되려면 새롭고 창의적인 단계가 필요한데, 바로 그 부분에서 장이 다우드나를 앞섰다는 것이다. 이 문제를 해결하기 위해 2015년 12월 특허 심사관들은 특허 판사 세 명으로 구성된 재판부가 결정하는 '저촉 심사'를 시작했다.

　　다우드나 측 변호사가 박테리아에서 작동한 이 시스템이 인간에서도 작동할 것은 "자명했다"고 주장했을 때, 여기서 '자명하다'는 말은 통상 쓰이는 일반 언어가 아닌 전문용어였음에 주목해야 한다. 특허법에서 '자명성'이라는 용어는 구체적인 법적 개념으로, 법원은 "자명성의 판단 기준은 해당 분야에서 통상의 기술을 가진 자가 선행 기술을 사용해 합리적인 확률로 발명에 성공할 수 있는지에 달렸다"라고 선언한 바 있다.[16] 즉 특허를 신청한 기술이 선행 발명을 미미하게 수정한 것에 불과해 해당 분야에서 일반적인 기술을 가진 자가 동일한 발명에 성공할 가능성이 합리적인 기대치에 도달할 경우에는 새로 특허를 받을 수 없다는 말이다. 안타깝게도, 다른 공학 분야와는 달리 실험 결과를 예측하기가 어려운 생물학에서는 "일반적인 기술을 가진 자" 또는 "성공의 합리적인 가능성"과 같은 문구를 적용하기가 모호하다. 살아 있는 세포의 내부를 건드릴 때는 언제나 예상치 못한 일들이 일어나기 마련이니 말이다.[17]

재판

변론 취지서, 소장, 명령 신청서 등 일체의 서류가 접수되기까지 꼬박 1년이 걸렸다. 마침내 2016년 12월, 버지니아주 알렉산드리아에 자리한 미국 특허청에서 판사 셋이 참석한 가운데 특허 소송 청문회가 열렸다. 황금빛 원목 연단과 평범한 테이블이 놓인 청문회실은 진부한 지역 교통 법원 같아 보였지만, 재판 당일 이곳에 들어가기 위해 기자, 변호사, 투자가, 생명공학 광팬(대부분 안경을 쓴 모범생들) 100여 명이 새벽 5시 45분부터 줄을 서기 시작했다.[18]

장 측 변호사는 2012년에 발표된 다우드나-샤르팡티에의 논문을 기점으로 "진핵세포에서 크리스퍼의 활용이 자명해졌는가"가 이 사건의 쟁점이라는 말로 청문회를 시작했다.[19] 그렇지 않음을 증명하기 위해, 먼저 그는 다우드나와 연구 팀이 과거에 언급한 이야기들을 예로 들었다. 첫 번째는 다우드나가 버클리대 화학과 잡지와의 인터뷰에서 한 말이었다. "우리의 2012년 논문은 대성공이었습니다. 그러나 문제가 있습니다. 크리스퍼-Cas9이 동물과 식물의 세포에서도 작동할지는 아직 확실하지 않거든요."[20]

다음으로 인용된 것은 인터뷰처럼 즉석에서 나온 말이 아닌, 다우드나와 마르틴 이네크가 다소 서둘러 출간한 2013년 1월의 《e라이프》논문에 쓴 문장이었다. 앞선 2012년 논문으로 크리스퍼 시스템이 인간 유전자 편집에 쓰일 수 있다는 "흥미진진한 가능성을 제기"하긴 했지만, "박테리아 시스템이 진핵세포에서 기능할지의 여부는 알려지지 않았다"라고 덧붙였다는 것이다. 장의 변호사는 법정에서 "이는 그들이 이야기하는 '자명성'이 허위임을 증명하는 언급"이라고 주장했다.

다우드나 측 변호사가 그러한 발언은 과학자의 신중함에서 비롯된 것이라며 반박했지만, 주심 데버라 카츠는 이 답변에 큰 인상을 받지 못한 듯 물었다. "크리스퍼-Cas9이 인체에서 작동하리라고 확신했다는 사실을 증명할 만한 다른 사람의 진술이 있습니까?" 이에 변호사가 할 수 있는 최선의 답변은 다우드나가 "실질적 가능성"을 언급했다고 지적하는 것뿐이었다.

심상치 않은 분위기에 다우드나 측 변호사는 논거를 바꾸었다. 다우드나-샤르팡티에의 2012년 논문이 발표된 지 6개월 만에 다섯 개 연구실에서 독립적으로 이 시스템이 인간 세포에서 작동함을 보인 것이야말로 '자명성'을 반증한다는 주장이었다. 그는 해당 연구실들이 모두 기존에 잘 알려져 있던 방법을 사용했음을 보여주는 차트를 제시했다. "여기에는 특별히 독창적인 게 없습니다." 그가 판사에게 말했다. "합리적인 성공 가능성을 기대하지 않았다면 이들은 애당초 연구에 착수하지 않았을 겁니다."[21]

그러나 재판부는 결국 장과 브로드 연구소의 손을 들어주었다. 2017년 2월, 판결을 내리며 재판부는 "브로드 연구소가 특허 측면에서 다우드나와 별개의 대상을 청구했음"을 보였다고 밝혔다. "증거는 진핵 세포에서 작동하는 시스템의 발명이 자명하지 않았음을 가리킨다."[22]

다우드나 측은 연방 법원에 항소해 열아홉 달의 과정을 다시 시작했다. 그러나 2018년 9월, 미 연방 순회 항소법원은 앞선 특허 위원회의 판결을 인정했다.[23] 장은 특허를 받을 자격이 있으며, 다우드나와 샤르팡티에의 출원에 저촉되지 않는다는 것이다.

그러나 지금까지 수많은 복잡한 지식재산권 분쟁에서 보았듯, 이 판결은 사건을 종결하지도, 그렇다고 장에게 완전한 승리를 안겨주지도 않았다. 두 출원이 서로 "저촉되지 않는다"는 말은 다우드나-샤르팡티에의 출원 역시 허가될 수 있다는 뜻이었다.

2020년, 특허 우선권 분쟁

그리고 실제로도 그렇게 됐다. 장의 특허를 인정한 2018년 판결문의 마지막 두 문장에서 미국 항소법원은 의미 있는 사실을 강조했다. "이 사례는 출원된 두 청구항의 범위에 관한 문제이자 특허의 측면에서 각각을 별개로 볼 것인지의 문제다. 어느 한쪽이 타당하다는 판결을 내린 것은 아니다." 바꿔 말하면 장에게 허가된 특허와 다우드나와 샤르팡티에가 신청한 (미결 상태의) 특허가 서로 "저촉되지" 않는다는, 즉 각각을 별개의 발명으로 보아야 한다는 얘기였다. **양쪽 다** 특허권을 가질 가능성도, 다우드나-샤르팡티에가 우선권을 가질 가능성도 있었다.

물론 그렇게 되면 복잡하고 역설적인 상황이 될 터였다. 양쪽 특허 모두 승인된 이후에 그 내용이 중복되는 것처럼 보인다면 결국 두 특허가 서로 저촉되지 않는다는 결정을 거스르는 셈이기 때문이다. 그러나 삶은, 특히 세포와 법정 안에서는 얼마든지 모순적인 모습을 보일 수 있는 법이다.

2019년 초, 미국 특허청은 다우드나와 샤르팡티에가 2012년에 신청한 출원에 근거해 총 열다섯 개의 특허를 허가했다. 다우드나가 엘도라 엘리슨을 새로운 수석 변호사로 선임한 시점이었다. 엘리슨은 생명공학 시대에 최적화된 교육과정을 밟아온 인재였다. 그녀는 해버포드 대학에서 생물학을 전공하고 코넬 대학에서 생화학과 세포생물학으로 박사 학위를 받은 뒤, 다시 조지타운 대학에서 법학 학위를 받았다. 나는 학생들에게 레이철 하우어비츠처럼 생물학과 경영학을, 또는 엘리슨처럼 생물학과 법학을 동시에 공부하라고 조언하곤 한다.

나와 아침 식사를 함께하며 재판 내용을 분석하는 내내, 엘리슨은 생물학과 법학의 미묘한 부분들을 설명해주고 여러 편의 과학 논문과 법원 결정문의 난해한 각주들을 모두 기억에서 끄집어내 쉽게 인용해주었다. 오늘날 법정에서는 생물학과 공학에 이해가 높은 판사를 최소 한 명 이상 기용할 수 있는데,[24] 엘리슨이라면 훌륭하게 변론을 이끌어갈 수 있으리라는 생각이 들었다.

2019년 6월, 엘리슨은 특허청을 재촉해 새로운 소송을 시작했다.[25] 장의 특허가 다우드나의 출원에 저촉되는지만 보았던 첫 번째 소송과 달리, 이번엔 근본적인 쟁점, 즉 '누가 먼저 핵심적인 발견을 했는가'라는 문제가 포함되었다. 따라서 이 새로운 '우선권 분쟁'에서는 실험 노트를 포함한 여러 증거를 동원해 양 출원자가 정확히 언제 크리스퍼-Cas9을 편집 도구로 발명했는지 따지게 되었다.

2020년 5월, 코로나19로 법원이 폐쇄되어 결국 유선으로 이루어진 청문회에서 장의 변호사는 이 쟁점에 대해서는 결론이 나 있는 셈이라고 주장했다. 다우드나와 샤르팡티에가 2012년에 발견한 크리스퍼-Cas9 시스템이 인간 세포에서 작동한다는 것은 '자명한' 사실이 아니었으며, 따라서 그 사실을 처음으로 증명한 장이 특허를 따낼 자격을 갖는다는 것이었다. 이에 엘리슨은 이번 소송의 쟁점이 앞선 재판과 다르다는 점을 들어 맞섰다. 다우드나와 샤르팡티에에게 허가된 특허는 박테리아에서 인간까지 모든 생물에 적용되는 것이었으며, 따라서 2012년 특허출원 당시 그들이 이것을 발명했다고 증명할 증거가 충분했는지가 문제라는 얘기였다. 비록 다우드나와 샤르팡티에의 실험 데이터는 박테리아에서 추출한 구성 요소를 가지고 시험관에서 진행되었지만, 전체를 고려했을 때 그들의 특허출원은 모든 유기체에서 이 시스템을 사용하는 방식을 설명한다고 엘리슨은 말했다.[26] 2020년 후반까지도 이 재판은 지지부진한 상태로 남았다.

유럽에서의 상황도 초기에는 이와 비슷하게 흘러갔다. 다우드나와 샤르팡티에가 특허를 승인받았고, 이후에 장도 받았다.[27] 그러나 그 시점에 장과 마라피니의 분쟁이 다시 불거졌다. 장 측이 신청서를 수정하면서 마라피니의 이름을 누락한 뒤 유럽 특허 법원은 장이 '우선권 주장일'로 기재한 최초의 신청 날짜를 사용할 수 없다고 판결했고, 그 결과 다우드나 측의 우선권 주장일이 우선한다는 판단하에 장의 특허를 취소했다. "펑의 유럽 특허는 무효가 되었어요. 저를 제외시킨 대가였죠." 마라피니의 말이다.[28] 2020년 기준 다우드나와 샤르팡티에는 영국, 중국, 일본, 오스트레일리아, 뉴질랜드, 멕시코에서도 주요 특허를 승인받았다.

이 모든 특허 전쟁이 그만한 가치가 있었을까? 다우드나와 장이 법정에서 싸우는 대신 서로 협상했다면 어땠을까? 다우드나의 사업 파트너 앤디 메이는 그 편이 더 나았을 거라고 본다. "어떤 식으로든 함께했다면 저 모든 법적 싸움에 들어간 시간과 돈을 절약할 수 있었을 테니까요."[29]

실제로 이 싸움은 감정과 분노로 인해 불필요한 수준으로 장기화되었다. 다우드나와 장은 텍사스 인스트루먼츠의 잭 킬비와 인텔의 로버트 노이스가 했던 방식으로 해결할 수도 있었다. 킬비와 노이스는 5년간의 다툼 끝에 서로에게 교차 라이선스(계약이 이루어진 회사 간에 특허를 무상으로 이용하게 하는 협약—옮긴이)를 허용하고 로열티를 쪼개어 마이크로칩에 대한 특허권을 나누기로 합의한 바 있으며, 이를 계기로 마이크로칩 산업이 비약적으로 성장하여 새로운 기술의 시대를 정의하게 되었다. 크리스퍼 경쟁자들과 달리 노이스와 킬비는 사업하는 이들에게 가장 중요한 격언을 충실히 따랐던 셈이다. **역마차를 다 털 때까지는 수익 배분 문제로 싸우지 말 것.**

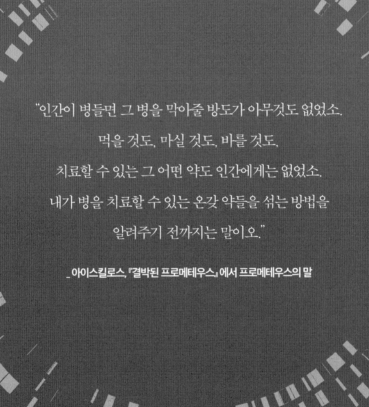

"인간이 병들면 그 병을 막아줄 방도가 아무것도 없었소.
먹을 것도, 마실 것도, 바를 것도,
치료할 수 있는 그 어떤 약도 인간에게는 없었소.
내가 병을 치료할 수 있는 온갖 약들을 섞는 방법을
알려주기 전까지는 말이오."

_ 아이스킬로스, 『결박된 프로메테우스』에서 프로메테우스의 말

4부

크리스퍼의 활용

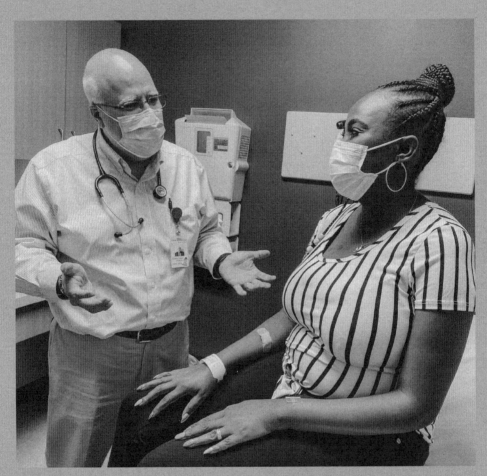

내슈빌 세라 캐넌 연구소의 헤이더 프랑굴 박사와 빅토리아 그레이

32장

치료

겸상적혈구 빈혈증

2019년 7월, 미국 테네시주 내슈빌의 어느 병원에서 한 의사가 34세 아프리카계 미국인 여성의 팔에 커다란 주삿바늘을 꽂았다. 어린 시절부터 그에게 크나큰 고통을 주었던 겸상적혈구 빈혈증을 치료하기 위해 혈액에서 줄기세포를 추출해 크리스퍼-Cas9으로 편집한 다음 다시 주입한 것이다. 미시시피주 작은 마을에서 온 네 아이의 엄마 빅토리아 그레이는 이렇게 미국에서 크리스퍼 유전자 편집 기술로 치료받은 최초의 환자가 되었다. 임상 시험은 에마뉘엘 샤르팡티에가 설립한 크리스퍼 테라퓨틱스가 주도했다. 줄기세포를 주입하자 그레이의 심장박동수가 치솟으며 한동안 호흡곤란이 왔다. "힘들고, 조금은 무섭기도 한 순간이었어요." 그레이가 치료 과정을 함께한 NPR 기자 롭 스테인에게 말했다. "그런 다음엔 눈물이 나왔고요. 행복한 눈물이었죠."[1]

오늘날 크리스퍼와 관련하여 특히 관심이 집중되는 부분은 생식계열(germline, 유전물질을 자손에게 전달하는 세포로 사람의 경우 난자, 정자, 수정란을 말한다—옮긴이)을 편집해 후손에게 수정 사항을 전달하고 인간이라는 종을 통째로 개조하게 될 가능성이다. 이러한 편집은 생식세포나 초기 단계의 배아에서 진행되며, 2018년 중국의 크리스퍼 쌍둥이 또한 이렇게 탄생했다. 앞으로 다루겠지만, 생식계열 편집은 논란 많은 주제이기도 하다. 그러나 이 장에서는 그에 앞서 가장 흔하고 환영받는 크리스퍼 활용에 집중하고자 한다. 빅토리아 그레이의 사례처럼 크리스퍼로 환자의 체세포 일부를—전체는 아니고—편집하되 자손에게는 유전되지 **않는 선에서** 변화를 주는 사례들이다. 이 과정은 환자의 세포를 추출해 편집한 뒤 다시 돌려보내거나(ex vivo, 체외) 또는 크리스퍼 편집 도구를 환자의 세포 내에 들여보내는 식(in vivo, 체내)으로 진행된다.

　겸상적혈구 빈혈증은 체외 유전자치료를 위한 가장 훌륭한 후보다. 추출과 주입이 용이한 혈액세포를 사용하기 때문이다. 겸상적혈구 빈혈증은 30억 개가 넘는 인간 게놈 염기쌍 중 단 한 쌍에 돌연변이가 생겨 적혈구의 헤모글로빈 단백질이 뒤틀림으로써 발현되는 질병이다. 정상적인 헤모글로빈 단백질은 둥글고 매끄러운 적혈구를 만들어 혈관을 타고 쉽게 이동하면서 몸의 구석구석에 산소를 운반하는 반면, 뒤틀린 헤모글로빈 단백질은 긴 섬유를 형성해 적혈구를 낫 모양으로 일그러뜨린다. 겸상적혈구를 가진 사람의 몸에서는 산소가 조직과 기관에 제대로 전달되지 못해 극심한 통증이 발생하고 환자 대부분은 50세가 되기 전에 사망한다. 세계적으로 400만 명 이상이 이 질병을 앓고 있는데 그중 약 80퍼센트가 사하라 이남 아프리카에 거주하며, 약 9만 명에 이르는 미국 내의 환자 대부분 또한 아프리카계 미국인이다.

　단순한 유전자 결함으로 발병하지만 심각한 증상을 수반한다는 점에서 이 질환은 유전자치료의 완벽한 후보가 되었다. 빅토리아 그레이의 경우, 혈액에서 줄기세포를 추출한 다음 크리스퍼를 사용해 원래는 태아 시기에만 생성되는 특정 혈액세포의 유전자를 활성화시키는 방식으로 진행되었다. 이 혈액세포는 건강한 헤모글로빈을 생산하므로, 수정된 유전자가 제대로 작동한다면 환자는 스스로 좋은 혈액을 생산할 수 있게 된다.

편집된 세포를 주입하고 몇 개월 뒤, 그레이는 효과를 확인하기 위해 내슈빌 병원을 다시 방문했다. 그레이는 긍정적인 결과를 기대했다. 편집된 세포를 받은 이후로 수혈을 받을 필요가 없었을 뿐 아니라 통증도 느껴지지 않았기 때문이다. 간호사가 시험관 몇 개 분량을 채혈했고, 긴장 어린 기다림 끝에 의사가 소식을 전해주었다. "뜻깊은 결과예요. 환자분 몸에서 태아성 헤모글로빈을 만들기 시작했다는 징후가 보입니다. 정말 잘됐어요." 그레이의 혈액 절반이, 이제는 건강한 세포를 가진 태아성 헤모글로빈이 되어 있었다.

2020년 6월에는 훨씬 더 고무적인 소식을 들을 수 있었다. 치료의 효과가 지속되었던 것이다. 9개월이 더 지날 때까지도 그레이는 통증에 전혀 시달리지 않았으며 이후로는 수혈을 받을 필요가 없게 되었다. 검사 결과 골수세포의 81퍼센트가 정상적인 태아성 헤모글로빈을 생성했는데, 이는 곧 편집된 유전자가 계속 남아 있다는 뜻이었다.[2] "아이들 고등학교 졸업식, 대학 졸업식, 결혼식, 손주들. 나는 다 못 보고 떠날 줄 알았어요." 검사 결과를 듣고서 그레이는 말했다. "이젠 딸들과 함께 웨딩드레스를 고를 수 있겠네요."[3] 실로 놀라운 이정표였다. 크리스퍼가 사람의 유전병을 치료한 것 아닌가. 샤르팡티에는 베를린에서 그레이의 NPR 인터뷰를 접했다. "그 소식을 들었을 때, 내가 함께 만들어낸 크리스퍼 편집 도구가 그레이라는 한 사람을 고통에서 구해냈다는 사실에 정말 감격했어요."[4]

치료의 경제성

이처럼 크리스퍼는 생명을 구하는 일에 활용될 수 있지만 그 비용이 만만치 않다는 단점이 있다. 실제로 환자 한 명을 치료하는 데 드는 비용이 초기에만 최소 100만 달러에 이른다. 크리스퍼의 가능성이 곧 의료 시스템을 파산시킬 잠재력과 맞물리는 셈이다.

다우드나는 2018년 12월 미국 상원 의원 청문회에 참석한 뒤 이 문제에 집중하기 시작했다. 중국에서 쌍둥이 '크리스퍼 아기'가 태어났다고 발표한 지 몇 주 만에 국회의사당에서 열린 회의였다. 다우드나는 헤드라인을 떠들썩하게 장식한 이 뉴스를 주요 의제로 예상했지만, 놀랍게도 유전되는 게놈 편집의 위험성은 초반에만 잠시 논의될 뿐 이내 유전자 편집을 사용한 질병 치료의 전망으로 주제가 빠르게 넘어갔다.

다우드나가 상원 의원들을 향해 크리스퍼를 사용한 겸상적혈구 빈혈증 치료가 목전에 있음을 알리자 잠시 희망적인 분위기가 감돌며 회의장이 술렁였으나, 곧 비용에 관한 질문이 쏟아졌다. "겸상적혈구 빈혈증 환자가 미국에 약 10만 명 정도 있습니다." 한 의원이 지적했다. "그런데 치료비가 환자당 100만 달러라면 그걸 어떻게 감당하겠습니까? 바로 파산할 겁니다."

다우드나는 겸상적혈구 빈혈증의 치료비를 해결하는 것이 자신이 설립한 게놈혁신 연구소의 소명이라고 생각하게 되었다. "상원 청문회가 큰 전환점이었죠. 전에도 비용에 대해 많이 생각해보긴 했지만 제대로 파고든 적은 없었거든요." 버클리로 돌아온 다우드나는 팀원들을 불러 모아 크리스퍼를 이용한 겸상적혈구 빈혈증 치료의 보급을 연구소의 주요 임무로 새롭게 제시하고 여러 차례 논의를 거듭했다.[5]

소아마비 백신에 대한 공공-민간 합작 사업에서 영감을 받은 다우드나는 게이츠 재단 및 국립보건원과 협의했고, 곧 2억 달러의 지원을 받는 겸상적혈구 질병 치료 사업에 관한 파트너십을 발표했다.[6] 골수를 추출하지 않고도 환자의 체내에서 겸상적혈구 세포 돌연변이를 편집할 방법을 찾는 게 이 사업의 최우선 목표였다. 그중 한 가지가 유전자를 편집할 분자에 골수세포의 주소를 달아 환자 혈액에 주입하는 것으로, 이 방식의 어려움은 환자의 면역계를 자극하지 않고 분자를 전달할 적합한 운송 방법을 찾는 데 있다.

만일 이러한 계획이 성공한다면, 많은 이들을 끔찍한 질병에서 구할 뿐 아니라 건강 형평성이라는 대의도 실천하게 될 것이다. 세계의 겸상적혈구 빈혈증 환자 대부분은 아프리카인 또는 아프리카계 미국인, 즉 역사적으로 의료 서비스의 혜택을 제대로 받지 못한 집단이다. 겸상적혈구 질병의 유전적 원인은 유사한 다른 질병보다 훨씬 오래 전에 밝혀졌음에도 치료법 개발이 지연되어왔으며, 이에 반해 주로 미국과 유럽의 백인들에게서 빈번하게 발현되는 낭포성 섬유증 같은 질환은 정부와 자선단체, 재단 등으로부터 질병과의 전쟁이라는 명목하에 여덟 배나 많은 기금을 받아왔다. 유전자 편집은 의학에 변화의 돌풍을 일으키리라는 멋진 전망과 함께 의료 서비스의 빈부격차가 심화될 위험성 또한 동반한다. 다우드나의 겸상적혈구 사업은 그러한 위험을 피하기 위한 방법을 찾고자 시작되었다.

암

겸상적혈구 빈혈증과 같은 혈액질환 외에, 크리스퍼는 암과의 전쟁에도 투입되었다. 이 분야의 선두주자는 중국으로, 치료법 개발과 임상시

험에서 미국을 2~3년 앞서 있다.[7]

최초로 크리스퍼를 이용한 암 치료를 받은 사람은 중국 서부 쓰촨성 내 인구 1400만 명의 도시인 청두에 사는 한 폐암 환자였다. 2016년 10월, 연구 팀은 환자의 혈액에서 T세포(질병과 싸우고 면역성을 주는 백혈구의 일종) 일부를 제거한 다음 크리스퍼-Cas9을 이용해 PD-1이라는 단백질 유전자를 망가뜨렸다. PD-1은 세포의 면역반응을 멈추는 단백질로, 암세포가 인체의 면역계로부터 스스로를 보호하기 위해 PD-1 반응을 촉발하는 경우가 있다. 크리스퍼로 해당 유전자를 억제하자 환자의 T세포는 보다 효과적으로 암세포를 죽일 수 있게 되었다. 1년 사이 중국은 이 기술을 사용해 일곱 건의 임상 시험을 수행했다.[8]

"이것이 중국과 미국 간의 생물학 대결인 '스푸트니크 2.0'을 촉발할 겁니다." 펜실베이니아 대학의 유명한 암 연구자 칼 준의 말이다. 준은 당시 유사한 임상 시험을 앞두고 규제 승인을 받으려 애쓰던 터였다. 준과 동료들은 마침내 세 명의 말기 암 환자를 대상으로 시험을 진행했고, 2020년 예비 결과를 보고했다. 연구 팀은 PD-1 유전자를 망가뜨린 다음 환자의 종양을 겨냥하는 유전자를 T세포에 삽입했는데, 이는 중국 측에서 사용한 것보다 한층 정교한 방법이었다.

비록 환자들이 크게 호전되지는 않았지만, 적어도 이 기술의 안정성은 입증되었다. 다우드나와 랩의 박사 후 연구원 제니퍼 해밀턴은《사이언스》에 기고한 글에서 펜실베이니아대의 연구 결과를 다음과 같이 설명했다. "지금까지는 크리스퍼-Cas9으로 편집한 T세포를 다시 들여보냈을 때 인체가 무리 없이 받아들일지 확신할 수 없었다. 이 발견으로 유전자 편집 기술을 적용해 질병을 치료하려는 시도가 크게 진보했음을 알 수 있다."[9]

크리스퍼는 발병한 암의 종류를 식별하는 진단 도구로도 사용되고

있다. 다우드나가 대학원생 두 명과 설립한 '매머드 바이오사이언스
(Mammoth Biosciences)'는 크리스퍼에 기반한 진단 도구를 설계한다. 이
감지 기술을 암에 적용하면 개별 암과 연관된 DNA 염기 서열을 빠르고
쉽게 식별해 환자별로 정확한 치료법을 제시할 수 있게 된다.[10]

시각 장애

2020년 기준으로 확인된 크리스퍼 유전자 편집의 세 번째 적용 분야
는 선천적 시각 장애다. 이 경우 시술은 환자의 체내에서 직접 이루어지
는데, 혈액세포나 골수세포와 달리 안구 세포는 추출했다가 다시 넣을
수 없기 때문이다. 장평을 비롯한 이들이 설립한 에디타스 메디신과의
제휴로 이에 대한 임상 시험이 수행되었다.

목표는 아동 시각 장애의 흔한 원인인 레베르 선천성 흑암시 치료였
다. 이 질환을 가진 사람의 경우, 빛을 수용하는 세포의 유전자에 돌연
변이가 생기는 바람에 중요한 단백질의 길이가 짧아져서 시각세포에 부
딪힌 빛이 신경 신호로 전환되지 못한다.[11]

최초의 치료는 코로나19로 대부분의 병원이 폐쇄되기 직전인
2020년 3월 오리건주 포틀랜드의 케이시 안과 연구소에서 실시되었다.
약 한 시간에 걸쳐 진행된 걸린 시술 과정에서 의사들은 머리카락 굵기
의 미세한 관을 사용해 크리스퍼-Cas9이 포함된 용액 세 방울을 환자
의 망막 바로 뒤, 빛을 감지하는 세포의 막에 떨어뜨렸다. 개조한 바이
러스가 배송 차량이 되어 크리스퍼-Cas9을 표적 세포까지 운반했다.
혈액세포와 달리 안구 세포는 스스로 분열하거나 보충되지 않기 때문
에, 일단 세포가 계획대로 편집되면 치료의 효과는 영구히 지속된다.[12]

최신 동향

그 외에도 크리스퍼 유전자 가위를 사용해 인류를 팬데믹, 암, 알츠하이머 등 질병에 덜 취약하게 만들고자 하는 야심만만한 연구들이 진행 중이다. 가령 P53이라는 유전자가 있다. 신체가 DNA 손상에 대응하도록 돕고 암세포의 분열을 막는 단백질을 생산함으로써 암 종양의 생장을 억제하는 유전자다. 코끼리는 이 유전자를 스무 개나 갖고 있으므로 암에 잘 걸리지 않지만, 인간에게는 한 개밖에 없기 때문에 문제가 생기면 암이 증식한다. 현재 연구자들은 인체에 P53을 추가로 삽입하는 방법을 연구 중이다. 한편 APOE4라는 유전자는 알츠하이머병의 위험을 높이는데, 연구자들은 이 유전자를 무해하게 바꾸는 방법도 찾고 있다.

PCSK9이라는 또 다른 유전자는 이른바 '나쁜' 콜레스테롤로 알려진 LDL의 생성을 촉진하는 효소를 암호화한다. 이 돌연변이 유전자는 LDL의 수치를 아주 낮게 유지하므로, 결과적으로 PCSK9을 가진 사람의 경우 관상동맥 질환 위험이 88퍼센트나 감소한다. HIV 수용체 유전자를 편집한 크리스퍼 아기를 탄생시킨 허젠쿠이 또한 크리스퍼 유전자 가위로 배아의 PCSK9을 편집해 심장병에 걸릴 위험이 훨씬 낮은 맞춤 아기를 만드는 방법을 연구한 적이 있다.[13]

2020년 초에는 크리스퍼-Cas9을 사용한 약 스무 건의 다양한 임상 시험이 진행되었다. 혈관부종(심각한 붓기를 일으키는 유전성 질환), 급성 골수성백혈병, 초고도 콜레스테롤, 남성 탈모에 대한 잠재적 치료법이 이에 해당한다.[14] 그러나 그해 3월 코로나19가 확산되면서, 바이러스에 대항하는 연구가 진행 중인 곳을 제외한 대부분의 학술 기관이 임시적으로 폐쇄되었다. 다우드나를 필두로 많은 크리스퍼 연구자들은 코로나19의 진단과 치료로 관심을 돌렸으며, 그 일부는 박테리아가 새로운 바이러스를 퇴치하기 위해 개발한 면역반응을 연구하며 터득한 기술을 활용하고 있다.

조사이어 재이너

33장

바이오해킹

2017년 샌프란시스코에서 열린 세계 합성생물학 회의장, 강당을 메운 생명공학자들 앞에 검은 티셔츠와 꽉 끼는 흰색 진을 입고 나선 조사이어 재이너가 자신이 차고에서 만든 '개구리 유전자조작 DIY 키트'를 시연했다. 인터넷 몰에서 299달러에 구입할 수 있는 이 키트는, 사용자가 크리스퍼 유전자 가위로 조작된 DNA를 개구리에 주사하여 한 달 만에 개구리의 근육을 두 배로 키울 수 있도록 만들어졌다. 크리스퍼로 편집된 DNA가 동물이 성장해 일정 크기에 도달하면 근육 생장을 억제하는 단백질인 마이오스타틴의 유전자를 꺼버리기 때문이다.

재이너는 의미심장한 미소를 지으며 이 키트가 인체에서도 동일하게 작용한다고 말했다. 원한다면 우리도 근육을 키울 수 있다는 얘기였다.

의심 어린 웃음이 터지는 가운데 몇 사람이 큰 소리로 도발했다. "그렇다면, 뭘 망설이는 겁니까?"

반항아라는 사회적 가면을 쓴 진지한 과학자 재이너는 가죽 케이스를 씌운 납작한 휴대용 술병을 들어 스카치위스키를 한 모금 마시더니 되물었다. "그러니까 나더러 해보라는 거죠?"

사방에서 웅성거리는 소리가 들리고 탄성과 웃음이 이어지더니, 더 많은 이들이 부추기기 시작했다. 재이너는 약품 가방으로 가서 주사기를 꺼내 조작된 DNA를 채우고는 "좋아요, 한번 해봅시다!" 하고 외친 뒤 주삿바늘을 왼쪽 팔뚝에 찔렀다. 살짝 움찔하긴 했지만 이내 그는 용액을 모두 주사했다. "이제 근육세포가 변형되면서 제 팔이 좀 더 근육질이 될 겁니다."

군데군데에서 박수가 나왔다. 재이너는 스카치위스키를 한 모금 더 들이켰다. "결과는 나중에 알려드리죠."[1]

앞머리를 금발로 탈색하고 양쪽 귀에 각각 열 개씩 피어싱을 한 재이너는 이른바 '신세대 바이오해커'의 상징으로 떠올랐다. 이들은 시민 과학을 통해 생물학의 민주화를 달성하고 그 힘을 대중에게 나눠주려는 패기 충만한 전직 연구자들과 재기발랄한 아마추어들이다. 디지털해커들이 사이버 세계의 한계에 도전했듯이, 바이오해커들은 기존 연구자들이 특허 때문에 골머리를 앓는 동안 생물학을 로열티, 규제, 구속의 한계에서 탈피시키기 위해 고군분투했다. 바이오해커 대부분은 재이너처럼 뛰어난 과학자이면서도 대학이나 기업에서 일하는 대신 DIY라는 특수 분야에 머물며 악당 편에 선 마법사를 자처한다. 크리스퍼라는 드라마에서, 재이너는 셰익스피어의 「한여름 밤의 꿈」에 등장하는 작은 요정 '퍽'처럼 허세를 가장해 진실을 말하고, 고매한 척하는 이들의 가식을 조롱하며, 인간이 얼마나 어리석은 존재인지 지적하고 다그치는 지혜로운 바보 역할을 맡은 셈이다.

10대 시절 모토롤라 휴대전화 회사의 프로그래머로 일하던 재이너는 2000년에 닷컴 거품이 꺼지면서 정리 해고를 당한 뒤 공부를 시작해, 시카고의 서던일리노이 대학에서 식물학으로 학사를 마치고 시카고 대학에서 분자생물물리학 박사 학위를 받았다. 통상적인 박사 후 과정을 건너뛴 그는 합성생물학으로 화성 식민지화에 일조하는 방법을 글로 썼고, 이를 계기로 미 항공우주국에 스카우트되었다. 그러나 위계질서가 공고한 조직 생활이 체질에 맞지 않아 결국 일을 그만두고 바이오해커로 변신하여 지금까지 자유롭게 연구하고 있다.

크리스퍼를 접하기 전에 재이너는 다양한 합성생물학 실험을 시도했는데, 실험 대상에는 그 자신도 포함되었다. 평소 문제를 일으키던 장 문제를 해결하기 위해 대변 이식을 통한 장내 마이크로바이옴(microbi-ome, 미생물군과 그 유전자―옮긴이) 개조를 시도한 것이다. 재이너는 두 영화제작자의 카메라 앞에서 이 과정을 수행했는데, (진짜 궁금한 사람들을 위해 알려주자면) 〈대장 해킹(Gut Hack)〉이라는 제목의 이 짧은 다큐멘터리의 영상은 온라인에서 쉽게 찾아볼 수 있다.[2]

현재 재이너는 자신의 차고에서 바이오해킹 상품을 취급하는 '오딘(ODIN)'이라는 온라인 몰을 운영 중이다. "누구든 집이나 실험실에서 독특하고 유용한 생물을 만들 수 있는 키트와 도구"를 제작, 판매한다는 이 몰에는 개구리 근육 키트 말고도 'DIY 박테리아 유전자조작 크리스퍼 키트'(169달러), '유전자조작 홈 랩 키트'(1999달러) 등이 있다.

2016년 사업을 시작한 직후, 재이너는 하버드의 조지 처치로부터 이메일을 받았다. "당신이 하는 일이 아주 마음에 듭니다." 그들은 이메일로 이야기를 나누다가 결국 만났고, 처치는 오딘의 '사업 및 과학 자문'이 되었다. "조지는 재밌는 사람들을 수집하고 다니는 것 같아요." 재이너가 사람을 제대로 본 셈이다.[3]

학술 기관에 소속되어 일하는 일반적인 생물학자들은 재이너의 방식이 조잡하다며 경멸 어린 시선을 보낸다. "제이너의 보여주기식 연구에는 과학적 이해가 결여되어 있어요. 게다가 언론의 관심을 무분별하게 추구하는 경향이 있죠." 다우드나 랩에 소속된 케빈 독스젠의 말이다. "과학에 대한 대중의 호기심과 탐구심을 격려하는 것은 가치 있는 일이지만 부엌에서 개구리를, 거실에서 인간 세포를, 차고에서 박테리아를 조작할 수 있다고 선전하며 키트를 파는 건 결코 간단하지 않은 기술을 지나치게 단순화하려는 시도예요. 가뜩이나 부족한 예산을 제대로 작동하지도 않을 키트에 낭비할 고등학교 교사들을 생각하면 안타깝습니다." 이런 비난을, 재이너는 사제직을 지키려는 학계 과학자들의 몸부림으로 보고 무시한다. "우리는 키트에 사용된 DNA 염기 서열과 모든 데이터 및 작동 방식을 온라인에 공개해 소비자가 직접 판단하게 합니다."[4]

제이너가 샌프란시스코 학회에서 얼결에 시행했던 크리스퍼 시술은 그의 빈약한 근육에 이렇다 할 효과를 주지 못했다(아마 그보다는 장기적인 시술이 필요했으리라). 그러나 이 행위 자체는 크리스퍼를 규제하려는 세상에 영향을 미쳤다. 최초로 자신의 DNA를 편집하려는 시도를 통해 언젠가는 유전자의 요정 지니가 램프에서 나오게 될 것임을 보인 것이다. 재이너는 그것이 모두에게 좋은 일이 되리라 주장한다.

리누스 토르발츠 같은 컴퓨터 프로그래머가 오픈 소스 운영체제인 리눅스를 제작하고 스티브 워즈니악 같은 해커들이 홈브루 컴퓨터 클럽에 모여 기업과 정부 기관의 독점적 지배에서 컴퓨터를 해방시키고자 애썼던 초기 디지털 혁명이 그랬듯, 유전공학 혁명이 크라우드소싱에 기반하여 공개적으로 진행되었으면 하는 것이 재이너의 바람이다. 그는 유전공학이 컴퓨터공학보다 어렵지 않다고 주장한다. "고등학교를 겨우 졸업한 나도 그 방법을 익힐 수 있었잖습니까." 전 세계에 수백만 명의 아마추어 생명공학자들이 탄생하기를 그는 꿈꾼다. "인간은 이제 생명을 프로그래밍할 능력을 갖췄습니다. 수백만 명이 이 일을 시작한다면 제약과 농업 분야에 이내 큰 변화를 몰고 올 거예요. 크리스퍼 유전자 가위가 얼마나 사용하기 쉬운지 직접 보여줌으로써 사람들에게 영감을 주고 싶습니다."

모두가 이런 기술에 접근할 수 있다면 위험하지 않겠냐고 묻자, 그는 "그럴 리가요, 환장하게 재밌을 텐데요"라고 반박했다. "어떤 기술도 대중이 완전히 접근하게 되기까지는 제대로 발전하지 못했습니다." 일리 있는 말이다. 디지털 시대가 진정으로 꽃을 피운 것은 개인용컴퓨터가 자리 잡으면서부터였다. 이는 1970년 중반 전산 능력의 통제를 민주화한 두 장치, 알테어와 애플II의 등장으로 시작되었다. 처음에는 해커들, 이어서 일반인들이 각자의 컴퓨터를 소유하고 이를 즐기듯 이용하며 디지털 콘텐츠를 생산했다. 디지털 혁명은 2000년대 초반 스마트폰의 탄생으로 한층 높은 궤도에 올랐다. 재이너의 말마따나, "사람들이 집에서 생명공학을 다루기 시작하면, 컴퓨터 프로그래밍에 그랬듯이 모두가 각자 기상천외한 방식으로 이 분야에 기여할 수 있게 된다".[5]

재이너는 아마 자기만의 길을 갈 것이다. 크리스퍼 기술은 다루기가 쉬우니 조만간 통제된 실험실을 벗어날 것이다. 그리하여 경계의 가장자리에 포진한 반당과 악당들에 의해 앞으로 전진할 것이다. 이런 식으로 리눅스에서 위키피디아까지 크라우드소싱에 의해 추진된 디지털 혁명의 길을 따르게 될지도 모른다. 디지털 세계에는 아마추어와 전문 프로그래머 사이의 명확한 경계선이 없다. 생명공학자도 곧 그렇게 될 수 있다.

그 위험성에도 불구하고, 이러한 경로에는 분명한 이점이 있다. 팬데믹 시대에 사회가 대중의 생물학적 지혜와 혁신적 마인드를 활용할 수 있다면 유용하지 않겠는가. 적어도 시민들이 집에서 자신과 이웃의 감염 여부를 검사할 수 있다면 좋지 않을까. 또한 크라우드소싱으로 접촉

경로를 추적하거나 데이터를 수집하는 일도 가능하다. 현재까지는 공식적으로 인정받은 생물학자와 DIY 해커 사이에 명확한 경계선이 존재하지만, 조사이어 재이너는 그 경계를 허무는 데 헌신한다. 그리고 크리스퍼와 코로나19가 이에 크게 한몫할 것이다.

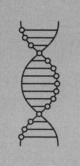

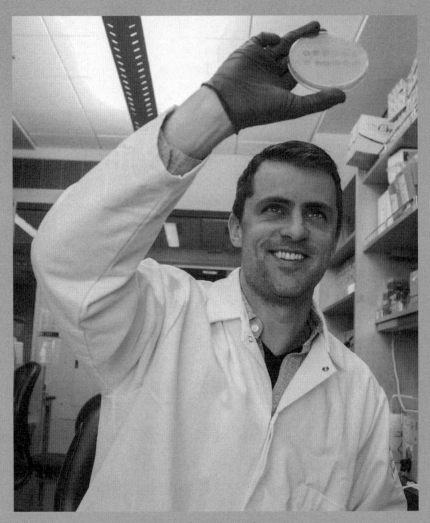

조지프 본디-드노미

34장
DARPA와 안티크리스퍼

위협 평가

다우드나는 크리스퍼가 해커나 테러리스트, 또는 적국에 이용될 가능성을 염려하기 시작했다. 2014년 어느 학회에서 한 연구자가 바이러스를 개조해 크리스퍼 시스템을 생쥐의 체내로 운반한 다음 유전자조작으로 폐암을 일으킨 과정을 듣고부터였다. 그야말로 등골이 서늘해지는 얘기였다. 가이드 RNA를 살짝 수정하거나 작은 실수를 범함으로써 인간의 폐에서도 쉽게 그런 일을 일으킬 수 있기 때문이었다. 그로부터 1년 뒤, 그녀는 다른 학회에 참석해 장펑과 함께 쥐에 암을 유발하는 크리스퍼 관련 논문을 쓴 대학원생에게 이의를 제기했다. 그리고 이런 경험들 끝에 크리스퍼의 오용을 막을 방법을 찾아 국방부 지원 사업에 참여하게 되었다.[1]

체사레 보르자가 레오나르도 다빈치를 고용한 이후로 군비는 혁신을 주도해왔다. 크리스퍼에 있어서도 이는 다르지 않다. 2016년, 미 국가 정보국장 제임스 클래퍼는 매년 정보국에서 발간하는 『세계 위협 평가 (Worldwide Threat Assessment)』에 대량 파괴 무기 후보로 '게놈 편집'을 포함시켰고, 그 결과 미 방위고등연구계획국(DARPA)은 유전자조작으로 인한 위협에 대응하기 위해 '세이프 진(Safe Genes)' 프로젝트에 착수했다. 재원이 충분한 국방부 연구 개발 기관인 DARPA가 6500만 달러의 연구비를 지원하면서 군은 크리스퍼 연구의 가장 큰 단일 지원 기관이 되었다.[2]

세이프 진의 초기 연구비는 총 일곱 팀에 돌아갔다. 하버드의 조지 처치가 방사선 노출에 의한 돌연변이를 복귀시키는 연구로 참여했고, MIT의 케빈 에스벨트는 유전자 드라이브, 즉 모기나 생쥐 같은 생물 개체군 내에서 유전자 변화의 확산 속도를 높이는 방식을 연구하기로 했다. 하버드 의과대학의 아밋 차우드리는 게놈 편집의 스위치를 켜고 끄는 방법을 개발하기 위한 연구비를 받았다.[3]

총 330만 달러의 지원을 받은 다우드나의 연구는 크리스퍼 편집 시스템을 차단하는 방법을 포함해 다양한 프로젝트를 아우른다. 연구 목적은 "향후 크리스퍼를 사용한 무기의 무력화" 도구를 개발하는 것이었다. 스릴러물의 흔한 줄거리처럼, 테러 집단이나 적국이 모기와 같이 극도로 파괴적인 유기체를 조작하는 크리스퍼 시스템을 발동하면 하얀 실험복을 입은 다우드나 박사가 출동해 우리를 구해줄 것이다.[4]

다우드나는 랩에 막 합류한 두 젊은 박사 후 연구원, 카일 워터스와 개빈 놋에게 이 프로젝트를 맡겼다. 이들은 일부 바이러스가 표적 박테리아의 크리스퍼 시스템을 무력화하기 위해 사용하는 방법에 초점을 맞췄다. 박테리아가 바이러스를 퇴치하기 위해 크리스퍼 시스템을 개발하면 이에 맞서 바이러스는 박테리아의 방어를 뚫는 방법을 찾아낸다. 펜타곤이 익히 알고 있는 군비경쟁 아닌가. 한쪽이 미사일을 개발하면 그에 대응하는 방어 시스템이 개발되고, 다시 그것을 무력화하는 시스템이 개발되는 식이다. 새롭게 발견된 이 시스템을 과학자들은 '안티크리스퍼(anti-CRISPR)'라고 불렀다.

안티크리스퍼

안티크리스퍼는 다우드나와 장이 크리스퍼-Cas9을 인간 유전자 편집 도구로 바꾸려는 경쟁에 몰두하던 시기인 2012년 말, 토론토 대학의 박사과정 학생 조지프 본디-드모니에 의해 우연히 발견되었다. 반응 중에 크리스퍼 시스템에 파괴되리라 예상하고 박테리아를 감염시킨 실험에서 놀랍게도 소수의 바이러스가 살아남은 것이다.

처음엔 실험이 잘못되었겠거니 했지만, 문득 본디-드모니의 머릿속에 어쩌면 교활한 바이러스가 용케 박테리아의 크리스퍼 방어를 무너뜨릴 방법을 찾아낸 것인지도 모른다는 생각이 떠올랐다. 그리고 그것은 사실이었다. 바이러스가 크리스퍼 시스템을 파괴하는 DNA를 들고 박테리아에 침투했던 것이다.[5]

본디-드모니의 안티크리스퍼가 크리스퍼-Cas9에는 효과가 없었으므로 이 발견은 처음에 그다지 주목받지 못했다. 그러다 2016년 본디-드모니, 그리고 그와 첫 안티크리스퍼 논문을 함께 쓴 에이프릴 파블루크가 Cas9 효소를 무력화하는 안티크리스퍼를 찾아냈다. 이를 계기로 다른 연구자들도 사냥에 나섰고, 곧 쉰 개 이상의 안티크리스퍼 단백질이 발견되었다. 그 무렵 UC 샌프란시스코의 교수로 임용되어 있던 본디-드모니는 다우드나 랩과 협업하여 안티크리스퍼가 인간 세포로 전달되면 크리스퍼-Cas9의 편집을 조절하거나 중단시킬 수 있음을 밝혀냈다.[6]

안티크리스퍼는 박테리아와 바이러스 사이에 벌어진 놀라운 군비경쟁의 진화 과정을 통해 자연의 경이로움을 보여주는 기초과학의 발견이었다. 또한 다시 한번, 유용한 도구로 이어진 기초과학의 사례가 되기도 했다. 안티크리스퍼를 조작함으로써 유전자 편집 시스템을 통제할 수 있게 된 것이다. 이는 크리스퍼 유전자 가위의 활성 시간을 제한해야 하는 의료 처치뿐 아니라, 테러 집단 혹은 악의적인 공격 시스템에 대한 방어책으로도 사용할 수 있다는 뜻이었다. 또한 안티크리스퍼는 크리스퍼 시스템을 통해 모기처럼 번식 속도가 빠른 개체군 내에서 유전적 변화를 급속도로 확산시키도록 설계된 유전자 드라이브를 중단시키는 데에도 적용할 수 있다.[7]

다우드나는 DARPA 프로젝트를 성공적으로 수행했고, 버클리 게놈 혁신 연구소는 이후 몇 년 동안 새로운 연구에 쓰일 보조금을 받을 수 있었다. 하버드의 조지 처치 랩과 마찬가지로, 이들은 크리스퍼를 사용해 핵방사선의 피해를 막는 방법을 연구하게 되었다. 총 950만 달러에 이르는 이 대규모 프로젝트의 수장은 체르노빌 참사 당시 모스크바 국립대학의 학부생이었던 표도르 우르노프로, 그의 임무는 핵 공격이나 참사에 노출된 군인과 민간인을 구하는 것이었다.[8]

세이프 진 연구비를 받은 실험실들은 1년에 한 번씩 DARPA 생명공학 분과의 프로그램 관리자인 르네 베그진과 함께 모였다. 2018년 샌디에이고에서 열린 회의에 참석한 다우드나는 베그진이 (1960년대에 DARPA가 인터넷을 창조하던 시절처럼) 군 지원을 받은 연구실들을 오가며 능숙하게 협업을 이끄는 모습에 감탄했다. 한편 그에게는 이 회의의 모순된 모습도 인상 깊었다. "우리는 산들바람에 흔들리는 야자나무 밑에서 아름다운 날씨를 즐기며 식사를 했어요." 다우드나의 말이다. "방사선이 병을 일으키고 게놈 편집이 대량 파괴를 불러올 무기가 되는 세상

을 이야기하면서 말이죠."⁹

해커 영입

코로나19가 미국에 퍼지기 시작하던 2020년 2월 26일, 워싱턴 D.C.
미 국립과학아카데미의 위엄 있는 대리석 건물에 모인 육군 장성과 국
방부 관계자, 생명공학 실무자들이 알베르트 아인슈타인의 웅장한 동상
을 지나 본부 1층의 회의실로 들어섰다. 군사 연구 기술 프로그램의 후
원하에 열린 '바이오 혁명이 육군 전투력에 미치는 영향력'이라는 이름
의 콘퍼런스에 참석하기 위해서였다. 총 50인의 참석자 중에는 조지 처
치 같은 저명한 과학자들뿐 아니라 조사이어 재이너 같은 이질적인 존
재도 포함되었다. 앞서 샌프란시스코 합성생물학 학회에서 크리스퍼로
편집한 유전자를 자신에게 주사했던, 귀에 피어싱을 잔뜩 달고 있는 바
로 그 바이오해커 말이다.

"건물은 근사했는데 식당이 형편없더라고요." 재이너의 말이다. 그렇
다면 회의는 어땠을까? "지루해서 혼났죠. 자기가 무슨 말을 하는지도
모르는 사람들만 잔뜩 모아놨던데요." 당시 재이너는 노트에 이렇게 휘
갈겼다. "강연자가 자낙스(신경안정제―옮긴이)를 드시고 오셨나."

원체 불손한 언사를 고집하는 스타일이라 그렇지, 사실 재이너는 회
의를 즐긴 눈치였다. 계획에는 없었으나 그는 회의 중 깊은 인상을 남겨
즉석 강연을 요청받기까지 했다. 군 관계자들이 우수한 과학자들을 모
집하기 어렵다고 토로했을 때였다. "그렇다면 대중과 좀 더 소통할 수
있도록 실험실을 열고 바이오해커를 위한 공간을 마련해야 합니다." 재
이너는 과거 군이 디지털해커들과도 그래왔다고 지적하면서, 정부 연구

소를 DIY 생물학 커뮤니티로 꾸린다면 군이 이용할 수 있는 획기적인 방안책들이 나올 거라고 설득했다.

　일부 연사들은 군이 '비전통적 집단'으로부터 도움을 받아야 한다는 생각을 받아들였다. 한 관계자의 말처럼 '시민 과학'은 위협 식별과 관련한 군의 능력을 증진하는 데 사용될 수 있을 것이었다. 그때만 해도 아직 전국적인 경계가 발동되기 며칠 전이었는데, 어느 기업 소속 과학자는 중국 밖으로 확산되는 새로운 코로나바이러스에 주목하며 팬데믹이 흔해진 세상을 대비해야 한다고 의견을 밝혔다. 그때가 되면 시민 과학자들을 영입해 동시 진단법을 활용할 방법을 알아내고 데이터의 수집과 분석을 위탁하는 게 유용하리라는 얘기였다. 그게 바로 재이너와 바이오해커들이 강조하는 핵심이었다.

　회의가 끝날 무렵, 크리스퍼를 사용해 팬데믹과 싸우고 장병들을 보호하는 사업에 해커를 영입하려는 의욕을 보이는 군 관계자들의 모습에 재이너는 기분 좋은 놀라움을 느꼈다. 그가 수첩에 끄적거렸다. "모두의 시선에 내게 집중되었다. 다들 나의 등장에 놀랐다." 이어 이렇게 썼다. "내게 몰려와서는 와줘서 고맙다고 말했다."[10]

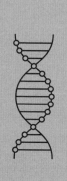

새로운 방, 희망으로 가득 차 있으면서도

지독하게 낯선 위험이 도사리는 방.

사람들의 희미한 기억 속에 간직된 한층 위대한 진보의 이야기.

불을 훔친 프로메테우스의 간을 찢어발기는 '제우스의 날개 달린 사냥개'.

세상은 한발 앞으로 나갈 준비가 되었는가?

틀림없이, 그것은 세상을 바꿀 것이다. 그에 맞는 법을 만들어야 한다.

평범한 사람들이 이해하고 통제하지 못한다면

누가 하겠는가?

_1945년 8월 20일 《타임》에 제임스 에이지가 기고한
원자폭탄 투하에 관한 사설 「원자 시대」에서

5부

공공 과학자

아실로마에서 제임스 왓슨과 시드니 브레너

아실로마에서 허버트 보이어와 폴 버그

35장
도로의 규칙

기술 유토피아 대 생명 보수주의

개조된 인간을 만들어낸다는 생각은 수십 년 동안 공상과학의 영역에 속했다. 신에게서 이 불을 훔쳐 왔을 때 벌어질 일을 경고하는 세 편의 고전문학이 있다. 1818년 메리 셸리가 쓴 소설 『프랑켄슈타인』은 인간을 닮은 생물을 창조한 한 과학자의 이야기이다. 1895년에 출간된 H. G. 웰스의 『타임머신』에서는 미래로 떠난 시간 여행자가 유한계급인 엘로이와 노동자계급인 몰록이라는 두 종으로 진화한 인간을 발견한다. 그리고 1932년에 출판된 올더스 헉슬리의 『멋진 신세계』는 유전자조작으로 향상된 지적·신체적 형질을 가진 엘리트 지도자 계급이 지배하는 디스토피아적 미래를 묘사한다. 이 책의 첫 장에서 한 노동자가 인공 부화장을 소개하는 장면을 보자.

"우리는 아기들을 사회화한 인간으로서, 알파와 엡실론으로서, 미래의 하수처리 노동자 또는 미래의…… 부화장 책임자들로서 맡아 키우고 있습니다." 하지만 "미래의 부화장 책임자들"이라고 바로잡기 전에 그가 실제로 입 밖에 내려던 말은 "미래의 지배자들"이었다.

1960년대에 들어서, 인간을 개조한다는 아이디어는 공상과학의 영역에서 과학의 영역으로 옮겨 왔다. 과학자들이 DNA의 역할을 찾아내 유전자를 해독하기 시작하고, 여러 생물체의 DNA를 잘라다 짜깁기하는 방법이 발명되면서 유전공학 분야가 탄생했다.

특히 과학자들 사이에서, 이런 엄청난 진보에 대한 첫 반응은 자만심에 가까운 낙관론이었다. 생물학자 로버트 신샤이머는 과연 그리스신화를 제대로 이해한 것인지 의구심을 자아내는 선언을 했다. "우리는 현대판 프로메테우스가 되었습니다. 곧 후대에 물려줄 유산, 즉 인간의 근본적인 속성을 바꿀 힘을 갖게 될 것입니다." 그는 이런 가능성이 곤경을 불러올지 모른다는 다른 이들의 우려 섞인 목소리를 묵살했다. 유전적 미래에 관한 결정은 개인의 선택에 달려 있으며, 따라서 이 새로운 우생학은 20세기 전반부의 불명예스러운 우생학과 도덕적 차원에서 전혀 다르다는 것이 그의 주장이었다. "우리는 아직 꿈꿔보지 못한 새로운 유전자와 새로운 자질을 창조할 잠재력을 가지게 되었습니다." 신샤이머는 기뻐하며 말했다. "실로 우주적인 사건이 아닐 수 없습니다."[1]

한편 유전학자 벤틀리 글래스는 1970년 미국 과학진흥협회 회장 출마 연설에서, 윤리적 문제는 사람들이 이 새로운 유전 기술을 받아들이는 데 있는 것이 아니라 거부할지도 모른다는 데 있다고 주장했다. "모든 아이들이 건강한 신체와 정신을 지니고 태어날 권리야말로 가장 중요한 권리가 되어야 합니다. 미래에는 어떤 부모도 신체적 이상이 있거나 정신이 온전하지 않은 아이로 사회에 부담을 지울 권리를 갖지 않게될 것입니다."[2]

버지니아 대학 의료윤리학 교수이자 과거 성공회 목사였던 조지프 플레처 역시 유전공학을 도덕적 골칫거리가 아닌 인류의 임무로 볼 수 있다는 점에 동의했다. 1974년에 발간한 『유전자 통제의 윤리학(The Ethics of Genetic Control)』에서 플레처는 "유전적 선택이 가능한 지금, 사전 계획이나 자궁에 대한 통제 없이 그저 운에 맡기듯 '생식 룰렛'을 돌려 아이들을 생산하는 것은 무책임한 일"이라며, "돌연변이를 통제하는 법을 배웠으니 이를 실행해야 한다. 할 수 있는데 통제하지 않는 것이야말로 비도덕적이다"라고 썼다.[3]

이런 기술 유토피아에 반대하여 1970년대에 영향력을 가졌던 신학자와 기술 회의론자, 생명 보수주의자들이 나섰다. 프린스턴 대학의 기독교윤리학 교수이자 저명한 개신교 신학자인 폴 램지는 『조작된 인간: 유전자 통제의 윤리(Fabricated Man: The Ethics of Genetic Control)』라는 책을 썼는데, 전체적으로 복잡하고 따분한 내용이지만 이 한 문장만큼은 아주 생생하다. "인간이 되는 법을 배우기 전에 신의 역할부터 하려 들어서는 안 된다."[4] 사회 이론가 제러미 리프킨은 《타임》지 선정 '유전공학 반대에 가장 앞장서는 인물'이자 『인간 유전 공학: 누가 신을 대신할 수 있는가』의 공동 저자이기도 하다. "과거에는 이게 다 공상과학이며 프랑켄슈타인 박사의 미친 헛소리라고 무시할 수 있었다. 하지만 더는 아니다. 아직 멋진 신세계에 이르지는 않았지만, 우리는 그리로 향한 길을 충실히 따라가고 있다."[5]

인간 유전자 편집 기술이 개발되기도 전에 전선부터 설정된 셈이다. 이제는 쟁점을 정치적으로 양극화시키기보다는 중간 지대를 찾는 것이 많은 과학자들의 임무가 되었다.

아실로마 회의

1972년 여름, 재조합 DNA 제조법에 관한 영향력 있는 논문을 막 발표한 폴 버그는 새로운 생명공학 기술에 대해 강연하기 위해 시칠리아 해안가의 오래된 절벽 꼭대기에 자리 잡은 에리스로 향했다. 버그의 설명을 듣고 충격에 빠진 대학원생들은 유전자조작, 특히 인간의 유전자를 수정하는 부분을 두고 많은 질문을 퍼부었다. 버그로서는 미처 생각해본 적 없는 문제들이었기에, 그는 그날 저녁 시칠리아해협이 내려다보이는 노르만 시대 고성의 성곽에서 비공식 토론회를 갖자고 제안했다. 보름달 아래 총 여든 명에 이르는 학생과 연구자들이 모여, 함께 맥주를 마시며 윤리적 문제에 대해 열띤 토론을 벌였다. 사람들이 던진 기초적인 질문에도 버그는 제대로 답을 할 수가 없었다. 키나 눈 색깔을 바꿀 수 있다면 어떻겠습니까? 지능은 어떨까요? 할 수 있다면 해야 할까요? 그래도 될까요? DNA 이중나선 구조의 공동 발견자인 프랜시스 크릭도 그 자리에 있었지만, 내내 맥주를 홀짝거릴 뿐 침묵을 지켰다.[6]

이 논의를 계기로, 폴 버그는 1973년 1월 캘리포니아 해안 도시 몬터레이의 아실로마 콘퍼런스 센터에 생물학자들을 불러 모았다. 2년 뒤 같은 장소에서 한 번 더 모이면서 '제1차 아실로마 회의'라 불리게 될 이회의의 주요 의제는 실험실 안전 문제였다. 이어 같은 해 4월 미 국립과학아카데미 주최로 MIT에서 열린 또 다른 회의에서는, 위험 요소가 있는 재조합 DNA 유기체를 미연에 방지할 방법이 논의되었다. 그러나 토론을 할수록 완벽한 방법에 대한 확신은 줄어들었고, 따라서 학자들은 폴 버그, 제임스 왓슨, 허버트 보이어 등이 서명한 서한을 발행하여 안전 지침이 공식화될 때까지 재조합 DNA 제조의 '모라토리엄(일시 중단)'을 요구하기에 이르렀다.[7]

이는 소속 분야를 규제하려는 과학자들의 자발적인 시도로 유명해진 역사적인 모임으로 이어졌다. 1975년 2월 나흘에 걸쳐 진행된 제2차 아실로마 회의가 그것이다. 철 따라 이동 중인 제왕나비 무리가 하늘을 얼룩지게 만들 무렵, 전 세계에서 온 150여 명의 생물학자와 의사, 변호사, 그리고 논쟁이 지나치게 과열될 경우면 녹음기를 끄겠다고 약속한 기자들이 모래언덕을 걸어와 회의장에 모여 새로운 유전자조작 기술과 관련한 제한 사항에 대해 토론했다. 《롤링 스톤》지의 마이클 로저스는 「판도라의 상자 회의」라는 그럴싸한 제목의 기사로 이 모임을 다루며, "이들의 토론은 새로운 화학 기구를 손에 넣은 소년의 활기와 무대 뒤에서 오가는 가십의 열기를 모두 보여주었다"라고 전했다.[8]

회의의 핵심 기획자 중에는 부드러운 말씨에도 위엄이 느껴지는 MIT 생물학 교수 데이비드 볼티모어가 있었다. 그는 코로나바이러스와 같은 RNA 바이러스가 '역전사(reverse transcription)' 과정을 통해 제 유전물질을 숙주세포의 DNA에 삽입한다는 점을 밝혀낸 공로로 그해 노벨상을 수상했다. 즉 RNA가 DNA로 전사될 수 있음을 증명함으로써, 유전정보는 오로지 DNA에서 RNA라는 한 방향으로만 흐른다는 생물학의 센트럴 도그마를 수정한 것이다. 이후 볼티모어는 록펠러 대학과 칼텍의 총장을 지내게 되며, 정책 협의회의 존경받는 지도자로서 그의 반세기 경력은 다우드나의 사회 참여 모델로 작용할 터였다.

볼티모어가 회의 소집 이유를 밝힌 다음, 버그가 이어서 문제의 과학에 대해 설명했다. 그에 따르면, 재조합 DNA 기술은 여러 유기체에서 나온 DNA를 조합해 새로운 유전자를 제작하는 일을 "어처구니없을 정도로 간단하게" 만들었다. 버그는 재조합 DNA 논문을 낸 직후 자신들이 직접 실험을 할 수 있도록 재료를 보내달라고 요청하는 전화를 받기 시작했는데, 실험 목적을 묻자 "가공할 실험에 관한 설명"이 대답으로 돌아왔다고 회상했다. 1969년 마이클 크라이튼이 쓴 생명공학 스릴러 『안드로메다 스트레인』에 나올 법한 정신 나간 과학자들이 지구를 위협하는 새로운 미생물을 만들지도 모른다는 생각에 겁이 나기 시작했다는 얘기였다.

정책 토론에서 버그는 재조합 DNA 기술로 탄생할 새로운 유기체가 가져올 위험은 가늠조차 할 수 없으며, 따라서 그런 연구는 아예 금지되어야 한다고 주장했다. 버그의 견해가 터무니없다고 반박하는 사람들도 있었다. 볼티모어는 학자로서 평생 그래왔듯이 절충점을 찾고자 했다. 재조합 DNA 연구는 "불구가 되어" 전파될 수 없는 바이러스에 제한되어야 한다는 것이 그의 주장이었다.[9]

제임스 왓슨은 예상대로 회의 내내 괴팍한 청개구리 역할을 했다. "사람들이 알아서 스스로를 히스테리 경지로 몰아넣더군요." 이후 왓슨은 내게 이렇게 말했다. "나는 그게 뭐든 간에 하고 싶은 일을 하는 연구자들 편이죠." 결국 왓슨과 버그가 대판 붙게 되었다. 버그의 절제된 태도는 왓슨의 성마름과 극명한 대조를 이루었지만, 논쟁이 심해지면서 급기야는 그가 왓슨을 고소하겠다고 협박하는 지경에 이르렀다. "당신은 이런 종류의 연구에 잠재적인 위험이 있다고 경고하는 서한에 서명까지 하지 않았습니까." 버그가 왓슨에게 상기시켰다. "이제 와서 당신이 수장으로 있는 콜드 스프링 하버의 직원들에 대한 보호 절차를 도입할 생각이 없다고 하면, 나는 당신을 직무유기로 고소할 수밖에 없어요."

어르신들 사이의 언쟁이 격해지자 일부 젊은 참석자들은 슬그머니 밖으로 나가 해변에서 마리화나를 피웠고, 결국 이 논의는 회의 종료 예정 시간까지 합의에 도달하지 못했다. 그러나 마침내 어떤 연구실이라도 재조합 DNA를 오용해 감염 사고라도 일으켰다가는 해당 기관이 책임지고 문을 닫아야 할 것이라는 변호사들의 경고가 결론을 내리는 데 큰 역할을 했다.

그날 밤늦게, 버그와 볼티모어는 몇몇 동료와 함께 중국 음식을 포장해 해변의 통나무집에 모여 밤을 새웠다. 칠판까지 준비해 온 이들은 몇 시간에 걸쳐 성명서를 작성했고, 동트기 직전인 새벽 5시 무렵 초안을 완성했다.

"전혀 다른 생물의 유전정보들을 조합하도록 허락한 새 기술은 우리를 알려진 것 없는 생물학 경기장에 올려놓았다." 성명서는 이렇게 시작한다. "신중에 신중을 기해 진행하는 것이 현명한 결정이라는 결론에 도달할 수밖에 없었던 이유가 바로 이 무지에 있다." 이어서 실험에 적용될 안전장치와 제한 사항이 자세히 기술되었다.

볼티모어는 오전 8시 30분 회의에 배포할 수 있도록 임시 성명서를 복사했고, 버그는 과학자들을 한곳에 모았다. 누군가 성명서를 단락별로 나눠 그 하나하나에 대해 투표하자고 주장했으나 버그는 이를 거부했다. 그랬다가는 일이 감당할 수 없이 커질 게 분명했다. 하지만 저명한 분자생물학자 시드니 브레너가 유전자조작 연구에 내려진 모라토리엄을 해지하는 대신 안전장치를 갖추고 연구를 진행해야 한다는 핵심 권고 사항에 대해 찬반투표를 요청했을 땐 그도 받아들일 수밖에 없었다. "모라토리엄은 끝났습니다." 곧 브레너의 선언이 나왔고, 모두가 동의했다. 몇 시간 뒤 마지막 점심을 알리는 종이 울리기 직전, 버그가 모든 연구소에서 준수되어야 할 상세한 안전 조항이 적힌 문서 전체에 대한 투표를 요청하자 대부분이 찬성했다. 여전히 발언권을 얻으려고 아우성을 치는 사람들을 무시한 채 버그는 반대 의견이 있는지 물었다. 손을 든 사람은 왓슨을 포함해 이 모든 게 바보 같은 짓거리라고 생각하는 네댓 명뿐이었다.[10]

아실로마 회의에는 두 가지 목적이 있었다. 새로운 형태의 유전자를 창조할 때 발생할 수 있는 위험으로부터의 보호, 그리고 정치인들이 유전자조작을 아예 전면적으로 금지할 가능성으로부터의 보호였다. 아실로마 회의는 두 마리 토끼를 다 잡았다. 이들은 "신중하게 앞으로 나아가는 길"을 계획했다. 이후 볼티모어와 다우드나가 크리스퍼 유전자 편집에 대한 논쟁에서 따르게 될 접근법이었다.

아실로마에서 합의된 제한 사항은 전 세계 대학과 연구비 지원 기관에 채택되었다. 30년 뒤 버그는 이렇게 기록한다. "이 특별한 회의는 과학에 있어, 그리고 과학 정책과 관련한 공공 논의에 있어 아주 특별한 시대의 시작을 알렸다. 우리는 대중의 신뢰를 얻었다. 이 연구에 실질적으로 가장 많이 관여한 이들, 한편으로는 위험성이 내재된 실험을 자유롭게 추구하고자 하는 동기로 충만한 당사자들이 직접 내린 결정이기 때문이다. 또한 우리는 국가에 의한 강제적인 법적 규제도 모면했다."[11]

자화자찬에 동참하기를 꺼리는 이들도 있었다. DNA 구조와 성질에 관해 핵심적인 사실을 발견한 뛰어난 생화학자 어윈 샤가프는 이 행위를 가식으로 보았다. "전 세계 분자생물학 주교와 신부들이 아실로마에 모여 애초에 자신들이 주도해온 이단 행위를 규탄했다. 아마 방화범이 자체적으로 소방대를 결성한 최초의 역사적 사건일 것이다."[12]

아실로마가 큰 성공을 거두었다는 버그의 말은 옳았다. 이 회의는 유전공학의 호황이라는 길을 열었다. 그러나 샤가프의 조롱 섞인 평가는 앞으로 지속될 또 다른 유산을 지적한다. 아실로마 회의는 과학자들이 그곳에서 논의하지 **않은** 사실 때문에도 유명해졌다. 당시 참석자들은 모두 안전에만 초점을 두었다. 시칠리아에서 버그가 밤을 새워 논의했던 문제, 즉 윤리에 대해서는 누구도 언급하지 않았다. 유전자조작의 안전이 보장된다면, 우리는 어디까지 가도 될 것인가?

1982년, 생명 이어 맞추기

아실로마 회의에서 윤리적 사안에 대한 논의가 부족했다는 사실이 많은 종교 지도자들의 심기를 불편하게 했다. 이에 미국 기독교교회협의회, 미국 유대교회당협의회, 미국 가톨릭협의회의 세 주요 종교 단체장은 지미 카터 대통령에게 서한을 보냈다. "유전공학의 급진적인 성장과 함께 우리는 근본적인 위험이 촉진되리라 예상되는 새로운 시대로 빠르게 이동하고 있습니다. 새로운 생명체가 설계되는 순간, 그것이 인류의 선(善)에 얼마나 기여할지 그 누가 판단할 수 있겠습니까?"[13]

세 단체장은 이러한 결정이 과학자들에게만 맡겨져서는 안 된다고 주장했다. "유전자조작으로 우리의 정신적·사회적 구조를 '교정'하는 것이 적절하다고 믿는 사람들은 항상 있기 마련입니다. 이를 가능하게 할 도구가 마침내 주어졌을 때 위험은 더할 나위 없이 강해집니다. 신을 흉내 내고 싶은 사람은 감당하기 힘든 유혹을 받을 것입니다."

카터 대통령은 이 사안을 파악할 자문 위원회를 임명함으로써 서한에 응했다. 위원회는 1982년 말 「생명 이어 맞추기」라는 106쪽짜리 보고서를 제출했는데, 그 내용은 사회적 합의에 도달하기 위한 대화를 촉구하는 정도로 모호하게 마무리되었다. "이 보고서의 목적은 신중하고도 장기적인 담론을 촉진하기 위한 것이지, 시기상조일지 모를 결론을 미리 내리려는 것이 아니다."[14]

자문 위원회의 보고서는 선견지명이라 할 만한 두 가지 우려를 제기한다. 첫째는 유전공학이 대학 연구에 기업의 참여를 크게 증가시키리라는 전망이다. 대학은 역사적으로 기초연구와 아이디어의 공론화에 중점을 두어왔다. 하지만 "이런 목표는 산업계의 목표와 정면으로 충돌할 것이다. 기업은 응용 연구를 통한 상품성 있는 제품 및 기술 개발을 목표로 삼으며, 경쟁력을 유지하고 기업 비밀을 지키고 특허를 보호하려 할 것이기 때문이다"라고 보고서는 경고했다.

두 번째 우려는 유전공학이 불평등을 한층 심화시키리라는 점이다. 새로운 생명공학 기술을 이용한 시술은 비용이 많이 들기 때문에 소위 '금수저'를 물고 태어난 사람들이 가장 큰 혜택을 받게 된다. 따라서 기존의 불평등이 확산되고, 심지어 그것이 유전자에 새겨질 수도 있다. "유전자를 이용한 치료와 수술의 가능성은 실제로 민주적인 정치 이론과 실천의 중심 요소인 '기회의 평등'이라는 약속을 의심하게 만들지도 모른다."

착상 전 유전자 진단, 그리고 〈가타카〉

1970년대 재조합 DNA 개발 이후, 생명공학의 두 번째 진보와 윤리적 논란은 1990년대에 일어났다. 체외수정(최초의 시험관아기 루이스 브라운은 1978년에 태어났다)과 유전자 시퀀싱 기술이라는 두 가지 혁신이 합쳐져, 1990년에 최초로 착상 전 유전자 진단이 가능해진 것이다.[15]

착상 전 진단은 페트리접시에서 난자와 정자를 수정시킨 다음 그 결과인 배아*를 검사해 유전적 특징을 확인하고 가장 바람직한 형질을 가진 배아를 산모의 자궁에 이식하는 과정이다. 착상 전 진단을 통해 부모는 아기의 성별, 또는 유전병이나 기타 부모가 바람직하지 않다고 생각하는 특징을 지닌 아기를 피할 수 있다.

• 이 책에서 나는 '배아(embryo)'라는 단어를 포괄적 의미로 사용했다. 참고로 수정된 난자에서 시작된 단세포생물은 '수정란'이며, 수정란이 세포 집단으로 분열해 자궁벽에 이식할 수 있게 되면 '포배'라고 부른다. 이후 약 4주가 지나 태낭이 발달하면 배아가 되고, 11주 이후부터는 일반적으로 '태아'라고 불린다.

이런 유전자 검사와 선별의 가능성은 1997년 이선 호크와 우마 서먼이 주연한 영화 〈가타카〉(Gattaca라는 제목은 네 개의 DNA 염기를 상징하는 글자로 만들어졌다)를 통해 대중의 상상 속에 자리 잡았다. 이 영화는 최고의 유전형질로 향상된 자녀를 얻기 위해 유전자 선별이 일상적으로 사용되는 미래의 모습을 그린다.

영화를 홍보하기 위해 영화사는 실제로 유전자를 편집하는 병원인 양 신문광고를 냈다. '자녀 주문 제작'이라는 제목의 광고에는 이런 내용이 실려 있었다. "가타카에서 당신의 자녀를 설계해드립니다. 다음 목록에서 자녀에게 물려주고 싶은 형질을 골라보세요." 목록에는 성별, 키, 눈 색깔, 피부색, 체중, 중독 성향, 범죄 및 공격 기질, 음악성, 운동 능력, 지성 등이 포함되었고, 마지막에는 "해당 사항 없음"도 있었다. 이 광고는 마지막 옵션에 대해 이렇게 조언한다. "종교나 그 밖의 이유로 자녀의 유전자를 조작한다는 사실이 불편할 수도 있습니다. 그러나 다시 한번 생각해보시길 정중히 부탁드립니다. 인류는 현재의 자리에서 조금 더 나아갈 수 있으니까요."

광고 끝에는 수신자 부담 전화번호가 적혀 있었는데, 전화를 걸면 녹음된 음성이 세 가지 옵션을 내놓았다. "자녀가 질병에 걸리지 않게 하고 싶다면 1번을, 지적·신체적 능력을 향상시키고 싶다면 2번을, 아이의 유전자에 손대고 싶지 않다면 3번을 눌러주세요." 이틀 만에 5만여 통의 전화가 걸려왔지만, 안타깝게도 영화사는 사람들이 어떤 옵션을 선택했는지 기록하지 않았다.

이선 호크가 연기한 영화 속 주인공은 착상 전 조작이라는 혜택을 받지 못한 채 태어난 사람으로, 우주비행사가 되기 위해 유전적 차별과 싸운다. 물론 그는 꿈을 이룬다. 왜냐하면 영화니까. 영화 속에서 주인공의 부모가 유전자 편집을 이용해 둘째를 낳기로 결정하고 상담하는 장면이 특히 흥미롭다. 의사는 시력, 눈과 피부의 색깔, 알코올의존 성향, 탈모 형질 등 조작할 수 있는 모든 형질과 개선 사항에 대해 설명한다. 부모가 "몇 가지는 운에 맡겨도 좋지 않을까요?"라고 묻자, 의사는 아니라고 잘라 말한다. 미래의 아이에게 "최선의 출발점"을 제공하라고.

영화 평론가 로저 이버트는 이렇게 비평했다. "'완벽한' 아기를 주문할 수 있다면 부모들은 어떻게 할까? 운에 맡기고 유전자 주사위를 던질까, 아니면 원하는 제조사와 모델을 선택할까? 어떤 차든 살 수 있는 세상에서 무작위로 차를 선택할 사람들이 얼마나 될까? 자연적인 방식으로 아기를 낳겠다고 결정할 사람이 아마 겨우 그 정도쯤 될 것이다." 그러면서 이버트는 당시 막 대두되기 시작한 우려를 영리하게 표현해냈다. "가타카들의 세상에서는 누구나 잘생겼고, 건강하며, 오래 산다. 그러나 그것이 썩 즐거울까? 반항적이거나, 보잘것없거나, 괴팍하거나, 엉뚱한 자녀, 혹은 자기보다 훨씬 똑똑한 자녀를 주문하는 부모는 얼마나 될까? 그리고 보면, 우리는 아주 좋은 시절에 태어나 살고 있다는 생각이 들지 않는가?"[16]

1998년 UCLA에서, 왓슨과 사람들

이번에도 DNA의 선구자이자 까칠한 노인네 제임스 왓슨은 청중석에 앉아 억누르지 못한 도발적인 생각들을 크게 중얼거리고 있었다. 1998년, UCLA의 그레고리 스톡 교수가 주최한 유전자 편집 회의 자리였다. 유전자조작 기술을 사용한 약물 개발에 앞장선 프렌치 앤더슨은 이른바 도덕적인 질병 치료와 비도덕적인 유아 유전자 개선을 구분할 필요에 대해 연설을 늘어놓았다. 이때 왓슨이 끼어들어 콧방귀를 뀌며 그를 자극하기 시작했다. "아무도 용기 있게 나서지 못하는군요. 유전자를 추가하는 방법을 알게 되었고 그래서 더 나은 인간을 만들 수 있게 되었는데, 왜 하면 안 된다는 겁니까?"[17]

'인간 생식계열 조작'이라는 주제로 모인 이 자리의 논점은 자손에게 이어질 유전자 개조의 윤리적 타당성에 맞춰졌다. 이 '생식세포' 편집은 환자 개인의 특정 세포에만 영향을 주는 체세포 편집과 의학적·도덕적으로 완전히 다른 영역에 속했다. 생식세포란 과학자들로서는 넘고 싶지 않은 일종의 레드 라인(금단의 선—옮긴이)이었다. "이곳은 **생식세포** 조작이라는 주제에 대한 공개적인 토론을 위해 처음으로 마련된 자리입니다." 왓슨은 생식세포 편집에 찬성의 뜻을 밝히며 말했다. "생식세포 치료가 체세포 편집보다 성공 확률이 훨씬 높다는 건 기정사실이지요. 체세포 치료가 성공할 때까지 기다리려면 태양이 다 타버리고 말 겁니다."

왓슨이 보기에는 생식세포를 "무슨 루비콘강처럼 취급하고 그걸 건너는 게 자연의 법칙을 어기는 것인 양 생각하는 꼴"이 우스꽝스러울 뿐이었다. 누군가 "인간 유전자 풀의 신성함"을 존중해야 한다고 맞서자 그는 끝내 폭발했다. "진화처럼 지랄맞게 잔인한 게 없는데, 인간이 완벽한 게놈을 가졌다면서 신성 운운하는 건 그야말로 어리석은 짓이오." 아닌 게 아니라, 유전자 복권이라는 게 얼마나 지랄맞게 잔인할 수 있는지는 조현병 환자인 아들 루퍼스가 매일 상기시켜주던 터였다. "우리가 가진 가장 큰 윤리적 문제가 뭔지 아시오? 알면서도 써먹지 않는 것, 나서서 누군가를 도울 배짱이 없다는 거요."[18]

사실 그의 이야기는 불필요한 잔소리에 불과했다. UCLA 회의에서 나온 의견들 대부분은 유전자 편집에 대한 단순한 열광, 내지는 억누를 수 없는 강렬한 열광의 표출이었기 때문이다. 그 비탈길을 내려가다가 의도치 않은 결과를 초래할 수 있다고 누군가 지적했으나, 왓슨의 생각은 확고했다. "비탈길 어쩌고 하는 말들은 다 헛소리지. 사회는 비관이 아닌 낙관 속에서 번영하는 법이오. 비탈길을 입에 올리는 인간들은 다 저 자신에게 화가 난 지친 사람들이고."

당시 막 출간된 프린스턴 대학 생물학자 리 실버의 저서 『리메이킹 에덴(Remaking Eden)』이 곧 UCLA 회의의 선언문이 되었다. 실버는 기술을 사용해 자식에게 물려줄 유전자를 결정하는 행위를 '생식유전학(reprogenetics)'이라는 신조어로 설명하며 다음과 같이 기술했다. "개인의 자유에 최고의 가치를 부여하는 사회에서는 생식유전학의 사용을 제한할 법적 근거를 찾기 어렵다."[19]

실버의 작품은 이 이슈를 시장에 기반한 소비자 사회를 살아가는 개인의 자유와 해방에 관한 문제로 설정했다는 점에서 중요하다. 실버는 "민주주의 사회에서 부모가 자식을 위해 좋은 환경을 구매하는 게 허용된다면, 좋은 유전자를 구매하는 것을 어떻게 금지하겠는가?"라는 말로 논리를 전개해나간다. "미국인이라면 이를 금지하는 모든 시도 앞에서 이런 질문을 던질 것이다. '남의 집 자식들이 자연스럽게 타고나는 유리한 유전자를 내 자식한테도 주겠다는데 왜 안 된다는 말인가?'"[20]

기술을 향한 그의 열정으로, 회의장에는 참가자들 모두가 역사적 순간이라 느낄 분위기가 조성되었다. "우리는 하나의 종으로서 처음으로 자기 진화의 능력을 갖추게 되었습니다. 정말이지 믿을 수 없는 생각이죠." 이 "믿을 수 없다"는 말을 그는 상찬의 의미로 사용했다.

아실로마 회의 때와 마찬가지로 UCLA 회의의 취지 중 하나는 정부의 규제를 막는 것이었다. 왓슨은 "우리가 끌어내야 할 가장 큰 메시지는 국가가 어떤 형태의 유전자 기술 결정에도 관여하지 않게 하는 것"이라고 주장했고, 참석자들 역시 이에 동의했다. 회의를 주최한 그레고리 스톡은 회의를 요약하며 다음과 같이 기술했다. "생식세포 유전자치료를 규제하는 어떤 주 또는 연방 입법안도 통과되어서는 안 된다."

스톡이 선언문 초안을 써 내려갔다. 제목은 「인간 재설계: 불가피한 유전적 미래」였다. "인간 본성의 한 가지 핵심적인 측면은 세계를 조작하는 능력이다. 한번 탐구해보지도 않고 생식계열의 선별과 수정을 기피하는 것은 인간의 본성을, 어쩌면 운명을 거스르는 행위가 될 것이다." 그는 특히 정치가들의 간섭이 없어야 함을 강조했다. "정책 입안자들은 종종 자신들이 생식세포 기술의 출현 여부와 관련해 목소리를 낼 수 있다는 착각에 빠지곤 한다. 하지만 그들에겐 그럴 권리가 없다."[21]

유전자조작을 향한 미국인들의 열정은 유럽인들의 태도와 극명한 차이를 보였다. 유럽의 정책 입안자들과 각종 위원회는 농업과 인간을 대상으로 삼는 유전공학 기술을 앞다투어 반대했다. 가장 주목할 만한 의사 표명은 1997년 유럽 평의회가 소집한 스페인 오비에도 회의에서 나왔다. 그 결과물인 '오비에도 협약(Oviedo Convention)'은 생물학 발전을 인간의 존엄성을 위협하는 방식으로 사용할 수 없게끔 규제하는 법적 구속력을 지닌 조약이다. 이 조약은 "예방적, 진단적, 또는 치료적 사유가 있는 경우를 제외하고" 인간에서 유전자를 개조하는 행위를 금하며, 예외적인 경우에도 "후손의 유전자 구성을 바꾸는 목적이 아닐 때에만 허용한다". 다시 말해 생식계열 편집은 어떤 경우에도 허용할 수 없다는 뜻이다. 영국과 독일을 제외한 유럽 29개 국가가 오베이도 협약을 채택했으며, 이 협약이 비준되지 않은 곳에서도 유전자조작에 반대하는 유럽 내의 일반적인 합의의 형성에 일조했다.[22]

제시 겔싱어

유전공학을 바라보는 미국 연구자들의 낙관주의는 1999년 9월 필라델피아의 어느 고등학생, 잘생긴 얼굴에 다정하고 약간은 반항기가 있는 열여덟 살 청년에게 일어난 비극으로 한풀 꺾였다. 제시 겔싱어는 단순한 유전적 돌연변이로 발생한 경미한 간 질환을 앓고 있었다. 단백질이 분해될 때 암모니아가 부산물로 나오는데, 겔싱어의 간은 체내에서 암모니아를 제거하지 못한다는 문제가 있었다. 이러한 경우 환자는 대개 아기일 때 사망하지만, 겔싱어는 증상이 약한 편이라 극소량의 단백질만 섭취하는 식단을 유지하고 하루에 알약을 서른두 개씩 먹으면서 살아갈 수 있었다.

펜실베이니아 대학의 한 연구 팀이 이 질병에 대한 유전자치료를 시험했다. 실제로 몸 안에서 세포의 DNA를 편집하는 대신, 실험실에서 돌연변이가 없는 착한 유전자를 만들어낸 뒤 배송 기사 역할을 담당할 바이러스에 삽입해 체내에 전달하는 방식이었다. 겔싱어의 경우 착한 유전자를 실은 바이러스는 간으로 이어지는 동맥에 주입되었다.

사실 이는 겔싱어에게 즉각적인 도움이 될 만한 치료가 아니었다. 아기들에게 어떤 식으로 적용하면 좋을지 알아보기 위한 일종의 시험이었기 때문이다. 그러나 겔싱어는 언젠가 자신도 핫도그를 먹을 수 있을 테고, 그사이에 아기 몇 명의 목숨을 구할 수도 있으리라는 희망을 가졌다. "내게 일어날 수 있는 최악의 일이 뭘까?" 필라델피아 병원으로 떠나며 겔싱어는 친구에게 말했다. "죽는 거겠지. 그래도 아기들을 위한 죽음일 거야."[23]

시험에 참여한 다른 열일곱 명과 달리, 겔싱어의 신체는 착한 유전자를 운반하던 바이러스에 과도한 면역반응을 보였다. 그 결과 고열이 발생해 신장과 폐를 비롯한 장기들이 손상되었고, 그는 나흘 만에 사망했다. 이 사건으로 유전자치료 연구가 중단되었다. "우리 모두 당시 일어났던 일을 충분히 의식하고 있었어요." 다우드나의 말이다. "그 사건으로 유전자치료라는 분야가 최소 10년 동안 송두리째 자취를 감췄으니까요. 심지어 **유전자치료**라는 용어 자체가 낙인이 되었죠. 누구도 감히 연구비를 지원받을 생각조차 하지 못했어요. '저는 유전자치료를 연구하고 있습니다'라는 말도 못 했고요. 너무 끔찍하게 들렸으니까요."[24]

2003년, 카스 위원회

세기가 바뀔 무렵 인간 게놈 프로젝트가 완료되고 복제 양 돌리가 탄생하면서 유전공학에 대한 논쟁이 커지자, 2003년 조지 W. 부시 대통령의 지시로 다시 한번 대통령 자문 위원회가 꾸려졌다. 30년 전 생명공학 기술과 관련해 처음으로 경계심을 표했던 생물학자이자 사회철학자인 레온 카스가 위원장을 맡았다.

카스는 미국에서 가장 영향력 있는 생명 보수주의자이자 생물학 지식을 갖춘 윤리적 전통주의자로, 새로운 유전자 기술을 제한해야 한다고 주장하는 이들 중 하나였다. 세속 유대인 이민자의 아들로 태어난 그는 시카고 대학에서 생물학을 전공하면서 '고전 읽기'에 기반한 대학의 교육과정에 깊이 영향을 받았다. 시카고에서 의학 학위를 받은 뒤 하버드로 가 생화학으로 박사 학위를 땄고, 1965년에는 아내 에이미와 함께 흑인의 투표권을 요구하는 시민운동 단체의 핵심 일원으로 미시시피주에 갔는데, 그곳에서 전통적 가치에 대한 믿음을 다지게 되었다. "그곳에서 나는 위험하고 결핍된 상황에 부닥친 사람들을 보았다. 많은 이들이 문맹이었지만 종교와 대가족, 공동체의 끈끈한 유대 속에 살아가고 있었다."[25]

이후 카스는 교수로 시카고 대학에 돌아와 분자생물학 논문(「3-Decynoyl-N-Acetylcysteamine의 항균 작용」)부터 히브리 성경을 다룬 책까지 다양한 분야에서 저술 작업을 이어갔다. 올더스 헉슬리의 『멋진 신세계』를 읽고서 "우리가 신중한 방식으로 접근하지 않을 경우, 자연을 정복하려는 과학 프로젝트가 어떻게 인류의 비인간화를 이끌게 되는지"에 관심을 두게 된 그는, 자신의 과학과 인문학적 이해를 결합해 복제나 체외수정과 같은 생식 기술이 제기하는 문제들을 다루기 시작했다. 이에 대해 카스는 이렇게 기록한다. "나는 과학을 하는 사람에서 과학의 인간적 의미를 생각하는 사람으로 직업을 바꾸었다. 기술에 의한 인간성의 퇴화로부터 어떻게 인류를 보호할 것인지 걱정스러웠기 때문이다."

생명공학에 대한 그의 첫 경고는 1971년 《사이언스》의 지면을 통해 발표되었다. 이 글에서 카스는 "모든 아이는 건강한 유산을 물려받을, 빼앗을 수 없는 권리를 지닌다"는 벤틀리 글래스의 주장을 비판했다. "그 '빼앗을 수 없는 권리'를 개선한다는 것 자체가 결국 인간의 번식을 공장의 제조 과정으로 바꿔버린다는 뜻이다." 이어 이듬해 유전공학 기술에 대해 쓴 우려 섞인 에세이에서는, "멋진 신세계로 가는 길은 지나치게 감상적으로 포장되었다. 아니, 사랑과 너그러움이라고 해야 옳을지도 모르겠다"라면서 "우리에게 다시 돌아설 만큼의 분별력이 있는가?"라는 질문을 던졌다.[26]

2001년 카스 위원회에는 로버트 조지, 메리 앤 글렌든, 찰스 크라우트해머 그리고 제임스 Q. 윌슨을 비롯해 유명한 보수주의 또는 신보수주의 사상가들 다수가 속해 있었는데, 그중에서도 두 저명한 철학자의 영향력이 특히 지대했다. 그 한 사람은 존 롤스에 이어 정의의 개념을 정의한 마이클 샌델 하버드 대학 교수로, 당시 샌델은 「완벽에 대한 반론: 맞춤 아기, 생체공학 운동선수, 유전공학의 문제는 무엇인가」라는 제목의 논평을 써서 2004년 잡지 《애틀랜틱》에 기고했다.[27] 또 다른 핵심 사상가는 프랜시스 후쿠야마로, 그는 2000년에 출간한 『Human Future: 부자의 유전자 가난한 자의 유전자』에서 정부가 생명공학을 규제해야 한다고 강력하게 주장했다.[28]

이들이 작성한 310페이지짜리 최종 보고서 「치료, 그 이상에 대하여」는 풍부한 사상과 생생한 필치, 그리고 당연하게도 유전자조작에 대한 찜찜함으로 가득 채워졌다. 단순한 질병 치료를 넘어 인간의 능력을 향상하는 기술 시도의 위험성을 경고하는 이 보고서는, "생명공학에 의지해 가장 깊숙한 인간의 욕망을 충족시킨다 한들 과연 삶이 더 나아질 것인가에 의문을 가질 이유가 있다"라고 단언한다.[29]

보고서 작성자들은 안전에 대한 우려보다 철학에 초점을 맞추어 인간이 된다는 것, 행복을 추구한다는 것, 자연의 선물을 존중한다는 것, 주어진 것을 받아들인다는 것이 무엇을 의미하는지 논한다. 그리고 '자연적인' 것을 지나치게 변형시키는 행위는 자만에서 비롯한 것으로 개개인의 본질을 위태롭게 한다는 주장, 보다 정확히 말하면 설교에 가까운 주장을 펼친다. "우리는 아이들이 더 잘되길 원하지만, 인간의 번식을 공장의 제조 공정으로 바꾸거나 뇌를 개조해서까지 또래보다 앞서게끔 하는 방식은 받아들일 수 없다. (…) 우리는 매사에 더 나은 성과를 거두길 바라지만, 화학자들의 단순한 창작물이 되거나 비인간적인 방식으로 설계된 도구가 되면서까지 승리나 성취를 구하는 방식은 받아들일 수 없다." 여기에 대다수는 신도가 되어 "아멘"을 읊조렸고, 여전히 뒤에서 "너나 잘하세요"라며 비아냥대는 사람들도 있었다.

2015년 인간 게놈 편집 국제회의에서 조지 데일리, 다우드나, 데이비드 볼티모어

36장
다우드나가 나서다

악몽 속 히틀러

크리스퍼 특허와 유전자 편집 회사 창립을 둘러싼 전쟁이 한창이던 2014년 봄 어느 날, 다우드나는 꿈을 꾸었다. 정확히 말하면 악몽이었다. 어느 유명한 과학자가 유전자 편집을 배우고 싶다는 사람이 있으니 한번 만나달라고 다우드나에게 부탁했다. 그를 만나기 위해 방에 들어선 순간 다우드나는 경악했다. 자기 앞에 펜과 종이를 들고 앉아 있는 이가 돼지상을 한 아돌프 히틀러였기 때문이다. "당신이 개발한 이 놀라운 기술의 용도와 영향력을 알고 싶소." 그가 말했다. 다우드나는 화들짝 놀라 잠에서 깨어났다. "어둠 속에서 쿵쾅대는 심장을 달래봤지만 꿈이 남긴 끔찍한 예감에서 벗어날 수가 없더라고요." 그때부터 다우드나는 밤잠을 잘 이루지 못했다.

유전자 편집 기술은 좋은 일을 할 수 있는 엄청난 힘을 가졌다. 그러나 그 기술로 인간을 개조하고 이를 미래 세대에 대물림한다는 생각은 다우드나를 불안하게 만들었다. "미래의 프랑켄슈타인에게 도구 상자를 쥐여준 건 아닐까?" 더 끔찍한 것은 미래의 히틀러가 이 도구를 휘두르게 될 가능성이었다. "에마뉘엘과 나를 비롯한 우리 공동 연구자들은 크리스퍼 기술이 유전병을 치료해 생명을 구하는 미래만 상상했어요. 우리의 고된 연구가 잘못 쓰일 수 있다는 생각을 그땐 미처 하지 못했죠."[1]

행복하고 건강한 아기

그 무렵 다우드나는 선의를 가진 사람들이 유전자 편집의 기반을 닦으려 애쓰는 모습을 직접 목격했다. 다우드나의 끈끈한 크리스퍼 팀에서 연구원으로 함께하는 샘 스턴버그는 2014년 3월 로런 버크먼이라는 샌프란시스코의 젊은 기업가 지망생으로부터 이메일을 받았다. 버크먼은 친구에게서 소개받았다며 만남을 요청했다. "안녕하세요. 이메일로 먼저 인사드립니다. 저는 연구자님이 계신 곳의 다리 건너편에 살아요. 언제 커피 한잔 하면서 하시는 일에 대해 이야기를 좀 들을 수 있을까요?"[2] 스턴버그는 "저도 뵙고 싶은데, 일정이 여의치 않네요. 시간을 내뵙기 전에 우선 귀사에서 어떤 일을 하시는지 알려주시면 감사하겠습니다"라고 답장했다.

그러자 버크먼이 다시 회신을 보내왔다. "저는 '행복하고 건강한 아기(Happy Healthy Baby)'라는 회사를 시작하려는 참입니다. 저희는 Cas9에서 미래에 시험관아기들의 유전병을 예방할 잠재력을 보았어요. 모든 과정이 최고 수준의 과학적·윤리적 기준을 갖추고 진행되어야 한다는 점이 저희에게는 무엇보다 중요한 전제입니다."

스턴버그는 다소 놀랐지만 크게 충격받을 만한 일은 아니었다. 당시 크리스퍼-Cas9은 이미 원숭이에게 이식될 배아 편집에 사용된 바 있었기 때문이다. 스턴버그는 버크먼의 동기가 무엇이고 이 발상을 어떻게 발전시킬 생각인지 확인할 요량으로 버클리의 한 멕시코 식당에서 그와 만났다. 버크먼은 크리스퍼를 사용해 사람들에게 아기의 유전자 편집 가능성을 제시하고 싶다고 말했다.

그녀는 이미 'HealthyBabies.com'이라는 도메인도 등록했다면서 스턴버그에게 공동 창업자가 될 의향이 있는지 물었다. 스턴버그는 당황했지만, 이는 그가 랩 동료인 블레이크 비덴헤프트처럼 겸손한 사람이어서만은 아니었다. 실제로 그는 인간 세포를 편집한 경험이 없었고, 더군다나 배아를 이식하는 방법에 대해서는 기초적인 지식도 없었다.

버크먼의 발상을 처음 들었을 땐 나 역시 당황했지만, 몇 번 만나 이야기를 나누며 그녀가 도덕성을 매우 진지하게 생각하는 사람이라는 걸 알고 놀랐다. 버크먼의 언니는 백혈병에 걸렸다가 완치되었는데, 치료의 후유증으로 아기를 가질 수 없었다. 버크먼 자신도 일을 시작한 뒤로 남은 생체 시간이 점점 짧아지고 있다는 점에 대해 고민하던 터였다. "저도 30대 여성이에요. 언니와 저는 같은 고민을 안고 있죠. 직업을 원하고, 엄마가 된다고 해서 일을 그만둘 생각도 없어요. 둘 다 난임 클리닉에 다니기 시작했고요."

버크먼은 난임 클리닉에서 체외수정으로 생성된 배아를 이식하기 전에 해로운 유전자를 검사할 수 있다는 사실을 알았지만, 30대가 되면 배아를 여러 개 생산하기조차 쉽지 않다는 점 또한 잘 알고 있었다. "배아를 한두 개밖에 만들지 못할 수도 있어요. 그렇게 되면 착상 전 유전자 검사도 반드시 쉬운 것만은 아니죠."

이런 상황에서 크리스퍼를 알게 된 버크먼은 굉장히 흥분했다. "세포 안에서 직접 시술할 수 있다는 발상이 굉장히 유망하고 훌륭해 보였거든요."

버크먼은 사회문제에 민감했다. "모든 기술은 좋게도, 나쁘게도 쓰일 수 있어요. 하지만 적어도 새로운 기술의 초기 도입자들에게는 그 기술이 긍정적이고 윤리적으로 사용되도록 독려할 기회가 있습니다." 버크먼의 말이다. "저는 유전자 편집을 올바르게, 또 공개적으로 사용해 이 기술을 필요로 하는 환자들을 위한 윤리 절차를 마련하고 싶어요."

버크먼은 벤처 투자가들이나 생명공학 기업과 상담하는 과정에서 기함할 만한 이야기를 들었다. 이를테면, 바이오해커를 모집해 환자의 유전자 편집을 위탁하라는 제안도 있었다. "설명을 들을수록 반드시 이 일을 해야겠다는 생각이 들더라고요. 내가 나서지 않으면 유전자 편집의 영향이나 윤리는 전혀 고려하지 않는 비주류들이 설칠 테니까요."

스턴버그는 디저트도 먹지 않은 채 이내 버크먼과 식당을 나섰다. 공동 창업자가 될 생각은 없었지만, 호기심이 동해 회사를 찾아가보고 싶었다. "제가 참여할 가능성은 전혀 없었죠. 그래도 궁금했어요." 다우드나 또한 이런 일에 대해 염려하기 시작했다는 사실을 알고 있었기에, 그는 직접 회사의 연구실을 방문해 논란을 야기할 만한 이 사업의 주도자들과 얘기해보기로 했다.

그곳에서 스턴버그는 회사의 홍보 영상을 보았다. 애니메이션과 실험 장면들, 버크먼이 채광 좋은 방에 앉아 아기의 유전자 편집에 대해 설명하는 장면이 이어졌다. 스턴버그는 버크먼에게 적어도 향후 10년 이내에는 미국에서 인간 아기를 대상으로 한 크리스퍼 유전자 가위 사용이 승인될 가능성이 전혀 없다고 말해주었다. 그러자 버크먼은 꼭 미국이어야 할 필요는 없다고 대꾸했다. 어딘가엔 시술이 허용되는 나라가 있을 것이며, 비용을 감당할 수 있는 사람들은 기꺼이 그곳까지 갈 테니까.

스턴버그는 동업을 거절했지만, 조지 처치가 당분간 무료 과학 자문으로 봉사하는 데 동의했다. "처치는 배아가 아닌 정세포를 시도해보라고 제안했어요." 버크먼이 회상했다. "그 편이 논란이나 문제의 소지가 적다고요."[3]

결국 버크먼은 창업을 포기했다. "사용 사례, 시장규제, 윤리 문제 등을 조사해보니 아직은 시기상조더라고요." 버크먼의 말이다. "과학도, 사회도 준비되지 않은 상태였죠."

스턴버그는 그와의 만남을 다우드나에게 전하며 "버크먼의 눈이 프로메테우스처럼 번뜩였다"고 말했고, 이후 다우드나와 함께 쓴 책에도 이 표현을 그대로 사용해 버크먼을 화나게 했다. 버크먼이 불과 몇 년 전에만 동업을 제안했더라도 다우드나와 스턴버그는 "순전한 판타지"라고, "그런 프랑켄슈타인식 계획이 성공할 리가 없다"고 무시했을 것이다. 그러나 크리스퍼-Cas9의 발명이 모든 것을 바꾸어놓았다. "이제 더는 이런 발상을 웃어넘길 수 없다. 인간 게놈을 박테리아 게놈 다루듯 쉽게 조작할 수 있도록 만든 것이 바로 크리스퍼의 능력이기 때문이다."[4]

2015년 1월, 나파 회의

2014년 봄, 히틀러가 등장한 악몽과 버크먼의 '행복하고 건강한 아기' 이야기 이후 다우드나는 크리스퍼 유전자 편집 도구의 사용에 관한 정책 논의에 보다 적극적으로 관여하기로 마음먹었다. 처음에는 신문에 논평을 기고할까도 생각했지만 별로 적절한 방법이 아닌 것 같았다. 그래서 그는 40년 전인 1975년 2월 아실로마 회의가 열리게 된 과정을 되짚어보았다. 이 회의를 통해 재조합 DNA 연구는 "신중하게 앞으로 나아가는 길"을 선택한다는 지침이 도출되지 않았던가. 크리스퍼 유전자 가위의 발명 또한 이처럼 사람들을 모을 충분한 명분이 있었다.

먼저 다우드나는 1975년 아실로마 회의의 핵심 주최자 두 명을 끌어들였다. 재조합 DNA를 발명한 폴 버그와 아실로마에서 시작된 주요 정책 집회 대부분에 관여한 데이비드 볼티모어였다. "두 사람이 함께한다면 아실로마 회의와의 직접적인 연결 고리는 물론, 신뢰성 또한 담보되리라 확신했죠." 다우드나의 회상이다.

둘 다 참석을 약속했고, 회의는 2015년 1월 샌프란시스코에서 북쪽으로 약 한 시간 거리에 있는 나파 밸리의 리조트에서 개최하기로 했다. 다우드나 랩 출신인 마르틴 이네크와 샘 스턴버그를 포함해 총 열여덟 명의 내로라하는 연구자들이 초청되었다. 논의는 자손에게 대물림되는 유전자 편집의 윤리 문제를 중심으로 이루어질 예정이었다.

아실로마 회의가 대체로 유전자 편집의 안전성에 치중되었던 반면, 다우드나는 나파 회의가 특히 윤리 문제를 중심으로 진행되도록 신경을 썼다. 미국은 개인의 자유에 특별한 가치를 부여하는 나라다. 그렇다고 유전자 편집 문제까지 부모라는 개인에게 맡겨야 할까? 유전자가 개조된 아기를 생산하고, 인간의 유전적 자질이 자연의 무작위 복권이라는 생각을 버리게 되었을 때 인간의 도덕적 공감 능력은 어느 수준까지 훼손될까? 유전자조작으로 인간이라는 종의 다양성이 축소될 경우 어떤 위험이 초래될까? 반대로, 생물학적 자유주의의 견지에서 다시 질문해보자. 아기를 더 건강하고 더 나은 사람으로 태어나게 할 수 있는데 그렇게 하지 **않는** 것이야말로 윤리적으로 그릇된 결정 아닐까?[5]

생식계열의 유전자 편집을 절대적으로 금지하는 건 옳지 않다는 공감대가 빠르게 형성됐다. 회의 참석자들은 가능성을 열어두고 싶어 했기 때문에, 결국 이들의 목표는 아실로마 회의 때와 유사해졌다. 브레이크를 거는 대신 앞으로 나아갈 길을 찾아야 한다는 것. 나파 회의 이후 과학자들이 조직한 대부분의 위원회와 회의에서 핵심이 된 주제였다. 아직 생식세포를 안전하게 편집할 단계에 이르지 못했지만, 언젠가는 일어날 일이므로 신중하게 지침을 마련하는 것을 목표로 삼아야 했다.

데이비드 볼티모어는 나파 회의를 40년 전의 아실로마 회의와 차별화하는 요인, 즉 과학의 발전에 대해 경고했다. "가장 큰 차이점은 생명공학 산업의 발흥에 있습니다." 볼티모어가 회의 석상에서 말했다. "1975년에는 대형 생명공학 기업이 아예 없었습니다. 하지만 오늘날 대중은 상업적 개발을 우려하고 있어요. 감독하고 제재할 수단이 미미하기 때문이죠." 볼티모어는 유전자조작에 대한 대중의 반발을 막고 싶다면 흰 실험복을 입은 과학자뿐 아니라 기업 또한 신뢰할 수 있게끔 사람들을 설득해야 한다고 말했다. 그것은 어려운 일이 될 터였다. 위스콘신 법과대학의 생명윤리학자 알타 카로는 학술 기관의 연구자들과 영리기업의 밀접한 관계가 학자에 대한 신뢰도를 떨어뜨릴 수 있다고 지적했다. "돈이 오늘날 과학자들의 '흰 실험복' 이미지를 손상하고 있어요."

참석자 중 한 사람은 사회정의 문제를 제기했다. 유전자 편집에는 돈이 많이 든다. 결국 부자들에게만 가능한 기술이 되지 않을까? 볼티모어는 그것이 문제임을 인정하면서도 편집 기술을 금지할 이유가 되지는 못한다고 받아쳤다. "그 주장은 타당성이 떨어집니다. 컴퓨터를 보세요. 대량 판매가 가능해지면 가격은 떨어지게 되어 있습니다. 그런 이유로 앞으로 나아가서는 안 된다고 주장할 수는 없습니다."

회의 중에는 이미 중국에서 생존 불가능한 배아를 대상으로 편집 실험이 진행 중이라는 이야기도 나왔다. 이 기술은 핵무기 제조와 달리 쉽게 전파될 수 있고, 따라서 책임감 있는 연구자뿐 아니라 범죄를 계획하는 의사나 바이오해커들도 얼마든지 사용할 수 있었다. 누군가 이런 의문을 내놓기도 했다. "한번 불러낸 요정 지니를 다시 램프 안에 넣을 수 있을까요?"

크리스퍼 기술로 체세포 내에서 자손에 **유전되지 않을** 편집을 시도하는 것에 대해서는 회의 참석자들 대부분이 긍적적인 견해를 보였다. 이 기술로 유익한 약물과 치료법이 만들어질 터였다. 따라서 유전자 편집 전체에 대한 반발을 막기 위해 우선 생식계열 편집만이라도 부분적으로 제한하는 것이 전략상 유리하다는 결론이 나왔다. "체세포 편집 연구를 지속할 수 있도록 당장은 생식계열 편집을 보류해 정치적으로 안전한 공간을 확보할 필요가 있습니다."

마침내 이들은 적어도 안전과 사회문제와 관련해 더욱 폭넓은 이해에 이를 때까지 인간 생식계열 편집의 일시적인 중단을 선언하기로 결정했다. "전 세계에서 생식계열 편집의 사회적·윤리적·철학적 영향이 적절하고 철저하게 논의될 때까지 과학계는 일시 정지 버튼을 누르기로 결의했죠." 다우드나의 말이다.

다우드나는 회의 보고서 초안을 작성해 참가자들에게 배포했고, 제안을 통합해 그해 3월 「게놈 공학과 생식계열 유전자 수정을 향한 신중한 경로」라는 제목으로 《사이언스》에 투고했다.[6] 주 저자는 다우드나였지만 볼티모어와 버그의 이름이 먼저 올랐다. 알파벳 순서가 우연히 아실로마 개척자들을 앞에 내세운 셈이다.

보고서는 '생식계열 편집'이 무엇인지 명확히 정의하고, 그 선을 넘는 것이 왜 과학은 물론 윤리적으로도 중요한 단계인지 설명한다. "이제는 동물의 난자 또는 수정된 배아에서 게놈을 편집해 유기체에서 분화된 모든 세포의 유전 구성을 변형하고 그 변화를 자손에게까지 전달하는 것이 가능해졌다. (…) 인간의 생식계열 조작 가능성은 오랫동안 일반 대중들 사이에서 흥분과 불안의 근원이 되어왔다. 특히 처음에는 질병의 치료로 시작하더라도 이어서 타당성이 떨어지거나 심지어 문제의 소지가 있는 방식으로 사용하는 '위험한 비탈길'에 오르게 될지 모른다는 우려가 크다."

다우드나의 바람대로 이 글은 전국적인 관심을 끌었다. 《뉴욕 타임스》는 1면에 버클리 연구실 책상에 앉아 있는 다우드나의 사진과 함께 니컬러스 웨이드의 기사를 실었다.[7] 하지만 「과학자들이 인간 게놈 편집을 금지하기 위한 방법을 모색하다」라는 이 기사의 제목은 오해의 소지가 있었고, 실제로 나파 보고서에 대한 언론의 관심 대부분이 핵심을 벗어났다. 당시 다른 소견을 가진 일부 과학자들도 있긴 했지만,[8] 나파 회의 참석자들은 일단 시행되면 철회하기 어렵다는 점을 의식해 금지 조치나 모라토리엄에 반대 입장을 내놓았기 때문이다. 이들의 목표는 안전하고 의학적으로도 필요한 생식계열 편집의 가능성을 열어두는 것이었기에, 보고서의 제목에도 이후 인간 생식계열 유전자 편집을 둘러싼 많은 과학 회의의 표어가 된 "신중한 경로"라는 표현을 넣은 터였다.

2015년 4월, 중국의 배아 연구

나파 회의 기간에 다우드나는 중국 연구 팀이 크리스퍼를 사용해 최초로 초기 단계 배아에서 유전자를 편집했다는 불안한 소문을 접했다. 이론상으로는 유전될 수 있는 유전자조작을 시도한 것이나 다름없는 사건이었다. 다행이라면 다행이랄까, 이 배아들은 생존하지 못했고 따라서 엄마의 자궁으로 이식될 가능성은 없었다. 그럼에도 이 일이 사실이라면 선의를 가진 정책 입안자들의 계획은 지나치게 열정적인 연구자들 때문에 다시 한번 중단될 수 있었다.[9]

중국 연구 팀의 논문은 출간되지 않은 상태였지만, 소문은 금세 퍼졌다. 《사이언스》와 《네이처》에서 거부당한 뒤 이곳저곳을 떠돌던 이들의 논문은 마침내 잘 알려지지 않은 중국 저널인 《단백질과 세포》에 채택되어 2015년 4월 18일 온라인에 게재되었다.

광저우 소재 대학의 이 연구 팀은 논문에서 생존 불가능한 수정란(배아가 되기 전 단계) 여든여섯 개를 대상으로 크리스퍼-Cas9을 사용해 베타 지중해 빈혈증(겸상적혈구 빈혈증처럼 치명적인 혈액질환)을 야기하는 돌연변이 유전자를 잘라낸 과정을 설명했다.[10] 배아를 계속 자라게 할 의도가 없었다고는 하지만 어쨌든 금단의 선을 밟은 셈이었다. 크리스퍼-Cas9이 최초로 인간 생식세포를 편집하는 데 사용된 것이다. 그리고 수정된 게놈은 이론상 미래 세대에 대물림될 수 있었다.

버클리 연구실에서 논문을 읽은 다우드나는 샌프란시스코 베이를 응시하다가 "두려움이 엄습하며 속이 불편해지는 것을 느꼈다". 세계 어딘가에서 또 다른 누군가가 다우드나와 샤르팡티에가 창조한 기술로 비슷한 실험을 수행하고 있을지도 몰랐다. 전혀 의도치 않은 결과를 초래할 수 있는 일이요, 대중의 반발을 불러올 수도 있는 일이었다. 중국의 배아 실험에 관한 의견을 묻는 NPR 인터뷰에서 다우드나는 이렇게 말했다. "이 기술은 인간의 생식세포에 임상적으로 적용할 준비가 되어 있지 않습니다. 과학적·윤리적 사안과 관련해 폭넓은 사회적 논의가 이루어질 때까지 기술 사용을 보류해야 합니다."[11]

나파 회의와 중국의 배아 편집 실험은 의회의 관심을 불러일으켰다. 상원 의원 엘리자베스 워런이 의회 브리핑을 열었고, 이에 다우드나는 크리스퍼의 선구자이자 친한 동료인 조지 처치와 함께 증언을 하러 워싱턴으로 향했다. 입석으로만 진행해야 할 정도로 수많은 방청인들이 몰려들었다. 상원 의원, 하원 의원, 의회 직원, 그리고 기관 관계자들까지 150명 이상이 회의실을 가득 메운 가운데, 다우드나는 크리스퍼의 역사를 설명하며 특히 크리스퍼의 발견이 박테리아가 바이러스를 물리

치는 과정에 대한 순수한 "호기심으로 시작된" 연구에서 비롯되었음을 강조했다. 이 기술을 인간에게 적용하려면 유전자 가위가 타깃 세포까지 갈 수 있어야 하는데 그 과정은 초기 배아에서 훨씬 용이하다고 설명한 뒤, 그녀는 이러한 경고를 덧붙였다. "그러나 유전자 편집을 배아에 사용하는 것은 윤리적으로 논란의 여지가 큰 문제입니다."[12]

다우드나와 처치는 자손에게 전해지는 유전자 편집에 대한 견해를 《네이처》에 연달아 밝혔다. 입장에 있어 어느 정도 상반된 측면도 없지 않았지만, 두 사람은 과학자들이 이 사안을 심각하게 다루고 있으며 따라서 정부의 규제가 따로 필요하지 않다는 점을 강조했다. 다우드나는 다음과 같이 썼다. "인간의 생식세포를 조작하는 행위에 대한 의견은 매우 다양하다. (⋯) 필자의 관점에서, 전면적인 규제는 미래에 가치 있는 의학적 치료로 이어질 연구를 막을 것이며 크리스퍼-Cas9의 폭넓은 접근성과 사용상의 용이성을 생각하면 비실용적인 접근이기도 하다. 그보다는 적절한 중간 지대에서 확실하게 합의를 이루는 편이 바람직하리라 본다."[13] 한편 처치는 인간 생식계열 편집에 관한 연구가 계속되어야 한다는 점에 한층 무게를 실었다. "인간 생식계열의 변형을 금지하는 방안에 대해 논하기보다는 안전과 효능을 향상시키도록 자극할 방법을 모색해야 한다. (⋯) 인간 생식계열 편집에 대한 금지 조치는 최고의 의학 연구를 위축시킬 뿐 아니라, 자칫 암시장과 통제 불가능한 의료 관광으로 이어질 수 있다."[14]

처치의 열정은 하버드 동료이자 유명한 심리학 교수인 스티븐 핑커 덕분에 대중 언론의 주목을 받게 되었다. "오늘날 생명윤리의 1차적 목표는 다음 한 문장으로 요약할 수 있다. '다들 비키시오.'"《보스턴 글로브》에 기고한 글을 통해 핑커는 생명윤리학계 전체를 가차 없이 후려쳤다. "진정으로 윤리적인 생명윤리라면, '존엄성', '신성', '사회정의'처럼

모호하고도 광범위한 원칙에 기반한 저지선, 모라토리엄, 기소 위협 등
으로 과학 연구를 구속해서는 안 된다. (…) 소위 윤리학자들의 로비라
는 것만 없으면 다 해결될 일이다."[15]

2015년 12월, 인간 게놈 편집 국제회의

나파 밸리 회의에 이어서, 다우드나와 볼티모어는 미국 국립과학아
카데미와 전 세계 자매기관들을 촉구해 인간 생식계열 편집을 신중하게
규제하는 방식을 논의했다. 2015년 12월, 과학자와 정책 입안자, 생명
윤리학자 등 500명 이상이—비록 환자나 고통받는 아이들의 부모는 없
었지만—워싱턴에서 사흘 일정으로 개최된 제1차 인간 게놈 편집 국제
회의에 모였다. 중국 과학아카데미와 영국 왕립학회가 공동으로 주최한
이 자리에는 다우드나와 볼티모어 외에 장펑, 조지 처치, 에마뉘엘 샤르
팡티에를 포함한 다른 크리스퍼 선구자들도 참석했다.[16]
"우리는 19세기 다윈과 멘델의 연구로부터 이어지는 역사적인 과정
의 일부로서 이 자리에 모였습니다." 볼티모어는 개회사에서 이렇게 이
야기했다. "이 자리가 어쩌면 인류 역사에 있어 새로운 시대의 시작점이
될지도 모릅니다."
베이징 대학 대표자들은 중국이 생식계열의 유전자 편집을 막기 위
한 안전장치를 마련했음을 청중 앞에서 확언했다. "번식을 목적으로 인
간 생식세포, 수정란, 배아의 유전자를 조작하는 행위를 금지합니다."
참가자와 기자들이 아주 많았기 때문에 회의는 토론보다 사전에 준
비된 발표 위주로 구성되었다. 심지어 결론도 이미 정해져 있었다. 핵심
사항들은 그해 초 나파 소회의에서 결정된 사항과 거의 동일했다. 인간

생식계열의 편집은 엄격한 조건이 충족될 때까지 강하게 제지되어야 한다는 것. 다만 이번에도 '모라토리엄'과 '금지'라는 표현은 없었다.

회의에서 채택된 사항 중에는 "제안된 응용 기술의 적절성에 관해 광범위한 사회적 합의"가 이루어지기 전에는 생식계열 편집을 진행할 수 없다는 내용도 포함되어 있었다. "광범위한 사회적 합의"의 필요성은 생식계열 편집의 윤리를 논의하는 자리에서 일종의 만트라처럼 등장하는 말이었다. 바람직한 목표였지만, 과거 낙태 논쟁이 그랬듯 논의가 언제나 광범위한 사회적 합의를 끌어내는 것은 아니다. 이 사실을 잘 알고 있던 국립과학아카데미의 회의 주최자들은 공개 토론을 요청하는 한편, 스물두 명의 전문가로 구성된 위원회를 별도로 조직해 생식계열 DNA 편집의 모라토리엄 실시 여부를 1년간 검토했다.

2017년 2월에 발간된 최종 보고서에서 위원회는 금지나 모라토리엄에 대한 요구를 담지 않았다. 대신 생식계열 편집이 허용되기 전에 충족되어야 할 기준들을 제시했는데, "합리적인 대안의 부재, 심각한 질병 및 상태의 예방" 그리고 미래에도 극복할 가능성이 없으리라 여겨지는 몇 가지 다른 사항들이 이에 속했다.[17] 특히 이 보고서에서는 2015년 워싱턴 국제회의 보고서의 주요 제한 사항이 삭제되었다. 유전자 편집이 허용되기 전에 "광범위한 사회적 합의"가 선행되어야 한다는 언급이 빠진 것이다. 2017년 보고서가 요구하는 것은 "대중의 광범위하고 지속적인 참여와 의견"뿐이었다.

많은 생명윤리학자들이 경악했지만, 볼티모어와 다우드나를 포함한 대부분의 과학자들은 합리적인 중간 지대를 잘 찾은 내용이라 보았다. 의학에 종사하는 연구자들은 이를 황색등, 즉 경계심을 가지되 진행하라는 신호로 간주했다.[18]

2018년 7월, 영국의 가장 유명한 독립 생명윤리 기관인 너필드 위원회는 이보다 훨씬 급진적인 보고서를 내놓았다. "게놈 편집은 인간 생식 분야에서 혁신적인 기술을 일으킬 잠재력을 지닌다. (…) 유전 가능한 게놈 편집은 미래 세대의 복지와 사회정의 및 연대에 부합하는 한 어떤 도덕적 금지 사항에도 위반되지 않는다." 위원회는 심지어 유전자 편집을 사용한 질병 치료와 유전형질 개선 사이의 구분까지 완화했다. "미래에는 (…) 게놈 편집을 특정 감각이나 능력의 향상에 사용하는 것이 가능해질 것이다." 말하자면, 이 보고서가 인간 생식세포 유전자 편집의 초석을 마련한 셈이었다. 《가디언》에는 「유전자조작 아기, 영국 윤리 단체의 승인을 받다」라는 머리기사가 실렸다.[19]

세계의 규제 상황

미국 국립과학아카데미와 영국 너필드 위원회가 생식계열 편집에 대한 진보적인 접근을 옹호했음에도, 두 나라 모두에서 일부 제한 조치가 시행되었다. 미국 의회는 식품의약국(FDA)에서 "유전 가능한 유전자 변형을 위해 인간 배아를 의도적으로 만들고 수정하는" 치료법을 검토하지 못하게 하는 조항을 통과시켰다. 버락 오바마 대통령의 과학 자문인 존 홀드런은 "임상 목적으로 인간의 생식계열을 변형하는 것은 현재로서 넘지 말아야 할 선"이라고 정부의 입장을 밝혔으며, 국립보건원장 프랜시스 콜린스 역시 "국립보건원은 인간 배아를 대상으로 한 유전자 편집 기술에 대한 연구비를 일절 보조하지 않을 것"이라 공언했다.[20] 영국에서도 비슷하게 인간 배아 편집은 다양한 규제에 의해 제한되었다. 그러나 미국에도 영국에도, 생식계열의 유전자조작을 금하는 절대적이고 명확한 법은 존재하지 않았다.

인간 유전자 편집을 금지하는 법령이 없는 러시아에서는, 2017년 블라디미르 푸틴 대통령이 직접 크리스퍼의 잠재력을 홍보했다. 그해 청소년 축제에서 푸틴은 유전자조작을 통해 슈퍼 군인처럼 가공할 능력을 갖추게 된 인간의 이점과 위험에 대해 이야기했다. "인간은 자연, 혹은 종교인들이 말하는 신이 창조한 유전자 코드를 사용할 기회를 얻게 되었습니다. (…) 과학자들이 비범한 능력을 갖춘 인간을 창조할 수 있다고 상상해봅시다. 그 사람은 수학 천재이거나 뛰어난 음악가일 수도 있지만, 동정이나 자비, 고통에 대한 두려움 없이 전투에 임하는 병사일 수도 있습니다."[21]

중국의 정책은 규제 수준이 (적어도 겉으로 보기에는) 더 강력했다. 인간 배아의 유전자 편집을 명시적으로 금지하는 법은 없었으나, 관련된 다수의 규제와 지침이 존재했다. 예를 들어 2003년 중국 보건 당국에서 발표한 '인간의 보조 생식에 대한 기술 표준'에는 "인간의 생식세포, 수정란, 배아의 유전자에 대한 생식적 목적의 조작을 금지한다"는 내용이 구체적으로 명시되어 있다.[22]

중국은 세계에서 가장 강력한 통제하에 놓인 사회이다. 따라서 정부가 모르게 병원에서 일어나는 일은 있을 수 없다. 광저우 생물의학 및 보건 연구소장이자 뛰어난 신진 연구자인 페이둰칭은 2015년 워싱턴 국제회의 당시 동료 위원들에게 중국에서 배아의 유전자조작이 일어나는 일은 없을 거라고 장담한 터였다.

2018년 11월, 페이둰칭과 동료들이 홍콩에서 열린 제2차 인간 게놈 편집 국제회의에서 충격을 받은 것은 바로 그래서였다. 그토록 고결하고 깊은 숙고를 거쳐 면밀하게 보고서를 작성했음에도, 인간이라는 종은 어느새 예기치 못한 새로운 시대에 발을 디디고 있었다.

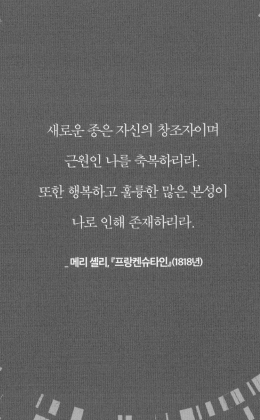

새로운 종은 자신의 창조자이며
근원인 나를 축복하리라.
또한 행복하고 훌륭한 많은 본성이
나로 인해 존재하리라.

_메리 셸리, 『프랑켄슈타인』(1818년)

6부

크리스퍼 아기

콜드 스프링 하버 연구소에서 다우드나와 함께 사진을 찍는 허젠쿠이

마이클 딤

37장

허젠쿠이

열성적인 기업가

허젠쿠이는 조지 오웰의 해인 1984년에 중국 동중부 후난성의 아주 가난한 시골 마을인 신화에서 자랐다. 그의 어린 시절 마을의 가계 수입은 연평균 고작 100달러에 불과했다. 교과서를 살 만한 형편이 못 되었기에 허젠쿠이는 매번 마을의 서점까지 걸어가 책을 읽곤 했다. "저는 농사꾼의 아들로 태어났습니다." 허젠쿠이의 회상이다. "여름이면 다리에서 거머리를 떼어내는 게 일이었죠. 하지만 저는 제 뿌리를 절대 잊지 않을 것입니다."[1]

고달픈 어린 시절, 성공과 명성에 대한 갈망에 사로잡힌 허젠쿠이는 학업에 매진해 과학의 한계를 뛰어넘으려는 학교 포스터와 현수막의 표어들을 유난히 마음에 새겼다. 그리고 결국 그 경계를 넓히는 데 성공했으나, 이는 위대한 과학이 아니라 과도한 열정을 통해서였다.

허젠쿠이는 '과학이 곧 애국'이라는 믿음에 자극을 받아 집에 물리 실험실을 차려놓고 혼자서 끈질기게 실험을 거듭했다. 학업성적이 우수했던 그는 집에서 동쪽으로 925킬로미터 떨어진 허페이시에 위치한 중국

과학기술 대학에 입학해 물리학을 전공했다.

학부를 졸업한 뒤에는 미국의 대학원 네 곳에 지원했고, 그중 휴스턴의 라이스 대학에 합격했다. (후에 윤리 규정 위반 혐의로 조사를 받게 될) 마이클 딤 교수 밑으로 들어간 그는 곧 생물 시스템 컴퓨터 시뮬레이션 제작 분야의 스타가 되었다. "허젠쿠이는 영향력이 매우 큰 학생입니다." 대학 교내 잡지에서 딤은 이렇게 말했다. "이곳 라이스 대학에서 훌륭하게 해왔고, 앞으로 자기 연구 분야에서도 크게 성공할 겁니다."

허젠쿠이와 딤은 매년 어떤 독감 균주가 기승을 부릴지 예측하는 수학 모델을 고안했으며, 2010년 9월에는 그리 특별하지는 않지만 바이러스 DNA와 일치하는 간격 서열의 형성 과정을 보여주는 크리스퍼 논문도 냈다.[2] 사교적인 허젠쿠이는 주위 사람들에게 인기가 많았고 본인도 인맥 쌓기에 열을 올렸다. 라이스 대학 중국인 학생회 회장이자 축구 선수로도 열심히 활동했다. 한 인터뷰에서 그는 이렇게 밝히기도 했다. "라이스는 대학원 생활을 즐기기에 정말 좋은 학교입니다. 실험실 밖에서도 할 일이 정말 많거든요. 세상에, 축구장만 여섯 곳이나 있다니까요! 정말 굉장하죠."[3]

허젠쿠이는 물리학으로 박사 학위를 받았지만 생물학에서 미래를 보았다. 딤은 전역에서 열리는 다양한 학회에 허젠쿠이를 보내주었을 뿐 아니라, 그에게 스탠퍼드 대학 생명공학자인 스티븐 퀘이크를 소개하여 이후 허젠쿠이는 퀘이크 랩에서 박사 후 연구원으로 일하게 되었다. 스탠퍼드 동료들은 그를 유쾌하고 활기 넘치는 성격에 사업적 열정이 텍사스 땅덩어리만큼이나 큰 사람으로 기억하고 있다.

퀘이크는 유전자 시퀀싱 기술을 개발해 상용화를 목적으로 회사를 세웠지만 이내 파산 직전에 이르렀다. 그러나 허젠쿠이는 중국에서라면 성공하리라 믿고 이 사업에 도전했다. 퀘이크로서는 환호할 만한 일이

었다. 그는 매우 기뻐하며 한 동업자에게 이것이 "잿더미에서 불사조를 되살릴 기회"라고 말했다.[4]

중국은 생명공학 기업가를 적극적으로 양성하던 참이었다. 2011년, 중국과 홍콩의 접경지대에 자리한 인구 2000만 명의 신흥도시 선전시에 남부 과학기술 대학이라는 혁신적인 대학이 설립되었다. 대학 웹사이트에서 취업 공고를 본 허젠쿠이는 생물학과 교수로 지원해 임용되었고, 곧 자신의 블로그에 '허젠쿠이와 마이클 딥 공동 연구소'를 만들고 있다는 게시물을 올렸다.[5]

유전공학을 국가의 경제적 미래와 미국과의 경쟁에서 중요한 분야로 지정한 중국 정부는 기업가들을 독려하고 해외에서 공부한 연구자들을 불러오고자 다양한 프로그램을 시도했다. 허젠쿠이는 그중 '천인(千人) 계획'과 선전시 정부의 '공작 계획(Peacock Initiative)' 프로그램의 혜택을 받았다.

2012년 7월 허젠쿠이는 퀘이크의 기술을 기반으로 유전자 시퀀싱 장비 제작 회사를 세우면서 선전시 공작 계획으로부터 15만 6000달러의 초기 자금을 지원받게 되었다. 《베이징 리뷰》와의 인터뷰에서 그는 "신생 기업, 특히 벤처 투자가들을 실리콘밸리 못지않게 장려하는 선전시의 후한 처사에 끌렸다"고 말했다. "저는 기존의 전통적인 교수와 다릅니다. 저는 연구형 기업가가 되고 싶습니다."

이후 6년 동안 허젠쿠이의 회사는 정부로부터 총 570만 달러의 자금을 지원받았다. 그리고 2017년에 처음 DNA 시퀀서가 시장에 나오자, 허젠쿠이가 지분의 3분의 1을 소유한 회사의 가치는 3억 1300만 달러가 되었다. "이 장비는 기술의 혁신입니다. 유전자 시퀀싱의 비용, 속도, 품질을 크게 향상시킬 거예요."[6] 한 과학 기사에서 그는 자사 시퀀서가

기존 DNA 시퀀서 시장을 장악한 미국 회사 "일루미나에 버금가는 성능을 보여준다"고 주장했다.[7]

유들유들한 성격과 명성에 대한 목마름으로 허젠쿠이는 중국 과학계의 작은 유명 인사로 떠올랐다. 마침 중국 국영방송은 롤 모델이 될 만한 혁신가를 찾느라 혈안이 되어 있었다. 2017년 말, 방송사 CTV는 중국의 젊은 과학 기업가를 소개하는 특집 다큐멘터리를 방영했다. 애국적인 음악과 함께 허젠쿠이가 자사 시퀀서에 대해 이야기하는 장면이 나오고, 내레이터는 미국 장비보다 성능과 속도가 뛰어나다고 설명한다. "이 시퀀서 때문에 세계가 충격에 빠졌다는 사람도 있습니다." 허젠쿠이가 카메라를 향해 미소 지으며 말한다. "네, 맞는 말씀들이십니다. 저, 허젠쿠이가 해낸 일이죠!"[8]

처음에 허젠쿠이는 자신의 유전자 시퀀싱 기술을 사용해 초기 단계에 있는 인간 배아에서 유전 상태를 진단했다. 그러다 2018년 초, 그는 인간의 게놈을 읽는 것에 그치지 않고 편집 가능성까지 타진하기 시작했다. "수십억 년 동안 생명은 다윈의 진화론에 따라 진보했다. 말하자면 DNA의 무작위적인 돌연변이, 그리고 자연선택과 번식에 휘둘렸다는 말이다." 허젠쿠이가 자기 웹사이트에 기록한 글이다. "오늘날 게놈 시퀀싱과 게놈 편집은 진화를 좌지우지할 수 있는 강력한 도구를 제공한다." 그의 목표는 100달러의 비용으로 한 사람의 게놈을 시퀀싱해서 유전자 이상을 바로잡는 것이었다. "염기 서열만 알면 크리스퍼-Cas9 편집 기술을 사용해 특정 형질과 연관된 유전자를 삽입, 편집, 제거할 수 있다. 질병을 일으키는 유전자를 교정한다면 이처럼 빠르게 변화하는 환경에서도 인류는 번성할 것이다."

그러나 허젠쿠이 역시 어떤 형태가 되었든 유전자를 개선할 목적으로 편집 기술을 사용하는 것에는 반대했다. "질병의 치료와 예방을 위한 게놈 편집은 지지한다." 그가 소셜 미디어 사이트인 위챗에 올린 내용이다. "그러나 지능지수의 향상처럼 사회 전체에 이로움을 주지 못하는 시도는 지지하지 않는다."[9]

인맥 부자

중국어로 된 허젠쿠이의 웹사이트나 소셜 미디어 논평들은 서양에서 큰 주목을 받지 못했지만, 학회를 전전하며 가리지 않고 친분을 쌓은 덕에 서서히 미국 과학계에서도 허젠쿠이의 인맥이 형성되기 시작했다.

2016년 8월, 그는 콜드 스프링 하버 연구소에서 열린 크리스퍼 연례 학회에 참석했다. "방금 콜드 스프링 하버 유전자 편집 학회가 막을 내렸다. 이 분야 최고의 행사에 장펑과 제니퍼 다우드나를 비롯한 주요 인사들이 참석했다!" 그는 자신의 블로그에 자랑스럽게 게시물을 작성하며 제임스 왓슨의 초상화 아래에서 다우드나와 찍은 사진을 올렸다.[10]

몇 달 후인 2017년 1월, 허젠쿠이는 다우드나에게 이메일을 보냈다. "저는 중국에서 인간 배아 게놈 편집의 효율성과 안전성을 향상하는 기술을 연구하고 있습니다." 그는 다른 유명 크리스퍼 연구자들에게 그랬듯, 자신의 다음 미국 방문 때 만나자고 요청했다. 마침 다우드나는 '유전자 편집, 그 도전과 기회'라는 주제로 소규모 워크숍을 계획하던 참이었다. 나파 밸리 회의 이후 2년 만이었고, 중요한 윤리 문제 연구를 주로 지원하는 템플턴 재단이 크리스퍼에 관한 일련의 논의에 자금을 대고 있었다. 다우드나는 과학자와 윤리학자 스무 명을 초빙해 버클리에서 워크숍을 열 예정이었는데, 해외에서 오는 강연자는 없었다. "워크숍에

참석해주시면 감사하겠습니다." 다우드나의 회신에 그는 당연히 수락했다.[11]

워크숍은 조지 처치의 공개 강연으로 문을 열었다. 그는 인간의 능력 향상을 포함한 생식계열 편집의 이점을 설명하면서 유익한 기능을 제공하는 간단한 유전자 돌연변이들을 제시했다. 그중 하나가 CCR5 유전자의 변이였다. 이 유전자에 변이가 생기면 에이즈를 일으키는 HIV 바이러스가 세포에 잘 달라붙지 못하게 된다.[12]

허젠쿠이는 이 비공개회의의 내용을 자신의 블로그에 다음과 같이 기록했다. "수많은 쟁점이 격렬한 논쟁을 일으켰고 화약 냄새가 진동했다." 그의 후기 중 특히 흥미로운 것은 유전자 편집과 관련해 막 출간된 국제회의 보고서의 해석이었다. 허젠쿠이는 그 보고서를 "인간 유전자 편집의 황색등"이라고 불렀다. 즉 보고서의 내용을 당분간 유전 가능한 인간 배아 편집을 시도하지 말라는 요구로 받아들이기보다는 조심스럽게 연구를 진행할 수 있다는 신호로 해석했다는 뜻이다.[13]

회의 이튿날, 허젠쿠이가 발표할 차례가 왔다. '인간 배아 유전자 편집의 안정성'이라는 제목으로 진행된 그의 발표는 그다지 인상적이지 않았다. 흥미로운 지점이 있다면, 앞서 처치가 미래의 생식계열 편집 후보로 예시한 CCR5 유전자 편집 연구에 대한 부분이었다. 허젠쿠이는 쥐, 원숭이 그리고 인공수정 병원에서 폐기된 생존 불가능한 인간 배아를 대상으로 HIV 바이러스의 수용체 역할을 하는 단백질 유전자의 편집 경험에 대해 설명했다.

이미 다른 중국 연구자들이 크리스퍼로 생존 불가능한 인간 배아의 CCR5 유전자를 편집해 세계적인 윤리 논란을 촉발한 터라, 참석자 가운데 허젠쿠이의 연구에 크게 주목하는 이는 없었다. "별로 특별할 게 없는 발표였어요." 다우드나의 말이다. "사람들을 만나고 인정받기를 굉장히 열망하는 듯 보였지만, 의미 있는 결과를 낸 적이 없고 현재로서도 크게 중요한 연구를 하는 것 같지 않았죠." 그래서 허젠쿠이가 다우드나 랩의 객원 연구원으로 가도 되겠냐고 물었을 때 다우드나는 그 배짱에 놀랄 수밖에 없었다. "저는 거절했어요. 그에게 전혀 흥미가 생기지 않았거든요." 허젠쿠이가 회의장에서 다우드나를 비롯한 다른 연구자들을 놀라게 한 것이 있다면, 인간 배아의 편집과 관련된 윤리 문제에 무신경해 보이는 그의 태도뿐이었다.[14]

학회를 전전하며 인맥을 형성하던 허젠쿠이는 2017년 7월 크리스퍼 연례 학회에 참석하기 위해 콜드 스프링 하버로 돌아왔다. 줄무늬 셔츠 차림에 짙은 머리를 젊은이답게 흐트린 모습으로, 그는 버클리 때와 다를 바 없는 내용을 발표해 사람들을 지루하게 했다. 발표는 유전자치료 후 사망한 청년 제시 겔싱어를 다룬 《뉴욕 타임스》 기사 슬라이드와 함께 경고성 발언으로 마무리되었다. "실패한 사례 하나가 분야 전체를 죽일 수도 있습니다." 이어 세 사람이 형식적인 질문을 던졌다. 그의 실험이 과학 발전에 기여했다고 생각하는 사람은 아무도 없었다.[15]

유전자조작 아기

2017년 7월 콜드 스프링 하버 연구소의 강연을 통해 CCR5 유전자를 편집한 과정을 발표했을 때, 허젠쿠이가 얘기하지 않은 내용이 있었다. 사실 그는 처음부터 유전자가 조작된 아기를 태어나게 할 의도로 생존 가능한 인간 배아에서 유전자 편집을 도모한 터였다. 즉 유전물질이 후대에 전달되는 생식계열 편집을 시도했다는 뜻이다. 그로부터 넉 달 전, 그는 선전시의 하모니케어 여성 소아 병원에 의료윤리 신청서를 제출한 바 있었다. "크리스퍼-Cas9을 사용해 배아를 편집할 계획이다. 이것이 여성에게 착상되면 임신이 진행될 것이다." 허젠쿠이의 목표는 에이즈로 고통받는 부부가 이 병에 걸리지 않을 아기를 낳게 하는 것, 더불어 그 후손까지 에이즈로부터 보호하는 것이었다.

정자 세척이나 착상 전 진단처럼 에이즈 감염을 막는 더 간단한 방법이 존재했으므로 이는 의학적으로 반드시 필요한 시술이 아니었다. 게다가 명확한 유전 장애를 바로잡는 시도라고 할 수도 없었다. CCR5 유전자는 흔할뿐더러 웨스트나일 바이러스 예방을 포함해 그 역할이 다양하기 때문이다. 따라서 허젠쿠이의 계획은 여러 측면에 있어 국제회의에서 합의된 지침을 충족하지 못했다고 볼 수 있다.

그러나 이 실험은 역사적인 돌파구를 마련하고 중국 과학의 영광을 드높일 기회였다. 아니, 적어도 허젠쿠이 자신은 그렇게 생각했다. 그는 자신의 시도를 "2010년 노벨상을 수상한 체외수정 기술"에 비교하며, 의료윤리 신청서에 "이 연구는 위대한 과학이자 의료계의 큰 업적이 될 것"이라고 썼다. 병원 윤리 위원회는 만장일치로 통과시켰다.[16]

중국에서 에이즈 양성 환자는 약 125만 명에 이른다. 그 수는 여전히 빠르게 증가하고 있지만, 사회적으로는 감염자들을 배척하는 문화가 만연하다. 허젠쿠이는 베이징의 한 에이즈 지원 단체와 협업해 남편이 에이즈 양성, 아내는 음성 판정을 받은 20쌍의 부부를 모집했는데, 총 200쌍이 넘는 부부가 지원자로 나섰다.

2017년 6월 토요일, 선택된 이들 중 두 쌍의 부부가 선전시에 자리한 허젠쿠이의 연구실을 방문했다. 허젠쿠이는 비디오 촬영이 진행되는 가운데 자원자에게 임상 정보를 제공하고 참여 의사를 확인한 뒤 그들과 함께 동의서를 읽어 내려갔다. "자원자로서 당신의 배우자는 에이즈 진단을 받았거나 HIV 바이러스에 감염되었습니다. 이 연구 프로젝트는 당신이 에이즈 감염에 저항력이 있는 아기를 낳도록 도와줄 것입니다."
두 부부는 참여에 동의했고, 다른 곳에서 모집된 다섯 쌍도 모두 동의했다. 그들은 총 서른한 개 배아를 생산했고 그중 열여섯 개가 편집에 성공했다. 열한 개의 착상은 실패로 돌아갔지만 마침내 2018년 늦은 봄, 두 개의 배아를 각각 두 산모에게 이식할 수 있었다.[17]

사실 남성의 정자를 받아 세포를 세척해 HIV 바이러스를 제거한 다음 여성의 난자에 주입하는 방식으로도 수정란을 HIV에 감염되지 않은 상태로 만들기에는 충분했다. 그러나 허젠쿠이의 목표는 아이들이 커서도 에이즈에 걸리지 않는 것이었다. 그래서 그는 수정란에 CCR5 유전자를 표적으로 삼는 크리스퍼-Cas9을 주입했다. 그런 뒤 페트리접시에서 닷새 동안 배양해 세포가 200개 이상인 초기 배아가 되었을 때 DNA 시퀀싱을 통해 편집 성공 여부를 확인했다.[18]

허젠쿠이의 미국인 측근

2017년 미국 방문 중 허젠쿠이는 미국인 연구자들 몇몇에게 자신의 계획을 털어놓았는데, 이후 이들은 당시 허젠쿠이를 더 강하게 만류하지 못한 것과 다른 사람들에게 진작 알리지 않은 것을 후회했다. 그중 가장 주목할 만한 이는 스탠퍼드 대학의 신경생물학자이자 생명윤리학자인 윌리엄 헐버트로, 2017년 1월 다우드나와 함께 버클리 회의를 조직하기도 한 인물이다. 헐버트는 나중에 잡지 《스탯》과의 인터뷰에서 허젠쿠이를 만나 "과학과 윤리에 관해 네다섯 시간씩 여러 차례 긴 대화를 나누었다"고 밝혔다. 그는 허젠쿠이가 정상적인 출산까지 염두에 둔 배아 편집을 계획하고 있다는 사실을 알게 되었고, "그의 계획이 불러올 현실적·도덕적인 영향을 알려주려고 애썼다". 그러나 허젠쿠이는 생식 계열 편집을 반대하는 건 "비주류 집단"뿐이라며, 유전자 편집으로 끔찍한 질병을 피할 수 있는데 사람들이 그걸 왜 반대하겠느냐고 되물었다. 헐버트가 보기에 허젠쿠이는 "좋은 일을 하려는 뜻도 없지 않았겠지만, 그보다는 흥미 위주의 연구와 유명세, 국가의 과학 경쟁력, 최고의 자리에 오르는 것을 중시하는" 문화에서 자극을 받은 사람이었다.[19]

스탠퍼드 의과대학의 존경받는 줄기세포 연구자 매슈 포투스 역시 허젠쿠이로부터 문제의 계획에 대해 듣고 충격을 받았다. "너무 놀라 입이 다물어지지 않았죠." 실험 데이터에 관한 의례적인 논의로 시작된 두 사람의 대화는 허젠쿠이의 발상이 끔찍한 것일 수밖에 없는 이유에 대한 30분짜리 강의로 바뀌었다고 한다.[20]

"당신의 계획에 의학적 당위성은 없습니다." 포투스는 허젠쿠이에게 말했다. "모든 지침을 어기고 있지 않습니까. 유전공학이라는 분야를 통째로 위험에 빠뜨리는 계획이에요." 이어 포투스는 허젠쿠이에게 상급 관계자들과도 상의했는지 물었다.

"아니요." 허젠쿠이가 대답했다.

"일을 더 진행하기 전에 반드시 중국 관계자들과 먼저 얘기해야 할 겁니다." 포투스가 화를 내며 경고하자 허젠쿠이는 말없이 얼굴을 붉힌 채 사무실을 나갔다.

"그렇게 부정적으로 반응하리라고는 생각 못 했던 것 같아요." 당시를 돌이켜보며 포투스는 자신이 더 적극적으로 나서지 않은 것을 자책했다. "제 생각이 짧았습니다. 허젠쿠이가 연구실에 있을 때 그 자리에서 당장 중국의 상급자들에게 이메일을 보내라고 했었어야 했는데 말이죠." 하지만 그랬다 한들 허젠쿠이가 순순히 그들에게 알렸을 리는 없다. "알리면 못 하게 하리라는 걸 그도 알고 있었어요." 포투스의 말이다.

"하지만 일단 자신이 최초로 크리스퍼 아기를 만드는 데 성공하기만 하면 모두가 위대한 업적으로 받들 거라고 믿었죠."[21]

허젠쿠이는 자신의 박사 후 과정 지도교수이자 선전시에 시퀀싱 기술 기반 회사를 세우는 데 일조한 스탠퍼드 대학 유전자 시퀀싱 사업가 스티븐 퀘이크에게도 사실대로 털어놓았다. 2016년 초 그가 유전자 편집 아기를 만든 최초의 사람이 되고 싶다고 말했을 때 퀘이크는 "끔찍한 생각"이라고 대꾸했으나 허젠쿠이가 고집하자 그러면 적절한 승인을 얻어서 진행하라고 조언한 터였다. "말씀하신 대로, 유전자조작 아기를 시도하기 전에 윤리 승인을 받겠습니다. 하지만 일단 비밀로 해주십시오." 이후 허젠쿠이가 퀘이크에게 보낸 이메일이 《뉴욕 타임스》 기자 팸 벨럭에 의해 보도되었다.

"좋은 소식!" 허젠쿠이가 2018년 4월 퀘이크에게 보낸 이메일의 내용이다. "조작된 CCR5를 가진 배아로 착상을 시도했는데, 열흘 만인 오늘 임신이 확인되었습니다!"

"오, 정말 대단하군!" 퀘이크도 회신을 보냈다. "아기 엄마가 끝까지 잘해내길."

조사에 착수한 스탠퍼드 대학 측은 헐버트와 포투스는 물론이고 퀘이크에게도 위법 행위는 없었다고 밝혔다. "조사 결과, 스탠퍼드 연구자들은 허 박사에게 그가 하려는 연구에 대해 심각한 우려를 표명했다. 허 박사가 그들의 권고를 듣지 않고 일을 진행하려고 하자 스탠퍼드 연구자들은 적절한 관례를 따르도록 촉구했다."[22]

허젠쿠이의 미국 조력자 가운데 가장 깊이 연루되고 또 명예에 가장 큰 오점을 남긴 사람은 그의 라이스 대학 박사과정 지도교수였던 마이클 딤이었다. 예비 부모가 배아의 유전자 편집에 동의하기에 앞서 설명을 듣는 동안 딤이 같은 테이블에 앉아 있는 모습이 영상에 고스란히 찍힌 것이다. 허젠쿠이는 이후 "이 부부가 고지를 듣고 동의서에 서명할 때, 미국인 교수가 그 자리에서 함께 지켜보았습니다"라고 말했다. 중국 연구 팀의 한 사람은 딤이 통역자를 통해 자원자와 얘기했다고 《스탯》과의 인터뷰에서 밝혔다.

딤 역시 AP 통신과의 인터뷰에서 자신이 그 자리에 있었다고 인정했다. "저는 아기의 부모를 만났습니다. 부모에게 고지하고 동의를 구할 때 거기 있었죠." 동시에 그는 허젠쿠이의 행동을 옹호했다. 그러나 이후 그가 고용한 휴스턴 지역 변호사 두 명은, 영상에 나왔듯 딤이 그 자리에 있긴 했지만 정보 고지나 동의 과정에 관여하지는 않았다고 주장했다. "마이클 자신은 원래 인간 연구를 한 적이 없고, 이 프로젝트에서도 인간 연구를 하지 않았습니다." 그러나 이 실험으로 완성한 허젠쿠이의 논문에 딤의 이름이 공동 저자로 실린 사실이 밝혀지면서 말의 앞뒤가 맞지 않게 되었다. 라이스 대학은 조사 의지를 밝혔지만, 2년이 지나도록 결과는 발표되지 않았다. 2020년 말 기준, 홈페이지의 교수진 목록에서 딤의 이름은 삭제된 상태이며 대학 측은 계속해서 설명을 거부하고 있다.[23]

허젠쿠이의 홍보 전략

크리스퍼 아기의 임신이 진행되던 2018년 중반, 자신의 발표가 세계를 뒤흔들리라 예상한 허젠쿠이는 이를 절호의 기회로 삼고자 했다. 이 실험의 목표는 그저 두 아이를 에이즈로부터 보호하는 것만이 아니었다. 허젠쿠이 자신의 명성을 드높일 더없는 기회였다. 이에 그는 과거 다른 프로젝트로 함께 일했던 유명한 미국인 홍보 전문가 라이언 페럴을 고용했다. 그의 계획을 들은 페럴은 큰 흥미를 느껴 회사를 그만두고 선전시에 임시 거처를 마련해 옮겨 왔다.[24]

페럴은 멀티미디어를 활용한 발표 계획을 세웠다. 먼저 허젠쿠이가 유전자 편집 윤리를 주제로 쓴 글을 학술지에 싣고 크리스퍼 아기와 관련해 AP 통신과 독점 계약을 맺는 한편, 허젠쿠이 웹사이트와 유튜브에 공개할 비디오 다섯 편을 제작했다. 또한 라이스 대학의 마이클 딤과 공저자로 작성한 논문을 《네이처》 같은 저명한 학술지에 게재할 계획이었다.

허젠쿠이와 페럴이 「치료 목적의 보조 생식 기술에 대한 윤리 원칙의 초안」이라고 제목을 붙인 글은 크리스퍼 개척자인 로돌프 바랑구와 과학 전문 기자 케빈 데이비스가 편집 위원으로 있는 《크리스퍼 저널》이라는 신생 잡지에 게재되었다. 이 글에서 허젠쿠이는 인간 배아의 편집 여부를 결정할 때 따라야 할 다섯 가지 원칙을 나열한다.

어려움을 겪는 가족에게 자비를: 어떤 가정에는 초기 배아의 유전자수술만이 유전병을 치유하고 아기를 평생의 고통에서 구할 유일한 방법이다.

위중한 질병에 대해서만. 허영은 금물: 유전자수술은 심각한 의료 행위이므로 심미, 개선, 성별 선택을 위해 사용되어서는 안 된다.

아이의 자율성을 존중할 것: 삶은 육체 이상이다.

사람을 정의하는 것은 유전자가 아니다: 한 사람의 DNA가 그의 목적이나 성취하는 바를 미리 결정하지는 않는다. 사람은 노력, 영양, 사회와 사랑하는 사람들의 지원을 통해 살아간다.

모든 사람은 유전병으로부터 자유로울 자격이 있다: 부가 건강을 결정
해서는 안 된다.[25]

국립과학아카데미의 지침을 따르는 대신, 허젠쿠이는 크리스퍼 기술
로 HIV 수용체 유전자를 제거한 자신의 행위를 정당화하는 독자적인
판단의 틀을 세웠다. 그는 몇몇 유명한 서구 철학자들이 제기한, 때로
굉장히 설득력 있는 도덕 원칙을 따랐다. 가령 그가 인용한 듀크 대학의
앨런 뷰캐넌 교수는 레이건 대통령 산하 의료윤리 위원회 소속이었고
클린턴 대통령 시절 국립인간게놈연구소 자문 위원을 역임했으며, 현재
도 명망 높은 헤이스팅스 센터의 연구원으로 재직 중이다. 허젠쿠이가
인간 배아의 CCR5 유전자를 편집하기로 마음먹기 7년 전, 뷰캐넌은 이
미 영향력 있는 저서 『인간보다 나은 인간』에서 이 개념을 옹호한 바 있
다.

어떤 바람직한 유전자 또는 유전자 집합이 이미 존재하지만 소수의 인
간만 그걸 보유한다고 가정해보자. HIV 바이러스에 저항성을 주는 유전
자가 좋은 예다. 만약 우리가 무작정 '자연의 지혜'에 의존하거나 '자연의
처분'에 따를 경우, 이 유익한 유전형은 자연의 변덕에 따라 인구에 널리
확산될 수도 확산되지 않을 수도 있다. (…) 하지만 유익한 유전자를 의
도적인 조작으로 훨씬 빨리 퍼지게 할 수 있다면? 이는 고환에 해당 유
전자를 주입하거나 보다 근본적으로는 체외수정을 활용해 다수의 인간
배아에 삽입하는 방법으로 가능하다. 그렇게 되면 우리는 혜택을 얻을
것이고 (…) 더는 대학살을 겪지 않아도 될 것이다.[26]

뷰캐넌만이 아니었다. 허젠쿠이가 임상 시험에 착수한 당시 열성적인 과학자뿐 아니라 많은 진지한 윤리 사상가들이 CCR5 유전자를 구체적인 예로 들면서 질병을 치료하거나 예방하기 위한 유전자 편집이 허용될 수 있으며 심지어 바람직하다고 공개적으로 주장했다.

페럴은 AP 통신 팀의 매릴린 마르치오네, 크리스티나 라슨, 에밀리 왕에게 허젠쿠이 기사의 독점권을 주었고, 허젠쿠이가 실험실에서 생존 불가능한 인간 배아에 크리스퍼를 주입하는 장면까지 촬영하도록 허용했다.

페럴의 지도를 받아 허젠쿠이는 실험실에서 카메라를 향해 직접 이야기하면서 촬영한 영상도 준비했다. 첫 번째 영상에서 그는 자신이 정한 다섯 가지 윤리 원칙의 개요를 밝힌다. "만약 질병으로부터 어린아이들을 보호하고, 사랑하는 부부가 가정을 꾸리도록 도울 수 있다면, 유전자수술은 건전한 발전입니다." 그러면서 그는 질병을 치료하는 행위와 능력을 향상하는 행위를 구분했다. "유전자수술은 오직 특정 질병에 대한 치료의 목적으로만 사용되어야 합니다. 지능지수를 높이거나, 운동 능력을 향상시키거나, 피부색을 바꾸는 데 사용해서는 안 됩니다. 그것은 사랑이 아닙니다."[27]

이어 두 번째 영상에서 그는 "자연이 우리에게 쓸 수 있는 도구를 주었는데도 부모가 아이들을 보호하지 않는 것은 비인간적이라고" 생각하는 이유를 밝히고, 세 번째 영상에서는 왜 첫 치료 대상으로 HIV를 선택했는지 설명했다. 네 번째 영상에는 허젠쿠이 랩의 박사 후 연구원이 등장해 중국어로 크리스퍼 편집이 이루어지는 과정을 상세히 알려주었다.[28] 그런 다음 이들은 두 아기의 탄생을 발표할 때까지 다섯 번째 영상 촬영을 미뤘다.

크리스퍼 아기의 탄생

홍보 캠페인과 유튜브 영상 공개는 아기들이 태어날 예정이었던 1월로 계획되어 있었다. 그러나 2018년 11월 초 어느 날 저녁, 허젠쿠이는 산모가 조산기를 보인다는 연락을 받았다. 그는 급히 랩의 학생 몇 명을 데리고 산모가 사는 도시로 향했다. 그리고 제왕절개수술 끝에, 건강해 보이는 쌍둥이 자매 나나와 룰루가 탄생했다.

예정보다 출산이 일러 허젠쿠이는 미처 중국 당국에 임상 시험에 대한 공식 설명서를 제출하지 못한 상태였다. 결국 쌍둥이가 태어난 이후인 11월 8일에야 설명서가 제출되었다. 설명서는 중국어로 작성되었고 이후 2주가 지나도록 서방에 알려지지 않았다.[29]

허젠쿠이는 또한 작업 중이던 논문도 마무리해 「게놈 편집으로 HIV 저항성을 얻게 된 쌍둥이 탄생」이라는 제목으로 《네이처》에 투고했다. 결국 논문은 어느 학술지에도 게재되지 않았으나 원고를 받은 미국 연구자 중 한 사람을 통해 사본을 확인한바, 세부적인 실험 과정과 함께 그의 사고방식을 엿볼 수 있는 내용이 있었다.[30] 이 논문에서 허젠쿠이는 다음과 같이 밝힌다. "배아 단계에서의 게놈 편집은 질병을 영구히 치료하고 병원균 감염에 저항력을 전달하는 잠재력을 지닌다. 우리는 이 논문에서 최초로 유전자 편집을 통해 태어난 아기를 보고한다. 배아 상태에서 CCR5 유전자가 편집된 쌍둥이 자매가 2018년 11월에 건강하고 정상적인 상태로 태어났다." 동시에 그는 자신이 한 일의 윤리적 가치를 옹호했다. "우리는 인간 배아 게놈 편집이 생명을 위협하는 선천적 또는 후천적 질병에서 자유로운 건강한 아기를 바라는 수많은 가족에게 새로운 희망을 불어넣으리라 기대한다."

그러나 출판되지 않은 이 논문에는 몇 가지 충격적인 정보가 묻혀 있다. 쌍둥이 자매 중 룰루의 경우 CCR5가 위치한 두 개의 염색체 가운데 하나만 편집이 되었던 것이다. 허젠쿠이도 이를 인정했다. "우리는 나나의 CCR5 유전자가 프레임 이동 돌연변이를 통해 양쪽 대립유전자 모두 성공적으로 편집된 것을 확인했다. 반면 룰루의 유전자는 이형접합이다." 즉 룰루는 서로 다른 버전의 두 상동염색체를 갖고 있으며, 따라서 여전히 정상적인 CCR5 단백질을 일부 생산한다는 의미다.

게다가 편집 과정 중 표적 외 장소에서 의도치 않은 편집이 일어났을 뿐 아니라 두 배아 모두 '모자이크 배아'라는 증거가 있었는데, 이는 유전자 가위를 대기 전에 이미 세포분열이 제법 일어나 일부 세포는 편집되지 않았음을 뜻했다. 허젠쿠이는 아이의 부모가 이런 상황을 모두 인지하고도 배아 이식을 선택했다고 밝혔지만, 이후 펜실베이니아 대학의 키란 무수누루는 이 실험에 대해 다음과 같이 말했다. "생명의 코드를 해킹하려던 시도는—대외적으로야 아기의 건강을 증진하려는 시도였을지 몰라도—사실상 날림이었다."[31]

뉴스 속보

아기들이 태어나고 얼마간 허젠쿠이와 홍보 담당 페럴은《네이처》에 논문이 게재되기를 기대하며 이듬해 1월까지 이 사실을 비밀로 하려고 애썼다. 그러나 그대로 품고 있기엔 폭발력이 너무나 큰 사건이었다. 허젠쿠이가 홍콩에서 열린 제2차 인간 게놈 편집 국제회의에 도착하기 직전, 크리스퍼 아기 뉴스가 터졌다.

《MIT 테크놀로지 리뷰》소속인 안토니오 레갈라도의 과학적 지식과 특종의 냄새를 맡는 기자로서의 본능이 시의적절하게 결합된 결과였다.

마침 그해 10월에 중국을 방문 중이었던 레갈라도는 허젠쿠이와 페럴이 크리스퍼 아기 발표에 대해 계획하던 즈음 우연히 그들과 함께하는 회의에 초대되었다. 직접적으로 비밀을 발설한 건 아니지만 허젠쿠이가 CCR5 유전자를 언급했고, 촉이 좋은 레갈라도는 뭔가 있다는 걸 바로 눈치챘다. 이후 그는 인터넷을 뒤져 허젠쿠이가 중국 임상 시험 등록소에 제출한 신청서를 발견했고, 11월 25일 「단독: 중국 과학자들이 크리스퍼 아기를 만들고 있다」라는 제목으로 온라인 기사를 게재했다.[32]

레갈라도의 기사가 나오자, AP 통신의 매릴린 마르치오네와 동료들도 질세라 자세하고도 균형 잡힌 스토리를 풀어놓기 시작했다. 기사의 첫 문장은 그 드라마 같은 순간을 이렇게 포착해낸다. "한 중국 연구자가 세계 최초로 유전자조작 아기들을 만들었다고 주장했다. 그에 따르면, 생명의 청사진을 다시 그릴 만한 새롭고도 강력한 도구를 사용해 DNA를 변형시킨 쌍둥이 자매가 이번 달에 탄생했다."[33]

윤리학자들이 생식계열 유전자 편집에 관해 나누었던 격조 높은 토론들이, 역사에 한 획을 긋고 싶었던 한 젊은 중국 과학자에게 한 방 먹은 셈이었다. 최초의 시험관아기 루이스 브라운, 그리고 복제 양 돌리가 탄생했을 때 그랬듯이, 이 일로 세계는 새로운 시대에 접어들었다.

그날 밤 허젠쿠이는 전에 만든 네 편의 영상과 함께 중대한 발표가 담긴 마지막 영상을 유튜브에 올렸다. 카메라를 향해 차분하게, 그러나 자랑스럽게 그는 다음과 같이 선언한다.

작고 아름다운 중국인 자매 룰루와 나나가 몇 주 전 여느 아기 못지않게 건강한 모습으로 세상에 태어났습니다. 아기들은 이제 부모인 그레이스와 마크와 함께 집으로 가 있습니다. 그레이스는 통상적인 체외수정으로 쌍둥이를 임신했습니다. 다만, 한 가지 다른 점이 있었습니다. 우리는 그레이스의 난자에 마크의 정자를 넣은 직후, 그 수정란에 유전자를 수술할 단백질과 지시 사항도 들여보냈습니다. 룰루와 나나가 고작 하나짜리 세포였을 때, 이 수술은 HIV가 인체로 들어가는 통로를 제거했습니다. (…) 딸들을 처음 본 순간 마크는 제일 먼저 이렇게 말했습니다. 그동안 자신이 아빠가 되리라는 생각은 감히 해보지도 못했다고요. 이제 그는 살아야 할 이유를, 나아가야 할 이유를, 인생의 목적을 찾았습니다. 알다시피 마크는 HIV 감염자입니다. (…) 두 딸의 아버지로서, 나는 이 부부가 사랑스러운 가정을 꾸릴 기회를 갖게 된 것보다 사회에 더 아름답고 건전한 선물은 없으리라 생각합니다.[34]

단상에 오르는 허젠쿠이

로빈 러벌-배지, 매슈 포투스와 함께

38장

홍콩 국제회의

크리스퍼 아기 뉴스가 발표되기 이틀 전인 11월 23일, 다우드나는 허젠쿠이로부터 이메일을 받았다. 이메일 제목은 꽤나 드라마틱했다. "아기들이 태어났습니다."

순간 그는 의아했고, 그러다 충격을 받았고, 그다음에는 두려워졌다. "처음엔 장난인 줄 알았어요. 아니면 정신이 좀 이상한 사람이거나요." 다우드나의 말이다. "다짜고짜 '아기들이 태어났습니다'라는 제목으로 메일을 보냈다는 게 믿기지 않더라고요."[1]

허젠쿠이는《네이처》에 투고한 원고를 첨부했다. 다우드나는 파일을 열어보고서야 이것이 실제 상황이라는 걸 깨달았다. "추수감사절 다음 날인 금요일이었어요. 가족들과 샌프란시스코의 한 콘도에 있다가 난데없이 메일을 받았죠."

이 뉴스는 기막힌 타이밍에 발표되는 바람에 더욱 드라마틱해질 판이었다. 사흘 뒤면 홍콩에서 500여 명의 과학자와 정책 입안자들이 참석하는 제2차 인간 게놈 편집 국제회의가 열릴 예정이었기 때문이다. 이 회의는 2015년 12월에 워싱턴에서 열렸던 국제회의의 연장이었다. 다우드나는 데이비드 볼티모어와 더불어 회의를 주최한 주요 조직 위원이었고, 허젠쿠이도 이곳에서의 강연이 예정되어 있었다.

다우드나를 비롯한 주최 측은 원래 허젠쿠이를 초청 강연자 명단에 올리지 않았다가 그가 인간 배아를 편집하려는 꿈 내지는 망상에 젖어 있다는 소문을 듣고 일정을 조정한 터였다. 그를 참석시켜 잘 설득하면 선을 넘지 않도록 만류할 수 있으리라는 생각이었다.[2]

허젠쿠이의 충격적인 이메일을 받자마자 다우드나는 막 홍콩으로 떠나려던 볼티모어에게 연락했다. 그리고 그와의 대화 끝에 비행 일정을 변경하고 계획보다 하루 먼저 도착해 사태를 논의하기로 했다.

11월 26일 월요일 아침 홍콩에 착륙해 휴대전화를 켜자, 허젠쿠이가 숨이 넘어갈 듯 다급하게 보낸 이메일들이 속속 들어왔다. "공항에 내리고 보니 허젠쿠이가 보낸 이메일이 산더미처럼 쌓여 있더라고요." 이후 다우드나가 《사이언스》의 존 코언에게 한 말이다. 허젠쿠이는 선전시에서 홍콩으로 차를 몰아 오는 중이었고, 최대한 빨리 다우드나와 만나고 싶어 했다. "당장 만나서 얘기해야 합니다. 일이 걷잡을 수 없이 커지고 있어요."[3]

다우드나는 일단 회신을 보류했다. 볼티모어와 다른 위원들을 먼저 만나 얘기해볼 생각이었다. 하지만 참석자들이 머무는 르 메르디앙 사이버포트 호텔에 도착해 체크인을 마치자마자 벨 보이가 방문을 두드리더니 당장 전화해달라는 허젠쿠이의 메시지를 전했다.

다우드나는 로비에서 허젠쿠이를 만나기로 약속하고 서둘러 4층 회의실로 일부 조직 위원들을 불러모았다. 볼티모어와 하버드의 조지 데일리, 런던 프랜시스 크릭 연구소의 로빈 러벌-배지, 미 국립의학원의 빅터 차오, 위스콘신 대학의 생명윤리학자 알타 카로가 이미 도착해 있었다. 허젠쿠이가 《네이처》에 투고한 논문을 읽어본 사람이 없었으므로 다우드나는 그가 이메일에 첨부한 내용을 보여주었다. "우리는 허젠쿠이의 회의 참석 여부에 대해 급히 의논했어요."

결국 이들은 허젠쿠이를 참석시키기로 했다. 정확히 말하자면, 그를 이곳에 잡아두는 게 중요하다는 것이 모두의 결론이었다. 그에게 단독으로 발표할 기회를 주고 크리스퍼 아기가 탄생하기까지의 과정과 방법을 설명해달라고 요청할 생각이었다.

15분 뒤, 다우드나는 허젠쿠이의 발표 차례에 진행을 담당하게 될 로빈 러벌-배지와 함께 로비로 내려가 허젠쿠이를 만났다. 다우드나와 러벌-배지는 소파에 앉아 허젠쿠이에게 정확히 어떻게, 그리고 왜 이 실험을 진행했는지 발표해주면 좋겠다고 제안했다.

그러나 당황스럽게도, 허젠쿠이는 크리스퍼 아기 이야기는 하고 싶지 않다며 원래 계획했던 내용대로 발표하겠다고 고집했다. 영국인답게 원래도 창백한 러벌-배지의 안색은 허젠쿠이의 이야기가 이어지면서 아예 백지장으로 변해버렸다. 다우드나는 그것이 말도 안 되는 생각이라는 뜻을 최대한 정중하게 전했다. 근래 들어 가장 폭발적인 논란을 불러온 사람이 그 일에 대해 논의하지 않고 넘어갈 방법은 없었다. 허젠쿠이는 다우드나의 반응에 놀란 것 같았다. "그는 그렇게 명예를 탐하면서도, 한편으론 희한할 정도로 순진했어요." 다우드나의 말이다. "작정하고 그 엄청난 사달을 일으켜놓고는 이제 와서 아무 일도 없었던 것처럼 행동하고 싶어 했으니까요." 두 사람은 허젠쿠이를 설득해 다른 조직 위원들과 이른 저녁을 먹으며 더 의논하기로 했다.[4]

고개를 가로저으며 로비에서 나오는 길에 다우드나는 중국인 줄기세포 생물학자인 페이돤칭을 만났다. 미국에서 공부한 그는 당시 광저우 생물의학 및 보건 연구소 소장을 지내고 있었다. "소식 들었어요?" 다우드나로부터 내막을 전해 들은 페이는 도저히 믿을 수 없었다. 두 사람은 여러 학회와 회의를 함께하며 친분을 쌓아왔고, 특히 2015년 워싱턴에서 열린 제1차 인간 게놈 편집 국제회의 당시 페이는 미국 동료들에게 중국에는 인간 생식계열 편집을 금지하는 규제가 있다고 힘주어 이야기한 터였다. "우리 시스템에서는 모든 것이 세심하게 통제되고 허가하에 진행되므로 그런 종류의 일이 일어날 수 없다고 사람들을 확신시켜왔거든요." 이후 페이가 내게 전한 얘기다. 그 또한 그날 저녁 허젠쿠이와 함께하는 저녁 식사 자리에 참석하겠다고 했다.[5]

저녁 식사

호텔 4층 광둥식 뷔페가 차려진 저녁 식사 자리에는 긴장감이 감돌았다. 허젠쿠이는 방어적인 태도로 나왔고, 심지어 거만한 인상까지 풍겼다. 그는 노트북을 꺼내 조작된 배아의 데이터와 DNA 시퀀싱 결과를 보여주었다. "우리는 점점 두려워졌습니다." 러벌-배지가 당시를 회상했다. 다들 질문을 쏟아냈다. 자원자의 동의를 구하는 과정에 감독하는 사람이 있었는가? 어떤 근거로 생식계열 배아 편집이 의학적으로 필요하다고 판단했는가? 국제 의학계의 지침을 확인했는가? "모든 기준을 다 준수했다고 생각합니다." 허젠쿠이는 처음부터 대학과 병원 측이 자신이 하는 일을 제대로 알고 승인했다고 주장했다. "하지만 뉴스 발표 이후 나오는 반응을 보더니 그 사실을 부정하며 저를 내치려 하고 있어요." 다우드나가 HIV 감염을 방지하는 목적으로는 굳이 생식계열 편집이 "의학적으로 필요하지" 않은 이유를 설명하기 시작하자 허젠쿠이는 격한 반응을 보였다. "제니퍼, 당신은 중국의 상황을 제대로 이해하지 못하고 있어요. 중국에서는 HIV 양성자들에게 죽을 만큼 힘든 낙인이 찍혀요. 저는 이 사람들에게 정상적인 삶의 기회를 주고, 원래는 꿈도 꾸지 못했던 아기를 가질 수 있도록 돕고 싶었어요."[6]

식사 분위기는 점점 험악해졌다. 한 시간쯤 지났을까, 처음의 애처로운 모습은 간데없이 허젠쿠이가 갑자기 화를 냈다. 벌떡 일어나 테이블에 지폐 몇 장을 내던지더니, 자신이 살해 협박을 받고 있으며 기자들이 찾을 수 없는 호텔로 옮기겠다고 말하며 자리를 떴다. 다우드나가 뒤따라가서 그를 붙잡았다. "수요일 발표는 정말 중요해요. 오실 거죠?" 허젠쿠이는 잠시 생각하더니 그러겠노라고 했지만, 대신 보호를 요청했다. 그는 두려워하고 있었다. 러벌-배지는 홍콩 대학을 통해 경찰의 보호를 제공하겠다고 약속했다.

허젠쿠이가 오만한 태도를 보인 것은 자신이 중국, 어쩌면 나아가 세계의 영웅으로 대접받으리라 믿었기 때문이었다. 실제로 중국 뉴스에서도 처음엔 그렇게 보도했다. 정부 기관지인 《인민 일보》는 「세계 최초로 중국에서 에이즈 저항성을 가진 유전자 편집 아기가 태어나다」라는 제목의 머리기사에서 "중국이 유전자 편집 기술 분야에서 달성한 획기적인 업적"이라는 말로 허젠쿠이의 연구를 치켜세웠다. 그러나 중국 내에서조차 과학자들이 그의 행동을 비난하고 나서자 분위기가 반전되었고, 《인민 일보》는 당일 저녁 웹사이트에서 해당 기사를 삭제했다.[7]

허젠쿠이가 호텔 식당을 떠난 뒤 조직 위원들은 자리에 남아 상황을 어떻게 수습할지 의논했다. 페이가 스마트폰을 확인하더니 중국 과학자들이 허젠쿠이를 비난하는 단체 성명을 냈다며 번역해서 읽어주었다. "인간을 대상으로 직접 실험한 것은 정신 나간 행동으로밖에 설명할 수 없다. (…) 중국 과학의 세계적인 위신을 실추하고 과학 발전에 큰 타격을 주었다." 그 성명서가 중국 과학아카데미에서 낸 것이냐는 다우드나의 질문에, 페이는 그건 아니지만 100명 이상의 중국 과학계 석학들이

서명한 이상 공식 입장으로 보아도 좋다고 답했다.[8]

다우드나와 그 자리에 있던 사람들 또한 회의 주최자로서 입장을 표명해야 할 터였다. 그러나 너무 강하게 나갔다가 혹시라도 허젠쿠이가 강연을 취소하는 사태에 이르는 건 피하고 싶었다. 다우드나도 인정했지만, 사실 그들의 동기 역시 순수하게 과학적인 것만은 아니었다. 세계적인 이슈로 세간의 이목이 홍콩에 집중된 상황에서 허젠쿠이가 그냥 선전으로 돌아가버린다면 역사적 순간의 일부가 될 기회를 놓치는 셈이었다. "결국 이도 저도 아닌 간략한 성명을 발표했고, 그걸로 욕 좀 먹었죠." 다우드나의 말이다. "하지만 그가 꼭 나타났으면 했습니다."

그렇게 다우드나와 동료들이 저녁 식사를 하는 동안, 밖에서는 허젠쿠이의 대대적인 홍보 전략이 펼쳐지고 있었다. 유튜브 영상이 공개되고, 그가 협조한 AP 통신 기사가 확산되었으며, 허젠쿠이의 숭고한 윤리 원칙이 마침내《크리스퍼 저널》의 온라인판에 게재되었다(이후 삭제되었지만). 다우드나는 말했다. "그렇게 젊은 사람한테서 자만심과 순진함이 흥미롭게 조합된 모습을 보고 다들 혀를 내둘렀죠."[9]

역사적인 발표

2018년 11월 28일 수요일 정오, 마침내 허젠쿠이의 발표 시간이 되었다.[10] 진행자 로빈 러벌-배지가 초조한 기색으로 단상에 올랐다. 뿔테 안경을 쓰고 꽤나 긴장한 듯 엷은 금발 머리를 연신 손으로 흩뜨리는 모습이 우디 앨런만큼이나 어벙해 보였다. 게다가 상당히 초췌한 상태였다. 나중에 다우드나에게 말하길, 전날 밤 한숨도 못 잤다고 했다. 러벌-배지는 사람들이 단상으로 난입하기라도 할까 걱정스러운 듯 청중들에게 예의를 갖춰달라고 당부했다. "강연자가 중간에 방해받지 않고 발표하게 해주십시오." 이어 그는 손을 내저으며 덧붙였다. "소란이 일거나 발표가 제대로 진행되지 않으면 이 세션을 취소하겠습니다." 하지만 들리는 소리라고는 뒤쪽에 포진한 수십 명의 카메라맨들이 내는 셔터음뿐이었다.

러벌-배지는 먼저 허젠쿠이의 강연이 크리스퍼 아기 뉴스가 발표되기 전에 결정되었다고 밝혔다. "저희도 지난 며칠 사이 보도된 내용에 대해서는 알지 못했습니다. 사전에 받은 자료에도 오늘 발표할 연구 이야기는 없었고요." 그런 뒤 마침내 긴장한 모습으로 주위를 둘러보며 입을 열었다. "그럼, 허젠쿠이 박사를 모시겠습니다."[11]

아무도 나오지 않았다. 모두가 숨죽인 채 기다렸다. "진짜 나올지 다들 의심하고 있었던 것 같아요." 러벌-배지의 회상이다. 이윽고 무대 오른쪽에 서 있던 러벌-배지 바로 뒤에서 검은 정장 차림의 젊은 아시아계 남성이 나타났다. 군데군데에서 힘없는 박수가 나오며 분위기가 어수선해졌다. 남성은 노트북을 조작해 슬라이드 화면을 설정하고 마이크를 조정했다. 그가 기술 담당자임을 깨닫고 다들 웃기 시작했다. "아, 박사님이 어디 계신지 모르겠네요." 러벌-배지가 수첩을 흔들면서 말했다.

이 긴장 어린 35초 동안—이런 경우에는 아주 길게 느껴지는 시간이다—강당에는 무거운 침묵뿐 아무 움직임도 없었다. 마침내, 무대 한쪽 끝에서 흰색 줄무늬 셔츠 차림의 작고 여윈 남성이 불룩한 황갈색 서류 가방을 든 채 망설이는 듯한 태도로 걸어 나왔다. 다소 격식을 차린 회의장 분위기에 맞춰 정장을 차려입은 러벌-배지와 대조적으로 허젠쿠이는 재킷도 넥타이도 없이 셔츠 윗단추를 푼 모습이었다. 《사이언스》 편집자 케빈 데이비스는 그가 "세계를 강타한 대형 폭풍의 중심에 있는 과학자라기보다는 홍콩의 습한 날씨 속에 출근길 스타 페리를 잡

으려고 서두르는 샐러리맨 같아 보였다"라고 보도했다.[12] 러벌-배지는
안도하며 허젠쿠이에게 손을 흔든 뒤, 강단에 오른 그의 귀에 대고 "질
의응답 시간이 필요하니 강연이 너무 길어지지 않게 해주세요"라고 속
삭였다. 허젠쿠이가 입을 열자마자 사진기자들이 찍어대는 카메라 플래
시 세례에 그의 목소리가 묻혀버렸다. 그는 놀란 것 같았다. 앞줄에 앉
아 있던 데이비드 볼티모어가 일어나 기자석을 향해 몸을 돌리고는 그
들을 질책했다. "카메라 소리가 너무 커서 강연자의 목소리가 하나도 들
리지 않았습니다." 볼티모어는 후에 이렇게 말했다. "제가 잠시 끼어들
어 정리할 수밖에 없는 상황이었어요."[13]

멋쩍게 주위를 돌아보는 허젠쿠이의 매끈한 얼굴은 서른넷이라는 나
이보다 훨씬 어려 보였다. 그는 "제 연구 결과가 예기치 않게 먼저 새어
나가는 바람에 발표에 앞서 동료들에게 평가할 기회를 드리지 못하게
된 점에 대해 사과드립니다"라는 말로 시작했다. 그러곤 세간의 반발을
인식하지 못한 양 말을 이어나갔다. "그리고 아기들이 태어나기 전부터
수개월 동안 함께하며 이 연구의 과정과 결과를 정확하게 취재해준 AP
통신에 감사합니다." 허젠쿠이는 크게 감정을 드러내지 않은 채 천천히
HIV 감염의 고통, 에이즈로 인한 사망과 차별의 분위기를 이야기했고,
CCR5 유전자 돌연변이가 어떻게 HIV 양성 부모에게서 태어난 아기의
감염을 막을 수 있는지 설명했다.

슬라이드와 함께 연구 과정을 설명한 20분이 지나고 질의응답 시
간이 되었다. 허젠쿠이와 개인적으로 알고 지내던 스탠퍼드의 줄기세
포 생물학자 매슈 포투스가 단상 위로 나와 질의 과정을 도왔다. 러벌-
배지는 국제 지침을 위반하고 인간 배아를 편집한 이유를 캐묻는 대신
CCR5 유전자 진화의 역사와 역할에 대해 길게 질문했고, 이어 포투스
가 임상 시험에 관여한 예비 부모와 난자, 배아, 연구자 등에 관해 여러

차례 상세하게 물었다. "진짜 이슈는 건드리지도 않아 실망했어요." 이후 다우드나는 이렇게 말했다.

마침내 청중에게 질문의 기회가 주어졌다. 제일 먼저 일어난 볼티모어가 곧바로 핵심을 짚었다. 인간의 생식계열 편집이 실행되기 전에 준수해야 마땅한 국제 지침을 설명한 뒤, "이 지침은 지켜지지 않았습니다"라고 직접적으로 꼬집은 것이다. 볼티모어는 허젠쿠이의 행동이 "무책임하고" 은밀했을 뿐 아니라 "의학적으로 필요하지" 않았음을 강조했다. 다음으로 하버드의 저명한 생화학자 데이비드 류가 허젠쿠이에게 왜 배아 편집이 타당한 방식이라고 생각했는지 물으며 이의를 제기했다. "정자 세척을 해 HIV에 감염되지 않은 배아를 만들 수도 있었습니다. 이 환자들에게서 특별히 충족되지 않은 의학적 필요가 무엇이었습니까?" 허젠쿠이는 부드러운 어투로, 단지 이 쌍둥이 자매만이 아니라 세상에 태어난 이후에도 부모로부터 HIV에 감염되지 않게끔 보호할 필요가 있는 "수백만의 HIV 어린이들"을 도울 방법을 찾고 싶었다고 대답했다. "저는 마을 사람들 30퍼센트가 에이즈에 걸린 지역에 사는 이들을 만나본 적이 있습니다. 그들은 아이를 감염시킬지도 모른다는 두려움 때문에 자식을 이모나 삼촌에게 맡깁니다."

"아시다시피 생식계열의 게놈 편집을 허용하지 않는다는 합의가 이루어져 있습니다." 베이징 대학에서 온 한 교수도 지적했다. "어째서 레드 라인을 넘었습니까? 그리고 이 절차를 비밀리에 진행한 이유는 무엇이죠?" 러벌-배지가 나서서 질문을 정리하며 비밀에 대한 부분만 되물었다. 허젠쿠이는 핵심적인 사안에 대해서는 직접적인 설명을 피한 채 여러 미국 연구자들에게 자문을 구했다는 대답으로 슬쩍 넘어갔다. 마지막으로 한 기자가 물었다. "자신의 아이였어도 그렇게 하셨겠습니까?" 이에 그는 이렇게 대답했다. "제 아이가 이런 상황이었다면, 당연히 시

도했을 겁니다." 그러곤 서류 가방을 집어 들고 무대 뒤로 나간 뒤 곧장 선전시로 돌아갔다.[14]

청중석에 앉은 다우드나는 진땀을 흘리고 있었다. "긴장한 데다 속이 메스꺼워서 혼났어요." 자신이 함께 발명한 놀라운 유전자 편집 도구, 크리스퍼-Cas9이 역사상 처음으로 유전자조작 아기를 만드는 데 사용된 것이다. 더군다나 안전 문제가 임상적으로 시험되고, 윤리 문제가 해결되고, 적어도 이것이 과학과 인간이 진화하는 올바른 방법일지에 대한 사회적 합의가 이루어지기도 전에 덜컥 일어난 일이었다. "크리스퍼 유전자 가위를 사용한 방식에 믿을 수 없을 만큼 실망했고, 혐오감까지 느껴졌어요. 의학적 필요에서, 또는 절실한 사람들을 도우려는 바람이 아니라 세상의 관심을 받고 '최초'라는 타이틀을 달기 위한 욕망이 이끈 질주였던 것 같아 염려가 됐죠."[15]

다우드나를 비롯한 조직 위원회 역시 하나의 질문에 직면해 있었다. '우리에게도 책임이 있는가.' 인간 유전자 편집을 시도하기 전에 충족되어야 할 기준을 수년간 확립해왔지만 확실히 모라토리엄을 요청하거나 시험 승인에 필요한 명확한 절차를 규정하는 단계까지는 이르지 못한 터였다. 허젠쿠이 본인은 얼마든지 기준을 따랐다고 주장할 수 있는 상황이었고, 또 실제로도 그렇게 주장했다.[16]

무책임

그날 늦은 저녁, 다우드나는 호텔 바에 가서 지쳐 있는 다른 동료들과 만났다. 볼티모어가 나타나자 다들 맥주를 주문했다. 그는 다른 누구보다 과학계가 자기 규제에 실패했다고 생각하고 있었다. "한 가지는 분명합니다. 그 친구가 주장하듯이 정말 실험에 성공했다면 이는 배아 편집이 실제로 그렇게까지 어려운 일이 아니라는 뜻인데, 그것이야말로 심각한 문제가 아닐 수 없어요." 이들은 성명을 발표해야 한다는 데 의견을 모았다.[17]

다우드나, 볼티모어, 포투스, 그리고 다섯 명이 더 모여 작은 회의실에서 성명서 초안을 작성하기 시작했다. "한 줄 한 줄 짚어가며 각 문장의 핵심을 논의하느라 몇 시간이 걸렸습니다." 포투스의 회상이다. 다른 사람들처럼 그 역시 허젠쿠이의 연구에 대해 강한 반대 의견을 밝히되 '모라토리엄'처럼 유전자 편집 연구의 발전을 저해할 만한 표현은 피하고 싶었다. "저는 '모라토리엄'이라는 말이 생산적이지 않다고 봅니다. 그로부터 빠져나올 방법을 알려주지 않기 때문이죠. (…) 호소력 있는 용어라는 건 인정해요. 넘지 말아야 할 선을 진하게 그어주니까요. 그러나 모라토리엄 선언만 고집하는 것은 대화를 차단할 뿐 어떻게 책임감 있는 방식으로 헤쳐나갈지에 대해서는 생각할 여지를 주지 않습니다."

다우드나는 양가감정을 느끼고 있었다. 분명 허젠쿠이가 한 짓은 섬뜩하기 짝이 없었다. 의료 절차에 있어서도 시기상조의 불필요한 연구였을 뿐 아니라, 이런 보여주기식 행동으로 인해 유전자 편집 연구 자체에 대한 반발을 불러올 수도 있었다. 그러나 한편 다우드나는 크리스퍼-Cas9이 머지않은 미래에 생식계열 편집을 포함해 인간의 행복을 추구하는 강력한 도구가 되리라 믿었고, 또 그렇게 되길 소망했다. 결국 그것이 성명서 초안을 논의하며 끌어낸 합의 사항이기도 했다.[18]

그렇게 이들은 다시 한번 중립을 지키기로 했다. 생식계열 유전자 편집을 시도할 수 있는 상황에 대해 보다 구체적인 지침이 필요했지만, 동시에 국가 차원에서의 금지나 모라토리엄을 촉발할 만한 과장된 표현은 피해야 했다. "회의에 모인 이들 모두, 이제 배아 유전자 편집의 임상적 사용 방식에 대해 구체적인 경로를 지정해야 할 정도로 기술이 발달했음을 깨달았죠." 다우드나의 말이다. 그러니 크리스퍼 기술로 아기의 유전자를 편집하지 못하도록 무조건 금지하기보다, 안전하게 사용할 수 있는 길을 닦아야 했다. "현 상황을 외면하거나 무작정 모라토리엄이 필요하다고 우기는 것은 현실적이지 못해요. 그 대신 우리는 이렇게 말할 수 있어야 합니다. '유전자 편집 기술을 임상적으로 사용하길 원하면 다음과 같은 구체적인 단계를 따라야 한다'라고요."

다우드나는 하버드의 학자이자 이 사안을 함께 고민해온 오랜 친구 조지 데일리의 영향을 많이 받았다. 데일리는 언젠가 크리스퍼가 자손에게 유전되는 유전자의 변형에 사용될 거라고 굳게 믿었다. 당시 하버드에서는 이미 정세포를 편집해 알츠하이머병을 예방하는 방법이 연구되고 있었다. "데일리는 배아 편집의 잠재적 가치를 인정하고 이것이 미래에 사용될 가능성을 유지하고 싶어 했어요."[19]

따라서 다우드나와 볼티모어를 비롯한 회의 주최자들이 작성한 성명서의 내용은 굉장히 제한적일 수밖에 없었다. "이 회의에서 우리는 인간의 배아가 편집되고 이식되어 임신이 이루어졌으며 결국 쌍둥이가 태어났다는, 예상치 못한 대단히 충격적인 주장을 접했습니다. 이 일은 국제 지침을 준수하지 않은 조건에서 무책임하게 진행되었습니다." 그러나 성명서에 금지나 모라토리엄은 언급되지 않았다. 대신 "현시점에서" 생식세포 편집을 허용하는 것은 위험성이 너무 크다는 간략한 언급과 함께, "생식세포의 게놈 편집은 미래에 이 위험 요소들이 해결되고 추가 규정이 충족된다면 용인될 수 있다"는 강조가 이어졌다. 이제 더 이상 생식계열 편집은 레드 라인 저편의 일이 아니었다.[20]

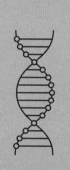

의회 청문회에서 프랜시스 콜린스, 다우드나, 상원 의원 리처드 더빈

39장
사회적 수용

조사이어 재이너가 축배를 들다

1년 앞서 자신의 몸에 크리스퍼로 편집한 유전자를 주입했던 바이오해커 조사이어 재이너는 잔뜩 흥분한 상태로 허젠쿠이의 발표를 지켜보며 밤을 꼴딱 새웠다. 여자친구가 옆에서 자고 있었기 때문에 그는 불을 끄고 침대에 앉아 담요를 덮은 채 무릎 위에 올린 노트북을 통해 실시간으로 영상을 시청했다. 화면의 불빛이 그의 얼굴을 환히 비추고 있었다. "그가 단상으로 올라오는 순간만을 기다리며 그저 앉아 있었어요. 등골에 전율이 흘렀고, 흥미진진한 일이 생길 거라는 기대에 소름까지 돋았죠."[1]

허젠쿠이가 크리스퍼로 편집한 쌍둥이에 대해 설명하는 순간 재이너는 혼자서 외쳤다. "말도 안 돼!" 그에게는 위대한 과학적 업적을 넘어 인간이라는 종의 역사에 한 획을 긋는 사건이었다. "해냈어! 배아의 유전자를 조작하다니! 앞으로 인류는 영원히 달라질 거야!"

이제 되돌아갈 수 없는 강을 건넌 셈이었다. 이는 육상 선수 로저 배니스터가 1마일을 4분대에 돌파한 것과 같은 일이다. 한 번 일어났으니

39장·사회적 수용 | 425

또 일어날 것이다. "과학사에서 가장 기념할 만한 일이라고 봅니다. 지금까지 인류는 어떤 유전자를 가질지 스스로 결정하지 못했잖아요. 그런데 이제는 그게 가능하다는 거 아닙니까." 재이너 개인에게, 이는 자신의 숙명이라 생각해온 일을 증명해 보인 사건이었다. "너무 들떠서 며칠이나 잠을 못 잤어요. 내가 이 일을 왜 하는지 확인시켜주는 소식이었으니까요. 나는 진보를 향해 인류를 밀어붙이고 있었던 겁니다."

진보를 향해 인류를 밀어붙인다고? 그렇다, 그게 혁명가의 일이다. 예의 단조로운 어조로, 하지만 미친 듯 흥분해서 이야기를 쏟아내는 재이너의 목소리를 듣고 있자니, 언젠가 스티브 잡스가 집 뒷마당에 앉아 자신이 만든 애플의 광고 문구 "다르게 생각하라(Think Different)"를 읊조리던 모습이 떠올랐다. 규칙을 싫어하고 현실에 안주하지 않는 부적응자, 혁명가, 그리고 문제아를 향한 말이었다. "그들은 인류를 진보로 이끈다. 자기가 세상을 바꿀 수 있다고 생각하는 미친 자들만이 세상을 바꿀 수 있다." 잡스는 이렇게 말했다.

제이너는 《스탯》에 기고한 글에서 머지않아 일어날 또 다른 크리스퍼 아기의 탄생을 막기 어려운 이유에 대해 설명했다. 그 기술이 능력 있는 부적응자들의 손에 들어가는 것은 시간문제라고 말이다. "사람들은 이미 150달러짜리 도립(倒立) 현미경으로 인간 세포를 편집하고 있다." 게다가 재이너가 운영하는 오딘을 비롯한 온라인몰에서는 Cas9 단백질과 가이드 RNA까지 판매하고 있었다. "배아를 주사하는 데 필요한 도구는 몇 개 되지 않는다. 미량 주사기, 마이크로피펫, 그리고 현미경이 전부다. 모두 이베이에서 구매할 수 있고 몇천 달러면 조립이 가능하다." 심지어 인간 배아도 난임 클리닉에서 1000달러면 살 수 있다. "무슨 일을 할 생각인지 굳이 밝히지만 않으면 아마 미국에서도 의사가 배아를 인간에게 이식하는 일이 가능할 것이고, 그게 아니라면 다른 나라에서 할 수도 있다. (…) 다음번 인간 배아가 편집되고 이식되기까지 그리 오래 걸리지 않으리라는 뜻이다."[2]

제이너는 생식계열 유전자 편집의 위대함에 대해 이야기하며, 그것이 인류에게서 질병이나 유전적 문제를 영원히 제거할 수 있다는 점을 예로 들었다. "환자를 치료하는 데서 그치지 않고, 근육위축증처럼 사형선고나 다름없는 끔찍한 질병을 인류의 미래에서 영원히 제거한다는 뜻이잖아요." 심지어 크리스퍼로 아이들의 능력을 향상시키는 것에 대해서도 그의 반응은 긍정적이다. "내 아이가 뚱뚱해지지 않고 운동도 더 잘하게 된다는데 왜 거절하겠어요?"[3]

이것은 재이너 개인의 문제이기도 하다. 재이너를 만나 인터뷰했던 2020년 중반, 그는 배우자와 시험관아기 시술을 시도 중이었다. 부부는 착상 전 유전자 진단을 통해 아기의 성별을 결정했고, 몇 가지 주요 유전병 여부도 검사했다. 그러나 배아의 완전한 게놈 염기 서열이나 표지를 확인할 수는 없었다. "아기의 유전자를 선택하지 못한다는 건 말도 안 되요." 재이너의 말이다. "대신 그걸 우연에 맡기다니요. 전 부모가 아이의 유전자를 선택해도 괜찮다고 생각합니다. 뭐, '호모사피엔스 버전 2.0'을 창조하는 두려운 일일 수도 있겠죠. 하지만 전 생각만 해도 정말 신나는걸요."

내가 반박하기 시작하자 재이너는 말을 끊으며 자신이 개인적으로 편집하고 싶은 유전 성향에 대해 털어놓기 시작했다. "저는 양극성기분장애를 앓고 있어요. 얼마나 끔찍한지 모릅니다. 인생을 아주 괴롭게 만들죠. 정말 없애버리고 싶어요." 그렇게 되면 자신이 아예 다른 사람이 되리라는 생각은 들지 않느냐는 물음에 그는 이렇게 말했다. "이 장애가 사람을 더 창의적으로 만든다느니 하는 거짓부렁을 지어내느라 애들을 쓰는데, 이건 그냥 병이에요. 고통을, 말로 할 수 없는 고통을 주는 병이라고요. 이런 병에 걸리지 않고도 창의적인 사람이 되는 방법은 얼마든지 있을 겁니다."

제이녀는 심리 장애에 미묘한 방식으로 영향을 주는 유전자 후보가 여럿 있다는 사실도, 현재로서는 치료가 가능할 만큼 그것들에 대해 밝혀진 바가 없다는 사실도 알고 있다. 그러나 혹시라도 그게 가능해진다면, 그는 아이들이 고통을 겪지 않도록 생식계열 유전자를 편집하고 싶다고 말한다. "유전자를 편집해 내 아이에게 양극성기분장애가 생길 가능성을 낮출 수 있다면, 조금이라도 그 가능성을 없앨 수 있다면, 어떻게 모른 척하겠습니까? 어떻게 내 아이가 자라서 나처럼 고통받기를 원하겠느냐는 말입니다. 난 그러지 못할 것 같아요."

그렇다면 의학적 필요성이 낮은 편집에 대해서는 어떻게 생각할까? "물론 할 수만 있으면 키도 15센티미터쯤 더 키우고 운동도 더 잘하게 만들겠죠. 더 매력적으로도 만들고 싶고요. 키 크고 매력적인 사람들이 성공할 가능성이 더 높잖아요. 안 그런가요? 당신은 아이가 어땠으면 좋겠습니까? 당연히, 나는 내 아이들에게 이로운 세상을 원합니다." 그러면서 그는 내 부모님이 내게 할 수 있는 한 최고의 교육을 제공하지 않았느냐고 물었다. 맞는 말이었다. "그게 아이에게 최고의 유전자를 주고 싶어 하는 마음과 뭐가 다르죠?"

반발은 없다

다우드나가 홍콩에서 돌아왔을 때, 10대인 아들은 허젠쿠이의 유전자 편집으로 왜 그렇게 난리들을 치는지 이해할 수 없다는 반응을 보였다. "앤디는 그 일에 별로 신경을 안 쓰더라고요. 그런 모습을 보면서, 과연 미래 세대가 이 사건을 얼마나 대단하게 생각할까 하는 의문이 들었죠." 다우드나의 말이다. "어쩌면 아이들은 이걸 시험관아기쯤으로 생각하는지도 몰라요. 물론 그것도 처음 등장했을 때는 굉장한 논란을 일으켰지만요." 다우드나는 1978년 체외수정 기술이 처음 발표됐을 때 큰 충격에 휩싸였던 아버지의 모습을 기억했다. 막 『이중나선』을 읽은 열네 살의 다우드나는 왜 체외수정으로 임신하는 것이 부자연스럽고 잘못된 일인지에 대해 부모님과 이야기를 나누었다. "그러다가 세상이 그 기술을 받아들였고, 우리 부모님도 마찬가지였어요. 체외수정으로만 아기를 낳을 수 있는 지인이 있었는데, 그들을 보면서 이런 기술이 있어서 참 다행이라며 좋아하셨죠."[4]

밝혀진 대로 크리스퍼 아기에 대한 정치권과 대중의 반응 또한 앤디와 다르지 않았다. 홍콩에서 돌아오고 2주 뒤, 다우드나는 캐피톨 힐에서 여덟 명의 상원 의원과 함께 유전자 편집에 관해 논의했다. 이런 토론회는 통상 정치인들이 자신이 제대로 이해하지 못하는 사건에 대한 충격과 낙담을 표현하고 향후 더 많은 법과 규제를 지정해야 한다고 요청하는 자리다. 그러나 민주당 소속 일리노이 상원 의원 리처드 '딕' 더빈의 주최하에 공화당 소속 사우스캐롤라이나 상원 의원 린지 그레이엄과 테네시 상원 의원 라마르 알렉산더, 루이지애나 상원 의원이자 의사인 빌 캐시디, 그리고 민주당 소속 로드아일랜드 상원 의원 잭 리드가 참석한 이 브리핑에서는 정반대의 일이 벌어졌다. "의원들 모두가 유전자 편집이 중요한 기술이라는 보편적인 의식을 공유하더라고요. 정말 기뻤죠." 다우드나의 말이다. "누구도 추가로 규제를 요구하지 않아 놀라기도 했고요. 그들은 그저 '이제 어디로 나아가야 할지'를 알고 싶어 할 뿐이었어요."

다우드나와 동행한 프랜시스 콜린스 미국 국립보건원장은 배아의 유전자 편집을 제한하는 규제가 이미 시행 중이라고 설명했다. 하지만 상원 의원들이 더 큰 관심을 보인 것은 크리스퍼가 의학과 농업 분야에서 실현할 수 있는 잠재적 가치였다. 또한 갓 태어난 중국 크리스퍼 아기들에 초점을 맞추는 대신, 체세포 치료와 생식계열 편집에 크리스퍼가 어떤 식으로 작용하며 또 어떻게 겸상적혈구 빈혈증을 치료하는지에 대해 상세히 물었다. "다들 겸상적혈구 빈혈증 치료 가능성에 열광했고, 헌팅턴병과 테이-삭스병 같은 여타 단일 유전자 질병에 대해서도 큰 관심을 보였어요." 다우드나의 회상이다. "그리고 지속 가능한 보건의 의미에 대해 논의했죠."[5]

생식계열 편집이라는 사안을 다루기 위해 두 번의 국제 위원회가 결성되었다. 첫 번째는 2015년 이후로 이 과정에 계속 관여해온 국립과학아카데미에서 조직했고, 두 번째는 세계보건기구가 소집했다. 다우드나는 두 집단이 상반된 견해를 내놓아 미래의 허젠쿠이들이 제멋대로 지침을 해석하게 될지 모른다는 생각에 두려웠다. 그래서 미국 국립의학원장인 빅터 차오와 세계보건기구 자문 위원회의 공동 의장인 마거릿 햄버그를 만나 어떤 식으로 책임을 분담할 것인지 물었다. "국립과학아카데미 쪽은 과학적 측면에 중점을 두고 있어요." 햄버그가 말했다. "세계보건기구는 국제적인 규제의 틀을 잡는 방법을 모색 중이고요." 차오는 비록 보고서는 두 종류로 작성되겠지만, 여러 국가의 학술 기관들이 제각각 지침을 제시했던 과거보다는 나을 거라고 말했다.

하지만 햄버그도 인정했듯이, 그렇다고 각 국가에서 자체적으로 법규를 결정하는 것까지 막을 수는 없는 노릇이었다. "유전자 변형 식품에 대한 태도와 규제 기준이 저마다 다른 것처럼, 각 국가는 서로 다른 사회 가치를 반영하니까요." 이는 유전자 투어라는 안타까운 상황으로 이어질 수 있었다. 유전자 향상을 원하는 특권층이 해당 기술을 제공하는 나라로 떠난다 해도, 세계보건기구에서는 이들을 감시하기가 어려울 터였다. "경호원을 세우고 자물쇠를 채워 보안을 강화하는 핵무기와는 다르죠."[6]

모라토리엄을 추진하는 사람들

두 위원회가 논의에 착수한 2019년, 과학계에서는 브로드 연구소의 열정 넘치는 에릭 랜더가 다우드나와 다시 한번 공개 논쟁을 벌였다. 논제는 지난 수년간 대부분의 과학 위원회에서 어렵사리 피해온 '모라토리엄'이라는 단어의 사용이었다.

어떤 면에서 공식적인 모라토리엄 요청 여부는 의미론적 문제였다. 배아 유전자 편집을 허용하는 조건으로 명시된 '안전의 보장'과 '의학적으로 필요한 상태'는 어차피 당분간 충족될 수 없기 때문이었다. 그러나 허젠쿠이의 행동에 보다 분명하고 확실한 정지신호로 대처해야 한다고 주장하는 사람들이 있었으니, 그 대표적인 인물이 랜더, 장펑, 폴 버그, 프랜시스 콜린스 그리고 다우드나의 공동 연구자였던 에마뉘엘 샤르팡티에였다. "알파벳 'M'으로 시작하는 단어들은 항상 파급력이 센 편이죠." 콜린스의 말이다(욕설인 'motherfucker'와 'moratorium'이 모두 m으로 시작한다는 점에 착안한 농담—옮긴이).[7]

랜더는 대중의 지적 고문이자 정책 자문으로 나서기를 즐기는 사람이었다. 확실하고 재치 있는 표현력과 사교적인 성격, 거기다 타인을 끌어당기는 매력—그 강도가 너무 세서 못 견디고 나가떨어지는 이들도 있었지만—까지 지닌 그는 특정 입장을 옹호하고 진지한 의견 제시자들을 소집하는 일에 적격이었다. 그러나 다우드나가 보기에 그가 모라토리엄 문제를 굳이 들쑤시는 것은 매스컴을 대하는 데 숙맥이나 다름없는 장을 제치고 다우드나와 데이비드 볼티모어가 크리스퍼 관련 공공정책 사상가로 주목받고 있기 때문이었다. "에릭과 브로드 연구소는 사방팔방에 떠들어대는 확성기 같아요. 모라토리엄을 요구한 건, 늦게 뛰어들어 그간 주목받지 못한 것에 대한 보상으로 헤드라인을 더 따내려는 심산이었죠."

동기가 무엇이었건(그리고 나는 그들이 진심이었다고 생각하는 쪽에 가깝지만) 랜더는 《네이처》에 기고할 자신의 글 「대물림되는 게놈 편집에 모라토리엄을 선언하라」에 대한 지지를 모으기 시작했다. 장은 물론이요 과거 다우드나의 공동 연구자였던 샤르팡티에도 서명했고, 44년 전 아실로마 회의의 계기가 되었던 재조합 DNA 기술을 발견한 버그도 동참했다. "인간 생식계열 편집—즉 유전자 변형 아기를 만들기 위해 정자, 난자, 또는 배아에서 유전 가능한 DNA를 수정하는 일—의 임상적 시도에 대한 세계적인 모라토리엄 선언을 요청한다." 기고문은 이렇게 시작했다.[8]

랜더는 과거 인간 게놈 프로젝트에서 호흡을 맞췄던 친구 콜린스와 함께 이 글을 정리했다. "우리는 아직 걸어갈 준비가 되지 않은, 어쩌면 영원히 그럴지도 모르는 길에 관해 최대한 명확하게 의사를 밝혀야 했습니다." 랜더의 기고문이 공개되는 날 인터뷰에서 콜린스가 한 말이다.

랜더는 이 문제를 개인의 선택이나 자유시장에 맡겨서는 안 된다고 강조하며 이렇게 말했다. "우리는 아이들에게 남겨줄 세상을 계획하고자 노력합니다. 그 세상은 의학 기술에 대해 깊이 숙고하고 위중한 상황에서만 그 기술을 사용하는 세상일까요? 아니면 통제 불가능한 상업적 경쟁이 난무하는 세상일까요?" 장은 유전자 편집을 둘러싼 문제는 개인이 아닌 사회 전체가 해결해야 할 것임을 지적했다. "다른 부모가 그렇게 하기 때문에 자신도 자녀의 유전자를 편집해야 한다는 압박을 느끼는 상황에 대해 생각해봅시다. 이는 사회의 불평등을 악화하고 급기야 총체적인 혼란을 초래할 수 있습니다."[9]

"에릭 랜더는 왜 그렇게 모라토리엄을 공개적으로 추진하지 못해 안달인가요?" 세계보건기구 자문 위원회의 공동 의장인 마거릿 햄버그가 내게 던진 질문이다. 농담처럼 물었지만 뼈가 있는 얘기였다. 랜더는 워낙 단순하고 명료해 보이는 일을 할 때조차 숨은 동기를 의심하게 만드는 사람이었다. 햄버그가 보기에 그의 모라토리엄 요청은 과시적 행위에 불과했다. 더욱이 국립보건원과 국립과학아카데미 양쪽에서 이미 생식계열 편집을 중단하기보다는 적절한 지침을 마련하는 작업에 착수한 시점이었기에 그의 요구는 더더욱 불필요했다.[10]

볼티모어 역시 곤혹스럽긴 마찬가지였다. 랜더는 그를 영입해 서한에 서명하게 하려고 애썼지만, 40여 년 전 재조합 DNA에 대한 아실로마 회의에서도 그랬듯, 볼티모어는 일단 실시되고 나면 철회가 어려운 모라토리엄보다 생명을 구하는 발전을 위해 '신중하게 앞으로 나아가는 길'을 찾는 쪽에 더 관심이 있었다. 그는 랜더가 학술 기관에 많은 연구비를 대는 국립보건원장 콜린스의 비위를 맞추기 위해 모라토리엄을 추진하는 것이라고 의심했다.

다우드나의 경우, 랜더가 밀어붙일수록 모라토리엄에 대한 반대도 강해졌다. "이미 중국에서 생식세포 편집이 이루어진 시점에 모라토리엄을 요청하는 것은 전혀 현실적이지 못하다는 생각이에요." 다우드나의 말이다. "모라토리엄 요구는 그저 이 대화에서 쉽게 빠져나가는 방법일 뿐이죠."[11]

결국 다우드나의 견해가 우세했다. 2020년 9월, 허젠쿠이의 충격적인 발표 이후 조직된 국제 과학 위원회에서 200페이지짜리 보고서를 발간했다. 총 열여덟 명의 위원 가운데 랜더도 포함되어 있었지만, 이 보고서에서 모라토리엄에 대한 요구는 찾아볼 수 없으며 심지어 단어 자체도 언급되지 않았다. 대신, 보고서는 유전 가능한 인간 게놈의 편집은 미래에 유전적 질병을 앓는 부부에게 "생식의 옵션을 제공할 수 있음"을 명시했다. 후대에 유전되는 유전자의 편집은 아직 안전하지 않고 대개 의학적으로도 필요하지 않음을 인정하면서도, "유전 가능한 인간 게놈 편집을 임상적으로 책임 있게 사용하는 길을 정의하자"는 의견에 무게를 싣는 내용이었다. 다시 말해, 다우드나가 조직했던 2015년 나파 밸리 회의에서 도출된 '신중한 경로'라는 목표를 꾸준히 추구한다는 뜻이었다.[12]

허젠쿠이에게 유죄가 선고되다

2019년 말, 허젠쿠이는 꿈꿔온 것처럼 국가의 영웅으로 칭송받는 대신 선전시 인민 법원 재판정의 피고석에 올랐다. 공정한 심판의 요소를 충분히 갖춘 재판이었다. 변호사 선임이 가능했고, 자기 변론 또한 허용되었다. 그러나 '불법 의료 행위'의 혐의를 인정했으므로 판결은 이미 정해진 것이나 다름없었다. 허젠쿠이는 3년 징역형에 43만 달러의 벌금을 선고받았고, 이후 평생 생식과학 관련 분야에서 일할 수 없게 되었다. "개인의 명예와 이익을 추구하기 위해 관련 국가 규정을 고의로 위반했으며 연구와 의료윤리의 마지노선을 넘었다"는 죄목이었다.[13]

중국 관영 매체는 재판 내용을 보도하며 허젠쿠이가 실험한 세 번째 크리스퍼 아기가 태어났음을 밝혔다. 하지만 아기에 대한 구체적인 사항이나 첫 번째 크리스퍼 쌍둥이 아기 룰루와 나나의 현재 상태에 관해서는 보도하지 않았다.

《월스트리트 저널》의 인터뷰 요청을 받은 다우드나는 허젠쿠이의 연구를 조심스럽게 비난하면서도 생식계열 유전자 편집 기술 자체를 깎아내리지는 않았고, 그보다 과학계가 안전과 윤리 문제를 해결해야 한다고 언급했다. "'이런 일이 또 일어나겠는가'라는 질문에 대한 대답은 어렵지 않습니다. 당연히 일어날 테니까요. 문제는 언제, 그리고 어떤 식으로 일어나느냐겠죠."[14]

과학자들이 신처럼 행세하지 않는다면

누가 하겠는가?

_제임스 왓슨, 2000년 5월 16일 영국 의회 과학 위원회에서

7부

도덕적 문제

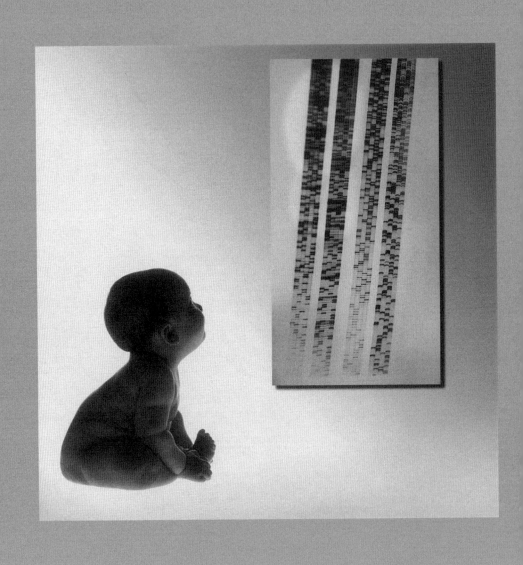

40장

레드 라인

심오한 문제들

허젠쿠이가 아기와 아기의 후손에게 치명적인 바이러스의 공격에도 끄떡없는 면역성을 갖추도록 하겠다는 의지와 함께 세계 최초로 크리스퍼 아기를 공개했을 때, 의식 있는 대부분의 과학자들은 분노를 표출했다. 허젠쿠이의 행동은 좋게 봐야 시기상조였고, 나쁘게 말하면 혐오스러운 짓이었다. 그러나 2020년 코로나바이러스 팬데믹이 계속되자 유전자를 편집해 바이러스 공격에 면역을 가진다는 발상은 예전만큼 두렵지 않은 것이 되었으며, 심지어 매력적인 방책처럼 여겨지기 시작했다. 생식계열 유전자 편집에 대한 모라토리엄 요구는 철회되었다. 박테리아가 수억 년에 걸쳐 바이러스에 면역을 길러왔듯이, 인간도 이를 위해 독창성을 발휘해야 할 시점이었다.

유전자를 안전하게 편집해 아이들이 HIV나 코로나바이러스에 면역을 갖게 하는 기술이 가능해졌다고 가정해보자. 그렇다면 그 기술을 사용하는 게 잘못일까, 아니면 사용하지 않는 게 잘못일까? 그렇다면 향후 몇십 년 안에 가능해질지 모를, 교정이나 향상을 목적으로 한 유전자 편집은 어떨까? 안전성이 보장되어도 정부는 사용을 막아야 할까?[1]

이는 인간이 답해야 할 가장 심오한 문제들이다. 생명이 진화한 이래 최초로, 이 땅의 한 종이 제 유전 구성을 편집하는 능력을 키우고 말았다. 이는 수많은 치명적인 질병과 심신을 쇠약하게 하는 질환의 제거는 물론이고 놀라운 혜택을 제공할 잠재력까지 지닌 능력이다. 그리고 언젠가는 사람들의, 아니 일부 사람들의 신체를 업그레이드하고 그들의 아이들에게 더 향상된 근육과 정신과 기억력과 정서 상태를 주리라는 희망과 위험성을 모두 보여주는 능력이기도 하다.

다가올 수십 년 동안 제 진화의 경로를 헤집는 인간의 능력이 더욱 향상된다면 우리는 심각한 도덕적·영적 문제들과 씨름하게 될 것이다. 자연은 본질적으로 완벽하고 우수한가? 주어지는 대로 받아들이는 행위에는 어떤 가치가 있는가? 신의 은총이 없다면 누구라도 같은 상황에 처할 수 있다는 믿음 또는 각자의 능력은 자연이 무작위적으로 발행한 복권에 의해 복불복으로 결정된다는 생각이 사라진다면, 우리는 결국 공감하는 능력을 잃게 될까? 개인의 자유를 강조하다가 자칫 인간 본성의 근간을 유전자 마트에 들어간 소비자의 선택으로 바꿔놓게 되지는 않을까? 부자들은 가장 좋은 유전자를 살 수 있어야 하는가? 우리는 이런 결정들을 개인의 선택에 맡겨야 할까, 아니면 모종의 사회적 합의를 이끌어내야 할까?

혹시 이번에도 우리는 지나친 죄책감에 손을 부들부들 떨며 유난을 떨고 있는 것이 아닐까? 인간이라는 종에서 위험한 질병을 도려내고 아이들의 능력을 향상시킬 기회가 있는데, 왜 이를 붙잡지 않으려고 발악하는 것일까?[2]

레드 라인으로서의 생식계열

무엇보다 큰 관심사는 생식계열 편집이다. 생식계열 편집이란 인간의 난자나 정자, 또는 초기 단계 배아의 DNA를 바꿔놓는 기술로, 아기와 그 아기가 낳을 아기의 모든 세포가 편집된 형질을 지니게 하는 기술이다. 환자의 생식세포에 영향을 미치지 않는 체세포 편집은 이미 일반적으로 수용되고 있고, 또 마땅히 그럴 만하다. 설령 치료가 잘못되더라도 환자 개인에게만 재앙일 뿐 종 전체에는 아무 문제가 없기 때문이다.

체세포 편집은 혈액, 근육, 안구와 같은 특정 세포에 적용된다. 그러나 비용이 감당하기 어려운 수준일뿐더러 모든 세포에 작용하는 것이 아니며 효과가 영구적으로 지속되지 않을 수도 있다. 생식계열 편집은 세포가 크게 분화하기 전에 이루어지므로 결과적으로 몸 전체의 모든 세포가 수정되고, 따라서 훨씬 유망하다. 물론 그만큼 위험성도 크다.

2018년 최초의 크리스퍼 아기가 탄생하기 전까지 아기의 유전형질을 선별하는 방법은 크게 두 가지였다. 첫째는 자궁에서 자라는 태아의 유전자를 검사하는 산전 진단으로, 이를 통해 다운증후군 여부나 성별 감식 및 기타 수십 가지 선천적 질환을 찾아낸다. 원치 않는 형질이 감지되었을 경우 부모는 임신 중단을 결정할 수 있다. 미국에서는 산전 진단으로 다운증후군을 발견했을 때 대략 세 명 중 두 명꼴로 임신을 중단한다.[3]

체외수정의 발달로 유전자를 제어하는 또 다른 방법이 가능해졌다. 착상 전 유전자 진단이다. 예비 부모는 다수의 수정란을 준비한 뒤 자궁에 이식하기 전에 페트리접시 위에서 유전형질을 검사해 헌팅턴병이나 겸상적혈구 빈혈증, 또는 테이-삭스병을 일으키는 돌연변이가 있는지 확인한다. 언젠가는 영화 〈가타카〉에서처럼 바람직한 신장과 기억력,

근육량을 보장하는 유전자가 있는지 확인할 수도 있을 것이다. 착상 전 진단 결과에 따라 부모의 마음에 드는 형질을 보유한 수정란은 자궁에 이식되고, 나머지는 버려진다.

두 기술 모두 생식계열 유전자 편집에 준하는 도덕적 문제를 제기한다. 예를 들어 DNA 공동 발견자인 제임스 왓슨은 키가 작거나 난독증이 있는 아이, 혹은 동성애자나 여아 선별을 포함해 어떤 개인적 선호나 편견에 근거해서도 여성은 태아를 지울 권리를 부여받아야 한다고 거침없이 피력한 바 있다.[4] 당연히 많은 이들이 그의 말에 놀랐다. 그럼에도 오늘날 착상 전 유전자 진단은 도덕적으로 허용되며 예비 부모는 대체로 자유롭게 그 기준을 선택한다.

문제는, 산전 검사나 착상 전 검사처럼 한때 논란의 중심이었던 생물학적 개입이 시간의 흐름과 함께 용인되었듯이 언젠가는 생식계열 유전자 편집 또한 비슷한 수준에서 받아들여지게 될 가능성이다. 그렇다면 생식계열 편집은 처음부터 아예 다른 도덕적 잣대로 평가해야 할 특별한 것으로 구분 짓는 게 옳지 않을까?

이것을 우리는 '연속체 난제(continuum conundrum)'라고 부른다. 세상에는 구분 짓는 일에 능숙한 학자들이 있는가 하면, 구분해놓은 것을 뒤집는 일에 선수인 학자들도 있다. 말하자면, 선을 명확하게 긋는 윤리학자와 그 선을 뭉개는 윤리학자가 있다는 얘기다. 선을 뭉개는 사람들은 종종 이 경계가 너무 흐릿해 굳이 따지고 구분 지을 만한 근거가 없다고 주장한다.

원자폭탄으로 예를 들어보자. 헨리 스팀슨 육군 장관이 일본에 폭탄 투하를 고심할 때, 일각에서는 원자폭탄이 새로운 범주의 무기이자 넘지 말아야 할 선이라고 주장했다. 한편 무기라는 본질은 다르지 않으며, 또 드레스덴이나 도쿄에 가한 대량 폭격보다는 이것이 오히려 덜 잔인하다고 주장한 사람들도 있었다. 후자 쪽이 우세했고 그래서 폭탄은 떨어졌으나, 이후 핵무기는 별개의 범주로 간주되어 더는 사용되지 않았다.

내 생각을 밝히자면, 유전자 편집에 있어 생식계열은 실재하는 선이다. 다른 생명공학 기술과 분명히 구분될 만큼 그 선이 뚜렷하지는 않을 수도 있다. 그러나 레오나르도 다빈치가 스푸마토 기법(색과 색 사이의 경계선을 부드럽고 모호하게 처리하는 기술—옮긴이)으로 보여주었듯이 아주 흐린 선도 결정적일 수 있다. 생식계열이라는 선 너머에는 새로운 영역이 있다. 그곳에서는 자연적으로 생성된 유전자를 키우는 대신, 아예 유전자에 직접 손을 댐으로써 미래의 모든 후손에게 대물림되는 변화를 도입한다.

그럼에도 생식계열이 절대 넘어서는 안 될 금단의 선이라고 할 수는 없다. 생식계열은 멈춰야 한다는 생각이 들었을 때 그만둘 기회를 주는, 다시 말해 유전자조작 기술 발전의 중단 기회를 제공하는 일종의 방화선이다. 이어지는 질문은 다음과 같다. 만일 생식계열이라는 선을 넘을 수 있는 예외 상황이라는 것이 있다면, 그것은 어떤 경우일까?

치료 대 향상

체세포와 생식세포 편집 사이의 선 말고도 우리가 고려해야 할 또 하나의 선이 있다. 바로 유전적 이상을 고치는 '치료'와 인간의 능력이나 형질을 개선하는 '향상'을 가르는 선이다. 언뜻 보기엔 치료가 향상보다 훨씬 정당화하기 쉬운 근거로 여겨진다.

그러나 치료와 향상의 구분은 모호하다. 어떤 유전자는 처음부터 아이들을 단신이나 비만으로, 혹은 주의력 결핍이나 우울증에 잘 걸리는 사람으로 태어나게 한다. 그런 형질을 수정하기 위한 유전자 편집이 건강을 위한 치료에서 향상으로 넘어가는 지점은 어디일까? HIV 바이러스나 코로나바이러스, 암이나 알츠하이머병에 걸리지 않도록 예방하는 유전자 수정은 또 어떠한가? 어쩌면 정의가 불분명한 '치료'나 '향상'에 더하여 '예방'이라고 부를 세 번째 범주가 필요할지도 모르겠다. 심지어 적외선을 보거나 초고주파를 듣고, 노화에 따른 뼈와 근육과 기억의 소실을 겪지 않도록 하는 등 인간에게 과거에 가지지 못했던 새로운 능력을 주는 '초능력 향상'이라는 네 번째 범주를 추가할 수도 있겠다.

보다시피 기준은 얼마든지 복잡해질 수 있고, 그 하나하나가 바람직하거나 윤리적인 것과 늘 상관관계를 갖는 것은 아니다. 이 도덕의 지뢰밭에 지도를 그려내려면, 약간의 사고실험이 필요할지도 모른다.

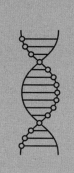

데이비드 산체스가 크리스퍼의 겸상적혈구 빈혈증 치료 과정을 보고 있다

41장

사고실험

헌팅턴병

체세포 편집은 괜찮지만 유전되는 생식세포 편집은 안 된다. 치료는 좋은 것이지만 향상은 나쁜 것이다. 이런 확고한 결론에 성급히 도달하기에 앞서, 몇 가지 구체적인 사례를 살펴보고 문제점이 무엇인지 알아보자.

인간의 유전자를 반드시 편집해야 하는 한 가지 사례가 있다면 그건 헌팅턴병으로 알려진, 잔인하고 끔찍한 살인마를 만드는 돌연변이일 것이다. 헌팅턴병은 DNA 염기 서열의 문자들이 비정상적으로 반복되면서 발생해 결국 뇌세포의 사망으로 이어지는 유전 질환으로 주로 중년에 발병한다. 희생자는 스스로 제어하지 못하는 경련을 일으키기 때문에 일에 집중할 수 없고, 그래서 직장을 잃는다. 그러다가 걸을 수 없게 되고, 말할 수 없게 되고, 마침내는 삼킬 수 없게 된다. 치매가 동반하는 경우도 있다. 아주 서서히 다가오는, 고통스러운 죽음인 셈이다. 아이들은 부모의 몸이 망가져가는 모습을 지켜봐야 할 뿐 아니라 급우의 연민과 조롱을 받아내고, 마침내 자신 또한 그러한 운명을 겪을 확률이 50퍼센트에 이른다는 사실을 깨닫게 된다. 이 병의 존재에도 신의 뜻이 있다고 믿으려면 고통을 통해 구원이 온다는 굳건한 믿음을 가진 광신도가 되어야 할 것이다.[1]

헌팅턴병은 희귀한 우성 질환이다. 돌연변이가 한 쌍의 염색체 중 하나에만 존재해도 불행한 운명을 맞이한다는 뜻이다. 보통 가임기 이후에야 증상이 시작되기 때문에 많은 경우 희생자들은 자신이 그 질병을 갖고 있다는 사실을 모르는 채 아기를 갖는다. 그 덕에 이 병은 자연선택으로 솎아지지 않고 지금까지 살아남았다. 진화는 우리가 아기를 낳고 그 아이가 웬만큼 성장한 이후에 일어나는 일에 대해서는 완전히 무관심하다. 헌팅턴병이나 대부분의 암처럼, 인간은 없애고자 하지만 자연은 그럴 필요를 느끼지 못하는 중년기 질병이 수두룩한 이유다.

헌팅턴병 유전자를 편집하는 일은 그리 복잡하지 않다. 그리고 정상적인 DNA를 추가한다고 해서 해결되는 문제도 아니다. 그렇다면 고통받는 가족의 생식계열에서, 그리고 인류에서 이 유전자를 아예 제거해버리는 편이 낫지 않을까?

하지만 가능하면 생식세포 유전자를 편집하는 대신 다른 대안을 찾는 게 낫다는 주장이 있다. 부모가 모두 환자인 경우만 아니라면 착상전 유전 진단으로 건강한 아기를 갖는 것이 가능하기 때문이다. 예비 부모가 수정란을 충분히 만들 수 있다면 그중 헌팅턴병이 있는 수정란을 솎아내기란 어렵지 않다. 물론 난임 시술을 경험한 사람은 누구나 알고 있듯이, 난자를 여러 개 채취한다는 게 쉬운 일은 아니지만 말이다.

입양이라는 대안도 있다. 그러나 오늘날에는 입양 절차도 녹록지 않다. 그리고 예비 부모들은 보통 제 핏줄을 가진 아기를 원한다. 그것은 합리적인 욕구일까, 아니면 그저 허영일 뿐일까?[2] 윤리학자가 뭐라고 부르짖든, 대부분의 부모는 물론 합리적인 일이라고 생각할 것이다. 박테리아에서 인간에 이르기까지 수십억 년 동안 생물이 어떻게든 제 유전자를 전달할 방법을 찾아온 것만 봐도, 유전적으로 이어진 자손을 생산하고자 하는 바람이 지구상에서 가장 자연스러운 욕구 중 하나임을 짐작할 수 있다.

자, 유전자 편집으로 헌팅턴병을 도려내면 끔찍한 돌연변이만 제거될 뿐 아무것도 달라지는 게 없다. 그렇다면 이 유전자 편집은 허락해도 괜찮지 않을까? 특히 착상 전 검사가 쉽지 않은 상황이라면 말이다. 생식계열 편집에 대한 기준을 아무리 빡빡하게 설정한다 해도, 헌팅턴병만큼은 인류에게서 제거해야 할 유전병이 (적어도 내가 보기에는) 틀림없다.

그렇다면 부모로부터 자식에게 전해지지 않도록 예방해야 할 유전 문제에는 또 어떤 것이 있을까? 이 경사로는 꽤나 미끄러우니 한 발짝씩 차근차근 걸어보자.

겸상적혈구 빈혈증

겸상적혈구 빈혈증은 헌팅턴병 다음으로 고려해볼 만한 흥미로운 사례다. 여기선 의학과 도덕의 양 측면에서 문제가 한 단계 더 복잡해진다. 겸상적혈구 빈혈증도 헌팅턴병처럼 단일 돌연변이에 의해 발생한다. 양쪽 부모에게서 돌연변이 유전자를 물려받은 경우 이 나쁜 유전자는 온몸의 조직에 산소를 전달하는 적혈구의 모양을 겸상(鎌狀), 즉 낫모양으로 우그러뜨린다. 이렇게 생겨난 겸상적혈구는 수명이 짧고 혈관에서의 움직임도 시원찮기 때문에 피로, 감염, 발작적 통증, 조기 사망을 일으키며, 아프리카인이나 아프리카계 미국인을 주요 타깃으로 삼는 경향이 있다.

앞서 밝혔듯이, 테네시주 내슈빌에서의 빅토리아 그레이를 포함해 체세포 겸상적혈구 치료를 위한 임상 시험이 여러 곳에서 진행 중이다. 치료는 환자의 몸에서 채취한 혈액 줄기세포를 편집 후 재삽입하는 방식으로 진행된다. 그러나 이 시술은 이례적으로 많은 비용이 들기 때문에, 전 세계적으로 400만 명이 넘는 환자 모두에게 적용하기란 불가능하다. 따라서 난자나 정자, 혹은 초기 단계의 배아와 같은 생식세포 차원에서 겸상적혈구 세포의 돌연변이를 편집하여 수정된 형질을 후손에 이어지도록 한다면, 그것이야말로 마침내 인류에게서 이 질병을 제거하는 보다 저렴하고 효과적인 방법이 될 것이다.

그렇다면 겸상적혈구 빈혈증을 헌팅턴병과 같은 범주로 묶어도 좋을까? 이 역시 자손에게 대물림되는 편집 기술을 사용해 제거해야 마땅한 질병일까?

다른 유전자들처럼 이 유전자에도 복잡한 사정이 있다. 부모 중 한쪽에서만 돌연변이 유전자를 물려받은 사람은 이 병에 걸리지 않으며, 오히려 말라리아에 면역을 갖게 된다. 즉 사하라 이남 아프리카에서는 이 유전자가 꽤 유용했고 일부 지역에서는 여전히 쓸모가 있다는 얘기다. 대자연의 이치에 손을 대기에 앞서, 유전자는 다양한 방식으로 기능하며 진화의 역사를 거쳐 지금까지 살아남은 데에는 다 이유가 있다는 사실을 되새기게 하는 현상이다.

하지만 여기서는 일단 연구자들이 겸상적혈구 돌연변이를 아무 탈 없이 안전하게 제거할 수 있게 되었다고 가정해보자. 그렇다면 아기를 잉태하는 부모에게 해당 유전자의 편집을 금지할 이유가 있을까?

이 시점에 데이비드 산체스라는 사랑스러운 아이가 불쑥 나타나 복잡성을 더한다. 산체스는 캘리포니아에 거주하는 아프리카계 미국인으로 용감하고 매력적이고 사려 깊은 성품을 지녔으며, 겸상적혈구 빈혈증이 가하는 고통스러운 순간이 아닐 때 농구를 무척이나 즐기는 10대 청소년이다. 어느 순간 겸상적혈구가 폐로 들어가는 혈액을 막아 급성 흉부 증후군이 발병하는 바람에 산체스는 한창 학교생활을 즐길 나이에 고등학교를 중퇴해야 했다. 그리고 2019년, 크리스퍼를 다룬 다큐멘터리 〈휴먼 네이처〉에 등장해 예상 밖의 스타가 되었다. "제 피가 저를 별로 좋아하지 않는 것 같아요." 산체스의 말이다. "가끔 제 몸에서 겸상적혈구가 작은 문제를 일으켜요. 어떨 땐 큰 위험에 빠뜨리기도 하고요. 하지만 그렇다고 농구를 그만둘 제가 아니죠."[3]

산체스의 할머니는 매달 스탠퍼드 대학 소아 전문 병원으로 손자를 데리고 가서 헌혈자가 제공한 건강한 혈액세포를 수혈받게 한다. 그러면 일시적으로나마 몸이 편안해진다. 스탠퍼드 대학 생식계열 유전자 편집의 개척자인 매슈 포투스가 산체스의 치료를 돕는다. 다큐멘터리에는 포투스가 산체스에게 머지않아 생식계열 유전자 편집이 이 병을 없앨지도 모른다고 설명하는 장면이 나온다. "크리스퍼를 배아에 들여보내 유전자를 바꾸면 그 아기들은 겸상적혈구 세포 없이 태어나게 될 거야."

"정말 대단한데요." 산체스는 반짝이는 눈을 하고 대꾸하더니 잠시 말을 멈췄다. "하지만 그건 나중에 아이가 직접 결정할 일인 것 같아요." 이유를 묻자 그는 다시 잠깐 생각한 뒤 천천히 대답을 이어갔다. "전 겸상적혈구 때문에 배운 게 많거든요. 이놈들 덕분에 사람들을 참아내는 법을 익혔고, 긍정적인 자세도 배웠어요."

그러나 만약 다시 태어날 수 있다면 겸상적혈구 없이 살고 싶지 않을까? 이번에도 산체스는 잠시 생각한 뒤 대답했다. "아뇨, 내 몸에 겸상적혈구가 없길 바라진 않아요. 겸상적혈구가 없는 저는 제가 아닐 것 같거든요." 그러곤 사랑스럽게 활짝 웃었다. 마치 이 다큐멘터리의 주인공이 되기 위해 태어난 사람 같았다.

겸상적혈구를 가진 이들 모두가 데이비드 산체스처럼 생각하는 건 아니다. 심지어 데이비드 산체스 자신도 영원히 다큐멘터리 속 데이비드 산체스는 아니리라. 카메라 앞에서 그렇게 말하긴 했어도, 한 아이가 겸상적혈구를 가진 삶 쪽을 택한다는 것은 상상하기 어렵다. 하물며 겸상적혈구로 인해 힘겨운 삶을 견뎌온 부모가 자식에게 그것을 물려주고 싶어 한다고 생각하기란 더더욱 어려운 노릇이다. 결국 산체스는 겸상적혈구 빈혈증 치료 프로그램에 등록했다.

다큐멘터리 속 대화가 계속 신경 쓰였던 나는 산체스를 만나 몇 가지를 더 물어보았다.[4] 그의 생각은 인터뷰 때와 조금 달라져 있었다. 이와 같이 복잡하고 개인적인 문제에 있어 심경의 변화는 충분히 이해할 만한 일이다. 가능하다면 미래의 자녀들이 겸상적혈구를 가지지 않고 태어날 방법을 찾고 싶은지 묻자 산체스는 그렇다고 대답했다. "방법이 있다면 당연히 그렇게 해야죠."

다큐멘터리에서 이야기한 내용, 즉 겸상적혈구 덕분에 배운 인내와 긍정적인 태도에 대한 질문에는 "공감은 인간에게 정말 중요한 가치"라는 대답이 돌아왔다. "제가 겸상적혈구를 통해 배운 게 그거였어요. 제 아이가 겸상적혈구 없이 태어나더라도 그 점만큼은 꼭 가르쳐주고 싶어요. 하지만 제 아이나 다른 사람들이 제가 겪은 걸 똑같이 겪게 하고 싶지는 않아요." 크리스퍼에 대해 더 많이 알아가면서, 산체스는 크리스퍼가 자신을 치료하고 아이들을 보호할지 모른다는 사실에 흥분을 느꼈다. 그러나 그것은 그리 간단한 일이 아니다.

성격

데이비드 산체스의 현명한 말들은 우리에게 더욱 큰 질문을 제기한다. 역경, 그리고 소위 장애라는 것이 종종 덕성을 기르고 포용을 가르치며 회복력을 심어주는 경우가 있다. 심지어 창의성과도 관계가 있을 수 있다. 재즈 음악가 마일스 데이비스를 보자. 겸상적혈구로 인한 고통 때문에 그는 마약에 손을 대고 술을 퍼마셨다. 결국 그것이 데이비스를 죽음으로 내몰았는지도 모른다. 그러나 〈카인드 오브 블루(Kind of Blue)〉와 〈비치스 브루(Bitches Brew)〉 같은 명곡을 작곡한 창의적인 예술가로 그를 이끈 것 역시 이 병이 아니었을까? 겸상적혈구 없는 마일스 데이비스가 마일스 데이비스일까?

이는 새로운 질문이 아니다. 프랭클린 루스벨트는 소아마비에 의해 단련되었다. 어려움이 그의 성격을 변화시킨 셈이다. 비슷한 예로, 1950년대 말 조너스 소크와 앨버트 세이빈이 백신을 개발하기 전에 소아마비에 걸린 마지막 어린이의 경우를 보자. 그는 성장해서 크게 성공했는데, 나는 그 비결이 훌륭한 성품에 있다고 생각한다. 그는 우리 모두에게 투지와 감사할 줄 아는 마음, 그리고 겸손을 가르친다. 또 내가 제일 좋아하는 소설인 워커 퍼시의 『영화광』은 장애 소년 로니가 다른 등장인물을 변화시키는 힘을 그린다.

날 때부터 팔이 불편한 생명윤리학자 로즈마리 갈랜드-톰슨은 각각 선천적 시각 장애, 청각 장애, 근육 장애를 갖고 태어난 세 여성과의 우정 어린 모임에 대해 이야기한다. "타고난 조건 덕분에 표현력, 창의력, 기지, 인간관계 등 살아가는 데 필요한 많은 요소를 남들보다 먼저 접할 수 있었다."[5] 마찬가지로, 건강상의 여러 어려움과 함께 심각한 자폐 스펙트럼 장애를 안고 태어난 놀라운 젊은이 조리 플레밍에 대해서도 이야기할 수 있다. 그는 학교 수업에 적응하지 못해 집에서 공부했지만, 나이를 먹으며 다른 이들과 자신의 내면세계가 다르다는 사실에 대처하는 법을 터득했고, 결국 옥스퍼드 대학에 입학해 로즈 장학금까지 받았다. 2021년에 출간한 회고록 『인간이 되는 법(How to Be Human)』에서, 그는 유전자 편집이 현실에서 가능해졌을 때 자폐증의 원인을 제거하는 목적으로도 사용할 수 있는가에 대해 의견을 내놓는다. "이는 인간 경험의 한 측면을 제거할 것이다. (…) 그런데 그것으로 정확히 무엇을 얻겠다는 것인가?" 자폐성 장애가 힘든 상태인 것은 맞지만, 어려움의 대부분은 이 세계가 다른 정서를 가진 사람을 수용하는 데 익숙지 않다는 사실에서 온다고 그는 주장한다. 사실 이런 정서적 차이는 무언가를 결정할 때 감정에 과도하게 휘둘리지 않는 방법을 포함해 다른 유용한 관점을 제공한다. "자폐증을 단순한 어려움으로 보는 대신 그 유용성을 인지하도록 사회가 변해야 하지 않을까?" 플레밍은 묻는다. "내 경험이 아주 힘들었던 것은 사실이지만, 보람도 있었다. 그리고 내가 앞으로 인생을 살아가며 다른 이들에게 어떤 식으로든 보탬이 되는 일을 하게 될지 누가 알겠는가?"[6]

흥미로운 딜레마다. 백신으로 소아마비를 예방할 수 있다는 걸 알게 되자, 인간은 우리 종에서 이 질병을 완전히 제거하자는 결정을 아주 빠르고 쉽게 내렸다. 다시는 프랭클린 루스벨트의 사례를 볼 수 없으리라는 위험을 감수하고서 말이다. 유전자 편집으로 장애를 예방하는 일이 사회의 다양성과 창조성을 낮출 수도 있다는 뜻이다. 하지만 그런 이유로 정부가 부모들에게 이 기술을 사용하면 안 된다고 말할 권리를 가져도 되는 걸까?

청각 장애

그렇다면 이런 질문이 제기된다. 과연 어떤 속성에 장애라는 이름표를 붙여야 할 것인가? 레즈비언 커플인 샤론 뒤셰노와 캔디 매컬로는 정자를 제공받아 아기를 임신하고자 했다. 두 사람 모두 농인으로, 이들은 청각 장애를 치료해야 할 질환이 아닌 자신의 일부로 여겼으며, 그 문화적 정체성을 공유할 아이를 원했다. 이에 그들은 광고를 내 선천적 청각 장애가 있는 정자 기증자를 찾았고, 결국 듣지 못하는 아기를 낳았다.

《워싱턴 포스트》에 실린 이 커플의 스토리는 아이에게 의도적으로 장애를 주었다는 이유로 일부 사람들의 비난을 받았다.[7] 그러나 농인들은 이들에게 박수를 보냈다. 어떤 것이 올바른 반응일까? 아이에게 일부러 장애를 준 것이 욕을 먹어 마땅한 행위일까? 아니면 사회의 다양성, 심지어 공감에 기여하는 하위문화를 보존한 공로로 칭찬을 받아야 할까? 농인의 정자를 받는 대신 착상 전 진단으로 청각 장애를 유발하는 돌연변이가 있는 배아를 일부러 선택했다면 얘기가 달라질까? 만약 비장애인 배아의 유전자를 편집해 청각 장애를 유발했다면? 심지어 멀쩡하게 태어난 아기의 고막을 망가뜨려달라고 의사에게 부탁했다면 그건 또 어떻게 생각해야 할까?

도덕과 관련된 주장을 할 때 '전환 시험(reversal test)'이 도움이 되는 경우가 있다. 하버드 철학자 마이클 샌델은 다음과 같은 사고실험을 시도했다. 어떤 부모가 찾아와 의사에게 이렇게 말한다. "제 아이는 태어나면서부터 듣지 못할 거예요. 하지만 의사 선생님께서 아이가 들을 수 있게 도와주시면 좋겠어요." 이때 의사는 아이가 들을 수 있도록 애를 쓰는 게 마땅하다. 그런데 만약 부모가 이렇게 말했다면? "제 아이는 태어나면서부터 들을 수 있을 거예요. 하지만 의사 선생님께서 아이가 듣지 못하게 도와주시면 좋겠어요." 의사가 이 부탁을 들어주려 한다면 대부분의 사람들이 소스라치게 놀랄 것이다. 본능적으로 우리는 듣지 못하는 것을 장애로 여기기 때문이다.

진정한 장애와 사회가 받아들이지 못해 장애가 된 형질은 어떻게 구별될까? 농인 레즈비언 커플을 다시 생각해보자. 누군가는 그들이 듣지 못한다는 사실과 동성애자라는 사실을 모두 핸디캡으로 여길 것이다. 만약 이 커플이 유전자 편집으로 아이를 이성애자로 만들고자 한다면 어떨까? 아니면 반대로 동성애자로 편집하길 원한다면? (이는 어디까지나 사고실험의 예시다. '동성애자 유전자'라고 단정 지어 부를 만한 건 없다.) 마찬가지로 미국에서는 흑인으로 태어나는 것 또한 불리한 조건으로 여겨질 수 있다. 흑인 부모가 자신의 인종을 사회적 핸디캡으로 여겨 피부색에 결정적인 영향을 미치는 단일 유전자인 SLC24A5를 편집하고자 한다면 어떨까?

이런 질문들은 '장애'의 개념을 재검토하며, 어디까지가 본질적 장애이고 어디까지가 사회의 구조와 선입견에서 비롯한 불이익인지를 되묻게 한다. 인간을 포함한 동물에게 듣지 못함으로써 겪게 되는 불이익은 실재한다. 반대로 동성애자 혹은 흑인으로서 존재한다는 이유로 겪는 불이익은, 변할 수 있고 변해야 하는 사회적 속성에서 비롯한다. 그것이 우리가 유전공학 기술로 청각 장애를 예방하는 것과 피부색 혹은 성적 지향에 영향을 주는 행위를 도덕적으로 구별하는 이유다.

근육과 스포츠

이제 몇 가지 사고실험을 통해 진짜 장애를 치료하는 유전자 편집과 아이들의 형질 향상을 목적으로 한 유전자 편집 사이의 그 모호한 선을 더 자세히 들여다보자. MSTN 유전자는 신체의 근육량이 일반적인 수준에 도달하면 근육의 성장을 억제하는 단백질을 생산한다. 따라서 이 유전자를 제거한다면 성장 브레이크가 망가지는 셈이다. 연구자들은 이미 실험을 통해 '근육량이 두 배가 된 소'와 '천하장사 생쥐'를 만드는 작업에 성공한 바 있다. 바이오해커 조사이어 재이너가 크리스퍼 유전자 가위로 조작해 슈퍼 개구리를 만들고 또 자신에게 주사한 유전자가 바로 이것이다.

목장 주인 말고도 이러한 유전자 편집에 관심이 있는 사람을 꼽자면, 아마 스포츠 감독이 포함될 것이다. 자녀를 챔피언으로 키우고자 하는 극성 부모들도 빼놓을 수 없다. 특히 생식계열 세포를 편집한다면 더 굵은 뼈와 단단한 근육을 가진 새로운 혈통의 운동선수들이 탄생할 것이다.

여기에 올림픽 챔피언 스키 선수인 에로 맨튀란타에게서 발견된 희귀한 돌연변이 유전자까지 추가해보자. 맨튀란타는 처음에 금지 약물 복용 혐의로 기소되었지만, 알고 보니 적혈구 세포를 25퍼센트나 증가시키는 유전자를 타고났으며, 따라서 자연스럽게 체력과 산소 활용 능력이 향상된 것으로 밝혀졌다.

그렇다면 유전자 편집으로 몸집이 크고 근육도 많은 월등한 체력의 아이, 그리하여 마라톤을 완주하고 태클을 물리치며 맨손으로 강철을 구부릴 수 있는 아이를 원하는 부모에게 우리는 뭐라고 말할 것인가? 그리고 이러한 기술은 사람들이 생각하는 운동선수의 정의에 어떤 영향을 미칠 것인가? 선수들의 근면과 성실을 높이 사는 대신 유전자 편집자의 마법 같은 재주에 감탄해야 할까? 스테로이드 복용 사실을 인정한 호세 칸세코와 마크 맥과이어의 홈런 기록 옆에 별표를 붙이는 건 쉬운 일이다(야구팬들은 논란의 여지가 있는 기록에 조롱의 의미로 별표를 붙인다—옮긴이). 하지만 선수들의 비정상적인 근육이 타고난 유전자에서 온 것이라면, 나아가 만약 그 유전자가 우연히 자연의 복권에 당첨된 게 아니라 부모가 돈을 주고 산 것이라면?

기원전 776년 최초의 올림픽 이후로 스포츠의 역할은 타고난 기량과 후천적 노력의 결합을 기리는 데 있었다. 의도적인 유전자 향상은 그 균형의 축을 옮겨 승리에 기여하는 노력의 가치를 떨어뜨릴 테고, 따라서 선수들의 성취가 주는 감탄과 감동도 줄어들 것이다. 만약 운동선수가 의학과 공학 기술을 통해 신체적 이점을 지니게 된다면, 그의 성공은 그다지 떳떳하지 못한 부정의 냄새를 풍길 것이다.

하지만 이러한 주장이 공정한지 생각해보면, 여기에도 문제가 있다. 성공한 운동선수 대부분은 어쩌다 일반인보다 나은 운동 유전자를 갖게 된 사람들이다. 개인의 노력도 중요하지만 타고난 근육과 혈액, 균형감, 그 밖의 선천적 이점을 부정할 수 없다는 얘기다.

예컨대, 거의 모든 챔피언 육상 선수들은 ACTN3 유전자의 변종인 R 대립형질 유전자를 갖고 있다. 이 대립유전자는 속근(速筋) 섬유를 만드는 단백질을 생산하며, 근력 향상과 부상에서의 회복에도 관여한다.[8] 언젠가 이 ACTN3의 변이 유전자를 편집해 아이의 DNA에 삽입하는 것이 가능해질지도 모른다. 이것이 불공평한 일일까? 그렇다면 누군가 이 유전자를 타고난다는 것은 공평한가? 왜 이건 공평하고 저건 불공평할까?

신장

신체 조건의 향상을 위한 유전자 편집의 공정성을 가늠하는 한 가지 좋은 방법으로, 신장에 대해 생각해보자. IMAGe 증후군은 CDKN1C 유전자의 돌연변이에 의한 증상으로 신체의 성장을 크게 저해한다. 아이가 평균 신장까지 자라도록 이 결함을 유전적으로 편집해도 되는 걸까? 아마 대부분은 그렇다고 생각할 것이다.

그렇다면 그저 선천적으로 약간 작게 태어난 부모는 어떨까? 이들이 아이의 유전자를 편집해 평균 신장까지 자라게 하는 건 괜찮을까? 만약 안 된다고 대답했다면, 이 두 사례의 도덕적 차이는 무엇일까?

아이의 신장을 20센티미터쯤 더 키울 수 있는 유전자 편집 기술이 있다는 전제하에, 이 기술로 예컨대 예상 신장이 150센티미터인 아이를 평균 신장으로 성장하게 하는 건 합당할까? 그렇다면 평균 신장으로 자랄 아이를 2미터까지 자라게 만드는 건?

이런 질문들 앞에서, 우리는 다시금 '치료'와 '향상'을 구분 지어 기준점을 마련할 수 있다. 신장, 시력, 청력, 근육 조정 등 다양한 신체 형질에 관한 통계를 사용해 '종 표준 기능(typical species functioning)'을 설정하고 이에 확연히 미치지 못하는 변이를 장애로 정의하는 것이다.[9] 이러한 기준을 사용하면 예상 신장 150센티미터 미만인 아이에 대한 치료는 허용되는 반면, 평균 신장이 예상되는 아이를 향상하는 시술은 거부될 수 있다.

신장 문제에 대한 고민은 우리를 또 다른 유용한 범주의 구별로 이끈다. 바로 절대적 향상과 상대적 향상의 차이점이다. 절대적 향상이란 자신뿐 아니라 다른 모든 사람이 동일하게 개선되어도 각각의 개인이 그 이점을 누릴 수 있는 향상을 뜻한다. 기억력이 좋아지거나 특정 바이러스 감염에 면역이 강해지는 기술이 있다고 해보자. 나만이 아니라 다른 모두에게 이 기술이 쓰이더라도 개개인에게는 여전히 큰 도움이 된다. 코로나19 대유행을 통해 알게 되었듯, 다른 이들의 면역력이 강해지면 이는 **특히** 개인에게도 좋은 일이 된다.

그러나 키가 크다는 것의 이점은 상대적이다. 이것을 '까치발 문제'라고 부르도록 하자. 나는 지금 사람들이 북적대는 방 한가운데 서 있다. 앞에서 무슨 일이 일어나는지 궁금해서 까치발로 서보았더니 잘 보이게 되었다. 그런데 곧 주위 사람들이 죄다 까치발을 하고, 그렇게 모두 키가 5센티미터씩 커졌다. 이젠 맨 앞줄에 있는 사람이 아니면 나를 포함해 누구도 앞을 잘 볼 수 없다.

비슷한 예가 또 있다. 자신의 신장이 평균이라고 가정해보자. 여기서 키가 20센티미터 더 커진다면 웬만한 사람들보다는 훨씬 클 테니 이점이 될 수 있다. 그러나 모두가 똑같이 20센티미터씩 커진다면 나에게는 별다른 혜택이 없다. 이 향상은 개인에게나 사회 전체로나 나을 게 없다는 말이다. 비행기 좌석의 앞뒤 공간을 생각하면 오히려 불리한 조건이다. 유일한 수혜자라면 문틀 작업을 전문으로 하는 목수 정도? 따라서 키의 향상은 **상대적으로 좋은 것**, 바이러스 저항성은 **절대적으로 좋은 것**으로 볼 수 있다.[10]

여전히 유전자 향상의 허용 여부에 대해 명쾌한 답이 되지는 못하지만, 이런 식의 구별은 도덕적 가늠자에 포함시킬 일련의 원칙들을 모색할 때 우리가 숙고해야 할 지점들을 알려준다. 수혜자 개인에게 상대적 이점을 주는 쪽보다 사회 구성원 모두에게 혜택이 돌아가는 향상을 우선하는 것이다.

초능력자와 트랜스휴머니즘

아마도 일부 향상 기술은 사회 전반에서 무리 없이 받아들여질 것이다. 그렇다면 유전자 조작으로 초능력을 갖게 하는 건 어떨까? 유전공학으로 인간의 현재를 초월하는 형질과 능력을 발달시켜도 될까? 골프 선수 타이거 우즈는 레이저 수술을 통해 시력을 정상 수준 이상으로 향상시켰다. 이처럼 아이들이 슈퍼 시력을 갖길 원하는 부모들이 있지 않을까? 거기에 적외선 감지나 새로운 색깔을 보는 능력까지 추가하는 것은 또 어떨까?

미 국방부의 연구 기관인 DARPA는 언젠가 야간 시력을 장착한 뛰어난 군인을 보유하고 싶어 할지도 모른다. 또는 핵 공격을 대비해 방사능에 저항력이 강한 인간 세포를 상상할 수도 있다. 사실, 이런 일은 상상에만 머무르지 않는다. DARPA는 이미 다우드나 랩과 협력해 유전적으로 향상된 군인을 창조하는 연구 프로젝트를 진행하고 있다.

초능력에 가까운 유전자 향상을 허용할 때 예상되는 한 가지 뜻밖의 결과는, 아이들이 아이폰처럼 될 가능성이다. 몇 년마다 더 나은 기능과 앱을 가진 새로운 버전의 아이들이 출시된다고 생각해보자. 이 아이들은 나이가 들수록 자신이 구식이 된다고 느낄까? 최신 버전의 3중 수정체 안구를 장착하지 못해서? 다행히 아직까지는 재미 삼아 던져볼 만한 질문들이다. 하지만 우리의 손자 세대들은 이 질문에 답해야 할 것이다.

심리 장애

인간 게놈 프로젝트가 마무리되고 20여 년이 지난 지금까지도 우리는 유전자가 인간의 심리에 어떤 영향을 미치는지 제대로 이해하지 못한다. 그러나 언젠가는 조현병, 양극성기분장애, 중증 우울증 등 정신 질환의 소인에 기여하는 유전자를 분리해낼지도 모른다.

그렇다면 이번에도 우리는 부모들이 이 질환들을 사전에 제거하도록 허락, 심지어 장려해도 괜찮을지 결정해야 한다. 만일 오래전 제임스 왓슨의 아들 루퍼스의 유전자에서 조현병에 걸리기 쉬운 유전 요인을 제거했다면 그 결과는 바람직했을까? 우리는 그러한 부모의 결정을 인정해야 했을까?

왓슨에게 대답은 하나다. "생식계열 치료법으로 고칠 수만 있다면 당연히 고쳐야 한다. 조현병은 자연의 끔찍한 실수다." 실제로 그렇게 하면 끔찍한 고통을 덜어낼 수 있다. 조현병, 우울증, 양극성기분장애는 잔인하고 치명적이기까지 하다. 누구도 자신이나 가족이 이 질환에 걸리길 원치 않는다.

그러나 사람들이 인류에게서 조현병 등의 장애를 도려내길 원한다 하더라도 사회, 더 나아가 문명이 감당해야 할 비용을 고려하지 않을 수 없다. 빈센트 반 고흐는 조현병 또는 양극성기분장애를 앓았다. 노벨 경제학상 수상자인 수학자 존 내시도 마찬가지다(연쇄 살인마 찰스 맨슨, 레이건 대통령 저격범 존 힝클리도 그렇긴 하지만). 양극성기분장애를 가진 사람들을 꼽자면 어니스트 헤밍웨이, 가수 머라이어 캐리, 영화감독 프랜시스 포드 코폴라, 배우 캐리 피셔, 소설가 그레이엄 그린, 우생학자 줄리언 헉슬리, 음악가 구스타프 말러, 루 리드, 프란츠 슈베르트, 작가 실비아 플라스, 에드거 앨런 포, 언론인 제인 폴리 등 수백 명의 예술가와 창작자들이 줄줄이 나온다. 중증 우울증으로 그 범위를 확장하면 심리 장애를 앓고 있는 창조적인 예술가들이 수천 명에 이른다는 결과가 나온다. 조현병 연구의 선구자인 낸시 안드리아센이 동시대 유명 작가 서른 명을 연구한 결과, 그중 스물네 명이 적어도 한 번 이상 심각한 우울이나 기분 장애를 경험했고 열두 명은 양극성기분장애라는 진단을 받았다.[11]

감정의 기복, 환상, 망상, 충동, 광기, 중증 우울증은 인간의 창조성과 예술성을 어느 수준까지 자극할까? 강박증과 조울증 없이는 위대한 예술가가 되기 힘들까? 만약 자녀가 자라서 빈센트 반 고흐가 되어 예술계에 일대 변혁을 일으키리라는 예언을 듣는다면, 당신은 아이의 조현병을 그냥 내버려두겠는가, 아니면 치유하겠는가? (반 고흐가 스스로 세상을 등졌다는 사실을 기억하기 바란다.)

이 시점에서 우리는 개인의 욕구와 인류 문명에 바람직한 형질 사이의 잠재적 갈등을 직면한다. 환자 본인과 가족은 기분 장애의 감소 및 제거를 큰 혜택으로 받아들이며, 또 바랄 것이다. 한편 사회적 관점에서 묻는다면 사정이 달라질까? 약물로, 그리고 결국엔 유전자 편집으로 기분 장애를 다스리게 되었을 때 우리 사회는 행복을 얻는 대신 헤밍웨이를 잃게 될까? 반 고흐가 없는 세상에서 살아도 좋을까?

유전공학으로 기분 장애를 제거하는 문제는 더 근본적인 물음으로 이어진다. 삶의 목표와 목적은 무엇인가? 행복? 만족? 통증도, 불쾌함도 없는 상태? 만일 그렇다면 이는 의외로 쉬울 수 있다. 『멋진 신세계』의 지배계급은 기쁨을 키우고 불안, 슬픔, 분노를 죽이는 약물인 소마를 제작하여 대중에게 지급함으로써 고통 없는 삶을 주었다. 혹은 철학자 로버트 노직이 '경험 기계'라 부른 장치를 뇌에 연결했다고 가정해보자. 이 장치는 우리로 하여금 홈런을 치고 인기 스타와 춤을 추고 아름다운 바다에 떠 있다고 믿게 만든다.[12] 그것이 우리를 늘 행복하게 만든다면, 이를 바람직한 것으로 보아도 좋을까?

아니면 좋은 삶에는 더 깊은 목적이 있는 걸까? 각자가 자신의 재능과 자질을 진정 만족스러운 방식으로 사용함으로써 보다 근본적인 가치를 추구하며 사는 것? 그렇다면 조작된 게 아닌 진짜 경험, 진짜 성취, 진짜 노력이 필요할 것이다. 좋은 삶이란 공동체와 사회와 문명에 기여하는 과정을 수반할까? 진화는 그런 목적을 인간의 본성에 새겨놓았을까? 그렇다면 그 과정에는 우리가 군이 선택하려 하지 않는 희생과 고통, 정신적 불편, 그리고 난관 또한 수반될 것이다.[13]

지능

이제 경계의 끝자락까지 왔다. 가장 기대되는 영역이자 가장 두려운 영역이기도 하다. 기억력, 집중력, 정보처리 능력과 같은 인지능력, 그리고 정의하기 모호한 지능의 개념까지 향상시킬 가능성 말이다. 신장과 달리, 인지능력의 향상은 상대적 우위 이상의 유익함을 가져다준다. 다들 조금씩만 더 똑똑해져도 세상 모두가 더 잘살게 될 테고, 사실 인구의 일부만 그리 되어도 사회 전체에 혜택이 돌아갈 것이다.

아마도 인간이 건드리게 될 최초의 정신적 향상은 기억력이 되지 싶다. 다행히 기억력은 지능지수보다는 덜 염려스러운 대상이다. 이미 실험용 쥐의 신경세포에서 NMDA 수용체 유전자를 조작해 기억력을 향상시킨 사례가 나오기도 했다. 인간을 대상으로 이러한 유전자 조작을 실행한다면, 노년의 기억력 쇠퇴를 방지할 뿐 아니라 젊은 사람들의 기억력 또한 지금보다 향상시킬 수 있다.[14]

어쩌면 인지능력의 향상을 통해 우리는 이 기술의 현명한 사용과 관련한 문제를 수월하게 극복할 수 있을지도 모른다. 하지만 여전히 어려움은 남는다. **지혜로워야 한다는 것.** 인간의 지능에 포함되는 모든 복잡한 요소 가운데 가장 찾기 힘든 것이 바로 이 '지혜'가 아닐까. 지혜의 유전적 구성 요소를 이해하자면 먼저 의식을 이해해야 할 텐데, 추측건대 아마도 이번 세기 안에 의식의 정복은 이루어지지 않을 것이다. 그때까지 우리는 자연이 제한적으로 나눠준 지혜를 효율적으로 사용해 유전자 편집 기술을 어떻게 활용하는 것이 옳을지 진지하게 고민해야 한다. 지혜가 없는 천재성만큼 위험한 건 없으므로.

42장

결정은 누가 내려야 하는가?

국립과학아카데미의 영상

꽤나 도발적인 트윗이었다. 아마 의도했던 것보다 조금 더.

> 더 강해지고 싶나요?🦾 아니면 더 똑똑해지고 싶은가요?🧠 학교에서
> 1등을 하거나, 스포츠 스타가 되고 싶습니까? 혹은 #유전병 없는 아이를
> 원하나요?👨‍👩‍👧‍👦 인간의 #유전자편집이 이 모두를 가능하게 만들 수 있을
> 까요?

2019년 10월, 평소 따분하기 그지없는 국립과학아카데미가 유전자 편집을 다룬 모든 회의에서 권고한 대로 유전자 편집에 대한 '광범위한 대중의 논의'에 박차를 가하려는 목적으로 작성한 트윗이다. 이 트윗에는 생식계열 세포의 유전자 편집을 설명하는 퀴즈와 영상이 링크되어 있었다.

영상은 다섯 명의 '평범한 사람'이 각자 인체 모형에 포스트잇을 붙이면서 자신의 유전자가 어떻게 바뀌었으면 좋겠는지 상상하는 장면으로

시작한다. "저는 키가 좀 더 크면 좋겠어요." 한 사람이 말한다. 다른 개인적인 바람들도 있다. "체지방에 변화를 주고 싶습니다." "탈모를 예방하는 건 어떨까요." "난독증을 없애줬으면 좋겠어요."

다우드나도 영상에 등장해 크리스퍼의 작동 원리를 설명하고, 곧 몇몇 사람들이 모여 미래에 태어날 아이들의 유전자 설계 전망에 대해 논의하는 장면이 이어진다. "완벽한 인간을 창조할 수 있다고? 그거 진짜 대단한데!" "자식한테 최고의 자질만 주고 싶지 않겠어요?" "최고의 DNA를 고를 기회가 있다면, 내 아이는 반드시 똑똑한 사람으로 만들 거예요." 주의력 결핍 장애와 고혈압 같은 자신의 건강 문제에 대해 이야기하는 사람도 있다. "그것부터 꼭 없애겠어요." 심장 질환을 앓고 있다는 한 남성의 말이다. "우리 애들이 그걸로 고생하지 않으면 좋겠거든요."[1]

이 트윗이 올라가자마자 생명윤리학자들이 벌 떼같이 달려들었다. "이런 어처구니없는 실수가 있나." UC 데이비스의 암 연구자이자 생명윤리학자인 폴 크뇌플러의 트윗이다. "국립과학아카데미 홍보부의 누굽니까? 세대를 거쳐 유전되는 유전자 편집에 대해 지나치게 긍정적이고, 맞춤 아기라는 발상을 가볍게 취급하는 이 끔찍한 트윗과 영상을 기획한 게 대체 누구죠?"

말할 필요도 없겠지만, 트위터는 생명윤리를 논의할 최고의 토론장이 될 수 없다. 인터넷 게시판과 관련한 이런 진리가 있다. 어떤 논의도 댓글이 일곱 개를 넘기기 전에 "이런 나치 같으니!"로 귀결된다는 것. 유전자 편집 관련 트위터 스레드의 경우에는 세 번째 댓글에서 나왔다. "우리가 아직 1930년대의 독일에 있나?" 그러자 다른 사람이 이렇게 덧붙였다. "독일어 원문으로는 어떻게 쓰여 있었을까?"[2]

국립과학아카데미 측은 하루 만에 항복을 선언했다. 해당 트윗을 내리고 영상도 삭제했다. 국립과학아카데미 대변인은 "인간 형질의 '향상'을 목적으로 하는 유전자 편집이 허용된다는 오해를 일으킨 점과, 이 사안을 가볍게 받아들여도 괜찮다는 인상을 준 점"에 대해 사과해야 했다.

이 짧고도 거세게 훑고 간 폭풍은 유전자 편집의 윤리적인 측면에 있어 '광범위한 사회적 합의'라는 진부한 요구가 말처럼 쉽지 않다는 깨달음을 주었다. 또한 이로써 누가 유전자 편집 도구의 사용 방식을 결정해야 하는지에 대한 문제가 제기되었다. 앞선 장의 사고실험에서 보았듯이, 유전자 편집에 대한 사안들은 비단 **어떻게** 결정해야 하느냐는 문제 못지않게 **누가** 결정해야 하는가도 중요하다. 셀 수 없이 많은 정책 사안들이 다 그렇지만, 개인의 욕망은 공동체의 선과 쉽게 충돌하기 마련이다.

개인인가, 공동체인가?

대부분의 중대한 도덕적 쟁점에는 두 가지 상충되는 관점이 존재한다. 먼저 개인의 권리와 자유, 선택의 존중을 강조하는 관점이다. 존 로크를 비롯한 17세기 계몽주의 사상가들에 뿌리를 둔 이 전통은 사람마다 각자의 삶에 무엇이 이로운지에 대한 믿음이 다르기 때문에 국가는 타인에게 해를 끼치지 않는 한 개인에게 스스로 선택할 자유를 주어야 한다고 주장한다.

이에 맞서 사회에 가장 이로운 것이 무엇인가에 초점을 맞추고 정의와 도덕을 보는 관점이 있다(생명공학이나 기후 정책에 있어서는 사회가 아닌 인간 종에 가장 이로운 것이 무엇인가로 그 범위가 확대된다). 학령기 아이들에게 예방접종을 해야 할 필요성, 또 코로나19 팬데믹 시기에는 모두가 마스크를 써야 한다는 요구 등이 이에 해당한다. 개인의 권리보다는 사회적 유용성을 강조하는 이러한 관점은 존 스튜어트 밀의 공리주의를 취해, 개인 자유의 침해를 감수하고라도 사회 안에서 가장 많은 양의 행복을 추구한다. 또는 좀 더 복잡한 사회계약론의 형태로 존재하기도 하는데, 여기서 도덕적 의무란 우리가 살고 싶은 사회를 만들기 위한 합의로부터 비롯한다.

이 상반된 관점이 우리 시대의 가장 근본적인 정치적 분열을 형성한다. 개인의 자유는 최대로, 규제와 세금은 최소로, 또 가능한 한 국가가 개인의 삶에 관여하지 못하게 해야 한다는 것이 한쪽의 주장이요, 다른 편은 공동의 선과 사회 전체에 돌아갈 혜택을 추구하고, 고삐 풀린 자유 시장이 사람들의 일과 환경에 미칠 피해를 최소화하며, 공동체와 지구에 해를 끼칠지 모를 이기적인 행동을 제한해야 한다는 쪽이다.

각 관점의 현대적 토대는 50여 년 전에 쓰인 두 권의 영향력 있는 책들로 대표된다. 존 롤스의『정의론』은 공동체 이익을 옹호하는 쪽의 근간으로 작용하며, 로버트 노직의『무정부, 국가, 유토피아』는 개인의 자유를 보장하는 도덕적 토대를 강조한다.

롤스는 사람들이 협약을 맺기 위해 모였을 때 동의해야 할 규칙들을 정의하고자 한다. 일이 '공정'해지려면, 우리가 사회에서 결국 어떤 자리를 차지하게 될지, 또 어떤 타고난 능력을 지니게 될지 알지 못하는 상태에서 어떤 규칙을 만들 것인가를 상상해야 한다는 것이다. 롤스에 따르면, 사람들은 이 '무지의 베일' 뒤에서 사회 전체, 특히 최소 수혜자에게 이익이 되는 수준에서만 불평등을 허용하게 된다. 이 책에 비추어보건대, 롤스는 아마 불평등을 증가시키지 않는 경우에만 유전공학의 정당성을 인정할 것이다.[3]

하버드 동료인 롤스의 책에 대한 노직의 대응도 마찬가지로 우리가 어떻게 하면 자연의 무정부 상태에서 벗어날 수 있을지를 상상했다. 그는 복잡한 사회계약 대신 개인의 자발적 선택을 통해 규칙이 생겨나야 한다고 주장한다. 개인은 다른 사람이 고안한 사회적·도덕적 목표를 진척시키는 도구로 사용될 수 없다는 게 그의 지도 원리다. 따라서 노직은 공공의 안전과 계약 집행의 기능에 그 역할이 한정될 뿐 규제나 재분배에는 대체로 관여하지 않는 최소한의 국가를 선호한다. 책의 각주에서 그는 자유주의자와 자유시장의 관점으로 유전공학 문제를 설명한다. 중앙에 집중된 통제와 규제 기관이 정한 규칙 대신 '유전자 시장'이 있어야 한다는 것이다. 의사들은 정해진 윤리적 제한선 안에서 예비 부모 각각의 선호 사항을 수용해야 한다.[4] 그가 책을 발표한 뒤로 '유전자 시장'이라는 용어는 유전자조작의 결정을 개인과 자유시장에 맡겨야 한다는 견해를 상징하며 아군과 적군 모두가 사용하는 일종의 캐치프레이즈가 되었다.[5]

두 권의 과학소설, 즉 조지 오웰의 『1984』와 올더스 헉슬리의 『멋진 신세계』도 우리의 논의를 구체화하는 데 도움을 준다.[6]

오웰은 초국가의 지도자인 '빅 브러더'가 권력의 중앙집권화와 대중 통제를 위해 정보 기술을 사용하여 언제나 우리를 지켜보는 세상을 상상했다. 개인의 자유와 독립적인 사고는 전자 감시와 완벽한 정보 통제에 부딪쳐 파괴된다. 이는 독재자인 프랑코와 스탈린이 정보 기술을 통제하고 개인의 자유를 말살할 위험을 알리는 오웰의 경고였다.

물론 그런 일은 일어나지 않았다. 실제로 1984년이 되었을 때, 애플은 사용하기 쉬운 개인용컴퓨터 매킨토시를 출시했고, 스티브 잡스는 광고에 "1984년이 『1984』와 같지 않을 이유를 보게 되리라"라고 썼다. 이 문구에는 깊은 진실이 담겨 있었다. 개인용컴퓨터와 인터넷의 분산적 성격이 결합되면서, 컴퓨터가 중앙집권적 억압의 도구로 작동하는 대신 개인에게 권력을 나눠주었고, 따라서 자유로운 표현들이 고삐 풀린 듯 쏟아져 나와 대중매체를 철저히 민주화했다. 어쩌면 지나칠 정도로. 새로운 정보 기술의 어두운 면은 언론의 자유를 억누르는 주체가 정부가 아닌 그 반대라는 사실에 있다. 책임에 대한 부담 없이 누구든, 어떤 사상이든, 어떤 음모와 거짓말이든, 혐오든, 사기든, 책략이든 자유롭게 퍼뜨릴 수 있게 되었고, 이는 사회를 보다 혼란스럽고 지배가 용이한 구조로 만든다.

유전자 기술도 마찬가지일 수 있다. 1932년 헉슬리는 생식과학을 중앙집권적 정부에서 통제하는 멋진 신세계를 경고했다. 인간 배아는 '부화장'과 '길들이기 센터'에서 만들어지고, 이어 사회에 필요한 다양한 목적에 따라 분류되고 조작된다. '알파' 계급으로 선택된 자들은 신체와 정신 능력이 향상되어 지도자로 거듭나지만, 스펙트럼의 반대편 끝 '엡실론' 계급에 자리한 사람들은 천한 노동자가 되어 약물로 유도된 행복한 혼수상태에서 살도록 길들여진다.

헉슬리는 "모든 것이 통제되는 전체주의를 향해가는 추세"에 대한 반발로 이 책을 썼다고 말했다.[7] 그러나 정보 기술의 사례에서처럼, 유전자 기술의 위험은 **정부의** 통제가 아니라 **개인의** 통제 수준이 지나치게 높은 상황에서 비롯하는지도 모른다. 20세기 초 미국에 일었던 우생학 운동과 이후에 행해진 나치 프로그램의 악행으로 인해 국가 통제하의 유전 프로젝트라는 발상은 끔찍한 악취를 풍기게 되었고, 원래는 '좋은 유전자'라는 의미를 지닌 우생학(eugenics)의 평판은 땅에 떨어졌다. 그러나 이제 우리는 완전히 새로운 우생학을 들여오게 될지도 모른다. 자유 선택과 시장화된 소비 지상주의에 기반한 진보, 혹은 자유주의 우생학이랄까.

헉슬리도 이 자유시장 우생학에는 기꺼이 지지를 표했을지도 모르겠다. 그가 1962년에 발표한 『아일랜드』라는 유토피아 소설 속 여성들은 자발적으로 나서서 지능지수가 높고 예술적 재능이 뛰어난 남성의 씨를 받길 원한다. 주인공은 이렇게 말한다. "대부분의 부부는 남편의 가문에 흐를지 모를 별난 점이나 결함을 재생산하는 위험을 감수하는 대신, 월등한 자질을 지닌 아이를 가지고자 시도하는 것이 더 도덕적이라고 느낀다."[8]

자유시장 우생학

이 시대에 유전자 편집 여부에 대한 결정은 좋든 나쁘든 소비자 선택과 마케팅의 설득력에 좌우될 가능성이 크다. 그게 잘못된 것일까? 생식과 관련된 다른 선택처럼 이 역시 개인과 각 부모에게 맡기면 안 될 이유가 무엇인가? 왜 이런 문제로 시끌벅적하게 학회를 소집하고 사회적 합의를 모색하면서 사회 전체가 안절부절못해야 하는가? 자식과 손주의 장래를 보장하고 싶은 독자와 나, 그리고 다른 개인들이 알아서 하도록 놔두는 게 가장 좋지 않을까?[9]

일단 간단한 질문으로 긴장을 풀고 현 상황과 관련한 편견에서 한발 물러나보자. 유전자 향상의 문제는 무엇일까? 안전에 문제가 없다면, 기형과 질병과 장애를 예방하면 안 될 이유가 무엇인가? 왜 인류의 능력을 개선하고 증진하지 않는가? 다우드나의 친구이자 하버드의 유전학자인 조지 처치 역시 이렇게 말한 바 있다. "장애를 없애고, 아이에게 푸른 눈을 주고, 지능지수에 15점을 보태는 게 왜 공공 보건과 도덕성에 진정한 위협이 된다는 건지 모르겠다."[10]

말이 나왔으니 말인데, 우리에게는 미래 인간의 안녕을 돌봐야 할 도덕적 의무가 있지 않은가? 자손이 번성할 기회를 극대화하기 위해 수단과 방법을 가리지 않는 건 모든 종이 공유하는 진화적 본능, 즉 몸에 새겨진 진화의 정수다.

이런 관점을 옹호하는 대표적인 철학자가 옥스퍼드 대학 실천윤리학 교수인 줄리언 사블레스쿠다. 사블레스쿠는 태어나지 않은 아이를 위해 최고의 유전자를 선택하는 행위의 도덕성을 주장하고자 '생식적 선행(procreative beneficence)'이라는 용어를 만들었다. 실제로 그는 유전자 선택을 거부하는 것이야말로 비도덕적인 일이라고 부르짖는다. 부유한 자들이 더 나은 유전자를 구매하고, 그로써 개량된 엘리트라는 새로운 계급, 심지어 인간의 아종이 창조될지도 모른다는 우려가 그에게는 들리지 않는 소리나 마찬가지다. "설사 사회 불평등이 유지되거나 증가하더라도 질병 없는 유전자를 선택하도록 허락해야 한다"라고 주장하며, 사블레스쿠는 구체적으로 '지능 유전자'를 언급했다.[11]

사블레스쿠의 관점을 또 다른 사고실험으로 파헤쳐보자. 예컨대 개인이 자유롭게 유전자조작을 선택하고 결정하는 세상이다. 이곳에는 정부의 규제도, 뭐는 되고 뭐는 안 된다며 잔소리를 늘어놓는 성가신 생명윤리학자들도 없다. 우리는 난임 클리닉에 가서 마치 유전자 마트에 쇼핑이라도 온 양 아이에게 사줄 유전형질의 목록을 받는다. 헌팅턴병이나 겸상적혈구 빈혈증 같은 심각한 유전병을 없애겠는가? 물론이다. 나라면 시각 장애를 유발하는 유전자도 제거할 것이다. 평균 이하의 신장, 평균 이상의 체중, 낮은 지능지수를 기피하는 선택지는? 우리 모두가 아마 이 옵션들 모두를 기본으로 선택할 것이다. 여기에 추가로 키를 키우고 근육을 늘리고 지능지수를 높이는 고급 옵션에 눈이 갈지도 모른다. 이에 더하여, 동성애보다 이성애의 성향을 높이는 가상의 유전자가 있다고 가정해보자. 여러분은 딱히 동성애에 대한 편견이 없기 때문에 잠시 망설일 것이다. 적어도 처음에는. 그러나 누구도 자신의 결정에 대해 왈가왈부하지 않는다면? 그러면 자신은 아이가 차별받지 않기를, 또 미래에 손주를 낳아주기를 원하는 것뿐이라며 스스로를 합리화하지 않을까? 여기에 금발에 푸른 눈까지 추가하고?

맙소사! 이건 뭔가 잘못됐다. '위험한 비탈길'이라는 말이 딱 맞는다. 관문도 저지선도 없다면, 우리는 사회의 다양성과 인간 게놈을 부여잡은 채 걷잡을 수 없는 속도로 아래로 질주할 것이다.

영화 〈가타카〉의 한 장면처럼 느껴질지도 모르지만, 착상 전 진단 기술을 사용한 맞춤 아기 서비스가 이미 뉴저지주의 신생 기업 '게노믹 프리딕션(Genomic Prediction)'에서 현실화되었다. 난임 클리닉이 후보 아기들의 유전자 샘플을 보내면 이 회사에서는 며칠 된 배아 세포의 DNA를 시퀀싱하여 주어진 긴 목록에 오른 각각의 항목이 발현할 통계적 확률을 계산한다. 예비 부모는 원하는 아이의 특성을 따져 어떤 배아를 착상할지 결정한다. 낭포성 섬유증이나 겸상적혈구와 같은 단일유전자 이상을 검사할 수 있고, 당뇨병과 심장 질환, 고혈압 등 다수의 유전자가 관여하는 질병도 통계적으로 예측할 수 있다. 회사 홍보 자료에 따르면 '지적장애' 또는 '신장'도 선별 가능하다. 회사 설립자들은 앞으로 10년이면 지능지수까지 예측해 부모가 머리 좋은 아이를 선택할 수 있다고 선전한다.[12]

이리하여 우리는 이 일을 단순히 개인의 결정에 맡겼을 때 생길 문제에 대해 알 수 있다. 개인의 선택을 강조하는 자유주의 또는 자유지상주의 유전학은 결과적으로 정부가 통제하는 우생학 못지않게 다양성을 제거할 뿐 아니라 소위 '정상' 범주에서 벗어난 편차가 사라진 사회를 낳을 수 있다. 부모에게는 마음 놓이는 일이 될지 모르지만, 결국 사회의 창의성과 영감, 예리한 주변부는 훨씬 부족해질 것이다. 다양성은 사회만이 아니라 우리 종에도 유용한 덕목이다. 여타 종들처럼 인간의 진화와 탄력성도 유전자 풀 안에 존재하는 무작위성에 의해 강화되기 때문이다.

사고실험이 보여주듯이, 다양성의 가치가 개인이 선택하는 가치와 충돌하는 지점에서 문제가 발생한다. 하나의 공동체로서, 우리는 키가 크고 작은 사람, 동성애자와 이성애자, 모범생과 문제아, 앞을 볼 수 없는 사람과 보는 사람이 모두 존재할 때 이 사회가 근본적으로 이롭다고 느낀다. 그러나 단지 사회의 다양성을 키우자는 이유로 누군가에게 바람직한 유전자를 포기하라고 요구할 도덕적 권리는 어디에 있는가? 국가가 그걸 요구하길 바라겠는가?

개인의 선택을 어느 정도 제한해야 하는 한 가지 이유는, 유전자 편집이 불평등을 강화하고 심지어 부호화하여 영구적으로 우리 종에 새겨넣을 수 있기 때문이다. 물론 우리는 이미 출생 환경과 부모의 선택에 따른 불평등을 용인하고 있다. 사람들은 아이에게 책을 읽어주고 좋은 학군에서 공부하게 하며 축구를 가르치는 부모를 존경한다. 곱지 않은 시선을 보내면서도 애들한테 과외 선생을 붙이고 컴퓨터 캠프에 보내는 부모들을 인정한다. 이 대부분을 타고난 특권의 이점으로 받아들인다. 하지만 이미 불평등이 존재한다는 사실이 불평등을 더욱 강화하거나 영원히 유지해야 한다는 주장의 근거가 될 수는 없다.

최고의 유전자를 구매할 수 있도록 허용하는 일은 불평등의 진정한 양자적 도약을 초래할 것이다. 단순히 껑충 뛰어오르는 정도가 아니라 완전히 단절된 새로운 궤도로 넘어간다는 뜻이다. 수백 년에 걸쳐 출신에 기반한 귀족주의와 카스트제도를 애써 축소한 끝에 대부분의 사회가 민주주의의 기본 전제라 할 만한 한 가지 도덕원리를 받아들였다. '기회 균등'이라는 명제를 믿게 된 것이다. 모두가 '평등하게 창조되었다'는 신조에서 비롯한 사회적 유대감은 경제적 불평등이 유전적 불평등으로 전환되는 순간 산산조각 날 것이다.

유전자 편집이 본질적으로 나쁘다는 얘기는 아니다. 다만, 부자가 최고의 유전자를 구매해 가문에 영구히 새기는 자유시장 상점의 일부로서 이를 허용해서는 안 된다는 의미다.[13]

물론 개인의 선택을 제한하기란 쉽지 않다. 대학 입시 부정과 관련된 수많은 사건만 보아도, 아이에게 경쟁적 이점을 주기 위해 부모가 어떤 일까지 하고 얼마나 돈을 들이는지 알 수 있지 않은가. 여기에 더하여 신기술 개척과 발견을 향한 과학자들의 타고난 본능이 있다. 정부의 제한이 지나치면 그 나라의 과학자들은 다른 곳으로 떠나버리고, 그 나라의 부자 부모들은 기업가 정신이 충만한 카리브해의 어느 섬이나 해외 피난처에 있는 병원을 찾을 것이다.

그러나 온갖 걸림돌에도 불구하고, 유전자 편집을 전적으로 개인의 선택에 맡기는 대신 모종의 사회적 합의를 목표로 삼는 것은 가능하다. 좀도둑질에서 성매매에 이르기까지, 우리 사회에는 완전히 통제하지 못하는 관행들이 있다. 이런 관행들을 최대한 억누르는 것은 법적 제재와 사회적 수치심이다. 예를 들어 FDA는 새로운 약품과 시술을 규제한다. 물론 그렇게 해도 정해진 용도 외의 목적으로 약물을 구하거나 통상에서 벗어난 치료를 위해 다른 나라로 가는 사람이 있을 테지만, FDA가 가하는 제한은 꽤 효과적이다. 우리에게 주어진 도전 과제는 유전자 편집의 규범을 알아내는 것이다. 그런 다음에는 사람들 대부분이 따를 규제와 사회적 제재를 모색할 수 있을 것이다.[14]

신의 행세

인간의 진화를 연출하고 아기를 설계하는 일에 대해 느끼는 찜찜함과 불편함은 '신처럼 굴고' 있다는 생각에서 비롯한다. 불을 훔쳐 온 프로메테우스처럼 인간의 권한 밖에 있는 힘을 강탈한다는 생각, 천지가 창조될 때 정해진 우리의 위치를 망각한 채 겸손함을 잃었다는 생각 말이다.

신처럼 구는 태도에 대한 거리낌은 보다 세속적인 방식으로도 이해할 수 있다. 어느 가톨릭 신학자는 국립의학아카데미 회의에서 이런 말을 했다. "인간이 신처럼 행세해서는 안 된다고 말하는 사람의 90퍼센트가 무신론자일 것이다." 이 잠재적 무신론자들의 주장은 인간이 신비롭고 섬세하게 얽힌 자연의 아름다운 힘을 직접 휘두르려는 자만심을 가져서는 안 된다는 취지에서 나온 것이리라. 미 국립보건원장 프랜시스 콜린스에 따르면 "진화는 인간 게놈을 최적화하기 위해 38억 5000만 년이나 일해왔다". 참고로 콜린스는 무신론자가 아니다. "소수의 인간 게놈 땜장이들이 어떤 예기치 않은 결과도 초래하지 않고 더 잘해낼 수 있을 거라고요? 진심으로 그렇게 생각하는 겁니까?"[15]

우리는 자연과 신을 존중하는 마음으로 일말의 겸손함을 지니고 인간이 제 유전자에 함부로 손대지 못하도록 규제할 필요가 있다. 그렇다고 이를 전적으로 금해야 할까? 결국 우리 호모사피엔스는 박테리아, 상어, 나비와 다르지 않은 자연의 일부다. 무한한 지혜든 혹은 하나의 실수든, 자연은 인간이라는 종에게 제 유전자를 편집할 힘을 부여했다. 크리스퍼를 사용하는 게 잘못이라고 비난할지언정, 그것이 부자연스럽기 때문이라는 이유를 댈 수는 없다. 따지고 보면 이 역시 박테리아와 바이러스들이 사용하는 여느 재간만큼이나 자연스러운 기술이니까.

지구 역사를 통틀어, 인간을 비롯한 모든 생물 종은 자연이 제공하는 독이 든 사과를 받아들이기보다 대적해서 싸워왔다. 대자연이 엄청난 고통을 제작하고 불평등하게 배분할 때마다 인간은 역병에 맞서고, 병을 고치고, 장애를 치료하고, 더 나은 식물과 동물과 아이들을 기르는 방법을 고안해 대응하며 살아간다.

다윈은 "자연이 하는 일은 서툴고 낭비가 심하고 실수투성이에 저급하며 끔찍하리만치 잔인하다"라고 썼다. 그가 발견한 진화에는 똑똑한 설계자나 자애로운 신이라는 청사진이 없었다. 다윈은 포유류 수컷의 요도, 영장류 부비강의 배수 불량, 비타민 C를 합성하지 못하는 인체 등을 포함해 결함이 있는 진화의 사례를 상세히 기록했다.

이런 결함을 단순히 예외적인 것으로 볼 수는 없다. 결함은 진화가 진행되는 방식에서 자연스럽게 나타나는 결과다. 진화는 종합적인 계획하에, 혹은 최종 결과물을 염두에 두고 진행되는 과정이라기보다는 마이크로소프트 오피스의 역사가 그렇듯 어쩌다 얻어걸린 새로운 기능들의 조합이라 할 수 있다. 진화의 최우선 지침은 생식 적합성─더 많이 번식하게 하는 형질─을 높이는 데 있다. 달리 해석하면, 한 생물의 번식 가능 시기가 끝난 뒤에는 코로나바이러스나 암과 같은 역병 혹은 질병이 그 생물을 괴롭히든 말든 상관하지 않을 뿐 아니라 심지어 독려할 수도 있다는 뜻이다. 물론 그렇다고 자연의 뜻을 존중해 코로나바이러스나 암과 싸울 생각을 버리라는 의미는 아니다.[16]

신처럼 구는 행위를 반대하는 보다 근본적인 논지에 대해서는 하버드대 철학자 마이클 샌델이 가장 명료하게 설명했다. 인간이 자연의 복권을 조작하고 자식의 타고난 유전적 자질을 개조하는 방법을 찾아낸다면, 그때부터는 자신의 자질을 선물로 보지 않게 될 것이다. 이러한 관점은 불운한 사람들을 보며 느끼는, '신의 은총이 아니었다면 나에게 닥쳤을지도 모르는 일'이라는 생각에서 나오는 공감을 파괴한다. "정복을 향해 무작정 달리다 보면 인간의 능력과 성취라는 선물에 감사하는 마음을 미처 갖지 못하거나 심지어 그러한 감정을 파괴할 수도 있다. (…) 삶을 주어진 선물로 인정하는 것은 곧 재능과 능력이 전적으로 자기 행동의 결과는 아님을 인정하는 것이다."[17]

물론 나는 우리가 자연이 제공한 모든 선물을 숭배해야 한다고 믿지 않으며, 그건 샌델도 마찬가지다. 인간의 역사는 팬데믹이든 가뭄이든 폭풍이든 우리가 굳이 원하지 않았던, 그러나 우리에게 주어진 도전을 극복하는 아주 자연스러운 탐구의 과정이었다. 세상에 알츠하이머병이나 헌팅턴병을 선물로 보는 사람은 거의 없다. 암과 싸우기 위해 항암 요법을 개발하고, 코로나바이러스와 대적하기 위해 백신을 만들고, 선천적 장애를 치료하기 위해 유전자 편집 도구를 개발할 때, 우리는 이 원하지 않았던 것을 선물로 받아들이는 대신 자연에 대한 지배력을 아주 적절히 발휘하는 셈이다.

그러나 샌델의 주장은 특히 우리가 아이들을 위해 향상과 완벽을 설계하고자 할 때 겸손해야 한다고 가르친다. 원하지 않은 선물을 완벽하게 정복하려는 우리의 시도에 대한, 심오하고 아름다우며 심지어 영적인 견해라 할 수 있다. 우리는 복권의 변덕에 완전히 굴복하지 않되, 우리에게 부여된 것을 통제하려는 프로메테우스식 도전 또한 피해 가야 한다. 지혜란 적절한 균형을 찾는 데 있다.

홍콩 국제회의에서

43장
다우드나의 윤리적 여정

자신이 공동으로 발명한 크리스퍼-Cas9이 인간 유전자 편집 도구로 사용될 수 있음이 확실해지자 다우드나는 '본능적이고 반사적인 반응' 을 보였다. 아이의 유전자를 편집한다는 발상이 부자연스럽고 두렵게 느껴진 것이다. "처음에는 무작정 반대했어요."[1]

다우드나의 입장은 2015년 자신이 조직한 나파 밸리 유전자 편집 회의를 기점으로 변하기 시작했다. 생식계열 편집을 주제로 열띤 토론이 벌어지는 가운데 한 참가자가 몸을 기울이더니 조용히 말했다. "언젠가는 인간이 고통을 줄이는 데 생식계열 편집을 사용하지 않은 걸 비윤리적이라 생각하게 될지도 모릅니다."

문득 생식계열 편집이 '부자연스럽다'는 생각이 사라지기 시작했다. 모든 의학 진보는 결국 '자연스럽게' 발생하는 뭔가를 교정하려는 시도였음을 새삼 깨달은 순간이었다. "때로 자연은 철저히 잔인하게 나옵니다. 이루 말할 수 없는 고통을 주는 돌연변이들도 많아요. 그래서 저도 생식계열 편집이 부자연스럽다는 생각의 무게를 덜어내기 시작했죠." 다우드나의 말이다. "자연스러운 것과 부자연스러운 것을 두고 어디에 의학적 경계를 그어야 할지 확신이 서지 않았어요. 또 단순한 흑백논리로 고통과 장애를 완화할 수 있는 가능성까지 차단하는 시도는 위험하다는 생각이 들었습니다."

유전자 편집 기술을 발견하고 유명해지자 과학의 도움을 열망하는 유전병 환자들의 이야기가 들려오기 시작했다. "제가 엄마라서 그랬는지 특히 아이들 관련한 사연이 마음에 와닿더라고요." 그중에서도 유난히 다우드나의 기억에 박힌 이야기가 있다. 한 여성이 갓 태어난 아들이라며 아름다운 아기의 사진을 보내왔다. 머리카락이 없는 귀여운 아기를 보니 아들 앤디의 갓난아기 시절이 떠올랐다. 사진 속 아기는 유전적 퇴행성 신경 질환 진단을 받았다. 신경세포가 곧 죽기 시작해 마침내 걸을 수도 말할 수도 없게 되고, 그다음에는 삼키거나 먹지도 못하게 될 터였다. 어린 나이에 고통스럽게 죽을 운명을 지니고 태어난 아이였다. 아기의 엄마는 처절하게 도움을 갈구했다. "이걸 막을 방법을 어찌 만들고 싶지 않겠어요? 마음이 정말 너무나 아팠어요." 유전자 편집이 이 모두를 예방하는 날이 올지 모르는데도 시도하거나 노력하지 않는 것이야말로 비도덕적인 일이라는 생각이 들었다. 다우드나는 고통받는 사람들이 보내온 모든 이메일에 답했다. 사진을 보낸 엄마에게도 답장을 보내, 앞으로 다른 연구자들과 부지런히 일해서 이런 유전병을 치료하고 예방할 방법을 반드시 찾겠노라 약속했다. "하지만 유전자 편집이 유용해지는 날이 오려면 아직 수년은 걸릴 거라고 말해야 했죠. 어떤 식으로든 오해하게 만들어서는 안 되었으니까요."

2016년 1월 다보스에서 열린 세계경제 포럼에 참석해 유전자 편집에 대한 윤리적 불안을 공유한 뒤, 다우드나는 패널로 참석한 다른 여성과 이야기를 나누게 되었다. 다우드나를 살짝 옆으로 불러낸 이 여성은 자신의 자매가 퇴행성 질환을 갖고 태어났다고 이야기했다. 이 질환은 비단 환자 자신만이 아니라 가족 전체의 생활과 경제 사정에 영향을 미치고 있었다. "유전자 편집으로 이 상황을 피할 수만 있었다면 가족 모두가 적극적으로 찬성했을 거라더군요." 다우드나가 당시의 기억을 떠올렸다. "그분은 유전자 편집을 금지하려는 이들의 잔인함에 감정이 격해져 거의 눈물을 쏟을 뻔했어요. 그 모습을 보는 저도 가슴이 먹먹했죠."

같은 해에 한 남성이 버클리로 다우드나를 찾아왔다. 그의 아버지와 할아버지는 헌팅턴병으로 사망했고, 여자 형제 셋도 모두 같은 병을 진단받아 고통 속에 천천히 죽음을 직면하고 있었다. 그 또한 진단을 받았는지 다우드나는 굳이 묻지 않았다. 그리고 남자가 돌아간 뒤, 생식계열 편집이 안전하고 효과적으로 헌팅턴병을 제거할 수만 있다면 자신은 그에 반대하지 않으리라 확신하게 되었다. 유전 질환, 특히 헌팅턴병을 앓고 있는 누군가의 얼굴을 보면 유전자 편집을 하지 말아야 한다는 의견에 동조하기 힘들다고 그는 말한다.

다우드나의 생각은 토론토 소아 병원의 연구 책임자 재닛 로산트, 그리고 하버드 의과대학장인 조지 데일리와 나눈 긴 대화에서도 영향을 받았다. "질병을 일으키는 돌연변이의 교정이 눈앞에 있다는 걸 알게 되었죠. 그런데 어떻게 그걸 하고 싶어 하지 않을 수가 있죠?" 크리스퍼 유전자 가위에 다른 의료 기술보다 더 높은 기준을 적용해야 하는 이유가 무엇이란 말인가?

생각이 변화하면서 다우드나는 유전자 편집과 관련한 많은 결정을 관료와 윤리학자 패널들이 아닌 개인의 선택에 맡겨야 한다는 의견에 더욱 공감하게 되었다. "나는 미국인입니다. 개인의 자유와 선택에 우선적 가치를 부여하는 게 우리 문화예요. 또한 부모로서도 이 신기술의 등장에 있어 나 자신과 가족의 건강에 대한 결정권을 갖고 싶을 것 같습니다."

그러면서도 다우드나는 아직 밝혀지지 않은 큰 위험의 가능성에 대비해 크리스퍼 유전자 가위는 의학적으로 반드시 필요하며 다른 마땅한 대안이 없을 경우에만 사용되어야 한다고 덧붙인다. "다시 말해, 아직은 크리스퍼를 사용할 이유가 없다는 뜻이기도 합니다. 그래서 허젠쿠이가 크리스퍼로 HIV 면역력을 조작한 게 저에겐 문제로 느껴졌던 거예요. 분명 다른 방법이 있었으니까요. 의학적으로 필요한 시술이 아니었습니다."

여전히 다우드나를 괴롭히는 도덕적 문제는 바로 불평등이다. 특히 부유한 이들이 아이의 유전적 자질을 돈으로 구매하게 되는 상황이 그녀는 걱정스럽다. "세대가 거듭될수록 유전적 격차가 커질 수 있어요. 지금도 불평등을 직면하고 있는데, 경제적 수준에 따라 유전자 층이 나뉘고 더군다나 경제적 불평등을 유전자 코드에까지 옮겨 적게 된다면 이 사회는 어떻게 될까요?"

유전자 편집을 '의학적으로 반드시 필요한' 사람들에게만 제한한다면, 자손의 자질을 '향상'시키려는 목적, 즉 도덕적으로나 사회적으로 그릇된 목적으로 사용될 가능성은 줄어들 것이다. 치료와 향상의 경계가 모호할 수 있지만, 그렇다고 그것이 아예 무의미하다고 단정할 수는 없다. 우리는 아주 유해한 유전자 변이를 교정하는 것과 의학적으로 불필요한 유전형질을 추가하는 것의 차이를 확실히 알고 있으니 말이다. "평균적인 게놈을 향상하려는 시도를 제한하고 유전자의 돌연변이를 수정해 '정상' 버전으로 되돌리는 시도만 지속한다면, 우리는 앞으로도 안전한 쪽에 머무를 수 있어요."

다우드나는 크리스퍼에서 얻을 수 있는 이점이 언젠가 그 위험성을 능가하리라 확신한다. "과학은 후퇴하지 않습니다. 또한 지식을 일부러 잊을 수도 없지요. 결국 '신중한 경로'를 찾아야 합니다." 그녀는 2015년 나파 밸리 회의 보고서의 제목 중 한 구절을 다시금 언급한다. "지금까지는 맞닥뜨린 적 없는 상황이에요. 이제 우리는 유전자의 미래를 좌우할 힘을 가졌습니다. 실로 대단하고 두려운 능력이죠. 그러니 우리에게 주어진 힘을 존중하면서 조심스럽게 앞으로 나아가야 합니다."

여기 정신 나간 사람들이 있다.

부적응자. 반항자. 문제아, 사회의 틀에

들어맞지 않는 사람. 사물을 다른 눈으로 보는 사람.

그들은 정해진 규칙을 좋아하지 않는다. 현실에 안주하는 것도

좋아하지 않는다. 우리는 얼마든지 그들을 인용할 수도,

부정할 수도, 추켜세울 수도, 비난할 수도 있다.

다만 한 가지, 그들을 무시할 수는 없다. 그들은 세상을 바꾸기 때문이다.

그들은 인류를 진보시키기 때문이다. 누군가는 그들을 미쳤다고

생각하지만, 우리는 그들에게서 천재성을 본다.

자기가 세상을 바꿀 수 있다고 생각하는 미친 자들만이

세상을 바꿀 수 있다.

_스티브 잡스, 애플의 1997년 광고 '다르게 생각하라'에서

8부

전선에서 날아온
특보

새뮤얼 스턴버그

44장

퀘벡

점핑 유전자

퀘벡에서 열린 2019년 크리스퍼 학회에 참석하면서, 나는 생물학이 신기술로 자리매김했다는 사실에 깊은 인상을 받았다. 혁신적인 젊은이들이 컴퓨터 코드가 아닌 유전자 코드 주위로 몰려들었다는 점만 빼면 학회는 1970년대 후반의 홈브루 컴퓨터 클럽이나 웨스트코스트 컴퓨터 박람회장과 크게 다르지 않았다. 빌 게이츠와 스티브 잡스가 초기 개인용컴퓨터 박람회를 찾아다니던 시절을 연상시키는, 경쟁과 협력의 분위기로 가득 찬 곳. 다만, 이곳의 주인공은 제니퍼 다우드나와 장평이었다.

생명공학계 샌님들은 더 이상 아웃사이더가 아니었다. 과거 사이버 세계의 변경 지대에 머물던 말썽꾼 개척자들이 그랬듯, 크리스퍼 혁명과 코로나바이러스 위기를 거치며 이 바이오 기술자들은 이제 첨단의 경계에 선 유망한 젊은이들이 되어 있었다. 혁명의 최전방 지역을 살피고 특보를 전달하는 과정에서, 나는 이들에게 지워진 부담감을 깨달았다. 이들은 새로운 발견을 추구하면서도 자신들이 창조 중인 시대에 대한 도덕적 판단을 내려야 했고, 그 시한은 디지털 기술자의 경우보다 훨씬 급박했다.

퀘벡 학회는 대단히 흥미로운 과학적 약진으로 뜨겁게 달아올랐다. 그리고 이것이 다우드나와 장의 영역 사이에 드리운 긴장에 다시 불을 붙였으니, 바로 DNA에 새로운 염기 서열을 효과적으로 추가하는 방법을 발견하는 대결이었다. 새로 발견된 크리스퍼 시스템은 DNA의 이중 가닥을 절단하는 대신 소위 '점핑 유전자', 즉 염색체의 이곳에서 저곳으로 폴짝폴짝 뛰어다니는 DNA 가닥인 트랜스포존을 사용해 새로운 DNA를 삽입하는 방식이었다.

샘 스턴버그는 다우드나 밑에서 공부한 아주 똑똑한 생화학자로 당시 컬럼비아 대학에 임용되어 자기 연구실을 꾸리고 조교수로서 《네이처》에 첫 주요 논문을 출간한 참이었다. 점핑 유전자를 조작해 원하는 자리에 삽입하는 크리스퍼 가이드 시스템을 설명한 논문이었다. 하지만 뜻밖에도 그는 장이 며칠 앞서 《사이언스》에 비슷한 내용의 논문을 온라인으로 출간했다는 사실을 알게 되었다.[1]

퀘벡에 도착한 스턴버그는 풀 죽은 모습이었고, 다우드나를 포함한 그의 친구들은 화가 나 있었다. 3월 15일 스턴버그가 《네이처》 편집부에 논문을 보낸 뒤 랩의 대학원생이 해당 내용으로 발표를 하면서 이 발견에 대한 소문이 퍼진 터였다. "소문을 들은 장펑이 자기 논문이 먼저 게재되도록 조용히 서두른 거예요." 학회장에서 마르틴 이네크가 내게 말했다. 다우드나에게 이는 그야말로 장다운 행동이었다. "장펑 쪽 사람들 중 누군가가 스턴버그의 논문에 대해 귀띔했겠죠. 그때부터 질주했을 테고요."[2]

다우드나도 에릭 랜더도, 2012년의 경합에 대해 이야기하면서 경쟁을 감지한 순간 자신의 논문이 먼저 출간되게끔 서두르는 것이 당연하며 그 역시 정당한 경쟁의 일부라고 인정한 바 있다. 그럼에도 장의 트랜스포존 논문이 먼저 출간된 것은 참을 수 없는 일이었다. 장은 스턴버그가 논문을 투고하고 7주가 지난 5월 4일에야 《사이언스》에 논문을 투고했다. 그런데도 장의 논문은 6월 6일에 온라인에 게재된 반면 스턴버그의 논문은 6월 12일이나 되어서야 나왔으니 기가 막힐 노릇이었다.

나로서는 장에 대한 다우드나 진영의 분노를 공감하기 힘들었다. 두 논문 모두 점핑 유전자를 사용하긴 했지만 큰 틀에서 방식의 차이가 있었고, 양쪽 다 크리스퍼 발전에 뚜렷한 공헌을 했으니 말이다. 마침 장의 논문이 온라인에 발표된 다음 날 브로드 연구소에서 그를 만날 일이 있었다. 퀘벡 크리스퍼 학회 열흘 전이었다. 그에게서 트랜스포존 연구 과정에 대한 설명을 듣고 보니, 그의 논문은 그냥 후다닥 써버린 게 아니라 오랜 노력의 결과물임을 알 수 있었다. 물론 다른 누군가의 발소리를 듣고 《사이언스》 편집자들을 재촉해 심사를 신속하게 진행하고 먼저 온라인에 먼저 실리게끔 손을 쓰긴 했지만, 이는 다우드나가 샤르팡티에와 함께 역사적인 2012년 논문을 준비할 때 비르기니우스 식슈니스와 다른 이들의 움직임을 감지하고 보였던 행동과 다를 게 없었다.[3]

퀘벡 회의 첫날, 다우드나를 포함한 스턴버그의 친구들은 호텔 로비에서 향이 좋은 캐나다 술 로미오 진을 마시며 그를 축하하고 또 위로했다. 스턴버그 또한 워낙 소탈한 성품을 타고난 사람이라, 다음 날 발표를 할 즈음에는(장이 발표한 다음 순서였다) 속상한 마음을 다 털어버린 것 같았다. 어쨌거나 그의 발견은 그 자신의 연구 경력에 있어 매우 중요한 성취였으며, 장이 이를 보완하는 연구를 했다고 축소될 것도 아니었다. 그래서 스턴버그는 아주 품위 있게 발표를 이어갔다. "여러분은 앞서 장 평의 발표, 즉 어떻게 크리스퍼-Cas12가 트랜스포존을 움직일 수 있는지를 보셨습니다. 지금부터 제가 말씀드릴 내용은 최근 출간된 제1형 시스템에 대한 연구로, 장의 방식과 유사점이 있지만 다른 방식으로 박테리아의 트랜스포존을 움직입니다." 이어 스턴버그는 자신의 컬럼비아 연구실 박사과정 학생인 세인 클롬프가 이 실험을 주도적으로 수행했다며 공을 돌렸다.

"생물학만큼 살벌하고 경쟁적인 연구 분야가 또 있을까요?" 장과 스턴버그가 대결에 가까운 강연을 마치고 난 뒤 한 참석자가 내게 던진 질문이다. 내 대답은 간단하다. 있고말고요. 사업에서 언론까지 모든 분야가 그렇다. 오히려 생물학 연구는 잘 짜인 협업 체계가 마련되어 있다는 점에서 다른 분야와 구별된다. 퀘벡 학회만 보아도, 공통의 탐구 주제를 두고 경합하는 전사들의 동지애가 가득 퍼져 있지 않은가. 상을 타고 특허를 따내려는 욕망이 경쟁을 부르기도 하지만, 동시에 이것이 발견의 속도에 박차를 가한다. 그리고 레오나르도 다빈치가 말한 '자연의 무한한 경이로움'을 찾아내려는 열정 역시 똑같이 이들에게 동기를 부여한다. 특히 살아 있는 세포 안에서 일어나는 숨 막힐 듯 아름다운 일들이라면 더더욱 그렇다. "점핑 유전자를 발견했다는 사실만 봐도 생물학이 얼마나 재미있는 학문인지 알 수 있죠." 다우드나의 말이다.

들소 요리

학회 첫날 모든 발표가 끝나고 다우드나와 스턴버그는 퀘벡 구시가의 한 식당으로 향했다. 나는 장평이 친구들 몇몇과의 저녁 자리에 초대해주어 그쪽에 합류하기로 했다. 장의 생각이 궁금하기도 했고, 그가 선택한 식당에도 가보고 싶었다. '셰 불레(Chez Boulay)'라는 이 독특한 식당은 바삭한 바다표범 미트로프와 날로 먹는 큰 가리비, 북극곤들매기, 겉을 그슬린 들소 고기, 양배추 순대 요리가 별미였다. 모임에 참석한 열두 명 중에는 이번 점핑 유전자 논문의 공동 저자인 미국 국립생물공학정보센터의 키라 마카로바, 크리스퍼 선구자인 에릭 손테이머(그는 루시아노 마라피니의 지도교수였지만 크리스퍼 세계의 개인 간 경쟁에는 휘말리지 않았다), 그리고 다우드나 랩에서 박사 후 과정을 마치고 현재는 《사이언스》와 《네이처》에 필적하는 학술지 《셀》의 편집자로 일하는 에이프릴 폴룩이 있었다. 논문이 신속하게 처리되고 우호적인 반응을 얻길 바라는 최고 연구자들과, 폴룩처럼 가장 의미 있고 새로운 연구 결과를 출판하고자 하는 영리한 편집자들은 종종 모종의 공생 관계를 형성한다.

손테이머가 꽤 맛있는 퀘벡산 와인을 주문했고, 우리는 트랜스포존에 건배했다. 과학에서 시작한 대화의 주제는 늘 크리스퍼를 따라다니는 윤리의 문제로 넘어갔다. 모임에 참석한 사람들 대부분은 안전하고 현실성이 있다면 유전자 편집이—인간의 생식계열을 대상으로 하는 편집조차—헌팅턴병이나 겸상적혈구 빈혈증 같은 몹쓸 단일 유전자 질환의 치료에 쓰여야 마땅하다고 입을 모았지만, 아이의 키와 근육을 키운다든지, 미래의 언젠가 가능해질 지능지수나 인지능력 등의 자질 향상에 이용한다는 발상에는 동의하지 않았다.

문제는 이와 관련해 명확한 기준을 세우기가 어렵고 시행하기는 더욱 어렵다는 사실이다. "이상 유전자 치료와 자질 향상을 구분하기가 쉽지 않죠." 장이 말했다. 향상이 왜 문제가 되는지 묻자, 그는 한참 생각하더니 입을 열었다. "저는 그냥 그게 싫습니다. 자연의 질서를 어지럽히는 일이잖아요. 그리고 장기적인 관점에서 보면 개체군 다양성을 감소시킬 수 있죠." 하버드에서 도덕적 정의에 관한 마이클 샌델의 강의를 들었던 장은 이 문제에 대해 깊이 고민해왔지만, 다른 사람들이 그랬듯 역시 명쾌한 답은 찾지 못했다.

자리에 있던 모두가 동의한바, 현재 서서히 모습을 드러내는 심각한 윤리 문제는 유전자 편집이 사회의 불평등을 악화하고 심지어 그 불평등을 유전자 코드에 새겨 넣을 가능성이었다. "돈만 있으면 부자들이 제일 좋은 유전자를 구매하도록 내버려둬도 괜찮은 걸까요?" 손테이머가 물었다. 물론 이미 의료 분야를 비롯해 사회의 모든 혜택이 불평등하게 분배되어 있는 건 사실이다. 그러나 후대에 대물림되는 향상된 유전자를 시장에 내놓는다면, 이 문제는 완전히 새로운 궤도로 진입할 것이다. "자식을 좋은 대학에 보내려고 부모들이 어떤 일들까지 하는지 생각해보세요." 장의 말이다. "누군가는 분명히 자식의 유전자 향상에 돈을 쓸 겁니다. 눈이 나빠도 안경을 사지 못하는 사람들이 있는 세상에서, 어떻게 모두가 유전자 향상의 혜택을 누릴 수 있을지 난 모르겠네요. 그게 인류에 어떤 영향을 미칠지 가늠도 안 돼요."

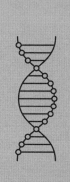

개빈 놋이 유전자 편집 방법을 알려주고 있다

45장
유전자 편집 배우기

개빈 놋

이렇듯 크리스퍼 선구자들의 세계에 빠져들게 된 마당에, 부족하게나마 나 또한 나만의 방식으로 신고식을 치르면 좋겠다는 생각이 들었다. 크리스퍼로 DNA 편집하는 법을 배워보면 어떨까?

그렇게 하여 나는 다우드나 랩에서 며칠 지내게 되었다. 실험대만 십수 개에 원심분리기와 피펫들로 어수선한 이 널찍한 공간에서 학생과 박사 후 연구원들이 실험을 한다. 지금껏 기술한 주요 실험을 똑같이 따라 하는 것이 나의 목표였다. 다우드나와 샤르팡티에가 2012년 6월 논문에서 보여준 방식으로 크리스퍼-Cas9을 사용해 시험관에서 DNA를 편집하고, 2013년 1월 장과 처치와 다우드나 등이 발표한 방식으로 인간 세포를 편집하는 것이다.

첫 번째 실험은 랩의 젊은 박사 후 연구원 개빈 놋이 도와주었다. 오스트레일리아 서부에서 온 놋은 수염을 잘 다듬은 단정한 얼굴에 느긋한 성품을 지닌 사람이다. 그는 박사과정을 거치는 동안 DNA 대신 RNA를 공격하는 크리스퍼 연관 효소를 찾고 싶다는 생각을 했고, 그래서 다우드나 랩에 편지를 보냈다. 당시 다우드나 팀은 이미 Cas13으로 알려진 효소를 이용해 연구 중이었다. "교수님이 저보다 훨씬 더 많이 알고 계시더라고요." 그럼에도 다우드나는 놋을 랩에 받아들였다. 그는 현재 DARPA에서 요청한 세이프 진 프로젝트 연구 팀의 일원이다.[1]

실험을 위해 다우드나 랩의 보안 구역으로 들어서면서 실험복과 고글과 장갑을 착용하고 소독용 알코올을 뿌리자, 곧바로 전문가가 된 기분이 든다. 놋이 나를 후드로 데려간다. 실험대 위쪽, 측면이 플라스틱으로 둘러싸여 특별한 방식으로 환기가 이루어지는 곳이다. 막 실험을 시작하려는데 다우드나가 청바지와 검은색 '게놈혁신 연구소' 티셔츠 위에 흰 실험복을 걸치고 등장해 분주하게 돌아다닌다. 그녀는 학생들(그리고 나)이 수행할 실험들을 간단히 확인한 다음, 연구소 최고 연구자들과 함께 종일 진행되는 전략 워크숍에 참석하기 위해 먼저 자리를 떠난다.

놋이 우리 실험의 개요를 설명한다. 우리는 박테리아에 항생제 엠피실린에 대한 내성을 주는 유전자가 포함된 DNA를 다룰 예정이다. 이 박테리아는 착한 녀석이 아니다. 이놈들한테 감염된 사람한테는 더더욱 그렇다. 그래서 우리는 문제의 항생제 저항 유전자를 제거할 계획이다. 놋은 이 실험을 위해 해당 유전자를 잘라내도록 설계된 가이드 RNA를 Cas9과 섞는다. 다우드나 랩에서는 모든 재료를 직접 제조한다. "우리가 사용할 Cas9은 DNA에 암호화되어 있는데, 실험실에서 박테리아를 기를 수 있는 사람이라면 누구나 대량으로 만들어낼 수 있죠. 걱정할 것 없어요." 내 표정에 어린 불안함을 감지했는지, 그가 나를 안심시키며 이렇게 덧붙인다. "일일이 만들고 싶지 않으면 인터넷에 들어가 IDT 같은 회사에서 구입할 수도 있어요. 가이드 RNA도 팔거든요. 유전자를 편집하고 싶으면 온라인 몰에서 필요한 재료를 쉽게 살 수 있어요."

여담이지만, 나중에 온라인 몰에 들어가보니 IDT 웹사이트에는 정말로 "성공적인 게놈 편집에 필요한 모든 시약"을 판다는 홍보 문구가 걸려 있었다. 인간 세포에 사용할 수 있는 키트의 최저 가격은 95달러부터 시작한다. '진코포이아(GeneCopoeia)'라는 사이트에서는 핵 위치 신호가 장착된 Cas9이 85달러에서부터 판매되고 있었다.[2]

놋이 준비한 시약병 일부가 구식 아이스 버킷에 일렬로 꽂혀 있다. 아이스 버킷은 얼음을 담아 시약이나 재료를 차갑게 유지시킬 때 쓴다. "이 아이스 버킷은 아주 역사적인 물건이에요." 놋이 버킷을 돌리면서 말한다. 뒤쪽에 "마르틴"이라는 글자가 새겨져 있었다. 취리히 대학에 자리를 잡아 떠날 때까지 이네크가 그것을 사용했다고 한다. "제가 물려받았죠." 놋이 자랑스러운 듯 덧붙인다. 나 또한 역사의 사슬 중 일부가 된 기분이다. 이제 우리는 2012년 이네크의 실험을 재현한다. DNA 조각을 Cas9과 가이드 RNA와 함께 배양해 지정된 위치에서 절단하는 실험이다. 이 순간 이네크의 아이스 버킷을 사용한다니, 정말이지 감개가 무량하다.

놋이 피펫으로 재료들을 배합하고 10분에 걸쳐 배양하면서 각 실험 단계를 자세히 설명해준다. 결과물이 눈에 잘 보이게 염료를 첨가한 뒤 전기영동이라는 과정을 거치면 지금까지 실험한 결과의 이미지를 생성할 수 있다고 한다. 전기영동은 젤 안에 DNA를 넣고 전기장을 통과시켜 크기에 따라 분리하는 기술이다. 결과를 인쇄해보니 젤을 따라 서로 다른 위치에 가로로 표시된 밴드가 보인다. DNA가 정말 Cas9에 의해 잘렸는지, 그렇다면 어떻게 잘렸는지를 보여주는 이미지다. "교과서에 실어도 되겠는데요!" 프린터에서 결과지를 뽑아 들며 놋이 외친다. "이 밴드들의 차이점을 좀 보시죠."

실험실에서 나오던 중, 엘리베이터 앞에서 다우드나의 남편인 제이미 케이트와 마주친다. 내가 젤 사진을 보여주자 케이트는 두 개의 기둥 바닥에 있는 흐린 선을 가리키며 묻는다. "이것들은 뭘까요?" 놀랍게도 나는 답을 알고 있다(놋 선생님의 성실한 가르침 덕분이다). "RNA죠." 그날 저녁, 케이트는 놋과 내가 실험대 앞에 앉아 있는 사진을 첨부해 트윗을 작성했다. "월터 아이작슨이 내가 출제한 깜짝 퀴즈를 맞혔네요!" 일은 놋이 다 했다는 사실을 상기하기 전까지 아주 잠깐이나마, 나는 진짜 유전자 편집자가 된 기분을 맛본다.

제니퍼 해밀턴

다음으로는 인간 세포 안에서 유전자를 편집하는 과제에 도전한다. 그러니까 2012년 말, 장과 처치와 다우드나 랩에서 성공한 실험을 따라 해보겠다는 뜻이다.

이 실험은 다우드나 랩의 또 다른 박사 후 연구원인 제니퍼 해밀턴과 함께했다. 해밀턴은 시애틀 출신으로, 뉴욕 마운트시나이 의과대학에서 미생물학으로 박사 학위를 받았다. 커다란 안경을 쓰고 늘 함박웃음을 짓는 해밀턴은 바이러스를 이용해 유전자 편집 도구를 인간 세포로 전달하는 실험에 열정을 쏟는다. 해밀턴은 2016년 다우드나가 마운트시나이의 여성 과학자 모임에 강연하러 왔을 때 학생 인솔자로 그녀를 만났다. "교수님을 보자마자 뭔가 통하는 느낌을 받았어요."

당시 다우드나는 게놈혁신 연구소를 세우고 베이 에어리어의 연구자들을 한 지붕 아래 소집하기 시작한 참이었다. 치료를 목적으로 크리스퍼를 인간 세포에 들여보내는 방법을 고안하는 것이 연구소의 임무 중 하나였고, 그리하여 해밀턴이 채용되었다. "제가 바이러스를 조작하는 기술을 배웠거든요. 그 기술을 적용해 크리스퍼를 인간의 몸속으로 전달하는 방법을 찾고 싶었죠."[3] 이후 다우드나 랩이 코로나바이러스 팬데믹에 맞서 크리스퍼에 기반한 치료법을 인간 세포에 배달하는 방법을 찾아야 할 순간에 더없이 유용해질 전문 분야였다.

인간의 세포에서 DNA를 편집하는 실험을 시작하면서, 해밀턴은 시험관에서보다 훨씬 까다로운 일이 될 거라고 강조한다. 전날 낮과 편집했던 DNA 가닥은 2.1킬로베이스(DNA 염기쌍이 2100개 있다는 뜻이다)에 불과했지만, 오늘은 640만 킬로베이스짜리다. 세포는 사람의 신장에서 채취한 것을 사용한다. "인간의 유전자를 편집할 때 가장 큰 어려움은, 편집 장비가 세포의 바깥 세포막을 지나고 또 핵막을 지나 DNA가 있는 데까지 무사히 도착하게 하는 거예요. 그런 다음에는 이 도구가 게놈에서 지정된 위치를 찾아가게 해야 하죠."

의도한 바는 아니겠으나, 실험 과정에 대한 해밀턴의 설명은 마치 유전자 편집 기술이 시험관에서 인간 세포로 넘어가기가 쉽지 않다는 장의 주장을 뒷받침하는 것 같다. 하지만 나 같은 문외한이 그 일에 막 도전할 참이라는 사실은 그와 반대되는 주장에 적용할 수 있으리라.

해밀턴에 따르면 우리는 인간 세포 DNA의 특정 장소에서 이중 가닥을 끊어내고, 여기에 추가로 DNA 주형을 제공해 새로운 유전자를 삽입할 계획이다. 실험에 사용한 인간 세포의 DNA에는 푸른색으로 빛나는 형광 단백질 유전자를 삽입해두었다. 이제 이 세포들을 세 집단으로 나눈 뒤, 크리스퍼-Cas9으로 그중 한 집단의 형광 단백질 유전자를 절단해 기능하지 못하게 만든다. 이 세포들은 빛을 내지 않을 것이다. 두 번째는 첫 번째처럼 크리스퍼로 형광 단백질을 잘라내되, 그 자리에 삽입할 주형을 따로 제공한다. 이 주형 DNA의 유전자는 원래 있던 것과 염기쌍 세개가 다르기 때문에 형광 단백질 색깔이 파란색에서 초록색으로 바뀔 것이다. 마지막으로 세 번째는 아무 처리도 하지 않은 대조군이다.

크리스퍼-Cas9과 주형을 세포의 핵 안으로 들여보낼 땐 '뉴클레오펙션(nucleofection)'이라는 기술을 사용하는데, 전기 펄스를 주어 세포막의 투과성을 높이는 방식이다. 편집 과정이 완전히 마무리되면 형광 현미경으로 결과를 확인할 수 있다. 아무 변화도 주지 않은 대조군은 여전히 푸르게 빛난다. 크리스퍼-Cas9으로 잘라냈지만 대체할 주형을 주지 않은 집단은 전혀 빛을 발하지 않는다. 이어 새로운 주형으로 편집한 마지막 집단을 현미경 아래 놓고 살핀다. 세포들은 푸른색이 아닌 초록색으로 빛나고 있다! 내가 인간 세포를 편집하고 유전자를 바꾼 것이다 (뭐, 실제로는 해밀턴이 편집했고, 나는 열의만 넘치는 보조였지만).

내가 무슨 큰일이라도 저지른 건 아닐까 하는 생각에 놀랄 필요는 없다. 우리는 실험에 사용한 모든 시료에 염소계 표백제를 잘 섞은 다음 싱크대에 흘려보냈다. 그러나 이를 통해 한 가지는 확실해졌다. 약간의 실험 기술만 갖추고 있다면, 학생이든 나쁜 마음을 먹은 과학자든 이 모든 일을 아주 손쉽게 해낼 수 있으리라는 사실 말이다.

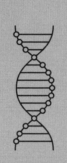

콜드 스프링 하버에 걸린 제임스 왓슨 초상화, 루이스 밀러 작

PBS 다큐멘터리 〈왓슨을 해독하다〉에서 제임스 왓슨과 아들 루퍼스

46장
다시, 왓슨을 생각하다

지능

　1986년 당시 연구소장이었던 제임스 왓슨의 주도하에 매년 인간 게놈에 관한 영향력 있는 학술 대회를 개최하기 시작했던 콜드 스프링 하버 연구소는, 2015년 가을부터 크리스퍼 유전자 편집에 초점을 맞춘 새로운 학술 대회를 추가하기로 했다. 그 첫해의 강연자들에 이 책의 주인공 네 명이 모두 포함된다. 제니퍼 다우드나, 에마뉘엘 샤르팡티에, 조지 처치 그리고 장평.

　콜드 스프링 하버에서 주최하는 대부분의 학회에 얼굴을 비쳤던 왓슨은 크리스퍼 그룹의 초반 모임에도 참석했다. 그는 자신을 그린 커다란 유화 초상화가 걸려 있는 강당의 앞줄에 앉아 다우드나의 강연을 들었다. 마치 다우드나가 대학원생으로 처음 그곳을 방문했던 1987년 여름이 재현된 듯한 광경이었다. 그때도 왓슨은 맨 앞에 앉아 어린 다우드나가 잔뜩 긴장한 채 자기 복제 RNA에 관해 발표하는 모습을 지켜보았다. 다우드나의 발표가 끝나자 왓슨은 30년 전에 그랬듯 몇 마디 칭찬을 건네며, 지능의 향상을 포함해 인간 유전자를 편집하려는 연구를 계속 추진하는 것이 중요하다고 말했다. 몇몇 참석자들에게는 그야말로 역사적인 순간이었다. 스탠퍼드 생물학과 교수 데이비드 킹슬리는 왓슨과 다우드나가 이야기하는 모습을 사진에 담았다.[1]

그러나 내가 참석했던 2019년의 모임에서, 왓슨은 그의 지정석이나 다름없는 맨 앞자리에 모습을 보이지 않았다. 그의 초상화도 찾아볼 수 없었다. 왓슨은 모든 학회에 참석을 금지당했다. 대신 일종의 감금형에 처해져 연구소 캠퍼스 최북단에 자리한 '밸리봉(Ballybung)'이라는 팔라디오풍 저택에서 아내 엘리자베스와 우아하지만 고문이나 다름없는 격리 생활을 이어가고 있었다.

문제는 2003년, 왓슨이 DNA 구조 공동 발견 50주년을 기념해 PBS와 BBC가 제작한 다큐멘터리의 인터뷰에 응하면서 시작됐다. 그는 유전공학이 언젠가는 지능이 낮은 사람들을 '치료'하는 데 사용되어야 한다고 말했다. "아둔함은 일종의 질병입니다." 이는 아마도 그 자신이 과학사에 길이 남을 발견을 이루어냈다는 자부심, 그리고 인간의 본질을 결정하는 DNA의 힘에 의해 조현병을 앓게 된 아들 루퍼스로 인한 일상의 고뇌가 키운 깊은 믿음을 반영한 발언이었을 것이다. "초등학교 공부도 쫓아가지 못하는 하위 10퍼센트들을 생각해보세요. 무엇이 그들을 그렇게 만들었을까요?" 왓슨이 말을 이었다. "사람들은 빈곤 같은 게 아니겠냐고 말하고 싶겠지만, 아마 아닐 겁니다. 난 그 원인을 제거해 하위 10퍼센트를 돕고 싶은 거고요." 논란의 불씨를 제대로 지피겠다는 결심이라도 한 양, 왓슨은 유전자 편집이 사람들의 외모 향상에도 사용될 수 있다고 덧붙였다. "사람들은 세상 모든 여자가 예뻐진다면 끔찍할 거라고들 하는데, 난 아주 좋을 것 같거든요."[2]

왓슨은 스스로를 정치적 진보주의자라 여겼다. 그는 프랭클린 루스벨트부터 버니 샌더스까지 내내 민주당을 지지했으며, 자신이 유전자 편집을 옹호하는 이유는 운이 나쁜 수많은 이들의 삶을 개선하고 싶어서라고 주장했다. 그러나 하버드 대학 철학자 마이클 샌델이 언급한 것처럼, "왓슨의 언어에는 낡은 우생학적 감성 이상의 냄새가 난다".[3] 오랜 세월에 걸쳐 우생학적 감성을 조장해온 콜드 스프링 하버 연구소에서 풍겨 나온, 유난히 혐오스러운 냄새였다.

지능에 대한 언급 자체도 논란거리였으니, 2007년 왓슨은 지능을 인종과 연관 지으면서 결국 선을 넘었다. 그해 그는 자신의 또 다른 회고록을 출간했는데, 그 제목 『지루한 사람과 어울리지 마라』의 '지루한'은 동사와 형용사 양쪽 모두로 읽을 수 있는 중의적 의미를 지니고 있었다 (원제 'Avoid Boring People'을 직역하면 '지루한 사람을 피하라' 또는 '남을 지루하게 하지 말라'의 두 의미로 해석할 수 있다—옮긴이). 당연히, 어쩌면 날 때부터 지루한 사람들을 싫어했던 왓슨은 거르지 않은 도발적인 말들을 중얼대길 즐겼으며, 거기에 콧방귀와 예의 없는 미소가 양념처럼 따라붙곤 했다. 책의 홍보 일환으로 런던 《선데이 타임스》에 실을 인터뷰를 여러 차례 진행하면서 그의 흥분하기 쉬운 성격이 여실히 드러났다. 평소에도 부주의하긴 했지만 이번엔 특히 더 그랬는데, 인터뷰를 맡은 프리랜서 과학 기자 샬럿 헌트-그루브가 1년간 콜드 스프링 하버에서 왓슨 가족과 함께 지내던 학생이자 그의 테니스 상대였기 때문이다.

그리하여, 헌트-그루브가 왓슨을 따라 서재에서 동네 식당을 지나 피핑 록 클럽의 잔디 테니스장까지 동행하는 나른한 특집 스토리가 탄생했다. 이 이야기에서 왓슨은 테니스 경기를 마친 뒤 잠시 현재의 삶을 돌아본다. "나는 늘 그런 생각을 합니다. 정신 질환을 일으키는 유전자를 내 살아생전에 찾아낼 수 있을까? 10년 안에 암 치료법이 나올까? 내 테니스 서브 실력이 좀 더 향상될까?"[4]

4000자짜리 글을 마무리하며, 헌트-그루브는 무심코 왓슨이 인종에 대해 언급한 내용을 인용했다.

> 그는 "아프리카의 전망에 대해 본질적으로 회의적"이었다. "우리의 모든 사회정책은 저들의 지능이 우리와 동등하다는 전제하에 세워지는데, 실제 검사를 해보면 모두 사실이 아니라고 나온다. 나는 이것이 대놓고 말하기 힘든, 참으로 난감한 문제임을 안다." 그는 모든 사람이 동등하기를 희망하지만, "흑인 직원과 일해본 사람은 그게 사실이 아님을 알 것"이라고 말했다.

기사는 엄청난 논란을 일으켰고, 결국 왓슨은 콜드 스프링 하버의 소장직을 내려놓아야 했다. 그나마 한동안은 회의에 참석하고 싶을 경우 캠퍼스 꼭대기에 있는 집에서 연구소로 내려오는 것까지는 허용되었다.

왓슨은 아프리카인들이 "유전적으로 다소 열등하다"고 암시한 사실에 자신도 "몹시 당황스러웠다"며 지난 발언을 바로잡고자 애썼다. 연구소 측의 성명에 "그렇게 말하려던 게 아니었다. 내 견해에서 더 중요한 것은 그런 믿음에 과학적 근거가 없다는 점이다"라고 덧붙이기도 했다.[5] 하지만 왓슨의 사과에는 한 가지 문제가 있었다. 사실 그는 그렇게 말하려던 게 **맞았고**, 원래 그런 사람이었기 때문에 필연적으로 앞으로도 그렇게 말하지 않기란 어려우리라는 점이었다.

왓슨의 90세 생일

왓슨이 아흔 살이 될 무렵인 2018년에는 그를 둘러싼 논란도 잠잠해진 듯했다. 콜드 스프링 하버 연구소에 들어온 지 50주년, 엘리자베스와의 결혼 50주년, 더불어 그의 90세 생일을 축하하기 위해 연구소 내 강당에서 유명 피아니스트 에마누엘 악스가 콘서트를 열어 모차르트를 연주했고 축하 만찬이 이어졌다. 연구소에서는 명예 석좌교수 수당을 75만 달러로 인상했다.

그때껏 왓슨의 지인과 동료들은 어렵사리 균형을 유지하려고 애써온 터였다. 그는 근대 과학에서 가장 영향력 있는 사상가 중 하나로 존경받았고 때로는 글이나 대화에 드러나는 불손한 태도가 용납되기도 했지만, 인종과 지능에 대한 논평으로 뭇매를 맞기도 했다. 그 균형을 유지하기란 쉽지 않았다. 축하연이 있고 몇 주 뒤, 연구소의 유전학 학회에서 에릭 랜더는 청중석에 앉아 있는 왓슨을 위한 건배사를 요청받았다. 랜더는 언제나처럼 유쾌한 방식으로 왓슨이 "결점을 지닌" 사람이라 꼬집으면서도, 인간 게놈 프로젝트에서 보여준 리더십과 "인류의 이익을 위해 과학의 경계를 탐구하도록 우리 모두를 밀어붙인 공로"에 대한 감사와 덕담을 덧붙였다.

하지만 그 건배사가 특히 트위터에서 큰 반발을 불러왔다. 과거 「크리스퍼의 영웅들」이라는 글에서 다우드나와 샤르팡티에의 역할을 축소했다가 이미 가루가 되도록 까인 경험이 있기에, 랜더는 곧바로 사과했다. "제 건배사는 옳지 못했습니다. 죄송합니다." 브로드 연구소 동료들에게 보낸 공개서한에서 그는 이렇게 자신의 뜻을 밝혔다. "저는 그의 파렴치한 견해를 거부합니다. 모두를 환영해야 하는 과학계에서조차, 그의 관점은 설 자리가 없습니다." 이어 랜더는 과거 자신과 왓슨이 자기 기관에 기부한 유대인에 관해 나눈 대화를 언급하며 아리송한 말을 덧붙였다. "그 혐오스러운 발언들을 받아낼 수밖에 없었던 사람으로서, 나는 어떤 식으로든 그를 인정하는 일이 야기할 문제에 대해 보다 신중하게 고민해야 했습니다."[6]

왓슨은 "어떤 식으로든 그를 인정"한 것이 잘못이었다는 랜더의 언급과 자신이 반유대주의자라는 암시에 격분했다. "랜더는 지금 농담을 하는 것인가. 내 인생은 유대인을 사랑한 아버지로부터 큰 영향을 받았고, 미국에 있는 내 훌륭한 지인들은 모두 유대인이었다." 이어 그는 "북유럽에서 몇백 년 동안 살았던 아시케나지 유대인들은 다른 인종보다 유전적으로 지능이 더 높다"고 강조하며, 심지어 유대인 노벨상 수상자들의 이름을 줄줄이 열거함으로써 자신을 향한 비난에 불을 붙였다.[7]

미국의 거장

2018년, PBS의 '미국의 거장들(American Masters)' 시리즈 제작 팀이 왓슨에 관한 다큐멘터리를 제작하기로 결정하면서 왓슨의 과학적 성공과 논란이 된 관점들 사이에서 균형 있고 친밀하고 복잡하고 미묘한 모습들을 연출하기 시작했다. 왓슨도 전적으로 협조해, 자신의 우아한 집과 콜드 스프링 하버 캠퍼스를 오가는 내내 카메라가 따라다니도록 허락했다. 다큐멘터리는 프랜시스 크릭과의 지적인 브로맨스, 로절린드 프랭클린의 DNA 이미지를 무단으로 사용하며 불거졌던 논란, 유전자 치료로 암을 정복하기 위한 말년의 탐구까지 그의 인생 전체를 다루었다. 가장 감동적인 부분은 왓슨이 아내와 조현병을 견뎌내며 살아가는 48세의 아들 루퍼스가 함께한 장면이었다.[8]

인종 발언에 대한 논란 또한 다루어졌다. 진화생물학으로 박사 학위를 받은 최초의 아프리카계 미국인 조지프 그레이브스가 과학 연구에 근거해 지능과 인종에 관한 그의 관점을 반박했다. "우리는 인간의 유전자 변이에 대해 상당히 많이 알고 있으며, 그러한 변이가 지구 전체에 어떤 식으로 분포하는지도 잘 압니다." 그레이브스의 말이다. "특정 집단이 더 높은 지능을 갖는다는 유전적 차이에 관한 증거는 전혀 없어요." 이어 인터뷰 진행자는 왓슨에게—거의 떠밀듯이—과거 논란이 되었던 발언을 철회하거나 번복할 기회를 주었다.

왓슨은 기회를 붙잡지 않았다. 카메라에 가까이 잡힌 그는 해야 할 말을 떠올리지 못하는 나이 든 학생처럼 머뭇거렸고, 심지어 살짝 떨고 있는 듯 보이기도 했다. 천성적으로 사탕발림을 하거나 입을 다물 수 없는 사람의 모습이었다. "양육이 본성보다 중요하다는 새로운 지식이 밝혀져 내 생각이 바뀌길 바랍니다." 카메라가 돌고 있는 가운데 왓슨이 마침내 입을 열었다. "그러나 아직까지 그에 관한 어떤 연구 결과도 보지 못했어요. 그리고 흑인과 백인의 평균 지능에는 분명 차이가 있죠. 나는 그 차이가 유전자에서 나온다고 생각합니다." 그리고 자기 인식의 시간이 이어졌다. "이중나선을 찾는 시합에서 이긴 사람은 유전자를 중요하게 여길 수밖에 없어요. 놀랄 일도 아니잖습니까."

이 다큐멘터리는 2019년 1월 첫째 주에 방영되었다. 《뉴욕 타임스》의 에이미 하먼이 왓슨의 발언으로 기사를 썼다. 「제임스 왓슨은 인종 발언으로 추락한 자신의 평판을 구할 기회가 있었지만 상황을 더 악화시켰다」라는 제목이었다.[9] 하먼은 인종과 지능지수의 상관관계에 대한 복잡한 논쟁이 있었다고 언급한 뒤, 국립보건원장이자 왓슨에 이어 인간 게놈 프로젝트를 이끌었던 프랜시스 콜린스의 말을 인용해 보편적인 관점을 제시했다. "지능검사에서 도출되는 흑인과 백인의 차이는, 1차적으로 유전자가 아닌 환경의 차이에서 비롯하는 것으로 보입니다."[10]

콜드 스프링 하버 연구소 이사회는 마침내 왓슨과의 모든 연결 고리를 끊어내기로 했다. 왓슨의 말은 "과학으로 뒷받침되지 않는, 비난받아 마땅한 발언"이라며 그의 명예직을 박탈하고, 대형 강당에 걸려 있던 크

고 우아한 유화 초상화를 철거했다. 그러나 연구소 내 사택에서 그가 계속 머무는 것은 허용했다.[11]

제퍼슨 난제

왓슨은 역사가들에게 '제퍼슨 난제(Jefferson Conundrum)'라 할 만한 까다로운 문제를 제시한다. 위대한 업적을 이룬 누군가가 이후 비난받을 만한 짓을 했다면, 우리는 이 사람을 어느 수준까지 존경해야 하는가?

이 난제가 제기하는 한 가지 문제는 적어도 비유적으로나마 유전자 편집과도 유사한 면이 있다. 예컨대, 겸상적혈구 빈혈증이나 HIV 수용성처럼 원치 않는 형질을 일으키는 유전자를 잘라낼 경우 말라리아 또는 웨스트나일 바이러스 저항성 같은 기존의 바람직한 형질에도 변화를 가져올 수 있다는 점을 떠올려보자. 결국 이는 한 사람의 업적에 대한 존경과 그 사람의 결점에 대한 멸시 사이의 균형에 관한 문제가 아니다. 더 복잡한 문제는, 그의 업적과 결점이 서로 맞물려 있느냐에 있다. 만약 스티브 잡스가 마냥 친절하고 상냥했다면, 현실을 왜곡하고 사람들이 자신의 숨겨진 잠재력을 깨닫도록 몰아붙일 만한 열정을 가질 수 있었을까? 왓슨은 이단적이고 도발적인 성향을 처음부터 타고난 사람이다. 그 성향이 그가 옳았을 땐 과학의 경계 너머로 그를 밀고 나가고, 틀렸을 땐 편견의 어두운 심연으로 몰고 갔던 게 아닐까?

나는 누군가의 결점이 그의 위대함과 맞물려 있다는 사실이 일종의 면죄부로 작용해서는 안 된다고 믿는다. 그러나 왓슨은 지금 내가 쓰고 있는 이 책의 중요한 요소이며—알다시피 이 책은 다우드나가 『이중나선』을 집어 들고 생화학자가 되기로 결심하는 장면에서 시작한다—유전학과 인간 향상에 대한 그의 관점은 유전자 편집에 관한 정책 논쟁의 저류나 마찬가지다. 그리하여 나는 2019년 여름 콜드 스프링 하버의 크리스퍼 학회에 앞서 직접 왓슨을 만나보기로 했다.

왓슨을 방문하다

내가 제임스 왓슨이라는 사람과 알고 지내기 시작한 건《타임》지에서 일하던 1990년대 초, 왓슨이 이렇게 논란의 중심에 서기 전이었다. 우리는 인간 게놈 프로젝트에서 그의 업적을 다루었고, 그에게 글을 의뢰했으며, 20세기의 가장 영향력 있는 인물 100명에 그를 선정하기도 했다. 1999년,《타임》100주년을 기념하는 만찬 자리에서 나는 왓슨에게 고인이 된 라이너스 폴링을 위한 건배사를 부탁했다. 왓슨은 DNA 구조를 밝히는 대결에서 라이너스 폴링을 이긴 바 있다. "실패는 위대함의 곁에 불편할 정도로 가까이 머뭅니다. 이제 중요한 것은 그의 완벽함이지 과거의 불완전함이 아닙니다."[12] 언젠가는 사람들이 왓슨에 대해서도 그리 말할 날이 올지 모르지만, 2019년의 그는 배척의 대상이 되어 있었다.

콜드 스프링 하버 연구소 캠퍼스에 있는 자택에 도착했을 때 왓슨은 사라사로 커버를 씌운 안락의자에 기운 없이 앉아 있었다. 몇 달 전 중국에 다녀왔는데, 연구소 사람 중 누구도 공항으로 마중을 나오지 않아 혼자서 어둠 속을 운전하다가 길을 잘못 들어 사고가 나는 바람에 오래 입원했다는 것이었다. 그러나 그는 여전히 예리한 정신으로 어떻게 하면 크리스퍼를 공정하게 사용할 수 있을까 하는 문제에 골몰해 있었다. "이 도구가 오로지 상위 10퍼센트의 문제와 욕망을 해결하는 데 쓰인다면 정말 끔찍할 겁니다." 왓슨의 말이다. "지난 수십 년 동안 점점 더 불평등하게 진화해온 이 사회가 앞으로 훨씬 더 나빠질 수 있어요."[13]

이에 대해 왓슨이 제안하는 한 가지 방안은, 유전공학 기술에 특허를 허용하지 않는 것이다. 헌팅턴병이나 겸상적혈구 빈혈증 같은 파괴적인 질병의 안전한 치료법을 연구할 자금은 계속 지원될 것이다. 물론 특허를 금지하면 유전자 향상 기술을 최초로 고안해낸 사람이 누릴 혜택은 줄어들 테지만, 발명된 기술을 누구나 복제할 수 있게 되니 이를 모두가 더 저렴하게 널리 이용하는 것이 가능해진다. "보다 공평해질 수 있다면 과학의 발전은 조금 늦어져도 괜찮다는 게 내 생각이에요."

본인도 이것이 다소 과격한 제안이라는 걸 안다는 듯, 왓슨은 짓궂은 일을 저지른 개구쟁이처럼 콧소리를 내며 웃었다. "직설적이고 엇나가는 이 성격이 내 과학 연구에 도움이 되었다고 생각합니다. 왜냐하면 난 다른 이들이 믿는다는 이유로 뭔가를 받아들이지는 않으니까요." 왓슨이 말했다. "내 장점은 남들보다 똑똑하다는 게 아니라 기꺼이 대중을 불쾌하게 할 수 있다는 거죠." 그는 때로 자신의 생각을 밀어붙이기 위해 "지나치게 솔직하게" 나오기도 한다는 사실을 인정했다. "과장할 필요가 있었으니까요."

나는 인종과 지능에 관한 논평도 그런 경우였냐고 물었다. 왓슨은 그 일에 대해 유감을 표하면서도 후회의 기색은 내비치지 않았다. "사실 PBS 다큐멘터리는 굉장히 좋았어요. 다만 인종에 대해 내가 옛날에 한 말들을 강조하지 않았으면 좋았을 텐데요." 왓슨이 대답했다. "그 문제에 대해선 더 이상 공개적으로 발언하지 않을 생각입니다."

하지만 마치 누가 강요라도 한 양, 왓슨은 다시 그쪽으로 주제를 돌리기 시작했다. "내가 믿는 걸 부정할 수는 없어요." 이어 그는 지능지수 측정의 역사와 다양한 방법, 기후의 영향, 시카고 대학 학부 시절 루이스 리온 서스톤한테서 배운 지능 분석 요인에 대해 이야기하기 시작했다.

굳이 그런 이야기를 꺼낼 필요가 있냐는 질문에 그는 대답했다. "《선데이 타임스》의 그 여자와 인터뷰한 뒤로 난 인종에 관해 한 번도 얘기한 적이 없어요." 그가 말했다. "그 사람도 아프리카에 살았던 적이 있어서 내 말이 무슨 뜻인지 잘 알았어요. 딱 한 번 더 말한 게 그 텔레비전 인터뷰 때였는데, 그땐 나도 어쩔 수 없었고요." 참을 수도 있지 않았냐고 묻자, "난 늘 진실을 말하라는 아버지의 조언을 따랐을 뿐이에요"라는 대답이 돌아왔다. "누군가는 진실을 말해야 하니까요."

"하지만 그건 진실이 아니잖습니까. 전문가 대부분이 당신의 관점이 틀렸다고 밝혔는데요."

이 말에 그는 아무 대꾸도 없었지만, 아버지가 또 어떤 조언을 하셨냐고 묻자 곧장 대답이 돌아왔다. "항상 친절하라고 하셨죠."

"그 충고를 귀담아들었나요?"

"그 말씀을 좀 잘 들을걸 그랬어요. 항상 친절하려고 더 노력했어야 했는데 말이죠."

왓슨은 그로부터 일주일 뒤에 열릴 콜드 스프링 하버의 크리스퍼 연례 학회에 정말로 참석하고 싶어 했다. 하지만 연구소는 출입 금지 명령을 풀어주지 않을 터였다. 그는 내게 학회가 끝나면 다우드나를 집으로 데려와주지 않겠냐고 부탁했다.

루퍼스

내가 왓슨과 이야기를 나누는 내내 아들 루퍼스는 부엌에 앉아 있었다. 그는 대화에 끼어들지 않았지만 우리의 대화를 모두 듣고 있었다.

어려서 루퍼스는 아버지의 어린 시절 모습과 아주 비슷했다. 마른 체형에 흐트러진 머리칼, 편안한 미소, 그리고 호기심에 찬 듯 옆으로 살짝 기울어진 갸름한 얼굴까지. 부전자전, 유전의 힘이랄까. 그러나 이제 40대 후반이 된 루퍼스는 통통한 체형에 다소 단정치 못한 모습이었고, 자연스럽게 웃는 법을 잊은 지 오래였다. 루퍼스는 자신의 상태를, 그리고 아버지의 상황도 정확하게 인지하고 있었다. 변덕스럽고 예민하고 영민하고 산만하고 거침없이 장광설을 늘어놓으며 잔인하리만치 솔직하지만, 한편으론 모든 대화에 주의를 기울이며 상냥함을 보이는 태도. 조현병의 특징이기도 한 이 모든 태도는, 그 정도와 형태는 다를지언정 그의 아버지에게도 적용된다. 아마도 언젠가는 인간 게놈을 해독해 이 증상들을 설명할 수 있을 것이다. 아니, 어쩌면 영영 그렇게 되지 않을 수도 있고.

"우리 아버지는 '내 아들 루퍼스는 영리하지만 정신적으로 건강하지 않다'라고 이야기하죠." 루퍼스가 '미국의 거장들' 인터뷰에서 한 말이다. "하지만 전 그 반대라고 생각해요. 전 멍청할 뿐 아픈 게 아니거든요." 루퍼스는 자신이 아버지를 실망시켰다고 생각한다. "내가 얼마나 머리가 나쁜지 깨달았을 땐 정말 이상했어요. 아버지는 그렇지 않으니까요. 내가 우리 부모님한테 짐이겠구나 싶었죠. 아버지가 성공한 사람이니 자식도 성공해야 마땅하잖아요. 아버지는 열심히 일했어요. 그러니까 운명이란 게 있다면 아버진 훌륭한 아들을 두어야만 했죠."[14]

왓슨과의 대화 중 그가 인종 문제로 주제를 돌리려 하자, 루퍼스가 부엌에서 소리를 지르며 불쑥 들어왔다. "아버지한테 이런 얘기를 들으러 오신 거라면 죄송하지만 이제 그만 가주시죠." 왓슨은 어깨를 으쓱일 뿐 아들에게 아무 말도 하지 않았지만, 어쨌든 인종 이야기는 그만두었다.[15]

나는 아버지를 향한 루퍼스의 강한 보호 본능을 느꼈다. 이처럼 무섭게 화를 내는 모습을 통해 그에게는 아버지에게 부족한 지혜가 있음을 알 수 있었다. "아버지가 하는 말들이 아버지를 완고한 차별주의자로 보이게 할지도 몰라요. 하지만 그 말들은 그저 유전적 운명에 대해 그분이 다소 편협한 시각을 가지고 있다는 사실을 보여줄 뿐입니다." 그가 옳다. 여러 면에서 아버지보다 현명한 아들이다.[16]

제임스 왓슨의 초상화 앞에서 이야기를 나누는 다우드나와 왓슨

47장
다우드나가 왓슨을 찾아가다

조심스러운 대화

왓슨이 부탁한 대로 나는 다우드나에게 학회 중에 왓슨을 찾아가볼 생각이 없는지 물었다. 그렇게 우리 둘이 왓슨의 집에 들어서자, 그는 학회에서 발표된 논문 초록이 포함된 책자를 보여달라고 청했다. 나는 망설였다. 책자 겉표지가 로절린드 프랭클린의 '51번 사진', 즉 왓슨의 DNA 구조 발견에 결정적인 역할을 한 이미지로 되어 있기 때문이었다. 그러나 그는 기분 나빠하기는커녕 즐거운 눈치였다. "아, 이 사진. 죽을 때까지 날 쫓아다니면서 괴롭히겠지." 이어 잠시 생각하더니 짓궂은 미소를 지으며 말을 이어나갔다. "하지만 로지는 이게 나선형이라는 걸 몰랐죠."[1]

햇빛이 비쳐 드는 거실에서 복숭앗빛 스웨터를 입은 왓슨이 지난 세월 수집해온 미술품들을 보여줬다. 감정으로 일그러진 인간의 얼굴을 추상적으로 표현한 근대미술 작품들이 유난히 눈에 들어왔다. 존 그레이엄, 앙드레 드랭, 위프레도 람, 두일리오 바르나베, 파울 클레, 헨리 무어, 호안 미로의 그림과 데생에 더하여, 살짝 뒤틀리고 수심에 잠긴 왓슨의 얼굴을 그린 데이비드 호크니의 작품도 있었다. 거실에는 클래식 음악이 흘렀다. 엘리자베스 왓슨은 거실 한쪽에 앉아 책을 읽었고, 루퍼스는 귀를 쫑긋 세운 채 부엌에서 보이지 않게 맴돌았다. 모두가 이 대화를 조심스럽게 이어가고 있었다. 심지어 왓슨까지도, 대체로 그랬다.

"크리스퍼가 DNA 구조 이후 가장 중요한 발견인 이유는, 우리가 이중나선으로 그랬듯 세상을 기술할 뿐 아니라 세상을 쉽게 바꿀 수도 있기 때문이죠." 왓슨의 말이다. 이어 그와 다우드나는 왓슨의 또 다른 아들인 던컨에 대해 이야기했다. 던컨은 다우드나와 가까운 버클리에 살고 있었다. "아들을 보러 버클리에 간 적이 있어요." 왓슨이 말했다. "버클리 학생들은 답이 없더구먼. 아주 진보적이더라고요. 이 진보적인 애들은 공화당 지지자들보다 더 멍청하다니까요." 이때 엘리자베스가 얼른 대화에 끼어들어 화제를 돌렸다.

다우드나는 5년 전 콜드 스프링 하버에서 왓슨이 게놈 편집과 관련해 소집했던 첫 번째 회의와 그가 청중석에서 다우드나에게 질문했던 일을 떠올렸다. "나는 크리스퍼 사용에 대해 아주 의욕적이었죠." 왓슨이 말했다. "제대로 된 생각이란 걸 하지 못하는 인간들을 훨씬 낫게 만들어 줄 테니까요." 이번에도 엘리자베스가 끼어들어 화제를 바꿨다.

인간의 삶에 드러난 복잡성

짧은 방문을 마치고 언덕을 따라 내려오면서, 난 다우드나한테 무슨 생각을 하느냐고 물었다. "열두 살, 『이중나선』을 읽기 시작했던 때를 생각하고 있었어요. 여기저기 페이지가 접힌 중고 책이었죠." 다우드나가 말했다. "나중에 이렇게 저자의 집에 찾아가 이야기를 나누는 날이 올

줄 알았다면 아마 좋아서 방방 뛰었을 거예요."

그날 다우드나는 별다른 말이 없었지만, 만남의 여운은 꽤나 길었다. 그 후 몇 달 동안 우리는 그날의 방문으로 돌아가곤 했다. "마음이 아프고 슬펐어요. 생물학과 유전학에 지대한 영향을 미친 사람이라는 건 분명한데, 그렇게 혐오스러운 생각을 표출하고 있었으니까요."

나와 함께 그를 만나러 가기로 했을 때 다우드나는 굉장히 복잡한 심경이었다고 한다. "그래도 따라나섰던 건, 왓슨이 생물학과 제 인생에 이루 말할 수 없는 영향을 준 사람이기 때문이었어요. 독보적인 경력으로 이 분야에서 진정으로 존경받는 인물이 될 만한 사람이었죠. 자신의 견해 때문에 모든 게 물거품이 되었지만요. 만나지 않는 편이 나았을 거라고 하는 이들도 있겠지만, 저한테는 그렇게 간단한 일이 아니에요."

다우드나는 자신을 화나게 했던 아버지의 성격 중 한 측면을 떠올렸다. 마틴 다우드나는 사람을 좋고 나쁜 범주로 나누는 경향이 있었고, 대부분의 사람들에게 존재하는 일종의 회색 지대를 존중하지 않았다. "아버지가 존경하고 또 훌륭하게 생각하는 사람들이 있었어요. 어떤 잘못도 저지를 수 없는 사람들이었죠. 반면 아주 끔찍하게 싫어하는 사람들은 뭘 하든 동의하지 않았어요. 마치 그들이 옳은 일이라고는 할 수 없는 것처럼요." 이에 반발해 다우드나는 사람의 복잡한 내면을 들여다보려고 애썼다. "전 세상이 회색조로 이루어져 있다고 느꼈어요. 훌륭한 자질을 가진 사람들한테도 결점은 있으니까요."

나는 생물학에서 종종 사용되는 '모자이크'라는 단어를 꺼냈다. "회색조라는 표현보다 낫네요." 다우드나가 말했다. "솔직히 우리 모두가 다 그렇잖아요. 모든 사람들이 속으로는 자신에게 좋은 면과 좋지 못한 면이 있다는 걸 알고 있죠."

우리 모두에게 결점이 있다는 에두른 인정이 내 호기심을 자극했다.

그 말이 본인에게는 어떻게 적용되냐고 농담처럼 묻자 그는 이렇게 대답했다. "후회하는 점이라면, 아빠와의 관계에서 별로 자랑스럽지 못했던 부분이 그렇겠죠. 전 아빠한테 실망했고, 아빠와의 대화가 답답했어요. 사람들을 이분법으로만 판단했으니까요."

"그게 당신이 제임스 왓슨이라는 사람을 보는 태도에도 영향을 미칠까요?"

"아버지처럼 단순하게 판단하고 싶지 않은 건 사실이에요. 전 위대한 일을 한 사람들을 이해하려고 노력해요. 또 어떤 부분에서는 내가 전혀 동의할 수 없는 사람들도 이해하려고 애쓰죠." 왓슨이 그 대표적인 예라고 그녀는 말했다. "왓슨은 지독하고 고약한 말들을 많이 해왔지만, 그를 볼 때마다 『이중나선』을 처음 읽고 '나도 언젠가는 저런 과학을 할 수 있을까' 생각했던 시절로 돌아가거든요."[2]

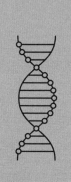

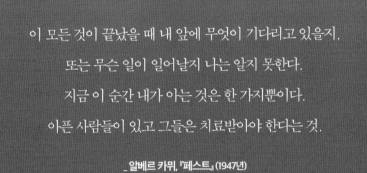

이 모든 것이 끝났을 때 내 앞에 무엇이 기다리고 있을지,

또는 무슨 일이 일어날지 나는 알지 못한다.

지금 이 순간 내가 아는 것은 한 가지뿐이다.

아픈 사람들이 있고 그들은 치료받아야 한다는 것.

_ 알베르 카뮈, 『페스트』(1947년)

9부

코로나바이러스

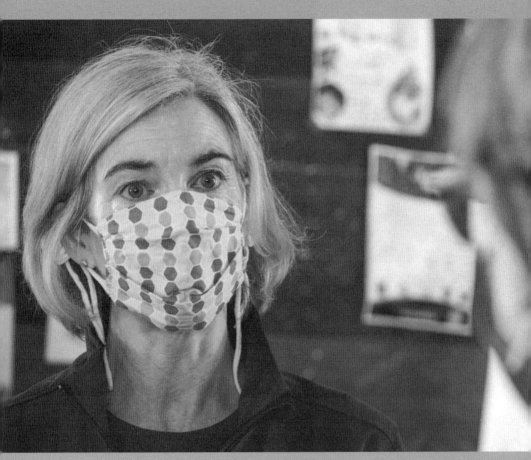

마스크를 쓴 다우드나

48장
전투 준비 명령

게놈혁신 연구소

2020년 2월 말, 다우드나는 세미나 참석차 휴스턴에 갈 예정이었다. 미국에서는 아직 다들 코앞에 닥친 코로나19 팬데믹을 크게 의식하지 않고 생활하던 시기였다. 공식적으로 보고된 사망자도 없었다. 그러나 위험신호가 감지되고 있었다. 중국에서는 이미 2835명이 사망했고, 주식시장도 사태를 주목하기 시작했다. 2월 27일, 다우지수가 1000포인트 이상 하락했다. "불안했죠." 다우드나가 당시를 떠올리며 말했다. "출장을 가도 될지 제이미와 의논했어요. 하지만 제가 아는 사람들은 다 평소와 다름없이 지내고 있더라고요. 그래서 저도 휴스턴에 다녀오기로 했죠." 다우드나는 물티슈를 챙겼다.

휴스턴에서 돌아온 뒤, 다우드나는 이 역병과 싸우기 위해 자신과 동료들이 무엇을 해야 할지 생각하기 시작했다. 크리스퍼를 유전자 편집 도구로 바꾼 경험을 통해 인간이 바이러스를 탐지하고 파괴하기 위해 사용할 수 있는 분자 메커니즘에 대한 깊은 감각을 얻게 된 터였다. 더 중요한 것은, 다우드나가 협업 전문가라는 점이었다. 코로나바이러스와 맞서 싸우려면 여러 전문 분야를 아울러 하나의 팀을 만들어야 한다는 사실이 분명해지고 있었다.

다행히 다우드나는 이 생각을 실행할 기반을 갖추고 있었다. 버클리와 UC 샌프란시스코의 공동 연구 기관인 게놈혁신 연구소를 맡은 참이었기 때문이다. 연구소는 버클리 캠퍼스 북서쪽 모퉁이에 현대식으로 지은 널찍한 5층짜리 건물로(원래는 '유전공학 센터'라는 이름으로 부르려고 했지만, 대학 측에서 그 명칭이 사람들의 심기를 건드릴까 염려했다),[1] 다양한 분야의 공동 연구를 촉구하려는 취지에 맞게 식물과학자와 미생물 연구자, 생화학 전문가들이 함께 모여 있었다. 이 시설에서 랩을 운영하는 연구자 중에는 다우드나의 남편인 제이미, 다우드나의 첫 크리스퍼 공동 연구자였던 질리언 밴필드, 다우드나 랩의 박사 후 연구원 출신인 로스 윌슨, 그리고 크리스퍼를 이용해 연못 속 박테리아가 대기 중의 탄소를 유기물로 전환하는 과정을 개선하는 생화학자 데이브 새비지도 포함되어 있었다.[2]

다우드나와 옆 연구실의 새비지는 여러 분야에 걸친 협동 작업의 모델이 될 만한 프로젝트의 추진에 관해 근 1년 가까이 이야기를 나눠온 터였다. 이 계획은 다우드나의 아들 앤디에게서 시작되었다. 2019년 여름에 앤디가 지역의 한 생명공학 연구소에서 인턴으로 일했는데, 그곳에서는 매일 여러 부서의 팀장들이 회사의 프로젝트를 성공시키기 위해 진행하는 업무를 공유하면서 하루를 시작한다는 것이었다. 그 얘기를 들은 다우드나가 웃으며 학술 기관의 연구소에서는 상상할 수도 없는 방식이라고 말하자 앤디는 "왜 안 되는데?" 하고 물었다. 다우드나는 대학에 소속된 연구자들은 독립성을 대단히 중시하며 대개 자기 영역에 있을 때 편안함을 느낀다고 대답했고, 이어 두 사람은 팀과 혁신, 창의성을 자극하는 작업 환경을 주제로 장시간 대화를 이어갔다.

2019년 말 다우드나는 버클리에 있는 한 우동 집에서 새비지과 의견을 나누었다. 어떻게 하면 기업 내 팀 문화의 최대 장점을 학계의 자율성과 결합할 수 있을지에 대한 고민이 오갔고, 두 사람은 다양한 랩에서 온 연구자들을 하나의 목표로 응집시킬 프로젝트의 가능성을 생각하기 시작했다. 그들은 이 아이디어에 '게놈혁신 연구소 팀 사이언스 워크숍(Workshop for IGI Team Science)', 줄여서 '위지트(Wigits)'라는 이름을 붙이고, 힘을 모아 함께 위지트를 세워보자는 농담을 주고받았다.

금요일 연구소의 해피 아워 시간에 운을 띄웠을 때 일부 학생과 박사후 연구원들은 열렬히 반겼지만, 교수들은 대부분 시큰둥한 반응이었다. "산업체에서는 합의된 공동의 목표를 달성하는 데 초점을 둡니다." 이런 팀워크를 고대해온 이들 중 하나인 개빈 놋의 말이다. "그러나 대학에서는 보통 각자의 관심에 따라 연구하고 필요할 때만 협력하죠." 마땅한 연구비도, 교수진의 의욕도 뒷받침되지 않은 상태에서 나온 그 발상은 곧 흐지부지되었다.[3]

그러던 중 코로나19가 발생했다. 새비지 랩 학생들은 지도교수에게 문자메시지를 보내 버클리가 이 사태의 수습을 위해 어떤 일을 하는지 물었고, 새비지는 바로 이것이야말로 다우드나와 논의했던 팀 접근법의 훌륭한 사례가 되리라는 걸 깨달았다. 그리고 이런 생각으로 다우드나 연구실에 들어선 순간, 다우드나도 같은 마음임을 알았다.

두 사람은 게놈혁신 연구소 동료들에 더해 이 일에 관심을 가진 다른 베이 에어리어 과학자들까지 소집하자고 뜻을 모았다. 그렇게 해서 3월 13일 오후 2시, 그들이 한자리에 모였다. 이 책의 도입부, 다우드나와 남편 제이미가 로봇 대회에 출전한 아들을 데리러 새벽 운전으로 프레즈노에 다녀온 다음 날이었다.

SARS-CoV-2

빠르게 확산 중인 새로운 코로나바이러스의 공식 명칭이 결정되었다. 중증 급성 호흡기 증후군 코로나바이러스 2(severe acute respiratory syndrome coronavirus 2), 줄여서 SARS-CoV-2. 2003년 중국에서 확산하여 전 세계적으로 8000명이 넘는 사람을 감염시킨 사스와 증상이 비슷해서 붙은 이름이었다. 이 새로운 바이러스가 야기하는 질병의 이름은 COVID-19(코로나바이러스감염증-19 혹은 코로나19)로 정해졌다.

바이러스는 겉으론 작고 단순해 보이지만 그 안에 나쁜 소식을 몰래 숨기고 있는 캡슐이라 할 수 있다.[*] 이 단백질 껍질 안에는 극소량의 유전물질이 DNA 또는 RNA 형태로 들어 있다. 바이러스는 생물의 세포에 침투한 뒤 해당 세포의 장비를 이용해 스스로를 복제함으로써 그 수를 불린다. 코로나바이러스의 유전물질은 다우드나의 전문 분야인 RNA이다. 인간 DNA에는 30억 개가 넘는 염기가 있는 반면, SARS-CoV-2의 RNA는 약 2만 9900개의 염기로 이루어져 있으며, 이 염기 서열이 겨우 스물아홉 개의 단백질을 만드는 코드를 제공한다.[4]

코로나바이러스 RNA의 염기 서열 샘플은 다음과 같다. CCUCGGC-GGGCACGUAGUGUAGCUAGUCAAUCCAUCAUUGCCUACACU-AUGUCACUUGGUGCAGAAAAUUC. 이는 바이러스 껍질 바깥에 붙어 있는 단백질을 암호화하는 문자열의 일부다. 해당 단백질은 스파이크처럼 생겼는데, 전자현미경으로 보면 왕관의 형태를 띠고 있어서 '관(冠)' 또는 '광륜'이라는 뜻을 지닌 '코로나(corona)'로 불리게 되었다. 이 스파이크 단백질은 사람의 세포 표면에 있는 특정 수용체에 열쇠처럼

---

[*] 물론 세상은 아주 유용하고 필요한 바이러스들로 가득 차 있기도 하지만, 그것들에 대한 이야기는 다른 책에 양보하겠다.

들어맞는다. 특히 위에 나열한 염기 서열 중 첫 열두 문자가 이 스파이크를 인간 세포의 수용체에 아주 단단히 들러붙게 만든다. 바이러스가 박쥐에서 인간을 포함한 다른 동물로 점프해가며 확산되는 현상은 이처럼 짧은 염기 서열의 진화로 설명할 수 있다.

SARS-CoV-2를 받아들이는 인간 수용체는 ACE2로 알려진 단백질이다. ACE2는 CCR5 단백질이 HIV를 받아들일 때와 비슷한 역할을 한다. 참고로 중국의 허젠쿠이가 독단적으로 크리스퍼 쌍둥이에게서 편집해버린 유전자가 바로 이 HIV 바이러스의 수용체인 CCR5 단백질 유전자였다. 그러나 ACE2 단백질은 수용체 역할 외에 다른 기능도 수행하기 때문에 무작정 제거하는 것이 능사는 아니다.

이 새로운 코로나바이러스가 2019년 말경 인간의 몸속에 파고들었다. 공식적으로 확인된 최초 사망자는 2020년 1월 9일 보고되었다. 그리고 같은 날, 중국 연구자들은 이 바이러스의 전체 염기 서열을 공개했다. 구조생물학자들은 액체 안에 동결된 단백질에 전자를 쏘아 관찰하는 저온 전자현미경을 사용해 코로나바이러스와 그 스파이크 단백질의 원자 하나, 꼬임 하나까지 정확한 모델을 밝혔고, 이에 분자생물학자들은 바이러스가 인간 세포에 안착하지 못하게 하는 치료법과 백신을 찾는 경쟁을 시작했다.[5]

전열을 가다듬다

3월 13일 회의에는 다우드나와 새비지와 예상했던 것보다 훨씬 많은 인원이 참가했다. 금요일 오후, 캠퍼스 전체가 폐쇄된 가운데 십수 명의 핵심 랩 수장과 학생들이 게놈혁신 연구소 건물 1층 회의실에 모였다.

베이 에어리어의 다른 연구자 쉰 명은 줌으로 참여했다. "마땅한 계획도 없고 어떤 식으로 진행할지 상상해보지도 못한 상태에서, 우동 집에서 나온 우리의 구상이 어느새 현실이 되어 있었어요."[6]

다우드나도 실감했듯이, 버클리나 게놈혁신 연구소 같은 대단위 조직에 소속되면 아주 큰 이점이 따라붙는다. 혁신은 보통 창고나 기숙사 방에서 시작되지만 이를 유지하는 건 기관이다. 복잡한 프로젝트의 실행에는 기반 시설이 필수다. 팬데믹 시대라면 더더욱 그렇다. "게놈혁신 연구소가 생각 이상으로 유용했어요. 연구 제안서를 쓰고, 슬랙 채널을 설정하고, 단체 이메일을 보내고, 줌 회의를 조율하고, 장비를 조정하는 등의 업무를 도와주는 팀이 있었으니까요."

버클리 대학 법률 팀은 기본적인 지식재산권을 보호하되 다른 코로나바이러스 연구자들과 연구 결과를 자유롭게 공유하는 방침을 제시했다. 우선 첫 회의에서 대학 측 변호사가 무료 사용 허가에 대한 방안을 계획했다. "여기서 진행되는 모든 연구 결과에 대해 비독점 무료 사용 허가를 허용할 예정입니다. 모든 결과물에 대해 특허 보호를 신청하되, 코로나바이러스에 관한 한 무료로 사용할 수 있게 할 것입니다." 3월 18일, 다우드나는 두 번째 단체 줌 회의에서 이와 관련한 슬라이드 발표를 진행하며 한 문장으로 메시지를 요약했다. "우리는 돈을 벌기 위해 여기 모인 게 아니니까요."

다우드나가 추진을 결정한 총 열 개의 프로젝트에 관한 슬라이드와 함께 각 프로젝트를 이끄는 팀장을 발표한 것도 이 두 번째 회의에서였다. 계획된 프로젝트 중에는 최신 크리스퍼 기술을 사용해 바이러스 검사법을 개발하고, 바이러스를 찾아내 유전물질을 파괴하는 시스템을 폐까지 안전하게 전달하는 과제도 포함되었다.

온갖 아이디어들이 쏟아지는 가운데, 그 자리에 참석한 여러 현명한 이들 중 하나인 로버트 티전 교수가 나서서 상황을 명료하게 정리했다. "일단 두 부분으로 나눕시다." 발명을 시도할 만한 것들이 많이 있지만, 먼저 "발등의 불부터 끄는 게 좋겠다"는 얘기였다. 잠시 정적이 흐른 뒤 티전이 다시 설명을 이어갔다. 실험대에 앉아 미래의 생명공학을 생각하기 전에 국민을 대상으로 바이러스 감염 여부를 검사하는 시급한 필요를 먼저 해결해야 했다. 그리하여 다우드나가 조직한 첫 번째 팀에는 그들이 모인 건물 1층 공간을 고속화·자동화된 최첨단 코로나바이러스 검사실로 개조하는 임무가 주어졌다.

표도르 우르노프가 버클리 소방서 소방관 도리 티유에게서 첫 검사 시료를 건네받고 있다

미국의 패착

이 신생 코로나바이러스 검사에 대해 미국에서 지역 보건 공무원들에게 내려진 최초의 공식 지침은 2020년 1월 15일 미국 질병통제예방센터(CDC) 소속 미생물학자 스티븐 린드스트롬이 주최한 전화 회의에서 결정되었다. 그는 질병통제예방센터가 새로운 코로나바이러스 검사를 개발했으나 FDA의 승인이 있기 전까지 각 주의 보건부는 이를 사용할 수 없다고 밝혔다. 조속한 승인을 약속하겠지만, 그때까지 전국의 의료 기관들은 검사 시료를 애틀란타에 있는 질병통제예방센터로 직접 보내야 한다는 것이었다.

이튿날, 시애틀에 있는 한 병원이 우한에 다녀온 뒤 독감 증세를 보인 35세 남성의 코에서 채취한 샘플을 질병통제예방센터로 보냈다. 그는 미국에서 코로나19 양성반응을 보인 최초 발병자가 되었다.[1]

1월 31일, FDA 감독 기관인 보건복지부의 수장 알렉스 에이자가 공중보건 비상사태를 선포했다. 그리하여 FDA는 코로나바이러스 진단 검사를 신속하게 승인할 권리를 갖게 되었으나, 이것이 예기치 않은 결과를 낳았다. 일반적인 상황이라면 병원과 대학 실험실에서 시판하지 않는다는 조건하에 자체적으로 진단 검사를 개발하고 해당 시설에서 사용하는 것이 가능하지만, 공중보건 비상사태가 선포되면서 그조차 '긴급 사용 허가'를 받기 전까지는 사용할 수 없게 된 것이다. 건강이 위협받는 상황에서 검증 절차를 거치지 않은 검사가 남용되는 일을 막는다는 취지였다. 결과적으로 에이자의 비상사태 선포가 대학 연구실과 병원에 새로운 규제를 도입한 셈이었다. 질병통제예방센터의 진단 키트를 사용할 수 있는 형편만 되었어도 좋았을 텐데, 아직까지 FDA의 승인은 나오지 않은 터였다.

2월 4일 마침내 승인이 떨어졌고, 바로 다음 날부터 질병통제예방센터는 진단 키트를 각 주와 지역의 검사실로 보내기 시작했다. 환자의 코 안쪽으로 긴 면봉을 넣어 채취한 시료를 검사하는 방식이었다. 검사실에서 진단 키트의 시약을 사용해 점액의 RNA를 추출한 뒤 이를 DNA로 '역전사'하면, 이 DNA 가닥은 중합 효소 연쇄반응(polymerase chain reaction, PCR)이라는 과정을 거쳐 수백만 개로 복제된다. PCR은 게놈 DNA에서 원하는 구간을 증폭하는 기술로, 생물학 전공자라면 대부분 이 방법을 숙지하고 있다.

PCR 기술은 1983년 한 생명공학 회사에서 근무하던 화학자 캐리 멀리스가 발명했다. 어느 날 밤 차를 몰던 멀리스는 문득 DNA의 원하는 지점에 태그를 붙이고 중합 효소와 염기를 넣은 다음 혼합물에 가열과 냉각을 주기적으로 반복하면 DNA 가닥의 수가 불어날 거라는 생각을 떠올렸다. "이론적으로 PCR은 하나의 DNA 분자에서 시작해 한나절 만에 동일 분자 1000억 개를 생성할 수 있다."[2] 요새는 전자레인지보다도 작은 기계 안에서 혼합액의 온도를 높이고 낮추는 과정을 자동으로 반복해 PCR 과정을 진행한다. 점액에 코로나바이러스의 유전물질이 존재한다면, 그것이 극미량이라 해도 PCR로 증폭해 검출해낼 수 있다.

질병통제예방센터에서 보급한 진단 키트를 받은 각 주의 보건소에서는 양성 여부가 알려진 환자의 샘플로 키트의 성능을 확인했다. 《워싱턴 포스트》는 "2월 8일 새벽, 질병통제예방센터에서 최초로 배포한 진단 키트가 맨해튼 동쪽의 공중보건연구소에 페덱스 배송으로 도착했다"고 보도했다. "연구소 소속 테크니션들이 몇 시간에 걸쳐 진단 키트의 성능을 확인했다." 진단 키트로 바이러스가 들어 있는 시료를 검사했더니 양성으로 검출되었다. 키트가 제대로 작동한다는 뜻이었다. 하지만 안타깝게도 정제수로 시험을 했을 때도 똑같이 양성 결과가 나오고 말았다. 질병통제예방센터 진단 키트의 약품 하나가 제조 과정에서 오염되었던 것이다. 뉴욕시 보건부 부국장 제니퍼 레이크먼은 탄식을 내뱉었다. "이런 젠장! 이제 어쩌지?"[3]

세계보건기구가 각국에 배포한 다른 25만 개 진단 키트에는 아무런 문제도 없었다는 사실이 망신살을 더했다. 미국도 그 키트를 일부 공수받거나 복제할 기회가 있었지만 거부한 터였다.

대학이 뛰어들다

맨 처음 이 지뢰밭에 뛰어든 것은, 미국에서 최초로 코로나19가 발병한 지역인 워싱턴주에 소재한 워싱턴 대학이었다. 1월 초 중국의 소식이 들려오자 이곳 의과대학 바이러스 연구소의 젊은 부소장 알렉스 그레닝거는 상사 키스 제롬에게 병원에서 자체적으로 진단 키트를 개발하자고 제안했다. "돈만 버리게 될지도 모르겠군." 제롬이 말했다. "아마 이쪽까지 퍼지진 않았을 거야. 하지만 준비는 해둬야겠지."[4]

2주 만에 그레닝거는 원래의 규정대로라면 병원 내에서 사용 가능한 바이러스 검사법을 개발했다. 그러나 보건복지부가 비상사태를 선포하며 규제가 엄격해졌고, 이에 그는 FDA에 '긴급 사용 허가'를 받기 위한 정식 신청서를 제출하기로 했다. 신청서 작성에만 100시간가량이 걸렸고, 감당하기 힘든 행정 절차가 이어졌다. 2월 20일 FDA로부터 받은 답신에는 온라인으로 신청서를 작성하고 추가로 CD 사본과(CD가 도대체 뭐였더라) 출력본 한 부를 첨부해 FDA 본부에 우편으로 보내라는 안내가 적혀 있었다. 그레닝거는 지인에게 이메일로 이 어처구니없는 요식 행위를 거론하며 분통을 터뜨렸다. "지금은 응급 사태라고!"

며칠 뒤, FDA에서 답신이 왔다. 그가 개발한 검사법이 메르스나 사스 바이러스를 검출할 가능성을 확인해야 한다는 내용이었다. 두 바이러스 모두 지난 몇 년 동안 활동이 없었던 데다, 테스트할 샘플조차 구할 수 없었다. 그레닝거는 질병통제예방센터에 연락해 사스 바이러스 샘플을 요청했지만 거절당했다. "그 순간 깨달았죠. 식품의약국과 질병통제예방센터가 이 문제로 서로 소통한 적이 없구나, 어지간히 오래 걸리겠구나 싶더라고요."[5]

다른 이들도 비슷한 어려움을 겪었다. 마요 클리닉 역시 팬데믹에 대응하기 위해 위기관리 팀을 꾸렸는데, 총 열다섯 명의 팀원 가운데 FDA가 요청하는 서류를 전담하는 사람만 다섯 명이었다. 2월 말에는 스탠퍼드와 브로드 연구소를 포함해 십수 곳에서 바이러스 검사법을 개발했지만, FDA의 허가를 얻어낸 곳은 하나도 없었다.

이때 이미 전국적인 슈퍼스타가 되어 있던 국립보건원 감염병 책임자 앤서니 파우치가 나섰다. 2월 27일, 파우치는 보건복지부 장관 에이자의 비서실장인 브라이언 해리슨과 이야기를 나누며 대학, 병원, 사설 기관이 긴급 사용 승인을 기다리는 동안 FDA가 각 기관의 자체 검사를 허용해야 한다고 촉구했다. 이에 해리슨은 관련 부처와 전화 회의를 열어, 이와 관련한 계획을 마련하기 전에는 회의를 끝낼 수 없다고 강력히 주장했다.[6]

2월 29일 토요일, 마침내 FDA가 이에 동의해 긴급 사용 승인을 기다리는 동안 비정부 연구소의 자체 검사를 허용하겠다고 발표했다. 돌아오는 월요일, 그레닝거 연구실은 환자 서른 명의 검사를 진행했다. 그리고 몇 주 뒤부터는 하루 2500명 이상을 검사하게 되었다.

에릭 랜더의 브로드 연구소도 코로나19와의 싸움에 뛰어들었다. 브로드 연구소 감염병 프로그램의 공동 책임자이자 보스턴 브리검 여성병원에서 내과의로도 근무했던 데버라 홍은 3월 9일 저녁 매사추세츠주에서 코로나19 확진 사례가 마흔한 명으로 증가했다는 소식을 듣고 이 바이러스가 얼마나 고약한 일을 벌일지 깨달았다. 홍은 동료이자 브로드 연구소 게놈 시퀀싱 시설 책임자인 스테이시 게이브리얼에게 연락했다. 브로드 연구소 본부에서 몇 블록 떨어진 곳에 자리한 게놈 시퀀싱 시설은 원래 보스턴 레드삭스 홈구장인 펜웨이 파크에서 쓸 맥주와 팝콘을 저장하던 창고였다. "시퀀싱 랩을 코로나바이러스 검사 시설로 써도 될까?" 게이브리얼은 좋다고 답한 후 랜더에게 전화해 그래도 괜찮을지 확인했다. 언제나 공공의 이익을 위해 과학을 활용하는 일에 열정을 보여온 랜더는 자신의 팀원이 그러한 뜻을 같이한다는 사실이 자랑스러울 뿐이었다. "굳이 전화해 확인할 필요도 없는 일이었죠." 랜더의 말이다. "물론 나도 괜찮다고 했지만, 대답이 어찌 되었든 게이브리얼은 자기가 할 일을 진행했을 겁니다." 3월 24일, 시퀀싱 랩은 보스턴 지역의 병원들로부터 샘플을 받아 풀가동에 들어갔다.[7] 트럼프 행정부가 전국적인 검사에 실패하자, 대학 연구소들이 나서서 원래대로라면 정부가 해야 할 역할을 도맡아 하기 시작한 것이다.

엔리케 린샤오와 제니퍼 해밀턴

50장

버클리 연구소

자원봉사자 부대

다우드나와 버클리 게놈혁신 연구소 동료들은 3월 13일 회의에서 자체적으로 코로나바이러스 검사실을 운영하기로 결정하고 어떤 기술을 사용할 것인지에 대해 논의하기 시작했다. PCR을 사용해 유전물질을 증폭하는, 번거롭지만 신뢰도가 높은 방법을 사용해야 할까? 아니면 크리스퍼 기술을 사용해 바이러스의 RNA를 직접 검출하는 새로운 형태의 진단법을 사용하는 것이 좋을까?

그들은 둘 다 시도하되 먼저 첫 번째 방법으로 시작하기로 결정했다. "달리려면 일단 걸어야죠." 다우드나가 회의를 마무리 지으며 말했다. "현재 사용할 수 있는 기술부터 이용합시다. 혁신은 그다음에 일으켜도 돼요."[1] 자체 검사실을 갖춰가면서 게놈혁신 연구소는 새로운 접근법을 시도할 데이터와 환자 샘플을 확보하게 될 터였다.

회의를 마친 뒤 연구소는 다음과 같은 트윗을 올렸다.

게놈혁신 연구소 @igisci

우리는 @UCBerkeley 캠퍼스에 임상 #COVID19 검사 능력을 갖추기 위해 최대한 노력하고 있습니다. 이 페이지를 통해 시약 및 장비, 자원봉사자 등의 지원을 수시로 요청하고자 합니다.

이틀 만에 860명 이상이 응답해 자원봉사자 목록을 중간에서 잘라야 했다.

이렇게 꾸려진 팀은 다우드나 랩은 물론 전반적인 생명공학 분야의 다양성을 반영한다. 다우드나는 게놈혁신 연구소의 유전자 편집 마법사 표도르 우르노프에게 작전의 지휘를 맡겼다. 그는 겸상적혈구 빈혈증 치료 비용을 낮추기 위한 연구 사업을 맡고 있었다.

1968년 모스크바 중심부에서 태어난 우르노프는 교수인 어머니 줄리아 팔리옙스키와, 셰익스피어 연구자로 윌리엄 포크너의 팬이자 대니얼 디포의 전기를 집필한 저명한 문학비평가인 아버지 드미트리 우르노프에게서 영어를 배웠다. 표도르에게 코로나19 이후 아버지—현재 버클리에 살고 있는—와 디포의 1722년 작품인 『전염병 연대기』에 관해 이야기를 나눈 적이 있는지 묻자, 그는 "네, 저와 파리에 사는 제 딸에게 그 책에 관한 줌 강연을 해달라고 요청할 생각이에요"라고 대답했다.[2]

다우드나가 그랬듯 우르노프도 열세 살 때 왓슨의 『이중나선』을 읽고 생물학자가 되기로 마음먹었다. "이 비슷한 여정을 두고 제니퍼와 농담을 나누곤 하죠." 우르노프가 말했다. "인간으로서 지닌 크나큰 결점에도 불구하고, 왓슨은 생명의 메커니즘을 찾아가는 사냥을 굉장히 흥미진진하고 훌륭하게 써냈어요."

열여덟 살 되던 해, 우르노프는 약간의 반항기로 머리를 밀고 소련군에 입대했다. "다행히 별일 없이 잘 살아남았어요. 제대한 뒤 1990년

8월 브라운 대학에 합격해 보스턴 로건 공항에 내렸죠. 그 1년 뒤에 어머니가 풀브라이트 장학금을 받아 버지니아 대학에 방문 교수로 오셨고요." 곧 우르노프는 브라운 대학에서 시험관들 사이에 파묻혀 즐거운 마음으로 박사과정을 밟기 시작했다. "러시아로 돌아가지 않으리라는 걸 깨달았죠."

우르노프는 학교와 기업에 양다리를 잘 걸치고 있는 연구자 중 하나다. 버클리에서 16년째 강의를 이어가는 동시에, 과학 연구 결과를 의학 치료로 전환하는 회사인 '산가모 테라퓨틱스(Sangamo Therapeutics)'의 팀장으로 일한다. 러시아인의 뿌리와 부모로부터 물려받은 문학적 소양은 그에게 극적인 감각을 심어주었고, 그는 이를 미국 특유의 "할 수 있다" 정신과 열정에 진지하게 결합시켰다. 다우드나로부터 검사실 지휘 임무를 받았을 때, 우르노프는 톨킨의 『반지의 제왕』에서 인용한 문구를 동료들에게 보냈다.

"우리 때에 이런 일이 일어나지 않았으면 좋았을 텐데요." 프로도가 말했다.
"나도 마찬가지일세." 간달프가 말했다. "살아서 이 시대를 보는 사람들 모두 마찬가지야. 하지만 그건 우리가 결정할 일이 아니네. 우리가 결정해야 할 건, 주어진 시간 동안 뭘 하느냐지."

우르노프를 돕는 두 참모 중 한 사람은 1년 전 다우드나 랩에서 내게 크리스퍼로 인간 유전자 편집하는 법을 알려주었던 제니퍼 해밀턴이었다. 시애틀 출신인 해밀턴은 워싱턴 대학에서 생화학과 유전학을 공부한 뒤 팟캐스트 〈이 주의 바이러스학(This Week in Virology)〉을 들으며 실험실 테크니션으로 일했고, 이후 뉴욕 마운트시나이 의과대학에서 박사과정을 거치며 바이러스와 바이러스 유사 입자에 치료 도구를 실어 운반하는 방법을 연구하다가 다우드나 랩에 들어와 박사 후 연구원 과정을 밟고 있었다. 2019년 콜드 스프링 하버 학회 당시에는 다우드나가 자랑스럽게 지켜보는 가운데 바이러스 유사 입자로 크리스퍼-Cas9 유전자 편집 도구를 인간 세포에 전달하는 연구를 발표하기도 했다.

3월 초 코로나19 위기가 닥치자, 해밀턴은 다우드나에게 모교인 워싱턴 대학 사람들처럼 자신도 나서서 일하고 싶다고 말했다. 이에 다우드나는 해밀턴에게 기술 개발을 주도하게 했다. "꼭 군에 소집된 기분이었어요." 해밀턴이 말했다. "제가 할 수 있는 대답은 그저 '예, 알겠습니다' 뿐이었죠." RNA 추출을 최적화하는 자신의 기술이 전 세계가 위기를 맞은 이 시점에 그토록 절실한 재주가 되리라고는 꿈에도 생각지 못하던 터였다. 이 팀에 투입되면서 해밀턴과 동료 학자들은 기업계에서는 흔한 프로젝트 중심의 팀워크를 경험하게 되었다. "이렇게 서로 다른 재주를 지닌 많은 사람들이 공동의 목표로 결집한 과학 팀의 일원이 된 건 처음이에요."[3]

해밀턴과 함께 검사실을 운영한 사람은 엔리케 린샤오였다. 린샤오는 모든 것을 버리고 코스타리카라는 완전히 새로운 곳에서 새롭게 시작한 대만 출신 이민자의 아들로 태어났다. 그가 유전학에 관심을 갖게 된 것은 1996년 복제 양 돌리를 보면서였다. 고등학교 졸업 이후 뮌헨 공과대학에 장학금을 받고 들어간 샤오는 DNA를 다양한 형태로 접는 연구를 통해로 나노 기술 생물학 도구를 개발해냈고, 케임브리지 대학에서 DNA 접힘이 세포 기능에 미치는 영향을 연구했으며, 이후 펜실베이니아 대학에서는 과거 '정크 DNA'로 기술된 게놈의 비암호화(noncoding) 영역이 질병의 진행 과정에 어떤 역할을 하는지 밝혀내 박사 학위을 따냈다. 요약하자면, 장평이 그랬듯 엔리케 린샤오 역시 미국이 세계의 다양한 인재들을 끌어당기는 자석 같은 곳으로 기능하던 시기의 전형적인 성공 사례였다.

린샤오는 다우드나 랩에서 박사 후 연구원으로 일하며 긴 DNA 염기 서열을 자르고 붙이는 새로운 편집 도구를 만드는 방법을 연구했다. 그는 2020년 3월 집에서 격리 생활을 하던 중 트위터를 들여다보다가 게놈혁신 연구소의 검사실에서 일할 자원자를 찾는다는 트윗을 보았다. "RNA 추출과 PCR에 경험이 있는 사람을 찾고 있더라고요. 제가 실험실에서 늘상 하던 일이었죠. 다음 날 다우드나 교수님이 기술 파트를 이끌 생각이 있는지 물으시길래, 바로 하겠다고 했습니다."[4]

검사실

다행히 게놈혁신 연구소 건물 1층에는 유전자 편집 연구실로 개조 중이던 230제곱미터의 공간이 있었다. 다우드나 연구 팀은 그 공간을 코로나바이러스 검사 시설로 바꾸기 위해 새 기계와 화학약품들로 가득 찬 박스들을 옮기기 시작했다. 통상 몇 개월씩 걸리는 연구실 세팅이 단 며칠 만에 끝났다.[5]

이들은 필요한 물품을 캠퍼스 내에서 구걸하고, 빌리고, 징발했다. 하루는 실험 준비를 마치고서야 PCR 기계에 들어갈 플레이트가 없다는 걸 알게 되었는데, 린샤오를 비롯한 동료들이 게놈혁신 연구소 건물에서 근처 건물 두 동까지 모든 실험실을 뒤진 끝에 결국 찾아내기도 했다. "캠퍼스 대부분이 문을 닫은 터라, 마치 거대한 청소동물이 되어 사냥하는 느낌이었어요." 린샤오의 말이다. "매일매일 롤러코스터에 올라타는 기분이에요. 아침엔 새로운 문제를 발견하고 걱정하지만, 하루가 끝날 무렵이면 해결책을 찾아내죠."

검사실 장비와 물품에만 약 55만 달러가 들어갔다.[6] 그중 한 가지 핵심 장비가 환자의 샘플에서 RNA 추출을 자동화하는 장치였다. '해밀턴 스타렛(Hamilton STARlet)'이라는 기계로, 로봇 피펫을 사용해 소량의 샘플을 빨아들인 다음 아흔여섯 개의 칸으로 나뉜 아이폰만 한 플레이트에 올려놓는 장치다. 이 플레이트를 기계에 삽입하면 각 시료는 RNA 추출에 필요한 시약으로 적셔지는데, 개인 정보 처리 방침에 따라 샘플의 환자 정보는 바코드를 이용해 추적하게 되어 있다. 이러한 과정은 학교에 소속된 연구자들에게 새로운 경험이었다. "우리 같은 벤치 과학자들은 대개 간접적이고 장기적인 결과를 염두에 두고 일하거든요." 린샤오의 말이다. "그런데 이 일은 아주 직접적이고 즉각적이죠."[7]

해밀턴의 할아버지는 미 항공우주국 로켓 발사 팀의 엔지니어였다. 하루는 팀원들끼리 일을 하다가 누군가 슬랙 채널에 올려놓은 영화 〈아폴로 13〉의 짧은 동영상을 보았다. 기술자들이 우주 비행사를 구하기 위해 '둥근 구멍에 사각형 말뚝을 박는' 방법을 고민하는 장면이었다. "하루도 빠짐없이 문제가 생기지만, 그때마다 어찌어찌 해결하고 있어요. 시간이 얼마 없으니까요." 해밀턴의 말이다. "1960년대에 할아버지가 NASA에서 일하시던 때도 이랬는지 궁금해지더라고요." 적절한 비유다. 코로나19와 크리스퍼 또한 인간 세포를 새로운 개척지로 만들고 있으니 말이다.

다우드나는 외부인을 검사할 때 대학이 책임져야 할 법적 문제를 해결해야 했다. 일반적으로 변호사들이 몇 주에 걸쳐 긴장 속에서 진행하는 작업이다. 그래서 다우드나는 전직 국토안보부 장관이자 당시 캘리포니아 대학 총장인 재닛 나폴리타노에게 전화를 걸었다. 나폴리타노는 열두 시간 만에 다우드나의 요청을 승인하고 대학 시스템의 법적 행정

체계도 비슷한 수준으로 맞추었다. 우르노프에 따르면, 이런 일에 다우드나가 거물 해결사로 나서주어서 매우 유용했다고 한다. "전 농담처럼 다우드나를 '미 해군 전함 다우드나호'라고 불러요."

코로나19 연방 검사 시스템이 여전히 혼란에 빠져 있는 데다 기업 연구소들의 검사 결과가 나오기까지 일주일이 넘게 소요되는 탓에, 버클리 대학의 검사실에 엄청난 부담이 지워졌다. 시 보건과 담당자인 리사 에르난데스는 우르노프에게 빈곤층과 노숙자를 포함한 5000여 명에 대한 검사를 요청했고, 버클리시 소방서장 데이비드 브래니건은 소방관 서른 명이 검사를 받지 못해 격리 상태라고 전해 왔다. 다우드나와 우르노프는 모두를 수용하겠다고 약속했다.

"고마워요, 게놈혁신 연구소"

새로운 검사실에 주어진 첫 번째 난제는 검사 결과가 정확한지 확인하는 것이었다. 다우드나는 이 작업에 적합한 남다른 안목을 지니고 있었다. 대학원에 진학한 이후 쭉 RNA를 연구하느라 결과 해독에는 타의 추종을 불허하는 전문가가 되어 있었기 때문이다. 연구자들은 시험 결과를 줌 화면에 공유하고, 다우드나가 몸을 기울여 데이터 지점을 나타내는 파란색 역삼각형, 초록색 삼각형, 정사각형 등의 이미지를 뚫어지라 쳐다보는 모습을 지켜보았다. 모두가 숨죽인 가운데 다우드나는 앉은 채로 미동도 하지 않고 화면을 응시하곤 했다. "좋아, 문제없어." RNA 검출 검사 데이터의 한 부분에 마우스 커서를 대며 이렇게 말하는 경우도 있었지만, 간혹 완전히 다른 표정으로 다른 부분을 가리키며 이렇게 중얼거리기도 했다. "아니, 아니, 안 돼."

4월 초 어느 날, 마침내 다우드나는 린샤오가 수집한 최신 데이터를 확인한 뒤 선언했다. "훌륭해." 모든 준비가 끝났다.

이어 4월 6일 월요일 오전 8시, 소방서 소속 밴이 게놈혁신 연구소 문 앞에 멈춰 섰다. 도리 티유라는 소방관이 밴에서 내려 샘플로 가득 찬 상자를 전달했다. 흰 장갑과 푸른 마스크를 착용한 우르노프는 동료 더크 호크마이어가 지켜보는 가운데 스티로폼 아이스박스를 전달받았다. 이들은 다음 날 아침까지 결과를 알려주겠다고 약속했다.

검사실 출범 준비 막바지에 이를 즈음, 우르노프는 잠시 근처에 사는 부모님에게 포장 식사를 전달하고 오다가 연구소 건물 정문의 큰 유리창에 붙어 있는 쪽지 한 장을 발견했다. "고마워요, 게놈혁신 연구소! 진심을 담아, 버클리 시민 그리고 세계로부터."

연구소 유리창에 붙은 쪽지와 이를 촬영하는 표도르 우르노프

재니스 첸과 루커스 해링턴

장펑과 패트릭 슈

51장
매머드와 셜록

검출 도구로서의 크리스퍼

코로나19 문제를 논의하기 위해 소집한 3월 13일 회의 때, 다우드나는 기존의 PCR 방법을 이용한 고속 검사실을 최우선 과제로 결정했지만 토의 중 표도르 우르노프가 보다 혁신적인 발상을 제안했다. 박테리아가 자기를 공격한 바이러스를 감지하는 것과 비슷한 방식으로 크리스퍼를 사용해 코로나바이러스의 RNA를 감지하자는 얘기였다.

이때 한 참가자가 끼어들었다. "최근 그런 주제로 발표된 논문이 있습니다."

우르노프는 살짝 조바심을 내면서 말을 끊었다. 자신도 잘 아는 논문이었기 때문이다. "맞습니다. 예전에 다우드나 랩에 있었던 재니스 첸의 논문이죠."

아닌 게 아니라, 두 편의 유사한 논문이 막 출판된 참이었다. 한 편은 우르노프가 언급한 재니스 첸의 논문으로, 첸은 랩에서 나온 뒤 크리스퍼를 검출 도구로 개발하는 회사를 설립한 터였다. 다른 논문의 저자는, 딱히 놀라울 것도 없지만 브로드 연구소의 장펑이었다. 다시 한번 두 진영의 대결이 시작되려는 걸까? 그러나 이번에는 인간 유전자 편집 기술을 두고 벌이는 특허 경쟁이 아니었다. 이 새로운 경합의 목적은 신생 코로나바이러스로부터 인류를 구하는 데 있으며, 그들의 발견은 무료로 공유될 것이었다.

Cas12와 매머드

2017년, 재니스 첸과 루커스 해링턴이 박사과정 학생이었던 시절, 그러니까 다우드나 랩에서 새로 발견된 크리스퍼 연관 효소를 연구하던 시절로 돌아가보자. 정확히 말하면 이들은 특별한 속성을 지닌 Cas12a를 분석하고 있었다. 특정 DNA 염기 서열을 찾아 자르는 기능은 Cas9과 동일했지만, Cas12a는 거기서 멈추지 않았다. 표적 DNA의 이중 가닥을 절단하고 나면 돌연 광분해서는 근처에 있는 한 가닥짜리 DNA까지 모조리 잘라버리는 것이었다. "이 희한한 행동이 눈에 들어오기 시작했죠." 해링턴이 말했다.[1]

하루는 다우드나의 남편 제이미 케이트가 아침 식사 자리에서 문득 이 속성을 활용한 진단 도구를 개발해보면 어떻겠냐고 제안했다. 첸과 해링턴도 같은 생각이었다. 이에 두 사람은 크리스퍼-Cas12 시스템에 '리포터' 분자를 덧붙였다. 리포터는 DNA에 연결된 일종의 형광 신호로, 크리스퍼-Cas12가 표적 DNA를 찾아 절단할 때 리포터 분자까지 토막 내면서 발광 신호를 발생시킨다. 이 원리를 이용하면 환자 체내에 자리한 특정 바이러스나 박테리아, 혹은 암을 감지하는 진단 도구를 만들 수 있을 터였다. 첸과 해링턴은 이 시스템에 '크리스퍼 트랜스 리포터를 표적으로 삼는 DNA 핵산 중간 분해효소(DNA endonuclease targeted CRISPR trans reporter)'라는 이름을 붙였는데, 이는 '검출기(detecter)'를 뜻하는 약자 '디텍터(DETECTR)'를 만들기 위해 다소 억지스럽게 짜맞춘 어색한 문구다.

2017년 11월 첸과 해링턴과 다우드나가 《사이언스》에 이 연구에 관한 논문을 투고하자, 저널 편집자들은 해당 결과를 진단 검사로 활용할 만한 분야에 대한 내용을 추가해달라고 요청했다. 전통적인 과학 학술지조차 기초과학을 잠재적 응용 분야와 연결하는 일에 관심을 보이게 되었음을 반증하는 사례다. "편집자가 그렇게 요청하면 우리로선 그에 응할 수밖에 없죠." 해링턴의 말이다. 그리하여 2017년 크리스마스 연휴 동안 해링턴과 첸은 UC 샌프란시스코의 한 연구자와 협업해 이 크리스퍼-Cas12 기술이 성 매개 감염병인 인간유두종 바이러스(HPV)를 어떻게 검출하는지 밝혀냈다. "셋이서 우버를 불러 대형 실험 장비를 이리저리 옮기며 여러 환자의 샘플을 테스트했어요."

다우드나는 신속 처리 프로그램을 통해 《사이언스》 측을 재촉하며 출간을 서둘렀다. 마침내 이들은 편집자의 요청대로 디텍터의 HPV 감염 검출 데이터를 추가한 뒤 2018년 1월에 재투고했고, 논문은 채택되어 2월 온라인에 게재되었다.

왓슨과 크릭이 그 유명한 DNA 논문을 "위에서 제시한 이 특이적 짝짓기가 유전물질의 복제 기작일 가능성을 우리는 바로 알아보았다"라고 마무리 지은 이후로, 연구자들 사이에서는 절제된, 그러면서도 미래 지향적인 문장으로 논문의 끝을 맺는 것이 일종의 표준이 되어 있었다. 첸과 해링턴과 다우드나는 크리스퍼-Cas12 시스템이 "현장 진단에 적용할 수 있도록 핵산을 감지하는 속도, 민감도, 특이성을 개선하는 새로운 전략을 제공한다"라는 문장으로 논문을 마무리했다. 다시 말해, 집이나 병원에서 바이러스 감염 여부를 신속하게 감지하는 간단한 검사법에 활

용할 수 있다는 뜻이었다.[2]

해링턴과 첸이 아직 박사 학위를 따기 전이었지만 다우드나는 이들에게 회사를 설립하라고 권했다. 이제는 기초연구가 실험대에서의 발견을 병상으로 가져가는 중개 연구와 결합되어야 한다는 강한 신념에서 나온 제안이었다. "우리가 발견한 다른 많은 기술들은 대기업에 방어 전략으로 팔린 뒤로 더 이상 개발되지 않았어요." 해링턴의 말이다. "그래서 직접 회사를 차리기로 했죠." 그렇게 하여 2018년 4월, 다우드나를 과학 자문 위원장으로 세운 매머드 바이오사이언스가 공식적으로 창립되었다.

Cas13과 셜록

늘 그랬듯 다우드나 연구 팀은 대륙 건너편의 라이벌인 브로드 연구소의 장평과 경쟁을 시작했다. 장은 미 국립보건원의 크리스퍼 개척자 유진 쿠닌과 함께 계산생물학을 동원해 수천 개의 미생물 게놈을 분류했으며, 2015년 10월에는 많은 새로운 크리스퍼 연관 효소들을 보고한 바 있었다. 장과 쿠닌은 DNA를 표적으로 삼는 기존의 Cas9과 Cas12에 더하여 RNA를 겨냥하는 효소를 발견했고,[3] 이 효소에 Cas13이라는 이름을 붙였다.

Cas12처럼 Cas13도 표적물을 발견하면 광적으로 돌변하는 요상한 특징을 지니고 있었다. 표적 RNA뿐 아니라 근처에 눈에 띄는 RNA는 모조리 절단하는 것이다.

처음에 장은 실험 과정에 실수가 있었나 보다고 생각했다. "Cas9이 DNA를 자르는 식으로 Cas13이 RNA를 자를 거라고 예상했거든요." 장의 말이다. "하지만 Cas13과 반응을 시킬 때마다 여러 구역에서 잘게 조각이 나더라고요." 장은 오염 가능성을 염두에 두고 랩 사람들에게 효소를 제대로 정제한 게 맞는지 확인했다. 그런 뒤 모든 가능한 오염원을 일일이 제거했지만 무차별적인 난도질은 계속됐다. 결국 장은 이 현상이 바이러스에 심하게 감염된 세포가 자살을 통해 더 이상의 빠른 확산을 막는 진화적 방법이 아닐까 추측하게 되었다.[4]

　Cas13의 작동 원리를 정확하게 밝혀낸 쪽은 다우드나 랩이었다. 2016년 10월 논문에서 다우드나와 공동 저자—남편인 제이미 케이트와 2012년 인간 세포에서 크리스퍼를 작동시켰을 때 핵심적인 실험을 담당했던 대학원생 알렉산드라 이스트-셀레츠키도 포함되어 있었다—는 표적에 도달하면 주변의 다른 RNA 수천 가닥까지 무차별적으로 조각내는 능력과 더불어 Cas13이 수행하는 여러 기능에 대해 설명했다. 이처럼 되는대로 잘라버리는 습성을 이용하면 Cas12로 그랬듯 Cas13을 형광 리포터에 연결해 코로나바이러스 같은 특정 RNA 염기서열을 검출하는 도구로 사용할 수 있을 것이었다.[5]

　2017년 4월 장과 브로드 연구소 동료들은 이 원리를 이용한 검출 도구를 개발하고 '특이적 고감도 효소 리포터 잠금 해제(specific high sensitivity enzymatic reporter unlocking)', 줄여서 '셜록(SHERLOCK)'이라는 이름을 붙였다. 이 역시 셜록이라는 약자로 정하기 위해 짜 맞춘 이름이다 (썩 그럴싸하지는 않지만). 이렇게 게임이 시작되었다! 장 연구 팀은 셜록으로 지카 바이러스와 뎅기 바이러스의 특정 변종을 탐지해냈다.[6] 이듬해에는 Cas13과 Cas12를 조합해 한 번의 반응으로 다양한 대상을 감지하는 검사법을 개발했으며, 이어 시스템을 단순화해 임신 테스트기처럼 가늘고 긴 종이에 측면 흐름을 이용한 진단 스트립을 만들어냈다.[7]

매머드를 창립한 첸과 해링턴처럼, 장도 셜록을 상업화하기 위한 진단 회사를 설립하기로 했다. 장 랩 소속 대학원생이자 크리스퍼-Cas13을 기술한 여러 논문의 주 저자였던 두 사람, 오마르 아부다예와 조너선 구텐버그가 공동 설립자가 되었다. 구텐버그는 맨 처음 무차별적으로 RNA를 잘라내는 Cas13의 특성을 발견하고도 그것으로 논문을 쓸 생각이 없었다고 했다. 그저 쓸모없는 자연의 객기처럼 보였다는 것이다. 그러나 장이 그 객기를 다스려 바이러스를 검출하는 기술로 탈바꿈시키는 것을 보고 기초과학의 발견이 예기치 못한 방향으로 현실에 적용되는 과정에 대해 생각하게 되었다. "자연에는 놀라운 비밀이 정말 많아요."[8]

'셜록 바이오사이언스(Sherlock Biosciences)'가 자금을 모아 출범하기까지는 시간이 걸렸다. 장과 두 대학원생이 회사의 목적을 영리 추구에 두지 않았기 때문이다. 그들은 이 기술이 특히 개발도상국에서 저렴하게 사용되길 바랐고, 따라서 회사가 혁신을 통해 이익을 취하되 도움이 필요한 곳에서는 비영리적 접근법을 취하는 방식을 택했다.

결과적으로 특허 경쟁 때와는 달리 진단 회사를 두고는 다우드나와 장이 대치할 일이 없었다. 양측 모두 이 기술이 좋은 일에 쓰일 큰 잠재력을 지니고 있음을 잘 알고 있었다. 새로운 유행병이 발생할 때마다 매머드와 셜록은 빠르게 재정비해 신생 바이러스를 표적으로 삼아 진단키트를 생산할 수 있었다. 2019년 나이지리아에서 에볼라 바이러스와 같은 계열의 라싸열이 발병했을 땐 브로드 연구소가 연구 팀을 파견하고 셜록을 사용해 감염 피해자를 찾기도 했다.[9]

사실 그때만 해도 크리스퍼를 진단 도구로 개발하는 연구는 가치 있는 노력 정도로 여겨질 뿐 그렇게까지 흥미로운 과정이 아니어서, 질병 치료나 인간 유전자 편집만큼 세간의 주목을 받지 못했다. 그러나 2020년 초에 세상이 갑자기 변하며 바이러스를 빠르게 진단하는 기술이 매우 중요해졌다. 여러 번 시약을 섞고 온도 주기를 맞춰야 하는 기존의 번거로운 PCR 테스트에 비하면, 애초에 바이러스의 유전물질을 감지하도록 프로그래밍된 RNA 가이드 효소를 활용하는 방식, 즉 박테리아가 수억 년 동안 사용해온 크리스퍼 시스템을 적용하는 방식은 놀라울 정도로 빠르고 경제적이었다.

장펑(왼쪽 맨 위), 오마르 아부다예(오른쪽 맨 위), 조너선 구텐버그(오른쪽 가운데)가
코로나바이러스 검출과 관련한 줌 미팅을 하고 있다

52장

코로나바이러스 검사법

2020년 1월 초, 장펑은 코로나바이러스와 관련해 중국어로 작성된 이메일을 받기 시작했다. 대부분은 그가 만났던 중국 교수들로부터 온 것이었는데, 어느 날 뉴욕시 중국 총영사관 과학 담당관이 보내온 뜻밖의 이메일이 눈에 띄었다. "비록 귀하는 미국인이며 중국에 거주하지도 않지만, 이는 인류에게 정말로 중요한 문제입니다." 그는 '한 곳이 어려우면 팔방이 돕는다(一方有難 八方支援)'라는 오래된 중국 격언을 인용하며, "이를 염두에 두고 귀하께서 무엇을 할 수 있을지 헤아려보시길 바랍니다"라고 촉구했다.[1]

《뉴욕 타임스》에서 우한의 상황에 대해 읽은 내용을 빼면, 장으로서도 이 신생 코로나바이러스에 관해 아는 바가 별로 없었다. 그러나 그 이메일이 그에게 "상황의 긴박함을 알려주었다". 게다가 중국 영사관에서 직접 연락을 취해 오지 않았는가. 열한 살 때 부모님과 함께 아이오와에 이민을 온 뒤로 "그들과 연락할 일이 전혀 없던" 터였다.

중국 정부는 그를 중국 과학자로 생각하고 있었을까? "네, 아마도요." 내 질문에 그는 잠시 생각한 뒤 대답했다. "아마 모든 중국계 이민자를 중국인으로 생각할 거예요. 하지만 아무래도 상관없습니다. 이제 세계는 완전히 연결되어 있으니까요. 특히 이런 팬데믹 상황에서는요."

장은 진단 기법인 셜록을 재정비하여 새로운 코로나바이러스를 검사하기로 했다. 하지만 안타깝게도 그의 랩에는 실험을 진행할 만한 사람이 없었다. 장은 자신이 직접 실험대에 서기로 하고, 전 대학원생인 오마르 아부다예와 조너선 구텐버그에게 도움을 요청했다. 두 사람은 브로드 연구소에서 한 블록 떨어진 MIT의 맥거번 연구소로 옮겨 각자의 연구실을 운영하고 있었지만 다시 한번 장과 협업하기로 했다.

처음에 장에게는 인간 환자에게서 채취한 코로나바이러스 샘플을 사용할 권한이 없었다. 그래서 그는 궁여지책으로 합성 버전을 만들어 시험했다. 장평 연구 팀은 셜록 기술을 사용하여 거창한 장비 없이도 세 단계만 거치면 한 시간 만에 결과가 나오는 진단 검사를 만들어냈다. 샘플 속 유전물질이 PCR보다 간단한 화학 과정을 통해 증폭되는 동안 온도를 일정하게 유지해줄 소형 장치만 있으면 되었고, 검사 결과는 종이로 된 스틱을 사용해 읽어낼 수 있었다.

온 미국이 신생 코로나바이러스에 집중하기 훨씬 전인 2월 14일, 장랩은 이 검사법을 설명하고 어떤 랩이든 자유롭게 사용하거나 개조해도 된다는 취지의 백서를 트위터에 게시했다. "오늘 우리는 셜록에 기반한 코로나19 #코로나바이러스 검출법을 공유합니다. 전염병과 싸우는 이들에게 도움이 되길 바랍니다. 추가 진행 상황에 따라 관련 내용을 업데이트할 예정입니다."[2]

장이 설립한 셜록 바이오사이언스는 이 검사 과정을 병원에서 사용할 수 있는 상업용 진단 키트로 개발하는 연구에 재빨리 착수했다. CEO인 라훌 단다가 앞으로는 코로나바이러스에 집중하겠다고 공표하는 순간, 연구원들은 말 그대로 의자를 실험대로 돌려 일을 시작했다. "새로운 목표를 향해 축을 돌리자는 말이 나오자마자, 실제로 의자의 축이 돌아갔죠." 단다의 말이다. 2020년 말, 회사는 최대 한 시간 안에 결과를 얻어낼 수 있는 소형 검사기를 개발했고 그 생산을 위해 제조업체와 협의를 시작했다.[3]

첸과 해링턴

장이 코로나바이러스 검사법을 연구하기 시작할 무렵, 재니스 첸은 다우드나, 루커스 해링턴과 공동으로 설립한 매머드 바이오사이언스의 한 과학 자문 위원으로부터 전화를 받았다. "크리스퍼에 기반해 SARS-CoV-2를 검출하는 진단법을 개발하면 어떨까요?" 첸은 이에 동의했고, 그 결과 첸과 해링턴은 다우드나 진영과 장 진영 사이에서 대륙을 가로지르는 또 다른 경쟁의 일부가 되었다.[4]

2주 만에 매머드 팀은 크리스퍼에 기반한 디텍터를 재구성해 SARS-CoV-2 검출에 성공했다. 이는 UC 샌프란시스코와의 협업 덕분이었다. 개발 초기에 합성된 바이러스를 사용해야 했던 브로드 연구소와 달리, 이들은 대학 부속병원의 도움을 받아 총 서른여섯 명의 코로나19 환자에서 채취한 진짜 인간 시료로 시험할 수 있었다.

매머드 바이오사이언스의 검사법은 첸과 해링턴이 다우드나 랩에서 연구했던 크리스퍼 연관 효소인 Cas12에 기반한 것이었다. DNA를 표적으로 삼는 Cas12는 코로나바이러스의 유전물질인 RNA를 직접 겨냥하는 셜록의 Cas13에 비해 언뜻 적합성이 떨어지는 듯 보일지 모른다. 그러나 사실상 두 검출법 모두 유전물질 증폭 과정에서 코로나바이러스의 RNA를 DNA로 바꿔야 하며, 결국 셜록 검사법의 경우엔 바이러스 감지를 위해 다시 RNA로 전사하는 과정이 추가되는 셈이다.

첸과 해링턴은 서둘러 온라인에 백서를 게시해 매머드 검사법의 자세한 내용을 공개하기로 했다. 여러 면에서 셜록 검사법과 유사한 과정이었다. 히팅 블록(시료를 가열·보온하는 장비―옮긴이), 시약, 결과를 표시하는 종이 검사지만 있으면 되었다. 장이 그랬듯 매머드 팀도 자신들이 개발한 것을 인터넷에 올려 자유롭게 공유하도록 했다.

2월 14일, 온라인 백서를 준비하던 첸과 해링턴은 슬랙 채널에 뜬 메시지를 보았다. 장이 방금 셜록 기술을 이용한 코로나바이러스 검출법을 게시했다고 알리는 트윗이었다. "처음엔 '이런, 젠장' 하면서 탄식했죠." 첸이 그 금요일 오후를 떠올리며 털어놓은 말이다. 그러나 몇 분 뒤 그들은 깨달았다. 검사법은 많을수록 좋은 것 아닌가. 첸과 해링턴은 막 게시하려던 백서에 이런 내용을 덧붙였다. "우리가 백서를 준비하는 동안 크리스퍼 진단 기술을 사용해 SARS-CoV-2를 검출하는 또 하나의 프로토콜(셜록, v.20200214)이 올라왔습니다." 그리고 두 기법의 작업 흐름을 비교하는 유용한 차트를 함께 올렸다.[5]

장 역시 너그럽게 대응했다. 하루 차이로 매머드 팀을 이겼기 때문에 딱히 어려운 일은 아니었을 것이다. 그는 매머드 측 백서의 링크와 함께 트윗을 게시했다. "매머드사에서 제공한 자료도 확인해주세요. 우리 과학자들이 함께 연구하고 그 결과를 공개적으로 공유하게 되어 기쁩니다. #코로나바이러스."

크리스퍼 세계의 새로운 트렌드를 반영하는 반가운 트윗이었다. 그간 특허와 수상을 두고 치열한 경쟁을 벌이며 연구를 은밀히 감추어왔던 다우드나와 장, 그리고 그 동료들이 코로나바이러스 퇴치의 시급함을 인지하면서 보다 마음을 열고 자신들의 연구를 기꺼이 공유한 것이다. 물론 경쟁은 여전히 중요하고 유용한 방정식의 일부였다. 새로운 코로나19 검사법을 개발하고 논문을 발표하는 과정에서도 다우드나와 장

측의 겨루기는 계속되었다. "괜히 포장해서 말하지 않을게요." 다우드나의 말이다. "분명 경쟁은 계속되고 있어요. 경쟁은 우리가 당장 치고 나가지 않으면 다른 사람들이 먼저 도달할 거라는 긴박감을 주죠." 그러나 코로나바이러스가 이 경쟁의 양상을 다소 바꾸어놓았다. 이제 최대 관심사는 특허가 아니었다. "이 끔찍한 상황에서 기막히게 좋은 점을 찾는다면, 다들 지식재산권 문제는 모두 뒤로 미룬 채 그저 해결책을 찾는 데 전념한다는 사실이에요." 첸은 말한다. "모두가 일을 성공시키는 데만 집중하고 있어요. 그걸로 사업을 할 생각보다는요."

가정용 테스트기

크리스퍼에 기반해 개발한 매머드와 셜록의 검사법은 기존의 PCR 검사보다 저렴하면서도 빠르다. 또한 애벗 랩에서 개발되어 2020년 8월에 승인된 항원 검사법에 비해서도 이점이 있다. 바이러스 표면에 존재하는 특정 단백질의 존재를 감지하는 항원 검사의 경우 환자의 감염력이 상당히 높아진 이후에나 정확한 검출이 가능하지만, 크리스퍼에 기반한 검사법은 감염 즉시 바이러스의 RNA를 감지하기 때문이다.

이 모든 검사법의 최종 목표는 크리스퍼에 기반한 코로나바이러스 검사를 가정용 임신 테스트기처럼 만드는 것이었다. 동네 약국에서 저렴하게 구입해 집 화장실에서 빠르고 간단하게 검사할 수 있는 일회용 키트 말이다.

2020년 5월, 매머드의 해링턴과 첸은 이러한 콘셉트를 공개하고 제작을 위해 런던에 본사를 둔 다국적 제약 회사인 글락소스미스클라인과 제휴를 맺었다. 이들은 별다른 장비 없이 20분 만에 정확한 결과를 제공하는 키트를 만들 계획이었다.

같은 달, 장 랩도 셜록 진단 시스템을 원래의 두 단계 과정에서 한 단계 반응으로 간소화했다. 필요한 장비는 이 시스템을 섭씨 60도로 유지하는 냄비(pot)뿐이었다. 이에 장은 테스트기에 'SHERLOCK Testing in One Pot'을 줄인 '스톱(STOP)'이라는 이름을 붙였다.[6] "어떻게 진행되는지 보여드릴게요." 장이 젊은이다운 열정을 드러내며 내게 슬라이드와 이미지를 공유했다. "비강이나 타액에서 채취한 샘플을 이 카트리지에 넣고 장치에 밀어 넣은 다음 블리스터 팩 하나를 뜯어서 바이러스 RNA를 추출하는 용액을 넣습니다. 그런 뒤 다시 또 하나를 뜯으면 동결건조된 크리스퍼가 방출되는데, 그걸 증폭실에서 반응시키면 되는 거죠."

장은 자신이 개발한 검사법을 '스톱-코비드(STOP-COVID)'라고 부르지만, 이 플랫폼을 개조하면 다른 새로운 바이러스에도 쉽게 적용이 가능하다. "그래서 '스톱'이라는 단어를 쓴 거예요. 그 뒤에 어떤 표적이든 갖다 붙일 수 있죠. '스톱-인플루엔자'나 '스톱-HIV'도 만들 수 있고, 하나의 플랫폼으로 여러 표적을 감지하는 것도 가능하죠. 이 장치는 모든 바이러스에 응용될 수 있습니다."[7]

매머드 역시 용이한 재프로그래밍을 통해 어떤 바이러스에도 적용되는 검사법을 개발한다는 동일한 비전을 갖는다. "크리스퍼의 가장 큰 장점은, 일단 플랫폼을 만들어놓으면 화학 구성만 바꾸어 다른 바이러스를 검출하게 할 수 있다는 겁니다." 첸이 설명했다. "다른 바이러스는 물론 다음번 팬데믹에도 사용될 수 있죠. 박테리아나 유전자 염기 서열이 있는 거라면 뭐든지, 심지어 암에도 가능할 거예요."[8]

가정으로 침투한 생물학

가정용 진단 키트의 개발은 코로나19와의 싸움을 뛰어넘는 잠재적인 영향력을 발휘한다. 1970년대에 개인용컴퓨터가 디지털 상품과 서비스—그리고 마이크로칩과 소프트웨어 코딩—에 대한 인식을 사람들의 일상과 머릿속에 가져다주었듯, 가정용 진단 키트는 생물학을 가정에 도입할 것이다.

개인용컴퓨터와 스마트폰은 훌륭한 상품을 만들어내는 혁신가들의 플랫폼으로 기능하는 동시에 디지털 혁명을 **개인**의 것으로 만들어 대중의 기술 이해 수준을 크게 높였다.

장의 성장기에 그의 부모는 컴퓨터를 일종의 도구로 사용해야 한다고 강조했다. 마이크로칩에서 미생물로 관심을 돌린 뒤, 그는 왜 생물학이 컴퓨터처럼 사람들의 일상에 파고들지 않는지 의아했다. 혁신가들이 토대로 삼을 만한 플랫폼도, 사람들이 집에서 사용할 수 있는 간단한 생물학 장치도 없었다. "분자생물학 실험을 하는데 그런 생각이 들더라고요. '이렇게 근사하고 강력한 것이 왜 소프트웨어 앱처럼 사람들의 생활에 영향을 주지 않을까?'"

장은 대학원에 들어가서도 그 질문을 놓지 않고 동기들에게 묻곤 했다. "어떻게 하면 분자생물학을 사람들의 집에 들여놓을 수 있을까?" 마침내 가정용 바이러스 테스트기를 개발하면서, 바로 이 일로 그것이 가능하리라는 생각이 들었다. 가정용 진단 키트는 분자생물학의 경이로움을 사람들의 일상에 보다 다양한 방식으로 적용하는 플랫폼이자 운영체제이자 형성 인자가 될 수 있었다.

언젠가는 개발자와 기업가가 크리스퍼에 기반한 가정용 테스트기를 플랫폼 삼아 바이러스 검출, 질병 진단, 암 검사, 영양 분석, 마이크로바이옴 평가, 유전자 검사처럼 다양한 생물의학 애플리케이션을 만들게 될지도 모른다. "독감에 걸렸는지, 아니면 단순한 감기인지 정도는 집에서 확인할 수 있게 되는 거죠." 장의 말이다. "아이가 목이 아프다고 하면 그게 패혈성 인두염 때문인지도 확인할 수 있고요." 그 과정에서 우리는 분자생물학의 작동 원리를 더 깊이 이해하게 될 수 있을 것이다. 대부분의 사람들에게 분자 안에서 일어나는 일들은 여전히 마이크로칩의 작동 원리만큼이나 불가사의하겠지만, 적어도 양쪽의 아름다움과 영향력을 조금이나마 깨닫는 계기가 되지 않을까.

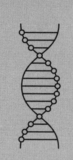

다리아 단체바, 조사이어 재이너, 데이비드 이시가 스스로 백신을 주사하고 있다

53장

백신

백신 임상 시험

"제 눈을 보세요." 의사가 말했다. 플라스틱 보호대 너머 나를 보는 눈은 수술용 마스크만큼이나 선명한 푸른색이었다. 그러나 이내 왼편에서 내 팔뚝에 긴 바늘을 찔러 넣는 다른 의사를 향해 저절로 고개가 돌아갔다. "안 돼요!" 첫 번째 의사가 날카롭게 외쳤다. "절 보세요!"

나는 개발 중인 코로나19 백신의 이중맹검(시험 대상자와 연구자의 주관을 배제하기 위해 환자와 의사 모두에게 어떤 치료법을 행하는지 알려주지 않고 시행하는 시험—옮긴이) 임상 시험 중이었다.[1] 그러니 내가 진짜 약물을 맞는지, 아니면 식염수로 만든 위약을 맞고 있는지 눈치채면 안 된다는 게 의사의 설명이었다. 주사기만 보고도 어떤 건지 구분할 수 있다는 건가? "아마 아닐 거예요." 의사가 대답했다. "그래도 혹시 모르니까요."

2020년 8월 초, 나는 화이자(Pfizer)에서 독일 회사 바이온텍(BioN-Tech)과 개발 중인 코로나19 백신 임상 시험에 피실험자로 참여했다. 전통적인 백신처럼 표적 바이러스를 비활성화시켜 그 일부를 주입하는 대신 RNA 조각을 주사하는, 전에 사용된 적 없는 새로운 유형의 백신이었다.

이젠 독자도 잘 알겠지만, RNA는 다우드나의 연구 경력의 주축이자
이 책의 핵심이다. 1990년대에 다른 과학자들이 DNA에 매진할 때, 다
우드나의 지도교수였던 하버드 대학의 잭 쇼스택은 비록 DNA보다 인
기는 덜하지만 더 열심히 일하는 그 자매에게로 다우드나의 관심을 돌
려놓았다. 그것은 바로 단백질을 제작하고, 효소의 가이드 역할을 하며,
스스로 복제가 가능한, 그리고 아마도 모든 생명의 뿌리일 RNA였다.
"전 이렇게 많은 일을 해내는 RNA의 매력에서 지금까지도 헤어나오지
못했어요." 내가 RNA 백신 임상 시험에 참여한다고 알리자 다우드나는
말했다. "RNA는 코로나바이러스의 유전물질이죠. 아주 흥미로운 방식
으로 백신과 치료법의 기초가 될 수 있어요."[2]

전통적인 백신

백신은 사람의 면역계를 자극함으로써 작동한다. 위험한 바이러스(또
는 여느 병원체)*와 비슷한 물질을 사람의 체내에 전달하는데, 이는 비활
성화된 바이러스일 수도 있고 바이러스의 무해한 일부 조각, 또는 그 조
각을 생산하는 유전자 지시 사항일 수도 있다. 모두 사람의 면역계에 시
동을 거는 것이 목적이다. 면역계가 작동하면 인체는 항체를 생산하고,
그러면 이후 몇 년 동안 진짜 바이러스의 공격을 막아낼 수 있게 된다.

백신 접종은 1790년대에 에드워드 제너라는 영국 의사에 의해 개척
되었다. 제너가 관찰한바, 우유를 짜는 여성들은 천연두에 걸리지 않는

---

* '병원체(pathogen)'는 통상 '병균(germ)'이라 부르는 것으로, 질병이나 감염을 일으키는 미
  생물을 뜻한다. 흔한 병원체로 바이러스, 박테리아, 균류, 원생동물이 있다.

대신 하나같이 우두에 감염되었는데, 우두는 소에는 피해를 주지만 인간에게는 무해한 형태의 바이러스였다. 제너는 우두가 소젖을 짜는 여성들에게 천연두에 대한 면역을 줬으리라는 가정하에, 자기 집 정원사의 여덟 살 난 아들의 팔에 상처를 내고 우두 물집에서 짜낸 고름을 문지른 다음 천연두에 노출시켰다(오늘날의 의료윤리가 적용되기 한참 전의 일이다). 아이는 천연두에 걸리지 않았다.

백신은 인간의 면역계를 자극하기 위해 다양한 방법을 사용한다. 전통적인 접근법은 약화되고 안전한(희석된) 버전의 바이러스를 주입하는 것이다. 이것들은 진짜와 거의 유사하기 때문에 면역계의 선행 학습을 위한 좋은 선생이 된다. 몸은 이 약체를 본보기로 항체를 만들어 대응하며, 이렇게 생긴 면역은 평생 지속되기도 한다. 1950년대에 앨버트 세이빈은 이 방법으로 경구 소아마비 백신을 개발했고, 오늘날 홍역, 유행성이하선염, 풍진, 수두 역시 이러한 방식으로 예방된다(이를 '약독화 생백신'이라고 한다—옮긴이). 개발과 배양에 시간이 오래 걸리는 편이지만(바이러스를 달걀에서 배양해야 하기 때문에), 2020년 몇몇 회사에서는 코로나19를 공격하는 장기적인 옵션으로 이 방법을 사용하기 시작했다.

세이빈이 예방접종용으로 사용할 소아마비바이러스를 개발하고 있을 때, 조너스 소크는 보다 안전해 보이는 방식을 찾아냈다. 죽은 바이러스를 쓰는 것이다. 이런 백신도 사람의 면역계에 살아 있는 바이러스와 싸우는 법을 가르칠 수 있다(이를 '불활성화 백신' 또는 '사백신'이라고 한다—옮긴이). 베이징에 본사를 둔 '시노백(Sinovac)'이 이 방식으로 초기에 코로나19 백신을 개발했다.

또 다른 전통 방식은 바이러스 표면에 붙은 단백질과 같은 바이러스의 일부를 분리해 주사하는 '아단위 백신'이다. 그러면 면역계는 이것을 잘 기억했다가 바이러스 본체와 맞닥뜨렸을 때 빠르고 강력하게 대응한다. B형 간염 백신이 그 대표적인 예다. 바이러스의 일부만 사용하기 때문에 안전하며 생산이 쉽다는 장점이 있지만, 대개 장기적인 면역을 형성하지는 못한다. 2020년의 코로나19 백신 개발 경쟁에서 많은 회사가 코로나바이러스 표면의 스파이크 단백질을 인체에 들여보내는 방식으로 이러한 접근법을 시도했다.

유전자 백신

아마도 역병의 해인 2020년은 전통적인 백신들이 유전자 백신으로 대체되기 시작한 해로 기억되지 않을까 싶다. 불활성화된 바이러스, 살아 있지만 약화된 형태의 바이러스, 또는 위험한 바이러스의 일부를 주입하는 대신, 이 새로운 형태의 백신은 인간 세포가 자체적으로 바이러스의 구성 요소를 생산하게끔 유도하는 유전자 혹은 유전자 코드의 일부를 주입해 환자의 면역계를 자극한다.

이를 위한 한 가지 방식은 무해한 바이러스의 유전자를 조작해 원하는 구성 요소를 생산하게 만드는 것이다. 이제는 우리 모두 깨달았듯이, 바이러스는 인간 세포에 침투하는 데 매우 탁월한 능력을 지니고 있다. 그래서 안전한 바이러스를 골라 환자의 세포에 물질을 전달하는 배달 시스템, 즉 '벡터'로 사용하는 것이다.

이 방식으로 초창기 코로나19 백신 후보 하나가 이름도 완벽한 옥스퍼드 대학 제너 연구소에서 개발되었다. 과학자들은 안전한 바이러스를 유전적으로 재조작해 코로나바이러스의 스파이크 단백질을 만들게 했다. 이때 사용한 바이러스는 침팬지에게 독감을 일으키는 아데노바이러스로, 2020년 다른 회사에서는 인간 버전의 아데노바이러스를 이용해 유사한 백신을 개발하기도 했다. 일례로 존슨 앤드 존슨에서 만든 백신은 인간 아데노바이러스를 벡터로 삼아 나쁜 바이러스의 스파이크 단백질 일부가 암호화된 유전자를 운반한다. 그러나 과거 독감을 앓았던 환자의 경우 인간 버전 아데노바이러스에 면역이 있을 수 있기 때문에 옥스퍼드 팀은 침팬지 바이러스가 더 낫다고 보았다.

옥스퍼드와 존슨 앤드 존슨 백신의 원리는 다음과 같다. 재조작한 아데노바이러스를 사람에게 주사하면 바이러스가 세포로 들어가 스파이크 단백질의 대량생산을 유도하고, 그렇게 생산된 스파이크 단백질이 면역계를 자극해 항체를 형성하게 한다. 그 결과 사람의 면역계는 진짜 코로나바이러스가 침투했을 때 빠르게 대응할 준비를 마친다.

옥스퍼드에서 백신 개발을 맡은 책임 연구원은 세라 길버트였다.[3] (1998년 길버트가 미숙아 상태로 세쌍둥이를 낳았을 때 남편이 휴직해 아기를 돌봐준 덕분에 그녀는 연구실로 돌아갈 수 있었는데, 이제 와 돌이켜보면 그래서 얼마나 다행인지 모른다.) 2014년 길버트는 스파이크 단백질 유전자를 삽입한 침팬지 아데노바이러스를 사용해 중동 호흡기 증후군, 즉 메르스 (MERS) 백신을 개발했다. 메르스 유행은 이 백신이 사용되기 전에 잠잠해졌지만, 덕분에 코로나19가 발발했을 때 길버트는 훨씬 유리한 상황에서 출발할 수 있었다. 침팬지 아데노바이러스가 메르스의 스파이크 단백질 유전자를 인체에 성공적으로 운반한다는 사실을 이미 알고 있었기 때문이다. 2020년 1월 중국이 신생 코로나바이러스의 유전자 염기 서열을 발표하자마자, 길버트는 매일 새벽 4시에 일어나 이 바이러스의 스파이크 단백질을 침팬지 바이러스 안에 넣는 실험을 해나갔다.

그 무렵 세쌍둥이는 스물한 살이 되어 모두 생화학을 연구하고 있었고, 그들 모두 이 백신의 항체 형성 여부를 확인하기 위해 자진해서 초기 시범 접종에 참여했다(그리고 실제로 항체가 만들어졌다). 3월에 몬태나

주 영장류 센터의 원숭이를 대상으로 실행한 시험에서도 좋은 결과가 나왔다.

빌 앤드 멀린다 게이츠 재단이 초기 자금을 댔다. 빌 게이츠는 백신이 성공할 경우 제조 및 배포를 책임질 대기업과 협력하도록 옥스퍼드 대학에 압력을 가했고, 이에 따라 옥스퍼드는 영국-스웨덴 제약 회사인 아스트라제네카(AstraZeneca)와 파트너십을 맺었다.

DNA 백신

유전물질을 인간 세포에 들여보내 면역계를 자극할 바이러스 구성 요소를 생산하게 하는 또 다른 방법이 있다. 해당 구성 요소의 유전자를 조작해 안전한 바이러스 안에 넣고 체내로 들여보내는 대신, 아예 구성 요소의 유전자 코드를 처음부터 DNA 또는 RNA 형태로 인간 세포에 전달하는 방식이다. 말하자면 세포 자체를 백신 제조 시설로 만드는 셈이다.

DNA 백신부터 살펴보자. 코로나19 전까지 DNA 백신은 한 번도 승인된 적이 없지만, 그 개념은 매우 유망해 보였다. 그러다 2020년 이노비오 파마슈티컬스(Inovio Pharmaceuticals) 소속 연구자들과 몇몇 소수의 회사들이 코로나바이러스 스파이크 단백질 일부를 암호화하는 DNA를 작은 원 형태로 만들었다. 이걸 세포핵 안에 들여보낼 수만 있다면 DNA는 아주 효과적으로 mRNA 가닥을 생산하고, 이어 면역계를 자극하는 스파이크 단백질의 생산을 감독할 것이 분명했다. DNA는 저렴한 비용으로 생산할 수 있으며, 살아 있는 바이러스를 다루거나 달걀에서 배양할 필요도 없기 때문에 더욱 유용하다.

DNA 백신의 가장 큰 문제는 전달이다. 조작된 DNA 고리를 인간 세포는 물론 세포핵 안까지 들여보내려면 어떻게 해야 할까? DNA 백신을 환자의 팔에 대량으로 주사하면 일부는 가까스로 세포 안까지 들어가겠지만 이는 그리 효율적인 방법이 못 된다.

이노비오를 포함해 일부 DNA 백신 개발자들은 환자에게 전기 충격 펄스를 가하는 전기 천공법을 통해 유전물질의 전달 과정을 촉진하고자 했다. 전기 충격을 주어 DNA가 안으로 들어갈 수 있도록 세포막의 구멍을 열어주는 방식이다. 하지만 전기 펄스 기기에는 작은 바늘이 많이 달려 있어 어쩐지 보기에 불편하다. 특히 주사를 맞는 사람들 쪽에서 이 기술이 인기가 없는 이유다.

코로나 사태가 시작되던 2020년 3월, 다우드나가 조직한 팀 가운데 하나는 이러한 DNA 백신 전달이라는 난제에 중점을 두었다. 이 연구는 한때 다우드나의 박사 후 연구원이었고 현재는 다우드나와 같은 버클리에서 자신의 랩을 운영하는 로스 윌슨과 UC 샌프란시스코의 알렉스 마슨이 주도했다. 다우드나가 주최하는 정기 줌 회의 중 한번은 윌슨이 이노비오 전기 충격 장치(electric zapper)의 슬라이드를 보여주었다. "실제로 환자의 근육에 총을 쏘는 데 사용하는 물건입니다." 그가 말했다. "이노비오사가 지난 10년 동안 이뤄낸 괄목할 성과가 있다면, 이제는 작은 플라스틱의 바늘이 잘 감추어져 있어서 환자가 그다지 겁을 먹지 않는다는 거죠."

마슨과 윌슨은 크리스퍼-Cas9을 사용해 DNA 백신 전달 문제의 해결 방법을 고안했다. 그들은 Cas9 단백질과 가이드 RNA, 그리고 그 복합체를 핵으로 안내하는 핵 위치 신호를 하나로 묶었다. 그 결과물은 말하자면 DNA 백신을 세포로 들여보내는 '셔틀'이었다. 인체에 들어간

DNA는 세포를 지휘해 코로나바이러스 스파이크 단백질을 만들고, 이어 진짜 코로나바이러스를 물리칠 면역계를 자극한다.[4] 이는 언젠가 많은 치료에 사용될 훌륭한 발상이지만, 현재로서는 제대로 작동하게 만들기가 어려웠다. 2021년 초, 윌슨과 마슨은 여전히 그 효과를 증명하기 위해 노력하고 있다.

RNA 백신

이제 우리가 가장 좋아하는 분자이자 이 책의 또 다른 주인공인 RNA 차례다.

내가 임상 시험에 참여해 테스트한 백신은 RNA가 생물학의 센트럴 도그마에서 수행하는 가장 기본적인 기능을 활용한다. 즉 세포핵 안에 틀어박혀 있는 DNA에서 제작법을 베낀 뒤 세포 내 제조 영역으로 가져가 공장에서 어떤 단백질을 만들지 지시하는 mRNA로서의 기능이다. 코로나19 백신의 경우, 백신 속 mRNA는 인체 세포로 하여금 코로나바이러스의 표면에 있는 스파이크 단백질을 만들도록 지시한다.[5]

RNA 백신은 지질 나노 입자로 알려진 미세한 캡슐 안에 화물을 넣고 전달한다. 이를 위쪽 팔뚝의 근육에 긴 주삿바늘로 주사하는데, 나는 주사를 맞고 며칠 동안 근육통을 겪었다.

RNA 백신은 DNA 백신에 비해 확실한 이점을 지닌다. 그중 가장 주목할 만한 것이라면, RNA는 DNA가 거처하는 세포핵까지 들어갈 필요가 없다는 점이다. RNA는 단백질이 만들어지는 핵 밖의 세포질에서 작용하며, 따라서 RNA 백신은 그저 화물을 이 세포핵 바깥 지역까지만 전달하면 된다.

2020년에 두 혁신적인 제약 회사가 코로나19 RNA 백신 생산에 뛰어들었다. 매사추세츠주 케임브리지에 기반을 둔 모더나(Moderna), 그리고 미국 기업인 화이자와 제휴한 바이온텍이다. 내가 참여한 임상 시험은 바이온텍/화이자 쪽이었다.

바이온텍은 2008년 우우르 샤힌과 외즐렘 튀레지 부부가 면역계를 자극해 암세포와 싸우게 하는 면역 항암요법 개발을 목표로 설립한 회사지만, 곧 mRNA를 사용하는 백신 개발에서도 선두 주자가 되었다. 2020년 1월, 중국에서 발표한 새로운 코로나바이러스에 관한 의학 논문을 읽은 샤힌은 바이온텍 이사회에 이메일을 보냈다. 이번에도 메르스나 사스처럼 쉽게 왔다가 갈 거라고 생각하면 오산이라는 내용이었다. "이번에는 다릅니다."[6]

바이온텍은 '라이트스피드(Lightspeed)'라는 프로젝트를 시작했다. 인간 세포로 하여금 코로나바이러스의 스파이크 단백질을 만들게 할, RNA 염기 서열에 기반한 백신 개발 프로젝트였다. 성공 가능성이 보이자 샤힌은 화이자의 백신 연구 개발 총괄 책임자인 케이트린 얀센에게 전화를 걸었다. 두 회사는 2018년 이후로 mRNA 기술을 사용해 독감 백신을 함께 개발해온 터였다. 그가 얀센에게 코로나19 백신에 대해서도 협력할 생각이 있는지 묻자, 얀센도 마침 같은 제안으로 연락하려던 참이라고 대답했다. 3월에 두 회사 간의 계약이 이루어졌다.[7]

당시 직원 수 800명으로 훨씬 규모가 작은 제약 회사인 모더나에서도 비슷한 RNA 백신이 개발되고 있었다. 모더나의 회장이자 공동 창립자인 누바 아페얀은 레바논 베이루트에서 태어나 미국으로 건너온 이민자다. 2005년 아페얀은 mRNA를 인간 세포에 주입해 원하는 단백질을 생산하도록 지휘한다는 발상에 매료되어 제니퍼 다우드나의 박사 과정 지도교수이자 다우드나를 경이로운 RNA 세계에 빠져들게 한 잭 쇼스택의 하버드 랩에서 젊은 대학원생들을 고용했다. 모더나는 주로 mRNA를 사용한 개인 맞춤형 암 치료제 개발에 초점을 맞추고 있었지만, 이제는 같은 기술로 바이러스에 대항하는 백신 개발 연구도 시작한 참이었다.

2020년 1월, 딸의 생일을 맞아 케임브리지의 한 식당에서 식사를 하던 아페얀은 스위스에 있던 CEO 스테판 방셀로부터 긴급 메시지를 받았다. 그는 식당 밖으로 나와 차가운 바람을 맞으며 방셀과 통화했다. 방셀은 mRNA를 사용해 신생 코로나바이러스에 대한 백신 개발 프로젝트를 시작하고 싶다고 말했다. 당시 모더나는 스무 개 정도의 약물을 개발 중이었는데, 그중 승인을 받거나 임상 시험 마지막 단계까지 도달한 건 하나도 없었다. 아페얀은 그에게 이사회의 승인 없이 곧바로 착수할 수 있는 권한을 주었다. 사실상 화이자 같은 대형 제약 회사에 비해 자원이 부족한 모더나로서는 미국 정부에서 나오는 연구비에 의존해야 했는데, 정부의 감염병 전문가 앤서니 파우치가 힘을 실어주었다. "한번 해보시죠. 비용이 얼마나 들건 걱정 말고요." 모더나는 불과 이틀 만에 스파이크 단백질을 생산하는 RNA 염기 서열을 만들었고, 38일 뒤에는 초기 임상 시험을 위해 첫 번째 백신이 든 상자를 국립보건원으로 보냈다. 아페얀의 휴대전화에는 여전히 그 상자의 사진이 저장되어 있다.

크리스퍼 치료와 마찬가지로 백신 개발의 가장 어려운 부분은 세포 안으로 들여보내는 전달 메커니즘이다. 모더나는 분자를 사람의 세포 안으로 운반하는 작은 합성 캡슐인 지질 나노 입자를 완성하기 위해 10년을 연구해왔다. 그 덕에 모더나의 백신은 바이온텍/화이자와 비교해 입자가 더 안정적이고 아주 낮은 온도에서 보관할 필요가 없다는 이점을 지닌다. 모더나는 인간 세포 안에 크리스퍼를 전달하는 과정에도 이 기술을 사용하고 있다.[8]

우리의 바이오해커가 개입하다

이 무렵 조사이어 재이너, 그러니까 자신에게 크리스퍼를 주사했던 차고 과학자가 다시 무대로 복귀해 요정 '퍽'을 연기하기 시작했다. 다른 이들이 유전자 백신의 임상 시험 결과를 열렬히 기다리던 2020년 여름, 재이너는 그 현명한 바보 정신을 전장에 세우고 뜻을 함께하는 바이오해커 몇 명을 끌어들였다. 개발 중인 코로나바이러스 백신 후보 중 하나를 제작해 스스로 투여한 다음 (a) 백신을 맞고 살아남는지, (b) 코로나19로부터 지켜주는 항체가 생기는지 확인하는 것이 그의 계획이었다. "이목을 끌려는 쇼라고 불러도 상관없어요. 어쨌든 전 이렇게 해서라도 과학을 잘 통제하고 빠르게 발전시키는 게 중요하다고 생각하니까요."[9]

재이너는 하버드 연구원들이 그해 5월 《사이언스》에 발표한 논문에서 설명한 후보 백신을 직접 만들어 실험했다. 이제 막 사람을 대상으로 시험 단계에 들어간 백신으로,[10] 논문에는 코로나바이러스의 스파이크 유전자 코드가 들어 있는 이 DNA 백신의 제조 방법이 상세히 설명되어 있었다. 레시피를 손에 쥔 재이너는 실험 재료들을 준비하고 작업에 착수했다.

다우드나가 있는 버클리에서 남쪽으로 불과 11킬로미터 떨어진 오클랜드의 자기 집 차고 실험실에서, 재이너는 사람들이 보고 직접 따라 할 수 있도록 유튜브 실시간 강의를 시작했다. 안티바이러스 소프트웨어의 이름을 따 '프로젝트 맥아피(Project McAfee)'라는 제목으로 공개한 이 영상에서 그는 이렇게 선언했다. "누군가는 해야 할 살짝 정신 나간 짓을 대신 해낸다는 점에서, 바이오해커는 현대 세계의 시험비행사라 할 수 있습니다."

제이너에게는 두 명의 부조종사가 있었다. 포니테일을 한 데이비드 이시는 미시시피 시골의 견종 브리더로, 달마티안과 마스티프를 더 건강하고 튼튼하게 만들기 위해, 그리고 좀 쌩뚱맞지만 어둠 속에서 형광빛을 발하도록 만들기 위해 크리스퍼로 유전자를 편집하는 사람이다. 그는 실험 장비들로 채워진 뒤뜰의 나무 헛간에서 스카이프로 이 프로젝트에 합류했다. 제이너가 앞으로 두 달간 자신들의 실험 과정을 실시간으로 내보내겠다고 밝히자 이시는 몬스터 에너지 음료를 한 모금 마시더니 인동 향이 나는 듯한 나른한 말투로 끼어들었다. "아니면 기관에서 우리를 찾아올 때까지요." 이어 우크라이나 드니프로에 사는 다리아 단체바도 스카이프에 등장했다. 단체바는 우크라이나에서 최초로 바이오해킹 실험실을 만든 학생이다. "우크라이나의 바이오해킹 규제는 상당히 약해요. 왜냐하면 사실상 이 나라는 존재하지 않으니까요." 단체바의 말이다. "지식은 엘리트 계층만을 위한 게 아닙니다. 우리 모두를 위한 것이죠. 그래서 우리가 이 일을 하는 겁니다."

제이너가 2020년 여름 내내 시도한 실험은 샌프란시스코 학회에서 팔뚝에 크리스퍼를 주사했을 때처럼 그저 사람들의 이목을 끌기 위한 쇼가 아니었다. "그냥 곧바로 백신을 주사할 수도 있었습니다. 하지만 그렇게 해서는 아무것도 얻지 못해요. 우리는 이 실험에 더 많은 가치를 부여하고 싶습니다." 대신 제이너와 부조종사들은 한 주 한 주 신중하게, 코로나바이러스의 스파이크 단백질 코드를 만드는 방법을 실시간으로 보여주었다. 그런 식으로 이 백신을 테스트할 수십, 어쩌면 수백 명의 사람을 모으고 결국 백신의 효과를 증명할 유용한 데이터를 얻게 될 터였다. "만약 우리 같은 사람들이 모여 이 일을 해낸다면, 그 모습을 본 수백 명의 사람들이 더 모일 것이고, 그로써 과학은 보다 빨리 진보하게 될 겁니다." 제이너의 말이다. "모든 사람이 이 DNA 백신을 만들어 인간 세포에 항체를 생성하는지 테스트할 기회를 가지면 좋겠어요."

DNA가 인간 세포핵 안에 제대로 들어가려면 전기 천공법 등의 기술이 필요하다는데, 어째서 그는 단순한 주사로도 백신이 효과를 보이리라 생각하는 걸까? "우리는 하버드 논문을 최대한 똑같이 따라 하고 싶었어요. 그 논문에서는 전기 천공법 같은 특수한 기술을 사용하지 않았습니다." 내 질문에 재이너는 이렇게 대답했다. "DNA를 만들기는 쉬워요. 따라서 효율이 두 배로 높은 전달 방법이 있다 하더라도, 그걸 사용하는 대신 DNA 주입량을 두 배 늘리면 결국 같은 결과를 얻을 수 있겠죠."

8월 9일 일요일, 캘리포니아와 미시시피, 그리고 우크라이나에서 세 바이오해커가 동시에 모습을 드러냈다. 지난 두 달 동안 배합해온 백신을 자신의 팔에 주사하는 장면을 실시간으로 방송하기 위해서였다. "우리 셋은 사람들이 DIY 환경에서 무엇을 할 수 있는지 보여줌으로써 과학의 진보를 촉구하고자 합니다." 재이너가 영상을 시작하며 설명했다. "어쨌든 우리는 해볼 겁니다. 자, 시작하죠." 단체바와 이시에 이어, 빨간색 마이클 조던 탱크톱 저지를 입은 재이너가 자신의 팔에 긴 바늘을 꽂은 뒤 청중을 안심시켰다. "우리가 죽는 걸 구경하려고 로그인 한 여러분 모두에게 말씀드리는데, 그런 일은 일어나지 않을 겁니다."

재이너의 말이 맞았다. 그들은 죽지 않았다. 그저 많이 움찔했을 뿐이다. 게다가 결국엔 백신의 효과가 있었다는 증거도 나왔다. DNA를 인간 세포핵에 넣기 위해 다른 어떤 방법도 동원하지 않았으므로 완전히 명확하거나 설득력 있는 결과라 할 수는 없지만, 어쨌든 9월이 되어 재이너가 인터넷을 통해 모두가 지켜보는 가운데 실시간으로 혈액 검사를 했을 때 그의 몸에 코로나바이러스와 싸울 중화 항체가 생성되었다는 증거가 나타났다. 그는 이 결과를 "약간의 성공"이라고 부르면서도 생물학은 종종 불분명한 결과를 낳는다고 언급했다. 또한 이를 계기로 신중한 임상 시험에 대한 그의 신뢰는 더욱 커졌다.

일부 연구자들은 재이너가 한 일에 대해 듣고 경악했으나, 난 어느새 그를 응원하게 되었다. 만약 그의 그림자가 마음에 들지 않는다면 이렇게 생각해보라. 그러면 모든 게 괜찮아질 테니(셰익스피어의 「한여름 밤의 꿈」에 나오는 퍽의 대사를 패러디한 내용이다—옮긴이). **더 많은 시민들이 과학에 참여할수록 좋은 거라고.** 유전자 코딩은 소프트웨어 코딩처럼 크라우드소싱이 가능하지 않으며, 민주화되지도 않을 것이다. 그러나 생물학이 복음을 수호하는 사제들의 독점 영역이 되어서는 안 된다. 재이너는 친절하게도 내 몫의 DIY 백신을 보내주었다. 나는 주사하지 않기로 했지만 재이너를 비롯한 삼총사의 행보에 대한 존경은 그대로였고, 따라서 보다 공인된 방식으로 백신 실험에 참여하고 싶어졌다.[11]

나, 아이작슨의 임상 시험

시민 과학 참여의 일환으로, 나는 바이온텍/화이자 임상 시험에 등록했다. 백신 이야기를 시작하며 언급했듯이 이 시험은 이중맹검으로 진행되었으며, 따라서 누가 진짜 백신을 맞았고 누가 위약을 맞았는지 나는 물론 연구자도 알지 못했다.

뉴올리언스의 오치너 병원에 자원했을 때, 이 연구가 최대 2년까지 걸릴 수 있다는 얘기를 들었다. 그러자 몇 가지 궁금증이 떠올랐다. 담당자에게 만약 그 전에 백신이 승인되면 어떻게 되는지 묻자 그렇게 되면 "안대를 푼다"는 대답이 돌아왔는데, 그건 내가 맞은 게 무엇인지 확인하고 위약이었다면 진짜 백신을 놔준다는 뜻이다.

만약 시험이 진행되는 중에 다른 백신이 먼저 승인을 받으면 어떻게 될까? 담당자는 언제든 시험을 중지하고 승인된 백신을 맞아도 된다고 했다. 이어 좀 더 어려운 질문을 던졌다. 내가 만일 중도에 시험을 포기하고 그만두면 그래도 '안대를 풀어'줄까? 담당자는 잠시 생각하더니 자기 상관에게 질문을 넘겼고, 그러자 그도 잠시 멈칫하다가 마침내 입을 열었다. "그건 아직 결정되지 않았습니다."[12]

그래서 나는 곧장 꼭대기로 올라가 백신 연구 감독 기관인 국립보건원의 수장 프랜시스 콜린스에게 직접 물었다(이런 게 바로 책을 쓰는 사람이 누리는 특권이다). "백신 연구단이 현재 심각하게 토론 중인 문제에 대해 물으시는군요." 콜린스가 대답했다. 불과 며칠 전에 메릴랜드주 베데스다에 있는 국립보건원 본부 소속 생명윤리부에서 이 사안에 대한 '협의 보고서'를 작성했다는 얘기였다.[13] 다섯 페이지짜리 보고서를 읽기도 전에 나는 국립보건원에 생명윤리부라는 부서가 따로 있다는 사실에 큰 인상을 받았고, 또 안심도 되었다.

보고서의 내용 역시 아주 사려 깊었다. 다양한 시나리오를 설정하고 맹검 연구를 계속했을 때의 과학적 가치와 시험 참가자의 건강 사이에서 신중하게 균형을 맞춘 내용으로, 백신이 FDA 승인을 얻을 경우에는 "참가자들이 백신을 접종받을지 결정하도록 사실을 알려야 할 의무가 있다"라는 권고도 포함되어 있었다.

모든 사항을 파악한 뒤, 나는 질문은 그만두고 등록하기로 마음을 먹었다. 나라는 한 인간이 과학에 약간의 도움이 될 기회였다. 그리고 나는 RNA 백신에 대해 몸소, 아니 내 '팔'로써 배우게 될 터였다. 백신이나 임상 시험에 굉장히 회의적인 사람들도 있지만, 나로 말하자면 지나칠 정도로 신뢰하는 편이다.

승리의 RNA

2020년 12월, 코로나19가 전 세계 대부분 지역에서 다시 기승을 부리면서 두 RNA 백신이 미국에서 처음으로 승인을 받고 범유행을 격퇴하기 위한 바이오테크놀로지 전쟁의 선봉에 나섰다. 이 행성에 생명의 씨앗을 뿌린, 또 코로나바이러스의 형태로 우리를 괴롭힌 이 작고 용감한 RNA 분자가 이제 우리를 구하러 온 것이다. 제니퍼 다우드나와 동료들은 인간 유전자의 편집 도구로, 이어 코로나바이러스를 감지하는 수단으로 RNA를 이용했다. 그리고 이제 과학자들은 우리 세포를 코로나바이러스에 맞서 면역을 자극할 스파이크 단백질 제조 공장으로 탈바꿈시키기 위해 RNA의 가장 기본적인 생물학적 기능을 활용할 방법을 찾아낸 참이다.

'……GCACGUAGUGU…….' 이는 코로나바이러스 RNA 염기 서열 중 인간 세포에 들러붙는 스파이크 단백질을 생성하는 조각이다. 바로 이 글자들이 새로운 백신에 사용되는 코드의 일부가 되었다. 과거 RNA 백신이 사용 승인을 받은 적은 없었다. 그러나 신생 코로나바이러스가 식별된 지 1년여 만에 바이온텍/화이자와 모더나가 새로운 유전자 백신을 개발했고, 나 같은 사람들이 참여하는 대규모 임상 시험으로 90퍼센트 이상의 효과를 입증해냈다. 전화 회의 중 임상 결과를 들은 화이자 CEO 앨버트 불라는 깜짝 놀랐다. "다시 말해봐요. 19퍼센트예요, 아니면 90퍼센트예요?"[14]

인류 역사를 통틀어 우리는 바이러스와 박테리아가 일으키는 끊임없는 전염병 공격에 시달려왔다. 최초로 알려진 것은 기원전 1200년경의 바빌론 독감 대유행이다. 이후 기원전 429년 아테네에서 발생한 역병은 10만 명에 가까운 사람들을 죽였고, 2세기의 안토니우스 역병은

1000만 명을 몰살했으며, 유스티니아누스 페스트는 5000만 명, 14세기의 흑사병은 유럽 인구의 절반에 가까운 2억 명의 목숨을 앗아 갔다.

2020년에만 150만 명 이상을 죽인 코로나19 범유행이 마지막은 아닐 것이다. 그러나 새로운 RNA 백신 기술 덕분에 미래의 바이러스에 대항하는 우리의 방어는 더할 나위 없이 신속하고 효율적으로 진행될 것이다. "바이러스들한테는 운수 나쁜 날이었죠." 모더나 회장 아페얀이 임상 시험 결과를 처음 들은 2020년 11월 일요일을 떠올리며 말했다. "인간 기술의 능력과 바이러스의 능력 사이에서 진화적 균형의 축이 갑자기 바뀌었습니다. 우리는 다시는 팬데믹을 겪지 않을 수도 있습니다."

쉽게 재프로그래밍할 수 있는 RNA 백신의 발명은 인간 독창성의 번개 같은 승리였다. 그러나 그 바탕에는 생명의 가장 근본적인 측면에 대한 호기심이 이끌어온 수십 년의 연구가 있다. DNA에 암호화된 유전자가 RNA 가닥에 옮겨져 세포에 단백질 조립을 지시하는 과정이 그것이다. 마찬가지로 크리스퍼 유전자 편집 기술은 박테리아가 RNA를 사용해 효소로 하여금 위험한 바이러스를 절단하는 방법을 이해하면서 시작되었다. 위대한 발명이란 기초과학에 대한 이해에서 온다. 이런 게 자연의 아름다움이다.

스탠리 치

네이선 미어볼드와 캐머런 미어볼드

54장
크리스퍼 치료제

백신의 개발—전통적인 백신과 RNA를 사용한 백신 모두—은 마침내 코로나바이러스 팬데믹을 물리치는 데 일조할 것이다. 그러나 백신이 완벽한 해결책은 아니다. 백신은 사람의 면역계를 자극해서 작용하는데, 이 과정엔 언제나 위험이 따른다. (코로나19로 인한 대부분의 사망이 원치 않는 면역반응으로 장기에 발생한 염증 때문에 일어난다.)[1] 백신 제조사들이 재차 확인해왔듯이, 다층적인 인간 면역계를 통제하기란 이만저만 까다로운 일이 아니다. 그 안에는 온갖 미스터리가 숨어 있다. 간단한 온/오프 스위치가 아니라 측정이 쉽지 않은 복잡한 분자들의 상호작용으로 시스템이 작동한다.[2]

회복 중인 환자의 혈장에서 채취하거나 인공적으로 합성한 항체의 사용도 코로나19와의 싸움에 큰 도움이 되었다. 그러나 이런 치료법은 새로운 바이러스가 공격해 올 때마다 사용할 수 있는 장기적인 방책이 아니다. 회복 중인 공여자로부터 혈장을 대량으로 얻기가 어렵고, 실험실에서 만드는 단일 클론 항체는 제조하기가 쉽지 않기 때문이다.

결국 바이러스와 맞서는 장기적인 해법은 박테리아가 발견한 것과 다르지 않다. 환자의 면역계에 기댈 것 없이 크리스퍼를 이용해 가위 효소를 곧장 바이러스의 유전물질로 데려가 이를 조각내게 하는 것이다. 다시 한번, 다우드나와 장을 중심으로 한 두 진영 사이에 이 시급한 임무를 위한 크리스퍼 개량 경합이 시작되었다.

캐머런 미어볼드와 카버

캐머런 미어볼드는 디지털 코딩과 유전자 코딩이라는 양쪽 세계에 모두 발을 걸치고 있다. 그가 물려받은 유산과 혈통을 생각하면 그리 놀랄 일은 아니다. 마이크로소프트의 오랜 최고 기술 책임자이자 재기 넘치는 천재였던 네이선 미어볼드의 아들인 캐머런 미어볼드는 즐거움이 가득한 눈과 둥근 얼굴에 불룩한 볼, 기운 넘치는 웃음, 자유분방한 호기심까지 아버지를 꼭 닮았다. 나와 같은 세대 사람들이라면 디지털 영역은 물론이고 식품과학에서부터 소행성 추적, 공룡이 꼬리를 휘두르는 속도에 이르기까지 다양한 분야에 걸쳐 활약한 그의 아버지를 보며 경외감을 느꼈을 것이다. 캐머런 미어볼드는 컴퓨터 코딩의 재능을 아버지와 공유했지만, 같은 세대의 다른 많은 사람들처럼 유전자 코딩과 생물학의 경이로움에 더 집중했다.

미어볼드는 프린스턴 대학에서 학부 생활을 하며 분자생물학과 계산생물학을 공부했고, 하버드에서는 컴퓨터과학과 생물학을 결합한 시스템·합성·정량생물학 프로그램으로 박사 학위를 받았다. 지적인 도전을 매우 좋아하는 그였지만, 유기체 나노 공학 연구는 너무 첨단 과학이라 예견할 수 있는 가까운 미래에는 현실적인 영향력이 거의 없으리라는 우려가 들었다.[3]

그래서 그는 박사 학위를 받은 뒤 휴가를 내고 콜로라도 트레일로 하이킹을 떠났다. "과학도로서 앞으로 어떤 길을 가야 할지 치열하게 고민했죠." 그러다가 산에서 한 남자를 만나 대화를 나누던 중 과학에 대한 진지한 질문을 받으며 무엇인가를 느끼게 되었다. "그 사람과 얘기를 하다 보니 제가 인간의 건강과 직결되는 문제를 파헤치고 싶어 한다는 게 분명해지더라고요."

이를 계기로 미어볼드는 컴퓨터 알고리즘을 사용해 질병의 진화를 설명하는 하버드 생물학자 파르디스 사베티 랩에서 박사 후 과정을 밟게 되었다. 이란의 수도 테헤란에서 태어나 이란혁명 당시 어린 나이에 가족과 함께 미국으로 온 사베티는 브로드 연구소의 일원으로 장펑과 긴밀하게 협업하고 있었다. "파르디스 랩에 들어가 장펑과 함께 일한다니, 바이러스 퇴치 문제를 해결하는 정말 좋은 방법 같았어요." 그렇게 그는 장을 주축으로 한 보스턴 진영의 일부가 되었고, 마침내 제니퍼 다우드나의 버클리 진영과 벌이는 크리스퍼 스타워즈에 참전하게 되었다.

하버드에서 박사과정을 밟는 동안 미어볼드는 당시 장과 함께 크리스퍼-Cas13을 연구하던 대학원생 조너선 구텐버그, 그리고 오마르 아부다예와 가까워졌다. 미어볼드는 유전자 시퀀싱 기계를 쓰려고 장 랩에 갈 때마다 이들을 만나 각종 아이디어를 나누곤 했다. "그때 그 두 사람을 보고 정말로 특별한 한 쌍이라는 걸 알았죠." 미어볼드의 말이다. "우리는 Cas13을 사용해 여러 RNA 염기 서열을 검출하는 방법을 생각해냈어요. 정말 멋진 기회가 될 거라는 생각이 들더라고요."

미어볼드가 장 랩과의 협업을 제안했을 때, 사베티는 아주 열렬히 환영했다. 이미 두 팀 사이에 많은 시너지가 있던 터였다. 구텐버그, 아부다예, 장, 미어볼드, 사베티까지, 그렇게 한 편의 영화와도 같은 작업을 위해 모집된 다인종 아메리칸 소대가 탄생했다.

이들은 RNA 바이러스를 검출하는 셜록 시스템에 대한 장의 2017년 논문을 함께 작업했고,[4] 이듬해에는 셜록 시스템을 더 간소화하는 과정에 대한 논문 작업도 함께 완성했다.[5] 이 논문은 《사이언스》에 채택되어, 다우드나 랩의 첸과 해링턴이 개발한 바이러스 검출 도구를 설명한 논문과 같은 호에 게재되었다.

미어볼드는 크리스퍼-Cas13으로 바이러스를 검출하는 데 그치지 않고, 이것을 바이러스를 제거하는 치료법으로 업그레이드하는 작업에도 관심을 두게 되었다. "사람들을 감염시키는 바이러스는 수백 가지나 되지만 그중 치료제가 있는 건 소수에 불과합니다." 미어볼드의 말이다. "부분적으로는 바이러스들이 서로 너무 다르다는 데 그 이유가 있지요. 이렇게 다양한 바이러스를 치료하도록 프로그래밍할 수 있는 시스템을 찾는다면 어떨까요?"[6]

코로나바이러스를 포함해 인간에게 문제를 일으키는 바이러스 대부분이 유전물질로 RNA를 지니고 있다. "Cas13처럼 RNA를 타깃으로 삼는 크리스퍼 연관 효소가 필요한 바이러스들이죠." 그래서 미어볼드는 크리스퍼-Cas13이 박테리아에 하는 일, 즉 위험한 바이러스를 찾아 파괴하는 일을 인간에게도 하게끔 만드는 방법을 찾아냈다. 크리스퍼에 기반한 발명작들을 명명할 때 약자부터 정해놓고 거꾸로 이름을 짓는 전통을 이어받아, 미어볼드는 자신이 제안한 이 시스템을 카버(CARVER, '고기를 써는 사람'이라는 뜻이다—옮긴이), 즉 'Cas13이 보조하는 바이러스 발현과 판독의 제한(Cas13-assisted restriction of viral expression and read-out)'이라고 명명했다.

박사 후 과정으로 사베티 랩에 합류한 직후인 2016년 12월, 미어볼드는 사베티에게 이메일 보고서를 제출했다. 카버를 사용해 뇌수막염이나 뇌염을 일으키는 바이러스를 표적으로 삼은 초기 실험의 결과였다. 데이터에 따르면 이들 바이러스의 수치가 현저하게 줄어들었다.[7]

이것으로 사베티는 DARPA로부터 연구비를 받아낼 수 있었다. 연구 목표는 카버 시스템을 인체에서 바이러스를 파괴하는 수단으로 개발하는 것이었다.[8] 미어볼드와 사베티 랩의 연구자들은 인간을 감염시킨 350개 이상의 RNA 바이러스 게놈을 컴퓨터로 분석해 '보존적 염기 서열(conserved sequences)'을 식별해냈다. 보존적 염기 서열이란 많은 바이러스들이 게놈에서 공통으로 공유하는 부분으로, 오랜 진화를 거치면서도 바뀌지 않고 잘 보존된 지역이므로 앞으로도 당분간은 돌연변이가 일어날 확률이 낮다. 미어볼드는 이 염기 서열을 타깃으로 설계한 가이드 RNA들로 무기고를 제작한 뒤, 치명적인 독감을 일으키는 유형을 포함해 세 종류의 바이러스를 방어하는 Cas13의 능력을 시험했다. 실험실의 세포배양액에서 카버 시스템은 바이러스의 수치를 크게 줄였다.[9]

이들의 논문은 2019년 10월에 온라인에 게재되었다. "이 결과는 Cas13을 활용해 다양한 범위의 단일 가닥 RNA 바이러스를 표적으로 삼을 수 있음을 보여준다. (…) 프로그래밍할 수 있는 항바이러스 기술을 통해 기존의 또는 새로 확인된 병원균을 겨냥하는 항바이러스제를 신속하게 개발할 수 있을 것으로 보인다."[10]

카버 논문이 나오고 몇 주 뒤에 중국에서 코로나19 첫 감염자가 확인되었다. "우리가 오랫동안 작업해온 일들이 생각보다 훨씬 더 우리 삶과 밀접하게 관련되어 있음을 깨달았죠." 미어볼드의 말이다. 이 바이러스의 공식적인 이름이 아직 정해지지 않았기 때문에, 그는 컴퓨터에 '신생 코로나바이러스'라는 뜻에서 'nCov'라고 이름 붙인 새 폴더를 만들었다.

1월 말, 미어볼드와 동료들은 코로나바이러스 게놈을 분석해 바이러스의 특정 염기 서열을 감지하기 위한 크리스퍼 기반 검사법을 연구하기 시작했다. 이어 2020년 봄에는 크리스퍼에 기반한 바이러스 검출법을 향상시킨 논문들이 쏟아져 나오기 시작했다. 그중에는 한 번에 169개의 바이러스를 검출하도록 설계된 카르멘(CARMEN),[11] 그리고 셜록의 검출 능력을 허드슨(HUDSON)이라는 RNA 추출법과 결합한 단일 단계 검출 기법인 샤인(SHINE)도 포함되어 있었다.[12] 브로드 연구소 사람들은 크리스퍼를 다루는 재주 못지 않게 약어를 제조하는 능력도 탁월한 듯 싶다.

미어볼드는 카버처럼 바이러스를 파괴하도록 제작된 치료법보다 바이러스를 검출하는 도구 개발에 시간을 투자하는 게 현재로서는 최선이라고 판단했다. 그는 프린스턴 대학에 임용되어 2021년부터 새로운 랩에서 일하기 시작했다. "장기적으로는 치료법이 꼭 필요하다고 봅니다." 그는 이렇게 밝혔다. "하지만 당장 우리가 신속하게, 또 실질적으로 결과를 낼 수 있는 분야는 진단법이라고 생각해요."

그러나 제니퍼 다우드나의 웨스트코스트 진영에는 코로나바이러스 치료를 추진하는 연구 팀이 있었다. 미어볼드가 발명한 카버 시스템과 마찬가지로, 이 치료법 역시 크리스퍼를 사용해 바이러스를 수색하고 파괴하는 방식이었다.

스탠리 치와 팩맨

스탠리 치는 중국의 어느 '작은'(그의 표현이다) 도시인 웨이팡시에서 자랐다. 웨이팡은 베이징에서 남쪽으로 약 480킬로미터 떨어진 해안 도시로, 중심부 인구만 따져도 시카고와 비슷한 수준인 260만에 이르지만 치의 말에 따르면 "중국에서는 작은 축에 속하는" 곳이다. 공장들만 가득할 뿐 세계적인 수준의 대학이 없는 고향을 떠나 베이징으로 간 치는 칭화 대학에서 수학과 물리학을 전공했다. 이어 물리학으로 버클리 대학원에 지원했는데, 막상 공부하다 보니 점차 생물학에 매력을 느끼게 되었다. "세계를 도울 만한 응용 분야가 더 많아 보였거든요. 그래서 대학원 2년 차에 물리학에서 생명공학으로 전공을 바꿨습니다."[13]

그곳에서 스탠리 치는 자연스레 다우드나 랩에 끌렸고, 이내 다우드나는 그의 두 지도교수 중 하나가 되었다. 치는 유전자 편집 대신 크리스퍼를 사용해 유전자 발현을 저해하는 새로운 방법을 개발했다. "다우드나 교수님이 저와 과학을 논의하는 데 많은 시간을 할애해주셔서 꽤 놀랐어요. 게다가 피상적인 수준이 아니라 아주 깊은 내용까지 들어갔고, 핵심적인 기술의 세부 사항까지 이야기하셨죠." 2019년 팬데믹을 대비한 DARPA 프로그램의 연구비(미어볼드와 다우드나도 받은)를 받으면서 바이러스에 대한 그의 관심은 점점 커졌다. "우리는 인플루엔자와 싸울 크리스퍼 기술을 찾는 데 집중하기 시작했습니다." 그러고서 얼마 지나지 않아 코로나19 사태가 발생했다. 2020년 1월 말 중국의 상황을 파악한 뒤, 스탠리 치는 자신의 연구 팀을 소집해 인플루엔자에서 코로나19로 중심 과제를 바꾸기로 했다.

스탠리 치의 접근법은 미어볼드가 추구한 방식과 비슷했다. 효소를 유도해 침투한 바이러스의 RNA를 찾아서 절단하고자 했던 그는 장과 미어볼드가 그랬듯 Cas13을 이용하기로 했다. Cas13a와 Cas13b는 브로드 연구소에서 장에 의해 발견되었지만, 또 다른 Cas13 변이체를 찾아낸 사람은 다우드나 진영의 뛰어난 생명공학자이자 브로드 연구소와 버클리 진영을 모두 경험한 패트릭 슈였다.[14]

타이완에서 태어난 패트릭 슈는 버클리에서 학부를 보낸 뒤 하버드 박사과정을 밟으며 장 랩에서 일했다. 장이 인간 세포에서 크리스퍼를 작동시키기 위해 다우드나와 한창 경쟁을 벌이던 시기였다. 이후 슈는 장이 공동으로 설립하고 나중에 다우드나가 들어갔다가 빠져나온 에디타스 메디신에서 과학자로 2년을 보냈고, 그런 다음 캘리포니아의 소크 연구소로 가 Cas13d로 알려진 효소를 발견했다. 이어 2019년 버클리에 조교수로 부임한 그는 곧 다우드나가 조직한 코로나19 퇴치 프로젝트의 한 팀을 이끌게 되었다.

스탠리 치가 인간의 폐 세포에서 코로나바이러스를 공격할 최고의 효소로 선택한 것이 바로 슈가 발견한 Cas13d였다. 크기가 작고 표적화 능력이 매우 뛰어나다는 특성 때문이었다. 그는 자신의 시스템에 '팩맨(PACMAN)'이라는 이름을 붙였다. '인간 세포의 예방적 항바이러스성 크리스퍼(prophylactic antiviral CRISPR in human cells)'를 줄인 말이다. 만약 이름 짓기 대회라도 있다면 나는 치에게 가장 높은 점수를 주고 싶은데, '팩맨'이 한때 유행한 비디오게임에서 장애물을 먹어치우는 캐릭터의 이름이기 때문이다. "제가 비디오게임을 워낙 좋아해요."《와이어드》와의 인터뷰에서 치가 스티븐 레비에게 한 말이다. "팩맨은 쿠키를 먹고 유령에게 쫓기죠. 하지만 '파워 쿠키'라는 특정 아이템을 만나면—이 경우에는 크리스퍼-Cas13인데—갑자기 아주 강력해지죠. 그래서 유령까지 잡아먹고 전투 지역 전체를 청소하기 시작합니다."[15]

스탠리 치 연구 팀은 합성된 코로나바이러스를 대상으로 팩맨을 테스트했고, 2월 중순에 랩의 박사과정 학생인 팀 애벗이 실험실 세팅 상태에서 팩맨이 코로나바이러스의 양을 90퍼센트나 감소시키는 것을 확인했다. "우리는 Cas13d에 기반한 유전자 표적 기술로 SARS-CoV-2의 RNA 염기 서열을 효과적으로 찾아 절단할 수 있음을 보였다." 치와 공동 연구자들은 논문에 이렇게 기술했다. "팩맨은 코로나19를 일으킨 코로나바이러스뿐 아니라 다양한 바이러스와의 전투에 사용될 유망한 전략이다."[16]

이 논문은 2020년 3월 14일 온라인에 게재되었다. 다우드나가 코로나바이러스와의 전쟁에 차출된 베이 에어리어 연구자들과 처음으로 회합을 가진 다음 날이었다. 스탠리 치가 다우드나에게 이메일로 링크를 보내자 다우드나는 한 시간 만에 답장을 보내 그룹에 합류하고 두 번째 온라인 회의에 나와주기를 요청했다. "전 우리가 팩맨 아이디어를 더 발전시키고, 살아 있는 코로나바이러스 샘플을 얻고, 팩맨을 환자의 폐 세포까지 전달하는 시스템을 찾으려면 자원이 필요하다고 말했어요." 치의 말이다. "다우드나는 엄청난 힘을 보태주었습니다."[17]

배달

카버와 팩맨 뒤에는 아주 탁월한 개념이 자리한다(물론 공정하게 말하자면 박테리아는 10억 년도 전에 이미 이런 방식을 생각해냈다고 인정해야겠지만). RNA를 토막 내는 Cas13 효소는 인간 세포 안에서 코로나바이러스를 먹어치울 수 있다. 만일 이들에게 일을 시킬 수만 있다면, 카버와 팩맨은 인체의 면역반응을 자극하는 백신보다 훨씬 효율적으로 작용할 것이다. 침입한 바이러스를 직접 겨냥하므로 이 크리스퍼 기반 기술은 변덕스러운 인체의 면역반응에 의존할 필요가 없다.

문제는 배달이다. 어떻게 이 장비를 정확하게 해당 세포까지 보내고 세포의 막을 통과시킬 것인가? 이는 굉장히 어려운 도전이며, 특히 폐세포에서는 더욱 그렇다. 카버와 팩맨이 2021년에도 사람의 몸에 출동할 준비를 마치지 못한 것은 바로 그 때문이다.

2020년 3월 22일 주간 회의에서, 다우드나는 스탠리 치를 소개하고 그가 코로나바이러스와의 전쟁에서 이끌게 될 그룹을 슬라이드로 설명했다.[18] 다우드나는 자신의 랩에서 새로운 배달 방법을 연구 중인 연구자들과 치를 한 팀으로 묶은 뒤, 잠재적인 후원자들에게 프로젝트를 소개하는 백서를 작성했다. "우리는 바이러스 RNA 염기 서열을 겨냥해 절단하고 파괴하기 위해 Cas13d라는 크리스퍼 변이체를 사용합니다. (…) 이 연구는 코로나19의 유전자 백신과 치료제 개발에 있어 새로운 전략을 제공할 것입니다."[19]

크리스퍼나 그 밖의 유전자치료법을 배달하는 전통적인 방법은, 예컨대 아데노 연관 바이러스처럼 체내에서 질병을 일으키지 않고 심각한 면역반응도 일으키지 않는 안전한 바이러스를 '바이러스 벡터'로 삼아 유전물질을 세포에 전달하는 것이다. 혹은 바이러스 유사 입자를 합성해 배달에 사용하는데, 제니퍼 해밀턴을 비롯한 다우드나 랩의 연구자들이 이 분야의 전문가다. 또 다른 방법으로 세포막에 전기 펄스를 주어 투과성을 높이는 원리를 이용한 전기 천공법도 있다. 하지만 이 모든 방식에는 취약점이 있다. 바이러스 벡터는 크기가 작기 때문에 전달할 수 있는 크리스퍼 단백질의 종류나 가이드 RNA의 수가 제한된다는 점이다. 안전하고 효과적인 배달 방식을 찾기 위해 게놈혁신 연구소는 이름에 걸맞게 혁신을 일으킬 필요가 있다.

다우드나는 과거 자신의 랩에서 박사 후 연구원으로 일했던 로스 윌슨과 치를 묶어 함께 배달 시스템을 연구하게 했다. 윌슨은 특히 환자의 세포에 물질을 전달하는 새로운 방법의 전문가로, 이제는 버클리의 다우드나 랩 바로 옆에서 자기 연구실을 운영하고 있었다. 앞서 언급했듯이, 그는 알렉스 마슨과 함께 DNA 백신을 전달하는 시스템을 연구한

다.[20]

윌슨은 팩맨이나 카버를 세포 안으로 배달하는 일이 꽤나 어려울 거라고 우려를 표하지만, 그럼에도 스탠리 치는 향후 몇 년 안에 크리스퍼 기반 치료법이 사용되리라는 희망을 드러낸다. 가능성이 입증된 한 가지 방법은 바이러스와 비슷한 크기의 합성 분자인 리피토이드(lipitoid) 안에 크리스퍼-Cas13 복합체를 집어넣는 것이다. 그는 버클리 캠퍼스 위쪽 언덕에 자리한 정부 기관인 로런스 버클리 국립연구소의 생물 나노 구조 시설과 협업하여 팩맨을 폐 세포에 들여보낼 리피토이드를 개발하고 있다.[21]

스탠리 치는 팩맨 치료제를 코 분무기나 그 밖에 다른 형태의 네뷸라이저를 이용해 전달하는 방식을 제안한다. "제 아들은 천식이 있어요." 치의 말이다. "그래서 어린 시절 축구를 할 때면 미리 네뷸라이저를 사용했죠. 항원에 노출되었을 때 알레르기 반응을 덜 일으키도록 이 기구를 정기적으로 사용해 폐를 준비시키는 겁니다." 같은 장치를 코로나바이러스에도 사용할 수 있다. 코 분무기를 사용해 팩맨이나 다른 크리스퍼-Cas13 예방 치료제를 체내로 운반하여 사전에 보호하는 것이다.

일단 배달 체계가 갖춰지면, 팩맨이나 카버 같은 크리스퍼 기반 시스템은 인체의 별나고 예민한 면역계를 활성시키지 않고도 우리 몸을 치료 또는 보호할 수 있다. 바이러스의 유전자 코드에서 필수적인 염기 서열을 타깃으로 삼도록 프로그래밍하면 변종도 쉽게 빠져나가지 못하게 되며, 새로운 바이러스가 나타날 경우엔 간편하게 재프로그래밍이 가능하다.

이런 재프로그래밍 개념은 더 광범위한 의미로 확장될 수 있다. 크리스퍼 치료는 우리 인간이 자연에서 발견한 시스템을 재프로그래밍하는 과정에서 비롯했다. "전 거기에서 희망을 봅니다." 미어볼드는 이렇게 말한다. "앞으로 우리가 또 다른 의학적 어려움을 겪게 된다 해도 자연 안에서 기술을 찾고 그걸 활용할 수 있다는 희망 말이죠." 레오나르도 다빈치가 "자연의 무한한 경이로움"이라 부르던 것, 즉 호기심이 이끈 기초과학의 가치를 일깨우는 말이다. "우리가 연구하는 미지의 것이 이후 인간의 건강에 어떤 영향을 미칠지는 누구도 알 수 없어요." 다우드나가 즐겨 하는 말마따나, 이런 게 자연의 아름다움이다.

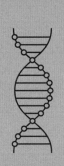

콜드 스프링 하버 연구소

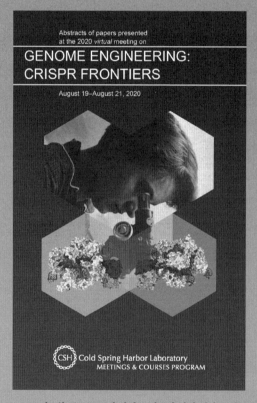

Abstracts of papers presented
at the 2020 *virtual* meeting on

GENOME ENGINEERING:
CRISPR FRONTIERS

August 19–August 21, 2020

(CSH) Cold Spring Harbor Laboratory
MEETINGS & COURSES PROGRAM

2020년 8월 콜드 스프링 하버 크리스퍼 학회 책자 표지

55장
콜드 스프링 하버 가상 학술 대회

크리스퍼와 코로나19

크리스퍼와 코로나바이러스의 이야기는 2020년 8월 콜드 스프링 하버 연구소에서 열린 크리스퍼 학회에서 함께 어우러지기 시작했다. '크리스퍼는 코로나바이러스와의 싸움에서 어떻게 사용될 것인가'라는 주제 아래, 제니퍼 다우드나와 장펑은 물론 두 경쟁 진영에 속한 코로나19 전사들이 발표를 이어갔다. 참석자들은 롱아일랜드 사운드의 작은 만이 내려다보이는 연구소 캠퍼스 대신 줌과 슬랙에 모여 있었다. 몇 달 동안 컴퓨터 화면의 상자 속 얼굴과 소통해온 이들의 모습은 조금 지쳐 보였다.

학회는 한편 이 책의 다른 가닥과도 연결된다. 『이중나선』의 등장인물이자 DNA 구조에 관한 선구적인 연구로 어린 다우드나에게 영감을 주고 여성도 과학을 할 수 있다고 믿게 해준 로절린드 프랭클린의 탄생 100주년을 기념한 학회였기 때문이다. 이 학회의 책자 표지에는 현미경을 들여다보는 프랭클린의 모습이 컬러사진으로 실렸다.

학회는 버클리에 개설된 코로나바이러스 검사실을 지휘했던 표도르 우르노프가 프랭클린에게 바치는 헌사로 시작되었다. 나는 우르노프가 언제나처럼 유쾌한 쇼맨십을 발휘하겠거니 예상했지만, 이 순간 그는 진지한 태도로 담배모자이크바이러스의 RNA 위치에 관한 연구를 포함한 프랭클린의 연구 업적을 돌아보았다. 단 한 군데 극적인 연출을 꼽자면, 헌사의 말미에 이르러 프랭클린이 세상을 떠난 이후 텅 빈 실험대를 찍은 사진이 화면에 떠오른 순간이었다. "프랭클린을 기념하는 가장 좋은 방법은 그녀가 마주했던 구조적 성차별이 오늘날에도 남아 있음을 기억하는 것입니다." 우르노프가 약간 목멘 소리로 말을 이었다. "로절린드는 유전자 편집의 대모였습니다."

이어 다우드나가 크리스퍼와 코로나19의 자연적인 연관성을 상기시키며 강연을 시작했다. "크리스퍼는 바이러스 감염 문제를 처리하는 진화의 놀라운 방식입니다. 우리는 이번 팬데믹으로 그 사실을 배울 수 있었습니다." 다음으로는 장평이 휴대용 진단 장비인 스톱 기술의 개선 사항을 보고했다. 장의 발표가 끝나자마자 나는 그에게 문자를 보내 언제쯤 이 장비들이 공항이나 학교에서 사용될 수 있을지 물었다. 그는 곧바로 답장을 보내왔다. 그 주에 막 도착한 최신 시제품의 사진과 함께 "올가을부터 사용할 수 있도록 열심히 일하고 있어요"라는 내용이 적혀 있었다. 이어 캐머런 미어볼드가 아버지와 똑같이 양손을 써가며 생동감 있게 자신의 카르멘 시스템을 설명했다. 프로그래밍을 통해 한 번에 여러 바이러스를 감지하는 방식이었다. 다음으로 다우드나의 학생이었던 재니스 첸이 매머드에서 루커스 해링턴과 만든 디텍터 플랫폼에 관해 발표했고, 패트릭 슈는 다우드나 연구 팀과의 협업을 통해 한층 발전시킨 유전물질 증폭 감지법의 개발 상황을 보고했다. 마지막으로 스탠리 치는 자신의 팩맨 시스템이 코로나바이러스를 감지하고 파괴하는 데 어떻게 활용될 수 있는지를 설명했다.

코로나19 토론회에 사회자로 초청된 나는 장과 다우드나에게 코로나 팬데믹이 생물학에 대한 대중의 관심을 불러일으킬 가능성에 대해 질문하며 토론을 시작했다. 장은 가정용 진단 키트의 가격이 저렴하고 간편해지면 의학계의 민주화와 분산화가 일어날 거라고 대답했다. 그에 따르면, 가장 중요한 다음 단계는 '미세유체역학(microfluidics)'에서의 혁신이 될 터였다. 미세유체역학에는 장치에 극미량의 액체를 인식시키고 그 정보를 휴대전화에 연결하는 과정이 포함되는데, 그렇게 되면 사람들은 집에서 개인적으로 침이나 혈액을 사용해 수백 가지의 의료용 지표를 확인할 수 있을 뿐 아니라, 휴대전화로 건강 상태를 모니터하고 의사와 연구자들과 데이터를 공유할 수 있으리라는 얘기였다. 이어 다우드나는 코로나 팬데믹으로 인해 과학의 여러 분야가 한곳으로 수렴되는 과정이 가속화되었다고 덧붙이며 이렇게 예측했다. "우리 연구에서 비과학자들의 참여는 믿을 수 없이 흥미로운 생명공학 혁명을 달성하도록 도울 것입니다." 분자생물학의 시대가 도래한 순간이었다.

토론회가 끝날 무렵, 한 청중이 발언을 요청했다.[1] 국립보건원에서 일하는 케빈 비숍이라고 자신을 소개한 그는 코로나19 백신 임상 시험에 등록한 사람 중 자신과 같은 아프리카계 미국인들의 수가 왜 그렇게 적은지 물었고, 이는 의학 실험에서 흑인들이 경험해온 공포의 역사와 그로 인한 불신에 대한 토론으로 이어졌다. 과거 앨라배마 농촌 지역에서 매독에 걸린 일부 흑인 소작농들에게 위약을 주고 자신이 진짜 치료를 받고 있다고 믿게 만들었던 터스키기 실험의 기억이 아직 생생한 터였다. 학회 참석자 몇몇이 코로나19 백신 실험에 있어 인종 다양성의 중요성과 관련해 의문을 제기했고, 결국은 의학적·도덕적 이유로 중요하다는 합의가 도출되었다. 비숍은 아프리카계 미국인 교회나 대학에 도움을 요청해 자원자들의 등록을 유도할 것을 제안했다.

다양성은 단순한 임상 시험을 넘어 훨씬 많은 것을 포괄하는 문제다. 이 학회 참석자 명단만 살펴보아도 생물학 연구 분야에서 여성의 위상이 높아지고 있다는 것은 쉽게 알 수 있지만, 학회는 물론 그동안 내가 방문한 다양한 랩들의 실험대에서 아프리카계 미국인은 거의 찾아볼 수 없었다. 그런 점에서 안타깝게도 새로운 생명과학 혁명은 디지털 혁명의 허점을 공유한다. 지원 활동과 멘토링의 노력이 없으면 결국 이는 대부분의 흑인들을 배제한 또 다른 혁명으로 남게 될 것이다.

크리스퍼가 진보하다

코로나19와의 싸움에서 크리스퍼가 효율적으로 활용되는 과정에 대한 발표도 그렇지만, 크리스퍼 유전자 편집을 개발하는 연구자들의 발표 역시 큰 인상을 주었다. 가장 중요한 발전은 다우드나와 함께 이 학회를 기획한 하버드 대학의 슈퍼스타이자 부드러운 말씨의 소유자인 데이비드 류의 연구에서 나왔다. 류는 케임브리지와 버클리 캠프 양쪽에 소속된 연구자다. 하버드를 수석으로 졸업한 뒤 버클리에서 박사 학위를 받았고, 이후 다시 하버드로 돌아가 가르치면서 브로드 연구소의 장과 동료가 되어 그와 빔 테라퓨틱스(Beam Therapeutics)를 공동으로 설립하기도 했다. 상대를 무장해제하는 품위 있는 태도와 친근하면서도 부드러운 말씨, 지적인 성품을 지닌 그는 다우드나와 장 모두와 가깝게 지냈다.

2016년부터 류는 '염기 교정(base editing)'으로 알려진 방법을 개발하기 시작했다. 이는 DNA 가닥을 끊지 않고 하나의 염기만 정확하게 바꾸는 기술로, 말하자면 편집 작업에 필수적인 뾰족한 연필의 역할을 하는 셈이다. 또한 2019년 콜드 스프링 하버 크리스퍼 학회에서 그는 가이드 RNA로 하여금 DNA의 표적 지점으로 편집할 긴 염기 서열을 운반하게 하는 한층 발전된 기술을 선보였는데, '프라임 교정(prime editing)'이라 부르는 이 기술을 이용할 경우엔 이중 가닥을 절단하는 대신 DNA에 작은 흠집만 내면 되는 데다, 최대 여든 개의 염기까지 편집이 가능해진다.[2] "크리스퍼-Cas9이 가위이고 염기 교정기가 연필이라면, 프라임 교정기는 워드 프로세서라고 생각하면 됩니다." 류의 설명이다.[3]

2020년 회의에서는 염기 교정과 프라임 교정을 새롭고 영리하게 사용하는 방법에 대한 젊은 연구자들의 발표가 수십 건이나 나왔고, 류 자신도 염기 교정기를 세포의 에너지 생산 구역에 배치하는 최신 연구 결과를 발표했다.[4] 류는 또한 프라임 교정 실험을 설계할 때 사용할 수 있는 사용자 친화적인 웹 앱에 관한 논문의 공동 저자이기도 했다.[5] 코로나19도 크리스퍼 혁명의 속도를 늦추지는 못한 셈이다.

염기 교정의 중요성은 이미 학회 책자의 표지에서 강조된 바였다. 로절린드 프랭클린의 컬러사진 바로 밑에는 보라색 RNA 가이드와 파란색 DNA 표적에 붙어 있는 염기 교정기의 아름다운 3D 이미지가 자리하고 있었다. 내게 크리스퍼로 DNA를 편집하는 법을 알려주었던 박사 후 연구원 놋이 프랭클린이 개척한 구조생물학과 영상 기술을 사용해 한 달 전 다우드나와 류의 랩에서 완성시킨 이미지였다.[6]

블랙퍼드 바

콜드 스프링 하버 연구소의 식당에는 '블랙퍼드 바'라는 라운지가 있다. 나무판자를 댄 벽에 오래된 사진들이 붙어 있고, 에일과 라거 수도 꼭지가 줄줄이 늘어선 가운데, 여기저기 비치된 TV에서는 과학 강연과 양키스 야구 중계가 나오는 곳이다. 내부는 널찍하고 편안한 분위기에, 야외 데크에서는 평화로운 항구가 내려다보인다. 여름밤이면 학회 참석자들과 근처 연구소 건물에서 온 연구자들, 때로는 연구소 관리 직원들과 캠퍼스 작업 인부들도 볼 수 있다. 크리스퍼 학회가 열릴 때마다 이곳은 임박한 발견과 상상 속 아이디어, 미래의 일자리, 크고 작은 소문과 험담들로 가득했다.

2020년에 학회 조직 위원회는 슬랙 채널과 줌 회의실에 '#가상주점'을 열어 그 장면을 재현하고자 했다. '과거 블랙퍼드 바에서 경험한 우연한 발견과 만남을 모방하자'는 취지였다. 그래서 나도 한번 참석해보았다. 첫날에는 약 마흔 명이 나타났다. 사람들은 마치 칵테일파티에 참석한 양 한껏 예의를 갖춰 자신을 소개했다. 이어 사회자가 사람들을 여섯 명씩 짝지워 줌 회의실로 보냈고, 20분 뒤에는 다들 무작위로 새로운 그룹에 배정되었다. 신기하게도 이것이 과학과 관련한 특정 질문을 파고들 때 꽤 잘 먹히는 방식인지, 단백질 합성 기술이며 유전공학 회사인 '신더고(Synthego)'에서 세포 편집의 자동화를 위해 제작한 하드웨어 등 각종 주제에 관한 흥미로운 논의가 활발히 오갔다. 하지만 화면 밖의 일상생활을 기름칠하고 감정적인 관계를 북돋울 만한 평범한 사회적 대화는 제대로 이어지지 않았다. 양키스의 야구 경기도, 데크에 앉아 공유하는 노을도 없었다. 나는 두 번 정도 돌고 나왔다.

콜드 스프링 하버 연구소는 1890년 대면 회의의 마법에 대한 믿음 위에 세워졌다. 그 마법의 공식은 간단하다. 목가적인 배경으로 사람들을 끌어들이고, 근사한 술집을 포함해 사람들이 서로 교류하는 기회를 제공하는 것이다. 서로 얼굴을 맞대고 이야기를 나누지 않아도—콜드 스프링 하버 캠퍼스에서 길을 가던 바버라 매클린톡을 보고 젊은 제니퍼 다우드나가 경외심에 사로잡혔듯이—참석자들은 한껏 고양된 분위기 속에서 창의력을 발휘할 수 있었다.

코로나바이러스 팬데믹이 가져온 변화 중 하나는, 앞으로 더 많은 회의가 가상으로 진행되리라는 점이다. 참으로 아쉬운 일이다. 코로나19가 우리를 죽이지 않는다면 줌이 우리의 숨통을 틀어막을 것이다. 스티브 잡스가 픽사 본부를 세우고 새로운 애플 캠퍼스를 계획할 때 강조한 것처럼, 새로운 아이디어는 우연한 만남에서 탄생한다. 서로 얼굴을 마주하고 교류하는 과정은 새로운 아이디어를 브레인스토밍하거나 개인적인 유대감을 형성하는 초기에 특히 중요하다. 아리스토텔레스도 말했듯이 우리는 사회적인 동물이며, 온라인을 통해서는 완전히 충족할 수 없는 본능을 지니고 있다.

그럼에도 코로나바이러스로 인해 우리가 서로 협동하고 아이디어를 공유하는 방식을 확장해나간다는 점에서 긍정적인 면을 찾을 수 있지 않을까? 코로나19 팬데믹은 줌 시대를 앞당김으로써 과학계 협업의 지평을 넓히고 세계적인 크라우드소싱이 가능하게끔 할 것이다. 다우드나와 샤르팡티에를 협업으로 이끈 것은 산후안의 자갈길을 함께 걷던 순간이었지만, 이들과 두 연구원들이 3개국에서 여섯 달에 걸쳐 크리스퍼-Cas9의 해독을 위해 함께 일하도록 허락한 것은 스카이프와 드롭박스 기술이었다. 이제 모두가 컴퓨터 화면 속의 만남에 익숙해지고 있으니 팀워크도 보다 효율적으로 작동할 것이다. 어서 그 균형이 이루어졌으면 좋겠다. 그리고 효율적인 가상 회의에 대한 보상으로, 콜드 스프링 하버 캠퍼스 같은 곳에서 함께 얼굴을 마주하며 어울리는 시간이 주어지면 좋겠다.

샤르팡티에와의 원격 만남

학회에서 다우드나의 발표가 끝나자 한 젊은 연구자가 개인적인 질문을 던졌다. "맨 처음 크리스퍼-Cas9 연구를 하게 된 계기가 무엇입니까?" 다우드나는 잠시 멈칫했다. 전문적인 내용을 발표한 뒤 듣게 되는 일반적인 종류의 질문이 아니었기 때문이다. 잠시 생각한 다음 그녀는 입을 열었다. "에마뉘엘 샤르팡티에와의 멋진 공동 연구로 시작되었습니다. 우리가 함께한 연구에 대해 전 샤르팡티에에게 평생 빚을 졌어요."

흥미로운 답변이었다. 왜냐하면 바로 며칠 전, 다우드나가 내게 샤르팡티에와 과학적으로나 개인적으로나 멀어지는 것 같아 슬프다는 얘기를 했기 때문이다. 그녀는 샤르팡티에게서 계속 냉랭함이 느껴진다고 아쉬워하면서, 혹시 샤르팡티에와 이야기를 나눌 때 그 이유로 짚히는 것이 없었는지 물었다. "크리스퍼 이야기에서 가장 슬픈 것 중 하나는, 전 정말로 에마뉘엘을 좋아하는데 우리 관계가 점점 소원해진다는 점이에요." 다우드나는 고등학교와 대학에서 프랑스어를 공부했고, 심지어 화학에서 프랑스어로 전공을 바꾸려고 생각한 적도 있었다. "늘 프랑스 여자에 대한 환상이 있었거든요. 에마뉘엘은 여러 면에서 그 이상적인 모습을 연상시켰어요. 어떤 면에서 전 그녀를 흠모한 셈이죠. 우리가 일로나 개인적으로 계속해서 가깝게 지낼 수 있기를, 과학은 물론 그 밖의 모든 것들에 대해서도 친구로서 즐길 수 있기를 바랐어요."

이 얘기를 듣고 나는 콜드 스프링 하버 가상 회의에 샤르팡티에를 초대해 강연을 부탁하면 어떻겠냐고 제안했다. 다우드나는 즉각 받아들여, 학회 공동 주최자인 마리아 재신을 통해 로절린드 프랭클린에 대한 헌사나 그 밖의 어떤 주제도 좋으니 강연을 해달라고 요청했다. 나 역시 샤르팡티에에게 따로 연락해 강연을 수락하라고 부추겼다.

샤르팡티에는 주저하는 듯하다가 그 기간에 원격으로 참석하는 다른 회의가 있다고 답했다. 재신과 다우드나가 강연 날짜나 시간을 얼마든지 조정할 수 있다고 했지만 결국 그녀는 거절했다. 나는 샤르팡티에의 조심스러운 성격을 아는 터였기에 다른 방식으로 접근하기로 했다. 학회가 끝난 다음 날 나와 다우드나가 참석한 줌 개인 채팅 창에 그녀를 초대하기로 한 것이다. 책을 마무리하며 두 사람의 추억을 싣고 싶다고 얘기하자, 샤르팡티에는 제안을 기꺼이 받아들였을 뿐 아니라 다우드나에게 그 시간을 고대한다고 이메일까지 보내 나를 놀라게 했다.

그렇게 우리는 학회가 끝난 주 일요일에 온라인에서 만났다. 나 나름대로 이런저런 질문을 정리해 갔지만, 화상 미팅이 시작되자마자 두 사람은 내가 끼어들 틈도 없이 이야기를 이어가기 시작했다. 오랜만에 만난 사람들처럼 격식을 차리며 시작된 대화는 이내 활기를 띠었다. 다우드나는 샤르팡티에를 '마뉴'라는 애칭으로 불렀고, 곧 웃음이 터져 나왔다. 나는 내 영상을 끄고 그들에게 대화를 맡긴 채 조용히 경청했다.

다우드나는 사춘기 아들 앤디의 키가 얼마나 자랐는지 이야기하고, 마르틴 이네크가 보낸 갓난아기 사진도 보여주었다. 2018년 두 사람이 참석한 미국 암협회 시상식에서 조 바이든이 자신은 대통령 선거에 출마할 생각이 없다고 선언했던 것을 두고 농담도 나누었다. 이어 다우드나는 크리스퍼 테라퓨틱스가 내슈빌에서 겸상적혈구 빈혈증 치료에 성공한 일을 언급하며 축하를 건넸다. "우리가 함께 논문을 낸 게 2012년인데, 2020년인 지금 누군가 그 기술로 병을 치료하고 있네요." 샤르팡티에도 고개를 끄덕이며 웃었다. "모든 게 빠르게 진행되는 걸 보니 참 좋아요."

대화는 점점 사적인 이야기로 흘러갔다. 샤르팡티에는 두 사람이 함께 일을 시작해 푸에르토리코 학회에서 점심을 먹고 자갈 깔린 거리를 산책하다가 바에 들러 한잔하던 시절을 떠올렸다. 그때까지 많은 과학자들을 만나봤지만 늘 함께 일할 수 없을 것 같다는 생각이 들었는데, 다우드나와 만났을 땐 달랐다는 이야기였다. "좋은 공동 연구자가 되겠구나 싶었죠." 이윽고 크리스퍼-Cas9을 해독하느라 여섯 달의 대장정을 거치며 스카이프와 드롭박스를 통해 하루 24시간 일했던 기억이 이어졌다. 샤르팡티에는 논문을 써서 다우드나에게 보낼 때마다 걱정이 태산이었다고 고백했다. "당신이 내 부족한 영어를 고쳐야 했을 테니까요." "당신의 영어는 훌륭해요. 오히려 당신이 내 실수를 고쳐야 했죠. 함께 논문을 쓰는 과정은 정말 즐거웠어요. 사물을 보고 생각하는 방식이 서로 달라서 더 그랬던 것 같아요."

마침내 대화 속도가 조금 느려지기 시작해, 나도 카메라를 켜고 질문을 시작했다. "지난 몇 년 사이 과학적으로나 개인적으로나 두 사람의 거리가 멀어진 것 같은데요, 예전의 우정이 그립지 않습니까?"

샤르팡티에가 불쑥 나서서 사정을 설명하기 시작했다. "시상식도 그렇고 다른 일들이 많다 보니 길에서 보낸 시간이 많았어요. 사람들이 워낙 일정을 과하게 잡는 바람에 즐길 짬이 별로 없었죠. 또 둘 다 각자 지독하게 바빴다는 단순한 이유도 있고요." 샤르팡티에는 2012년 6월에 버클리에서 함께 논문을 완성하며 보내던 시간에 대해 그리운 마음을 전했다. "당신 연구소 앞에서 우리끼리 찍은 사진이 있어요. 그때 내가 머리를 이상하게 잘라서 얼마나 웃긴지 몰라요." 이 책 17장의 도입부에 있는 것이 바로 그 문제의 사진이다. "그 이후로는 우리의 논문이 지닌 영향력 때문에 서로 정신이 없었죠. 우리끼리의 시간이 거의 없었어요."

샤르팡티에의 말에 다우드나가 미소를 지었다. 한층 마음이 열린 듯했다. "나는 과학 못지않게 우리의 우정을 즐겼어요. 당신의 유쾌한 태도가 너무 좋았죠. 사실 학교에서 프랑스어를 배울 때부터 파리의 삶에 대한 판타지가 있었거든요. 그리고 마뉴, 당신이 나를 위해 그걸 실현해 주었고요."

대화는 언젠가 다시 함께 일하자는 이야기로 끝을 맺었다. 샤르팡티에는 미국에서 연구하기 위해 펠로십을 땄다고 전했다. 코로나19 때문에 무산되긴 했지만, 다우드나는 2021년 봄 학기에 컬럼비아 대학에서 안식년을 보낼 계획을 세운 터였다. 두 사람은 서로 안식년 시기를 맞춰 보기로 했다. "어쩌면 2022년 봄, 뉴욕에서요. 거기서 당신과 함께하면 정말 좋겠어요." 다우드나의 말에 샤르팡티에도 고개를 끄덕였다. "또 한 번 함께 연구할 수 있을지도 모르죠."

노벨상 수상 소식을 듣고 앤디와 제이미의 축하를 받는 다우드나

56장

노벨상

생명의 코드를 다시 쓰다

2020년 10월 9일 새벽 2시 53분, 노화생물학에 관한 작은 학회에 참석하기 위해(코로나19 사태 이후 7개월 만에 처음 참석하는 대면 회의였다) 팔로알토의 한 호텔에 머무르던 다우드나는 집요하게 울리는 휴대전화 진동음에 잠을 깼다. 전화를 건 사람은 《네이처》 기자였다. "이렇게 이른 시간에 폐를 끼쳐서 죄송하지만, 노벨상 수상에 대한 생각을 들려주실 수 있으신지요."

"누가 탔는데요?" 다우드나가 살짝 짜증 섞인 목소리로 물었다.

"아직 못 들으셨어요?" 기자가 말했다. "당신과 에마뉘엘 샤르팡티에요!"

다우드나는 그제야 휴대전화를 보고 스톡홀름에서 걸려 온 듯한 수많은 부재중 전화를 확인했다. 잠시 정신을 차린 뒤 다우드나가 말했다. "제가 다시 전화드릴게요."[1] 다우드나와 샤르팡티에의 노벨 화학상 수상은 그 자체로 그리 놀라운 일이 아니지만, 그렇게 빨리 공로를 인정받는 건 역사적으로 매우 드문 경우였다. 이들은 불과 8년 전에 크리스퍼 논문을 쓰지 않았는가. 하루 전날 로저 펜로즈 경은 무려 50년 전에 블랙홀을 발견한 공로로 노벨 물리학상을 공동 수상한 터였다. 2020년 노벨 화학상에는 과학자들의 성취에 대한 인정을 넘어, 새 시대의 도래를 예고하는 역사적 의미도 함축되어 있었다. "올해의 상은 생명의 코드를 다시 쓰는 것에 돌아갔습니다." 스웨덴 왕립과학아카데미 사무총장은 수상자를 발표하며 선언했다. "이 유전자 가위를 통해 생명과학은 새로운 시대로 접어들었습니다."

또한 이 상이 여느 때와 달리 세 사람이 아닌 그들 두 사람에게만 돌아갔다는 사실도 주목할 만하다. 유전자 편집 도구로서의 크리스퍼를 누가 최초로 발견했는가를 두고 진행 중인 특허 분쟁을 감안하면, 그 세 번째 수상자로 장펑이 호명되었을 수도 있었기 때문이다. 게다가 동시에 비슷한 연구 결과를 출판한 조지 처치는 물론 프란시스코 모히카, 로돌프 바랑구, 필리프 오르바트, 에릭 손테이머, 루시아노 마라피니, 비르기니우스 식슈니스까지, 수상 자격을 갖춘 다른 후보도 여럿 있었다.

이 상이 두 여성에게 돌아갔다는 역사적 의의도 빼놓을 수 없다. 누군가는 로절린드 프랭클린의 혼령이 지어 보이는 어색한 미소를 느낄지도 모르겠다. 프랭클린은 제임스 왓슨과 프랜시스 크릭의 DNA 구조 발견에 크게 일조한 이미지를 만들어냈음에도 이 초기 역사의 조연에 머물렀고, 1962년 두 남성이 노벨상을 타기 전에 세상을 떠났다. 설사 살아 있었다 해도 그해의 세 번째 수상자인 모리스 윌킨스를 대체했을 가능성은 낮다. 2020년까지 총 184명의 노벨 화학상 수상자 가운데 여성은 1911년의 마리 퀴리로 시작해 단 다섯 명에 불과했다.

다우드나는 음성 메시지에 남겨진 스톡홀름 번호로 전화를 걸었다. 처음엔 자동응답기로 연결되었으나, 몇 분 뒤 통화가 이루어져 공식적으로 수상 사실을 통보받을 수 있었다. 마르틴 이네크와 《네이처》의 집요한 기자를 포함해 몇 사람의 전화를 더 받은 뒤, 다우드나는 급히 옷을 가방에 쑤셔 넣고 차에 올라 한 시간 거리를 운전해 버클리의 집으로 돌아갔다. 가는 동안 남편 제이미에게 전화를 걸어보니, 이미 대학 홍보 협력 팀이 와서 베란다에 자리를 잡고 있었다. 새벽 4시 30분, 집에 도착한 다우드나는 이웃에게 문자메시지를 보내 소음과 카메라 조명에 대해 양해를 구했다.

몇 분 동안 다우드나는 제이미와 앤디와 함께 커피를 마시며 수상을 축하했다. 이어 베란다에 나가 카메라 팀 앞에서 짧게 소감을 밝힌 다음, 급히 마련된 국제 가상 기자회견을 위해 버클리로 향했다. 차를 운전해 학교로 가는 동안, 다우드나는 질리언 밴필드와 이야기를 나누었다. 2006년 난데없이 다우드나에게 전화를 걸어 와 자신이 박테리아 DNA에서 발견한 반복 서열에 대해 논의해야 한다며 캠퍼스의 프리 스피치 무브먼트 카페에서 만나자고 했던 동료다. "당신이 내 공동 연구자이자 친구인 것에 진심으로 감사해요. 정말 즐거운 시간이었어요."

기자회견에서 나온 질문 대다수는 이 상이 여성에게 어떤 의미가 있는지에 초점을 맞춘 것들이었다. "제가 여성이라는 사실이 정말 자랑스럽습니다!" 다우드나는 크게 웃으며 대답했다. "훌륭한 여성들, 특히 젊은 여성들에게 기쁜 일이 아닐 수 없습니다. 많은 여성들은 자신이 어떤 일을 하건 남자였다면 받았을 만큼 인정받지 못한다는 기분을 느끼죠. 저는 시대가 변화하는 모습을 보고 싶습니다. 이번 노벨상이 올바른 방향으로 나아가는 하나의 단계라고 생각합니다." 이후 다우드나는 여학생으로 보낸 학창 시절을 떠올리며 이렇게 이야기했다. "여자애들은 화학을 하지 않는다, 과학을 하지 않는다는 말을 몇 번이나 들었어요. 다행히 저는 그 말을 무시했지만요."

같은 시각 샤르팡티에도 베를린에서 기자회견을 하고 있었다. 그곳은 오후였다. 나는 몇 시간 전, 그러니까 스톡홀름의 공식적인 연락이 있은 직후 샤르팡티에와 통화를 했는데, 평소와 달리 그는 굉장히 격한 감정에 휩싸여 있었다. "사실 언젠가 이런 일이 오리라는 이야기를 듣곤 했어요. 하지만 막상 수상을 알리는 전화를 받으니 너무 가슴이 벅차고 감격스럽네요." 샤르팡티에는 어린 시절 파스퇴르 연구소 옆을 지나며 언젠가 과학자가 되리라 결심했던 순간으로 돌아간 기분이라고 털어놓았지만, 몇 시간 뒤에는 이 모든 감정을 모나리자의 미소 뒤에 잘 숨긴 채침착하게 기자회견에 응했다. 화이트 와인 잔을 들고 막스 플랑크의 흉상을 지나 연구소 로비에 들어선 그녀는 기자들의 질문에 가벼운 마음으로, 그러면서도 진지하게 대답했다. "오늘 제니퍼와 나의 수상 소식은 젊은 여성들에게 아주 강한 메시지를 전달할 것입니다." 샤르팡티에가 말했다. "여성들도 상을 받을 수 있다는 걸 그들 모두 보고 느꼈을 거예요."

그날 오후, 라이벌인 에릭 랜더가 브로드 연구소의 수장 자격으로 트윗을 작성했다. "샤르팡티에 박사와 다우드나 박사가 크리스퍼라는 놀라운 과학에 이바지한 공으로 @NobelPrize를 수상했습니다. 정말 축하합니다! 과학이 환자들에게 크나큰 영향력을 미치며 무한히 확장하는 모습을 보니 설렙니다." 공식적으로는 다우드나도 점잖게 응했다. "축하해주셔서 진심으로 감사합니다. 과분한 말씀을 듣게 되어 영광입니다." 그러나 속내는 개운치 못했다. 랜더는 왜 굳이 "이바지(contribution)"라는 단어를 썼을까? 노벨상으로 보증된 그들의 발견을 묘하게 축소하려는 변호사식 화법은 아닐까? 나로 말하자면, "환자들에게 크나큰 영향력을 미치며"라는 표현이 더 눈에 들어왔다. 다우드나와 샤르팡티에의 화학상 수상에 이어 언젠가는 장과 처치, 그리고 어쩌면 데이비드 류가 노벨 의학상을 수상하게 될지도 모른다는 희망을 품게 하는 문구였다.

다우드나는 기자회견에서 샤르팡티에를 향해 "바다를 건너 손을 흔들고 있다"라고 전했다. 아닌 게 아니라, 그녀와 직접 이야기를 나누고 싶어서 몸살이 날 지경이었다. 다우드나는 온종일 몇 번이나 샤르팡티에에게 문자메시지를 보냈고 음성 메시지도 세 차례나 남겼다. "제발, 제발 전화 좀 해줘요. 시간 많이 빼앗지 않을게요. 그냥 목소리 듣고 직접 축하한다고 말하고 싶어요." 마침내 샤르팡티에의 답장이 도착했다. "오늘은 정말 너무너무 지치네요. 내일 꼭 전화할게요." 다음 날이 되어서야 두 사람은 마침내 전화를 붙잡고 느긋하고 두서없이 수다를 떨 수 있었다.

기자회견 직후 다우드나는 샴페인을 든 채 연구실로 향했다. 100여 명의 지인들이 줌으로 파티를 열어 축배를 들었고, 재단을 통해 연구비를 지원하던 마크 저커버그와 프리실라 챈 역시 질리언 밴필드나 버클리 학장 및 임원들처럼 화상으로 모습을 드러냈다. 가장 멋진 건배사는 대학원생 시절의 다우드나를 RNA의 경이로움으로 이끌었던 하버드 대학 교수 잭 쇼스택에게서 나왔다. 2009년 (두 여성과 공동으로) 노벨 의학상을 수상한 바 있는 쇼스택은 보스턴의 우아한 타운하우스 뒤뜰에 앉아 샴페인을 들고 말했다. "노벨상을 타는 것보다 더 좋은 건 딱 한 가지밖에 없습니다. 바로 제자의 노벨상 수상을 지켜보는 거죠."

다우드나와 제이미는 저녁으로 스페인식 오믈렛을 만들어 먹었고, 이어 두 동생과 페이스타임으로 기쁨을 나눴다. 세 자매는 돌아가신 부모님을 떠올렸다. "엄마와 아빠가 살아 계셨다면 얼마나 좋았을까요. 엄마는 감정을 추스르지 못하셨겠죠. 그리고 아빠는 애써 태연한 척하며 수상 이유를 구체적으로 확인하시고는 그래서 이제 뭘 할 계획이냐고 물어보셨을 거예요."

변화

바이러스가 불러온 팬데믹의 시기, 노벨상 위원회는 자연에서 발견된 바이러스 퇴치 시스템인 크리스퍼에 영광을 바침으로써 호기심에서 비롯한 기초연구가 더없이 실용적인 응용법으로 변모하는 과정을 다시금 일깨웠다. 크리스퍼와 코로나19가 생명과학 시대로의 진입을 가속화하며, 분자는 새로운 마이크로칩이 되어가는 순간이다.

코로나19 위기가 절정에 이를 즈음 다우드나는 향후 예상되는 사회적 변화에 대해 짧은 기고문을 써달라는 《이코노미스트》의 요청을 받았다. "현재 우리 삶의 다른 많은 측면처럼 과학 또한 급속한, 그리고 아마도 영구적인 변화를 겪고 있는 것 같습니다. 이러한 변화는 더 나은 미래를 위한 것입니다."[2] 다우드나는 대중들이 생물학과 과학적 메커니즘에 대해 더 많이 이해하게 되리라 예측했다. 선출직 공무원들은 기초과학을 지원하는 연구비의 가치를 더욱 인정할 것이며, 과학자들이 협력하고 경쟁하며 소통하는 방식에도 변화가 계속될 터였다.

코로나19 팬데믹 이전에는 학계의 연구자들 사이에 소통과 협업이 제한되어 있었다. 대학은 아무리 작은 것이라도 새로운 발견에 대한 권리를 강력하게 주장했고, 특허 신청에 문제가 될 만한 정보의 공유를 막기 위해 대형 법률 팀까지 개설했다. 버클리 대학 과학자 마이클 아이젠은 "그들이 과학자들 간의 상호작용을 모조리 지식재산권 거래로 바꿔놓았다"라고 말하기도 했다. "내가 다른 학문 기관에 있는 동료와 주고받은 것들은 전부 복잡한 법적 협약들뿐이다. 그 목적은 과학 장려가 아닌, 우리 과학자들이 당연히 해야 할 일을 했을 때 만들어질 가상의 발명품으로부터 얻는 대학의 수익을 보호하는 데 있다. 이제 과학자들이 직접 나서야 한다. 우리가 할 일은 서로 연구를 공유하는 것이다."[3]

코로나19와의 전쟁은 기존의 규칙에 따라 진행되지 않았다. 다우드나와 장평의 지휘하에 대부분의 학교 연구소들은 자신들의 발견을 바이러스와 싸우는 모두와 공유했고, 이는 연구자들 간에, 심지어 국가 간에 더 큰 협업을 가능하게 했다. 그 결과 전 세계 과학자들이 코로나바이러스 염기 서열의 오픈 데이터베이스에 기여해 2020년 8월 말까지 3만 6000건이 입력되었다.[4] 다우드나가 베이 에어리어에 있는 랩들을 한데 모아 만든 컨소시엄만 보아도, 만일 이들이 지식재산권 협의를 걱정해야 했다면 이렇게 빨리 뭉칠 수 없었을 것이다.

코로나19가 가져온 긴박감은 《사이언스》나 《네이처》와 같이 비용이 많이 들고, 동료들의 검토를 거쳐야 하며, 유료화의 벽으로 보호되는 학술지의 게이트키퍼 역할을 무력화시켰다. 편집자와 검토자들이 논문을 실어줄 때까지 몇 개월을 기다리는 대신, 코로나19 사태의 절정에서 연구자들은 '메드아카이브(medRxiv)'와 '바이오아카이브(bioRxiv)' 같은 프리프린트 서버(출판 전 논문을 배포하는 서버—옮긴이)에 하루 100편 이상의 논문을 올렸다. 완전히 공개되어 있으며 최소한의 검토 과정만을 요구하는 이런 곳들을 통해 정보는 실시간으로 자유롭게 공유되었고, 심지어 소셜 미디어에서도 해부 대상이 되었다. 충분히 검증되지 않은 연구가 확산될 수 있다는 잠재적 위험에도 불구하고, 신속하고 개방적인 전파 방식은 원활하게 굴러갔다. 이를 통해 새로운 발견에 기반한 각종 연구가 가속화되었고, 대중 역시 과학의 발전을 실시간으로 따라갈 수 있었다. 프리프린트 서버를 통해 출판된 주요 논문들은 곧 인터넷을 통해 모인 세계 전문가들의 검증과 지혜로 이어졌다.[5]

조지 처치는 과학을 일상생활에 끌어들일 만큼 촉매력이 강한 사건이 일어날 수 있을지 오랫동안 궁금했다고 말한다. "코로나19가 그 답이 되었죠. 이는 운석이 떨어진 후 갑자기 포유류가 지구를 장악하게 된 사건과 다름없습니다."[6] 언젠가 우리는 바이러스를 비롯해 이런저런 건강 상태를 확인하게 해주는 진단 장비를 집 안에 갖추게 될 것이다. 또한 각자의 생물학적 기능을 모니터하는 나노포어와 분자 트랜지스터를 착용하게 될 것이며, 이 장비는 네트워크에 연결되어 정보를 공유하고 생물학적 위협의 전파를 실시간으로 보여주는 지구 차원의 생물 지도를 만들 것이다. 이 모든 것이 생물학을 더 신나는 학문 분야로 만들고 있다. 2000년 8월, 의과대학 지원율은 전년도에 비해 17퍼센트나 급증했다.

학계도 변할 것이다. 단순히 온라인 수업의 증가를 이야기하는 것이 아니다. 대학은 상아탑에 갇혀 있는 대신 전염병 유행에서 기후변화에 이르는 현실 세계의 문제에 관여할 것이다. 이 프로젝트들은 여러 분야를 넘나들며, 그건 자율성을 치열하게 사수해온 독립적인 영지였던 연구실과 연구실 사이의 오래된 담장을 허물 것이다. 코로나바이러스와의 싸움에는 학문 간 협업이 필요하다. 그런 면에서 이는 미생물 사냥꾼들과 유전학자, 구조생물학자, 생화학자, 컴퓨터 괴짜가 협업하여 이루어 낸 크리스퍼 개발 과정과 비슷하다. 또한 하위 조직끼리 협력하여 특정 프로젝트나 과제의 완수를 향해 나아가는 혁신적인 기업의 운영 방식과도 닮았다. 우리가 직면한 과학적 위험의 본질은 연구실과 연구실이 손잡고 나아가는 프로젝트 지향적 협업 방식을 가속할 것이다.

이런 가운데에서도 그대로 유지될 과학의 한 가지 근본적인 측면이 있다. 다윈과 멘델에서 왓슨과 크릭을 거쳐 다우드나와 샤르팡티에에 이르기까지 수 세대를 걸쳐온 공동 작업이 그것이다. "결국 발견은 계속될 겁니다." 샤르팡티에는 말한다. "우리는 그저 이 행성에 잠시 머물며 각자의 일을 할 뿐이에요. 그리고 우리가 이곳을 떠나면, 다른 사람들이 이어서 그 일을 할 겁니다."[7]

나와 대화를 나눈 모든 과학자들은 하나같이 이런 이야기를 했다. 그들의 가장 큰 동기는 돈도, 심지어 명예도 아닌, 자연의 신비를 밝혀내고 그 발견을 통해 세상을 더 나은 곳으로 만들 기회였다고 말이다. 나는 그 말을 믿는다. 그것이 팬데믹이 남길 가장 중요한 유산의 하나가 아닐까? 과학자들에게 그들의 임무가 얼마나 고귀한 것인지 일깨우는 것. 팬데믹은 이러한 가치를 다음 세대의 학생들에게도 각인시킬 것이다. 과학 연구가 얼마나 흥미롭고 중요한지 직접 목격한 지금, 그들이 같은 길을 선택할 가능성은 더욱 높아질 것이다.

2020년 마르디 그라

나가며

2020년 가을, 뉴올리언스 로열 스트리트

팬데믹이 잠시 주춤하면서 지구는 치유되기 시작했다. 나는 뉴올리언스 프렌치 쿼터의 우리 집 발코니에 앉아 있다. 거리에서 다시 음악 소리가 들려오고 모퉁이 식당에서 새우 익는 냄새도 풍겨 온다.

그러나 현재의 코로나바이러스든 앞으로 올 새로운 바이러스든, 바이러스 유행은 계속될 것이다. 그래서 우리에겐 백신 이상이 필요하다. 박테리아처럼 새로운 바이러스가 나타날 때마다 쉽게 개조해 파괴할 수 있는 시스템. 박테리아에 그랬듯이 크리스퍼가 우리에게 그 시스템을 제공할 수 있을 것이다. 그뿐 아니라 언젠가는 유전자 이상을 치료하고, 암을 퇴치하고, 아이들을 향상시키고, 인류의 미래를 주도하기 위한 진화의 해킹 작업에 있어 우리를 도울지도 모른다.

나는 생명공학이 다음번 과학 대혁명이 되리라 생각하며 이 여정을 시작했다. 생명공학은 경외를 불러오는 불가사의한 자연과 연구 경쟁, 짜릿한 발견, 생명을 구하는 승리, 그리고 제니퍼 다우드나나 에마뉘엘 샤르팡티에, 장평과 같은 창의적인 선구자로 가득 찬 주제였다. 또한 전염병의 해를 거치며, 그간 내가 생명공학의 가치를 제대로 모르고 있었음을 깨달았다.

몇 주 전, 집에서 제임스 왓슨의 『이중나선』을 꺼내보았다. 다우드나처럼 나도 어린 시절 아버지에게서 이 책을 선물받았다. 연붉은색 표지로 된 초판이다. 페이지 여백에 연필로 '생화학' 따위의 (당시의 내겐) 생소했던 단어들과 그 뜻을 적어놓은 글씨들만 아니라면 아마 이베이에 올려 꽤 비싼 값에 팔 수도 있으리라.

다우드나가 그랬듯 나 역시 그 책을 읽으며 생화학자의 꿈을 키우기도 했지만, 다우드나와 달리 난 생화학자가 되지 않았다. 만일 내가 다시 한번 생을 살아야 한다면—이 책을 읽는 학생들은 잘 들어주시길—특히 21세기에 성년이 된다면, 생명과학에 큰 관심을 두지 않을까? 나와 같은 세대 사람들은 개인용컴퓨터와 웹에 열광했고, 그래서 아이들에게 컴퓨터 코딩을 가르쳤다. 이제 우리는 아이들에게 생명의 코드를 이해시켜야 할 것이다.

크리스퍼와 코로나19의 복잡한 이야기가 보여주듯이, 그 방법은 우리 어른들이 생명의 원리를 이해하는 게 얼마나 유용한지 깨닫는 데 있다. 유전자 변형 식품에 대해 강한 반대를 표현하는 이들이 있다는 건 좋은 일이다. 그러나 유전자조작 생물이 무엇인지 (그리고 요거트 제조사가 발견한 것까지) 알게 된다면 훨씬 좋을 것이다. 유전공학 기술을 인체에 사용하는 것에 강한 반대를 표현하는 이들이 있다는 건 좋은 일이다. 그러나 유전자라는 게 정말 무엇인지 알게 된다면 더 좋을 것이다.

생명의 경이로움을 헤아리는 시간은 유용한 지식 이상의 영감을 준다. 게다가 즐겁기도 하다. 우리 인간에게 호기심이 있다는 것은 얼마나 큰 행운인가. 나는 발코니 철제 울타리의 곡선과 덩굴 위를 기어다니며 몸 색깔을 조금씩 바꾸는 새끼 도마뱀을 지켜보다가 그러한 사실을 떠올린다. 궁금하네. 어떻게 해서 피부색을 바꾸는 걸까? 또 코로나바이러 스라는 전염병 이후 이렇게나 많은 도마뱀이 나타난 이유는 대체 뭘까? 상상은 그만두자. 재빨리 검색해서 호기심을 해결한다. 정말 즐거운 시간이다. 레오나르도 다빈치가 꽉 찬 공책 페이지 가장자리에 갈겨 쓴 메모 가운데 내가 제일 좋아하는 구절이 있다. "딱따구리의 혀 묘사하기." 아침에 일어나 오늘은 딱따구리의 혀가 어떻게 생겼는지 알아봐야겠다고 생각하는 이는 대체 어떤 사람일까? 열정적이고 장난기 어린 호기심으로 충만한 레오나르도가 바로 그런 사람이다.

호기심은 레오나르도 다빈치부터 벤저민 프랭클린과 알베르트 아인슈타인, 스티브 잡스까지 나를 매료시킨 사람들의 주요 특징이다. 호기심은 제임스 왓슨과 박테리아를 공격하는 바이러스를 이해하고자 했던 파지 그룹을, DNA 염기 서열이 반복적으로 모여 있는 구간에 매료된 프란시스코 모히카를, '잠자는 풀'을 건드리면 오그라들게 만드는 게 뭔지 알고 싶어 했던 제니퍼 다우드나를 움직였다. 그리고 그 본능, 그러니까 순수한 호기심이 우리를 구하게 될지도 모른다.

1년 전 버클리를 비롯한 여러 학회에 다녀온 뒤, 나는 이 발코니에 앉아 유전자 편집과 관련한 생각을 정리해보았다. 당시 내 머릿속을 채우고 있던 것은 우리 종의 다양성에 대한 걱정이었다.

나는 트레메에서 거의 70년 동안 식당을 운영하다가 96세로 세상을 떠난 뉴올리언스의 대모 레아 체이스의 장례식에 맞춰 집에 돌아온 참이었다. 그녀는 새우와 소시지 요리에 쓸 루(땅콩기름 1컵과 밀가루 8테이블스푼)를 만드느라 여러 재료들이 하나로 뭉쳐져 담갈색을 낼 때까지 나무 주걱으로로 끝없이 냄비를 휘젓곤 했다. 크리올(유럽인과 흑인의 혼혈인—옮긴이)인 그녀의 식당은 흑인과 백인과 크리올로 이루어진 뉴올리언스 생활의 다양성을 하나로 결합하는 곳이었다.

그 주말 프렌치 쿼터는 굉장히 부산했다. 교통안전을 촉구하기 위한 (희한한) 누드 자전거 대회, 미스 레아와 '닥터 존'이라는 이름으로 활동했던 펑크 음악가 맥 리베넥의 삶을 기념하기 위한 퍼레이드와 세컨드라인(결혼식이나 장례식에서 볼 수 있는 뉴올리언스 고유의 거리 행진—옮긴이), 연례 퀴어 퍼레이드와 그와 연관된 블록 파티가 한창이었다. 거기에 프렌치 마켓 크리올 토마토 축제까지 즐겁게 합세해, 트럭을 타고 온 농부들과 요리사들이 다양한 토종 토마토들을 선보였다.

발코니에 앉아 지나가는 사람들을 지켜보던 나는 인류의 다양성에 새삼 놀랐다. 키가 큰 사람과 작은 사람, 동성애자와 이성애자, 뚱뚱한 사람과 마른 사람, 피부색이 밝은 사람과 짙은 사람. 갤러데트 대학 티셔츠 차림으로 수어를 이용해 신나게 떠들고 있는 한 무리의 사람들도 보았다. 크리스퍼를 통해, 언젠가 우리는 이 모든 것들 가운데 각자의 자녀와 후손들에게 바라는 특성을 선택할 수 있게 될지도 모른다. 자신의 선호도에 따라 큰 키에 근육질 몸, 금발에 푸른 눈, 그리고 청각 장애가 없는 아이를 고를 수도 혹은 그 반대를 선택할 수도 있는 것이다.

눈앞에서 펼쳐지는 자연의 다양성을 지켜보면서, 크리스퍼의 약속이 우리에게 어떤 위험으로 다가올지 생각해보았다. 자연이 이 경이로운 다양성을 허락하기 위해 우리 종 안에 30억 개의 DNA 염기쌍을 들여 복잡하고 때로는 미흡한 방식으로 엮어내기까지 수백만 년이 걸렸다. 우리 눈에 불완전한 것들을 제거해 게놈을 편집한다는 생각이 과연 옳은 걸까? 결국 우리는 다양성을 잃게 될까? 겸손과 공감마저 잃을까? 토마토가 그렇게 되듯 인간도 풍미를 잃게 되는 것인가?

2020년 마르디 그라(2월 말이나 3월 초, 가톨릭 사순절이 시작되기 전날—

옮긴이), 성 안나 퍼레이드 참가자들이 우리 집 발코니 앞을 지나갔다. 개중에는 코로나 맥주처럼 생긴 옷을 입고 바이러스 로켓 같은 복면을 써서 코로나바이러스로 분장한 사람들도 보였다. 그리고 몇 주 뒤, 봉쇄 조치가 내려졌다. 종종 모퉁이 식료품점 앞에서 밴드와 함께 연주하던 클라리넷 주자 도린 케천스가 텅 빈 인도에서 짧은 이별 공연을 했다. 마지막 곡 〈성자들이 행진할 때(When the Saints Go Marching In)〉에서, 그는 "태양이 비치기 시작할 때"라는 구절에 힘을 주었다.

지금의 분위기는 작년과 다르고, 크리스퍼에 대한 내 생각도 그렇다. 우리 종이 그러듯 우리의 생각도 상황의 변화에 따라 진화하고 적응한다. 이제 나는 크리스퍼의 위험보다 약속을 더욱 또렷하게 본다. 현명하게 사용하기만 한다면 생명공학 기술은 바이러스를 막아내고 유전자 결함을 극복하여 우리의 몸과 마음을 지켜낼 것이다.

크고 작은 모든 생명체는 살아남기 위해 할 수 있는 모든 수단을 동원한다. 우리도 그렇게 해야 한다. 그게 자연스러운 것이다. 박테리아는 바이러스에 맞서 꽤나 영리한 싸움의 기술을 고안했지만, 그렇게 되기까지 수조 세대를 거쳐야 했다. 우리는 그렇게 오래 기다릴 수 없다. 그 속도를 높이기 위해 호기심과 창의력을 한데 모아야 한다.

생물의 진화가 수백만 세기에 걸쳐 '자연스럽게' 일어난 끝에, 우리 인간에겐 이제 생명의 코드를 해킹해 우리 자신의 유전자 미래를 설계할 능력이 생겼다. 아니, 유전자 편집에 '부자연스럽다'거나 '신의 행세를 한다'는 딱지를 붙이려는 사람들을 당혹스럽게 하자면 이렇게 표현해볼 수도 있겠다. 자연과 자연의 신이 무한한 지혜 속에서 한 종을 골라 제 게놈을 수정할 수 있도록 진화시켰는데, 어쩌다 보니 그게 바로 우리였다고.

여느 진화적 속성처럼 이 새로운 능력 또한 종의 번영과 재생산을 약속할지 모르지만, 어쩌면 그 반대일 수도 있을 것이다. 때때로 그러하듯 한 종을 생존에 위협이 되는 길로 인도하는 것 역시 진화적 속성의 하나이니까. 진화는 그렇게 변덕스럽다.

그래서 진화는 느린 과정일 때 가장 잘 작동한다. 때때로 허젠쿠이나 조사이어 재이너 같은 악당 혹은 반항아들이 그 속도를 높이겠지만, 우리가 현명하다면 잠시 걸음을 멈추고 보다 신중한 길을 택하기로 결정할 수도 있다. 그렇게만 한다면, 그게 비탈길이라 해도 덜 미끄럽지 않을까?

사람들을 인도하기 위해서는 과학자뿐 아니라 인문주의자들도 있어야 한다. 그리고 무엇보다, 제니퍼 다우드나처럼 양쪽 세계에서 모두 편안함을 느끼는 사람들이 필요하다. 이것이 바로 지금 막 발을 들이려는 이 새로운 영역, 신비하지만 희망으로 가득 찬 이곳을 샅샅이 이해하기 위해 우리 모두가 애써야 하는 이유다.

지금 당장 모든 것을 결정할 필요는 없다. 우리 아이들에게 어떤 세상을 남겨주고 싶은지 묻는 것으로 시작하자. 그러면 우리 모두 함께 한 걸음씩, 이왕이면 손에 손을 맞잡고 가는 이 길을 더욱 깊이 느낄 수 있으리라.

감사의 말

나를 기꺼이 견뎌준 제니퍼 다우드나에게 감사한다. 수십 차례에 걸쳐 진행된 인터뷰에 충실히 응해주었고, 끝없는 전화와 이메일에 답해주었으며, 자신의 랩에서 지내게 해주었을 뿐 아니라, 다양한 회의와 학회에 참석하도록 허락하고, 심지어 자신의 슬랙 채널에 몰래 들어가게도 해주었다. 제니퍼의 남편인 제이미 케이트 역시 인내심을 가지고 열심히 도와주었다.

장펑은 정말 상냥하고 친절한 사람이었다. 자신의 경쟁자를 주인공으로 삼은 책인 줄 알면서도 나를 자기 랩에 기꺼이 초대하고 여러 차례에 걸쳐 인터뷰를 해준 그에게 호감과 존경을 느끼지 않을 수 없었다. 그의 동료인 에릭 랜더에 대해서도 마찬가지다. 그 또한 똑같이 너그러이 시간을 내주었다. 베를린에서 에마뉘엘 샤르팡티에와 보낸 시간은 이 책을 쓰면서 가장 즐거웠던 순간 중 하나였다. 샤르팡티에는 '샤르망(charmante, 프랑스어로 '매력적인'이라는 뜻이다—옮긴이)'한 사람이었다. 사실 그 정확한 뜻은 모르지만 이 단어를 보았을 때 그런 느낌이 왔고, 이 책에서도 그게 잘 드러나길 바랄 뿐이다. 조지 처치와 함께하는 시간도 굉장히 즐거웠다. 처치는 정신 나간 과학자의 가면을 쓴 매력적인 신사였다.

게놈혁신 연구소의 케빈 독스젠과 툴레인 대학의 스펜서 올레스키는 이 책을 과학적인 면면을 신중하게 검토한 뒤 아주 좋은 의견을 제시하고 오류도 고쳐주었다. 툴레인 대학의 맥스 웬델, 벤저민 번스타인, 라이언 브라운도 큰 도움을 주었다. 모두들 훌륭하게 해주었으니, 혹시 이 책에 실수가 나온다 해도 그건 이들의 탓이 아니다.

내게 시간을 내주고 아이디어를 나눠주고 인터뷰를 해주고 사실을 확인해준 모든 과학자와 팬 여러분께 감사한다. 누바 아페얀, 리처드 액설, 데이비드 볼티모어, 질리언 밴필드, 코리 바그먼, 로돌프 바랑구, 조지프 본디-드모니, 데이나 캐럴, 재니스 첸, 프랜시스 콜린스, 케빈 데이비스, 메러디스 데살라사르, 필 도미처, 세라 다우드나, 케빈 독스젠, 빅터 차오, 엘더라 엘리슨, 세라 굿윈, 마거릿 햄버그, 제니퍼 해밀턴, 루커스 해링턴, 레이철 하우어비츠, 크리스틴 히넌, 돈 헴스, 메건 호흐스트라서, 패트릭 슈, 마리아 재신, 마르틴 이네크, 엘리엇 커슈너, 개빈 놋, 에릭 랜더, 콩러, 리처드 리프턴, 엔리케 린샤오, 데이비드 류, 루시아노 마라피니, 알렉스 마슨, 앤디 메이, 실뱅 무아노, 프란시스코 모히카, 캐머런 미어볼드, 로저 노백, 발 파칼룩, 페이돤칭, 매슈 포투스, 스탠리 치, 안토니오 레갈라도, 매트 리들리, 데이브 새비지, 제이콥 셔코우, 비르기니유스 식슈니스, 에릭 손테이머, 샘 스턴버그, 잭 쇼스택, 표도르 우르노프, 엘리자베스 왓슨, 제임스 왓슨, 조너선 와이즈먼, 조사이어 재이너.

언제나 그렇듯이 40년째 내 에이전트로 일하고 있는 어맨다 어번에게도 깊은 감사를 전하고 싶다. 늘 나를 배려하면서도 솔직함을 잃지 않는 그녀가 있어 얼마나 든든한지 모른다. 프리실라 페인튼과 나는 풋내기 시절《타임》지에서 함께 일했고, 아이들이 어릴 적에는 이웃으로 지냈다. 그런 그녀가 갑자기 내 편집자가 되었다. 세상이 얼마나 좁은지, 또 이 얼마나 기분 좋은 인연인지. 이 책을 대대적으로 재구성하고 한 줄 한 줄 다듬는 과정에서 프리실라는 아주 성실하고 훌륭하게 자신의 일을 해냈다.

과학은 공동의 노력이다. 한 권의 책을 만드는 과정도 다르지 않다. 사이먼 앤드 슈스터 출판사와 작업하는 동안, 활력과 통찰력이 넘치는 조너선 카프가 이끄는 훌륭한 팀이 함께해주어 즐거웠다. 스티븐 베드퍼드, 데이나 커니디, 조너선 에번스, 마리 플로리오, 킴벌리 골드스타인, 주디스 후버, 루스 리-메이, 박하나, 줄리아 프로서, 리처드 로어러, 엘리스 링고, 재키 사오 모두 원고를 여러 차례 읽고 좋은 제안을 해줌으로써 책의 완성도를 높였다. 커티스 브라운사의 헬렌 맨더스와 페파 미뇨네는 해외 출판사들과 훌륭하게 일해주었다. 내 조수인 린지 빌럽스에게도 고마움을 전한다. 똑똑하고 현명하며 분별력이 뛰어난 그녀의 도움은 매 순간 귀중했다.

언제나처럼 가장 큰 감사의 몫은 내 아내 케이시에게 돌아간다. 아내는 내 조사를 돕고, 원고를 세심하게 읽어주고, 현명한 조언을 아끼지 않았으며, 내가 냉정과 침착을 잃지 않도록(적어도 노력하도록) 해주었다. 딸 벳시도 원고를 읽고 훌륭한 제안을 해주었다. 두 사람은 내 삶의 토대다.

이 책은 내가 지금껏 저술한 모든 책의 편집자였던 앨리스 메이휴 덕분에 시작되었다. 첫 회의 자리에서 나는 앨리스의 과학 지식에 얼마나 놀랐는지 모른다. 앨리스는 이 책을 발견의 여정으로 만들어야 한다며 끈질기게 나를 격려했다. 1979년 호레이스 프리랜드 저드슨의 고전 『창조의 여덟 번째 날(The Eighth Day of Creation)』을 편집했던 그녀는 40년이 지난 지금까지 그 모든 구절을 기억하고 있는 듯했다. 2019년 크리스마스 연휴에는 이 책의 전반부를 두고 엄청난 통찰력을 쏟아붓기도 했다. 하지만 그녀는 이 책이 완성되는 걸 보지 못한 채 세상을 떠났다. 사이먼 앤드 슈스터의 대표이자 언제나 나의 스승이요 안내자였던 사람, 그녀를 안다는 것만으로도 기쁨을 주었던 캐럴린 라이디 역시 떠났다. 내 인생의 크나큰 즐거움 중의 하나는 앨리스와 캐럴린을 미소 짓게 하는 일이었다. 이 두 사람의 미소를 본 적이 있는 있는 이라면 아마 내 마음을 이해할 것이다. 이 책이 그랬으면 좋겠다. 이 책을 그들의 기억에 바친다.

주

들어가며: 적진에 뛰어들다

1. 저자와 제니퍼 다우드나의 인터뷰. 활력 넘치는 세그웨이 발명가인 딘 케이먼이 설립한 '퍼스트 로보틱스'에서 주최한 경진 대회다.

2. 제니퍼 다우드나, 메건 호흐스트라서, 표도르 우르노프가 제공한 인터뷰, 오디오 및 비디오 녹화 자료, 노트, 슬라이드; Walter Isaacson, "Ivory Power," *Air Mail*, Apr. 11, 2020.

3. 기초연구와 기술혁신 사이에서 반복적으로 일어날 수 있는 과정에 대한 자세한 설명은 12장 참조.

1장 하와이 힐로

1. 저자와 제니퍼 다우드나, 세라 다우드나의 인터뷰. 이 부분에 대한 기타 출처는 다음과 같다. *The Life Scientific*, BBC Radio, Sept. 17, 2017; Andrew Pollack, "Jennifer Doudna, a Pioneer Who Helped Simplify Genome Editing," *New York Times*, May 11, 2015; Claudia Dreifus, "The Joy of the Discovery: An Interview with Jennifer Doudna," *New York Review of Books*, Jan. 24, 2019; Jennifer Doudna interview, National Academy of Sciences, Nov. 11, 2004; Jennifer Doudna, "Why Genome Editing Will Change Our Lives," *Financial Times*, Mar. 14, 2018; Laura Kiessling, "A Conversation with Jennifer Doudna," *ACS Chemical Biology Journal*, Feb. 16, 2018; Melissa Marino, "Biography of Jennifer A. Doudna," *PNAS*, Dec. 7, 2004.

2. Dreifus, "The Joy of the Discovery."

3. 저자와 리사 트위그-스미스, 제니퍼 다우드나의 인터뷰.

4. 저자와 제니퍼 다우드나, 제임스 왓슨의 인터뷰.

5. Jennifer Doudna, "How COVID-19 Is Spurring Science to Accelerate," *The Economist*, June 5, 2020.

2장 유전자

1. 유전학과 DNA의 역사에 관한 내용은 다음 참고 문헌을 바탕으로 썼다. Siddhartha Mukherjee, *The Gene* (Scribner, 2016); Horace Freeland Judson, *The Eighth Day of Creation* (Touchstone, 1979); Alfred Sturtevant, *A History of Genetics* (Cold Spring Harbor, 2001); Elof Axel Carlson, *Mendel's Legacy* (Cold Spring Harbor, 2004).

2. Janet Browne, *Charles Darwin*, vol. 1 (Knopf, 1995) and vol. 2 (Knopf, 2002); Charles Darwin, *The Journey of the Beagle*, originally published 1839; Darwin, *On the Origin of Species*, originally published 1859. 다윈의 책, 편지, 글, 논문은 '다윈 온라인(darwin-online.org.uk)'을 참조할 것.

3. Isaac Asimov, "How Do People Get New Ideas," 1959, reprinted in *MIT Technology Review*, Oct. 20, 2014; Steven Johnson, *Where Good Ideas Come From* (Riverhead, 2010), 81; Charles Darwin, *Autobiography*, describing events of October 1838, Darwin Online.

4. 무케르지, 저드슨, 스터트반트의 책에 더하여, 멘델에 관해 참고한 자료는 다음과 같다. Robin Marantz Henig, *The Monk in the Garden* (Houghton Mifflin Harcourt, 2000).

5. Erwin Chargaff, "Preface to a Grammar of Biology," *Science*, May 14, 1971.

3장 DNA

1. 이 부분은 몇 년에 걸쳐 여러 차례 진행된 제임스 왓슨과의 인터뷰, 그리고 그의 저서 『이중나선』(초판은 1968년 Atheneum 출판사에서 출간됨)을 바탕으로 한다. 본 책에서 사용한 판본은 알렉산더 그랜과 얀 비트코프스키가 편집한 *The Annotated and Illustrated Double Helix* (Simon & Schuster, 2012)로, 이 책에는 DNA 모델을 설명하는 서신들과 다른 보충 자료가 들어 있다. 추가로 참고한 자료는 다음과 같다. James Watson, *Avoid Boring People* (Oxford, 2007); Brenda Maddox, *Rosalind Franklin: The Dark Lady of DNA* (HarperCollins, 2002); Judson, *The Eighth Day*; Mukherjee, *The Gene*; Sturtevant, *A History of Genetics*.

2. 저드슨은 왓슨이 하버드에 불합격했다고 말한 반면, 왓슨은 하버드에 합격했으나 생활비 등 경제적 지원을 받지 못했다고 내게 직접, 그리고 저서 『지루한 사람과 어울리지 마라』에서 밝혔다.

3. 현재 최연소 노벨상 수상자는 노벨 평화상을 수상한 파키스탄의 말랄라 유사프자이이다. 탈레반에 의해 총상을 입었던 유사프자이는 이후 여성 교육에 앞장서는 전사가 되었다.

4. Mukherjee, *The Gene*, 147.

5. Rosalind Franklin, "The DNA Riddle: King's College, London, 1951-1953," Rosalind Franklin Papers, NIH National Library of Medicine, https://profiles.nlm.nih.gov/spotlight/kr/feature/dna; Nicholas Wade, "Was She or Wasn't She?," *The Scientist*, Apr. 2003; Judson, *The Eighth Day*, 99; Maddox, *Rosalind Franklin*, 163;

Mukherjee, *The Gene*, 149.

4장 생화학자가 되다

1. 저자와 제니퍼 다우드나의 인터뷰.
2. 저자와 제니퍼 다우드나의 인터뷰.
3. 저자와 돈 헴스의 이메일 인터뷰.
4. 저자와 제니퍼 다우드나의 인터뷰; Jennifer A. Doudna and Samuel H. Sternberg, *A Crack in Creation* (Houghton Mifflin, 2017), 58; Kiessling, "A Conversation with Jennifer Doudna"; Pollack, "Jennifer Doudna."
5. 다른 언급이 없는 경우, 이 장에서 인용한 제니퍼 다우드나의 말은 저자와의 인터뷰를 인용한 것이다.
6. Sharon Panasenko, "Methylation of Macromolecules during Development in Myxococcus xanthus," *Journal of Bacteriology*, Nov. 1985 (submitted July 1985).

5장 인간 게놈

1. 미국 에너지부는 1986년 인간 게놈 시퀀싱 연구에 착수했다. 인간 게놈 프로젝트의 공식적인 연구 자금 지원 출처는 레이건 대통령의 1988년 예산이다. 에너지부와 국립보건원은 1990년에 인간 게놈 프로젝트를 공식화하는 양해 각서를 체결했다.
2. Daniel Okrent, *The Guarded Gate* (Scribner, 2019).
3. "Decoding Watson," directed and produced by Mark Mannucci, American Masters, PBS, Jan. 2, 2019.
4. 저자와 제임스 왓슨, 엘리자베스 왓슨, 루퍼스 왓슨의 인터뷰 및 미팅; Algis Valiunas, "The Evangelist of Molecular Biology," *The New Atlantis*, Summer 2017; James Watson, *A Passion for DNA* (Oxford, 2003); Philip Sherwell, "DNA Father James Watson's 'Holy Grail' Request," *The Telegraph*, May 10, 2009; Nicholas Wade, "Genome of DNA Discoverer Is Deciphered," *New York Times*, June 1, 2007.
5. 저자와 조지 처치, 에릭 랜더, 제임스 왓슨의 인터뷰.
6. Frederic Golden and Michael D. Lemonick, "The Race Is Over," and James Watson, "The Double Helix Revisited," *Time*, July 3, 2000; 저자와 앨 고어, 크레이그 벤터, 제임스 왓슨, 조지 처치, 프랜시스 콜린스의 대화.
7. 백악관 기념식에서 기록한 저자의 노트; Nicholas Wade, "Genetic Code of Human Life Is Cracked by Scientists," *New York Times*, June 27, 2000.

6장 RNA

1. Mukherjee, *The Gene*, 250.
2. Jennifer Doudna, "Hammering Out the Shape of a Ribozyme," *Structure*, Dec.

15, 1994.

3. Jennifer Doudna and Thomas Cech, "The Chemical Repertoire of Natural Ribozymes," *Nature*, July 11, 2002.

4. 저자와 잭 쇼스택, 제니퍼 다우드나의 인터뷰; Jennifer Doudna, "Towards the Design of an RNA Replicase," PhD thesis, Harvard University, May 1989.

5. 저자와 잭 쇼스택, 제니퍼 다우드나의 인터뷰.

6. Jeremy Murray and Jennifer Doudna, "Creative Catalysis," *Trends in Biochemical Sciences*, Dec. 2001; Tom Cech, "The RNA Worlds in Context," *Cold Spring Harbor Perspectives in Biology*, July 2012; Francis Crick, "The Origin of the Genetic Code," *Journal of Molecular Biology*, Dec. 28, 1968; Carl Woese, *The Genetic Code* (Harper & Row, 1967), 186; Walter Gilbert, "The RNA World," *Nature*, Feb. 20, 1986.

7. Jack Szostak, "Enzymatic Activity of the Conserved Core of a Group I Self-Splicing Intron," *Nature*, July 3, 1986.

8. 저자와 리처드 리프턴, 제니퍼 다우드나, 잭 쇼스택의 인터뷰; 제니퍼 다우드나에 대한 '그린가드 여성 과학자상' 인용, Oct. 2, 2018; Jennifer Doudna and Jack Szostak, "RNA-Catalysed Synthesis of Complementary-Strand RNA," Nature, June 15, 1989; J. Doudna, S. Couture, and J. Szostak, "A Multisubunit Ribozyme That Is a Catalyst of and Template for Complementary Strand RNA Synthesis," *Science*, Mar. 29, 1991; J. Doudna, N. Usman, and J. Szostak, "Ribozyme-Catalyzed Primer Extension by Trinucleotides," *Biochemistry*, Mar. 2, 1993.

9. Jayaraj Rajagopal, Jennifer Doudna, and Jack Szostak, "Stereochemical Course of Catalysis by the Tetrahymena Ribozyme," *Science*, May 12, 1989; Doudna and Szostak, "RNA-Catalysed Synthesis of Complementary-Strand RNA"; J. Doudna, B. P. Cormack, and J. Szostak, "RNA Structure, Not Sequence, Determines the 5' Splice-Site Specificity of a Group I Intron," *PNAS*, Oct. 1989; J. Doudna and J. Szostak, "Miniribozymes, Small Derivatives of the sunY Intron, Are Catalytically Active," *Molecular and Cell Biology*, Dec. 1989.

10. 저자와 잭 쇼스택의 인터뷰.

11. 저자와 제임스 왓슨의 인터뷰; James Watson et al., "Evolution of Catalytic Function," Cold Spring Harbor Symposium, vol. 52, 1987.

12. 저자와 제니퍼 다우드나, 제임스 왓슨의 인터뷰; Jennifer Doudna . . . Jack Szostak, et al., "Genetic Dissection of an RNA Enzyme," Cold Spring Harbor Symposium, 1987, p. 173.

7장 꼬임과 접힘

1. 저자와 잭 쇼스택, 제니퍼 다우드나의 인터뷰.

2. Pollack, "Jennifer Doudna."

3. 저자와 리사 트위그-스미스의 인터뷰.

4. Jamie Cate . . . Thomas Cech, Jennifer Doudna, et al., "Crystal Structure of a Group I Ribozyme Domain: Principles of RNA Packing," *Science*, Sept. 20, 1996. 볼더에서의 발표한 첫 번째 주요 논문은 다음과 같다. Jennifer Doudna and Thomas Cech, "Self-Assembly of a Group I Intron Active Site from Its Component Tertiary Structural Domains," *RNA*, Mar. 1995.

5. NewsChannel 8 report, "High Tech Shower International," YouTube, May 29, 2018.

8장 버클리

1. Cate et al., "Crystal Structure of a Group I Ribozyme Domain."

2. 저자와 제이미 케이트, 제니퍼 다우드나의 인터뷰.

3. Andrew Fire . . . Craig Mello, et al., "Potent and Specific Genetic Interference by Double-Stranded RNA in Caenorhabditis elegans," *Nature*, Feb. 19, 1998.

4. 저자와 제니퍼 다우드나, 마르틴 이네크, 로스 윌슨의 인터뷰; Ian MacRae, Kaihong Zhou . . . Jennifer Doudna, et al., "Structural Basis for Double-Stranded RNA Processing by Dicer," *Science*, Jan. 13, 2006; Ian MacRae, Kaihong Zhou, and Jennifer Doudna, "Structural Determinants of RNA Recognition and Cleavage by Dicer," *Natural Structural and Molecular Biology*, Oct. 1, 2007; Ross Wilson and Jennifer Doudna, "Molecular Mechanisms of RNA Interference," *Annual Review of Biophysics*, 2013; Martin Jinek and Jennifer Doudna, "A Three-Dimensional View of the Molecular Machinery of RNA Interference," *Nature*, Jan. 22, 2009.

5. Bryan Cullen, "Viruses and RNA Interference: Issues and Controversies," *Journal of Virology*, Nov. 2014.

6. Ross Wilson and Jennifer Doudna, "Molecular Mechanisms of RNA Interference," *Annual Review of Biophysics*, May 2013.

7. Alesia Levanova and Minna Poranen, "RNA Interference as a Prospective Tool for the Control of Human Viral Infections," *Frontiers of Microbiology*, Sept. 11, 2018; Ruth Williams, "Fighting Viruses with RNAi," *The Scientist*, Oct. 10, 2013; Yang Li . . . Shou-Wei Ding, et al., "RNA Interference Functions as an Antiviral Immunity Mechanism in Mammals," Science, Oct. 11, 2013; Pierre Maillard . . . Olivier Voinnet, et al., "Antiviral RNA Interference in Mammalian Cells," *Science*, Oct. 11, 2013.

9장 반복 서열

1. Yoshizumi Ishino . . . Atsuo Nakata, et al., "Nucleotide Sequence of the iap

Gene, Responsible for Alkaline Phosphatase Isozyme Conversion in Escherichia coli," *Journal of Bacteriology*, Aug. 22, 1987; Yoshizumi Ishino et al., "History of CRISPR-Cas from Encounter with a Mysterious Repeated Sequence to Genome Editing Technology," *Journal of Bacteriology*, Jan. 22, 2018; Carl Zimmer, "Breakthrough DNA Editor Born of Bacteria," *Quanta*, Feb. 6, 2015.

2. 저자와 프란시스코 모히카의 인터뷰. 그 밖에 다음 논문들을 참조했다. Kevin Davies, "Crazy about CRISPR: An Interview with Francisco Mojica," *CRISPR* Journal 8, Feb. 1, 2018; Heidi Ledford, "Five Big Mysteries about CRISPR's Origins," *Nature*, Jan. 12, 2017; Clara Rodríguez Fernández, "Interview with Francis Mojica, the Spanish Scientist Who Discovered CRISPR," *Labiotech*, Apr. 8, 2019; Veronique Greenwood, "The Unbearable Weirdness of CRISPR," *Nautilus*, Mar. 2017; Francisco Mojica and Lluis Montoliu, "On the Origin of CRISPR-Cas Technology," *Trends in Microbiology*, July 8, 2016; Kevin Davies, *Editing Humanity* (Simon & Schuster, 2020).

3. Francesco Mojica . . . Francisco Rodriguez-Valera, et al., "Long Stretches of Short Tandem Repeats Are Present in the Largest Replicons of the Archaea Haloferax mediterranei and Haloferax volcanii and Could Be Involved in Replicon Partitioning," *Journal of Molecular Microbiology*, July 1995.

4. 뤼트 얀센이 프란시스코 모히카에게 보낸 이메일, Nov. 21, 2001.

5. Ruud Jansen . . . Leo Schouls, et al., "Identification of Genes That Are Associated with DNA Repeats in Prokaryotes," *Molecular Biology*, Apr. 25, 2002.

6. 저자와 프란시스코 모히카의 인터뷰.

7. Sanne Klompe and Samuel Sternberg, "Harnessing 'a Billion Years of Experimentation,'" CRISPR Journal, Apr. 1, 2018; Eric Keen, "A Century of Phage Research," *Bioessays*, Jan. 2015; Graham Hatfull and Roger Hendrix, "Bacteriophages and Their Genomes," *Current Opinions in Virology*, Oct. 1, 2011.

8. Rodríguez Fernández, "Interview with Francis Mojica"; Greenwood, "The Unbearable Weirdness of CRISPR."

9. 저자와 프란시스코 모히카의 인터뷰; Rodríguez Fernández, "Interview with Francis Mojica"; Davies, "Crazy about CRISPR."

10. Francisco Mojica . . . Elena Soria, et al., "Intervening Sequences of Regularly Spaced Prokaryotic Repeats Derive from Foreign Genetic Elements," *Journal of Molecular Evolution*, Feb. 2005 (received Feb. 6, 2004; accepted Oct. 1, 2004).

11. Kira Makarova . . . Eugene Koonin, et al., "A Putative RNA-Interference-Based Immune System in Prokaryotes," *Biology Direct*, Mar. 16, 2006.

10장 프리 스피치 무브먼트 카페

1. 저자와 질리언 밴필드, 제니퍼 다우드나의 인터뷰; Doudna and Sternberg, *A Crack in Creation*, 39; "Deep Surface Biospheres," Banfield Lab page, Berkeley University website.

2. 저자와 질리언 밴필드, 제니퍼 다우드나의 인터뷰.

3. 저자와 제니퍼 다우드나의 인터뷰.

11장 크리스퍼에 뛰어들다

1. 저자와 블레이크 비덴헤프트, 제니퍼 다우드나의 인터뷰.

2. Kathryn Calkins, "Finding Adventure: Blake Wiedenheft's Path to Gene Editing," National Institute of General Medical Sciences, Apr. 11, 2016.

3. Emily Stifler Wolfe, "Insatiable Curiosity: Blake Wiedenheft Is at the Forefront of CRISPR Research," *Montana State University News*, June 6, 2017.

4. Blake Wiedenheft . . . Mark Young, and Trevor Douglas, "An Archaeal Antioxidant: Characterization of a Dps-Like Protein from Sulfolobus solfataricus," *PNAS*, July 26, 2005.

5. 저자와 블레이크 비덴헤프트의 인터뷰.

6. 저자와 블레이크 비덴헤프트의 인터뷰.

7. 저자와 마르틴 이네크, 제니퍼 다우드나의 인터뷰.

8. Kevin Davies, "Interview with Martin Jínek," *CRISPR Journal*, Apr. 2020.

9. 저자와 마르틴 이네크의 인터뷰.

10. Jinek and Doudna, "A Three-Dimensional View of the Molecular Machinery of RNA Interference"; Martin Jinek, Scott Coyle, and Jennifer A. Doudna, "Coupled 5′ Nucleotide Recognition and Processivity in Xrn1-Mediated mRNA Decay," *Molecular Cell*, Mar. 4, 2011.

11. 저자와 블레이크 비덴헤프트, 마르틴 이네크, 레이철 하우어비츠, 제니퍼 다우드나의 인터뷰.

12. 저자와 블레이크 비덴헤프트, 제니퍼 다우드나의 인터뷰; Blake Wiedenheft, Kaihong Zhou, Martin Jinek . . . Jennifer Doudna, et al., "Structural Basis for DNase Activity of a Conserved Protein Implicated in CRISPR-Mediated Genome Defense," *Structure*, June 10, 2009.

13. Jinek and Doudna, "A Three-Dimensional View of the Molecular Machinery of RNA Interference."

14. 저자와 마르틴 이네크, 블레이크 비덴헤프트, 제니퍼 다우드나의 인터뷰.

15. Wiedenheft et al., "Structural Basis for DNase Activity of a Conserved Protein."

12장 요거트 메이커

1. Vannevar Bush, "Science, the Endless Frontier," Office of Scientific Research and Development, July 25, 1945.

2. Matt Ridley, *How Innovation Works* (Harper Collins, 2020), 282.

3. 저자와 로돌프 바랑구의 인터뷰.

4. Rodolphe Barrangou and Philippe Horvath, "A Decade of Discovery: CRISPR Functions and Applications," *Nature Microbiology*, June 5, 2017; Prashant Nair, "Interview with Rodolphe Barrangou," *PNAS*, July 11, 2017; 저자와 로돌프 바랑구의 인터뷰.

5. 저자와 로돌프 바랑구의 인터뷰.

6. Rodolphe Barrangou . . . Sylvain Moineau . . . Philippe Horvath, et al., "CRISPR Provides Acquired Resistance against Viruses in Prokaryotes," *Science*, Mar. 23, 2007 (submitted Nov. 29, 2006; accepted Feb. 16, 2007).

7. 저자와 실뱅 모로, 질리언 밴필드, 로돌프 바랑구의 인터뷰. 밴필드가 제공한 2008 – 2012 학회 의제.

8. 저자와 루시아노 마라피니의 인터뷰.

9. 저자와 에릭 손테이머의 인터뷰.

10. 저자와 에릭 손테이머, 루시아노 마라피니의 인터뷰; Luciano Marraffini and Erik Sontheimer, "CRISPR Interference Limits Horizontal Gene Transfer in Staphylococci by Targeting DNA," *Science*, Dec. 19, 2008; Erik Sontheimer and Luciano Marraffini, "Target DNA Interference with crRNA," U.S. Provisional Patent Application 61/009,317, Sept. 23, 2008; Erik Sontheimer, letter of intent, National Institutes of Health, Dec. 29, 2008.

11. Doudna and Sternberg, *A Crack in Creation*, 62.

13장 제넨테크

1. 저자와 질리언 밴필드, 제니퍼 다우드나의 인터뷰.

2. Eugene Russo, "The Birth of Biotechnology," Nature, Jan. 23, 2003; Mukherjee, *The Gene*, 230.

3. Rajendra Bera, "The Story of the Cohen–Boyer Patents," *Current Science*, Mar. 25, 2009; US Patent 4,237,224 "Process for Producing Biologically Functional Molecular Chimeras," Stanley Cohen and Herbert Boyer, filed Nov. 4, 1974; Mukherjee, *The Gene*, 237.

4. Mukherjee, *The Gene*, 238.

5. Frederic Golden, "Shaping Life in the Lab," *Time*, Mar. 9, 1981; Laura Fraser, "Cloning Insulin," Genentech corporate history; *San Francisco Examiner* front

page, Oct. 14, 1980.

6. 저자와 레이철 하우어비츠의 인터뷰.

7. 저자와 제니퍼 다우드나의 인터뷰.

14장 다우드나 랩

1. 저자와 레이철 하우어비츠, 블레이크 비덴헤프트, 제니퍼 다우드나의 인터뷰.

2. 저자와 레이철 하우어비츠의 인터뷰.

3. Rachel Haurwitz, Martin Jinek, Blake Wiedenheft, Kaihong Zhou, and Jennifer Doudna, "Sequence-and Structure-Specific RNA Processing by a CRISPR Endonuclease," *Science*, Sept. 10, 2010.

4. Samuel Sternberg . . . Ruben L. Gonzalez Jr., et al., "Translation Factors Direct Intrinsic Ribosome Dynamics during Translation Termination and Ribosome Recycling," *Nature Structural and Molecular Biology*, July 13, 2009.

5. 저자와 샘 스턴버그의 인터뷰.

6. 저자와 샘 스턴버그, 제니퍼 다우드나의 인터뷰.

7. 저자와 샘 스턴버그, 제니퍼 다우드나의 인터뷰; Sam Sternberg, "Mechanism and Engineering of CRISPR-Associated Endonucleases," PhD thesis, University of California, Berkeley, 2014.

8. Samuel Sternberg, . . . and Jennifer Doudna, "DNA Interrogation by the CRISPR RNA-Guided Endonuclease Cas9," *Nature*, Jan. 29, 2014; Sy Redding, Sam Sternberg . . . Blake Wiedenheft, Jennifer Doudna, Eric Greene, et al., "Surveillance and Processing of Foreign DNA by the Escherichia coli CRISPR-Cas System," *Cell*, Nov. 5, 2015.

9. Blake Wiedenheft, Samuel H. Sternberg, and Jennifer A. Doudna, "RNA-Guided Genetic Silencing Systems in Bacteria and Archaea," *Nature*, Feb. 14, 2012.

10. 저자와 샘 스턴버그의 인터뷰.

11. 저자와 로스 윌슨, 마르틴 이네크의 인터뷰.

12. Marc Lerchenmueller, Olav Sorenson, and Anupam Jena, "Gender Differences in How Scientists Present the Importance of Their Research," *BMJ*, Dec. 19, 2019; Olga Khazan, "Carry Yourself with the Confidence of a Male Scientist," *Atlantic*, Dec. 17, 2019.

13. 저자와 블레이크 비덴헤프트, 제니퍼 다우드나의 인터뷰; Blake Wiedenheft, Gabriel C. Lander, Kaihong Zhou, Matthijs M. Jore, Stan J. J. Brouns, John van der Oost, Jennifer A. Doudna, and Eva Nogales, "Structures of the RNA-Guided Surveillance Complex from a Bacterial Immune System," *Nature*, Sept. 21, 2011 (received May 7, 2011; accepted July 27, 2011).

15장 카리부

1. 저자와 제니퍼 다우드나, 레이철 하우어비츠의 인터뷰.

2. Gary Pisano, "Can Science Be a Business?," *Harvard Business Review*, Oct. 2006; Saurabh Bhatia, "History, Scope and Development of Biotechnology," *IPO Science*, May 2018.

3. 저자와 레이철 하우어비츠, 제니퍼 다우드나의 인터뷰.

4. Bush, "Science, the Endless Frontier."

5. "Sparking Economic Growth," The Science Coalition, April 2017.

6. "Kit for Global RNP Profiling," NIH award 1R43GM105087-01, for Rachel Haurwitz and Caribou Biosciences, Apr. 15, 2013.

7. 저자와 제니퍼 다우드나, 레이철 하우어비츠의 인터뷰; Robert Sanders, "Gates Foundation Awards $100,000 Grants for Novel Global Health Research," *Berkeley News*, May 10, 2010.

16장 에마뉘엘 샤르팡티에

1. 저자와 에마뉘엘 샤르팡티에의 인터뷰. 이 장에서 참고한 문헌은 다음과 같다. Uta Deffke, "An Artist in Gene Editing," Max Planck Research Magazine, Jan. 2016; "Interview with Emmanuelle Charpentier," *FEMS* Microbiology Letters, Feb. 1, 2018; Alison Abbott, "A CRISPR Vision," *Nature*, Apr. 28, 2016; Kevin Davies, "Finding Her Niche: An Interview with Emmanuelle Charpentier," *CRISPR Journal*, Feb. 21, 2019; Margaret Knox, "The Gene Genie," *Scientific American*, Dec. 2014; Jennifer Doudna, "Why Genome Editing Will Change Our Lives," *Financial Times*, Mar. 24, 2018; Martin Jinek, Krzysztof Chylinski, Ines Fonfara, Michael Hauer, Jennifer Doudna, and Emmanuelle Charpentier, "A Programmable Dual-RNA-Guided DNA Endonuclease in Adaptive Bacterial Immunity," *Science*, Aug. 17, 2012.

2. 저자와 에마뉘엘 샤르팡티에의 인터뷰.

3. 저자와 로저 노백, 에마뉘엘 샤르팡티에의 인터뷰; Rodger Novak, Emmanuelle Charpentier, Johann S. Braun, and Elaine Tuomanen, "Signal Transduction by a Death Signal Peptide Uncovering the Mechanism of Bacterial Killing by Penicillin," *Molecular Cell*, Jan. 1, 2000.

4. Emmanuelle Charpentier . . . Pamela Cowin, et al., "Plakoglobin Suppresses Epithelial Proliferation and Hair Growth in Vivo," *Journal of Cell Biology*, May 2000; Monika Mangold . . . Rodger Novak, Richard Novick, Emmanuelle Charpentier, et al., "Synthesis of Group A Streptococcal Virulence Factors Is Controlled by a Regulatory RNA Molecule," *Molecular Biology*, Aug. 3, 2004; Davies, "Finding Her Niche"; Philip Hemme, "Fireside Chat with Rodger Novak," *Refresh Berlin*, May 24,

2016, Labiotech.eu.

5. 저자와 에마뉘엘 샤르팡티에의 인터뷰.

6. Elitza Deltcheva, Krzysztof Chylinski . . . Emmanuelle Charpentier, et al., "CRISPR RNA Maturation by Trans-encoded Small RNA and Host Factor RNase III," *Nature*, Mar. 31, 2011.

7. 저자와 에마뉘엘 샤르팡티에, 제니퍼 다우드나, 에릭 손테이머의 인터뷰; Doudna and Sternberg, A Crack in Creation, 71-73.

8. 저자와 마르틴 이네크, 제니퍼 다우드나의 인터뷰. Kevin Davies, interview with Martin Jinek, *CRISPR Journal*, Apr. 2020

17장 크리스퍼-Cas9

1. 저자와 마르틴 이네크, 제니퍼 다우드나, 에마뉘엘 샤르팡티에의 인터뷰.

2. Richard Asher, "An Interview with Krzysztof Chylinski," *Pioneers Zero21*, Oct. 2018.

3. 저자와 제니퍼 다우드나, 에마뉘엘 샤르팡티에, 마르틴 이네크, 로스 윌슨의 인터뷰.

4. 저자와 제니퍼 다우드나, 마르틴 이네크의 인터뷰.

5. 저자와 제니퍼 다우드나, 마르틴 이네크, 샘 스턴버그, 레이철 하우어비츠, 로스 윌슨의 인터뷰.

18장 2012년 《사이언스》 논문

1. 저자와 제니퍼 다우드나, 에마뉘엘 샤르팡티에, 마르틴 이네크의 인터뷰.

2. Jinek et al., "A Programmable Dual-RNA-Guided DNA Endonuclease in Adaptive Bacterial Immunity."

3. 저자와 에마뉘엘 샤르팡티에의 인터뷰.

4. 저자와 에마뉘엘 샤르팡티에, 제니퍼 다우드나, 마르틴 이네크, 샘 스턴버그의 인터뷰.

19장 발표장에서의 결투

1. 저자와 비르기니유스 식슈니스의 인터뷰.

2. Giedrius Gasiunas, Rodolphe Barrangou, Philippe Horvath, and Virginijus Šikšnys, "Cas9-crRNA Ribonucleoprotein Complex Mediates Specific DNA Cleavage for Adaptive Immunity in Bacteria," *PNAS*, Sept. 25, 2012 (received May 21, 2012; approved Aug. 1; published online Sept. 4).

3. 저자와 로돌프 바랑구의 인터뷰.

4. 저자와 에릭 랜더의 인터뷰.

5. 저자와 에릭 랜더, 제니퍼 다우드나의 인터뷰.

6. 저자와 로돌프 바랑구의 인터뷰.

7. Virginijus Šikšnys et al., "RNA-Directed Cleavage by the Cas9-crRNA Complex," international patent application WO 2013/142578 Al, priority date Mar. 20, 2012, official filing Mar. 20, 2013, publication Sept. 26, 2013.

8. 저자와 비르기니유스 식슈니스, 제니퍼 다우드나, 샘 스턴버그, 에마뉘엘 샤르팡티에, 마르틴 이네크의 인터뷰.

9. 저자와 샘 스턴버그, 로돌프 바랑구, 에릭 손테이머, 비르기니유스 식슈니스의 인터뷰.

20장 인간 유전자 편집 도구

1. Srinivasan Chandrasegaran and Dana Carroll, "Origins of Programmable Nucleases for Genome Engineering," *Journal of Molecular Biology*, Feb. 27, 2016.

21장 경주

1. 저자와 제니퍼 다우드나의 인터뷰; Doudna and Sternberg, *A Crack in Creation*, 242.

2. Ferric C. Fang and Arturo Casadevall, "Is Competition Ruining Science?," *American Society for Microbiology*, Apr. 2015; Melissa Anderson . . . Brian Martinson, et al., "The Perverse Effects of Competition on Scientists' Work and Relationships," *Science Engineering Ethics*, Dec. 2007; Matt Ridley, "Two Cheers for Scientific Backbiting," *Wall Street Journal*, July 27, 2012.

3. 저자와 에마뉘엘 샤르팡티에의 인터뷰.

22장 장평

1. 저자와 장평의 인터뷰. 그 외의 출처는 다음과 같다. Eric Topol, 장평의 팟캐스트 인터뷰, Medscape, Mar. 31, 2017; Michael Specter, "The Gene Hackers," *New Yorker*, Nov. 8, 2015; Sharon Begley, "Meet One of the World's Most Groundbreaking Scientists," *Stat*, Nov. 6, 2015.

2. Galen Johnson, "Gifted and Talented Education Grades K-12 Program Evaluation," Des Moines Public Schools, September 1996.

3. Edward Boyden, Feng Zhang, Ernst Bamberg, Georg Nagel, and Karl Deisseroth, "Millisecond-Timescale, Genetically Targeted Optical Control of Neural Activity," *Nature Neuroscience*, Aug. 14, 2005; Alexander Aravanis, Li-Ping Wang, Feng Zhang . . .and Karl Deisseroth, "An Optical Neural Interface: In vivo Control of Rodent Motor Cortex with Integrated Fiberoptic and Optogenetic Technology," *Journal of Neural Engineering*, Sept. 2007.

4. Feng Zhang, Le Cong, Simona Lodato, Sriram Kosuri, George M. Church, and Paola Arlotta, "Efficient Construction of Sequence-Specific TAL Effectors for Modulating Mammalian Transcription," *Nature Biotechnology*, Jan. 19, 2011.

23장 조지 처치

1. 이 장은 저자와 조지 처치의 인터뷰 및 처치와의 만남에 기반한다. 그 외의 출처는 다음과 같다. Ben Mezrich, Woolly (Atria, 2017); Anna Azvolinsky, "Curious George," *The Scientist*, Oct. 1, 2016; Sharon Begley, "George Church Has a Wild Idea to Upend Evolution," *Stat*, May 16, 2016; Prashant Nair, "George Church," *PNAS*, July 24, 2012; Jeneen Interlandi, "The Church of George Church," *Popular Science*, May 27, 2015.

2. Mezrich, *Woolly*, 43.

3. George Church Oral History, National Human Genome Research Institute, July 26, 2017.

4. Nicholas Wade, "Regenerating a Mammoth for $10 Million," *New York Times*, Nov. 19, 2008; Nicholas Wade, "The Wooly Mammoth's Last Stand," *New York Times*, Mar. 2, 2017; Mezrich, *Woolly*.

5. 저자와 조지 처치, 제니퍼 다우드나의 인터뷰.

24장 장이 크리스퍼와 씨름하다

1. Josiane Garneau . . . Rodolphe Barrangou . . . Philippe Horvath, Alfonso H. Magad.n, and Sylvain Moineau, "The CRISPR/Cas Bacterial Immune System Cleaves Bacteriophage and Plasmid DNA," *Nature*, Nov. 3, 2010.

2. Davies, *Editing Humanity*, 80; 저자와 콩러의 인터뷰.

3. 저자와 에릭 랜더, 장펑의 인터뷰; Begley, "George Church Has a Wild Idea . . ."; Michael Specter, "The Gene Hackers," *New Yorker*, Nov. 8, 2015; Davies, *Editing Humanity*, 82.

4. Feng Zhang, "Confidential Memorandum of Invention," Feb. 13, 2013.

5. David Altshuler, Chad Cowan, Feng Zhang, et al., Grant application 1R01DK097758-01, "Isogenic Human Pluripotent Stem Cell-Based Models of Human Disease Mutations," *National Institutes of Health*, Jan. 12, 2012.

6. Broad Opposition 3; UC reply 3.

7. 저자와 루시아노 마라피니, 에릭 손테이머의 인터뷰; Marraffini and Sontheimer, "CRISPR Interference Limits Horizontal Gene Transfer in Staphylococci by Targeting DNA"; Sontheimer and Marraffini, "Target DNA Interference with crRNA," U.S. Provisional Patent Application; Kevin Davies, "Interview with Luciano Marraffini,"

CRISPR Journal, Feb. 2020.

8. 저자와 루시아노 마라피니와 장펑의 인터뷰; 장이 마라피니에게 보낸 이메일, Jan. 2, 2012 (마라피니 제공).

9. 장이 마라피니에게 보낸 이메일, Jan. 11, 2012.

10. Eric Lander, "The Heroes of CRISPR," *Cell*, Jan. 14, 2016.

11. 저자와 장펑의 인터뷰.

12. Feng Zhang, "Declaration in Connection with U.S. Patent Application Serial 14/0054,414," USPTO, Jan. 30, 2014.

13. Shuailiang Lin, "Summary of CRISPR Work during Oct. 2011 –June 2012," Exhibit 14 to Neville Sanjana Declaration, July 23, 2015, UC et al. Reply 3, exhibit 1614, in *Broad v. UC*, Patent Interference 106,048.

14. 린솨이량이 제니퍼 다우드나에게 보낸 이메일, Feb. 28, 2015.

15. Antonio Regalado, "In CRISPR Fight, Co-Inventor Says Broad Institute Misled Patent Office," *MIT Technology Review*, Aug. 17, 2016.

16. 저자와 데이나 캐럴의 인터뷰; Dana Carroll, "Declaration in Support of Suggestion of Interference," University of California Exhibit 1476, Interference No.106,048, Apr. 10, 2015.

17. Carroll, "Declaration"; Berkeley et al., "List of Intended Motions," Patent Interference No. 106,115, USPTO, July 30, 2019.

18. 저자와 제니퍼 다우드나, 장펑의 인터뷰 제니퍼 다우드나; Broad et al., "Contingent Responsive Motion 6" and "Constructive Reduction to Practice by Embodiment 17," USPTO, Patent Interference 106,048, June 22, 2016.

19. 저자와 장펑, 루시아노 마라피니의 인터뷰. 또한 데이비스의 "루시아노 마라피니와의 인터뷰(Interview with Luciano Marraffini)"를 참조하길 바란다.

25장 다우드나, 등판하다

1. 저자와 마르틴 이네크, 제니퍼 다우드나의 인터뷰.

2. Melissa Pandika, "Jennifer Doudna, CRISPR Code Killer," *Ozy*, Jan. 7, 2014.

3. 저자와 제니퍼 다우드나, 마르틴 이네크의 인터뷰.

26장 대접전

1. 저자와 장펑의 인터뷰; Fei Ann Ran, "CRISPR-Cas9," *NABC Report* 26, ed. Alan Eaglesham and Ralph Hardy, Oct. 8, 2014.

2. Le Cong, Fei Ann Ran, David Cox, Shuailiang Lin . . . Luciano Marraffini, and Feng Zhang, "Multiplex Genome Engineering Using CRISPR/Cas Systems," *Science*, Feb. 15, 2013 (received Oct. 5, 2012; accepted Dec. 12; published online Jan. 3, 2013).

3. 저자와 조지 처치, 에릭 랜더, 장펑의 인터뷰.

4. 저자와 콩러의 이메일 인터뷰.

5. 저자와 조지 처지의 인터뷰.

6. Prashant Mali . . . George Church, et al., "RNA-Guided Human Genome Engineering via Cas9," *Science*, Feb. 15, 2013 (received Oct. 26, 2012; accepted Dec. 12, 2012; published online Jan. 3, 2013).

27장 다우드나의 막판 질주

1. Pandika, "Jennifer Doudna, CRISPR Code Killer."

2. 저자와 제니퍼 다우드나, 마르틴 이네크의 인터뷰.

3. Michael M. Cox, Jennifer Doudna, and Michael O'Donnell, *Molecular Biology: Principles and Practice* (W. H. Freeman, 2011). 초판 가격은 195달러였다.

4. It was Detlef Weigel, at the Max Planck Institute for Developmental Biology.

5. 저자와 에마뉘엘 샤르팡티에, 제니퍼 다우드나의 인터뷰.

6. Detlef Weigel decision letter and Jennifer Doudna author response, *eLife*, Jan. 29, 2013.

7. Martin Jinek, Alexandra East, Aaron Cheng, Steven Lin, Enbo Ma, and Jennifer Doudna, "RNA-Programmed Genome Editing in Human Cells," *eLife*, Jan. 29, 2013 (received Dec. 15, 2012; accepted Jan. 3, 2013).

8. 김진수 박사가 제니퍼 다우드나에게 보낸 이메일, July 16, 2012; Seung Woo Cho, Sojung Kim, Jong Min Kim, and Jin-Soo Kim, "Targeted Genome Engineering in Human Cells with the Cas9 RNA-Guided Endonuclease," *Nature Biotechnology*, Mar. 2013 (received Nov. 20, 2012; accepted Jan. 14, 2013; published online Jan. 29, 2013).

9. Woong Y. Hwang . . . Keith Joung, et al., "Efficient Genome Editing in Zebrafish Using a CRISPR-Cas System," *Nature Biotechnology*, Jan. 29, 2013.

28장 회사를 세우다

1. 저자와 앤디 메이, 제니퍼 다우드나, 레이철 하우어비츠의 인터뷰.

2. 조지 처치의 인터뷰, "Can Neanderthals Be Brought Back from the Dead?," *Spiegel*, Jan. 18, 2013; David Wagner, "How the Viral Neanderthal-Baby Story Turned Real Science into Junk Journalism," *The Atlantic*, Jan. 22, 2013.

3. 저자와 로저 노백의 인터뷰; Hemme, "Fireside Chat with Rodger Novak"; Jon Cohen, "Birth of CRISPR Inc.," *Science*, Feb. 17, 2017; 저자와 에마뉘엘 샤르팡티에의 인터뷰.

4. 저자와 제니퍼 다우드나, 조지 처치, 에마뉘엘 샤르팡티에의 인터뷰.

5. 저자와 로저 노백, 에마뉘엘 샤르팡티에의 인터뷰.

6. 저자와 앤디 메이의 인터뷰.

7. Hemme, "Fireside Chat with Rodger Novak."

8. 저자와 제니퍼 다우드나의 인터뷰.

9. Editas Medicine, SEC 10-K filing 2016 and 2019: John Carroll, "Biotech Pioneer in 'Gene Editing' Launches with $43M in VC Cash," *FierceBiotech*, Nov. 25, 2013.

10. 저자와 제니퍼 다우드나, 레이철 하우어비츠, 에릭 손테이머, 루시아노 마라피니의 인터뷰.

29장 친애하는 친구

1. 저자와 제니퍼 다우드나, 에마뉘엘 샤르팡티에, 마르틴 이네크의 인터뷰: Martin Jinek . . . Samuel Sternberg . . . Kaihong Zhou . . . Emmanuelle Charpentier, Eva Nogales, Jennifer A. Doudna, et al., "Structures of Cas9 Endonucleases Reveal RNA-Mediated Conformational Activation," *Science*, Mar. 14, 2014.

2. Jennifer Doudna and Emmanuelle Charpentier, "The New Frontier of Genome Engineering with CRISPR-Cas9," *Science*, Nov. 28, 2014.

3. 저자와 제니퍼 다우드나, 에마뉘엘 샤르팡티에의 인터뷰.

4. Hemme, "Fireside Chat with Rodger Novak"; 저자와 로저 노백의 인터뷰.

5. 저자와 로돌프 바랑구의 인터뷰.

6. Davies, *Editing Humanity*, 96.

7. 저자와 제니퍼 다우드나의 인터뷰; "CRISPR Timeline," Broad Institute website, broadinstitute.org.

8. 저자와 에릭 랜더의 인터뷰: Breakthrough Prize ceremony, Mar. 19, 2015.

9. 저자와 제니퍼 다우드나, 조지 처치의 인터뷰: Gairdner Awards ceremony, Oct. 27, 2016.

30장 크리스퍼의 영웅들

1. 저자와 에릭 랜더, 에마뉘엘 샤르팡티에의 인터뷰.

2. Lander, "The Heroes of CRISPR."

3. Michael Eisen, "The Villain of CRISPR," *It Is Not Junk*, Jan. 25, 2016.

4. "Heroes of CRISPR," eighty-four comments, PubPeer, https://pubpeer.com/publications/D400145518C0A557E9A79F7BB20294; Sharon Begley, "Controversial CRISPR History Set Off an Online Firestorm," *Stat*, Jan. 19, 2016.

5. Nathaniel Comfort, "A Whig History of CRISPR," Genotopia, Jan. 18, 2016; @nccomfort, "I made a hashtag that became a thing! #Landergate," Twitter, Jan. 27, 2016.

6. Antonio Regalado, "A Scientist's Contested History of CRISPR," *MIT Technology Review*, Jan. 19, 2016.

7. Ruth Reader, "These Women Helped Create CRISPR Gene Editing. So Why Are They Written Out of Its History?," *Mic*, Jan. 22, 2016; Joanna Rothkopf, "How One Man Tried to Write Women Out of CRISPR, the Biggest Biotech Innovation in Decades," *Jezebel*, Jan. 20, 2016.

8. Stephen Hall, "The Embarrassing, Destructive Fight over Biotech's Big Breakthrough," *Scientific American*, Feb. 4, 2016.

9. Tracy Vence, "'Heroes of CRISPR' Disputed," *The Scientist*, Jan. 19, 2016.

10. 저자와 잭 쇼스택의 인터뷰.

11. 에릭 랜더가 브로드 연구소 직원들에게 보낸 이메일, Jan. 28, 2016.

12. Joel Achenbach, "Eric Lander Talks CRISPR and the Infamous Nobel 'Rule of Three,'" *Washington Post*, Apr. 21, 2016.

31장 특허

1. Diamond v. Chakrabarty, 447 U.S. 303, U.S. Supreme Court, 1980; Douglas Robinson and Nina Medlock, "Diamond v. Chakrabarty: A Retrospective on 25 Years of Biotech Patents," *Intellectual Property & Technology Law Journal*, Oct. 2005.

2. Michael Eisen, "Patents Are Destroying the Soul of Academic Science," *it is NOT junk* (blog), Feb. 20, 2017. See also Alfred Engelberg, "Taxpayers Are Entitled to Reasonable Prices on Federally Funded Drug Discoveries," *Modern Healthcare*, July 18, 2018.

3. 저자와 엘도라 엘리슨의 인터뷰.

4. Martin Jinek, Jennifer Doudna, Emmanuelle Charpentier, and Krzysztof Chylinski, U.S. Patent Application 61/652,086, "Methods and Compositions, for RNA-Directed Site-Specific DNA Modification," filed May 25, 2012; Jacob Sherkow, "Patent Protection for CRISPR," *Journal of Law and the Biosciences*, Dec. 7, 2017.

5. "CRISPR-Cas Systems and Methods for Altering Expressions of Gene Products," provisional application No. 61/736,527, filed on Dec. 12, 2012, which in 2014 resulted in U.S. Patent No. 8,697,359. 이 출원에는 장평, 콩러, 린쇠이량은 물론이고 루시아노 마라피니도 발명가로 포함된다(나중에 수정되었다).

6. 장/브로드 연구소와 관련된 주요 특허출원은 다음에서 찾을 수 있다. The U.S. Patent Office as U.S. Provisional Patent Application No. 61/736,527. 다우드나/샤르팡티에/버클리와 관련된 주요 특허출원은 다음에서 찾을 수 있다. U.S. Provisional Patent Application No. 61/652,086. 특허 사안과 관련된 내용은 뉴욕 로스쿨의 제이콥 셔코의 다음 연구 등을 참조하면 좋다. "Law, History and Lessons in the CRISPR Patent Conflict,"

Nature Biotechnology, Mar. 2015; "Patents in the Time of CRISPR," *Biochemist*, June 2016; "Inventive Steps: The CRISPR Patent Dispute and Scientific Progress," *EMBO Reports*, May 23, 2017; "Patent Protection for CRISPR."

7. 저자와 조지 처치, 제니퍼 다우드나, 에릭 랜더, 장평의 인터뷰.

8. "CRISPR-Cas Systems and Methods for Altering Expressions of Gene Products," provisional application No. 61/736,527.

9. 저자와 루시아노 마라피니의 인터뷰.

10. 저자와 장평, 에릭 랜더의 인터뷰; Lander, "Heroes of CRISPR."

11. U.S. Patent No. 8,697,359.

12. 저자와 앤디 메이, 제니퍼 다우드나의 인터뷰.

13. Provisional patent application U.S. 2012/61652086P and published patent application U.S. 2014/0068797A1 of Doudna et al.; Provisional patent application U.S. 2012/61736527P (Dec. 12, 2012) and granted patent US 8,697,359 B1 (Apr. 15, 2014) of Zhang et al.

14. "Suggestion of Interference" and "Declaration of Dana Carroll, PhD, in Support of Suggestion of Interference," in re Patent Application of Jennifer Doudna et al., serial no. 2013/842859, U.S. Patent and Trademark Office, Apr. 10 and 13, 2015; Mark Summerfield, "CRISPR—Will This Be the Last Great US Patent Interference?," *Patentology*, July 11, 2015; Jacob Sherkow, "The CRISPR Patent Interference Showdown Is On," Stanford Law School blog, Dec. 29, 2015; Antonio Regalado, "CRISPR Patent Fight Now a Winner-Take-All Match," *MIT Technology Review*, Apr. 15, 2015.

15. Feng Zhang, "Declaration," in re Patent Application of Feng Zhang, Serial no. 2014/054,414, Jan. 30, 2014, 장평이 저자에게 개인적으로 제공한 자료.

16. In re Dow Chemical Co., 837 F.2d 469, 473 (Fed. Cir. 1988).

17. Jacob Sherkow, "Inventive Steps: The CRISPR Patent Dispute and Scientific Progress," *EMBO Reports*, May 23, 2017; Broad et al. contingent responsive motion 6 for benefit of Broad et al., Application 61/736,527, USPTO, June 22, 2016; University of California et al., Opposition motion 2, Patent Interference case 106,048, USPTO, Aug. 15, 2016 (Opposing Broad's Allegations of No Interference-in-Fact).

18. Alessandra Potenza, "Who Owns CRISPR?," *The Verge*, Dec. 6, 2016; Jacob Sherkow, "Biotech Trial of the Century Could Determine Who Owns CRISPR," *MIT Technology Review*, Dec. 7, 2016; Sharon Begley, "CRISPR Court Hearing Puts University of California on the Defensive," *Stat*, Dec. 6, 2016.

19. Transcript of oral arguments before the patent trial board, Dec. 6, 2016, Patent Interference Case 106,048, U.S. Patent and Trademark Office.

20. Jennifer Doudna interview, *Catalyst*, UC Berkeley College of Chemistry, July

10, 2014.

21. Berkeley substantive motion 4, Patent Interference Case 106,048, May 23, 2016. See also Broad substantive motions 2, 3, and 5.

22. Patent Trial Board Judgment and Decision on Motions, Patent Interference Case 106,048, Feb. 15, 2017.

23. Judge Kimberly Moore, decision, Patent Interference Case 106,048, United States Court of Appeals for the Federal Circuit, Sept. 10, 2018.

24. 저자와 엘도라 엘리슨의 인터뷰.

25. Patent Interference No. 106,115, Patent Trial and Appeal Board, June 24, 2019.

26. Oral argument, Patent Interference No. 106,115, Patent Trial and Appeal Board, May 18, 2020.

27. "Methods and Compositions for RNA-Directed Target DNA Modification," European Patent Office, patent EP2800811, granted Apr. 7, 2017; Jef Akst, "UC Berkeley Receives CRISPR Patent in Europe," *The Scientist*, Mar. 24, 2017; Sherkow, "Inventive Steps."

28. 저자와 루시아노 마라피니의 인터뷰; "Engineering of Systems, Methods, and Optimized Guide Compositions for Sequence Manipulation," European Patent Office, patent EP2771468; Kelly Servick, "Broad Institute Takes a Hit in European CRISPR Patent Struggle," *Science*, Jan. 18, 2018; Rory O'Neill, "EPO Revokes Broad's CRISPR Patent," *Life Sciences Intellectual Property Review*, Jan. 16, 2020.

29. 저자와 앤디 메이의 인터뷰.

32장 치료

1. Rob Stein, "In a First, Doctors in U.S. Use CRISPR Tool to Treat Patient with Genetic Disorder," *Morning Edition*, NPR, July 29, 2019; Rob Stein, "A Young Mississippi Woman's Journey through a Pioneering Gene-Editing Experiment," *All Things Considered*, NPR, Dec. 25, 2019.

2. "CRISPR Therapeutics and Vertex Announce New Clinical Data," CRISPR Therapeutics, June 12, 2020.

3. Rob Stein, "A Year In, 1st Patient to Get Gene-Editing for Sickle Cell Disease Is Thriving," *Morning Edition*, NPR, June 23, 2020.

4. 저자와 에마뉘엘 샤르팡티에의 인터뷰.

5. 저자와 제니퍼 다우드나의 인터뷰.

6. "Proposal for an IGI Sickle Cell Initiative," Innovative Genomics Institute, February 2020.

7. Preetika Rana, Amy Dockser Marcus, and Wenxin Fan, "China, Unhampered by Rules, Races Ahead in Gene-Editing Trials," *Wall Street Journal*, Jan. 21, 2018.

8. David Cyranoski, "CRISPR Gene-Editing Tested in a Person for the First Time," *Nature*, Nov. 15, 2016.

9. Jennifer Hamilton and Jennifer Doudna, "Knocking Out Barriers to Engineered Cell Activity," *Science*, Feb. 6, 2020; Edward Stadtmauer . . . Carl June, et al., "CRISPR-Engineered T Cells in Patients with Refractory Cancer," *Science*, Feb. 6, 2020.

10. "CRISPR Diagnostics in Cancer Treatments," Mammoth Biosciences website, June 11, 2019.

11. "Single Ascending Dose Study in Participants with LCA10," ClinicalTrials.gov, Mar. 13, 2019, identifier: NCT03872479; Morgan Maeder . . . and Haiyan Jiang, "Development of a Gene-Editing Approach to Restore Vision Loss in Leber Congenital Amaurosis Type 10," *Nature*, Jan. 21, 2019.

12. Marilynn Marchione, "Doctors Try 1st CRISPR Editing in the Body for Blindness," AP, Mar. 4, 2020.

13. Sharon Begley, "CRISPR Babies' Lab Asked U.S. Scientist for Help to Disable Cholesterol Gene in Human Embryos," *Stat*, Dec. 4, 2018; Anthony King, "A CRISPR Edit for Heart Disease," *Nature*, Mar. 7, 2018.

14. Matthew Porteus, "A New Class of Medicines through DNA Editing," *New England Journal of Medicine*, Mar. 7, 2019; Sharon Begley, "CRISPR Trackr: Latest Advances," *Stat Plus*.

33장 바이오해킹

1. Josiah Zayner, "DIY Human CRISPR Myostatin Knock-Out," YouTube, Oct. 6, 2017; Sarah Zhang, "Biohacker Regrets Injecting Himself with CRISPR on Live TV," *The Atlantic*, Feb. 20, 2018; Stephanie Lee, "This Guy Says He's the First Person to Attempt Editing His DNA with CRISPR," *BuzzFeed*, Oct. 14, 2017.

2. Kate McLean and Mario Furloni, "Gut Hack," *New York Times* op-doc, Apr. 11, 2017; Arielle Duhaime-Ross, "A Bitter Pill," *The Verge*, May 4, 2016.

3. "About us," The Odin, https://www.the-odin.com/about-us/; 저자와 조사이어 재이너의 인터뷰.

4. 저자와 조사이어 재이너, 케빈 독센의 인터뷰.

5. 저자와 조사이어 재이너의 인터뷰. Josiah Zayner, "CRISPR Babies Scientist He Jiankui Should Not Be Villainized," *Stat*, Jan. 2, 2020를 참조하라.

34장 DARPA와 안티크리스퍼

1. Heidi Ledford, "CRISPR, the Disruptor," *Nature*, June 3, 2015. Danilo Maddalo . . . and Andrea Ventura, "In vivo Engineering of Oncogenic Chromosomal Rearrangements with the CRISPR/Cas9 System," *Nature*, Oct. 22, 2014; Sidi Chen, Neville E. Sanjana . . . Feng Zhang, and Phillip A. Sharp, "Genome-wide CRISPR Screen in a Mouse Model of Tumor Growth and Metastasis," *Cell*, Mar. 12, 2015.

2. James Clapper, "Threat Assessment of the U.S. Intelligence Community," Feb. 9, 2016; Antonio Regalado, "The Search for the Kryptonite That Can Stop CRISPR," *MIT Technology Review*, May 2, 2019; Robert Sanders, "Defense Department Pours $65 Million into Making CRISPR Safer," *Berkeley News*, July 19, 2017.

3. Defense Advanced Research Projects Agency, "Building the Safe Genes Toolkit," July 19, 2017.

4. 저자와 제니퍼 다우드나의 인터뷰.

5. 저자와 조 본디-드모니의 인터뷰; Joe Bondy-Denomy, April Pawluk . . .Alan R. Davidson, et al., "Bacteriophage Genes That Inactivate the CRISPR/Cas Bacterial Immune System," *Nature*, Jan. 17, 2013; Elie Dolgin, "Kill Switch for CRISPR Could Make Gene Editing Safer," *Nature*, Jan. 15, 2020.

6. Jiyung Shin . . . Joseph Bondy-Denomy, and Jennifer Doudna, "Disabling Cas9 by an Anti-CRISPR DNA Mimic," *Science Advances*, July 12, 2017.

7. Nicole D. Marino . . . and Joseph Bondy-Denomy, "Anti-CRISPR Protein Applications: Natural Brakes for CRISPR-Cas Technologies," *Nature Methods*, Mar. 16, 2020.

8. 저자와 표도르 우르노프의 인터뷰; Emily Mullin, "The Defense Department Plans to Build Radiation-Proof CRISPR Soldiers," *One Zero*, Sept. 27, 2019.

9. 저자와 제니퍼 다우드나, 개빈 놋과의 인터뷰.

10. 저자와 조사이어 재이너의 인터뷰.

35장 도로의 규칙

1. Robert Sinsheimer, "The Prospect of Designed Genetic Change," *Engineering and Science*, Caltech, Apr. 1969.

2. Bentley Glass, Presidential Address to the AAAS, Dec. 28, 1970, *Science*, Jan. 8, 1971.

3. John Fletcher, *The Ethics of Genetic Control: Ending Reproductive Roulette* (Doubleday, 1974), 158.

4. Paul Ramsey, *Fabricated Man* (Yale, 1970), 138.

5. Ted Howard and Jeremy Rifkin, *Who Should Play God?* (Delacorte, 1977), 14;

Dick Thompson, "The Most Hated Man in Science," *Time*, Dec. 4, 1989.

6. Shane Crotty, Ahead of the Curve (University of California, 2003), 93; Mukherjee, *The Gene*, 225.

7. Paul Berg et al., "Potential Biohazards of Recombinant DNA Molecules," *Science*, July 26, 1974.

8. 저자와 데이비드 볼티모어의 인터뷰; Michael Rogers, "The Pandora's Box Conference," *Rolling Stone*, June 19, 1975; Michael Rogers, *Biohazard* (Random House, 1977); Crotty, *Ahead of the Curve*, 104-8; Mukherjee, *The Gene*, 226-30; Donald S. Fredrickson, "Asilomar and Recombinant DNA: The End of the Beginning," in *Biomedical Politics* (National Academies Press, 1991); Richard Hindmarsh and Herbert Gottweis, "Recombinant Regulation: The Asilomar Legacy 30 Years On," *Science as Culture*, Fall 2005; Daniel Gregorowius, Nikola Biller-Andorno, and Anna Deplazes-Zemp, "The Role of Scientific Self-Regulation for the Control of Genome Editing in the Human Germline," *EMBO Reports*, Feb. 20, 2017; Jim Kozubek, *Modern Prometheus* (Cambridge, 2016), 124.

9. 저자와 제임스 왓슨, 데이비드 볼티모어의 인터뷰.

10. Paul Berg et al., "Summary Statement of the Asilomar Conference on Recombinant DNA Molecules," *PNAS*, June 1975.

11. Paul Berg, "Asilomar and Recombinant DNA," *The Scientist*, Mar. 18, 2002.

12. Hindmarsh and Gottweis, "Recombinant Regulation," 301.

13. Claire Randall, Rabbi Bernard Mandelbaum, and Bishop Thomas Kelly, "Message from Three General Secretaries to President Jimmy Carter," June 20, 1980.

14. Morris Abram et al., *Splicing Life*, President's Commission for the Study of Ethical Problems in Medicine and Biomedical and Behavioral Research, Nov. 16, 1982.

15. Alan Handyside et al., "Birth of a Normal Girl after in vitro Fertilization and Preimplantation Diagnostic Testing for Cystic Fibrosis," *New England Journal of Medicine*, Sept. 1992.

16. Roger Ebert, Gattaca review, Oct. 24, 1997, rogerebert.com.

17. Gregory Stock and John Campbell, *Engineering the Human Germline* (Oxford, 2000), 73-95; 저자와 제임스 왓슨의 인터뷰; Gina Kolata, "Scientists Brace for Changes in Path of Human Evolution," *New York Times*, Mar. 21, 1998.

18. Steve Connor, "Nobel Scientist Happy to 'Play God' with DNA," *The Independent*, May 17, 2000.

19. Lee Silver, *Remaking Eden* (Avon, 1997), 4.

20. Lee Silver, "Reprogenetics: Third Millennium Speculation," *EMBO Reports*,

Nov. 15, 2000.

21. Gregory Stock, *Redesigning Humans: Our Inevitable Genetic Future* (Houghton Mifflin, 2002), 170.

22. Council of Europe, "Oviedo Convention and Its Protocols," April 4, 1997.

23. Sheryl Gay Stolberg, "The Biotech Death of Jesse Gelsinger," *New York Times*, Nov. 28, 1999.

24. Meir Rinde, "The Death of Jesse Gelsinger," *Science History Institute*, June 4, 2019.

25. Harvey Flaumenhaft, "The Career of Leon Kass," *Journal of Contemporary Health Law & Policy*, 2004; "Leon Kass," Conversations with Bill Kristol, Dec. 2015, https://conversationswithbillkristol.org/video/leon-kass/.

26. Leon Kass, "What Price the Perfect Baby?," *Science*, July 9, 1971; Leon Kass, "Review of Fabricated Man by Paul Ramsey," *Theology Today*, Apr. 1, 1971; Leon Kass, "Making Babies: the New Biology and the Old Morality," *Public Interest*, Winter 1972.

27. Michael Sandel, "The Case against Perfection," *The Atlantic*, Apr. 2004; Michael Sandel, *The Case Against Perfection* (Harvard, 2007).

28. Francis Fukuyama, *Our Posthuman Future* (Farrar, Straus and Giroux, 2000), 10.

29. Leon Kass et al., *Beyond Therapy: Biotechnology and the Pursuit of Happiness*, report of the President's Council on Bioethics, October 2003.

36장 다우드나가 나서다

1. Doudna and Sternberg, A Crack in Creation, 198; Michael Specter, "Humans 2.0," *New Yorker*, Nov. 16, 2015; 저자와 제니퍼 다우드나의 인터뷰.

2. 저자와 샘 스턴버그, 로런 버크먼의 인터뷰.

3. 저자와 조지 처치, 로런 버크먼의 인터뷰.

4. Doudna and Sternberg, *A Crack in Creation*, 199 – 220; 저자와 제니퍼 다우드나, 샘 스턴버그의 인터뷰.

5. 저자와 데이비드 볼티모어, 제니퍼 다우드나, 샘 스턴버그, 데이나 캐럴의 인터뷰.

6. David Baltimore, et al., "A Prudent Path Forward for Genomic Engineering and Germline Gene Modification," *Science*, Apr. 3, 2015 (published online Mar. 19).

7. Nicholas Wade, "Scientists Seek Ban on Method of Editing the Human Genome," *New York Times*, Mar. 19, 2015.

8. 예로 다음을 참조하라. Edward Lanphier, Fyodor Urnov, et al., "Don't Edit the Human Germ Line," *Nature*, Mar. 12, 2015.

9. 저자와 제니퍼 다우드나, 샘 스턴버그의 인터뷰; Doudna and Sternberg, *A Crack*

in Creation, 214ff.

10. Puping Liang . . . Junjiu Huang, et al., "CRISPR/Cas9-Mediated Gene Editing in Human Tripronuclear Zygotes," *Protein&Cell*, May 2015 (published online Apr. 18).

11. Rob Stein, "Critics Lash Out at Chinese Scientists Who Edited DNA in Human Embryos," *Morning Edition*, NPR, April 23, 2015.

12. 저자와 팅우, 조지 처치, 제니퍼 다우드나의 인터뷰; Johnny Kung, "Increasing Policymaker's Interest in Genetics," pgEd briefing paper, Dec. 1, 2015.

13. Jennifer Doudna, "Embryo Editing Needs Scrutiny," *Nature*, Dec. 3, 2015.

14. George Church, "Encourage the Innovators," *Nature*, Dec. 3, 2015.

15. Steven Pinker, "A Moral Imperative for Bioethics," *Boston Globe*, Aug. 1, 2015; Paul Knoepfler, Steven Pinker interview, The Niche, Aug. 10, 2015.

16. 저자와 제니퍼 다우드나, 데이비드 볼티모어, 조지 처치의 인터뷰; *International Summit on Human Gene Editing, Dec. 1–3, 2015* (National Academies Press, 2015); Jef Akst, "Let's Talk Human Engineering," *The Scientist*, Dec. 3, 2015.

17. R. Alto Charo, Richard Hynes, et al., "Human Genome Editing: Scientific, Medical, and Ethical Considerations," report of the National Academies of Sciences, Engineering, Medicine, 2017.

18. Françoise Baylis, *Altered Inheritance: CRISPR and the Ethics of Human Genome Editing* (Harvard, 2019); Jocelyn Kaiser, "U.S. Panel Gives Yellow Light to Human Embryo Editing," *Science*, Feb. 14, 2017; Kelsey Montgomery, "Behind the Scenes of the National Academy of Sciences' Report on Human Genome Editing," *Medical Press*, Feb. 27, 2017.

19. "Genome Editing and Human Reproduction," Nuffield Council on Bioethics, July 2018; Ian Sample, "Genetically Modified Babies Given Go Ahead by UK Ethics Body," *Guardian*, July 17, 2018; Clive Cookson, "Human Gene Editing Morally Permissible, Says Ethics Study," *Financial Times*, July 17, 2018; Donna Dickenson and Marcy Darnovsky, "Did a Permissive Scientific Culture Encourage the 'CRISPR Babies' Experiment?," *Nature Biotechnology*, Mar. 15, 2019.

20. Consolidated Appropriations Act of 2016, Public Law 114–113, Section 749, Dec. 18, 2015; Francis Collins, "Statement on NIH Funding of Research Using Gene-Editing Technologies in Human Embryos," Apr. 28, 2015; John Holdren, "A Note on Genome Editing," May 26, 2015.

21. "Putin said scientists could create Universal Soldier-style supermen," YouTube, Oct. 24, 2017, youtube.com/watch?v=9v3TNGmbArs; "Russia's Parliament Seeks to Create Gene-Edited Babies," *EU Observer*, Sept. 3, 2019; Christina Daumann, "'New Type of Society'," *Asgardia*, Sept. 4, 2019.

22. Achim Rosemann, Li Jiang, and Xinqing Zhang, "The Regulatory and Legal Situation of Human Embryo, Gamete and Germ Line Gene Editing Research and Clinical Applications in the People's Republic of China," Nuffield Council on Bioethics, May 2017; Jing-ru Li, et. al., "Experiments That Led to the First Gene-Edited Babies," *Journal of Zhejiang University Science B*, Jan. 2019.

37장 허젠쿠이

1. 이 부분은 다음 자료를 참조해서 썼다. Xi Xin and Xu Yue, "The Life Track of He Jiankui," *Jiemian News*, Nov. 27, 2018; Jon Cohen, "The Untold Story of the 'Circle of Trust' behind the World's First Gene-Edited Babies," *Science*, Aug. 1, 2019; Sharon Begley and Andrew Joseph, "The CRISPR Shocker," *Stat*, Dec. 17, 2018; Zach Coleman, "The Businesses behind the Doctor Who Manipulated Baby DNA," *Nikkei Asian Review*, Nov. 27, 2018; Zoe Low, "China's Gene Editing Frankenstein," *South China Morning Post*, Nov. 27, 2018; Yangyang Cheng, "Brave New World with Chinese Characteristics," *Bulletin of the Atomic Scientists*, Jan. 13, 2019; He Jiankui, "Draft Ethical Principles," YouTube, Nov. 25, 2018, youtube.com/watch?v=MyNHpMoPkIg; Antonio Regalado, "Chinese Scientists Are Creating CRISPR Babies," *MIT Technology Review*, Nov. 25, 2018; Marilynn Marchione, "Chinese Researcher Claims First Gene-Edited Babies," AP, Nov. 26, 2018; Christina Larson, "Gene-Editing Chinese Scientist Kept Much of His Work Secret," AP, Nov. 27, 2018; Davies, *Editing Humanity*.

2. Jiankui He and Michael W. Deem, "Heterogeneous Diversity of Spacers within CRISPR," *Physical Review Letters*, Sept. 14, 2010.

3. Mike Williams, "He's on a Hot Streak," *Rice News*, Nov. 17, 2010.

4. Cohen, "The Untold Story"; Coleman, "The Businesses behind the Doctor."

5. Davies, *Editing Humanity*, 209.

6. Yuan Yuan, "The Talent Magnet," *Beijing Review*, May 31, 2018.

7. Luyang Zhao . . . Jiankui He, et al., "Resequencing the Escherichia coli Genome by GenoCare Single Molecule," bioRxiv, posted online July 13, 2017.

8. Teng Jing Xuan, "CCTV's Glowing 2017 Coverage of Gene-Editing Pariah He Jiankui," *Caixan Global*, Nov. 30, 2018; Rob Schmitz, "Gene-Editing Scientist's Actions Are a Product of Modern China," *All Things Considered*, NPR, Feb. 5, 2019.

9. "Welcome to the Jiankui He Lab," http://sustc-genome.org.cn/people.html (site no longer active); Regalado, "Chinese Scientists Are Creating CRISPR Babies."

10. He Jiankui, "CRISPR Gene Editing Meeting," blog post (in Chinese), Aug. 24, 2016, http://blog.sciencenet.cn/home.php?mod=space&uid=514529&do=blog

&id=998292.

11. Cohen, "The Untold Story"; Begley and Joseph, "The CRISPR Shocker"; author's interviews with Jennifer Doudna; Jennifer Doudna and William Hurlbut, "The Challenge and Opportunity of Gene Editing," Templeton Foundation grant 217,398.

12. Davies, *Editing Humanity*, 221; George Church, "Future, Human, Nature: Reading, Writing, Revolution," Innovative Genomics Institute, January 26, 2017, innovative genomics.org/multimedia-library/george-church-lecture/.

13. He Jiankui, "The Safety of Gene-Editing of Human Embryos to Be Resolved," blog post (in Chinese), Feb. 19, 2017, blog.sciencenet.cn/home.php?mod=space& uid=514529&do=blog&id=1034671.

14. 저자와 제니퍼 다우드나의 인터뷰.

15. He Jiankui, "Evaluating the Safety of Germline Genome Editing in Human, Monkey, and Mouse Embryos," Cold Spring Harbor Lab Symposium, July 29, 2017, youtube.com/watch?v=llxNRGMxyCc&t=3s; Regalado, "Chinese Scientists Are Creating CRISPR Babies."

16. Medical Ethics Approval Application Form, HarMoniCare Shenzhen Women's and Children's Hospital, March 7, 2017, theregreview.org/wp-content/ uploads/2019/05/He-Jiankui-Documents-3.pdf; Cohen, "The Untold Story"; Kathy Young, Marilynn Marchione, Emily Wang, et al., "First Gene-Edited Babies Reported in China," You-Tube, Nov. 25, 2018, https://www.youtube.com/watch ?v=C9V3mqswbv0; Gerry Shih and Carolyn Johnson, "Chinese Genomics Scientist Defends His Gene-Editing Research," *Washington Post*, Nov. 28, 2018.

17. Jiankui He, "Informed Consent, Version: Female 3.0," Mar. 2017, theregreview.org/wp-content/uploads/2019/05/He-Jiankui-Documents-3.pdf; Cohen, "The Untold Story"; Marilynn Marchione, "Chinese Researcher Claims First Gene-Edited Babies," AP, Nov. 26, 2018; Larson, "Gene-Editing Chinese Scientist Kept Much of His Work Secret."

18. Kiran Musunuru, *The Crispr Generation* (BookBaby, 2019).

19. Begley and Joseph, "The CRISPR Shocker." See also Pam Belluck, "How to Stop Rogue Gene-Editing of Human Embryos?," *New York Times*, Jan. 23, 2019; Preetika Rana, "How a Chinese Scientist Broke the Rules to Create the First Gene-Edited Babies," *Wall Street Journal*, May 10, 2019.

20. 저자와 매슈 포투스의 인터뷰.

21. Cohen, "The Untold Story"; Begley and Joseph, "The CRISPR Shocker"; Marilyn Marchione and Christina Larson, "Could Anyone Have Stopped Gene-Edited Babies Experiment?," AP, Dec. 2, 2018.

22. Pam Belluck, "Gene-Edited Babies: What a Chinese Scientist Told an American Mentor," *New York Times*, Apr. 14, 2019; "Statement on Fact-Finding Review related to Dr. Jiankui He," *Stanford News*, Apr. 16, 2019. Belluck was the first to publish the emails between He and Quake.

23. He Jiankui, question-and-answer session, the Second International Summit on Human Genome Editing, Hong Kong, Nov. 28, 2018; Cohen, "The Untold Story"; Marchione and Larson, "Could Anyone Have Stopped Gene-Edited Babies Experiment?"; Marchione, "Chinese Researcher Claims First Gene-Edited Babies"; Jane Qiu, "American Scientist Played More Active Role in 'CRISPR Babies' Project Than Previously Known," *Stat*, Jan. 31, 2019; Todd Ackerman, "Lawyers Say Rice Professor Not Involved in Controversial Gene-Edited Babies Research," *Houston Chronicle*, Dec. 13, 2018; decommissioned web page: Rice University, Faculty, https://profiles.rice.edu/faculty/michael-deem; see Michael Deem search on Rice website: https://search.rice.edu/?q=michael+deem&tab=Search.

24. Cohen, "The Untold Story."

25. He Jiankui, Ryan Ferrell, Chen Yuanlin, Qin Jinzhou, and Chen Yangran, "Draft Ethical Principles for Therapeutic Assisted Reproductive Technologies," *CRISPR Journal*, originally published Nov. 26, 2019, but later retracted and removed from the website. See also Henry Greeley, "CRISPR'd Babies," *Journal of Law and the Biosciences, Aug.* 13, 2019.

26. Allen Buchanan, *Better Than Human* (Oxford, 2011), 40, 101.

27. He Jiankui, "Draft Ethical Principles for Therapeutic Assisted Reproductive Technologies."

28. He Jiankui, "Designer Baby Is an Epithet" and "Why We Chose HIV and CCR5 First," The He Lab, YouTube, Nov. 25, 2018.

29. He Jiankui, "HIV Immune Gene CCR5 Gene Editing in Human Embryos," Chinese Clinical Trial Registry, ChiCTR1800019378, Nov. 8, 2018.

30. Jinzhou Qin . . . Michael W. Deem, Jiankui He, et al., "Birth of Twins after Genome Editing for HIV Resistance," submitted to *Nature* Nov. 2019; Qiu, "American Scientist Played More Active Role in 'CRISPR Babies' Project Than Previously Known."

31. Greely, "CRISPR'd Babies"; Musunuru, *The Crispr Generation*; 저자와 데이나 캐럴의 인터뷰.

32. Regalado, "Chinese Scientists Are Creating CRISPR Babies."

33. Marchione, "Chinese Researcher Claims First Gene-Edited Babies"; Larson, "Gene-Editing Chinese Scientist Kept Much of His Work Secret."

34. He Jiankui, "About Lulu and Nana," YouTube, Nov. 25, 2018.

38장 홍콩 국제회의

1. 저자와 제니퍼 다우드나의 인터뷰.

2. 저자와 데이비드 볼티모어의 인터뷰.

3. Cohen, "The Untold Story."

4. 저자와 빅터 차오, 데이비드 볼티모어, 제니퍼 다우드나의 인터뷰.

5. 저자와 페이돤칭의 인터뷰.

6. 저자와 제니퍼 다우드나의 인터뷰; Robin Lovell-Badge, "CRISPR Babies," Development, Feb. 6, 2019.

7. 2018년 11월 26일에 중국 《인민 일보》에 저장된 기사가 삭제되었다. ithome.com/html/discovery/396899.htm.

8. 저자와 페이돤칭, 제니퍼 다우드나의 인터뷰.

9. 저자와 제니퍼 다우드나, 빅터 차오의 인터뷰.

10. Second International Summit on Genome Editing, University of Hong Kong, Nov. 27-29, 2018.

11. He Jiankui session, the Second International Summit on Human Genome Editing, Hong Kong, Nov. 28, 2018.

12. Davies, *Editing Humanity*, 235.

13. 저자와 데이비드 볼티모어의 인터뷰.

14. 저자와 매슈 포투스의 인터뷰.

15. 저자와 제니퍼 다우드나의 인터뷰.

16. 저자와 페이돤칭의 인터뷰.

17. 저자와 데이비드 볼티모어, 제니퍼 다우드나의 인터뷰.

18. 저자와 매슈 포투스, 데이비드 볼티모어의 인터뷰.

19. Mary Louise Kelly, "Harvard Medical School Dean Weighs In on Ethics of Gene Editing," *All Things Considered*, NPR, Nov. 29, 2018. See also Baylis, *Altered Inheritance*, 140; George Daley, Robin Lovell-Badge, and Julie Steffann, "After the Storm—A Responsible Path for Genome Editing," and R. Alta Charo, "Rogues and Regulation of Germline Editing," *New England Journal of Medicine*, Mar. 7, 2019; David Cyranoski and Heidi Ledford, "How the Genome-Edited Babies Revelation Will Affect Research," *Nature*, Nov. 27, 2018.

20. David Baltimore, et al., "Statement by the Organizing Committee of the Second International Summit on Human Genome Editing," Nov. 29, 2018.

39장 사회적 수용

1. 저자와 조사이어 재이너의 인터뷰.

2. Zayner, "CRISPR Babies Scientist He Jiankui Should Not Be Villainized."

3. 저자와 조사이어 재이너의 인터뷰.

4. 저자와 제니퍼 다우드나의 인터뷰, 다우드나와 앤드루 다우드나 케이트와의 저녁 식사.

5. 저자와 제니퍼 다우드나, 빌 캐시디의 인터뷰.

6. 저자와 마거릿 햄버그, 빅터 차오의 인터뷰; Walter Isaacson, "Should the Rich Be Allowed to Buy the Best Genes?," *Air Mail*, July 27, 2019.

7. Belluck, "How to Stop Rogue Gene-Editing of Human Embryos?"

8. Eric S. Lander, et. al., "Adopt a Moratorium on Heritable Genome Editing," *Nature*, Mar. 13, 2019.

9. Ian Sample, "Scientists Call for Global Moratorium on Gene Editing of Embryos," *Guardian*, Mar. 13, 2019; Joel Achenbach, "NIH and Top Scientists Call for Moratorium on Gene-Edited Babies," *Washington Post*, Mar. 13, 2019; Jon Cohen, "New Call to Ban Gene-Edited Babies Divides Biologists," *Science*, Mar. 13, 2019; Francis Colins, "NIH Supports International Moratorium on Clinical Application of Germline Editing," National Institutes of Health statement, Mar. 13, 2019.

10. 저자와 마거릿 햄버그의 인터뷰. 다음을 참조할 것. Sara Reardon, "World Health Organization Panel Weighs In on CRISPR-Babies Debate," *Nature*, Mar. 19, 2019.

11. 저자와 제니퍼 다우드나의 인터뷰. For a strong critique of Doudna's argument, see Baylis, *Altered Inheritance*, 163-66.

12. Kay Davies, Richard Lifton, et al., "Heritable Human Genome Editing," International Commission on the Clinical Use of Human Germline Genome Editing, Sept. 3, 2020.

13. "He Jiankui Jailed for Illegal Human Embryo Gene-Editing," Xinhua news agency, Dec. 30, 2019.

14. Philip Wen and Amy Dockser Marcus, "Chinese Scientist Who Gene-Edited Babies Is Sent to Prison," *Wall Street Journal*, Dec. 30, 2019.

40장 레드 라인

1. 이 장은 유전공학 윤리에 대한 많은 자료를 참조했다. Françoise Baylis, Michael Sandel, Leon Kass, Francis Fukuyama, Nathaniel Comfort, Jason Scott Robert, Eric Cohen, Bill McKibben, Marcy Darnovsky, Erik Parens, Josephine Johnston, Rosemarie Garland-Thomson, Robert Sparrow, Ronald Dworkin, Jürgen Habermas, Michael Hauskeller, Jonathan Glover, Gregory Stock, John Harris, Maxwell

Mehlman, Guy Kahane, Jamie Metzl, Allen Buchanan, Julian Savulescu, Lee Silver, Nick Bostrom, John Harris, Ronald Green, Nicholas Agar, Arthur Caplan, and Hank Greeley. I also drew on the work of the Hastings Center, the Center for Genetics and Society, the Oxford Uehiro Centre for Practical Ethics, and the Nuffield Council on Bioethics.

2. Sandel, *The Case against Perfection*; Robert Sparrow, "Genetically Engineering Humans," *Pharmaceutical Journal*, Sept. 24, 2015; Jamie Metzl, *Hacking Darwin* (Sourcebooks, 2019); Julian Savulescu, Ruud ter Meulen, and Guy Kahane, *Enhancing Human Capacities* (Wiley, 2011).

3. Gert de Graaf, Frank Buckley, and Brian Skotko, "Estimates of the Live Births, Natural Losses, and Elective Terminations with Down Syndrome in the United States," *American Journal of Medical Genetics*, Apr. 2015.

4. Steve Boggan, Glenda Cooper, and Charles Arthur, "Nobel Winner Backs Abortion 'for Any Reason,'" *The Independent*, Feb. 17, 1997.

41장 사고실험

1. Matt Ridley, *Genome* (Harper Collins, 2000), chapter 4, powerfully describes Huntington's and the work of Nancy Wexler in researching it.

2. Baylis, *Altered Inheritance*, 30; Tina Rulli, "The Ethics of Procreation and Adoption," *Philosophy Compass*, June 6, 2012.

3. Adam Bolt, director, and Elliot Kirschner, executive producer, *Human Nature*, documentary, the Wonder Collaborative, 2019.

4. 데이비드 산체스와의 질의응답은 〈휴먼 네이처〉 제작자인 메러디스 데살라사르를 통해서 진행되었다.

5. Rosemarie Garland-Thomson, "Welcoming the Unexpected," in Erik Parens and Josephine Johnston, *Human Flourishing in an Age of Gene Editing* (Oxford, 2019); Rosemarie Garland-Thomson, "Human Biodiversity Conservation," *American Journal of Bioethics*, Jan. 2015. See also Ethan Weiss, "Should 'Broken' Genes Be Fixed?" *Stat*, Feb. 21, 2020.

6. Jory Fleming, *How to Be Human* (Simon & Schuster, 2021).

7. Liza Mundy, "A World of Their Own," *Washington Post*, Mar. 31, 2002; Sandel, *The Case against Perfection*; Marion Andrea Schmidt, *Eradicating Deafness?* (Manchester University Press, 2020).

8. Craig Pickering and John Kiely, "ACTN#: More Than Just a Gene for Speed," *Frontiers in Physiology*, Dec. 18, 2017; David Epstein, *The Sports Gene* (Current, 2013); Haran Sivapalan, "Genetics of Marathon Runners," *Fitness Genes*, Sept. 26,

2018.

9. The Americans with Disabilities Act defines a disability as "a physical or mental impairment that substantially limits one or more major life activity."

10. Fred Hirsch, *Social Limits to Growth* (Routledge, 1977); Glenn Cohen, "What (If Anything) Is Wrong with Human Enhancement? What (If Anything) Is Right with It?," *Tulsa Law Review*, Apr. 21, 2014.

11. Nancy Andreasen, "The Relationship between Creativity and Mood Disorders," *Dialogues in Clinical Psychology*, June 2018; Neel Burton, "Hide and Seek: Bipolar Disorder and Creativity," *Psychology Today*, Mar. 19, 2012; Nathaniel Comfort, "Better Babies," *Aeon*, Nov. 17, 2015.

12. Robert Nozick, *Anarchy, State, and Utopia* (Basic Books, 1974).

13. See Erik Parens and Josephine Johnston, eds., *Human Flourishing in an Age of Gene Editing* (Oxford, 2019).

14. Jinping Liu . . . Yan Wu, et al., "The Role of NMDA Receptors in Alzheimer's Disease," *Frontiers in Neuroscience*, Feb. 8, 2019.

42장 결정은 누가 내려야 하는가?

1. National Academy of Sciences, "How Does Human Gene Editing Work?" 2019, https://thesciencebehindit.org/how-does-human-gene-editing-work/, page removed; Marilynn Marchione, "Group Pulls Video That Stirred Talk of Designer Babies," AP, Oct. 2, 2019.

2. Twitter thread, @FrancoiseBaylis, @pknoepfler, @UrnovFyodor, @theNASAcademies, and others, Oct. 1, 2019.

3. John Rawls, *A Theory of Justice* (Harvard, 1971), 266, 92.

4. Nozick, *Anarchy, State and Utopia*, 315n.

5. Colin Gavaghan, *Defending the Genetic Supermarket* (Routledge-Cavendish, 2007); Peter Singer, "Shopping at the Genetic Supermarket," in John Rasko, ed., *The Ethics of Inheritable Genetic Modification* (Cambridge, 2006); Chris Gyngell and Thomas Douglas, "Stocking the Genetic Supermarket," *Bioethics*, May 2015.

6. Fukuyama, *Our Posthuman Future*, chapter 1; George Orwell, 1984 (Harcourt, 1949); Aldous Huxley, *Brave New World* (Harper, 1932).

7. Aldous Huxley, *Brave New World Revisited* (Harper, 1958), 120.

8. Aldous Huxley, *Island* (Harper, 1962), 232; Derek So, "The Use and Misuse of Brave New World in the CRISPR Debate," *CRISPR Journal*, Oct. 2019.

9. Nathaniel Comfort, "Can We Cure Genetic Diseases without Slipping into Eugenics?," *The Nation*, Aug. 3, 2015; Nathaniel Comfort, *The Science of Human Per-*

fection (Yale, 2012); Mark Frankel, "Inheritable Genetic Modification and a Brave New World," Hastings Center Report, Mar. 6, 2012; Arthur Caplan, "What Should the Rules Be?," *Time*, Jan. 14, 2001; Fran.oise Baylis and Jason Scott Robert, "The Inevitability of Genetic Enhancement Technologies," *Bioethics*, Feb. 2004; Daniel Kevles, "If You Could Design Your Baby's Genes, Would You?," *Politico*, Dec. 9, 2015; Lee M. Silver, "How Reprogenetics Will Transform the American Family," *Hofstra Law Review*, Fall 1999; Jürgen Habermas, *The Future of Human Nature* (Polity, 2003).

10. 저자와 조지 처치의 인터뷰, 그리고 다음 문헌에서도 비슷하게 인용되었다. Rachel Cocker, "We Should Not Fear 'Editing' Embryos to Enhance Human Intelligence," *The Telegraph*, Mar. 16, 2019; Lee Silver, *Remaking Eden* (Morrow, 1997); John Harris, *Enhancing Evolution* (Princeton, 2011); Ronald Green, *Babies by Design* (Yale, 2008).

11. Julian Savulescu, "Procreative Beneficence: Why We Should Select the Best Children," *Bioethics*, Nov. 2001.

12. Antonio Regalado, "The World's First Gattaca Baby Tests Are Finally Here," *MIT Technology Review*, Nov. 8, 2019; Genomic Prediction company website, "Frequently Asked Questions," retrieved July 6, 2020; Hannah Devlin, "IVF Couples Could Be Able to Choose the 'Smartest' Embryo," *Guardian*, May 24, 2019; Nathan Treff . . . and Laurent Tellier, "Preimplantation Genetic Testing for Polygenic Disease Relative Risk Reduction," *Genes*, June 12, 2020; Louis Lello . . . and Stephen Hsu, "Genomic Prediction of 16 Complex Disease Risks," *Nature*, Oct. 25, 2019. In November 2019, *Nature* issued a conflict-of-interest correction saying that some of the authors did not disclose that they were affiliated with the company Genomic Prediction.

13. 위에서 언급한 자료 외에도 다음을 참조하라. Laura Hercher, "Designer Babies Aren't Futuristic. They're Already Here," *MIT Technology Review*, Oct. 22, 2018; Ilya Somin, "In Defense of Designer Babies," *Reason*, Nov. 11, 2018.

14. Francis Fukuyama, "Gene Regime," *Foreign Policy*, Mar. 2002.

15. Francis Collins in Patrick Skerrett, "Experts Debate: Are We Playing with Fire When We Edit Human Genes?," *Stat*, Nov. 17, 2016.

16. Russell Powell and Allen Buchanan, "Breaking Evolution's Chains," *Journal of Medical Philosophy*, Feb. 2011; Allen Buchanan, *Better Than Human* (Oxford, 2011); Charles Darwin to J. D. Hooker, July 13, 1856.

17. Sandel, *The Case against Perfection*; Leon Kass, "Ageless Bodies, Happy Souls," *The New Atlantis*, Jan. 2003; Michael Hauskeller, "Human Enhancement and

the Giftedness of Life," *Philosophical Papers*, Feb. 26, 2011.

43장 다우드나의 윤리적 여정

1. 저자와 제니퍼 다우드나의 인터뷰; Doudna and Sternberg, *A Crack in Creation*, 222–40; Hannah Devlin, "Jennifer Doudna: 'I Have to Be True to Who I Am as a Scientist,'" *The Observer*, July 2, 2017.

44장 퀘벡

1. Sanne Klompe . . . Samuel Sternberg, et al., "Transposon-Encoded CRISPR-Cas Systems Direct RNA-Guided DNA Integration," *Nature*, July 11, 2019 (received Mar. 15, 2019; accepted June 4; published online June 12); Jonathan Strecker . . . Eugene Koonin, Feng Zhang, et al., "RNA-Guided DNA Insertion with CRISPR-Associated Transposases," *Science*, July 5, 2019 (received May 4, 2019; accepted May 29; published online June 6).

2. 저자와 샘 스턴버그, 마르틴 이네크, 제니퍼 다우드나, 조 본디-드모니의 인터뷰.

3. 저자와 장펑의 인터뷰.

45장 유전자 편집 배우기

1. 저자와 개빈 녹의 인터뷰.

2. "Alt-R CRISPR-Cas9 System: Delivery of Ribonucleoprotein Complexes into HEK-293 Cells Using the Amaxa Nucleofector System," IDTDNA.com; "CRISPR Gene-Editing Tools," GeneCopoeia.com.

3. 저자와 제니퍼 해밀턴의 인터뷰.

46장 다시, 왓슨을 생각하다

1. 저자와 제임스 왓슨, 제니퍼 다우드나의 인터뷰; "The CRISPR/Cas Revolution," Cold Spring Harbor Laboratory meeting, Sept. 24–27, 2015.

2. David Dugan, producer, *DNA*, documentary, Windfall Films for WNET/PBS and BBC4, 2003; Shaoni Bhattacharya, "Stupidity Should Be Cured, Says DNA Discoverer," *The New Scientist*, Feb. 28, 2003. See also Tom Abate, "Nobel Winner's Theories Raise Uproar in Berkeley," *San Francisco Chronicle*, Nov. 13, 2000.

3. Michael Sandel, "The Case against Perfection," *The Atlantic*, Apr. 2004.

4. Charlotte Hunt-Grubbe, "The Elementary DNA of Dr Watson," *Sunday Times* (London), Oct. 14, 2007; 저자와 제임스 왓슨의 인터뷰.

5. 저자와 제임스 왓슨의 인터뷰; Roxanne Khamsi, "James Watson Retires amidst Race Controversy," *The New Scientist*, Oct. 25, 2007.

6. 저자와 에릭 랜더의 인터뷰; Sharon Begley, "As Twitter Explodes, 에릭 랜더 Apologizes for Toasting James Watson," *Stat*, May 14, 2018.

7. 저자와 제임스 왓슨의 인터뷰.

8. "Decoding Watson."

9. Amy Harmon, "James Watson Had a Chance to Salvage His Reputation on Race. He Made Things Worse," *New York Times*, Jan. 1, 2019.

10. Harmon, "James Watson Had a Chance to Salvage His Reputation on Race."

11. "Decoding Watson."; Harmon, "James Watson Had a Chance to Salvage His Reputation on Race"; 저자와 제임스 왓슨의 인터뷰.

12. James Watson, "An Appreciation of Linus Pauling," *Time* magazine seventy-fifth anniversary dinner, Mar. 3, 1998.

13. 저자와 제임스 왓슨의 인터뷰. I used some of these quotes, as well as other passages, in a piece I wrote, "Should the Rich Be Allowed to Buy the Best Genes?"

14. "Decoding Watson."

15. 저자와 제임스 왓슨, 루퍼스 왓슨, 엘리자베스 왓슨의 인터뷰.

16. Malcolm Ritter, "Lab Revokes Honors for Controversial DNA Scientist Watson," AP, Jan. 11, 2019.

47장 다우드나가 왓슨을 찾아가다

1. 제임스 왓슨과 제니퍼 다우드나 방문. 학회집은 다우드나 랩의 메건 호흐스트라서가 디자인했다.

2. 저자와 제니퍼 다우드나의 인터뷰.

48장 전투 준비 명령

1. Robert Sanders, "New DNA-Editing Technology Spawns Bold UC Initiative," *Berkeley News*, Mar. 18, 2014; "About Us," Innovative Genomics Institute website, https://innovativegenomics.org/about-us/. It was relaunched in January 2017 as the Innovative Genomics Institute.

2. 저자와 데이브 새비지의 인터뷰; Benjamin Oakes . . . Jennifer Doudna, David Savage, et al., "CRISPR-Cas9 Circular Permutants as Programmable Scaffolds for Genome Modification," *Cell*, Jan 10, 2019.

3. 저자와 데이브 세이지, 개빈 놋, 제니퍼 다우드나의 인터뷰.

4. Jonathan Corum and Carl Zimmer, "Bad News Wrapped in Protein: Inside the Coronavirus Genome," *New York Times*, Apr. 3, 2020; GenBank, National Institutes of Health, SARS-CoV-2 Sequences, updated Apr. 14, 2020.

5. Alexander Walls . . . David Veesler, et al., "Structure, Function, and Antigenic-

ity of the SARS-CoV-2 Spike Glycoprotein," *Cell*, Mar. 9, 2020; Qihui Wang . . . and Jianxun Qi, "Structural and Functional Basis of SARS-CoV-2 Entry by Using Human ACE2," *Cell*, May 14, 2020; Francis Collins, "Antibody Points to Possible Weak Spot on Novel Coronavirus," NIH, Apr. 14, 2020; Bonnie Berkowitz, Aaron Steckelberg, and John Muyskens, "What the Structure of the Coronavirus Can Tell Us," *Washington Post*, Mar. 23, 2020.

6. 저자와 메건 호흐스트라서, 제니퍼 다우드나, 데이브 새비지, 표도르 우르노프의 인터뷰.

49장 진단 검사

1. Shawn Boburg, Robert O'Harrow Jr., Neena Satija, and Amy Goldstein, "Inside the Coronavirus Testing Failure," *Washington Post*, Apr. 3, 2020; Robert Baird, "What Went Wrong with Coronavirus Testing in the U.S.," *New Yorker*, Mar. 16, 2020; Michael Shear, Abby Goodnough, Sheila Kaplan, Sheri Fink, Katie Thomas, and Noah Weiland, "The Lost Month: How a Failure to Test Blinded the U.S. to COVID-19," *New York Times*, Mar. 28, 2020.

2. Kary Mullis, "The Unusual Origin of the Polymerase Chain Reaction," *Scientific American*, Apr. 1990.

3. Boburg et al., "Inside the Coronavirus Testing Failure"; David Willman, "Contamination at CDC Lab Delayed Rollout of Coronavirus Tests," *Washington Post*, Apr. 18, 2020.

4. JoNel Aleccia, "How Intrepid Lab Sleuths Ramped Up Tests as Coronavirus Closed In," *Kaiser Health News*, Mar. 16, 2020.

5. Julia Ioffe, "The Infuriating Story of How the Government Stalled Coronavirus Testing," GQ, Mar. 16, 2020; Boburg et al., "Inside the Coronavirus Testing Failure." Greninger's email to a friend is in the excellent *Washington Post* reconstruction.

6. Boburg et al., "Inside the Coronavirus Testing Failure"; Patrick Boyle, "Coronavirus Testing: How Academic Medical Labs Are Stepping Up to Fill a Void," *AAMC*, Mar. 12, 2020.

7. 저자와 에릭 랜더의 인터뷰; Leah Eisenstadt, "How Broad Institute Converted a Clinical Processing Lab into a Large-Scale COVID-19 Testing Facility in a Matter of Days," *Broad Communications*, Mar. 27, 2020.

50장 버클리 연구소

1. IGI COVID-19 Rapid Response Research meeting, Mar. 13, 2020. I was al-

lowed to attend the meetings of the rapid-response team and its working groups, most of which took place on Zoom with discussion in Slack channels.

2. 저자와 표도르 우르노프의 인터뷰. 드미트리 우르노프는 뉴욕 아델파이 대학의 교수가 되었다. 그는 뛰어난 말 사육가로 소비에트연방의 국가원수이자 공산당 서기장이었던 니키타 흐루쇼프가 미국 기업가 사이러스 이튼에게 선물로 보내는 말 세 필을 배로 운송할 때 동반했다. 그와 그의 아내 줄리아 팔리옙스키는 다음 논문을 썼다. "A Kindred Writer: Dickens in Russia". 두 사람은 또한 윌리엄 포크너 연구자이다.

3. 저자와 제니퍼 해밀턴의 인터뷰; Jennifer Hamilton, "Building a COVID-19 Pop-Up Testing Lab," *CRISPR Journal*, June 2020.

4. 저자와 엔리케 린샤오의 인터뷰.

5. 저자와 표도르 우르노프, 제니퍼 다우드나, 제니퍼 해밀턴, 엔리케 린샤오의 인터뷰; Hope Henderson, "IGI Launches Major Automated COVID-19 Diagnostic Testing Initiative," *IGI News*, Mar. 30, 2020; Megan Molteni and Gregory Barber, "How a Crispr Lab Became a Pop-Up COVID Testing Center," *Wired*, Apr. 2, 2020.

6. Innovative Genomics Institute SARS-CoV-2 Testing Consortium, Dirk Hockemeyer, Fyodor Urnov, and Jennifer A. Doudna, "Blueprint for a Pop-up SARS-CoV-2 Testing Lab," *medRxiv*, Apr. 12, 2020.

7. 저자와 표도르 우르노프, 제니퍼 해밀턴, 엔리케 린샤오의 인터뷰.

51장 매머드와 셜록

1. 저자와 루커스 해링턴, 재니스 첸의 인터뷰.

2. Janice Chen . . . Lucas B. Harrington . . . Jennifer A. Doudna, et al., "CRISPR-Cas12a Target Binding Unleashes Indiscriminate Single-Stranded DNase Activity," *Science*, Apr. 27, 2018 (received Nov. 29, 2017; accepted Feb. 5, 2018; published online Feb. 15); John Carroll, "CRISPR Legend Jennifer Doudna Helps Some Recent College Grads Launch a Diagnostics Up-start," *Endpoints*, Apr. 26, 2018.

3. Sergey Shmakov, Omar Abudayyeh, Kira S. Makarova . . . Konstantin Severinov, Feng Zhang, and Eugene V. Koonin, "Discovery and Functional Characterization of Diverse Class 2 CRISPR-Cas Systems," *Molecular Cell*, Nov. 5, 2015 (published online Oct. 22, 2015); Omar Abudayyeh, Jonathan Gootenberg . . . Eric Lander, Eugene Koonin, and Feng Zhang, "C2c2 Is a Single-Component Programmable RNA-Guided RNATargeting CRISPR Effector," *Science*, Aug. 5, 2016 (published online June 2, 2016).

4. 저자와 장펑의 인터뷰.

5. Alexandra East-Seletsky . . . Jamie Cate, Robert Tjian, and Jennifer Doudna, "Two Distinct RNase Activities of CRISPR-C2c2 Enable Guide-RNA Processing

and RNA Detection," *Nature*, Oct. 13, 2016. CRISPR-C2c2 was renamed CRISPER-Cas13a.

6. Jonathan Gootenberg, Omar Abudayyeh . . . Cameron Myhrvold . . . Eugene Koonin . . . Feng Zhang et al., "Nucleic Acid Detection with CRISPR-Cas13a/C2c2," *Science*, Apr. 28, 2017.

7. Jonathan Gootenberg, Omar Abudayyeh . . . Feng Zhang, et al., "Multiplexed and Portable Nucleic Acid Detection Platform with Cas13, Cas12a, and Csm6," *Science*, Apr. 27, 2018. See also Abudayyeh et al., "C2c2 Is a Single Component Programmable RNA-Guided RNA-Targeting CRISPR Effector."

8. 저자와 장펑의 인터뷰; Carey Goldberg, "CRISPR Comes to COVID," WBUR, July 10, 2020.

9. Emily Mullin, "CRISPR Could Be the Future of Disease Diagnosis," *OneZero*, July 25, 2019; Emily Mullin, "CRISPR Pioneer Jennifer Doudna on the Future of Disease Detection," *OneZero*, July 30, 2019; Daniel Chertow, "Next-Generation Diagnostics with CRISPR," *Science*, Apr. 27, 2018; Ann Gronowski "Who or What Is SHERLOCK?," *EJIFCC*, Nov. 2018.

52장 코로나바이러스 검사법

1. 저자와 장펑의 인터뷰.

2. Feng Zhang, Omar Abudayyeh, and Jonathan Gootenberg, "A Protocol for Detection of COVID-19 Using CRISPR Diagnostics," Broad Institute website, posted Feb. 14, 2020; Carl Zimmer, "With Crispr, a Possible Quick Test for the Coronavirus," *New York Times*, May 5, 2020.

3. Goldberg, "CRISPR Comes to COVID"; "Sherlock Biosciences and Binx Health Announce Global Partnership to Develop First CRISPR-Based Point-of-Care Test for COVID-19," *PR Newswire*, July 1, 2020.

4. 저자와 재니스 첸, 루커스 해링턴의 인터뷰; Jim Daley, "CRISPR Gene Editing May Help Scale Up Coronavirus Testing," *Scientific American*, Apr. 23, 2020; John Cumbers, "With Its Coronavirus Rapid Paper Test Strip, This CRISPR Startup Wants to Help Halt a Pandemic," *Forbes*, Mar. 14, 2020; Lauren Martz, "CRISPR-Based Diagnostics Are Poised to Make an Early Debut amid COVID-19 Outbreak," *Biocentury*, Feb. 28, 2020.

5. James Broughton . . . Charles Chiu, Janice Chen, et al., "A Protocol for Rapid Detection of the 2019 Novel Coronavirus SARS-CoV-2 Using CRISPR Diagnostics: SARS-CoV-2 DETECTR," Mammoth Biosciences website, posted Feb. 15, 2020. The full Mammoth paper with patient data and other details is James Broughton

. . . Janice Chen, and Charles Chiu, "CRISPR – Cas12–Based Detection of SARS–CoV-2," *Nature Biotechnology*, Apr. 16, 2020 (received Mar. 5, 2020). See also Eelke Brandsma . . .and Emile van den Akker, "Rapid, Sensitive and Specific SARS Coronavirus-2 Detection: A Multi-center Comparison between Standard qRT-PCR and CRISPR Based DETECTR," *medRxiv*, July 27, 2020.

6. Julia Joung . . . Jonathan S. Gootenberg, Omar O. Abudayyeh, and Feng Zhang, "Pointof-Care Testing for COVID-19 Using SHERLOCK Diagnostics," *medRxiv*, May 5, 2020.

7. 저자와 장펑의 인터뷰.

8. 저자와 재니스 첸의 인터뷰.

53장 백신

1. Ochsner Health System, phase 2/3 study by Pfizer Inc. and BioNTech SE of investigational vaccine, BNT162b2, against SARS-CoV-2, beginning July 2020.

2. 저자와 제니퍼 다우드나의 인터뷰.

3. Simantini Dey, "Meet Sarah Gilbert," *News18*, July 21, 2020; Stephanie Baker, "Covid Vaccine Front-Runner Is Months Ahead of Her Competition," *Bloomberg Business-Week*, July 14, 2020; Clive Cookson, "Sarah Gilbert, the Researcher Leading the Race to a Covid-19 Vaccine," *Financial Times*, July 24, 2020.

4. 저자와 로스 윌슨, 알렉스 마슨의 인터뷰; IGI white paper seeking funding for DNA vaccine delivery systems, Mar. 2020; Ross Wilson report at IGI COVIDresponse meeting, June 11, 2020.

5. "A Trial Investigating the Safety and Effects of Four BNT162 Vaccines against COVID-2019 in Healthy Adults," ClinicalTrials.gov, May 2020, identifier: NCT04380701; "BNT162 SARS-CoV-2 Vaccine," *Precision Vaccinations*, Aug. 14, 2020; Mark J. Mulligan . . . UÐur Ðahin, Kathrin Jansen, et. al., "Phase 1/2 Study of COVID-19 RNA Vaccine BNT162b1 in Adults," *Nature*, Aug. 12, 2020.

6. Joe Miller, "The Immunologist Racing to Find a Vaccine," *Financial Times*, Mar. 20, 2020.

7. 저자와 필 도미처의 인터뷰; Matthew Herper, "In the Race for a COVID-19 Vaccine, Pfizer Turns to a Scientist with a History of Defying Skeptics," *Stat*, Aug. 24, 2020.

8. 저자와 누바 아페얀, 크리스틴 히넌의 인터뷰.

9. 저자와 조사이어 재이너의 인터뷰 및 이메일; Kristen Brown, "One Biohacker's Improbable Bid to Make a DIY Covid-19 Vaccine," *Bloomberg Business Week*, June 25, 2020; Josiah Zayner videos, www.youtube.com/josiahzayner.

10. Jingyou Yu . . . and Dan H. Barouch, "DNA Vaccine Protection against SARS-CoV-2 in Rhesus Macaques," *Science*, May 20, 2020.

11. 저자와 조사이어 재이너의 인터뷰; Kristen Brown, "Home-Made Vaccine Appeared to Work, but Questions Remain," *Bloomberg BusinessWeek*, Oct. 10, 2020.

12. The Ochsner Health system clinical trial of Pfizer/BioNTech vaccine BNT162b2, led by Julia Garcia-Diaz, director of Clinical Infectious Diseases Research, and Leonardo Seoane, chief academic officer.

13. 저자와 프랜시스 콜린스의 인터뷰; "Bioethics Consultation Service Consultation Report," Department of Bioethics, NIH Clinical Center, July 31, 2020.

14. Sharon LaFraniere, Katie Thomas, Noah Weiland, David Gelles, Sheryl Gay Stolberg and Denise Grady, "Politics, Science and the Remarkable Race for a Coronavirus Vaccine," *New York Times*, Nov. 21, 2020; 저자와 누바 아페얀, 필 도미처, 크리스틴 히넌의 인터뷰.

54장 크리스퍼 치료제

1. David Dorward . . . and Christopher Lucas, "Tissue-Specific Tolerance in Fatal COVID-19," medRxiv, July 2, 2020; Bicheng Zhag . . . and Jun Wan, "Clinical Characteristics of 82 Cases of Death from COVID-19," *Plos One*, July 9, 2020.

2. Ed Yong, "Immunology Is Where Intuition Goes to Die," *The Atlantic*, Aug. 5, 2020.

3. 저자와 캐머런 미어볼드의 인터뷰.

4. Jonathan Gootenberg, Omar Abudayyeh . . . Cameron Myhrvold . . . Eugene Koonin . . . Pardis Sabeti . . . and Feng Zhang, "Nucleic Acid Detection with CRISPRCas13a/C2c2," *Science*, Apr. 28, 2017.

5. Cameron Myhrvold, Catherine Freije, Jonathan Gootenberg, Omar Abudayyeh . . . Feng Zhang, and Pardis Sabeti, "Field-Deployable Viral Diagnostics Using CRISPRCas13," *Science*, Apr. 27, 2018.

6. 저자와 캐머런 미어볼드의 인터뷰.

7. Cameron Myhrvold to Pardis Sabeti, Dec. 22, 2016.

8. Defense Advanced Research Projects Agency (DARPA) grant D18AC00006.

9. Susanna Hamilton, "CRISPR-Cas13 Developed as Combination Antiviral and Diagnostic System," *Broad Communications*, Oct. 11, 2019.

10. Cameron Myhrvold, Catherine Freije . . . Omar Abudayyeh, Jonathan Gootenberg . . .Feng Zhang, and Pardis Sabeti, "Programmable Inhibition and Detection of RNA Viruses Using Cas13," *Molecular Cell*, Dec. 5, 2019 (received Apr. 16, 2019; revised July 18, 2019; accepted Sept. 6, 2019; published online Oct. 10, 2019); Tanya

Lewis, "Scientists Program CRISPR to Fight Viruses in Human Cells," *Scientific American*, Oct. 23, 2019.

11. Cheri Ackerman, Cameron Myhrvold . . . and Pardis C. Sabeti, "Massively Multiplexed Nucleic Acid Detection with Cas13m," *Nature*, Apr. 29, 2020 (received Mar. 20, 2020; accepted Apr. 20, 2020).

12. Jon Arizti-Sanz, Catherine Freije . . . Pardis Sabeti, and Cameron Myhrvold, "Integrated Sample Inactivation, Amplification, and Cas13-Based Detection of SARSCoV-2," *bioRxiv*, May 28, 2020.

13. 저자와 스탠리 치의 인터뷰.

14. Silvana Konermann . . . and Patrick Hsu, "Transcriptome Engineering with RNATargeting Type VI-D CRISPR Effectors," *Cell*, Mar. 15, 2018.

15. Steven Levy, "Could CRISPR Be Humanity's Next Virus Killer?," *Wired*, Mar. 10, 2020.

16. Timothy Abbott . . . and Lei [Stanley] Qi, "Development of CRISPR as a Prophylactic Strategy to Combat Novel Coronavirus and Influenza," *bioRxiv*, Mar. 14, 2020.

17. 저자와 스탠리 치의 인터뷰.

18. IGI weekly Zoom meeting, Mar. 22, 2020; 저자와 스탠리 치, 제니퍼 다우드나의 인터뷰.

19. Stanley Qi, Jennifer Doudna, Ross Wilson, "A White Paper for the Development of Novel COVID-19 Prophylactic and Therapeutics Using CRISPR Technology," unpublished, Apr. 2020.

20. 저자와 로스 윌슨의 인터뷰; Ross Wilson, "Engineered CRISPR RNPs as Targeted Effectors for Genome Editing of Immune and Stem Cells In Vivo," unpublished, Apr. 2020.

21. Theresa Duque, "Cellular Delivery System Could Be Missing Link in Battle against SARS-CoV-2," *Berkeley Lab News*, June 4, 2020.

55장 콜드 스프링 하버 가상 학술 대회

1. 케빈 비숍 등이 회의 내용을 인용해도 좋다고 허락함.

2. Andrew Anzalone . . . David Liu, et al., "Search-and-Replace Genome Editing without Double-Strand Breaks or Donor DNA," *Nature*, Dec. 5, 2019 (received Aug. 26; accepted Oct. 10; published online Oct. 21).

3. Megan Molteni, "A New Crispr Technique Could Fix Almost All Genetic Diseases," *Wired*, Oct. 21, 2019; Sharon Begley, "New CRISPR Tool Has the Potential to Correct Almost All Disease-Causing DNA Glitches," *Stat*, Oct. 21, 2019; Sharon

Begley, "You Had Questions for David Liu," *Stat*, Nov. 6, 2019.

4. Beverly Mok . . . David Liu, et al., "A Bacterial Cytidine Deaminase Toxin Enables CRISPR-Free Mitochondrial Base Editing," *Nature*, July 8, 2020.

5. Jonathan Hsu . . . David Liu, Keith Joung, Lucan Pinello, et al., "PrimeDesign Software for Rapid and Simplified Design of Prime Editing Guide RNAs," *bioRxiv*, May 4, 2020.

6. Audrone Lapinaite, Gavin Knott . . . David Liu, and Jennifer A. Doudna, "DNA Capture by a CRISPR-Cas9-Guided Adenine Base Editor," *Science*, July 31, 2020.

56장 노벨상

1. 저자와 하이디 레드퍼드, 제니퍼 다우드나, 에마뉘엘 샤르팡티에의 인터뷰.

2. Jennifer Doudna, "How COVID-19 Is Spurring Science to Accelerate," *The Economist*, June 5, 2020. See also Jane Metcalfe, "COVID-19 Is Accelerating Human Transformation—Let's Not Waste It," *Wired*, July 5, 2020.

3. Michael Eisen, "Patents Are Destroying the Soul of Academic Science," *it is NOTjunk* (blog), Feb. 20, 2017.

4. "SARS-CoV-2 Sequence Read Archive Submissions," National Center for Biotechnology Information, https://www.ncbi.nlm.nih.gov/sars-cov-2/, n.d.

5. Simine Vazire, "Peer-Reviewed Scientific Journals Don't Really Do Their Job," *Wired*, June 25, 2020.

6. 저자와 조지 처지의 인터뷰.

7. 저자와 에마뉘엘 샤르팡티에의 인터뷰.

찾아보기

이탤릭 숫자는 관련 사진이 있는 페이지를 가리킨다.

ㅂ

이미지 출처

옮긴이

조은영

어려운 과학책은 쉽게, 쉬운 과학책은 재미있게 옮기려는 과학도서 전문 번역가다. 서울대학교 생물학과를 졸업하고 서울대학교 천연물과학대학원과 미국 조지아 대학교 식물학과에서 석사 학위를 받았다. 『10퍼센트 인간』 『오해의 동물원』 『세상을 연결한 여성들』 『뇌는 작아지고 싶어 한다』 『문명 건설 가이드』 『세상에 나쁜 곤충은 없다』 『나무는 거짓말을 하지 않는다』 『언더랜드』 『새들의 방식』 『생물의 이름에는 이야기가 있다』 등을 우리말로 옮겼다.

코드 브레이커

초판 1쇄 발행 2022년 2월 18일
초판 6쇄 발행 2023년 11월 3일

지은이 월터 아이작슨 **옮긴이** 조은영

발행인 이재진 **단행본사업본부장** 신동해
편집장 김경림 **책임편집** 이민경 **교정교열** 홍상희
디자인 김은정 **마케팅** 최혜진 이은미
홍보 반여진 허지호 정지연 송임선 **국제업무** 김은정 김지민 **제작** 정석훈

브랜드 웅진지식하우스 **주소** 경기도 파주시 회동길 20
문의전화 031-956-7430(편집) 02-3670-1123(마케팅)

홈페이지 www.wjbooks.co.kr
인스타그램 www.instagram.com/woongjin_readers
페이스북 https://www.facebook.com/woongjinreaders
블로그 blog.naver.com/wj_booking

발행처 ㈜웅진씽크빅
출판신고 1980년 3월 29일 제406-2007-000046호

한국어판 출판권 © ㈜웅진씽크빅 2022
ISBN 978-89-01-25660-3 03470